# 全局最优化方法

## 从梯度引领到智能启发

刘群锋　张　宁　编著

清华大学出版社

北京

## 内 容 简 介

本书围绕最优化问题的全局最优解，用 12 章内容，详细介绍了 5 大方向的 10 多个经典算法。 这 5 大方向分别是梯度优化的多次重启、无导数优化、启发式优化、演化优化和群体智能优化。在介绍算法之外，还系统介绍了如何对最优化算法进行理论和数值评价，并介绍了数值比较可能产生悖论以及如何消除悖论等前沿研究成果。在本书第 12 章，还提供了设计和分析最优化算法的实操指引。

本书适合作为数学、计算机、工程、经济、管理等相关学科的高年级本科生和研究生学习最优化方法的教材，也适合从事最优化相关工作的研究人员或工程师阅读。

**图书在版编目（CIP）数据**

全局最优化方法：从梯度引领到智能启发 / 刘群锋，张宁编著. -- 北京：清华大学出版社，2025. 8. -- ISBN 978-7-302-69970-5

Ⅰ. O242.23

中国国家版本馆 CIP 数据核字第 20254KS761 号

责任编辑：陈凯仁
封面设计：刘群锋
责任校对：欧　洋
责任印制：沈　露

出版发行：清华大学出版社
　　　　网　　　址：https://www.tup.com.cn, https://www.wqxuetang.com
　　　　地　　　址：北京清华大学学研大厦 A 座　　　　邮　　编：100084
　　　　社 总 机：010-83470000　　　　　　　　　　邮　　购：010-62786544
　　　　投稿与读者服务：010-62776969, c-service@tup.tsinghua.edu.cn
　　　　质量反馈：010-62772015, zhiliang@tup.tsinghua.edu.cn
印 装 者：北京鑫海金澳胶印有限公司
经　　销：全国新华书店
开　　本：185mm×260mm　　　　印　张：27　　插　页：3　　字　数：663 千字
版　　次：2025 年 9 月第 1 版　　　　　　印　次：2025 年 9 月第 1 次印刷
定　　价：94.00 元

产品编号：100676-01

# 序

# Foreword

全局最优化方法就是最优化方法, 加上 "全局" 二字是为了强调本书介绍的方法以获取最优化问题的全局最优解为目的, 这一点有别于目前大多数的最优化方法教材。

最优化是大自然的固有属性, 例如, 宇宙是朝着熵最大的方向不断演化的; 最优化也是人类的不舍追求, 例如, 消费者追求效用最大化, 而厂商追求利润最大化和成本最小化。因此, 最优化问题广泛出现在科学研究、工程设计、经济生产、管理实践等人类活动中。正因如此, 最优化方法是数学中应用最广泛的分支之一。

有趣的是, 数学领域往往更关注最优化问题的局部极值, 而不是真正的全局最值。原因是有很好的最优性条件来检验某个解是否为局部极值, 却没有合适的数学条件来确认找到的是否是真正的全局最优解。于是, 在很长一段时间里, 最优化方法被分割成两个分支。一个是数学规划领域, 执着于数学最优性条件, 依赖真实的或近似的梯度信息, 设计和分析能收敛到极值的局部最优化方法。另一个是全局最优化领域, 由少量 (但越来越多) 数学规划领域的研究人员和大量工程技术以及经济管理领域的研究人员组成, 不局限于梯度引导, 拥抱各种有益的启发, 执着于开发能找到全局最优解或其良好近似的算法。后者在算法层面非常繁荣, 不仅包含如分支定界等经典的确定性全局最优化算法, 也包含启发式优化、演化优化和群体智能优化等源于工程技术领域的大量随机性全局优化算法。

由于全局最优化方法的研究人员来自数学、工程技术和经济管理等多个不同学科, 研究内容跨度也很大, 导致目前很少有教材全面系统地介绍这些方法及其理论基础。幸运地, 围绕最优化问题, 本书作者在这些学科方向都有一些研究积累。因此, 本书试图全面系统地介绍全局最优化问题及各类求解方法。

本书把全局最优化方法分成两大类: 第一类是梯度优化的多次重启以及无导数优化, 主要特点是 (真实的或近似的) 梯度引导和多次重启, 一般是确定性的; 第二类是启发式优化、演化优化和群体智能优化, 主要特点是群体搜索和智能启发, 一般是随机性的。在介绍完这些算法后, 本书另一半篇幅详细介绍如何科学地对最优化方法进行理论评价和数值评价, 特别关注关于数值比较可能出现悖论以及如何消除悖论的前沿成果。

本书是《全局最优化——基于递归深度群体搜索的新方法》(清华大学出版社, 2021 年)和《全局最优化——算法评价与数值比较》(清华大学出版社, 2024 年) 的姊妹篇。前两本书属于学术专著, 重点阐述作者研究团队在全局最优化领域的研究成果; 本书则属于教材, 提供了对经典算法和重要算法的详细介绍, 也提供了对最优化算法进行理论评价和数值评价的系统论述, 还附带了最优化算法设计与分析的实操指引, 并配有大量习题。

本书共 12 章, 除第 2 章由张宁撰写外, 其余均由刘群锋撰写。第 1 章介绍最优化问题的数学模型与基本理论, 剩余 11 章分为 4 部分。第 1 部分包含第 2~4 章, 首先介绍数学规划的经典算法, 然后介绍基于梯度优化的多次重启策略, 最后介绍无导数优化算法。第 2 部分包含第 5~7 章, 分别介绍启发式优化、演化优化和群体智能优化。第 3 部分包含第 8~11 章, 首先介绍最优化算法的理论评估, 然后介绍最优化算法数值比较中的三大环节: 测试问题、数据分析方法、策略选择与悖论消除。第 4 部分包含第 12 章, 介绍如何设计和分析一个最优化算法, 具有实操指引作用。

本书得到了国家自然科学基金委 (项目编号: 61773119, 12271095)、广东省普通高校国家级重点领域专项 (项目编号: 2019KZDZX1005) 和广东省自然科学基金委 (项目编号: 2022A1515010088) 的资助, 在此一并感谢!

本书适合作为数学、计算机、工程、经济、管理等相关学科的高年级本科生和研究生学习最优化方法的教材, 也适合从事最优化相关工作的研究人员或工程师阅读。本书有配套在线慕课课程和配套微信科普公众号 (二维码如下), 可供教师开展教学和同学们自学。

最后, 由于作者水平有限, 欢迎同行朋友和广大读者不吝指出书中可能存在的纰漏和谬误, 以携作者日后改进, 甚谢!

作者

2024 年 12 月

# 教学设计与学时安排建议

本书包含了 10 多个经典最优化算法的介绍, 也提供了最优化算法如何开展理论评价和数值比较的详细介绍。根据不同的教学侧重与要求, 内容和学时安排建议如下:

表 1　本书教学设计与学时安排建议

| 教学侧重 (适用对象) | 总学时 (学分) | 主要教学内容与学时安排 |
| --- | --- | --- |
| 理解最优化算法，能调用或简单改进现成优化算法进行问题求解，了解算法有效性和效率的主流评价 (适用一般本科生) | 48~54 学时 (3 学分) | 第 1 章 (3~4 学时), 第 2 章 (6 学时), 第 3 章 (3~4 学时), 第 4 章 (7~8 学时)，第 5 章 (4 学时), 第 6 章 (5~6 学时), 第 7 章 (4~6 学时), 第 8 章 (4 学时), 第 9 章 (2 学时), 第 10 章 (6 学时), 第 12 章 (4 学时) |
| | 32~36 学时 (2 学分) | 第 1 章 (2 学时), 第 2 章 (4 学时), 第 3 章 (2 学时), 第 4 章 (4 学时), 第 5 章 (2 学时), 第 6 章 (2~4 学时), 第 7 章 (4 学时), 第 8 章 (2~4 学时), 第 9 章 (2 学时), 第 10 章 (2~4 学时), 第 12 章 (4 学时) |
| 理解最优化算法，能调用或改进现成优化算法进行问题求解，关注并分析算法的效率与有效性 (适用研究生或具有研究兴趣的人员) | 48~54 学时 (3 学分) | 第 1 章 (3~4 学时), 第 2 章 (6 学时), 第 3 章 (2~3 学时), 第 4 章 (6 学时), 第 5 章 (3~4 学时), 第 6 章 (4~5 学时), 第 7 章 (4~5 学时), 第 8 章 (6 学时), 第 9 章 (3 学时), 第 10 章 (5 学时), 第 11 章 (2~3 学时), 第 12 章 (4 学时) |
| | 32~36 学时 (2 学分) | 第 1 章 (2 学时), 第 2 章 (4 学时), 第 3 章 (2 学时), 第 4 章 (4 学时), 第 5 章 (2 学时), 第 6 章 (2~4 学时), 第 7 章 (2~4 学时), 第 8 章 (4 学时), 第 9 章 (2 学时), 第 10 章 (2~4 学时), 第 11 章 (2 学时), 第 12 章 (2 学时) |

每章内容不一定全部讲授, 可根据需要和分配学时的不同, 选取重要内容讲授, 其余供学生自学或结合本书配套慕课课程学习。

此外, 本书的各部分独立性强, 可根据需要选取不同的部分讲授或学习。

# 目　录

# **Contents**

## 第 1 部分　梯度优化的多次重启与无导数优化

## 第 2 部分　启发式优化、演化优化与群体智能优化

## 第 3 部分　算法的理论评价与数值比较

## 第 4 部分　实操指引篇

# 第 1 章
# 最优化问题的数学模型与基本理论

数学是解决问题的工具，而最优化则是这个工具中最锋利的刀刃。

最优化是大自然的选择，也是人类的执着追求。本章首先介绍最优化问题的一些实际案例，进而引出最优化问题的数学模型，并指出区分全局最优化和局部最优化是重要的也是无奈的。然后介绍最优化问题的基本理论，特别是全局最优解的存在性，以及从最优性条件的角度介绍全局最优解的几乎不可知性。

## 1.1 最优化问题及其数学模型

本节先介绍最优化问题的一些实例，从中可以初步感受到最优化为何是大自然的选择和人类的执着追求。然后，在此基础上，介绍最优化问题的数学模型，为后续内容提供基本的研讨平台。

### 1.1.1 最优化问题举例

1) 封闭系统的熵增定律

物理学中有一个非常重要的熵增定律，它描述的是封闭系统总是朝着熵最大化的方向发展的。该定律来自于热力学第二定律，表明了物理系统在没有外力作用的条件下，熵 (entropy) 必定会越来越大，也即系统变得越来越混乱。因此，如果我们的宇宙是孤立的封闭系统，熵最大化是其不二的选择或 "努力" 的方向。其数学模型可表示为

$$\max_{t} \quad E(t) \tag{1.1}$$

其中，$E(t)$ 表示 $t$ 时刻系统的熵。由于宇宙系统的熵总在增加，说明自然过程是不可逆的，这也引出了 "时间之箭" 的概念。总之，模型 (1.1) 表明了最优化是大自然的选择，后面的例子又表明，最优化也是人类的不懈追求。

2) 消费者的效用最大化问题

经济系统是人类最基础、最重要的系统之一。经济学的研究表明，经济系统中的所有参与者 (消费者、生产者、政府等) 都在追求最优化。比如，消费者追求效用 (utility) 最大化，生产者追求利润最大化和成本最小化，而政府借助 "看得见的手" 调控经济系统，努力使其状态最佳。

这里先看消费者的选择问题。在微观经济学中, 理性的消费者在商品价格给定、可支配收入给定的情况下, 追求总效用的最大化。其数学模型可表述为

$$
\begin{aligned}
\max_{\boldsymbol{x} \in \mathbb{R}^n} \quad & U(\boldsymbol{x}) \\
\text{s.t.} \quad & \boldsymbol{p}^{\mathrm{T}} \boldsymbol{x} \leqslant I \\
& \boldsymbol{x} \geqslant 0
\end{aligned}
\tag{1.2}
$$

其中, $\boldsymbol{x}$ 是 $n$ 维向量, 描述消费者对 $n$ 种商品的购买数量; $U(\boldsymbol{x})$ 是这些商品带给消费者的总效用。每种商品的价格组成了向量 $\boldsymbol{p}$, 消费者的可支配收入用 $I$ 表示。模型 (1.2) 描述了理性的消费者在量入为出 (不使用金融手段) 的条件下, 努力实现效用的最大化。通过对该模型的调整或修改, 经济学家们可以进一步考虑更多的因素, 比如非理性行为、效用在时间跨度上的折旧、收入随时间的变化, 等等。总之, 消费者在各种情况下都追求效用的最大化。

3) 生产者的利润最大化问题和成本最小化问题

下面考虑经济系统中生产者的选择。在微观经济学中, 理性的生产者在成本一定的条件下追求企业利润的最大化。其数学模型可描述为

$$
\begin{aligned}
\max_{\boldsymbol{x} \in \mathbb{R}^n} \quad & py - \boldsymbol{w}^{\mathrm{T}} \boldsymbol{x} \\
\text{s.t.} \quad & \boldsymbol{w}^{\mathrm{T}} \boldsymbol{x} \leqslant C \\
& \boldsymbol{x} \geqslant 0
\end{aligned}
\tag{1.3}
$$

其中, $\boldsymbol{x}$ 是 $n$ 维向量, 描述 $n$ 种原材料的购买数量; $\boldsymbol{w}$ 表示这些原材料的价格向量。企业利用这些原材料生产出商品, 其售价为 $p$, 产量为 $y = g(\boldsymbol{x})$, 这里 $g$ 表示其生产函数。由于资源是有限的, 企业成本也是有限的, 企业在一定时间内能够使用的成本 $C$ 是给定的。

经济学上已经证明, 利润最大化模型 (1.3) 与下面的产量一定的条件下的成本最小化模型等价。

$$
\begin{aligned}
\min_{\boldsymbol{x} \in \mathbb{R}^n} \quad & \boldsymbol{w}^{\mathrm{T}} \boldsymbol{x} \\
\text{s.t.} \quad & g(\boldsymbol{x}) \geqslant Y \\
& \boldsymbol{x} \geqslant 0
\end{aligned}
\tag{1.4}
$$

其中, $Y$ 表示产量, 这里是给定的常数。如果这个产量等于利润最大化模型 (1.3) 中的最优产量, 即 $Y = g(\boldsymbol{x}^*)$, 那么可以证明, 成本最小化模型 (1.4) 的解就等于利润最大化模型中的 $C$。这一结果说明, 理性生产者的利润最大化要求企业成本最小化, 反之亦然。

以上两个模型表明, 理性的生产者在追求利润最大化和成本最小化, 且这两个追求在数学模型上是相互等价的。当然, 经济研究可能会考虑更多的现实因素, 但都是对模型 (1.3) 和模型 (1.4) 的调整或修订, 本质上仍然是求解各种最优化问题。

下面给出一些具体经济场景中的最优化问题。

4) 生产计划问题

某企业用 $m$ 种原材料来生产 $n$ 种产品, 为了生产 1 单位第 $i$ 种产品需要 $a_{ij}$ 单位的第 $j$ 种原材料, $i = 1, 2, \cdots, n; j = 1, 2, \cdots, m$。已知第 $j$ 种原材料只有 $b_j$ 单位, 而卖出 1 单位第 $i$ 种产品可以获利 $c_i$ 元。请问该企业的最优生产计划是什么?

在利润最大化的假设下, 该问题的数学模型如下:

$$
\begin{aligned}
\max_{\boldsymbol{x}} \quad & \sum_{i=1}^{n} c_i x_i \\
\text{s.t.} \quad & \sum_{i=1}^{n} a_{ij} x_i \leqslant b_j, \quad j = 1, 2, \cdots, m \\
& x_i \geqslant 0, \qquad\quad i = 1, 2, \cdots, n
\end{aligned}
\tag{1.5}
$$

其中, $x_i$ 表示第 $i$ 种产品的产量。模型 (1.5) 具有广泛的适用性, 大量工厂的生产计划都可以描述成这一模型或其变形。这类问题被称为线性规划问题, 在 20 世纪上半叶得到了空前的重视和发展, 能有效求解这类问题的单纯形法, 被认为是人类有史以来产生最大经济价值的算法。

5) 食谱问题

为了达到身体健康, 人必须每天摄入 $m$ 种营养成分, 且每种至少需要数量 $b_i(i = 1, 2, \cdots, m)$。假设人经常食用的食物有 $n$ 种, 每种的单位价格为 $C_j(j = 1, 2, \cdots, n)$。食谱问题要求用最少的成本达到人每天的营养需要。其数学模型可表述如下:

$$
\begin{aligned}
\min_{\boldsymbol{x}} \quad & \sum_{j=1}^{n} C_j x_j \\
\text{s.t.} \quad & \sum_{j=1}^{n} a_{ij} x_j \geqslant b_i, \quad i = 1, 2, \cdots, m \\
& x_j \geqslant 0, \qquad\quad j = 1, 2, \cdots, n
\end{aligned}
\tag{1.6}
$$

其中, $x_j$ 表示第 $j$ 种食物的数量; $a_{ij}$ 表示每单位第 $j$ 种食物含有第 $i$ 种营养成分的数量。

可以看出, 食谱问题的数学模型 (1.6) 与生产计划的数学模型 (1.5) 类似, 它们都属于线性规划问题, 是最优化问题中最早被研究的一类, 也是发展最成熟的一个分支。

6) 物流运输问题

某物流公司负责的商品有 $m$ 个产地和 $n$ 个销售地, 每个产地的供应量为 $a_i(i = 1, 2, \cdots, m)$, 每个销售地的销售量为 $b_j(j = 1, 2, \cdots, n)$。假设从第 $i$ 个产地到第 $j$ 个销售地的单位运价为 $c_{ij}(i = 1, 2, \cdots, m; j = 1, 2, \cdots, n)$, 并假设总供应量大于总销售量, 要求用最小的成本完成整个运输计划。该问题的数学模型可表述如下:

$$
\begin{aligned}
\min_{\boldsymbol{x}} \quad & \sum_{i=1}^{m} \sum_{j=1}^{n} c_{ij} x_{ij} \\
\text{s.t.} \quad & \sum_{i=1}^{m} x_{ij} = b_j, \quad j = 1, 2, \cdots, n \\
& \sum_{j=1}^{n} x_{ij} \leqslant a_i, \quad i = 1, 2, \cdots, m \\
& x_{ij} \geqslant 0, \qquad\quad i = 1, 2, \cdots, m; j = 1, 2, \cdots, n
\end{aligned}
\tag{1.7}
$$

其中, $x_{ij}$ 表示从第 $i$ 个产地到第 $j$ 个销售地的运输量。

模型 (1.7) 仍然属于线性规划问题, 在物流运输领域具有重要应用。

7) 指派 (分配) 问题

某部门有 $n$ 项任务, 需要从 $m$ 个人选出 $n$ 个人去完成 $(m > n)$, 每个任务仅需一人。由于任务的性质和每个人的专长不同, 假设安排第 $i$ 个人去完成第 $j$ 项任务所需成本为 $c_{ij}(i = 1, 2, \cdots, m; j = 1, 2, \cdots, n)$。如何分配任务使得总成本最小呢? 指派问题的数学模型可表述如下:

$$
\begin{aligned}
\min_{\boldsymbol{x}} \quad & \sum_{i=1}^{m}\sum_{j=1}^{n} c_{ij}x_{ij} \\
\text{s.t.} \quad & \sum_{i=1}^{m} x_{ij} = 1, \quad j = 1, 2, \cdots, n \\
& \sum_{j=1}^{n} x_{ij} \leqslant 1, \quad i = 1, 2, \cdots, m \\
& x_{ij} = 0, 1, \quad i = 1, 2, \cdots, m; j = 1, 2, \cdots, n
\end{aligned}
\tag{1.8}
$$

其中, 如果指派第 $i$ 个人去完成第 $j$ 项任务则 $x_{ij} = 1$; 否则 $x_{ij} = 0$。

从数学模型可以看出, 指派问题非常类似于运输问题, 本质上是运输问题的一个特例。它们都属于线性规划领域的经典问题。

8) 数据拟合问题/线性回归问题/最小二乘问题/机器学习问题

在大量的科学和工程领域, 经常要对已知数据进行曲线拟合或规律发现 (知识发现), 其本质也是一个最优化问题。比如, 在经典的线性回归问题中, 有 $n$ 组数据 $(\boldsymbol{x}_i, \boldsymbol{y}_i), i = 1, 2, \cdots, n$, 要求用一条直线 $\hat{\boldsymbol{y}} = \boldsymbol{a}^{\mathrm{T}}\boldsymbol{x} + \boldsymbol{b}$ 来拟合这些数据。根据高斯的理念, 拟合的目标是使得残差 $\boldsymbol{y} - \hat{\boldsymbol{y}}$ 的平方和最小。因此, 该问题的数学模型可表述为

$$
\min_{\boldsymbol{a},\boldsymbol{b}} \quad \sum_{i=1}^{n} \left[\boldsymbol{y}_i - (\boldsymbol{a}^{\mathrm{T}}\boldsymbol{x}_i + \boldsymbol{b})\right]^2
\tag{1.9}
$$

求解出模型 (1.9) 后, 得到的回归直线 $\hat{\boldsymbol{y}} = \boldsymbol{a}^{\mathrm{T}}\boldsymbol{x} + \boldsymbol{b}$ 也被称为线性分类器, 后者是机器学习的概念。可以把线性分类推广到一般的非线性分类问题, 该问题的数学模型可描述为

$$
\min \quad \sum_{i=1}^{n} \left[\boldsymbol{y}_i - f(\boldsymbol{x}_i)\right]^2
\tag{1.10}
$$

这里 $\hat{\boldsymbol{y}} = f(\boldsymbol{x})$ 是一个一般的分类器。事实上, 机器学习研究的一个重要内容, 就是开发不同类型的分类算法, 而其本质就是建立合适的最优化模型, 并想办法求解该模型。

以上例子只是最优化问题广泛应用的一些缩影, 可以说, 在任何的经济系统、社会系统或物理系统中都存在大量的最优化问题。再强调一遍, 最优化是大自然的选择, 也是人类的不懈追求。研究最优化问题具有重要的科学意义和工程价值。

## 1.1.2　最优化问题的数学模型

从以上最优化问题的案例中, 我们可以提炼出最优化问题的如下一般模型:

$$\min_{\boldsymbol{x}} \quad f(\boldsymbol{x})$$
$$\text{s.t.} \quad \boldsymbol{x} \in \Omega \subseteq \mathbb{R}^n \tag{1.11}$$

其中, $n$ 元函数 $f(\boldsymbol{x})$ 称为**目标函数**; $\boldsymbol{x}$ 称为**决策变量**, 是一个 $n$ 维向量; $\Omega$ 称为**可行域**, 可行域中的点称为该问题的**可行解**。如果 $\Omega = \mathbb{R}^n$, 则称模型 (1.11) 为**无约束最优化问题**, 否则称其为**约束最优化问题**。

可行域是约束条件的交集或公共部分, 如果把约束条件写出来, 可以得到下面的模型:

$$\min_{\boldsymbol{x} \in \mathbb{R}^n} \quad f(\boldsymbol{x})$$
$$\text{s.t.} \quad \begin{cases} c_i(\boldsymbol{x}) = 0, & i \in \mathcal{E} \\ c_j(\boldsymbol{x}) \geqslant 0, & j \in \mathcal{I} \end{cases} \tag{1.12}$$

其中, $c_i(\boldsymbol{x}), c_j(\boldsymbol{x})$ 分别被称为**等式约束函数**和**不等式约束函数**。集合 $\mathcal{E}, \mathcal{I}$ 可以为空集, 此时表示没有此类约束。

模型 (1.11) 和模型 (1.12) 都是最小化问题, 那如何描述最大化问题呢? 只需要在目标函数前加一个负号, 此时的最小化问题本质上就是一个最大化问题。也就是说, 最大化问题可以描述为最小化问题, 当然, 反之亦然。由于利用计算机求解最大化问题时容易产生 "溢出", 所以一般将最大化问题改写为最小化问题。因此, 本书中的最优化问题除非特别指出一般指最小化问题。

1) 最优化模型的分类

借助模型 (1.11) 和模型 (1.12), 可以解释何为线性规划, 何为非线性规划。线性规划 (linear programming, LP) 模型指的是, 目标函数和约束函数都是线性函数; 而非线性规划 (nonlinear programming, NLP) 模型指的是, 目标函数或者约束函数中至少有一个是非线性函数。因此, 在前面举的例子中, 模型 (1.1), 模型 (1.2), 模型 (1.9), 模型 (1.10) 一般都是非线性规划问题。

除了线性规划和非线性规划这一重要分类外, 最优化问题还有其他一些分类方法。比如, 二次规划 (quadratic programming, QP) 模型指的是目标函数是二次函数, 而约束函数都是线性函数; 整数规划 (integer programming, IP) 模型指的是决策变量只能取值为整数; 特别地, 如果决策变量只能取值为 0 和 1, 则称为 0-1 规划。整数规划是组合优化问题的一个分支, 后者又叫作离散优化, 指的是可行域中只有有限多个点或者可列无限多个点。与离散优化对应的是连续优化, 指的是可行域中有不可列无限多个点, 比如取值为实数。此外, 很多优化场景要求对多个目标同时进行优化, 这些目标不是相互独立的, 某个目标的选择会影响另一个目标的选择, 这类问题称为多目标优化问题。

最优化问题最重要的分类是凸优化和非凸优化。凸优化指的是目标函数为凸函数, 可行域为凸集 (关于凸函数和凸集的介绍可参阅 1.2.4 节); 而非凸优化指的是目标函数不是凸函数, 或者可行域不是凸集。为什么说这一分类是最重要的呢? 主要是因为凸优化具有良好的数学结构, 人类已经在理论上很好地解决了这一问题; 而对于非凸优化问题, 人类还没有很好的解决办法, 是目前最优化领域的研究热点。另外, 所有的线性规划问题都是凸优化问题, 非凸优化问题必定是非线性规划问题 (图 1.1)。关于凸优化问题请读者参阅文献 [1]。

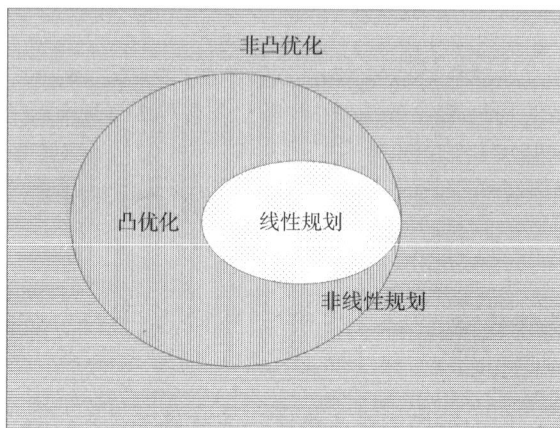

**图 1.1 最优化问题的两大重要分类**

本书主要研究全局最优化问题, 与它相对应的是局部最优化问题。顾名思义, 前者力图寻找最优化问题的全局最优解, 而后者试图找到最优化问题的局部最优解, 它们的具体含义详见 1.1.3 节。如果最优化问题是一个凸优化问题, 则它的所有局部最优解都是全局最优解。因此, 在凸优化领域, 全局最优化与局部最优化是等价的。所以, 全局最优化问题的研究主要关注的是如何找到非凸优化问题的全局最优解。

2) 最优化模型的作用

建立最优化问题的数学模型并划分那么多分类有何意义和作用呢? 这里我们需要提出一个重要观点, 那就是最优化问题的研究和学习类似于学医, 需要根据不同的病情开不同的药方。这里的 "病" 对应于最优化问题, 不同的病情对应于最优化模型的不同, 而 "药方" 则对应于不同的求解算法。换句话说, 正如没有万能的药物能够有效地治疗各种疾病, 也不存在一个万能的算法可以高效求解各种不同类型的最优化问题。

我们需要根据最优化模型的不同特点, 采用不同的算法来求解它。这就是我们建立最优化问题的数学模型, 并给它准确分类的意义和作用。这一步完成的好坏直接影响后续的算法设计以及算法的求解效果。关于这一点, 请读者务必铭记于心, 在本书的学习中不断对比和反思, 方能取得良好的学习效果。

3) 最优化问题建模的关键

既然最优化问题的数学模型如此重要, 下面给出建模的一些关键点。

首先, 要理解实际问题本身, 搞清楚它的目标有几个? 分别是什么? 这些目标是相互独立的吗? 如果只有一个目标, 则建立一个单目标最优化模型; 如果多个目标相互独立, 则可以建立多个单目标最优化模型; 否则, 建立一个多目标最优化模型。

其次, 在每个最优化模型中, 搞清楚决策 (控制) 变量有几个? 分别是哪些? 它们的取值是离散的还是连续的? 目标函数如何用决策变量表示出来?

再次, 在每个最优化模型中, 有哪些可能的约束? 每个约束函数怎么由决策变量表示出来? 约束函数是等式约束还是不等式约束?

最后, 在以上每个步骤中, 如果有多种方案可供选择, 一般优先尝试把它建成凸优化问题, 因为有成熟的算法可以高效求解这类问题。另外, 如果存在可用的梯度信息也有助于设计更高效的算法。

需要指出的是, 为实际问题建立最优化模型的过程往往不是一次成功的, 而是需要多次尝试才能确定下来的。这主要是因为对实际问题的理解需要有一个过程。另外, 建模的几个关键环节也可能有多种组合, 需要逐个尝试才能确定最合适的方案。

4) "隐式" 最优化模型

在大量工程实践中, 并不是所有最优化问题都能很好地把模型显式地写出来。比如, 在大量的船舶设计或航空器设计中, 船体或表面体需要满足流体力学或空气动力学方程, 这些方程很难求解出显式表达式。所以, 当遇到这些问题时, 目标函数可能无法显式地写出来 (存在但人类写不出来), 目标函数值只能通过仿真的手段得到, 且通常成本高昂。

虽然没有显式的最优化模型, 但一般并不妨碍确定模型的决策变量。至于约束条件, 如果难以确定, 则可以选择一个较大的矩形或超矩形, 确保其包含整个可行域。等找到最优解后, 再结合实际判断是否可行, 如果不可行则调整矩形或超矩形的范围, 再次尝试。

## 1.1.3　全局最优化问题与局部最优化问题

本书主要关注全局最优化问题, 特别是非凸最优化问题的全局最优解的求解。这就需要搞清楚什么是最优化问题的全局最优解。

**定义 1.1**　如果存在 $\epsilon > 0$, 使得

$$f(\bar{\boldsymbol{x}}) \leqslant f(\boldsymbol{x}), \quad \forall \boldsymbol{x} \in B(\bar{\boldsymbol{x}}, \epsilon) \subset \Omega$$

其中,

$$B(\bar{\boldsymbol{x}}, \epsilon) = \{\boldsymbol{x} | \ ||\boldsymbol{x} - \bar{\boldsymbol{x}}|| < \epsilon\}$$

则称 $\bar{\boldsymbol{x}}$ 为问题 (1.11) 的局部最优解。如果存在 $\boldsymbol{x}^* \in \Omega$, 使得

$$f(\boldsymbol{x}^*) \leqslant f(\boldsymbol{x}), \quad \forall \boldsymbol{x} \in \Omega$$

则称 $\boldsymbol{x}^*$ 为问题 (1.11) 的全局最优解。

简而言之, 全局最优解要求在可行域内没有别的位置的目标函数值比它的更小, 如图 1.2 中的 $B$ 点; 而局部最优解只要求在可行域的某个局部没有别的更好位置, 如图 1.2 中的 $A, C$ 点。

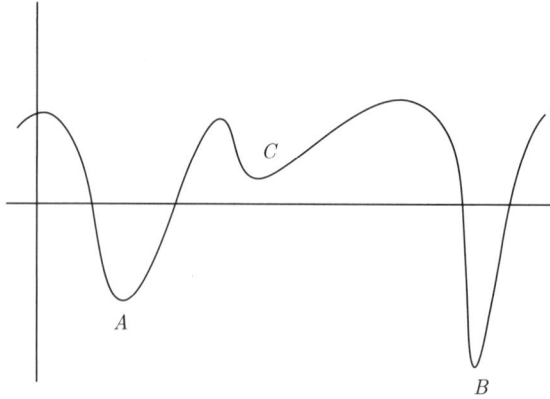

**图 1.2    局部最优解 (A, B, C) 和全局最优解 (B)**

在定义 1.1 中, 用到了球形邻域 $B(\bar{x}, \epsilon) \subset \Omega$, 这意味着局部最优解一定在可行域的内部, 而不会在边界上。反之, 全局最优解可能出现在可行域的内部, 也可能出现在可行域的边界。如果出现在可行域的内部, 则它一定也是一个局部最优解。寻找全局最优解只需要关注可行域内部的局部最优解以及可行域的边界点。

在最优化领域, 寻找全局最优解的分支称为全局最优化 (global optimization), 而聚焦于获得局部最优解的分支称为局部最优化 (local optimization)。从定义 1.1 可以看出, 最优化问题的局部最优解只是在一个局部 (可能是很小的一个邻域) 是最好的, 但是全局最优解则要求在整个可行域都是最好的。显然, 我们希望得到的是最优化问题的全局最优解。那么, 为什么还要引入所谓局部最优解这个概念呢? 还有一个重要分支聚焦于寻找它呢?

上述奇怪的情形反映了最优化领域的窘境: 求解最优化问题的全局最优解是一个很困难的任务, 一个原因是真正的全局最优解通常很难找到; 更窘迫的是, 即便算法找到了全局最优解, 也几乎无法确认这一点。于是只能退而求其次去寻找最优化问题的局部最优解, 并试图间接找到全局最优解。除此之外, 局部最优化这个分支大行其道的另一个原因是: 存在寻找局部最优解的引导信息, 在该信息的引导下通常可以找到一个局部最优解, 且这一机制的数学原理非常优美。

当然, 上一段话的信息量很大, 要充分理解并不容易。下面从最优化问题的基本理论出发来慢慢理解它们。

## 1.2  最优化问题的基本理论

本节主要介绍最优化问题 (1.11) 的几个基本理论结果: 最优解的存在性、最优化的必要条件和充分条件等, 特别关注全局最优化与局部最优化在最优性条件上的不同。

另外, 从本节开始, 凡是以 ♠ 开头的内容都表示铺垫性知识。

## 1.2.1　全局最优解的存在性

首先要指出, 最优化问题 (1.11) 并不总是存在最优解! 最优解的存在性需要考虑目标函数和可行域双方的特征。下面的 Weierstrass 定理 (即定理 1.1) 表明, 在一定条件下最优解总是存在。

**定理 1.1**　*紧集上的连续函数必定存在最大值和最小值。*

♠　紧集指的是有界闭集。

该定理在高等数学中的版本为 "闭区间上的连续函数必定存在最大值和最小值", 这里的闭区间就是常见的紧集。Weierstrass 定理的两个条件不是很强, 大多数常见问题的目标函数可以认为满足一定的连续性, 而可行域也可以满足一定的有界性和闭性 (从而满足一定的紧性)。因此, Weierstrass 定理为后续关于最优化问题的介绍提供了基本的前提和研讨平台。

## 1.2.2　全局最优解的 NP-hard 性质

要理解 NP-hard 这个概念, 需要先知道什么是算法的时间复杂度。算法的时间复杂度是算法计算时间的重要度量指标, 它指的是随着输入变量的增长, 算法的计算量 (一般用四则运算的计算次数来度量) 以什么样的相对规模增长, 特别关注当输入变量充分大 (甚至无穷大) 时的相对数量级。比如, 当采用高斯消元法来求解具有 $n$ 个未知数的线性方程组时, 其时间复杂度为 $O(n^3)$, 这表明高斯消元法的计算量是 $n^3$ 的常数倍。

在计算复杂度这个领域中, 一个非常重要的关注点是它的形式是不是 "多项式" 的。比如 $O(n^a)$ 对于任何常数 $a$ 都是多项式复杂度, 然而 $O(2^n), O(n!)$ 就不是多项式复杂度。一般认为, 多项式复杂度是人类能够接受的最高等级的复杂度, 所以, 超过多项式复杂度的算法往往被认为是不可接受的。

1) P、NP、NP-complete 和 NP-hard

在人类探究算法时间复杂度的过程中, 人们发现可以根据时间复杂度对问题进行分类。最基本且重要的两个类是 P 类问题和 NP 类问题: 如果一个问题可以找到一个能在多项式时间内解决它的算法, 那么这个问题就属于 P 类问题; 如果可以在多项式时间内验证一个解, 那么这个问题就属于 NP 类问题[2]。很显然, 只有能够在多项式时间内验证一个解, 才有可能在多项式时间内求解该问题, 因此 P 类问题必定是 NP 类问题。然而, NP 类问题是否是 P 类问题尚不清楚。在信息科学与计算科学中, 一个著名的问题就是 "P 类问题是否等于 NP 类问题?"

更多的人相信 "P≠NP", 因为有 NP-complete 类问题的存在。NP-complete 类问题是 NP 类问题中的一个超级子类, NP 类中的任何一个问题都可以在多项式时间内归约为 NP-complete 类中的问题。问题 A 可归约为 (reducible) 问题 B, 指的是可以用 B 的解法来求解 A 问题。比如, 一元一次方程 $kx + m = 0$ 就可归约为一元二次方程 $ax^2 + bx + c = 0$, 只需要取二次项的系数为 0, 后者的解法就变成了前者的解法。显然 "可归约" 是可传递的, 且归约后的问题往往具有更高的计算复杂度。也就是说, NP-complete 类问题是 NP 类问题中计算复杂度最高的。NP-complete 类中的任何一个问题如果存在多项式时间算法, 那么就有 NP=P。不过, 这似乎令人难以置信。

NP-hard 类问题跟 NP-complete 类有点类似, NP 类中的任何问题都可以在多项式时间内归约为 NP-hard 类问题。它们的区别是, NP-complete 是 NP 的子类, 而 NP-hard 不是。因为 NP-complete 类问题可以归约为 NP-hard 类问题, 结果就导致 NP-hard 类问题比 NP-complete 类问题更困难。图 1.3 描述了 P、NP、NP-complete 和 NP-hard 四类问题 (基于 NP≠P 这一假设) 的相互关系[3]。

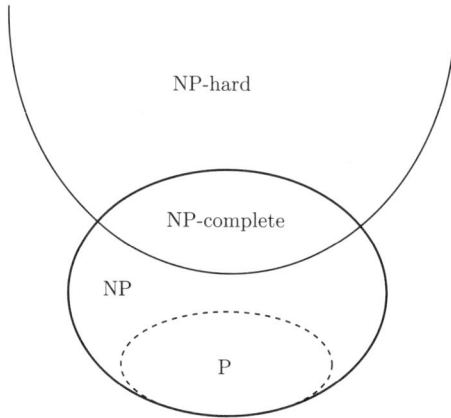

图 1.3    基于算法时间复杂度的四类问题的相互关系 (假定 **NP≠P**)

2) 全局最优化问题可能是 NP-hard 问题

前面我们已经看到了, NP-hard 类问题是时间复杂度最高的一类问题。非常不幸的是, 本书研究的问题——非凸优化的全局最优化问题可能是一类 NP-hard 问题, 至少某些特定的全局优化问题已经被证明是 NP-hard 问题了[4-6]。

比如, 在文献 [4] 中列出了 12 大类 150 小类的全局优化问题, 它们都是 NP-hard 问题。下面给出来自文献 [6] 的两个命题。

**命题 1.1**    任何具有如下形式的函数的全局优化问题是一个 NP-hard 问题,

$$f(\boldsymbol{x}) = a + b\sum_{i=1}^{n}\left(\frac{x_i - \alpha}{\beta - \alpha}\right)^2\left(\frac{x_i - \beta}{\beta - \alpha}\right)^2 + \left[\sum_{i=1}^{n} s_i(\frac{x_i - \alpha}{\beta - \alpha}) - s\right]^2 \tag{1.13}$$

其中, $a, b, \alpha, \beta$ 是实数; $x_i \in [\alpha, \beta]$; $s_i, s$ 是整数, $i = 1, 2, \cdots, n$。

更进一步, 有以下结论。

**命题 1.2**    定义在单位单纯形上的函数 $f(\boldsymbol{x})$, 如果满足以下两个条件, 则其全局最优化问题是一个 NP-hard 问题。

- $f(x)$ 单调递增;
- $f(x)$ 满足正齐次性, 即对任何正数 $a$, 有 $f(a\boldsymbol{x}) = af(\boldsymbol{x})$。

♠  $n$ 维空间中的单纯形指的是由 $n+1$ 个点两两连接形成的凸多面体。比如, 1 维单纯形是线段, 2 维单纯形是三角形, 3 维单纯形是四面体。

全局最优化问题可能是 NP-hard 的, 意味着它是非常困难的, 至少在多项式时间复杂度内可能是无法求解的。这是最优化领域为何会出现局部最优化和全局最优化两个分支的一个重要原因。

## 1.2.3　局部最优化问题的最优性条件

最优化问题的最优性条件 (optimal condition) 包含了必要条件和充分条件, 前者指的是, 如果某个解是最优化问题的最优解, 那么这个解一定满足什么条件; 后者指的是, 在什么条件下一个解一定是最优化问题的最优解。如果这里的最优解指的是局部最优解, 则得到的就是局部最优化的最优性条件, 反之如果是全局最优解, 则得到全局最优化的最优性条件。本节先介绍无约束局部最优化的最优性条件, 约束局部最优化的最优性条件请参见文献 [7-8]。

1) 无约束最优化问题的一阶必要条件

早在微积分刚刚诞生的年代, 伟大的 "业余数学王子" 费马 (Format) 就用函数的微分来刻画其几何性质。下面的 "费马定理" 描述了最优化问题 (1.11) 如果存在一个最优解 $\boldsymbol{x}^*$, 那么 $\boldsymbol{x}^*$ 必须满足著名的一阶必要条件 (即定理 1.2)。

**定理 1.2**　如果 $\boldsymbol{x}^*$ 是最优化问题 (1.11) 的一个局部最优解, 且目标函数 $f(\boldsymbol{x})$ 在该点可微, 那么必有 $\nabla f(\boldsymbol{x}^*) = 0$。

♠ $\nabla f(\boldsymbol{x})$ 是一个向量, 称为**梯度** (gradient) 向量。具体来说, 如果 $\boldsymbol{x} = (x_1, x_2, \cdots, x_n)^{\mathrm{T}}$, 那么 $\nabla f(\boldsymbol{x}) = \left( \dfrac{\partial f(\boldsymbol{x})}{\partial x_1}, \dfrac{\partial f(\boldsymbol{x})}{\partial x_2}, \cdots, \dfrac{\partial f(\boldsymbol{x})}{\partial x_n} \right)^{\mathrm{T}}$。当 $n = 1$ 时, 梯度就变成了导数。因此, 梯度是导数概念的推广。

在使用定理 1.2 时需要注意以下几点:

- $\boldsymbol{x}^*$ 是一个局部最优解, 即存在 $\boldsymbol{x}^*$ 的某个邻域, 它包含在可行域内, 且该邻域内的所有点的函数值都不比 $f(\boldsymbol{x}^*)$ 更小。从而, 一阶必要条件只描述了局部性质: 目标函数在该点的邻域内没有变大或变小的动力! 所以, 满足 $\nabla f(\boldsymbol{x}) = 0$ 的点又称为目标函数的驻点或稳定点 (stationary point)。
- 该定理要求目标函数至少在 $\boldsymbol{x}^*$ 是可微的 (从而至少连续)。如果目标函数无法保证可微性, 一阶必要条件将不存在。不幸的是, 我们并不知道 $\boldsymbol{x}^*$ 的具体位置, 因此, 仅仅要求目标函数在一点可微是不够的。一般来说, 为了利用一阶必要条件, 至少要求目标函数在可行域的一个子区域上满足可微性。这就比 Weierstrass 定理的要求更高了。

结合 Weierstrass 定理和费马定理, 如果可行域是紧集, 且目标函数在可行域内可微, 那么必定存在最小值和最大值, 且可以通过比较驻点处和边界上的函数值来得到。由于驻点的数量往往是很少的, 所以如果不考虑边界点或者边界点很少 (比如一元函数的边界点只有两个), 在理论上, 这种方法是求解最优解的一种有效方法。事实上, 高等数学中一元函数微积分主要讲授的就是这类方法。可以把这一方法归纳为如下的算法框架。

**算法 1.1** (基于一阶必要条件求解全局最优解的算法框架)

- 利用一阶必要条件,求解出所有的驻点;
- 比较所有驻点的函数值以及边界点的函数值;
- 输出最小函数值及其对应的解为最优目标函数值及全局最优解。

2) 无约束最优化问题的二阶必要条件

除了一阶必要条件,还有下面的二阶必要条件。这些条件可用于区分最大值还是最小值。

**定理 1.3** 如果 $\boldsymbol{x}^*$ 是最优化问题 (1.11) 的一个局部最优解,且目标函数 $f(\boldsymbol{x})$ 在该点的领域内二阶连续可微,那么必有 $\nabla^2 f(\boldsymbol{x}^*) \geqslant 0$。

♠ $\nabla^2 f(\boldsymbol{x})$ 是一个矩阵,其形式如下:

$$\nabla^2 f(\boldsymbol{x}) = \begin{bmatrix} \dfrac{\partial^2 f(\boldsymbol{x})}{\partial x_1^2} & \dfrac{\partial^2 f(\boldsymbol{x})}{\partial x_1 \partial x_2} & \cdots & \dfrac{\partial^2 f(\boldsymbol{x})}{\partial x_1 \partial x_n} \\ \dfrac{\partial^2 f(\boldsymbol{x})}{\partial x_2 \partial x_1} & \dfrac{\partial^2 f(\boldsymbol{x})}{\partial x_2^2} & \cdots & \dfrac{\partial^2 f(\boldsymbol{x})}{\partial x_2 \partial x_n} \\ \vdots & \vdots & \vdots & \vdots \\ \dfrac{\partial^2 f(\boldsymbol{x})}{\partial x_n \partial x_1} & \dfrac{\partial^2 f(\boldsymbol{x})}{\partial x_n \partial x_2} & \cdots & \dfrac{\partial^2 f(\boldsymbol{x})}{\partial x_n^2} \end{bmatrix}$$

该矩阵也被称为 **Hessian 矩阵**。

♠ 函数 $f(x)$ 连续可微指的是 $\nabla f(\boldsymbol{x})$ 存在且连续,可记为 $f \in C^1$,又叫作一阶连续可微 (或一阶光滑)。类似地,$f \in C^2$,叫作函数 $f(\boldsymbol{x})$ 二阶连续可微 (二阶光滑),指的是 $\nabla^2 f(\boldsymbol{x})$ 存在且连续。函数连续可微表明该函数的几何形态"健康良好",没有"病态"的局部。所以,该条件是数值最优化在研究算法收敛性时的重要条件。

定理 1.3 说的是,如果 $\boldsymbol{x}^*$ 是无约束局部最小值,且目标函数几何形态良好,那么 Hessian 矩阵至少半正定。注意到 Hessian 矩阵是一个对称矩阵,因此,Hessian 矩阵的特征值全部都是非负实数。

3) 无约束最优化问题的充分条件

前面讨论了无约束最优化问题的必要条件,下面讨论什么样的条件能够保证一个解成为无约束最优解。

**定理 1.4** 假设存在 $\epsilon > 0$,使得 $B(\boldsymbol{x}^*, \epsilon) \subset \Omega$,且目标函数 $f(\boldsymbol{x})$ 在 $B(\boldsymbol{x}^*, \epsilon)$ 内二阶连续可微。如果满足 $\nabla f(\boldsymbol{x}^*) = 0, \nabla^2 f(\boldsymbol{x}^*) > 0$,那么 $\boldsymbol{x}^*$ 是最优化问题 (1.11) 的一个严格局部最优解,即存在 $B(\boldsymbol{x}^*, \epsilon)$ 内的某个邻域,在该邻域内的任意 $x$ 都满足 $f(\boldsymbol{x}) > f(\boldsymbol{x}^*)$。

在证明定理 1.4 之前,先给出一个重要的预备知识。

♠ (**Taylor 定理**) 如果 $f \in C^1$,那么对任意的 $\boldsymbol{p} \in \mathbb{R}^n$,存在 $t \in (0, 1)$,使得

$$f(\boldsymbol{x} + \boldsymbol{p}) = f(\boldsymbol{x}) + \nabla f(\boldsymbol{x} + t\boldsymbol{p})^{\mathrm{T}} \boldsymbol{x} \tag{1.14}$$

(这一等式也可以从微分中值定理得到)。进一步,如果 $f \in C^2$,那么对任意的 $\boldsymbol{p} \in \mathbb{R}^n$,存在

$t \in (0,1)$, 使得

$$f(\boldsymbol{x} + \boldsymbol{p}) = f(\boldsymbol{x}) + \nabla f(\boldsymbol{x})^{\mathrm{T}} \boldsymbol{p} + \frac{1}{2} \boldsymbol{p}^{\mathrm{T}} \nabla^2 f(\boldsymbol{x} + t\boldsymbol{p}) \boldsymbol{p} \tag{1.15}$$

下面给出定理 1.4 的证明。

**证明**　因为在邻域 $B(\boldsymbol{x}^*, \epsilon)$ 内 $f$ 二阶连续可微且 $\nabla^2 f(\boldsymbol{x}^*) > 0$, 所以存在 $r < \epsilon$, 当 $z \in B(\boldsymbol{x}^*, r)$ 时都有 $\nabla^2 f(z) > 0$。在邻域 $B(\boldsymbol{x}^*, r)$ 内对函数 $f(\boldsymbol{x})$ 运用 Taylor 定理得到: 对任意 $\boldsymbol{p} \in B(\boldsymbol{x}^*, r)$, 存在 $t \in (0,1)$, 使得

$$\begin{aligned} f(\boldsymbol{x}) &= f(\boldsymbol{x}^*) + \nabla f(\boldsymbol{x}^*)^{\mathrm{T}} \boldsymbol{p} + \frac{1}{2} \boldsymbol{p}^{\mathrm{T}} \nabla^2 f(\boldsymbol{x}^* + t\boldsymbol{p}) \boldsymbol{p} \\ &= f(\boldsymbol{x}^*) + \frac{1}{2} \boldsymbol{p}^{\mathrm{T}} \nabla^2 f(\boldsymbol{x}^* + t\boldsymbol{p}) \boldsymbol{p} \\ &> f(\boldsymbol{x}^*) \end{aligned}$$

证毕。　　　　　　　　　　　　　　　　　　　　　　　　　　　　　　　□

4) 从一阶必要条件到数值最优化的必要性

下面我们重新回到一阶必要条件。这里进一步借助一阶必要条件来论证为何最优化问题通常需要用计算机来求解, 即为何数值最优化是必要的。

虽然一阶条件形式简洁, 然而要解出驻点却不是那么容易。这相当于求解如下的多元非线性方程组:

$$\nabla f(\boldsymbol{x}) = 0 \tag{1.16}$$

或者

$$\begin{cases} \dfrac{\partial f(\boldsymbol{x})}{\partial x_1} = 0 \\ \dfrac{\partial f(\boldsymbol{x})}{\partial x_2} = 0 \\ \quad\vdots \\ \dfrac{\partial f(\boldsymbol{x})}{\partial x_n} = 0 \end{cases} \tag{1.17}$$

众所周知, 求解多元非线性方程组是一个非常困难的任务, 其难度不亚于求解最优化问题本身。于是, 我们只好寻求计算机来进行数值求解。借助计算机来求解最优化问题的方法, 也叫作最优化方法或最优化算法, 设计这类算法并研究它们的收敛性和有效性等性质是数值最优化的重要研究内容。

### 1.2.4　全局最优化问题的最优性条件

从 1.2.3 节的介绍可以发现, 局部最优化的最优性条件为算法设计和算法分析都提供了很好的数学支撑。然而, 对于全局最优化问题, 这一点就没有那么幸运了, 除非该问题具有特殊的数学结构。

1) 凸优化: 局部最优就是全局最优

前面已经提到, 凸优化指的是目标函数为凸函数, 且可行域为凸集。下面给出凸函数和凸集的一些数学性质描述, 更多的性质请参阅文献 [7-8]。

♠ 函数 $f(\boldsymbol{x}), \boldsymbol{x} \in \Omega$ 是凸的, 当且仅当对任意的 $\boldsymbol{x}_1, \boldsymbol{x}_2 \in \Omega$ 有

$$tf(\boldsymbol{x}_1) + (1-t)f(\boldsymbol{x}_2) \geqslant f(t\boldsymbol{x}_1 + (1-t)\boldsymbol{x}_2), \quad \forall t \in (0,1) \tag{1.18}$$

这个不等式表明, 凸函数任意两点之间的连线在该函数的上方, 因此, 其图形大致是碗状的。

♠ 如果 $f(\boldsymbol{x})$ 二次连续可微, 则 $f(\boldsymbol{x})$ 是凸函数等价于 $\nabla^2 f(\boldsymbol{x}) \geqslant 0$。

♠ 一个集合是凸的, 当且仅当它的任意两点之间的连线仍然在这个集合里面。

下面的定理表明, 凸优化问题具有特殊的数学结构, 它的局部最优解就是全局最优解。这一定理使得凸优化在整个数值最优化领域具有重要而特殊的地位, 也说明了为何凸优化比非凸优化更简单。

**定理 1.5** 如果模型 (1.11) 是一个凸优化问题, 那么其任意的局部最优解都是全局最优解。进一步, 如果 $f(\boldsymbol{x})$ 是可微的, 那么 $f$ 的任意驻点都是全局最小点。

**证明** (反证法)。设 $\boldsymbol{x}$ 是 $f(\boldsymbol{x})$ 的局部最小值点但不是全局最小值点, 记全局最小值点为 $\boldsymbol{x}^*$, 则有

$$f(\boldsymbol{x}) > tf(\boldsymbol{x}) + (1-t)f(\boldsymbol{x}^*) \geqslant f(t\boldsymbol{x} + (1-t)\boldsymbol{x}^*), \quad \forall t \in (0,1)$$

如果取 $t$ 充分接近 1, 则上式说明, 在 $\boldsymbol{x}$ 的任意邻域内都有函数值比 $f(\boldsymbol{x})$ 更小的点, 这与 $\boldsymbol{x}$ 是局部最小值点矛盾! 所以, 如果函数 $f$ 是凸函数, 那么其任意的局部最优解都是全局最优解。

对于第二点, 仍用反证法。设 $\bar{\boldsymbol{x}}$ 是 $f$ 的驻点但不是全局最小值点, 仍记全局最小值点为 $\boldsymbol{x}^*$, 则有

$$\begin{aligned}
\nabla f(\bar{\boldsymbol{x}})^{\mathrm{T}}(\boldsymbol{x}^* - \bar{\boldsymbol{x}}) &= \lim_{t \to 0} \frac{f(\bar{\boldsymbol{x}} + t(\boldsymbol{x}^* - \bar{\boldsymbol{x}})) - f(\bar{\boldsymbol{x}})}{t} \\
&\leqslant \lim_{t \to 0} \frac{(1-t)f(\bar{\boldsymbol{x}}) + tf(\boldsymbol{x}^*) - f(\bar{\boldsymbol{x}})}{t} \\
&= f(\boldsymbol{x}^*) - f(\bar{\boldsymbol{x}}) \\
&< 0
\end{aligned}$$

这与 $\bar{\boldsymbol{x}}$ 是 $f$ 的驻点即 $\nabla f(\bar{\boldsymbol{x}}) = 0$ 矛盾! □

定理 1.5 也表明, 全局最优化问题主要关注非凸优化问题, 因为凸优化问题可以在局部最优化框架内得到很好的解决。因此, 除了第 2 章, 本书后续的内容主要关注非凸优化问题。

2) 非凸优化的最优性条件

对于一般的非凸优化问题, 要确保找到全局最优解, 并不存在类似于局部优化的一阶条件和二阶条件那样的全局最优性条件。但是, 可以通过稠密搜索 (dense search) 的方式确保找到全局最优解。稠密搜索源自于集合论中的稠密子集的概念。

**定义 1.2** 假设集合 $B$ 是集合 $A$ 的子集, 如果对于集合 $A$ 中任意的点 $\boldsymbol{x}$, 都存在集合 $B$ 中的点 $\boldsymbol{y}$, 使得两点之间的距离足够小, 即 $|\boldsymbol{x} - \boldsymbol{y}| < \epsilon, \forall \epsilon > 0$, 那么就称集合 $B$ 为集合 $A$ 的稠密子集。

直观但不严谨地解释, 稠密子集虽然是原集合的子集, 但与原集合几乎是 "重叠" 的, 因为原集合中的任何一个点在稠密子集中都有一个点跟它足够近。因此, 在工程实践中, 稠密子集可以称为原集合的很好近似或者替代。正是在这个意义上, 稠密搜索具有重要意义, 其定义如下。

**定义 1.3**　最优化算法设计中的稠密搜索, 指的是能够使算法找到可行域的一个稠密子集的搜索策略。

需要注意区分稠密搜索和完全搜索 (complete search), 两者有时候会混用, 但不完全相同。后者在理论上指的是搜索到可行域的每一个点, 这在连续优化场合是不可能也没有必要的。在组合优化的场合, 也不完全必要, 只需要搜索到稠密子集就足够了。

下面的定理保证了稠密搜索可以以任意精度, 逼近目标函数的全局最优值。

**定理 1.6**　假设最优化问题 (1.11) 的目标函数 $f(\boldsymbol{x})$ 在全局最优解 $\boldsymbol{x}^*$ 的某个邻域内连续, 则对于任意的 $\delta > 0$, 稠密搜索算法总能找到某个点 $\boldsymbol{y}$ 使得 $|f(\boldsymbol{y}) - f(\boldsymbol{x})| < \delta$。

**证明**　根据稠密搜索的定义 1.3, 算法能找到可行域的稠密子集, 从而能找到一个点距离 $\boldsymbol{x}^*$ 足够近。因此, 根据目标函数的连续性, 结论显然成立。　　　　　　　　□

虽然稠密搜索在理论上可以保证无限逼近或找到全局最优值, 但是, 稠密搜索所需的计算成本巨大, 在实践中往往只适合低维问题。目前, 稠密搜索已成为一些全局最优化算法的寻优指引 [9-10], 但还没有成为主流的全局最优性条件。随着对智能启发类全局最优化算法收敛性要求的不断提升, 稠密搜索策略有望在这些算法的收敛性证明中也发挥重要作用。

# 1.3　最优化算法框架初瞰与本书后续安排

本书主要讨论单目标优化, 本节首先给出基于单点迭代和种群演化的两种算法框架 [11]。大体上, 前者属于局部最优化算法框架, 而后者属于全局最优化算法框架。

## 1.3.1　局部最优化问题的梯度型算法

借助最优性条件特别是一阶必要条件, 可以设计出求解局部最优化问题的数值算法。由于最优性条件用到了梯度信息, 这类算法被统称为梯度型算法。其大致理念是: 从一个初始点出发, 沿着一个下降方向搜索, 去寻找比当前初始点更好的点, 然后一直重复这个策略。这类算法有一个统一的迭代框架。

---

**算法 1.2** (单点迭代优化算法)　初始化: 给定初始点 $\boldsymbol{x}_0 \in R^n$, 令 $k = 0$。
当停止条件不成立, 执行以下循环:

- 确定搜索方向: 确定一个能够使目标函数值产生下降的方向 $\boldsymbol{d}_k$;
- 确定搜索步长: 确定在 $\boldsymbol{d}_k$ 方向上的搜索步长 $\alpha_k$;
- 产生下一个迭代点: $\boldsymbol{x}_{k+1} = \boldsymbol{x}_k + \alpha_k \boldsymbol{d}_k$, 令 $k = k + 1$。

---

算法 1.2 又叫作下降算法, 因为搜索方向要求能够使得目标函数值下降。事实上, 这一要求可以适当放松, 比如允许在若干次迭代中有一次函数值上升。后者称为非单调算法。只

要恰当构建下降方向和非单调策略, 并妥善更新搜索步长, 借助于一阶必要条件, 总能保证设计的算法能收敛到目标函数的一个驻点。

下面非常粗略地介绍基于梯度引领的几类非常重要的算法, 第 2 章将会详细介绍它们。基于负梯度方向是最速下降方向的基本事实, 在迭代格式 $\boldsymbol{x}_{k+1} = \boldsymbol{x}_k + \lambda \boldsymbol{d}_k$ 中令

$$\boldsymbol{d}_k = -\nabla f(\boldsymbol{x}_k), \quad k = 0, 1, \cdots \tag{1.19}$$

就得到了著名的最速下降法 (或叫作梯度下降法), 该算法在一般情况下具有线性收敛速度, 即收敛率为 1(收敛速度和收敛率的定义详见第 2 章)。最速下降法是一个简单而基本的算法, 大量梯度型算法都是其变种。一个应用非常广泛的变种就是用于人工神经网络和深度学习训练网络权重的随机梯度下降法。

如果目标函数的几何形态非常良好, 比如二阶连续可微, 就可以采用收敛速度更快的牛顿方向:

$$\boldsymbol{d}_k = -\left(\nabla^2 f(\boldsymbol{x}_k)\right)^{-1} \nabla f(\boldsymbol{x}_k), \quad k = 0, 1, \cdots \tag{1.20}$$

牛顿法是主流算法中唯一一类可以达到二阶收敛率的最优化算法。在求解严格凸的二次函数的最优解时, 只要步长是精确线性搜索得到的, 牛顿法只需要迭代一次即可到达最优解[8]。

虽然牛顿法收敛速度很快, 但要求在每个迭代点处计算目标函数的二阶梯度, 这不是一件容易的事情。著名的拟牛顿法通过采用相对容易计算的正定矩阵 $\boldsymbol{B}_k$ 来近似二阶梯度 $\nabla^2 f(\boldsymbol{x}_k)$, 试图在降低计算成本的同时保持较快的收敛速度。拟牛顿法的下降方向定义为

$$\boldsymbol{d}_k = -\left(\boldsymbol{B}_k\right)^{-1} \nabla f(\boldsymbol{x}_k), \quad k = 0, 1, \cdots \tag{1.21}$$

在一定的条件下, 拟牛顿法可以达到超线性收敛速度, 即收敛阶数大于 1 但小于 2。

定义正定矩阵 $\boldsymbol{B}_k$ 的方式很多, 常用的是通过如下的低秩修正来获得:

$$\boldsymbol{B}_{k+1} = \boldsymbol{B}_k + \boldsymbol{\Delta}_k, \tag{1.22}$$

其中 $\boldsymbol{\Delta}_k$ 是秩很小 (一般为 1 或 2) 对称矩阵。比如著名的 BFGS 算法就采用了秩为 2 的如下 BFGS(Broyden-Fletcher-Goldfarb-Shanno) 修正公式:

$$\boldsymbol{B}_{k+1} = \boldsymbol{B}_k - \frac{\boldsymbol{B}_k \boldsymbol{s}_k \boldsymbol{s}_k^{\mathrm{T}} \boldsymbol{B}_k}{\boldsymbol{s}_k^{\mathrm{T}} \boldsymbol{B}_k \boldsymbol{s}_k} + \frac{\boldsymbol{y}_k \boldsymbol{y}_k^{\mathrm{T}}}{\boldsymbol{y}_k^{\mathrm{T}} \boldsymbol{s}_k} \tag{1.23}$$

其中, $\boldsymbol{s}_k = \boldsymbol{x}_{k+1} - \boldsymbol{x}_k, \boldsymbol{y}_k = \nabla f(\boldsymbol{x}_{k+1}) - \nabla f(\boldsymbol{x}_k)$。

非线性共轭梯度法是求解非线性规划的另一类非常高效的方法, 其搜索方向定义如下:

$$\boldsymbol{d}_k = \begin{cases} -\nabla f(\boldsymbol{x}_0), & k = 0 \\ -\nabla f(\boldsymbol{x}_k) + \beta_k \boldsymbol{d}_{k-1}, & k = 1, 2, \cdots \end{cases} \tag{1.24}$$

其中，$\beta_k$ 要使得搜索方向 $\boldsymbol{d}_k$ 与 $\boldsymbol{d}_{k-1}$ 满足一定的共轭性[8]。$\beta_k$ 的不同定义方式，就得到不同的非线性共轭梯度法。一些常用的选择有

$$\beta_k^{\text{FR}} = \frac{||\nabla f(\boldsymbol{x}_k)||^2}{||\nabla f(\boldsymbol{x}_{k-1})||^2}$$

$$\beta_k^{\text{DY}} = \frac{||\nabla f(\boldsymbol{x}_k)||^2}{\boldsymbol{d}_{k-1}^{\text{T}}(\nabla f(\boldsymbol{x}_k) - \nabla f(\boldsymbol{x}_{k-1}))} \tag{1.25}$$

以上只是非常简单地介绍了梯度引领下的四类数学规划算法，每一类算法都有许多的变种和发展，也还有其他类型的数学规划方法[7-8]。总之，借助于梯度信息的引领，最优化问题在数学规划领域已经取得了极大的成功。这些成功包括：开发了大量的适用于多种类型最优化问题的高效算法，证明了这些算法的收敛性和收敛速度等理论性质，以及取得了很多的实际应用，等等。

然而，相对于我们求解最优化问题 (1.11) 的全局最优解的初心与使命，以梯度型算法为代表的数学规划方法的辉煌仍然是"有限的"。首先，这类方法通常以求解一个局部最优解为目标，很少去考虑如何进一步去获得全局最优解。主流的做法只是多次尝试多个不同的初始位置，希望能找到全局最优解或其近似解。其次，这类方法采用单点迭代的方式，每次迭代只进行一个方向上的线性搜索，这相对于后面介绍的种群搜索方式，是比较基本的，可供利用的信息也是相对很有限的。

本书第 1 部分将介绍基于梯度型算法的局部优化，以及如何借助多次重启策略来获得全局最优解。

## 1.3.2　全局最优化问题的智能启发类算法

在本书中，智能启发类全局最优化算法是启发式优化算法和智能优化算法的统称，它们是两类发展迅速的随机性全局最优化算法[12-15]，是梯度引领和稠密搜索之外两类非常重要的寻优范式。它们的描述性定义如下[11]。

**定义 1.4**　最优化算法设计中的启发式优化算法，指的是通过模拟自然、物理、社会等现象中的寻优过程，来设计得到的最优化算法。

**定义 1.5**　最优化算法设计中的智能优化算法，指的是通过模拟生物进化和动物的群体觅食等智能行为来设计得到的最优化算法。

事实上，智能优化也是一种广义上的启发式优化。因此，本书称定义 (1.4) 中的启发式优化为狭义的启发式优化，而广义的启发式优化包括智能优化。它们一般通过种群协同演化的方式来进行全局寻优，其算法框架大致如下。

算法 1.3 以种群协同演化的方式显著有别于算法 1.2。初始种群以矩阵形式存储，有 $\mu$ 个个体，每个个体是一个 $n$ 维向量。通常每一代种群个体数不变。在新一代种群中，既可以包含上一代种群的某些个体，也包含很多新个体。怎么产生新个体是算法的关键，往往有两种力量影响新个体的产生：一种力量模拟生物繁衍的本能，采用交叉 (交配)、重组、变异等方式产生新个体；另一种力量来自信息共享产生的文化影响，它能深刻改变生物繁衍的方式。

$C \circ M(\boldsymbol{X}_k)$ 表示在这两种力量的影响下产生的新个体集合; 而 $\boldsymbol{X}_{k+1} \leftarrow \boldsymbol{X}_k \bigoplus C \circ M(\boldsymbol{X}_k)$ 表示从上一代种群和新产生的个体中, 挑选一定数量个体, 组成下一代种群。

**算法 1.3** (种群协同演化优化算法)  初始化: 给定初始种群 $\boldsymbol{X}_0 \in R^{\mu \times n}$, 令 $k = 0$。
当停止条件不成立, 执行以下循环:

- 确定文化函数: 在信息共享的基础上, 结合先验或启发性的知识, 确定种群社会的文化函数 $C(\cdot)$;
- 确定繁衍函数: 模拟生物本能, 确定种群繁衍函数 $M(\cdot)$;
- 产生下一代种群: 产生一批新个体 $C \circ M(\boldsymbol{X}_k)$, 并从所有个体中选择出一定数量的个体, 组成下一代种群 $\boldsymbol{X}_{k+1} \leftarrow \boldsymbol{X}_k \bigoplus C \circ M(\boldsymbol{X}_k)$。

目前, 已有至少上百种智能启发式类算法被提出来。模拟固体物质降温等自然物理现象的模拟退火算法、烟花算法等, 模拟生物进化现象的基因算法, 模拟动物觅食等社会行为的粒子群优化算法、蚁群优化算法等, 模拟头脑风暴决策过程等社会行为的头脑风暴优化算法, 等等, 都是其中的代表性算法。

总之, 为了获得最优化问题真正的全局最优解, 在没有合适的数学最优性条件指引的情况下, 研究人员探索了稠密搜索等理论支撑较强的严谨路径, 也闯荡了智能启发等理论支撑暂时较弱的领域。他们既从数学理论中汲取营养, 也努力从大自然和人类社会中寻找智慧, 虽无奈于全局最优化是 NP-hard 问题的极大限制, 但仍旧坚守初心, 探索出大量的成功案例。

本书第 2~3 部分将详细介绍智能启发类算法是如何进行全局寻优的。

## 1.3.3  全局最优化与局部最优化: 特色与融合

前面介绍了从最优化问题的数学最优性条件出发, 衍生出局部最优化和全局最优化两大分支领域。前者依赖一阶必要条件 (定理 1.2) 和二阶充分条件 (定理 1.4), 借助梯度信息进行寻优, 能保证收敛到局部最优解。而后者缺乏合适的全局最优性条件, 只能进行稠密搜索或智能启发搜索。对于稠密搜索, 可以保证收敛到全局最优解; 而对于大多数智能启发算法, 目前还缺乏全局收敛性的理论支撑。下面粗略探讨两大领域的各自特点以及未来可能的融合方向[11]。

下面对局部最优化和全局最优化这两个领域的主流算法及其特点做个大致比较, 如表 1.1 所示。在表 1.1 中, 全局最优化领域包含三种类型的算法, 分别是采用稠密搜索的确定性全局最优化、启发式优化和智能优化。而在局部最优化领域, 除了传统的梯度型算法, 还包括直接搜索算法。直接搜索算法是不利用梯度信息或近似梯度信息, 但也力图保证算法能收敛到局部最优解。

首先, 对所有的最优化算法, 收敛性都是研究的重点和难点。从上到下看表 1.1 可以发现, 越是上面的算法越关注算法的收敛性等理论性质, 越往下则越难以得到收敛性的保证。在智能启发类全局最优化算法的发展早期, 这个区别是非常明显的, 以至于数学规划领域的研究人员和智能启发领域的研究人员是几乎没有交集的。但是, 随着智能启发类全局最优化算法在实践中取得了一些显著的成功, 两个领域的研究人员都试图搞清楚究竟发生了什么以及为什么。随着交流越来越频繁, 合作越来越多, 智能启发类算法的收敛性等理论性质正逐步得到加强。因此, 收敛性等理论性质并不是区分局部最优化和全局最优化的根本标准。换句话说, 并不是全局最优化不需要收敛性等理论性质的保证, 而只是它们 (特别是智能启发类算法) 更难得到收敛性的保证。相信在不久的未来, 全局最优化领域会像局部最优化一样, 非常关注算法的收敛性, 甚至一点不亚于对数值性能的关注。这是两个领域深度融合的一个十分重要的方向。

表 1.1　局部最优化与全局最优化: 算法类型与特色

| 领域 | 算法类型 | 主流算法 | 算法特点 |
|---|---|---|---|
| 局部最优化 | 梯度型算法 | 最速下降法;<br>牛顿法; 拟牛顿法;<br>共轭梯度法; $\cdots$ | 梯度信息引导寻优, 单点迭代,<br>有收敛性保证, 速度快,<br>对目标函数要求高 |
| | 直接搜索 | 模式搜索 (pattern search);<br>单纯形搜索 (simplex search);<br>MADS; $\cdots$ | 属于启发式优化, 单点迭代,<br>一般有收敛性保证,<br>不借助任何梯度信息 |
| 全局最优化 | 确定性<br>全局<br>最优化 | 分支定界;<br>DIRECT;<br>MCS; $\cdots$ | 不借助随机性和梯度信息,<br>可单点迭代或多点并行迭代,<br>稠密搜索, 有收敛性保证 |
| | 启发式优化 | 模拟退火; $\cdots$ | 借助随机性和启发信息来寻优 |
| | 智能<br><br>优化 | 基因算法;<br>粒子群优化;<br>蚁群优化;<br>头脑风暴优化;<br>烟花算法; $\cdots$ | 种群演化, 信息共享,<br>借助智能行为启发寻优,<br><br>对目标函数要求低,<br>正在寻找收敛性保证 |

其次, 广义的启发式寻优是局部最优化和全局最优化的共同技术。事实上, 直接搜索算法本质上就是一类启发式优化算法。比如, 著名的 Neder-Mead 的单纯形法, 就借助于单纯形搜索 (simplex search) 这种几何启发来寻优。因此, 局部最优化领域也不仅仅依赖于梯度寻优的, 只要有效 (能收敛到局部最优解), 借助于各种启发信息也是可以的。我们相信广义上的启发式寻优会是局部最优化和全局最优化未来融合的另一个重要方向。

再次, 在单点迭代与种群演化的迭代形式以及确定性与随机性的采用上, 局部最优化和全局最优化有望相互借鉴。目前, 局部最优化算法一般都是单点迭代的, 且一般不采用随机性; 而多数全局最优化算法都采用了种群演化的迭代策略, 一般离不开随机性。所以, 在局部最优化和全局最优化的融合发展中, 很有必要更多地借助随机性和种群演化策略来加强算法的全局搜索能力。但是, 在有希望的区域进行局部加速搜索时, 确定性的单点迭代方式有助于降低搜索成本。它们的相互结合很可能是 “双剑合璧” 式的相互赋能。

最后, 鉴于局部最优化和全局最优化都需要进行数值实验, 以检验算法在有限成本 (相对于收敛性研究中的无限成本) 下的数值性能, 在数值实验和算法评价领域还有许多深度融合的事情可以做。本书第 4 部分介绍适用于局部最优化和全局最优化的理论评价体系和数值比较方法。

总之，全书共分 12 章，第 1 章介绍最优化问题的数学模型和基本理论，第 12 章介绍最优化算法设计和分析的实操指引。剩余 10 章构成了 3 个具有一定独立性的部分，可选择性阅读。在这 3 个部分中，前 2 个部分是关于全局最优化算法的介绍，第 3 个部分是关于各种最优化算法的理论评价和数值比较，分别探讨如何从理论上和数值性能上来评价一个最优化算法的好坏和优劣。

# 习题与思考

1. 1.1 节介绍的 8 大类最优化问题中，哪一类的规模 (即控制变量的个数) 通常是最大的？哪一类的规模是最小的？请说明理由。

2. 1.1 节介绍的 8 大类最优化问题中，哪些是线性规划问题？哪些是非线性规划问题？哪些是约束优化问题？哪些是无约束优化问题？

3. 在什么条件下，消费者的效用最大化问题 (1.2) 是一个凸优化问题？

4. 如何理解最优化问题的局部最优解一定在可行域的内部？

5. 某个最优化问题只有一个局部最优解，请问这个解一定是全局最优解吗？该问题是凸优化问题吗？

6. 如果目标函数是连续的，且可行域有界，请问该最优化问题一定有最大值或最小值吗？没有的话请举出反例。

7. 如何理解命题 1.1 的结论？比如取 $a = b = \alpha = 0, \beta = 1, s_i = s = 1$，得到的最优化问题是什么？如何求解该问题？

8. 如果 $x^*$ 是最优化问题 (1.11) 的一个局部最优解，但目标函数 $f(x)$ 在该点不可微，此时该如何建立最优性条件？

9. 凸优化问题的局部最优解是唯一的吗？为什么？

10. 稠密搜索和完全搜索的区别是什么？什么情况下可以用完全搜索？

11. 算法 1.2 只给出了梯度型算法的一种主流实现，事实上还存在另一种重要实现方式，那就是先确定步长，再确定搜索方向。根据这一提示，请思考并给出后一种实现方式 (称为信赖域法) 的伪代码。

12. 从上往下研究表 1.1 中的算法，认真理解以下发展趋势：(1) 从确定性走向随机性；(2) 从单点搜索到种群演化搜索；(3) 从梯度引领到智能启发。你有何发现？你认为包含局部最优化和全局最优化的整个数值最优化领域的未来发展方向可能在哪里？(本题的作答可伴随整本书的阅读)

# 第1部分

# 梯度优化的多次重启与无导数优化

# 第 2 章
# 基于梯度信息的局部寻优

全局优化方法如满天星，但其光芒总和可能还比不上梯度优化的火炬。

本章主要考虑如下的无约束优化问题:

$$\min_{\boldsymbol{x} \in \mathbb{R}^n} f(\boldsymbol{x}) \tag{2.1}$$

其中, $f : \mathbb{R}^n \to \mathbb{R}$ 为实值函数。若函数 $f$ 是连续可微的，则可基于其梯度和 Hessian 矩阵等信息结合线搜索原则设计数值算法对问题 (2.1) 进行求解。下面回顾下降算法 (算法 2.1) 的基本框架:

**算法 2.1** (下降算法)　　初始化: 给定初始点 $\boldsymbol{x}_0 \in \mathbb{R}^n$ 以及算法参数，令 $k=0$。
当停止条件不成立时, 执行以下循环:
**步骤 1** (确定搜索方向)　　确定一个能够使目标函数值产生下降的方向 $\boldsymbol{d}_k$;
**步骤 2** (确定搜索步长)　　计算在 $\boldsymbol{d}_k$ 方向上的搜索步长 $\alpha_k$;
**步骤 3** (产生下一个迭代点)　　$\boldsymbol{x}_{k+1} = \boldsymbol{x}_k + \alpha_k \boldsymbol{d}_k$, 令 $k = k+1$。

算法的停止条件可以结合采用的算法和所研究问题的具体要求设定, 例如

- 绝对误差:

$$|f(\boldsymbol{x}_{k+1}) - f(\boldsymbol{x}_k)| \leqslant \varepsilon \quad \text{或} \quad \|\boldsymbol{x}_{k+1} - \boldsymbol{x}_k\| \leqslant \varepsilon$$

- 相对误差:

$$\frac{|f(\boldsymbol{x}_{k+1}) - f(\boldsymbol{x}_k)|}{1 + |f(\boldsymbol{x}_k)|} \leqslant \varepsilon \quad \text{或} \quad \frac{\|\boldsymbol{x}_{k+1} - \boldsymbol{x}_k\|}{1 + \|\boldsymbol{x}_k\|} \leqslant \varepsilon$$

要实现算法 2.1, 我们需要进一步确定下降方向和搜索步长。搜索步长的选取需要保证下降算法的收敛性, 而下降方向的选取决定算法的收敛速度。收敛速度是衡量算法的一个重要指标, 点列的比值收敛速度 (Q-收敛速度, Q 表示 quotient) 和根收敛速度 (R-收敛速度, R 表示 root) 是两种常用的度量。这两个概念将在第 8 章详细介绍, 这里先给出计算公式。设序列 $\{\boldsymbol{x}_k\}$ 是由算法 2.1 生成的序列且该序列收敛到 $\bar{\boldsymbol{x}}$, 若对于充分大的 $k$, 有

$$\frac{\|\boldsymbol{x}_{k+1} - \bar{\boldsymbol{x}}\|}{\|\boldsymbol{x}_k - \bar{\boldsymbol{x}}\|^r} \leqslant q$$

当 $r = 1$, $q \in (0,1)$ 时, 则称算法生成的序列 $\{\boldsymbol{x}_k\}$ 是 Q-线性收敛的; 当 $r = 2$, $q > 0$ 时, 则称算法生成的序列 $\{\boldsymbol{x}_k\}$ 是 Q-二次收敛的, 进一步若有

$$\lim_{k \to \infty} \frac{\|\boldsymbol{x}_{k+1} - \bar{\boldsymbol{x}}\|}{\|\boldsymbol{x}_k - \bar{\boldsymbol{x}}\|} = q$$

当 $q = 0$ 时, 则称算法生成的序列 $\{\boldsymbol{x}_k\}$ 是 Q-超线性收敛的; 当 $q = 1$ 时, 则称算法生成的序列 $\{\boldsymbol{x}_k\}$ 是 Q-次线性收敛的。

在 Q-收敛速度的基础上, 可以定义 R-收敛速度。假设存在 Q-线性 (超线性、二次) 收敛到 0 的非负序列 $\{\eta_k\}$, 若

$$\|\boldsymbol{x}_k - \boldsymbol{x}^*\| \leqslant \eta_k$$

对于任意的 $k$ 均成立, 则称算法生成的序列 $\{\boldsymbol{x}_k\}$ 是 R-线性 (超线性、二次) 收敛的。当知道 $\eta_k$ 的具体形式时, 则称算法生成序列 $\{\boldsymbol{x}_k\}$ 的收敛速度为 $\mathcal{O}(\eta_k)$。

本章首先介绍确定搜索步长所常用的线搜索原则; 然后结合目标函数下降方向的选取方式介绍一些经典的梯度型优化算法; 最后对于在实际中广泛使用的约束优化问题, 介绍可将约束优化问题转换为无约束优化问题进行求解的罚函数法和增广拉格朗日函数方法。本章内容主要来源于袁亚湘和孙文瑜著的《最优化理论与方法》[7]、张立卫和单锋编著的《最优化方法》[16]、刘皓洋等编著的《最优化: 建模、算法与理论》[17], 以及 Jorge Nocedal 和 Stephen Wright 的专著 *Numerical Optimization*[18]。

## 2.1　线搜索方法与下降算法的收敛性

线搜索方法的理念是利用近似模型求出下降方向, 再确定步长。这一节首先给出用于确定步长的多种线搜索原则, 并给出基于这些线搜索原则的下降算法收敛性分析。本节始终假设目标函数 $f: \mathbb{R}^n \to \mathbb{R}$ 是连续可微的, $\boldsymbol{x}_k$ 为梯度型优化算法第 $k$ 次迭代产生的点, $\boldsymbol{d}_k$ 为满足条件 $\nabla f(\boldsymbol{x}_k)^{\mathrm{T}} \boldsymbol{d}_k < 0$ 的下降方向。

### 2.1.1　线搜索方法

线搜索原则的目标是选取合适步长 $\alpha_k$ 使得函数值 $f(\boldsymbol{x}_k + \alpha_k \boldsymbol{d}_k)$ 尽可能小。结合选取的步长 $\alpha_k$ 是否使得函数值 $f(\boldsymbol{x}_k + \alpha_k \boldsymbol{d}_k)$ 达到最小, 可将线搜索原则分为精确线搜索和非精确线搜索两类。若步长 $\alpha_k > 0$ 满足:

$$f(\boldsymbol{x}_k + \alpha_k \boldsymbol{d}_k) = \min_{\alpha \geqslant 0} f(\boldsymbol{x}_k + \alpha \boldsymbol{d}_k)$$

则称 $\alpha_k$ 为最优步长, 采用最优步长的搜索方法称为精确线搜索原则。对于精确线搜索, 我们可以得到如下性质成立:

$$\nabla f(\boldsymbol{x}_k + \alpha_k \boldsymbol{d}_k)^{\mathrm{T}} \boldsymbol{d}_k = 0 \tag{2.2}$$

然而, 在算法实现过程中, 获得最优步长通常需要很大的计算量, 当目标函数 $f$ 较为复杂时甚至无法得到, 因此在实际应用中往往采用非精确的线搜索方法。下面我们将具体给出常用的非精确线搜索方法 (有时候也称为非精确线搜索原则)。

1) Armijo 非精确线搜索

若步长 $\alpha_k = \bar{\alpha}\rho^{m_k}$ 且 $m_k$ 为满足式 (2.3) 的第一个非负整数 $m$:

$$f(\boldsymbol{x}_k + \bar{\alpha}\rho^m \boldsymbol{d}_k) - f(\boldsymbol{x}_k) \leqslant c\bar{\alpha}\rho^m \nabla f(\boldsymbol{x}_k)^{\mathrm{T}}\boldsymbol{d}_k \tag{2.3}$$

则称步长 $\alpha_k$ 满足 Armijo 非精确线搜索。其中, $\rho, c \in (0, 1)$; $\bar{\alpha} > 0$。

根据定义,我们可以看出满足 Armijo 非精确线搜索的步长 $\alpha_k$ 使得下式成立:

$$f(\boldsymbol{x}_k + \alpha_k \boldsymbol{d}_k) - f(\boldsymbol{x}_k) \leqslant c\alpha_k \nabla f(\boldsymbol{x}_k)^{\mathrm{T}}\boldsymbol{d}_k < 0$$

即当 $\boldsymbol{d}_k$ 为下降方向时, $\alpha_k$ 可保证函数值的下降性。在实际应用中,获取满足 Armijo 非精确线搜索的步长是相对容易的。例如可以选取一系列正整数 $m$,按照从大到小的顺序试探步长,选取满足条件的最大的 $\alpha_k$。同时,由于 $\boldsymbol{d}_k$ 是目标函数的下降方向,故一定存在满足 Armijo 非精确线搜索的步长。然而,当步长 $\alpha_k$ 非常小时, $\boldsymbol{x}_{k+1}$ 相较于 $\boldsymbol{x}_k$ 变化过小,此类步长并没有实际意义。因此,在实践过程中,会给出一个步长的下界,以防止步长过小。

2) Goldstein 原则

若步长 $\alpha_k > 0$, 且其满足:

$$(1 - \rho)\alpha_k \nabla f(\boldsymbol{x}_k)^{\mathrm{T}}\boldsymbol{d}_k \leqslant f(\boldsymbol{x}_k + \alpha_k \boldsymbol{d}_k) - f(\boldsymbol{x}_k) \leqslant \rho\alpha_k \nabla f(\boldsymbol{x}_k)^{\mathrm{T}}\boldsymbol{d}_k$$

则称步长 $\alpha_k$ 满足 Goldstein 原则。其中, $\rho \in (0, 1/2)$。

从定义可以看出,满足 Goldstein 原则的步长既可以保证函数值的下降性,又可以保证步长不会过小,进而可以克服 Armijo 非精确线搜索的缺陷。同时,可以证明当函数 $f$ 是下有界的连续函数,且方向 $\boldsymbol{d}_k$ 满足 $\nabla f(\boldsymbol{x}_k)^{\mathrm{T}}\boldsymbol{d}_k < 0$ 时,一定存在步长 $\alpha_k > 0$ 满足 Goldstein 原则。另外,值得注意的是,满足 Goldstein 原则的步长在可以去掉过小的步长的同时,也可能将 $f(\boldsymbol{x}_k + \alpha\boldsymbol{d}_k)$ 在 $(0, +\infty)$ 内的极小点排除在外。

3) Wolfe 原则

若步长 $\alpha_k > 0$ 同时满足如下两个条件:

$$f(\boldsymbol{x}_k + \alpha_k \boldsymbol{d}_k) - f(\boldsymbol{x}_k) \leqslant \rho\alpha_k \nabla f(\boldsymbol{x}_k)^{\mathrm{T}}\boldsymbol{d}_k$$

$$\nabla f(\boldsymbol{x}_k + \alpha_k \boldsymbol{d}_k)^{\mathrm{T}}\boldsymbol{d}_k \geqslant \sigma \nabla f(\boldsymbol{x}_k)^{\mathrm{T}}\boldsymbol{d}_k$$

则称步长 $\alpha_k$ 满足 Wolfe 原则。其中, $\rho \in (0, 1)$; $\sigma \in (\rho, 1)$。

注意到 Wolfe 原则中的第一个条件为 Armijo 非精确线搜索原则,而第二个条件则是对关于步长的函数 $\phi(\alpha) = f(\boldsymbol{x}_k + \alpha\boldsymbol{d}_k)$ 的导数进行了限制,即 $\phi'(\alpha_k) \geqslant \sigma\phi'(0)$。注意到, $\phi'(\alpha) = 0$ 被包含在其中,因此在实践中往往会将 $f(\boldsymbol{x}_k + \alpha\boldsymbol{d}_k)$ 在 $(0, +\infty)$ 内的极小点包含其中。同时,可以证明若函数 $f$ 是连续可微的, $\hat{\alpha} := \{\alpha \geqslant 0 | f(\boldsymbol{x} + \alpha\boldsymbol{d}_k) = f(\boldsymbol{x}_k) + \alpha\nabla f(\boldsymbol{x}_k)^{\mathrm{T}}\boldsymbol{d}_k\}$ 有定义且有限,则在 $[0, \hat{\alpha}]$ 中存在一区间 $(a, b)$ 满足对任何 $\alpha_k \in (a, b)$ 都有 Wolfe 原则成立。

同时，将 Wolfe 原则的第二个条件和精确线搜索中的关系式 (2.2) 对比，可以看出当参数 $\sigma \to 0$ 时，也无法得到关系式 (2.2) 成立，因此可以进一步引入如下的**强 Wolfe 原则**，即步长 $\alpha_k > 0$ 同时满足如下两个条件：

$$f(\boldsymbol{x}_k + \alpha_k \boldsymbol{d}_k) - f(\boldsymbol{x}_k) \leqslant \rho \alpha_k \nabla f(\boldsymbol{x}_k)^{\mathrm{T}} \boldsymbol{d}_k$$

$$|\nabla f(\boldsymbol{x}_k + \alpha_k \boldsymbol{d}_k)^{\mathrm{T}} \boldsymbol{d}_k| \leqslant |\sigma \nabla f(\boldsymbol{x}_k)^{\mathrm{T}} \boldsymbol{d}_k|$$

其中，$\rho \in (0, 1)$; $\sigma \in (\rho, 1)$。

可以看出，以上介绍的线搜索原则选取的步长都可以使得梯度算法产生的目标函数的序列是单调下降的。在实际应用中，也可以在此类线搜索原则的基础上，进一步设计非单调线搜索方法，以提高计算效率[19-22]。

## 2.1.2　下降方法的收敛性

本节给出结合不同线搜索原则的下降算法的收敛性结果。

**定理 2.1**　设 $f: \mathbb{R}^n \to \mathbb{R}$ 是连续可微函数，$f$ 在 $\mathbb{R}^n$ 上是有下界的，$\nabla f$ 在包含水平集合 $\mathrm{Lev} f := \{\boldsymbol{x} \in \mathbb{R}^n | f(\boldsymbol{x}) \leqslant f(\boldsymbol{x}_0)\}$ 的开集合 $\mathcal{O}$ 上是一致连续的。若 $\boldsymbol{d}_k$ 满足下述角条件：

$$\theta_k \leqslant \pi/2 - \mu$$

其中 $\theta_k$ 是负梯度 $-\nabla f(\boldsymbol{x}_k)$ 与下降方向 $\boldsymbol{d}_k$ 的夹角，$\mu \in (0, \pi/2)$ 是一常数，若 $\alpha_k$ 是由 Wolfe 原则生成的步长，则或者存在某个 $k$ 满足 $\nabla f(\boldsymbol{x}_k) = 0$，或者 $\|\nabla f(\boldsymbol{x}_k)\| \to 0$。

**证明**　设对所有的 $k$ 均有 $\nabla f(\boldsymbol{x}_k) \neq 0$，下面用反证法来证明 $\|\nabla f(\boldsymbol{x}_k)\| \to 0$。假设存在 $k_i$，存在 $\varepsilon \geqslant 0$，且它们满足

$$\|\nabla f(\boldsymbol{x}_{k_i})\| \geqslant \varepsilon \tag{2.4}$$

由于 $\boldsymbol{d}_k$ 满足角条件 $\theta_k \leqslant \pi/2 - \mu$，则得

$$\nabla f(\boldsymbol{x}_k)^{\mathrm{T}} \boldsymbol{d}_k = -\|\nabla f(\boldsymbol{x}_k)\| \, \|\boldsymbol{d}_k\| \cos\theta_k \leqslant -\|\nabla f(\boldsymbol{x}_k)\| \, \|\boldsymbol{d}_k\| \sin\mu < 0 \tag{2.5}$$

设递减序列 $\{f(\boldsymbol{x}_k)\}$ 的极限是 $\bar{f}$，则 $\bar{f} > -\infty$。由 $f(\boldsymbol{x}_k) \to \bar{f}$ 可知 $f(\boldsymbol{x}_k) - f(\boldsymbol{x}_{k+1}) \to 0$。进一步，将 Wolfe 线搜索原则的第一个条件用于指标 $k_i$，则有

$$\begin{aligned}
f(\boldsymbol{x}_{k_i}) - f(\boldsymbol{x}_{k_i+1}) &\geqslant -\rho \alpha_{k_i} \nabla f(\boldsymbol{x}_{k_i})^{\mathrm{T}} \boldsymbol{d}_{k_i} \\
&\geqslant \|\nabla f(\boldsymbol{x}_{k_i})\| \, \|\alpha_{k_i} \boldsymbol{d}_{k_i}\| \cos\theta_{k_i} \\
&\geqslant \varepsilon \sin\mu \|\alpha_{k_i} \boldsymbol{d}_{k_i}\|
\end{aligned}$$

由此可知 $\|\alpha_{k_i} \boldsymbol{d}_{k_i}\| \to 0$。

再由 Wolfe 线搜索原则的第二个条件得

$$[\nabla f(\boldsymbol{x}_{k_i+1}) - \nabla f(\boldsymbol{x}_{k_i})]^{\mathrm{T}} \boldsymbol{d}_{k_i} \geqslant -(1 - \sigma) \nabla f(\boldsymbol{x}_{k_i})^{\mathrm{T}} \boldsymbol{d}_{k_i}$$

将上式与式 (2.4) 和式 (2.5) 相结合可知

$$\|\nabla f(\boldsymbol{x}_{k_i+1}) - \nabla f(\boldsymbol{x}_{k_i})\| \geqslant \varepsilon(1-\sigma)\sin\mu \tag{2.6}$$

注意到 $\|\boldsymbol{x}_{k_i+1} - \boldsymbol{x}_{k_i}\| = \|\alpha_{k_i}\boldsymbol{d}_{k_i}\| \to 0$, 那么式 (2.6) 与 $\nabla f$ 在 Lev$f$ 上是一致连续的条件相矛盾。结论得证。　　　　　　　　　　　　　　　　　　　　　　　□

**定理 2.2**　设 $f : \mathbb{R}^n \to \mathbb{R}$ 是有下界的连续可微函数, 且下降方向序列 $\{\boldsymbol{d}_k\}$ 与 $\{\boldsymbol{x}_k\}$ 是梯度相关联的, 即对任何收敛到非稳定点的序列 $\{\boldsymbol{x}_{k_i}\}$ 均满足 $\{\boldsymbol{d}_{k_i}\}$ 是有界的且 $\limsup\limits_{i\to\infty}\nabla f(\boldsymbol{x}_{k_i})^{\mathrm{T}}\boldsymbol{d}_{k_i} < 0$. 若 $\{\alpha_k\}$ 是由 Armijo 非精确线搜索原则生成的步长序列, 则 $\{\boldsymbol{x}_k\}$ 的每一聚点均是 $f$ 的稳定点。

**证明**　采用反证法进行证明。假设存在序列 $\{k_i\}$ 和常数 $\varepsilon > 0$, 且它们满足

$$\|\nabla f(\boldsymbol{x}_{k_i})\| \geqslant \varepsilon, \ \forall i$$

不妨设 $\boldsymbol{x}_{k_i} \to \bar{\boldsymbol{x}}$, 则得

$$\|\nabla f(\bar{\boldsymbol{x}})\| \geqslant \varepsilon, \ \boldsymbol{d}_{k_i} \to \boldsymbol{d}, \ \|\boldsymbol{d}\| \neq 0$$

且存在 $\varepsilon_0 > 0$ 满足

$$\nabla f(\bar{\boldsymbol{x}})^{\mathrm{T}}\boldsymbol{d} = \lim_{i\to\infty}\nabla f(\boldsymbol{x}_{k_i})^{\mathrm{T}}\boldsymbol{d}_{k_i} = -\varepsilon_0 \tag{2.7}$$

由 $f(\boldsymbol{x}_{k_i}) - f(\boldsymbol{x}^{k_i+1}) \geqslant f(\boldsymbol{x}_{k_i}) - f(\boldsymbol{x}_{k_i+1})$ 及 $f(\boldsymbol{x}_{k_i}) - f(\boldsymbol{x}^{k_i+1}) \to 0$ 可知, 对充分大的 $i$ 有

$$0 \leftarrow f(\boldsymbol{x}_{k_i}) - f(\boldsymbol{x}_{k_i+1}) \geqslant -c\alpha_{k_i}\nabla f(\boldsymbol{x}_{k_i})^{\mathrm{T}}\boldsymbol{d}_{k_i} \geqslant \frac{c\varepsilon_0}{2}\alpha_{k_i}。$$

于是可以得到 $\alpha_{k_i} \to 0$。由 Armijo 非精确线搜索原则可知

$$f(\boldsymbol{x}_{k_i} + \rho^{-1}\alpha_{k_i}\boldsymbol{d}_{k_i}) - f(\boldsymbol{x}_{k_i}) \geqslant c\rho^{-1}\alpha_{k_i}\nabla f(\boldsymbol{x}_{k_i})^{\mathrm{T}}\boldsymbol{d}_{k_i}$$

利用中值定理可得

$$\nabla f(\boldsymbol{x}_{k_i} + t_{k_i}\rho^{-1}\alpha_{k_i}\boldsymbol{d}_{k_i})^{\mathrm{T}}(\rho^{-1}\alpha_{k_i}\boldsymbol{d}_{k_i}) \geqslant c\rho^{-1}\alpha_{k_i}\nabla f(\boldsymbol{x}_{k_i})^{\mathrm{T}}\boldsymbol{d}_{k_i}$$

其中, $t_{k_i} \in (0,1)$。进而有

$$\nabla f(\boldsymbol{x}_{k_i} + t_{k_i}\alpha_{k_i}\boldsymbol{d}_{k_i})^{\mathrm{T}}\boldsymbol{d}_{k_i} \geqslant c\nabla f(\boldsymbol{x}_{k_i})^{\mathrm{T}}\boldsymbol{d}_{k_i}$$

令 $i \to \infty$, 将上式两侧同时取极限可得

$$\nabla f(\bar{\boldsymbol{x}})^{\mathrm{T}}\boldsymbol{d} \geqslant c\nabla f(\bar{\boldsymbol{x}})^{\mathrm{T}}\boldsymbol{d}$$

这与 $\nabla f(\bar{\boldsymbol{x}})^{\mathrm{T}}\boldsymbol{d} = -\varepsilon_0 < 0$ 矛盾。结论得证。　　　　　　　　　　　　□

定理 2.2 的结论不仅适用于 Armijo 非精确线搜索原则, 当步长序列的生成方式换成精确线搜索或 Goldstein 原则时, 该定理的结论仍成立。定理 2.2 中序列间的梯度相关联的定义来自于文献 [23]。如果我们将此条件替换成较弱的条件, 我们可以得到较弱的结论, 但是它会在后面具体的算法研究中起着重要作用。在给出该结论之前, 这里首先介绍在接下来讨论中常用的梯度 Lipschiz 连续性的概念。

**定义 2.1** 设 $f: \mathbb{R}^n \to \mathbb{R}$ 是连续可微函数，若存在常数 $L > 0$，对于任意的 $\boldsymbol{x}, \boldsymbol{y} \in C \subset \mathbb{R}^n$ 都有

$$\|\nabla f(\boldsymbol{x}) - \nabla f(\boldsymbol{y})\| \leqslant L\|\boldsymbol{x} - \boldsymbol{y}\|$$

则称函数 $f$ 的梯度在集合 $C$ 上是 Lipschitz 连续的。其中，$L$ 为 Lipschitz 常数。

**定理 2.3** 设 $f: \mathbb{R}^n \to \mathbb{R}$ 是连续可微函数，$f$ 在 $\mathbb{R}^n$ 上是有下界的，并在包含水平集合 $\mathrm{Lev}f := \{\boldsymbol{x} \in \mathbb{R}^n | f(\boldsymbol{x}) \leqslant f(\boldsymbol{x}_0)\}$ 的开集合 $\mathcal{O}$ 上是梯度 Lipschitz 连续的且 Lipschitz 常数为 $L$。若 $\boldsymbol{d}_k$ 是一下降方向，即 $\nabla f(\boldsymbol{x}_k)^{\mathrm{T}} \boldsymbol{d}_k < 0$ 成立，且步长 $\alpha_k$ 由 Wolfe 原则生成，则有

$$\sum_{k=0}^{\infty} \|\nabla f(\boldsymbol{x}_k)\|^2 \cos^2 \theta_k < \infty \tag{2.8}$$

其中，$\theta_k$ 为负梯度方向 $-\nabla f(\boldsymbol{x}_k)$ 和下降方向 $\boldsymbol{d}_k$ 的夹角。不等式 (2.8) 被称为 Zoutendijk 条件。

**证明** 由 Wolfe 线搜索原则的第二个条件得

$$[\nabla f(\boldsymbol{x}_{k+1}) - \nabla f(\boldsymbol{x}_k)]^{\mathrm{T}} \boldsymbol{d}_k \geqslant -(1-\sigma)\nabla f(\boldsymbol{x}_k)^{\mathrm{T}} \boldsymbol{d}_k = (1-\sigma)\|\nabla f(\boldsymbol{x}_k)\| \, \|\boldsymbol{d}_k\|\cos\theta_k$$

由柯西不等式可知

$$[\nabla f(\boldsymbol{x}_{k+1}) - \nabla f(\boldsymbol{x}_k)]^{\mathrm{T}} \boldsymbol{d}_k \leqslant \|\nabla f(\boldsymbol{x}_{k+1}) - \nabla f(\boldsymbol{x}_k)\|\|\boldsymbol{d}_k\|$$

进一步，再由 $f$ 在开集合 $\mathcal{O}$ 上的梯度 Lipschitz 连续性可得

$$\|\boldsymbol{x}_{k+1} - \boldsymbol{x}_k\| \geqslant \frac{1-\sigma}{L}\|\nabla f(\boldsymbol{x}_k)\|\cos\theta_k$$

由于 $\{f(\boldsymbol{x}_k)\}$ 是一递减序列且 $f$ 有下界，则存在 $\bar{f} > -\infty$ 满足 $f(\boldsymbol{x}_k) \to \bar{f}$。由 Wolfe 原则的第一个条件得

$$\begin{aligned}
f(\boldsymbol{x}_k) - f(\boldsymbol{x}_{k+1}) &\geqslant -\rho\alpha_k \nabla f(\boldsymbol{x}_k)^{\mathrm{T}} \boldsymbol{d}_k \\
&= -\rho\alpha_k \nabla f(\boldsymbol{x}_k)^{\mathrm{T}}(\boldsymbol{x}_{k+1} - \boldsymbol{x}_k) \\
&= \rho\|\nabla f(\boldsymbol{x}_k)\| \, \|\boldsymbol{x}_{k+1} - \boldsymbol{x}_k\| \cos\theta_{k_i}
\end{aligned}$$

从而有

$$f(\boldsymbol{x}_k) - f(\boldsymbol{x}_{k+1}) \geqslant \frac{1-\sigma}{L}\|\nabla f(\boldsymbol{x}_k)\|^2 \cos^2\theta_k$$

其中，$k = 0, 1, \cdots$。对上式进行求和，同时注意到 $f(\boldsymbol{x}_k) \to \bar{f}$，于是得到

$$f(\boldsymbol{x}_0) - \bar{f} \geqslant \frac{1-\sigma}{L}\|\nabla f(\boldsymbol{x}_k)\|^2 \cos^2\theta_k$$

即

$$\sum_{k=0}^{\infty} \|\nabla f(\boldsymbol{x}_k)\|^2 \cos^2\theta_k < \infty$$

定理证毕。 $\qquad\qquad\square$

事实上, 若定理 2.3 中的步长序列采用 Goldstein 原则或者强 Wolfe 原则, 结论仍然成立。同时, 虽然该定理的结论较弱, 但是结合下降方向的选取方法, 即可进一步得到算法收敛性结果。例如, 如果在 Zoutendijk 条件的基础上, 加入定理 2.1 中关于负梯度 $-\nabla f(\boldsymbol{x}_k)$ 与下降方向 $\boldsymbol{d}_k$ 的夹角 $\theta_k$ 的条件 $\theta_k \leqslant \pi/2 - \mu$, $\mu > 0$ 便可得到算法的收敛性。

## 2.2　梯度下降法与共轭梯度法

本节介绍基于连续可微目标函数 $f : \mathbb{R}^n \to \mathbb{R}$ 梯度信息的梯度下降法与共轭梯度法。梯度下降法的核心是基于目标函数在当前迭代点处的梯度信息选取下降方向, 共轭梯度法则基于前一迭代点的搜索方向对当前迭代点的负梯度方向进行修正来产生新的搜索方向。其中, 2.2.1 节首先介绍经典梯度下降算法框架及其基本收敛性和收敛速度分析; 2.2.2 节结合机器学习等领域的发展介绍随机梯度下降算法的基本形式和收敛性分析; 2.2.3 节分别介绍线性和非线性共轭梯度法的算法框架和收敛性分析。

### 2.2.1　梯度下降法

梯度下降法 (gradient descent method) 是一类线搜索方法, 该方法选取下降方向 $\boldsymbol{d}_k$ 为负梯度方向, 是求解无约束优化问题 (2.1) 的基础性算法。下面首先给出梯度下降法的算法框架。

**算法 2.2** (梯度下降法)
**步骤 1**　给定初值 $\boldsymbol{x}_0 \in \mathbb{R}^n$, 精度 $\varepsilon \geqslant 0$, 置 $k = 0$。
**步骤 2**　检查停止条件, 若成立则返回解 $\boldsymbol{x}_k$; 否则, 令 $\boldsymbol{d}_k = -\nabla f(\boldsymbol{x}_k)$。
**步骤 3**　确定步长 $\alpha_k > 0$。
**步骤 4**　计算 $\boldsymbol{x}_{k+1} = \boldsymbol{x}_k + \alpha_k \boldsymbol{d}_k$, 置 $k := k + 1$。转步骤 2。

在算法 2.2 的步骤 3 中, 可以用 2.1 节介绍的精确/非精确线搜索原则来确定步长, 也可以直接选择固定的步长。接下来, 我们将分析梯度下降算法的收敛性和在强凸条件下的收敛速度。根据一般下降算法的全局收敛定理 2.1, 针对具体的最速下降算法有以下收敛性结论成立。

**定理 2.4**　设函数 $f : \mathbb{R}^n \to \mathbb{R}$ 为连续可微的有下界函数, $\nabla f$ 在包含水平集合 $\mathrm{Lev} f := \{\boldsymbol{x} \in \mathbb{R}^n \,|\, f(\boldsymbol{x}) \leqslant f(\boldsymbol{x}_0)\}$ 的开集合 $\mathcal{O}$ 上是一致连续的, 那么采用 Wolfe 原则的梯度下降法 (即算法 2.2) 生成的迭代序列 $\{\boldsymbol{x}_k\}$ 有限步终止于 $f$ 的稳定点或满足

$$\lim_{k \to \infty} \|\nabla f(\boldsymbol{x}_k)\| = 0$$

**证明**　因为在最速下降算法中, 下降方向就是负梯度方向, 所以对于任意的 $k$, 均有 $\theta_k = 0$, 从而有 $\cos \theta_k = 1$。根据定理 2.1 即可得到结论。$\square$

如果目标函数具有梯度 Lipschitz 连续性, 则我们可以得到基于固定步长的梯度下降算法的收敛性。

**定理 2.5**　设函数 $f : \mathbb{R}^n \to \mathbb{R}$ 为连续可微的有下界的梯度 Lipschitz 连续函数，Lipschitz 常数为 $L > 0$。如果步长 $\alpha_k$ 为常值 $\alpha$ 且满足 $\alpha \in (0, 1/L)$，则由梯度下降算法生成的点列 $\{\boldsymbol{x}_k\}$ 或有限步终止于函数 $f$ 的稳定点，或满足

$$\lim_{k \to \infty} \|\nabla f(\boldsymbol{x}_k)\| = 0$$

**证明**　对于第 $k$ 步，利用中值定理可知，存在 $\theta \in [0, 1]$ 使得

$$f(\boldsymbol{x}^{k+1}) = f(\boldsymbol{x}_k + \alpha \boldsymbol{d}_k) = f(\boldsymbol{x}_k) + \alpha \langle \nabla f(\boldsymbol{x}_k + \theta \alpha \boldsymbol{d}_k), \boldsymbol{d}_k \rangle$$

为了符号简便，记 $\bar{\boldsymbol{x}}^k := \boldsymbol{x}_k + \theta \alpha \boldsymbol{d}_k$。于是有

$$
\begin{aligned}
f(\boldsymbol{x}^{k+1}) &= f(\boldsymbol{x}_k) + \alpha \langle \nabla f(\boldsymbol{x}_k), \boldsymbol{d}_k \rangle + \alpha \langle \nabla f(\bar{\boldsymbol{x}}^k) - \nabla f(\boldsymbol{x}_k), \boldsymbol{d}_k \rangle \\
&\leqslant f(\boldsymbol{x}_k) + \alpha \langle \nabla f(\boldsymbol{x}_k), \boldsymbol{d}_k \rangle + \alpha \|\nabla f(\bar{\boldsymbol{x}}^k) - \nabla f(\boldsymbol{x}_k)\| \|\boldsymbol{d}_k\| \\
&\leqslant f(\boldsymbol{x}_k) - \alpha \|\nabla f(\boldsymbol{x}_k)\|^2 + \alpha L \|\boldsymbol{x}_k - \bar{\boldsymbol{x}}^k\| \|\nabla f(\boldsymbol{x}_k)\| \\
&\leqslant f(\boldsymbol{x}_k) - \alpha \|\nabla f(\boldsymbol{x}_k)\|^2 + \alpha^2 L \|\nabla f(\boldsymbol{x}_k)\|^2 \\
&= f(\boldsymbol{x}_k) - \alpha (1 - \alpha L) \|\nabla f(\boldsymbol{x}_k)\|^2
\end{aligned}
\tag{2.9}
$$

其中，第一个不等式由柯西不等式得到，第二个不等式利用了 $f$ 的梯度 Lipschitz 连续性。进一步，由 $\alpha (1 - \alpha L) > 0$ 可知 $f(\boldsymbol{x}_{k+1}) \leqslant f(\boldsymbol{x}_k)$。因为函数 $f$ 是有下界的，则可知 $\{f(\boldsymbol{x}_k)\}$ 是收敛的且 $f(\boldsymbol{x}_k) - f(\boldsymbol{x}^{k+1}) \to 0$。再由式 (2.9) 可知

$$0 \leqslant \alpha(1 - \alpha L) \|\nabla f(\boldsymbol{x}_k)\|^2 \leqslant [f(\boldsymbol{x}_k) - f(\boldsymbol{x}^{k+1})] \to 0$$

即结论成立。 $\qquad\square$

如果进一步假设目标函数是凸函数，不仅可以得出采用固定步长的梯度下降算法是收敛的，还可以分析该算法的收敛速度。为了给出梯度下降算法的收敛速度分析结论，首先引入如下引理。

**引理 2.1**　设函数 $f : \mathbb{R}^n \to \mathbb{R}$ 为连续可微的有下界函数，梯度 $\nabla f$ 满足如下的 Lipschitz 条件：

$$\|\nabla f(\boldsymbol{x}) - \nabla f(\boldsymbol{y})\| \leqslant L \|\boldsymbol{x} - \boldsymbol{y}\|, \ \forall \boldsymbol{x}, \boldsymbol{y} \in \mathbb{R}^n$$

则函数 $f$ 具有二次上界，即

$$f(\boldsymbol{y}) \leqslant f(\boldsymbol{x}) + \nabla f(\boldsymbol{x})^{\mathrm{T}} (\boldsymbol{y} - \boldsymbol{x}) + \frac{L}{2} \|\boldsymbol{x} - \boldsymbol{y}\|^2, \ \forall \boldsymbol{x}, \boldsymbol{y} \in \mathbb{R}^n$$

**证明**　对于任意 $\boldsymbol{x}, \boldsymbol{y} \in \mathbb{R}^n$ 有

$$f(\boldsymbol{y}) - f(\boldsymbol{x}) = \int_0^1 \left[ \nabla f(\boldsymbol{x} + t(\boldsymbol{y} - \boldsymbol{x})) \right]^{\mathrm{T}} (\boldsymbol{y} - \boldsymbol{x}) \mathrm{d}t$$

则进一步有

$$f(\boldsymbol{y}) - f(\boldsymbol{x}) - \nabla f(\boldsymbol{x})^{\mathrm{T}}(\boldsymbol{y} - \boldsymbol{x})$$

$$= \int_0^1 \left[\nabla f(\boldsymbol{x} + t(\boldsymbol{y} - \boldsymbol{x})) - \nabla f(\boldsymbol{x})\right]^{\mathrm{T}}(\boldsymbol{y} - \boldsymbol{x})\mathrm{d}t$$

$$\leqslant \int_0^1 \|\nabla f(\boldsymbol{x} + t(\boldsymbol{y} - \boldsymbol{x})) - \nabla f(\boldsymbol{x})\|\|\boldsymbol{y} - \boldsymbol{x}\|\mathrm{d}t$$

$$\leqslant \int_0^1 L\|\boldsymbol{x} - \boldsymbol{y}\|^2 t\mathrm{d}t$$

$$= \frac{L}{2}\|\boldsymbol{x} - \boldsymbol{y}\|^2$$

最后一个不等式可由梯度的 Lipschitz 连续性得到。 □

**定理 2.6**  设函数 $f : \mathbb{R}^n \to \mathbb{R}$ 为连续可微的有下界凸函数, $f(\boldsymbol{x}^*) = \inf_{\boldsymbol{x}} f(\boldsymbol{x})$ 存在且可达, 同时具有 Lipschitz 常数为 $L > 0$ 的梯度 Lipschitz 连续性。如果步长 $\alpha_k$ 为常值 $\alpha$ 且满足 $\alpha \in (0, 1/L)$, 则由梯度下降算法生成的点列 $\{\boldsymbol{x}_k\}$ 收敛到最优解 $\boldsymbol{x}^*$, 并且

$$f(\boldsymbol{x}) - f(\boldsymbol{x}^*) \leqslant \frac{1}{2k\alpha}\|\boldsymbol{x}_0 - \boldsymbol{x}^*\|^2$$

**证明**  因为函数 $f$ 是梯度 Lipschitiz 连续的, 则对任意的 $\boldsymbol{x}$, 根据引理 2.1 可知,

$$f(\boldsymbol{x} - \alpha\nabla f(\boldsymbol{x})) \leqslant f(\boldsymbol{x}) - \alpha(1 - \frac{L\alpha}{2})\|\nabla f(\boldsymbol{x})\|^2 \tag{2.10}$$

记 $\bar{\boldsymbol{x}} = \boldsymbol{x} - \alpha\nabla f(\boldsymbol{x})$, 因为 $\alpha \in (0, 1/L)$, 则利用式 (2.10) 和函数 $f$ 的凸性可知

$$f(\bar{\boldsymbol{x}}) \leqslant f(\boldsymbol{x}) - \frac{\alpha}{2}\|\nabla f(\boldsymbol{x})\|^2$$

$$\leqslant f(\boldsymbol{x}^*) + \nabla f(\boldsymbol{x})^{\mathrm{T}}(\boldsymbol{x} - \boldsymbol{x}^*) - \frac{\alpha}{2}\|\nabla f(\boldsymbol{x})\|^2$$

$$= f(\boldsymbol{x}^*) + \frac{1}{2\alpha}(\|\boldsymbol{x} - \boldsymbol{x}^*\|^2 - \|\boldsymbol{x} - \boldsymbol{x}^* - \alpha\nabla f(\boldsymbol{x})\|^2)$$

$$= f(\boldsymbol{x}^*) + \frac{1}{2\alpha}(\|\boldsymbol{x} - \boldsymbol{x}^*\|^2 - \|\bar{\boldsymbol{x}} - \boldsymbol{x}^*\|^2)$$

在上式中取 $\boldsymbol{x} = \boldsymbol{x}_{i-1}, \bar{\boldsymbol{x}} = \boldsymbol{x}_i$ 并将不等式对 $i = 1, 2, \cdots, k$ 求和, 则可得

$$\sum_{i=1}^{k}(f(\boldsymbol{x}_i) - f(\boldsymbol{x}^*)) \leqslant \frac{1}{2\alpha}\sum_{i=1}^{k}(\|\boldsymbol{x}_{i-1} - \boldsymbol{x}^*\|^2 - \|\boldsymbol{x}_i - \boldsymbol{x}^*\|^2)$$

$$= \frac{1}{2\alpha}(\|\boldsymbol{x}_0 - \boldsymbol{x}^*\|^2 - \|\boldsymbol{x}_k - \boldsymbol{x}^*\|^2)$$

$$\leqslant \frac{1}{2\alpha}\|\boldsymbol{x}_0 - \boldsymbol{x}^*\|^2$$

由式 (2.10) 可知, 序列 $\{f(\boldsymbol{x}_i)\}$ 是非增的, 因此

$$f(\boldsymbol{x}_k) - f(\boldsymbol{x}^*) \leqslant \frac{1}{k}\sum_{i=1}^{k}(f(\boldsymbol{x}_i) - f(\boldsymbol{x}^*)) \leqslant \frac{1}{2k\alpha}\|\boldsymbol{x}_0 - \boldsymbol{x}^*\|^2$$

结论成立。 □

从定理 2.4 可知当步长限定在 $(0, 1/L)$ 时，梯度下降算法是收敛的，并且定理 2.5 在进一步假设目标函数是凸函数时，可以得到梯度下降算法在函数值意义下的收敛速度是 $\mathcal{O}(1/k)$。如果继续加强目标函数的性质，即假设目标函数 $f$ 是二次连续可微的强凸函数，并存在正常数 $M > m > 0$ 满足

$$m\boldsymbol{I} \preceq \nabla^2 f(\boldsymbol{x}) \preceq M\boldsymbol{I}, \quad \forall \boldsymbol{x} \in \mathbb{R}^n \tag{2.11}$$

其中，"$\boldsymbol{A} \preceq \boldsymbol{B}$" 表示矩阵 $\boldsymbol{B} - \boldsymbol{A}$ 为半正定矩阵，$\boldsymbol{I}$ 为 $n$ 维单位矩阵。那么我们可以证明采用固定步长的梯度下降算法的收敛速度可以进一步提升。

**定理 2.7** 设 $f : \mathbb{R}^n \to \mathbb{R}$ 为二次连续可微函数，其满足条件 (2.11)，如果固定步长 $\alpha \in (0, 2/M)$，则梯度下降算法生成的序列 $\{\boldsymbol{x}_k\}$ 满足

$$\|\boldsymbol{x}_{k+1} - \boldsymbol{x}^*\| \leqslant q^k \|\boldsymbol{x}_k - \boldsymbol{x}^*\|$$

其中，$\boldsymbol{x}^*$ 为问题 (2.1) 的唯一最优解；

$$q = \max\left\{|1 - \alpha m|, |1 - \alpha M|\right\} < 1$$

**证明** 由一阶最优性条件可知 $\nabla f(\boldsymbol{x}^*) = 0$，则利用中值定理有

$$\nabla f(\boldsymbol{x}_k) = \nabla f(\boldsymbol{x}_k) - \nabla f(\boldsymbol{x}^*) = \int_0^1 \nabla^2 f(\boldsymbol{x}^* + t(\boldsymbol{x}_k - \boldsymbol{x}^*))(\boldsymbol{x}_k - \boldsymbol{x}^*)\mathrm{d}t$$

为了符号简便，我们令

$$\boldsymbol{G}^k := \int_0^1 \nabla^2 f(\boldsymbol{x}^* + t(\boldsymbol{x}_k - \boldsymbol{x}^*))\mathrm{d}t$$

于是有

$$
\begin{aligned}
\boldsymbol{x}_{k+1} - \boldsymbol{x}^* &= \boldsymbol{x}_k - \alpha \nabla f(\boldsymbol{x}_k) - \boldsymbol{x}^* \\
&= \boldsymbol{x}_k - \boldsymbol{x}^* - \alpha \boldsymbol{G}^k(\boldsymbol{x}_k - \boldsymbol{x}^*) \\
&= \left(\boldsymbol{I}_n - \alpha \boldsymbol{G}^k\right)(\boldsymbol{x}_k - \boldsymbol{x}^*)
\end{aligned}
$$

因此，可得

$$\|\boldsymbol{x}_{k+1} - \boldsymbol{x}^*\| \leqslant |\lambda_{\max}(I - G^k)| \|\boldsymbol{x}_k - \boldsymbol{x}^*\|$$

其中，$\lambda_{\max}(\boldsymbol{I} - \boldsymbol{G}^k)$ 为矩阵 $\boldsymbol{I} - \boldsymbol{G}^k$ 的最大特征值。进一步，由条件 (2.11) 可知 $m\boldsymbol{I} \preceq \boldsymbol{G}^k \preceq M\boldsymbol{I}$，可见矩阵 $\boldsymbol{I} - \alpha\boldsymbol{G}^k$ 的特征值在区间 $[1 - \alpha M, 1 - \alpha m]$ 上。结合步长 $\alpha \in (0, 2/M)$，可知结论成立。 $\square$

注意到，当取以下步长时

$$\alpha = \frac{2}{M + m} \in (0, 2/M)$$

定理 2.7 中的 $q$ 取最小值，此时

$$q = \frac{M - m}{M + m} = \frac{\kappa - 1}{\kappa + 1}$$

其中, $\kappa$ 是矩阵 $\nabla^2 f(\boldsymbol{x}_k)$ 条件数的一个上界, 它越接近 1, $q$ 越接近 0, 则收敛速度越快。

我们通过如下二次函数的例子可以更直观地看出 Hessian 矩阵条件数对梯度下降算法收敛速度的影响。

**例 2.1**　考虑二次函数 $f(x,y) = (x-3)^2 + (\alpha y + 2)^2$, 其中 $\alpha \in \{1, 0.5, 0.1\}$。通过计算可知, 该二元函数 Hessian 矩阵的条件数 $\text{cond} = \alpha^{-1}$。选取初始点 $(x,y) = (0,0)$, 取固定步长 $\alpha_k = 0.1$, 我们迭代 500 步, 可得到图 2.1 的结果。

从图 2.1 中可以看出, 采用梯度下降算法求解函数 $f(x,y)$ 的最小值具有线性收敛速度, 同时收敛速度随着条件数的减小而加快。

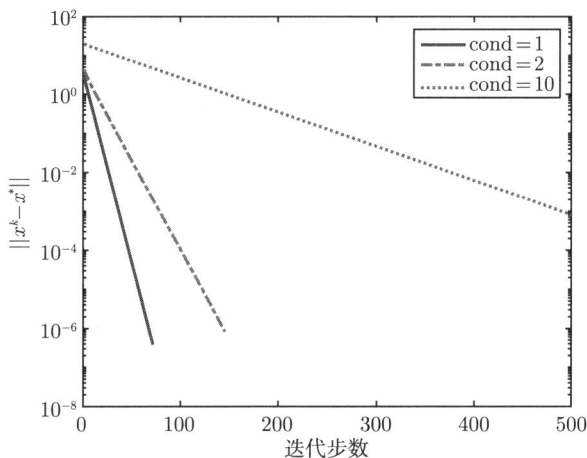

**图 2.1**　梯度下降算法求解二次凸函数

定理 2.7 给出了当取固定步长时, 梯度下降算法具有线性收敛速度。可以证明当步长采用精确线搜索时, 梯度下降算法仍具有线性收敛速度。为了简单起见, 我们重点分析采用精确线性搜索的梯度下降法求解严格凸二次函数极小值问题的线性收敛速度[24]。

**定理 2.8**　若采用基于精确线性搜索的梯度下降法求解如下的严格凸二次函数极小值问题:

$$f(\boldsymbol{x}) = \frac{1}{2}\boldsymbol{x}^{\mathrm{T}}\boldsymbol{Q}\boldsymbol{x} - \boldsymbol{b}^{\mathrm{T}}\boldsymbol{x}, \tag{2.12}$$

其中, $\boldsymbol{Q}$ 是对称正定矩阵, 则梯度下降算法生成的序列 $\{\boldsymbol{x}_k\}$ 满足:

$$\|\boldsymbol{x}_{k+1} - \boldsymbol{x}^*\|_Q \leqslant \frac{\lambda_1 - \lambda_n}{\lambda_1 + \lambda_n}\|\boldsymbol{x}_k - \boldsymbol{x}^*\|_Q, \tag{2.13}$$

其中, $\boldsymbol{x}^*$ 是问题的唯一解; $\lambda_1 \geqslant \lambda_2 \geqslant \cdots \geqslant \lambda_n > 0$ 是矩阵 $\boldsymbol{Q}$ 的特征值; $\|\boldsymbol{x}\|_Q^2 = \boldsymbol{x}^{\mathrm{T}}\boldsymbol{Q}\boldsymbol{x}$。

**证明**　由式 (2.12) 定义的函数具有唯一最小值点 $\boldsymbol{x}^*$ 且满足 $\boldsymbol{Q}\boldsymbol{x}^* = \boldsymbol{b}$ 以及

$$f(\boldsymbol{x}^*) = -\frac{1}{2}\boldsymbol{b}^{\mathrm{T}}\boldsymbol{x}^* = -\frac{1}{2}(\boldsymbol{x}^*)^{\mathrm{T}}\boldsymbol{Q}\boldsymbol{x}^*$$

另外, 根据精确线性搜索可得到

$$\alpha_k = \min_{\alpha > 0} f(\boldsymbol{x}_k - \alpha\nabla f(\boldsymbol{x}_k))$$

$$= \frac{\nabla f(\boldsymbol{x}_k)^{\mathrm{T}} \nabla f(\boldsymbol{x}_k)}{\nabla f(\boldsymbol{x}_k)^{\mathrm{T}} Q \nabla f(\boldsymbol{x}_k)}$$

因此, 当用采用精确线性搜索的最速下降法求解严格凸二次函数极小值问题时, 其迭代公式为

$$\boldsymbol{x}_{k+1} = \boldsymbol{x}_k - \frac{\nabla f(\boldsymbol{x}_k)^{\mathrm{T}} \nabla f(\boldsymbol{x}_k)}{\nabla f(\boldsymbol{x}_k)^{\mathrm{T}} Q \nabla f(\boldsymbol{x}_k)} \nabla f(\boldsymbol{x}_k) \tag{2.14}$$

根据定义 $\|\boldsymbol{x}\|_Q^2 = \boldsymbol{x}^{\mathrm{T}} \boldsymbol{Q} \boldsymbol{x}$, 有

$$f(\boldsymbol{x}) - f(\boldsymbol{x}^*) = \frac{1}{2} \boldsymbol{x}^{\mathrm{T}} \boldsymbol{Q} \boldsymbol{x} - \boldsymbol{b}^{\mathrm{T}} \boldsymbol{x} + \frac{1}{2} (\boldsymbol{x}^*)^{\mathrm{T}} \boldsymbol{Q} \boldsymbol{x}^* = \frac{1}{2} \|\boldsymbol{x} - \boldsymbol{x}^*\|_Q^2 \tag{2.15}$$

进而有

$$\|\boldsymbol{x}_{k+1} - \boldsymbol{x}^*\|_Q^2 = \left[ 1 - \frac{\nabla f(\boldsymbol{x}_k)^{\mathrm{T}} \nabla f(\boldsymbol{x}_k)}{\left( \nabla f(\boldsymbol{x}_k)^{\mathrm{T}} Q \nabla f(\boldsymbol{x}_k) \right) \left( \nabla f(\boldsymbol{x}_k)^{\mathrm{T}} Q^{-1} \nabla f(\boldsymbol{x}_k) \right)} \right] \|\boldsymbol{x}_k - \boldsymbol{x}^*\|_Q^2$$

$$\leqslant \left( \frac{\lambda_1 - \lambda_n}{\lambda_1 + \lambda_n} \right)^2 \|\boldsymbol{x}_k - \boldsymbol{x}^*\|_Q^2$$

即结论成立。 $\qquad \square$

从定理 2.8 可以看到, 当 $\boldsymbol{Q}$ 的特征值都相等时 (即此时 $\boldsymbol{Q} = \lambda \boldsymbol{I}$, 条件数为 1), 收敛速度最快, 只需要一次迭代即可。而当条件数很大时, 收敛速度很慢。另外, 结合式 (2.13) 和式 (2.15) 可得到基于函数值的收敛速度:

$$f(\boldsymbol{x}_{k+1}) - f(\boldsymbol{x}^*) \leqslant \left( \frac{\lambda_1 - \lambda_n}{\lambda_1 + \lambda_n} \right)^{2k} [f(\boldsymbol{x}_0) - f(\boldsymbol{x}^*)] \tag{2.16}$$

这一节分析了梯度下降算法的收敛性, 如果目标函数是凸函数且梯度是 Lipschitz 连续时, 可以得到梯度下降算法在目标函数值意义下的收敛速度为 $\mathcal{O}(1/k)$。在实际应用中, 可以对基本的梯度下降算法 2.2 的框架进行改进, 采用 Nesterov 加速可以将收敛速度提升至 $\mathcal{O}(1/k^2)$, 关于此部分更详细的介绍可以参考专著 [25]。

### 2.2.2 随机梯度下降法

随着互联网技术、信息技术的高速发展, 大规模的数据以更经济有效的方式被记录和存储。同时, 机器学习和人工智能等领域的快速发展和广泛应用, 也进一步推动了大规模优化问题的产生和发展。本节重点关注机器学习中常用的优化问题:

$$\min_{\boldsymbol{x} \in \mathbb{R}^n} \ f(\boldsymbol{x}) = \frac{1}{N} \sum_{i=1}^{N} f_i(\boldsymbol{x}) \tag{2.17}$$

其中, $N$ 为样本的个数; $f_i(\boldsymbol{x})$ 为第 $i$ 个样本的损失函数, $i = 1, 2, \cdots, N$。假设损失函数 $f_i(\boldsymbol{x}), i = 1, 2, \cdots, N$ 为连续可微函数, 则有

$$\nabla f(\boldsymbol{x}) = \frac{1}{N} \sum_{i=1}^{N} \nabla f_i(\boldsymbol{x}), \ \forall \boldsymbol{x} \in \mathbb{R}^n$$

若采用 2.2.1 节介绍的梯度下降算法，则迭代格式为

$$\boldsymbol{x}_{k+1} = \boldsymbol{x}_k - \alpha_k \nabla f(\boldsymbol{x}_k)$$

显然，若所考虑的问题具有大量的样本，即样本个数 $N$ 非常大，则函数 $f$ 的梯度计算需要极大的工作量，尤其是高维变量的情况。随机梯度下降算法 (stochastic gradient descend method, SGD) 可以通过随机选取样本的方式得到梯度的近似量，从而降低梯度的计算量，提高计算效率。随机梯度下降算法的基本格式如下：

$$\boldsymbol{x}_{k+1} = \boldsymbol{x}_k - \alpha_k \nabla f_{i_k}(\boldsymbol{x}_k) \tag{2.18}$$

其中，$i_k \in \{1, 2, \cdots, N\}$ 为第 $k$ 次迭代中等可能随机抽取的一个样本。

随机梯度算法中的不确定性使得算法的收敛性分析不同于经典的梯度下降算法，往往只能给出概率意义下的收敛性分析结果。同时，随机梯度下降算法的收敛性函数 $f$ 的性质和步长的选取密切相关，在不同的条件下会得到不同的收敛性结论。本节我们重点关注采用随机梯度下降算法求解一类强凸函数最小值问题的收敛性和收敛速度，此部分的证明来源于文献 [17] 的定理 8.21 和定理 8.22。

**定理 2.9**　设函数 $f : \mathbb{R}^n \to \mathbb{R}$ 为连续可微的 $m$-强凸函数，$\nabla f_i(\boldsymbol{x}), i = 1, 2, \cdots, N$ 均存在，且具有梯度 Lipschitz 连续性，Lipschitz 常数 $L > 0$。若随机梯度二阶矩是一致有界的，即存在 $M > 0$，对于任意的 $\boldsymbol{x} \in \mathbb{R}^n$ 和随机下标 $i_k$ 有 $\mathbb{E}(\|\nabla f_{i_k}(\boldsymbol{x})\|^2) \leqslant M^2 < +\infty$，则对固定步长 $\alpha_k = \alpha$，$\alpha \in (0, 1/2m)$，对所有的 $K \geqslant 1$，有

$$\mathbb{E}[f(\boldsymbol{x}_{K+1}) - f(\boldsymbol{x}^*)] \leqslant \frac{L}{2} \mathbb{E}(\|\boldsymbol{x}_{K+1} - \boldsymbol{x}^*\|^2) \leqslant \frac{L}{2} \left[ (1 - 2\alpha m)^K \|\boldsymbol{x}_1 - \boldsymbol{x}^*\|^2 + \frac{\alpha M^2}{2m} \right]$$

**证明**　定义符号 $\Delta_k := \|\boldsymbol{x}_k - \boldsymbol{x}^*\|$。根据随机梯度下降算法基本迭代公式 (2.18) 有

$$
\begin{aligned}
\Delta_{k+1}^2 &= \|\boldsymbol{x}_k - \alpha \nabla f_{i_k}(\boldsymbol{x}_k) - \boldsymbol{x}^*\|^2 \\
&= \|\boldsymbol{x}_k - \boldsymbol{x}^*\|^2 - 2\alpha \langle \nabla f_{i_k}(\boldsymbol{x}_k), \boldsymbol{x}_k - \boldsymbol{x}^* \rangle + \alpha^2 \|\nabla f_{i_k}(\boldsymbol{x}_k)\|^2 \\
&= \Delta_k^2 - 2\alpha \langle \nabla f_{i_k}(\boldsymbol{x}_k), \boldsymbol{x}_k - \boldsymbol{x}^* \rangle + \alpha^2 \|\nabla f_{i_k}(\boldsymbol{x}_k)\|^2
\end{aligned}
$$

在上式中，因为 $i_k$ 和 $\boldsymbol{x}_k$ 都具有随机性，所以接下来我们重点讨论 $\langle \nabla f_{i_k}(\boldsymbol{x}_k), \boldsymbol{x}_k - \boldsymbol{x}^* \rangle$ 的性质。由条件期望的性质 $\mathbb{E}[X] = \mathbb{E}[\mathbb{E}[X|Y]]$，有

$$
\begin{aligned}
& \mathbb{E}_{i_1, i_2, \cdots, i_k}[\langle \nabla f_{i_k}(\boldsymbol{x}_k), \boldsymbol{x}_k - \boldsymbol{x}^* \rangle] \\
&= \mathbb{E}_{i_1, i_2, \cdots, i_{k-1}}[\mathbb{E}_{i_k}[\langle \nabla f_{i_k}(\boldsymbol{x}_k), \boldsymbol{x}_k - \boldsymbol{x}^* \rangle | i_1, i_2, \cdots, i_{k-1}]] \\
&= \mathbb{E}_{i_1, i_2, \cdots, i_{k-1}}[\langle \mathbb{E}_{i_k}[\nabla f_{i_k}(\boldsymbol{x}_k) | i_1, i_2, \cdots, i_{k-1}], \boldsymbol{x}_k - \boldsymbol{x}^* \rangle] \\
&= \mathbb{E}_{i_1, i_2, \cdots, i_{k-1}}[\langle \nabla f(\boldsymbol{x}_k), \boldsymbol{x}_k - \boldsymbol{x}^* \rangle] \\
&= \mathbb{E}_{i_1, i_2, \cdots, i_k}[\langle \nabla f(\boldsymbol{x}_k), \boldsymbol{x}_k - \boldsymbol{x}^* \rangle]
\end{aligned} \tag{2.19}
$$

推导过程利用了 $\boldsymbol{x}_k$ 仅仅和 $i_1, i_2, \cdots, i_{k-1}$ 有关，因此固定 $i_1, i_2, \cdots, i_{k-1}$ 后 $\boldsymbol{x}_k$ 是一个常数。因此，我们通过取数学期望的方式，可将 $\nabla f_{i_k}(\boldsymbol{x}_k)$ 替换成 $\nabla f(\boldsymbol{x}_k)$。根据强凸函数的

单调性有

$$\langle \nabla f(\boldsymbol{x}_k), \boldsymbol{x}_k - \boldsymbol{x}^* \rangle = \langle \nabla f(\boldsymbol{x}_k) - \nabla f(\boldsymbol{x}^*), \boldsymbol{x}_k - \boldsymbol{x}^* \rangle \geqslant m\|\boldsymbol{x}_k - \boldsymbol{x}^*\|^2 \qquad (2.20)$$

因此利用随机梯度二阶矩的一致有界性以及式 (2.19) 可以得到

$$\mathbb{E}_{i_1,i_2,\cdots,i_k}[\Delta_{k+1}^2] \leqslant (1 - 2\alpha m)\mathbb{E}_{i_1,i_2,\cdots,i_k}[\Delta_k^2] + \alpha^2 M^2 \qquad (2.21)$$

对 $k \geqslant 1$ 做归纳可得到

$$\mathbb{E}_{i_1,i_2,\cdots,i_K}[\Delta_{K+1}^2] \leqslant (1 - 2\alpha m)^K \Delta_1^2 + \sum_{i=0}^{K-1} (1 - 2\alpha m)^i \alpha^2 M^2 \qquad (2.22)$$

由条件 $0 < 2\alpha m < 1$ 可以计算

$$\sum_{j=0}^{K-1} (1 - 2\alpha m)^j < \sum_{j=0}^{\infty} (1 - 2\alpha m)^j = \frac{1}{2\alpha m}$$

所以

$$\mathbb{E}_{i_1,i_2,\cdots,i_K}[\Delta_{K+1}^2] \leqslant (1 - 2\alpha m)^K \Delta_1^2 + \frac{\alpha M^2}{2m} \qquad (2.23)$$

进一步利用目标函数的梯度 Lipschitz 连续性，由引理 2.1 可知

$$f(\boldsymbol{x}_{k+1}) - f(\boldsymbol{x}^*) \leqslant \langle \nabla f(\boldsymbol{x}^*), \boldsymbol{x}_{k+1} - \boldsymbol{x}^* \rangle + \frac{L}{2}\|\boldsymbol{x}_{k+1} - \boldsymbol{x}^*\|^2$$

利用一阶最优条件 $\nabla f(\boldsymbol{x}^*) = 0$，并对上式左右两边取期望可得

$$\mathbb{E}[f(\boldsymbol{x}_{K+1}) - f(\boldsymbol{x}^*)] \leqslant \frac{L}{2}\mathbb{E}[\Delta_{K+1}^2] \leqslant \frac{L}{2}[(1 - 2\alpha m)^K \Delta_1^2 + \frac{\alpha M^2}{2m}]$$

证毕。 □

从定理 2.9 可以看出，即使函数 $f$ 是强凸且连续可微的，采用固定步长的梯度下降算法仍无法保证收敛性，这点从下面的例题中也可以看出。

**例 2.2** 我们考虑线性回归的平方损失函数

$$f(\boldsymbol{x}) = \frac{1}{N} \sum_{i=1}^{N} \frac{1}{2}(\boldsymbol{a}_i^{\mathrm{T}} \boldsymbol{x} - \boldsymbol{b}_i)^2, \quad \boldsymbol{a}^i \in \mathbb{R}^p, \boldsymbol{b}_i \in \mathbb{R}$$

随机生成 100 个样本点 $\{(\boldsymbol{a}_i, \boldsymbol{b}_i)\}_{i=1}^{100}$，其中 $\boldsymbol{a}_i \in \mathbb{R}^{10}$，并通过最小二乘法获得该问题的最优解 $\boldsymbol{x}^*$。选取固定的步长 $\alpha = 0.01$，分别采用随机梯度下降算法和梯度下降算法求解函数 $f(\boldsymbol{x})$ 的最小值。

从图 2.2 可以看出梯度下降算法的目标函数值是单调下降的，而随机梯度下降算法从整体上看具有下降趋势，但无法保证每一步都是下降的。同时，我们可以看出对于固定步长的随机梯度下降算法，当迭代步数超过大约 500 步后，目标函数呈现振荡趋势，这与定理 2.9 的结论一致。

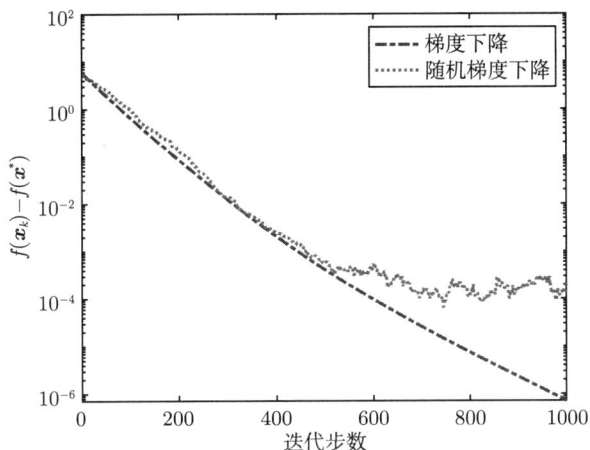

图 2.2　梯度下降法与随机梯度下降法的比较

我们下面继续给出当采用递减的步长时的收敛速度的分析结果。

**定理 2.10**　如果假设定理 2.9 的条件成立，且采用递减的步长

$$\alpha_k = \frac{\beta}{k + \gamma}$$

其中 $\beta > \dfrac{1}{2m}, \gamma > 0$，使得 $\alpha_1 \leqslant \dfrac{1}{2m}$，则对于任意的 $k \geqslant 1$，都有

$$\mathbb{E}(f(\boldsymbol{x}_k) - f(\boldsymbol{x}^*)) \leqslant \frac{L}{2}\mathbb{E}(\|\boldsymbol{x}_{k+1} - \boldsymbol{x}^*\|^2) \leqslant \frac{L}{2}\frac{v}{\gamma + k}$$

其中 $v = \max\left\{\dfrac{\beta^2 M^2}{2m\beta - 1}, (\gamma + 1)\|\boldsymbol{x}_1 - \boldsymbol{x}^*\|^2\right\}$。

**证明**　由定理 2.9 可知

$$\mathbb{E}_{s_1, s_2, \cdots, s_k}[\Delta_{k+1}^2] \leqslant (1 - 2\alpha m)\mathbb{E}_{s_1, s_2, \cdots, s_k}[\Delta_k^2] + \alpha_k^2 M^2$$

我们采用数学归纳法证明结论。当 $k = 1$ 时，由 $v$ 的定义知结论成立。现假设该式对 $k$ 成立，为了记号简便，记 $\hat{k} := \gamma + k$，则 $\alpha_k = \beta/\hat{k}$。由归纳假设，可得

$$
\begin{aligned}
\mathbb{E}[\Delta_{k+1}^2] &\leqslant \left(1 - \frac{2\beta m}{\hat{k}}\right)\frac{v}{\hat{k}} + \frac{\beta^2 M^2}{\hat{k}} \\
&= \frac{\hat{k} - 2\beta m}{\hat{k}^2}v + \frac{\beta^2 M^2}{\hat{k}} \\
&= \frac{\hat{k} - 1}{\hat{k}^2}v - \frac{2\beta m - 1}{\hat{k}}v + \frac{\beta^2 M^2}{\hat{k}} \\
&\leqslant \frac{v}{\hat{k} + 1}
\end{aligned}
$$

即结论对 $k + 1$ 也成立。　　　　　　　　　　　　　　　　　　　　　　$\square$

对比定理 2.9 和定理 2.10 可知，若函数 $f$ 是强凸且连续可微的，采用固定步长的梯度下降算法无法保证收敛性，但当采用递减步长时，可以达到 $\mathcal{O}(1/k)$ 的收敛速度。观察随机梯度下降算法的基本迭代格式 (2.18) 可知其每次迭代仅随机选取一个样本，这在实际使用中会影响计算效率，因此实践中通常使用小批量 (mini-bach) 随机梯度下降算法：在样本集合中随机选取小批量的样本 $I_k \subset \{1, 2, \cdots, N\}$，然后采用如下迭代格式：

$$\boldsymbol{x}_{k+1} = \boldsymbol{x}_k - \frac{\alpha_k}{|I_k|} \sum_{i \in I_k} \nabla f_i(\boldsymbol{x}_k)$$

其中，$|I_k|$ 表示集合 $I_k$ 中的元素个数。

与梯度下降算法算法类似，随机梯度下降算法在目标函数性质较差时收敛速度也非常慢。为了提高计算效率，一系列的变形也相应地提出，例如，带动量的随机梯度下降算法 (SGD with momentum)[26-28]；自适应梯度方法 (adaptive gradient methods, adaGrad)[29]；均方根传递方法 (root mean square propagation，RMSprop)[30]；自适应矩估计 (adaptive moment estimation, Adam)[31] 等。

### 2.2.3　共轭梯度法

共轭梯度法 (conjugate gradient method) 是求解大规模非线性最优化问题最有效的算法之一，该方法仅需利用梯度信息，避免了 Hessian 矩阵或其近似矩阵的存储和计算，同时克服了梯度下降法收敛慢的不足。此部分首先介绍线性共轭梯度法，然后进一步推广到非线性的共轭梯度法。线性共轭梯度法在 20 世纪 50 年代被 Hestens 和 Stiefel 用来求解正定稀疏矩阵的大规模线性方程组[32]。求解非线性最优化问题的非线性共轭梯度法由 Fletcher 和 Reeves 于 1964 年首先提出[33]，这是最早的求解大规模非线性最优化问题的算法之一。

线性共轭梯度法最初是用于求解如下线性方程组的迭代方法：

$$\boldsymbol{A}\boldsymbol{x} = \boldsymbol{b} \tag{2.24}$$

其中，系数矩阵 $\boldsymbol{A}$ 是 $n$ 维对称正定矩阵。由凸优化的最优性条件可知，求解问题 (2.24) 等价于求解如下的最优化问题的最优解：

$$\min f(\boldsymbol{x}) = \frac{1}{2} \boldsymbol{x}^\mathrm{T} \boldsymbol{A} \boldsymbol{x} - \boldsymbol{b}^\mathrm{T} \boldsymbol{x} \tag{2.25}$$

这一等价性使得适用于求解线性方程组的方法也可以用来求解二次凸优化问题，反之亦然。本节介绍的线性共轭梯度法就是这样一种方法。

**定义 2.2**　设 $\boldsymbol{A}$ 为对称正定矩阵。如果两个非零向量 $\boldsymbol{p}, \boldsymbol{q}$ 满足 $\boldsymbol{p}^\mathrm{T} \boldsymbol{A} \boldsymbol{q} = 0$，则称向量 $\boldsymbol{p}$ 和 $\boldsymbol{q}$ 关于矩阵 $\boldsymbol{A}$ 共轭，并称 $\boldsymbol{p}$ 和 $\boldsymbol{q}$ 为关于矩阵 $\boldsymbol{A}$ 的共轭方向。如果非零向量组 $\{\boldsymbol{d}_1, \boldsymbol{d}_2, \cdots, \boldsymbol{d}_n\}$ 满足

$$(\boldsymbol{d}_i)^\mathrm{T} \boldsymbol{A} \boldsymbol{d}_j = 0, \quad \forall i \neq j \tag{2.26}$$

则称向量组 $\{\boldsymbol{d}_1, \boldsymbol{d}_2, \cdots, \boldsymbol{d}_n\}$ 关于矩阵 $\boldsymbol{A}$ 共轭。

当矩阵 $\boldsymbol{A}$ 为单位矩阵时，向量与向量组的共轭性即等价于正交性，因此共轭性可以看作正交性概念的推广。根据高等代数中的知识可以知道正交向量组是线性无关的。下面的定理表明，共轭向量组也是线性无关的。

**定理 2.11**　设 $\boldsymbol{A} \in \mathbb{R}^{n \times n}$ 为对称正定矩阵，向量组 $\{\boldsymbol{d}_1, \boldsymbol{d}_2, \cdots, \boldsymbol{d}_n\}$ 关于矩阵 $\boldsymbol{A}$ 共轭，则向量 $\boldsymbol{d}_1, \boldsymbol{d}_2, \cdots, \boldsymbol{d}_n$ 是线性无关的。

**证明**　设 $c_1 \boldsymbol{d}_1 + c_2 \boldsymbol{d}_2 + \cdots + c_n \boldsymbol{d}_n = 0$, 只需证明对于任意 $i \in \{1, 2, \cdots, n\}$, $c_i = 0$。事实上，对任意 $i$ 均有

$$(\boldsymbol{d}_i)^{\mathrm{T}} \boldsymbol{A}(c_1 \boldsymbol{d}_1 + c_2 \boldsymbol{d}_2 + \cdots + c_n \boldsymbol{d}_n) = 0$$

根据定义 2.2 和矩阵 $\boldsymbol{A}$ 的正定性可知 $c_i = 0, i = 1, 2, \cdots, n$。结论得证。　□

定义线性方程组 (2.24) 的残差 $\boldsymbol{r}(\boldsymbol{x}) = \boldsymbol{A}\boldsymbol{x} - \boldsymbol{b}$, 再次根据最优性条件可知残差 $\boldsymbol{r}(\boldsymbol{x})$ 为二次函数 $f$ 在 $\boldsymbol{x}$ 处的梯度，即

$$\nabla f(\boldsymbol{x}) = \boldsymbol{A}\boldsymbol{x} - \boldsymbol{b} = \boldsymbol{r}(\boldsymbol{x}) \tag{2.27}$$

为了符号的简便，记 $\boldsymbol{r}_k = \nabla f(\boldsymbol{x}_k)$。下面给出求解凸二次函数极小值问题 (2.25) 的共轭方向法的一般步骤。

**算法 2.3** (共轭方向法)

**步骤 1**　取初始点 $\boldsymbol{x}_0 \in \mathbb{R}^n$, 精度 $\varepsilon \geqslant 0$, 选取方向 $\boldsymbol{d}_0$ 使其满足 $(\boldsymbol{r}_0)^{\mathrm{T}} \boldsymbol{d}_0 < 0$。令 $k = 0$。

**步骤 2**　若 $\|\nabla f(\boldsymbol{x}_k)\| \leqslant \varepsilon$, 则算法终止，返回解 $\boldsymbol{x}_k$。否则，选取精确线性搜索法计算步长 $\alpha_k$:

$$\alpha_k = -\frac{(\boldsymbol{r}_k)^{\mathrm{T}} \boldsymbol{d}_k}{(\boldsymbol{d}_k)^{\mathrm{T}} \boldsymbol{A} \boldsymbol{d}_k} \tag{2.28}$$

再令 $\boldsymbol{x}_{k+1} = \boldsymbol{x}_k + \alpha_k \boldsymbol{d}_k$。

**步骤 3**　计算 $\boldsymbol{d}_{k+1}$, 其满足共轭性，即 $(\boldsymbol{d}_{k+1})^{\mathrm{T}} \boldsymbol{A} \boldsymbol{d}_i = 0, i = 0, \cdots, k$。

**步骤 4**　令 $k = k+1$, 转步骤 2。

下面的定理 2.12 通常被称作共轭方向法基本定理[7], 其中第 (3) 点称为扩展子空间极小化 (expanding subspace minimization) 定理[8,18]。该定理证明了共轭方向法具有许多良好的性质。

**定理 2.12**　对任意的初始点 $\boldsymbol{x}_0 \in \mathbb{R}^n$, 设 $\{\boldsymbol{x}_k\}$ 是由共轭方向算法 2.3 产生的迭代序列，则有以下结论成立：

(1) 序列 $\{\boldsymbol{x}_k\}$ 最多 $n$ 步迭代就能收敛到问题 (2.25) 的唯一解；

(2) 第 $k$ 步迭代的残差与第 $k$ 步迭代之前的所有方向正交，即 $(\boldsymbol{r}_k)^{\mathrm{T}} \boldsymbol{d}_i = 0, \forall i = 0, 1, \cdots, k-1$;

(3) $\boldsymbol{x}_k$ 是问题 (2.25) 在集合 $S_k = \{\boldsymbol{x} | \boldsymbol{x} = \boldsymbol{x}_0 + \mathrm{span}\{\boldsymbol{d}_0, \boldsymbol{d}_1, \cdots, \boldsymbol{d}_{k-1}\}\}$ 上的全局最优解。

**证明** (1) 注意到共轭方向法生成的迭代序列满足

$$\boldsymbol{x}_k = \boldsymbol{x}_0 + \alpha_0 \boldsymbol{d}_0 + \alpha_1 \boldsymbol{d}_1 + \cdots + \alpha_{k-1} \boldsymbol{d}_{k-1}$$

将上式两边左乘 $(\boldsymbol{d}_k)^{\mathrm{T}} A$，并结合共轭方向的定义可知

$$(\boldsymbol{d}_k)^{\mathrm{T}} \boldsymbol{A} (\boldsymbol{x}_k - \boldsymbol{x}_0) = 0 \tag{2.29}$$

又因为 $\{\boldsymbol{d}_i\}_{i=0}^{n-1}$ 是线性无关的，从而可张成整个 $\mathbb{R}^n$。所以问题 (2.25) 的解 $\boldsymbol{x}^*$ 可以表示成

$$\boldsymbol{x}^* - \boldsymbol{x}_0 = c_0 \boldsymbol{d}_0 + c_1 \boldsymbol{d}_1 + \cdots + c_{n-1} \boldsymbol{d}_{n-1}, \ c_i \in \mathbb{R}, \ i = 1, 2, \cdots, n$$

将上式两边左乘 $(\boldsymbol{d}_k)^{\mathrm{T}} \boldsymbol{A}$，并结合式 (2.29) 可得

$$c_k = \frac{(\boldsymbol{d}_k)^{\mathrm{T}} \boldsymbol{A} (\boldsymbol{x}^* - \boldsymbol{x}_0)}{(\boldsymbol{d}_k)^{\mathrm{T}} \boldsymbol{A} \boldsymbol{d}_k} = \frac{(\boldsymbol{d}_k)^{\mathrm{T}} \boldsymbol{A} (\boldsymbol{x}^* - \boldsymbol{x}_k)}{(\boldsymbol{d}_k)^{\mathrm{T}} \boldsymbol{A} \boldsymbol{d}_k} = \frac{(\boldsymbol{d}_k)^{\mathrm{T}} (\boldsymbol{b} - \boldsymbol{A} \boldsymbol{x}_k)}{(\boldsymbol{d}_k)^{\mathrm{T}} \boldsymbol{A} \boldsymbol{d}_k} = -\frac{(\boldsymbol{r}_k)^{\mathrm{T}} \boldsymbol{d}_k}{(\boldsymbol{d}_k)^{\mathrm{T}} \boldsymbol{A} \boldsymbol{d}_k} = \alpha_k$$

这表明

$$\boldsymbol{x}^* = \boldsymbol{x}_0 + \alpha_0 \boldsymbol{d}_0 + \alpha_1 \boldsymbol{d}_1 + \cdots + \alpha_{n-1} \boldsymbol{d}_{n-1} \tag{2.30}$$

即最多 $n$ 步就可得到问题 (2.25) 的解 $\boldsymbol{x}^*$。结论 (1) 得证。

(2) 当 $i = k-1$ 时，根据精确线性搜索条件可得到 $\nabla f(\boldsymbol{x}_k)^{\mathrm{T}} \boldsymbol{d}_{k-1} = 0$，即 $(\boldsymbol{r}_k)^{\mathrm{T}} \boldsymbol{d}_{k-1} = 0$。对于任意 $i < k-1$，有

$$\begin{aligned}
\nabla f(\boldsymbol{x}_k)^{\mathrm{T}} \boldsymbol{d}_i &= \{[\nabla f(\boldsymbol{x}_k) - \nabla f(\boldsymbol{x}_{k-1})] + [\nabla f(\boldsymbol{x}_{k-1}) - \nabla f(\boldsymbol{x}_{k-2})] \\
&\qquad + \cdots + [\nabla f(\boldsymbol{x}_{i+2}) - \nabla f(\boldsymbol{x}_{i+1})]\}^{\mathrm{T}} \boldsymbol{d}_i \\
&= [\boldsymbol{A}(\boldsymbol{x}_k - \boldsymbol{x}_{k-1}) + \boldsymbol{A}(\boldsymbol{x}_{k-1} - \boldsymbol{x}_{k-2}) + \cdots + \boldsymbol{A}(\boldsymbol{x}_{i+2} - \boldsymbol{x}_{i+1})]^{\mathrm{T}} \boldsymbol{d}_i \\
&= (\alpha_{k-1} \boldsymbol{A} \boldsymbol{d}_{k-1} + \alpha_{k-2} \boldsymbol{A} \boldsymbol{d}_{k-2} + \cdots + \alpha_{i+1} \boldsymbol{A} \boldsymbol{d}_{i+1})^{\mathrm{T}} \boldsymbol{d}_i \\
&= \alpha_{k-1} (\boldsymbol{d}_{k-1})^{\mathrm{T}} \boldsymbol{A} \boldsymbol{d}_i + \alpha_{k-2} (\boldsymbol{d}_{k-2})^{\mathrm{T}} \boldsymbol{A} \boldsymbol{d}_i + \cdots + \alpha_{i+1} (\boldsymbol{d}_{i+1})^{\mathrm{T}} \boldsymbol{A} \boldsymbol{d}_i \\
&= 0
\end{aligned}$$

结论 (2) 得证。

(3) 显然 $\boldsymbol{x}_k = \boldsymbol{x}_0 + \alpha_0 \boldsymbol{d}_0 + \alpha_1 \boldsymbol{d}_1 \cdots + \alpha_{k-1} \boldsymbol{d}_{k-1} \in S_k$。而对任何 $\boldsymbol{x} \in S_k$，均存在 $\beta_i \in \mathbb{R}, i = 1, 2, \cdots, n$ 使得 $\boldsymbol{x} = \boldsymbol{x}_0 + \beta_0 \boldsymbol{d}_0 + \beta_1 \boldsymbol{d}_1 + \cdots + \beta_{k-1} \boldsymbol{d}_{k-1}$。所以，结合结论 (2) 可得

$$\begin{aligned}
f(\boldsymbol{x}) &= f(\boldsymbol{x}_k) + \nabla f(\boldsymbol{x}_k)^{\mathrm{T}} (\boldsymbol{x} - \boldsymbol{x}_k) + \frac{1}{2} (\boldsymbol{x} - \boldsymbol{x}_k)^{\mathrm{T}} \boldsymbol{A} (\boldsymbol{x} - \boldsymbol{x}_k) \\
&\geqslant f(\boldsymbol{x}_k) + \nabla f(\boldsymbol{x}_k)^{\mathrm{T}} (\boldsymbol{x} - \boldsymbol{x}_k) \\
&= f(\boldsymbol{x}_k) + (\beta_0 - \alpha_0) \nabla f(\boldsymbol{x}_k)^{\mathrm{T}} \boldsymbol{d}_0 + \cdots + (\beta_{k-1} - \alpha_{k-1}) \nabla f(\boldsymbol{x}_k)^{\mathrm{T}} \boldsymbol{d}^{k-1} \\
&= f(\boldsymbol{x}_k)
\end{aligned}$$

即 $x_k$ 是问题 (2.25) 在集合 $S_k = \{x | x = x_0 + \mathrm{span}\{d_0, d_1, \cdots, d_{k-1}\}\}$ 上的最小值点。结论 (3) 得证。　　　　　　　　　　　　　　　　　　　　　　　　　　　　　　　　$\square$

定理 2.12 对所有的共轭方向集 $\{d_k\}$ 都成立。在实践中，产生共轭方向集并不是一件容易的事情。一般说来，有以下两种常用方法：一种是选择矩阵 $A$ 的线性无关的特征向量；另一种是用修正的 Gram-Schmidt 正交化过程产生共轭方向集。然而，第一种方法求出线性无关的向量组不容易，第二种方法需要存储整个的方向集导致存储量很大，因此这两种方法都不适合大规模情形。

接下来介绍一种特殊的共轭方向法，该方法产生共轭方向时只需要用到前一次迭代的方向。这一点使得共轭梯度法需要很少的存储量和计算量，从而非常适合求解大规模最优化问题。具体而言，线性共轭梯度法选择初始搜索方向为负梯度方向 (负残差方向)，并用下式来产生下一个搜索方向：

$$d_{k+1} = -r_{k+1} + \beta_k d_k \tag{2.31}$$

即下一个搜索方向是负梯度方向与现在的搜索方向的线性组合。同时要求 $d_{k+1}$ 与 $d_k$ 关于 $A$ 相互共轭，即要求系数

$$\beta_k = \frac{(r_{k+1})^{\mathrm{T}} A d_k}{(d_k)^{\mathrm{T}} A d_k} \tag{2.32}$$

后面将证明，这样产生的搜索方向序列 $\{d_k\}$ 是关于矩阵 $A$ 共轭的。下面先给出线性共轭梯度法的步骤。

---

**算法 2.4** (线性共轭梯度法)

**步骤 1**　给定初始点 $x_0 \in \mathbb{R}^n$，精度 $\varepsilon > 0$。令 $r_0 = A x_0 - b$, $d_0 = -r_0$, $k = 0$。

**步骤 2**　检查停止条件 $\|r_k\| \leqslant \varepsilon$，若成立，则停止算法并返回 $x_k$。否则转步骤 3。

**步骤 3**　用精确线性搜索产生步长

$$\alpha_k = -\frac{(r_k)^{\mathrm{T}} d_k}{(d_k)^{\mathrm{T}} A d_k}$$

并令 $x_{k+1} = x_k + \alpha_k d_k$。

**步骤 4**　计算残差 $r_{k+1} = A x_{k+1} - b$，然后计算系数

$$\beta_{k+1} = \frac{(r_{k+1})^{\mathrm{T}} A d_k}{(d_k)^{\mathrm{T}} A d_k}$$

**步骤 5**　计算新的搜索方向 $d_{k+1} = -r_{k+1} + \beta_{k+1} d_k$。

**步骤 6**　令 $k = k + 1$，转步骤 2。

---

下面的定理给出算法 2.4 的收敛性结果，同时表明线性共轭梯度法产生的残差是相互正交的，搜索方向是相互共轭的，且这些搜索方向 $\{d_k\}$ 和残差 $\{r_k\}$ 都包含在如下的 $r_0$ 的 $k$ 阶 Krylov 子空间中：

$$\mathcal{K}(r_0; k) = \{r_0, A r_0, A^2 r_0, \cdots, A^k r_0\} \tag{2.33}$$

其中，$\boldsymbol{A}^k$ 表示矩阵 $\boldsymbol{A}$ 的 $k$ 次方。

**定理 2.13** 若线性共轭梯度法 (即算法 2.4) 第 $k$ 次迭代得到的 $\boldsymbol{x}_k$ 不是最优解 $\boldsymbol{x}^*$，那么有如下结论成立：

(1) 残差正交：$(\boldsymbol{r}_k)^{\mathrm{T}}\boldsymbol{r}_i = 0,\ i = 0, 1, \cdots, k-1$;

(2) 方向共轭：$(\boldsymbol{d}_k)^{\mathrm{T}}\boldsymbol{A}\boldsymbol{d}_i = 0,\ i = 0, 1, \cdots, k-1$;

(3) $\mathrm{span}\{\boldsymbol{r}_0, \boldsymbol{r}_1, \cdots, \boldsymbol{r}_k\} = \mathrm{span}\{\boldsymbol{r}_0, \boldsymbol{A}\boldsymbol{r}_0, \boldsymbol{A}^2\boldsymbol{r}_0, \cdots, \boldsymbol{A}^k\boldsymbol{r}_0\}$;

(4) $\mathrm{span}\{\boldsymbol{d}_0, \boldsymbol{d}_1, \cdots, \boldsymbol{d}_k\} = \mathrm{span}\{\boldsymbol{r}_0, \boldsymbol{A}\boldsymbol{r}_0, \boldsymbol{A}^2\boldsymbol{r}_0, \cdots, \boldsymbol{A}^k\boldsymbol{r}_0\}$。

因此，序列 $\{\boldsymbol{x}_k\}$ 最多 $n$ 步迭代即可得到问题 (2.25) 的最优解。

**证明** 首先证明结论 (1)。由定理 2.12 的结论 (2) 可知，对于所有的 $i = 0, 1, \cdots, k-1$ 和任意的 $k = 1, 2, \cdots, n-1$，有 $(\boldsymbol{r}_k)^{\mathrm{T}}\boldsymbol{d}_i = 0$。结合算法 2.4 的步骤 5 可知

$$\boldsymbol{d}_i = -\boldsymbol{r}_i + \beta_i \boldsymbol{d}_{i-1}$$

因此，对于所有的 $i = 1, 2, \cdots, k-1$，$\boldsymbol{r}_i \in \mathrm{span}\{\boldsymbol{d}_i, \boldsymbol{d}_{i-1}\}$。故可得出对于所有的 $i = 1, 2, \cdots, k-1$，$\boldsymbol{r}_k^{\mathrm{T}}\boldsymbol{r}_i = 0$。同时注意到算法 2.4 中 $\boldsymbol{d}_0$ 满足 $(\boldsymbol{r}_k)^{\mathrm{T}}\boldsymbol{r}_0 = -(\boldsymbol{r}_k)^{\mathrm{T}}\boldsymbol{d}_0 = 0$。综上可知结论 (1) 成立。

接下来采用归纳法证明剩余的结论成立。当 $k = 0$ 时，结论 (3) 和结论 (4) 显然成立，而当 $k = 1$ 时，结论 (2) 可通过简单构造得到。现在假设这三个结论对某个 $k$ 成立，下面证明它们对 $k+1$ 仍然成立。要证明结论 (3)，首先证明左边的集合包含在右边的集合中。由于归纳假设，根据结论 (3) 和结论 (4)，可得

$$\boldsymbol{r}_k \in \mathrm{span}\{\boldsymbol{r}_0, \boldsymbol{A}\boldsymbol{r}_0, \boldsymbol{A}^2\boldsymbol{r}_0, \cdots, \boldsymbol{A}^k\boldsymbol{r}_0\},\ \ \boldsymbol{d}_k \in \mathrm{span}\{\boldsymbol{r}_0, \boldsymbol{A}\boldsymbol{r}_0, \boldsymbol{A}^2\boldsymbol{r}_0, \cdots, \boldsymbol{A}^k\boldsymbol{r}_0\},$$

将这两个式子中的第二个式子乘以 $\boldsymbol{A}$，得到

$$\boldsymbol{A}\boldsymbol{d}_k \in \mathrm{span}\{\boldsymbol{A}\boldsymbol{r}_0, \boldsymbol{A}^2\boldsymbol{r}_0, \cdots, \boldsymbol{A}^{k+1}\boldsymbol{r}_0\}$$

进一步由式 (2.31) 可得

$$\boldsymbol{r}_{k+1} \in \mathrm{span}\{\boldsymbol{r}_0, \boldsymbol{A}\boldsymbol{r}_0, \boldsymbol{A}^2\boldsymbol{r}_0, \cdots, \boldsymbol{A}^{k+1}\boldsymbol{r}_0\}$$

将这个表达式与结论 (3) 的归纳假设相结合，可以得出

$$\mathrm{span}\{\boldsymbol{r}_0, \boldsymbol{r}_1, \cdots, \boldsymbol{r}_k, \boldsymbol{r}_{k+1}\} \subset \mathrm{span}\{\boldsymbol{r}_0, \boldsymbol{A}\boldsymbol{r}_0, \boldsymbol{A}^2\boldsymbol{r}_0, \cdots, \boldsymbol{A}^{k+1}\boldsymbol{r}_0\}。$$

为了证明反向包含也成立，使用结论 (4) 的归纳假设推导出

$$\boldsymbol{A}^{k+1}\boldsymbol{r}_0 = \boldsymbol{A}(\boldsymbol{A}^k\boldsymbol{r}_0) \in \mathrm{span}\{\boldsymbol{A}\boldsymbol{d}_0, \boldsymbol{A}\boldsymbol{d}_1, \cdots, \boldsymbol{A}\boldsymbol{d}_k\}$$

再次根据式 (2.31) 可知 $\boldsymbol{A}\boldsymbol{d}_i = (\boldsymbol{r}_{i+1} - \boldsymbol{r}_i)/\alpha^i$，其中 $i = 0, 1, \cdots, k$，因此得到

$$A^{k+1}\boldsymbol{r}_0 \in \mathrm{span}\{\boldsymbol{r}_0, \boldsymbol{r}_1, \cdots, \boldsymbol{r}_{k+1}\}$$

将这个表达式与结论 (3) 的归纳假设相结合，我们得出

$$\text{span}\{\boldsymbol{r}_0, \boldsymbol{A}\boldsymbol{r}_0, \boldsymbol{A}^2 r_0, \cdots, \boldsymbol{A}^{k+1} r_0\} \subset \text{span}\{\boldsymbol{r}_0, \boldsymbol{r}_1, \cdots, \boldsymbol{r}_k, \boldsymbol{r}_{k+1}\}$$

注意到将 $k$ 替换为 $k+1$ 时，结论 (3) 仍然成立，因此结论 (3) 得证。

我们通过以下论证证明当 $k$ 替换为 $k+1$ 时，结论 (4) 仍然成立：

$$
\begin{aligned}
&\text{span}\{\boldsymbol{d}_0, \boldsymbol{d}_1, \cdots, \boldsymbol{d}_k, \boldsymbol{d}_{k+1}\} \\
&= \text{span}\{\boldsymbol{d}_0, \boldsymbol{d}_1, \cdots, \boldsymbol{d}_k, \boldsymbol{r}_{k+1}\} \qquad \text{根据算法 2.4 步骤 5} \\
&= \text{span}\{\boldsymbol{r}_0, \boldsymbol{A}\boldsymbol{r}_0, \boldsymbol{A}^2 r_0, \cdots, \boldsymbol{A}^k r_0, \boldsymbol{r}_{k+1}\} \qquad \text{根据结论 (4) 的归纳假设} \\
&= \text{span}\{\boldsymbol{r}_0, \boldsymbol{r}_1, \cdots, \boldsymbol{r}_k, \boldsymbol{r}_{k+1}\} \qquad \text{根据结论 (3)} \\
&= \text{span}\{\boldsymbol{r}_0, \boldsymbol{A}\boldsymbol{r}_0, \boldsymbol{A}^2 r_0, \cdots, \boldsymbol{A}^{k+1} r_0\} \qquad \text{根据结论 (3) 对 $k+1$ 的情况}
\end{aligned}
$$

接下来，我们通过以下论证证明当 $k$ 替换为 $k+1$ 时，结论 (2) 仍然成立。将算法 2.4 中步骤 5 的迭代公式乘以 $\boldsymbol{A}\boldsymbol{d}_i, i = 0, 1, \cdots, k$, 可以得到

$$(\boldsymbol{d}_{k+1})^{\text{T}} \boldsymbol{A}\boldsymbol{d}_i = -(\boldsymbol{r}_{k+1})^{\text{T}} \boldsymbol{A}\boldsymbol{d}_i + \beta_{k+1}(\boldsymbol{d}_k)^{\text{T}} \boldsymbol{A}\boldsymbol{d}_i \tag{2.34}$$

按照 $\beta_{k+1}$ 的定义，当 $i = k$ 时，式 (2.34) 右边的项消失。下面，我们考虑 $i \leqslant k-1$ 的情况。首先注意，对结论 (2) 的归纳假设意味着方向 $\boldsymbol{d}_0, \boldsymbol{d}_1, \cdots, \boldsymbol{d}_k$ 是共轭的，因此我们可以应用定理 2.12 推导出，对于 $i = 0, 1, \cdots, k$, 有

$$(\boldsymbol{r}_{k+1})^{\text{T}} \boldsymbol{d}_i = 0 \tag{2.35}$$

其次，通过反复应用结论 (4)，可以得到对于 $i = 0, 1, \cdots, k-1$，以下包含关系成立：

$$
\begin{aligned}
\boldsymbol{A}\boldsymbol{d}_i &\in \boldsymbol{A}\,\text{span}\{\boldsymbol{r}_0, \boldsymbol{A}\boldsymbol{r}_0, \boldsymbol{A}^2 r_0, \cdots, \boldsymbol{A}^i r_0\} \\
&= \text{span}\{\boldsymbol{A}\boldsymbol{r}_0, \boldsymbol{A}^2 r_0, \cdots, \boldsymbol{A}^{i+1} r_0\} \\
&\subset \text{span}\{\boldsymbol{d}_0, \boldsymbol{d}_1, \cdots, \boldsymbol{d}_{i+1}\}
\end{aligned} \tag{2.36}
$$

进而结合式 (2.35) 和式 (2.36) 可得到，对于 $i = 0, 1, \cdots, k-1$, 有

$$(\boldsymbol{r}_{k+1})^{\text{T}} \boldsymbol{A}\boldsymbol{d}_i = 0,$$

因此, 当 $i = 0, 1, \cdots, k-1$ 时, 式 (2.34) 右边的第一项为 0。由于结论 (2) 的归纳假设，式 (2.34) 右边的第二项也为 0, 因此我们得出 $(\boldsymbol{d}_{k+1})^{\text{T}} \boldsymbol{A}\boldsymbol{d}_i = 0, i = 0, 1, \cdots, k$。因此，通过归纳论证可知结论 (2) 成立。

由此可知，共轭梯度法生成的方向集确实是共轭方向集。因此由定理 2.12 可知，该算法在最多 $n$ 次迭代中终止。　　　　　　　　　　　　　　　　　□

利用算法 2.4 各步迭代的关系，下面给出在实际使用中计算效率更高的版本[18]。

**算法 2.5** (线性共轭梯度法)
**步骤 1** 给定初始点 $\boldsymbol{x}_0 \in \mathbb{R}^n$，精度 $\varepsilon \geqslant 0$，令 $\boldsymbol{r}_0 = \boldsymbol{A}\boldsymbol{x}_0 - \boldsymbol{b}$, $\boldsymbol{d}_0 = -\boldsymbol{r}_0$, $k=0$。
**步骤 2** 检查停止条件 $\boldsymbol{r}_k = 0$，若成立，则停止算法并返回 $\boldsymbol{x}_k$。否则转步骤 2。
**步骤 3** 用精确线性搜索产生步长

$$\alpha_k = -\frac{(\boldsymbol{r}_k)^{\mathrm{T}}\boldsymbol{r}_k}{(\boldsymbol{d}_k)^{\mathrm{T}}\boldsymbol{A}\boldsymbol{d}_k}$$

令 $\boldsymbol{x}_{k+1} = \boldsymbol{x}_k + \alpha_k \boldsymbol{d}_k$。
**步骤 4** 计算残差 $\boldsymbol{r}_{k+1} = \boldsymbol{r}_k + \alpha_k \boldsymbol{A}\boldsymbol{d}_k$，然后计算系数

$$\beta_{k+1} = \frac{(\boldsymbol{r}_{k+1})^{\mathrm{T}}\boldsymbol{r}_{k+1}}{(\boldsymbol{r}_k)^{\mathrm{T}}\boldsymbol{r}_k}$$

**步骤 5** 计算新的搜索方向 $\boldsymbol{d}_{k+1} = -\boldsymbol{r}_{k+1} + \beta_{k+1}\boldsymbol{d}_k$。
**步骤 6** 令 $k = k+1$，转步骤 2。

注意到，算法 2.5 每一步需要执行的主要计算任务包括计算矩阵和向量的乘积 $\boldsymbol{A}\boldsymbol{d}_k$，计算内积 $(\boldsymbol{d}_k)^{\mathrm{T}}\boldsymbol{A}\boldsymbol{d}_k$ 和 $(\boldsymbol{r}_{k+1})^{\mathrm{T}}\boldsymbol{r}_{k+1}$ 以及计算三个向量的求和。内积和向量求和操作可以在小于 $n$ 的浮点运算的倍数内完成，而矩阵和向量乘积的成本取决于问题的性质。共轭梯度方法通常建议用于大规模的问题，否则应优先选择高斯消元或其他因式分解等方法对问题 (2.25) 对应的线性方程组进行求解。

将算法 2.5 应用到一般的凸函数或非线性函数的最优化问题中就得到非线性共轭梯度法。该方法的搜索方向由下式决定：

$$\boldsymbol{d}_k = \begin{cases} -\nabla f(\boldsymbol{x}_0), & k=0 \\ -\nabla f(\boldsymbol{x}_k) + \beta_k \boldsymbol{d}_{k-1}, & k \geqslant 1 \end{cases} \tag{2.37}$$

其中，系数 $\beta_k$ 的不同选取方式可以得到不同的非线性共轭梯度法。下面给出非线性共轭梯度法的算法框架：

**算法 2.6** (非线性共轭梯度法)
**步骤 1** 给定初始点 $\boldsymbol{x}_0 \in \mathbb{R}^n$，令 $\boldsymbol{d}_0 = -\nabla f(\boldsymbol{x}_0)$，精度 $\varepsilon > 0$，令 $k=0$。
**步骤 2** 若 $\|\nabla f(\boldsymbol{x}_k)\| \leqslant \varepsilon$ 成立，则停止算法并返回 $\boldsymbol{x}_k$。否则转步骤 2。
**步骤 3** 用线搜索方法产生步长 $\alpha_k$，并令 $\boldsymbol{x}_{k+1} = \boldsymbol{x}_k + \alpha_k \boldsymbol{d}_k$。
**步骤 4** 计算新的搜索方向 $\boldsymbol{d}_{k+1} = -\nabla f(\boldsymbol{x}_{k+1}) + \beta_{k+1}\boldsymbol{d}_k$。
**步骤 5** 令 $k = k+1$，转步骤 2。

Fletcher 和 Reeves[33] 将线性共轭梯度法推广到非线性共轭梯度法，提出了 FR 算法，其系数为

$$\beta_{k+1}^{\mathrm{FR}} = \frac{\|\nabla f(\boldsymbol{x}_{k+1})\|^2}{\|\nabla f(\boldsymbol{x}_k)\|^2} \tag{2.38}$$

除此之外，还有如下著名的系数公式

$$\beta_{k+1}^{\mathrm{PRP}} = \frac{\nabla f(\boldsymbol{x}_{k+1})^{\mathrm{T}}(\nabla f(\boldsymbol{x}_{k+1}) - \nabla f(\boldsymbol{x}_k))}{\|\nabla f(\boldsymbol{x}_k)\|^2}$$

$$\beta_{k+1}^{\mathrm{HS}} = \frac{\nabla f(\boldsymbol{x}_{k+1})^{\mathrm{T}}(\nabla f(\boldsymbol{x}_{k+1}) - \nabla f(\boldsymbol{x}_k))}{(\boldsymbol{d}_k)^{\mathrm{T}}(\nabla f(\boldsymbol{x}_{k+1}) - \nabla f(\boldsymbol{x}_k))}$$

$$\beta_{k+1}^{\mathrm{DY}} = \frac{\|\nabla f(\boldsymbol{x}_{k+1})\|^2}{(\boldsymbol{d}_k)^{\mathrm{T}}(\nabla f(\boldsymbol{x}_{k+1}) - \nabla f(\boldsymbol{x}_k))}$$

根据以上系数得到的非线性共轭梯度法分别称为 PRP(Polak-Ribiere-Polyak) 算法 [34]、HS(Hestenes-Seiefel) 算法 [33] 和 DY(Dai-Yuan) 算法 [35]。下面的定理表明，以上提到的四种非线性共轭梯度法在求解凸二次函数最小化问题时是等价的。

**定理 2.14**　在求解凸二次函数最小化问题时，如果使用精确线性搜索方法，那么 FR 算法、HS 算法、PRP 算法和 DY 算法等价。

**证明**　只要证明在求解凸二次函数最小化问题时，如果使用精确线性搜索方法，FR 算法、HS 算法、PRP 算法和 DY 算法的系数 $\beta$ 的计算公式相等即可。不妨以 FR 算法的计算公式为参照。因为残差正交，即梯度正交，所以有 $\nabla f(\boldsymbol{x}_{k+1})^{\mathrm{T}}\nabla f(\boldsymbol{x}_k) = 0$。因此 PRP 算法的计算公式与 FR 算法的一致。又因为采用精确线性搜索，所以有 $\nabla f(\boldsymbol{x}_{k+1})^{\mathrm{T}}\boldsymbol{d}_k = 0$。同时将 $\nabla f(\boldsymbol{x}_k)$ 左乘到 $\boldsymbol{d}_k = -\nabla f(\boldsymbol{x}_k) + \beta_k \boldsymbol{d}_{k-1}$ 中去，得到

$$\nabla f(\boldsymbol{x}_k)^{\mathrm{T}}\boldsymbol{d}_k = -\|\nabla f(\boldsymbol{x}_k)\|^2 + \beta_k \nabla f(\boldsymbol{x}_k)^{\mathrm{T}}\boldsymbol{d}^{k-1} \tag{2.39}$$

结合 $\nabla f(\boldsymbol{x}_k)^{\mathrm{T}}\boldsymbol{d}_{k-1} = 0$，可得 $-\nabla f(\boldsymbol{x}_k)^{\mathrm{T}}\boldsymbol{d}_k = \|\nabla f(\boldsymbol{x}_k)\|^2$。所以 DY 算法和 HS 算法都与 FR 算法一致。　□

非线性共轭梯度法有一个共同特点：当线搜索不精确时，其搜索方向 $\boldsymbol{d}_k$ 不能保证都是下降方向，这可以从式 (2.39) 看出。但是当我们加入了某种条件后，可以保证方向是下降的。我们以 FR 算法为例，进行收敛性分析。

**假设 2.1**　设 $f : \mathbb{R}^n \to \mathbb{R}$ 是连续可微函数，水平集合 $\mathrm{Lev}f = \{\boldsymbol{x} \in \mathbb{R}^n | f(\boldsymbol{x}) \leqslant f(\boldsymbol{x}_0)\}$ 有界，且 $\nabla f$ 在包含水平集合 $\mathrm{Lev}f$ 的开集合 $\mathcal{O}$ 上是 Lipschitz 连续的，即存在 $L > 0$ 满足

$$\|\nabla f(\boldsymbol{x}) - \nabla f(\boldsymbol{y})\| \leqslant L\|\boldsymbol{x} - \boldsymbol{y}\|, \ \forall \boldsymbol{x}, \boldsymbol{y} \in \mathcal{O}$$

直接利用定理 2.3 和数学归纳法可以得到如下结论。

**引理 2.2**　设 $f : \mathbb{R}^n \to \mathbb{R}$ 满足假设 2.1。若 FR 算法 2.6 的步长满足强 Wolfe 原则且其中参数 $0 < \rho \leqslant \sigma < \dfrac{1}{2}$。那么算法生成的搜索方向 $\boldsymbol{d}_k$ 是下降的且序列 $\{\boldsymbol{x}_k\}$ 满足：

$$-\frac{1}{1-\sigma} \leqslant \frac{\nabla f(\boldsymbol{x}_k)^{\mathrm{T}}\boldsymbol{d}_k}{\|\nabla f(\boldsymbol{x}_k)\|^2} \leqslant \frac{2\sigma - 1}{1-\sigma}, \ \ \forall k = 0, 1, \cdots \tag{2.40}$$

**定理 2.15** 设 $f:\mathbb{R}^n \to \mathbb{R}$ 满足假设 2.1。若 FR 算法 2.6 的步长满足强 Wolfe 原则且其中参数 $0 < \rho \leqslant \sigma < \dfrac{1}{2}$，那么算法生成的序列 $\{\boldsymbol{x}_k\}$ 满足：

$$\liminf_{k\to\infty} \|\nabla f(\boldsymbol{x}_k)\| = 0$$

**证明** 用反证法。假设存在 $\epsilon > 0, \|\nabla f(\boldsymbol{x}_k)\| \geqslant \epsilon$，由引理 2.2 得

$$\cos\theta_k = \frac{-\nabla f(\boldsymbol{x}_k)^{\mathrm{T}}\boldsymbol{d}_k}{\|\nabla f(\boldsymbol{x}_k)\|\|\boldsymbol{d}_k\|} \geqslant \frac{1-2\sigma}{1-\sigma} \cdot \frac{\|\nabla f(\boldsymbol{x}_k)\|}{\|\boldsymbol{d}_k\|}$$

由 Zoutendijk 条件可知

$$\sum_{k=1}^{\infty} \frac{\|\nabla f(\boldsymbol{x}_k)\|^4}{\|\boldsymbol{d}_k\|^2} < \infty$$

从而由假设 $\|\nabla f(\boldsymbol{x}_k)\| \geqslant \epsilon$ 有

$$\sum_{k=1}^{\infty} \frac{1}{\|\boldsymbol{d}_k\|^2} < \infty \tag{2.41}$$

接下来，对 $\|\boldsymbol{d}_k\|^2$ 进行分析。由 $\boldsymbol{d}_k$ 的更新方式可知

$$\|\boldsymbol{d}_k\|^2 = \|\nabla f(\boldsymbol{x}_k)\|^2 + 2\beta_k^{\mathrm{FR}}|\nabla f(\boldsymbol{x}_k)^{\mathrm{T}}\boldsymbol{d}_{k-1}| + (\beta_k^{\mathrm{FR}})^2\|\boldsymbol{d}_{k-1}\|^2$$

进一步由强 Wolfe 原则的第二个条件、$\boldsymbol{d}_k$ 更新公式，以及引理 2.2 可以得到

$$|\nabla f(\boldsymbol{x}_k)^{\mathrm{T}}\boldsymbol{d}_{k-1}| \leqslant \sigma|\nabla f(\boldsymbol{x}_{k-1})^{\mathrm{T}}\boldsymbol{d}_{k-1}| \leqslant \frac{\sigma}{1-\sigma}\|\nabla f(\boldsymbol{x}_{k-1})\|^2$$

进而有

$$\begin{aligned}
\|\boldsymbol{d}_k\|^2 &\leqslant \|\nabla f(\boldsymbol{x}_k)\|^2 + \frac{2\sigma}{1-\sigma}\left(\beta_k^{\mathrm{FR}}\right)\|\nabla f(\boldsymbol{x}_{k-1})\|^2 + (\beta_k^{\mathrm{FR}})^2\|\boldsymbol{d}_{k-1}\|^2 \\
&\leqslant c\|\nabla f(\boldsymbol{x}_k)\|^2 + (\beta_k^{\mathrm{FR}})^2\|\boldsymbol{d}_{k-1}\|^2 \\
&\leqslant \|\nabla f(\boldsymbol{x}_k)\|^2 + (\beta_k^{\mathrm{FR}})^2\left[c\|\nabla f(\boldsymbol{x}_{k-1})\|^2 + (\beta_{k-1}^{\mathrm{FR}})^2\|\boldsymbol{d}^{k-2}\|^2\right] \\
&\leqslant c\|\nabla f(\boldsymbol{x}_k)\|^2 + c\sum_{j=1}^{k-1}(\beta_j^{\mathrm{FR}})^2 \times \cdots \times (\beta_k^{\mathrm{FR}})^2\|\nabla f(\boldsymbol{x}_j)\|^2 \\
&= c\|\nabla f(\boldsymbol{x}_k)\|^4 \sum_{j=1}^{k-1}\|\nabla f(\boldsymbol{x}_j)\|^{-2} \\
&= \frac{cM^4}{\epsilon^2}k
\end{aligned}$$

其中，$c = (1+\sigma)/(1-\sigma)$; $M$ 是 $\|\nabla f(\boldsymbol{x}_k)\|$ 在 $\mathrm{Lev}f$ 上的上界。于是有

$$\frac{1}{\|\boldsymbol{d}_k\|^2} \geqslant \frac{\epsilon^2}{cM^4 k}$$

显然与式 (2.41) 相矛盾，于是有 $\lim\limits_{k\to\infty} \|\nabla f(\boldsymbol{x}_k)\| = 0$。 □

## 2.3　牛顿法与拟牛顿法

牛顿法 (Newton method) 是一类经典的无约束最优化问题求解算法。不同于只依赖梯度信息的梯度类算法，牛顿法利用了函数的 Hessian 矩阵来选取下降方向。因此，当目标函数 $f$ 是二阶连续可微时，牛顿法通常表现得优于梯度下降法。然而，对于大规模问题，牛顿法中 Hessian 矩阵及其逆矩阵的计算和存储成本较高，拟牛顿法 (quasi-Newton method) 可以克服这些缺点。本节将分别介绍牛顿法和拟牛顿法的收敛性和收敛速度。

### 2.3.1　牛顿法

考虑二次连续可微的函数 $f$ 在 $\boldsymbol{x}_k$ 处的二阶 Taylor 展开：

$$g(\boldsymbol{x}; \boldsymbol{x}_k) = f(\boldsymbol{x}_k) + \nabla f(\boldsymbol{x}_k)(\boldsymbol{x} - \boldsymbol{x}_k) + \frac{1}{2}(\boldsymbol{x} - \boldsymbol{x}_k)^{\mathrm{T}} \nabla^2 f(\boldsymbol{x}_k)(\boldsymbol{x} - \boldsymbol{x}_k)$$

若 Hessian 矩阵 $\nabla^2 f(\boldsymbol{x}_k)$ 是正定的，则可知函数 $g(\boldsymbol{x}; \boldsymbol{x}_k)$ 是强凸的且唯一的最小值点 $\boldsymbol{x}_{k+1}$ 满足

$$\boldsymbol{x}_{k+1} = \boldsymbol{x}_k - [\nabla^2 f(\boldsymbol{x}_k)]^{-1} \nabla f(\boldsymbol{x}_k)$$

此迭代格式即为经典牛顿法的迭代格式。它可通过将算法 2.1 中的下降方向取牛顿方向 $\boldsymbol{d}_k = -[\nabla^2 f(\boldsymbol{x}_k)]^{-1} \nabla f(\boldsymbol{x}_k)$，步长取固定步长 $\alpha_k = 1$ 构造而成。经典牛顿法的算法步骤可总结为算法 2.7。

---

**算法 2.7** (经典牛顿法)

**步骤 1**　给定初值 $\boldsymbol{x}_0 \in \mathbb{R}^n$，精度 $\varepsilon \geqslant 0$，置 $k = 0$。

**步骤 2**　检查停止条件，若成立则返回解 $\boldsymbol{x}_k$；否则，令

$$\boldsymbol{d}_k = -[\nabla^2 f(\boldsymbol{x}_k)]^{-1} \nabla f(\boldsymbol{x}_k)$$

**步骤 3**　计算 $\boldsymbol{x}_{k+1} = \boldsymbol{x}_k + \boldsymbol{d}_k$，置 $k := k + 1$。转步骤 2。

---

在算法实现过程中，为了提高计算效率，我们通常采用求解线性方程组

$$\nabla^2 f(\boldsymbol{x}_k)\boldsymbol{d} = -\nabla f(\boldsymbol{x}_k)$$

的方式得到下降方向 $\boldsymbol{d}_k$。该线性方程组可以采用线性共轭梯度法 (即算法 2.5) 进行求解。下面给出经典牛顿法的局部收敛性和局部的二阶收敛速度的结论。

**定理 2.16**　设 $f : \mathbb{R}^n \to \mathbb{R}$ 是二次可微的连续函数，$\boldsymbol{x}^*$ 为满足二阶充分性条件的局部极小点。若 $\nabla^2 f(\boldsymbol{x}^*)$ 是正定的且 $\nabla^2 f$ 在 $\boldsymbol{x}^*$ 的一个邻域 $\mathcal{N}(\boldsymbol{x}^*)$ 内满足 Lipschitiz 条件，即存在常数 $L > 0$ 使得

$$\|\nabla^2 f(\boldsymbol{x}) - \nabla^2 f(\boldsymbol{y})\| \leqslant L\|\boldsymbol{x} - \boldsymbol{y}\|, \ \forall \boldsymbol{x}, \boldsymbol{y} \in \mathcal{N}(\boldsymbol{x}^*)$$

则对于经典牛顿法生成的序列 $\{\boldsymbol{x}_k\}$ 有如下结论成立：

(1) 若算法的初始点 $\boldsymbol{x}_0$ 充分接近 $\boldsymbol{x}^*$，则序列 $\{\boldsymbol{x}_k\}$ 有定义且收敛到 $\boldsymbol{x}^*$;

(2) $\{\boldsymbol{x}_k\}$ 二次收敛到 $\boldsymbol{x}^*$;

(3) $\{\|\nabla f(\boldsymbol{x}_k)\|\}$ 二次收敛到 0。

**证明** 由于 $\nabla^2 f$ 在点 $\boldsymbol{x}^*$ 的一个邻域内满足 Lipschitz 条件，$\nabla^2 f(\boldsymbol{x}^*)$ 正定，因此由关于扰动矩阵求逆的 von Neumann 引理可知，存在 $\delta_1 > 0$，使得 $\nabla^2 f$ 在 $B(\boldsymbol{x}^*, \delta_1)$ 上是可逆的，而且

$$\|\nabla^2 f(\boldsymbol{x})^{-1}\| \leqslant 2\|\nabla^2 f(\boldsymbol{x}^*)^{-1}\|, \quad \forall \boldsymbol{x} \in B(\boldsymbol{x}^*, \delta_1)$$

取 $\delta = \min\{\delta_1, 1/(2L\|\nabla^2 f(\boldsymbol{x}^*)^{-1}\|)\}$。注意到若 $\boldsymbol{x}_k \in B(\boldsymbol{x}^*, \delta_1)$，则有

$$\begin{aligned}
&\|\nabla^2 f(\boldsymbol{x}_k)(\boldsymbol{x}_k - \boldsymbol{x}^*) - \nabla f(\boldsymbol{x}_k) + \nabla f(\boldsymbol{x}^*)\| \\
&= \left\|\int_0^1 [\nabla^2 f(\boldsymbol{x}_k) - \nabla^2 f(\boldsymbol{x}^* + t(\boldsymbol{x}_k - \boldsymbol{x}^*))](\boldsymbol{x}_k - \boldsymbol{x}^*)\mathrm{d}t\right\| \\
&\leqslant L\|\boldsymbol{x}_k - \boldsymbol{x}^*\|^2 \int_0^1 (1 - t)\mathrm{d}t \\
&= \frac{L}{2}\|\boldsymbol{x}_k - \boldsymbol{x}^*\|^2
\end{aligned}$$

进而有

$$\begin{aligned}
\|\boldsymbol{x}_{k+1} - \boldsymbol{x}^*\| &= \|\boldsymbol{x}_k - \nabla^2 f(\boldsymbol{x}_k)^{-1}\nabla f(\boldsymbol{x}_k) - \boldsymbol{x}^*\| \\
&= \|\nabla^2 f(\boldsymbol{x}_k)^{-1}[\nabla^2 f(\boldsymbol{x}_k)(\boldsymbol{x} - \boldsymbol{x}^*) - \nabla f(\boldsymbol{x}_k) + \nabla f(\boldsymbol{x}^*)]\| \\
&\leqslant L\|\nabla^2 f(\boldsymbol{x}^*)^{-1}\|\|\boldsymbol{x}_k - \boldsymbol{x}^*\|^2
\end{aligned} \tag{2.42}$$

显然，当 $\boldsymbol{x}_k \in B(\boldsymbol{x}^*, \delta)$ 时，有

$$\|\boldsymbol{x}_{k+1} - \boldsymbol{x}^*\| \leqslant L\|\nabla^2 f(\boldsymbol{x}^*)^{-1}\|\delta\|\boldsymbol{x}_k - \boldsymbol{x}^*\| \leqslant \delta/2$$

即 $\boldsymbol{x}_{k+1} \in B(\boldsymbol{x}^*, \delta)$。这表明，只要 $\boldsymbol{x}_1 \in B(\boldsymbol{x}^*, \delta)$，经典牛顿法法生成的 $\{\boldsymbol{x}_k\}$ 就是有定义的，而且

$$\|\boldsymbol{x}_{k+1} - \boldsymbol{x}^*\| \leqslant (1/2)^k \delta$$

即 $k \to \infty, \boldsymbol{x}_k \to \boldsymbol{x}^*$，即结论 (1) 成立。同时，由估计式 (2.42) 直接可知结论 (2) 成立。

对于结论 (3)，可以由下面的推导得到：

$$\begin{aligned}
\|\nabla f(\boldsymbol{x}_{k+1})\| &= \|\nabla f(\boldsymbol{x}_{k+1}) - \nabla f(\boldsymbol{x}_k) - \nabla^2 f(\boldsymbol{x}_k)(\boldsymbol{x}_{k+1} - \boldsymbol{x}_k)\| \\
&= \left\|\int_0^1 [\nabla^2 f(\boldsymbol{x}_k + t(\boldsymbol{x}_{k+1} - \boldsymbol{x}_k)) - \nabla^2 f(\boldsymbol{x}_k)]\mathrm{d}t(\boldsymbol{x}_{k+1} - \boldsymbol{x}^*)\right\| \\
&\leqslant \int_0^1 Lt\|\boldsymbol{x}_{k+1} - \boldsymbol{x}_k\|^2\mathrm{d}t \\
&= \frac{L}{2}\|\nabla^2 f(\boldsymbol{x}_k)^{-1}\nabla f(\boldsymbol{x}_k)\|^2
\end{aligned}$$

$$\leqslant 2L\|\nabla^2 f(\boldsymbol{x}^*)^{-1}\|\|\nabla f(\boldsymbol{x}_k)\|^2$$

由此可知序列 $\{\|\nabla f(\boldsymbol{x}_k)\|\}$ 二阶收敛到 0，即结论 (3) 成立。　　　　　　　□

由定理 2.16 可知，若初始点充分接近局部极小点，则经典牛顿法可以快速收敛。因此，在实际应用中，可以将梯度类算法和牛顿算法结合使用以提高计算效率，即首先通过梯度类算法选取低精度的解作为牛顿法的初始点，再利用牛顿法的局部二次收敛性得到问题的极小点。

**例 2.3**　考虑 Rosenbrock 函数 $f(x,y) = (1-x)^2 + 100(y-x^2)^2$，该函数的全局最优解 $(x^*, y^*) = (1,1)$。选取一个特殊的初始点 $(-1.2,1)$，分别采用牛顿法和带 Amijo 线搜索的梯度下降法进行 50 次迭代，结果如图 2.3 所示。

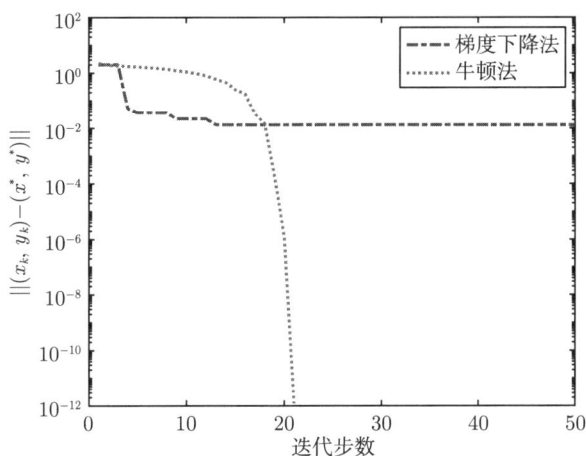

**图 2.3**　牛顿法与带 Amijo 线搜索梯度下降的比较

从图 2.3 可以看出，当选取合适的初始点，牛顿法可以二次收敛到最优解。同时，可以看出梯度下降法在初始阶段下降速度要快于牛顿法，但是无法下降到较高的精度。

注意到经典的牛顿法需要选取固定步长 $\alpha_k = 1$，这使得当选取的初始点距离最优解较远时，算法的迭代可能会很不稳定。下面介绍带线搜索的牛顿法。若进一步假设 $f$ 是凸函数，通过引入线搜索原则，采用如下带有线搜索的迭代格式可得到具有全局收敛性的牛顿法：

$$\boldsymbol{x}_{k+1} = \boldsymbol{x}_k - \alpha_k [\nabla^2 f(\boldsymbol{x}_k)]^{-1} \nabla f(\boldsymbol{x}_k) \tag{2.43}$$

**定理 2.17**　设 $f : \mathbb{R}^n \to \mathbb{R}$ 是二次连续可微的凸函数且 $\nabla^2 f(\boldsymbol{x})$ 对于每一个 $\boldsymbol{x} \in \mathbb{R}^n$ 均是正定的。设存在初始点 $\boldsymbol{x}_0$，且其使得水平集 $\{\boldsymbol{x} \in \mathbb{R}^n \mid f(\boldsymbol{x}) \leqslant f(\boldsymbol{x}_0)\}$ 有界。令 $\{\boldsymbol{x}_k\}$ 为采用精确线搜索、Amijo 非精确线搜索或 Goldstein 线搜索的牛顿法 (式 (2.43)) 产生的序列，则 $\{\boldsymbol{x}_k\}$ 收敛到 $f$ 的全局最优解。

**证明**　容易验证方向 $\boldsymbol{d}_k = -[\nabla^2 f(\boldsymbol{x}_k)]^{-1} \nabla f(\boldsymbol{x}_k)$ 与 $\{\boldsymbol{x}_k\}$ 是梯度相关联的，则由定理 2.2 可知 $\{\boldsymbol{x}_k\}$ 的任何聚点均是 $f$ 的稳定点。由于 $f$ 是连续可微的凸函数且 $\nabla^2 f(\boldsymbol{x})$ 对

于每一个 $x \in \mathbb{R}^n$ 均是正定的，则其稳定稳定点即为 $f$ 的唯一全局最小点 $x^*$，因此，序列 $\{x_k\}$ 必收敛到 $x^*$。 $\qquad\square$

注意到在经典的牛顿法中，每步迭代都需要通过求解线性方程组获得下降方向 $d_k$，而线性方程组的求解非常效率依赖于 Hessian 矩阵 $\nabla^2 f(x_k)$ 的性质。同时注意到，若 $\nabla^2 f(x_k)$ 不是正定的，则 $d_k$ 不一定是下降方向。为了增加牛顿法在实际应用中实用性，我们通常在 Hessian 矩阵 $\nabla^2 f(x_k)$ 的基础上增加一个修正项 $E_k$ 来改善算法的稳定性。

**算法 2.8** (带线搜索的修正牛顿法)
**步骤 1** 给定初值 $x_0 \in \mathbb{R}^n$，精度 $\varepsilon \geqslant 0$，置 $k=0$。
**步骤 2** 检查停止条件，若成立则返回解 $x_k$；否则，选取矩阵 $E_k$，使得 $B_k = \nabla^2 f(x_k) + E_k$ 为正定矩阵。
**步骤 3** 通过线性方程组 $B_k d = -\nabla f(x_k)$ 计算 $d_k$。
**步骤 4** 通过线性搜索原则确定步长 $\alpha_k > 0$。
**步骤 5** 计算 $x_{k+1} = x_k + \alpha_k d_k$，置 $k := k+1$。转步骤 2。

修正项 $E_k$ 的选取是算法 2.8 的核心。一种最简单直接的方式是直接将 $E_k$ 取作单位矩阵 $I$ 的正数倍，即 $E_k = \lambda_k I$，$\lambda_k > 0$。常数 $\lambda_k$ 通常取较小的常数，但是选取过小时，可能无法保证 $B_k$ 的正定性，因此通常基于对 $\nabla^2 f(x_k)$ 最小特征值的估计选取常数 $\lambda_k$。另一种更高效稳定的方法是 Gill-Murray 修正牛顿法[36]，即通过强迫正定的修正 Cholesky 分解隐式选取修正项 $E_k$。

## 2.3.2　拟牛顿法

结合 2.3.1 节的介绍和实际应用经验，牛顿法不仅具有收敛速度的理论保证，更在实际中表现出了良好的计算效果。然而，对于高维问题，每次迭代过程中 Hessian 矩阵的计算和线性方程组的求解通常需要花费较大的计算代价。拟牛顿法的基本思想是通过构造矩阵来近似 Hessian 矩阵或者 Hessian 矩阵的逆矩阵，构造的矩阵需要保证可以以较小的计算成本得到下降方向 $d_k$，并且生成的序列 $\{x_k\}$ 仍具有快速的收敛速度。

设 $f : \mathbb{R}^n \to \mathbb{R}$ 是二次连续可微函数，$\{x_i | i = 0, 1, \cdots, k+1\}$ 为由某算法生成的序列，根据一阶 Taylor 展开，向量值函数 $\nabla f$ 在 $x_{k+1}$ 点处可近似表示为

$$\nabla f(x) \approx \nabla f(x_{k+1}) + \nabla^2 f(x_{k+1})(x - x_{k+1})$$

令 $x = x_k$，$s_k = x_{k+1} - x_k$，$y_k = \nabla f(x_{k+1}) - \nabla f(x_k)$，则有

$$\nabla^2 f(x_{k+1}) s_k \approx y_k$$

我们希望用于近似 Hessian 矩阵 $\nabla^2 f(x_{k+1})$ 的矩阵 $B_{k+1}$ 满足如下的方程：

$$B_{k+1} s_k = y_k \tag{2.44}$$

或用于近似其逆矩阵 $[\nabla^2 f(\boldsymbol{x}_{k+1})]^{-1}$ 的矩阵 $\boldsymbol{H}_{k+1}$ 满足如下的方程:

$$\boldsymbol{s}_k = H_{k+1}\boldsymbol{y}_k \tag{2.45}$$

通常将方程 (2.44) 和方程 (2.45) 统称为拟牛顿方程。下面我们给出拟牛顿法的框架。

**算法 2.9** (拟牛顿算法框架)

**步骤 1**　取初始点 $\boldsymbol{x}_0 \in \mathbb{R}^n$,初始对称正定矩阵 $\boldsymbol{B}_0 \in \mathbb{R}^{n\times n}$ (或 $\boldsymbol{H}_0 \in \mathbb{R}^{n\times n}$)。令 $k=0$。

**步骤 2**　检查停止条件,若成立则算法终止,返回解 $\boldsymbol{x}_k$。否则,解线性方程组 $\boldsymbol{B}_k\boldsymbol{d} = -\nabla f(\boldsymbol{x}_k)$ 得到下降方向 $\boldsymbol{d}_k$,或计算 $\boldsymbol{d}_k = -H_k\nabla f(\boldsymbol{x}_k)$。

**步骤 3**　通过线性搜索原则确定步长 $\alpha_k > 0$。

**步骤 4**　令 $\boldsymbol{x}_{k+1} = \boldsymbol{x}_k + \alpha_k\boldsymbol{d}_k$。

**步骤 5**　更新 Hessian 矩阵的近似矩阵 $\boldsymbol{B}_{k+1}$ 或其逆矩阵的近似矩阵 $\boldsymbol{H}_{k+1}$。

**步骤 6**　令 $k := k+1$。转步骤 2。

当 $n > 1$ 时,满足拟牛顿方程的 $\boldsymbol{B}_{k+1}$ 或 $\boldsymbol{H}_{k+1}$ 并不唯一,通常是在上一步迭代得到的 $\boldsymbol{B}_k$ 或 $\boldsymbol{H}_k$ 基础上加入修正项 $\boldsymbol{\Delta}_k$ 得到,即

$$\boldsymbol{B}_{k+1} = \boldsymbol{B}_k + \boldsymbol{\Delta}_k \ \text{或} \ \boldsymbol{H}_{k+1} = \boldsymbol{H}_k + \boldsymbol{\Delta}_k \tag{2.46}$$

在实际使用中,为了提高子问题的计算效率,$\boldsymbol{\Delta}_k$ 通常取低秩的矩阵。下面介绍常用的几种著名的拟牛顿公式。

**1) 秩一公式**

秩一公式是通过选取秩一修正矩阵 $\boldsymbol{\Delta}_k$ 使得 $\boldsymbol{B}_{k+1}$ 或者 $\boldsymbol{H}_{k+1}$ 满足拟牛顿方程而得到的。首先考虑 $\boldsymbol{B}_{k+1}$ 的更新方式,令

$$\boldsymbol{\Delta}_k = a_k\boldsymbol{u}_k\boldsymbol{u}_k^{\mathrm{T}} \tag{2.47}$$

其中,$a_k \in \mathbb{R}$; $\boldsymbol{u}_k \in \mathbb{R}^n$ 为待定向量。将式 (2.47) 代入拟牛顿方程 $\boldsymbol{B}_{k+1}\boldsymbol{s}_k = \boldsymbol{y}_k$ 可得

$$(\boldsymbol{B}_k + a_k\boldsymbol{u}_k\boldsymbol{u}_k^{\mathrm{T}})\boldsymbol{s}_k = \boldsymbol{y}_k$$

即

$$a_k(\boldsymbol{u}_k^{\mathrm{T}}\boldsymbol{s}_k)\boldsymbol{u}_k = \boldsymbol{y}_k - \boldsymbol{B}_k\boldsymbol{s}_k \tag{2.48}$$

式 (2.48) 表明,向量 $\boldsymbol{u}_k$ 平行于 $\boldsymbol{y}_k - \boldsymbol{B}_k\boldsymbol{s}_k$。故可令 $\boldsymbol{u}_k = \beta_k(\boldsymbol{y}_k - \boldsymbol{B}_k\boldsymbol{s}_k)$,并将其代回到式 (2.48) 中可得

$$[a_k\beta_k^2(\boldsymbol{y}_k - \boldsymbol{B}_k\boldsymbol{s}_k)^{\mathrm{T}}\boldsymbol{s}_k - 1](\boldsymbol{y}_k - \boldsymbol{B}_k\boldsymbol{s}_k) = 0$$

若 $(\boldsymbol{y}_k - \boldsymbol{B}_k\boldsymbol{s}_k)^{\mathrm{T}}\boldsymbol{s}_k \neq 0$,则有

$$a_k\beta_k^2 = \frac{1}{(\boldsymbol{y}_k - \boldsymbol{B}_k\boldsymbol{s}_k)^{\mathrm{T}}\boldsymbol{s}_k}$$

所以,

$$\boldsymbol{\Delta}_k = \frac{(\boldsymbol{y}_k - \boldsymbol{B}_k \boldsymbol{s}_k)(\boldsymbol{y}_k - \boldsymbol{B}_k \boldsymbol{s}_k)^{\mathrm{T}}}{(\boldsymbol{y}_k - \boldsymbol{B}_k \boldsymbol{s}_k)^{\mathrm{T}} \boldsymbol{s}_k}$$

最后得到基于 $\boldsymbol{B}_k$ 的秩一公式如下:

$$\boldsymbol{B}_{k+1} = \boldsymbol{B}_k + \frac{(\boldsymbol{y}_k - \boldsymbol{B}_k \boldsymbol{s}_k)(\boldsymbol{y}_k - \boldsymbol{B}_k \boldsymbol{s}_k)^{\mathrm{T}}}{(\boldsymbol{y}_k - \boldsymbol{B}_k \boldsymbol{s}_k)^{\mathrm{T}} \boldsymbol{s}_k} \tag{2.49}$$

采用同样的分析过程,我们可以得到基于 $\boldsymbol{H}_k$ 的秩一公式如下

$$\boldsymbol{H}_{k+1} = \boldsymbol{H}_k + \frac{(\boldsymbol{s}_k - \boldsymbol{H}_k \boldsymbol{y}_k)(\boldsymbol{s}_k - \boldsymbol{H}_k \boldsymbol{y}_k)^{\mathrm{T}}}{(\boldsymbol{s}_k - \boldsymbol{H}_k \boldsymbol{y}_k)^{\mathrm{T}} \boldsymbol{y}_k} \tag{2.50}$$

值得注意的是,即使 $\boldsymbol{B}_k$ 是正定的,秩一公式也不能保证 $\boldsymbol{B}_{k+1}$ 的正定性。从基于 $\boldsymbol{B}_k$ 的秩一公式 (2.49) 中可以看出,$(\boldsymbol{y}_k - \boldsymbol{B}_k \boldsymbol{s}_k)^{\mathrm{T}} \boldsymbol{s}_k > 0$ 是保证 $\boldsymbol{B}_{k+1}$ 为正定矩阵的一个充分性条件,但是这一条件在实际迭代过程中很难得到保证。基于 $\boldsymbol{H}_k$ 的秩一公式 (2.50) 的也有类似的缺陷,因此在实际应用中很少使用秩一公式。

### 2) BFGS 公式

为了克服秩一修正不能保证矩阵在迭代中始终保持正定性的缺陷,现进一步考虑选取秩二的修正矩阵 $\boldsymbol{\Delta}_k$,即令

$$\boldsymbol{\Delta}_k = a_k \boldsymbol{u}_k \boldsymbol{u}_k^{\mathrm{T}} + b_k \boldsymbol{v}_k \boldsymbol{v}_k^{\mathrm{T}} \tag{2.51}$$

其中 $a_k, b_k \in \mathbb{R}$; $\boldsymbol{u}_k, \boldsymbol{v}_k \in \mathbb{R}^n$ 为待定向量。将式 (2.51) 代入拟牛顿方程 $\boldsymbol{B}_{k+1} \boldsymbol{s}_k = \boldsymbol{y}_k$ 得到

$$(\boldsymbol{B}_k + a_k \boldsymbol{u}_k \boldsymbol{u}_k^{\mathrm{T}} + b_k \boldsymbol{v}_k \boldsymbol{v}_k^{\mathrm{T}}) \boldsymbol{s}_k = \boldsymbol{y}_k$$

即

$$a_k (\boldsymbol{u}_k^{\mathrm{T}} \boldsymbol{s}_k) \boldsymbol{u}_k + b_k (\boldsymbol{v}_k^{\mathrm{T}} \boldsymbol{s}_k) \boldsymbol{v}_k = \boldsymbol{y}_k - \boldsymbol{B}_k \boldsymbol{s}_k \tag{2.52}$$

显然,满足式 (2.52) 的待定向量 $\boldsymbol{u}_k, \boldsymbol{v}_k$ 不唯一。如果取 $\boldsymbol{u}_k, \boldsymbol{v}_k$ 分别平行于 $\boldsymbol{B}_k \boldsymbol{s}_k$ 和 $\boldsymbol{y}_k$,即令 $\boldsymbol{u}_k = \beta_k \boldsymbol{B}_k \boldsymbol{s}_k$, $\boldsymbol{v}_k = \gamma_k \boldsymbol{y}_k$,然后将它们代回式 (2.52) 可得

$$[a_k \beta_k^2 (\boldsymbol{s}_k^{\mathrm{T}} \boldsymbol{B}_k \boldsymbol{s}_k) + 1] \boldsymbol{B}_k \boldsymbol{s}_k + [b_k \gamma_k^2 (\boldsymbol{y}_k^{\mathrm{T}} \boldsymbol{s}_k) - 1] \boldsymbol{y}_k = 0$$

若 $\boldsymbol{y}_k$ 和 $\boldsymbol{B}_k \boldsymbol{s}_k$ 线性无关,则有

$$a_k \beta_k^2 = -\frac{1}{\boldsymbol{s}_k^{\mathrm{T}} \boldsymbol{B}_k \boldsymbol{s}_k}, \quad b_k \gamma_k^2 = \frac{1}{\boldsymbol{y}_k^{\mathrm{T}} \boldsymbol{s}_k}$$

所以,

$$\boldsymbol{\Delta}_k = -\frac{\boldsymbol{B}_k \boldsymbol{s}_k \boldsymbol{s}_k^{\mathrm{T}} \boldsymbol{B}_k}{\boldsymbol{s}_k^{\mathrm{T}} \boldsymbol{B}_k \boldsymbol{s}_k} + \frac{\boldsymbol{y}_k \boldsymbol{y}_k^{\mathrm{T}}}{\boldsymbol{y}_k^{\mathrm{T}} \boldsymbol{s}_k}$$

最后得到基于 $\boldsymbol{B}_k$ 的 BFGS(Broyden-Fletcher-Goldfarb-Shanno) 公式如下:

$$\boldsymbol{B}_{k+1} = \boldsymbol{B}_k - \frac{\boldsymbol{B}_k \boldsymbol{s}_k \boldsymbol{s}_k^{\mathrm{T}} \boldsymbol{B}_k}{\boldsymbol{s}_k^{\mathrm{T}} \boldsymbol{B}_k \boldsymbol{s}_k} + \frac{\boldsymbol{y}_k \boldsymbol{y}_k^{\mathrm{T}}}{\boldsymbol{y}_k^{\mathrm{T}} \boldsymbol{s}_k} \tag{2.53}$$

为了直接通过 $\boldsymbol{B}_{k+1}$ 得到基于 $\boldsymbol{H}_k$ 的 BFGS 公式,我们需要引入如下的 Sherman-Morrison 定理 (即引理 2.3)。

**引理 2.3**　设矩阵 $\boldsymbol{A} \in \mathbb{R}^{n \times n}$ 非奇异，向量 $\boldsymbol{u}, \boldsymbol{v} \in \mathbb{R}^n$ 满足 $1 + \boldsymbol{v}^{\mathrm{T}} \boldsymbol{A}^{-1} \boldsymbol{u} \neq 0$，则矩阵 $\boldsymbol{A} + \boldsymbol{u}\boldsymbol{v}^{\mathrm{T}}$ 非奇异，且

$$(\boldsymbol{A} + \boldsymbol{u}\boldsymbol{v}^{\mathrm{T}})^{-1} = \boldsymbol{A}^{-1} - \frac{\boldsymbol{A}^{-1}\boldsymbol{u}\boldsymbol{v}^{\mathrm{T}}\boldsymbol{A}^{-1}}{1 + \boldsymbol{v}^{\mathrm{T}}\boldsymbol{A}^{-1}\boldsymbol{u}} \tag{2.54}$$

直接利用 Sherman-Morrison 公式 (2.54) 可知基于 $\boldsymbol{H}_k$ 的 BFGS 公式为

$$\boldsymbol{H}_{k+1} = (\boldsymbol{B}_{k+1})^{-1} = \left(\boldsymbol{I} - \frac{\boldsymbol{s}_k \boldsymbol{y}_k^{\mathrm{T}}}{\boldsymbol{s}_k^{\mathrm{T}} \boldsymbol{y}_k}\right) \boldsymbol{H}_k \left(\boldsymbol{I} - \frac{\boldsymbol{y}_k \boldsymbol{s}_k^{\mathrm{T}}}{\boldsymbol{s}_k^{\mathrm{T}} \boldsymbol{y}_k}\right) + \frac{\boldsymbol{s}_k \boldsymbol{s}_k^{\mathrm{T}}}{\boldsymbol{s}_k^{\mathrm{T}} \boldsymbol{y}_k}$$

很显然，当 $\boldsymbol{H}_k$ 是正定矩阵时，$\boldsymbol{H}_{k+1}$ 是正定矩阵的一个充分条件是:

$$\boldsymbol{s}_k^{\mathrm{T}} \boldsymbol{y}_k > 0$$

该条件可以通过采用 Wolfe 原则的线搜索保证。BFGS 公式是目前最有效的拟牛顿公式之一，在其基础上进行改进得到的有限内存的 BFGS 公式[37] 可应用于大规模约束优化问题。

### 3) DFP 公式

如果将基于 $\boldsymbol{B}_k$ 的 BFGS 公式的推导过程应用于 $\boldsymbol{H}_{k+1}$ 的推导中可得到另一类拟牛顿公式——DFP(Davidon-Fletcher-Powell) 公式。具体而言，将秩二的修正矩阵 (2.51) 代入牛顿方程 $\boldsymbol{s}_k = \boldsymbol{H}_{k+1} \boldsymbol{y}_k$，则可得到基于 $\boldsymbol{H}_k$ 的 DFP 公式:

$$\boldsymbol{H}_{k+1} = \boldsymbol{H}_k - \frac{\boldsymbol{H}_k \boldsymbol{y}_k \boldsymbol{y}_k^{\mathrm{T}} \boldsymbol{H}_k}{\boldsymbol{y}_k^{\mathrm{T}} \boldsymbol{H}_k \boldsymbol{y}_k} + \frac{\boldsymbol{s}_k \boldsymbol{s}_k^{\mathrm{T}}}{\boldsymbol{s}_k^{\mathrm{T}} \boldsymbol{y}_k} \tag{2.55}$$

利用 Sherman-Morrison 公式 (2.54) 可得到基于 $\boldsymbol{B}_k$ 的 DFP 公式:

$$\boldsymbol{B}_{k+1} = (\boldsymbol{H}_{k+1})^{-1} = \left(\boldsymbol{I} - \frac{\boldsymbol{y}_k \boldsymbol{s}_k^{\mathrm{T}}}{\boldsymbol{y}_k^{\mathrm{T}} \boldsymbol{s}_k}\right) \boldsymbol{B}_k \left(\boldsymbol{I} - \frac{\boldsymbol{s}_k \boldsymbol{y}_k^{\mathrm{T}}}{\boldsymbol{y}_k^{\mathrm{T}} \boldsymbol{s}_k}\right) + \frac{\boldsymbol{y}_k \boldsymbol{y}_k^{\mathrm{T}}}{\boldsymbol{y}_k^{\mathrm{T}} \boldsymbol{s}_k}$$

**定理 2.18**　设 $\boldsymbol{H}_k$ 是对称正定矩阵，$\boldsymbol{y}_k^{\mathrm{T}} \boldsymbol{s}_k > 0$，则基于式 (2.55) 定义的 DFP 公式得到的 $\boldsymbol{H}_{k+1}$ 是对称正定矩阵。

**证明**　根据对称正定矩阵的定义，我们只需证对任意的 $\boldsymbol{z} \in \mathbb{R}^n$，$\boldsymbol{z} \neq 0$ 有 $\boldsymbol{z}^{\mathrm{T}} \boldsymbol{H}_{k+1} \boldsymbol{z} > 0$ 成立。对对称正定矩阵 $\boldsymbol{H}_k$ 作 Cholesky 分解，则有 $\boldsymbol{H}_k = \boldsymbol{L}_k \boldsymbol{L}_k^{\mathrm{T}}$，其中 $\boldsymbol{L}_k$ 是非奇异的下三角阵。为了符号简便，记 $\boldsymbol{a} = (\boldsymbol{L}^k)^{\mathrm{T}} \boldsymbol{z}$，$\boldsymbol{b} = (\boldsymbol{L}^k)^{\mathrm{T}} \boldsymbol{y}_k$，则有

$$\boldsymbol{z}^{\mathrm{T}} \left(\boldsymbol{H}_k - \frac{\boldsymbol{H}_k \boldsymbol{y}_k \boldsymbol{y}_k^{\mathrm{T}} \boldsymbol{H}_k}{\boldsymbol{y}_k^{\mathrm{T}} \boldsymbol{H}_k \boldsymbol{y}_k}\right) \boldsymbol{z} = \boldsymbol{a}^{\mathrm{T}} \boldsymbol{a} - \frac{(\boldsymbol{a}^{\mathrm{T}} \boldsymbol{b})^2}{\boldsymbol{b}^{\mathrm{T}} \boldsymbol{b}} \geqslant 0$$

由于 $\boldsymbol{z} \neq 0$，仅当 $\boldsymbol{a}$ 与 $\boldsymbol{b}$ 平行，即 $\boldsymbol{z}$ 与 $\boldsymbol{s}_k$ 平行时上式等号成立，此时 $\boldsymbol{z}^{\mathrm{T}} \boldsymbol{y}_k \boldsymbol{y}_k^{\mathrm{T}} \boldsymbol{z} / \boldsymbol{y}_k^{\mathrm{T}} \boldsymbol{s}_k$ 是 $\boldsymbol{y}_k^{\mathrm{T}} \boldsymbol{s}_k$ 的正数倍，则有 $\boldsymbol{z}^{\mathrm{T}} \boldsymbol{H}_{k+1} \boldsymbol{z} > 0$ 成立。结论得证。　□

对比 BFGS 公式和 DFP 公式，我们可以看出两类公式呈现对偶关系，即将 BFGS 公式中 $\boldsymbol{H}_k$ 和 $\boldsymbol{B}_k$ 互换，$\boldsymbol{s}_k$ 和 $\boldsymbol{y}_k$ 互换即可得到 DFP 公式。但是，采用 DFP 公式的拟牛顿法具有数值不稳定性，而 BFGS 公式可以克服 DFP 公式的缺陷，因此在实际应用中更常使用基于 BFGS 公式的拟牛顿法。

由于采用 BFGS 公式的拟牛顿法是目前最有效的方法之一，因此本节给出基于 Wolfe 原则线搜索步长的 BFGS 拟牛顿算法求解一类强凸函数最小值点问题的全局收敛性和超线性收敛速度的分析。

**算法 2.10** (基于 Wolfe 原则的 BFGS 算法)

**步骤 1** 取初始点 $\boldsymbol{x}_0 \in \mathbb{R}^n$, 初始对称正定矩阵 $\boldsymbol{B}_0 \in \mathbb{R}^{n \times n}$。令 $k = 0$。

**步骤 2** 检查停止条件, 若成立则算法终止, 返回解 $\boldsymbol{x}_k$。否则, 解如下线性方程组得搜索方向 $\boldsymbol{d}_k$:

$$\boldsymbol{B}_k \boldsymbol{d}_k = -\nabla f(\boldsymbol{x}_k)$$

**步骤 3** 计算线搜索步长 $\alpha_k > 0$ 满足:

$$f(\boldsymbol{x}_k + \alpha_k \boldsymbol{d}_k) - f(\boldsymbol{x}_k) \leqslant \rho \alpha_k \nabla f(\boldsymbol{x}_k)^\mathrm{T} \boldsymbol{d}_k$$

$$\nabla f(\boldsymbol{x}_k + \alpha_k \boldsymbol{d}_k)^\mathrm{T} \boldsymbol{d}_k \geqslant \sigma \nabla f(\boldsymbol{x}_k)^\mathrm{T} \boldsymbol{d}_k$$

其中 $0 < \rho < \sigma < 1$。

**步骤 4** 令 $\boldsymbol{x}_{k+1} = \boldsymbol{x}_k + \alpha_k \boldsymbol{d}_k$。

**步骤 5** 计算 $\boldsymbol{s}_k = \alpha_k \boldsymbol{d}_k$, $\boldsymbol{y}_k = \nabla f(\boldsymbol{x}_{k+1}) - \nabla f(\boldsymbol{x}_k)$,

$$\boldsymbol{B}_{k+1} = \boldsymbol{B}_k - \frac{\boldsymbol{B}_k \boldsymbol{s}_k \boldsymbol{s}_k^\mathrm{T} \boldsymbol{B}_k}{\boldsymbol{s}_k^\mathrm{T} \boldsymbol{B}_k \boldsymbol{s}_k} + \frac{\boldsymbol{y}_k \boldsymbol{y}_k^\mathrm{T}}{\boldsymbol{y}_k^\mathrm{T} \boldsymbol{s}_k}$$

**步骤 6** 令 $k := k + 1$。转步骤 2。

由 Wolfe 线搜索原则可知

$$\boldsymbol{y}_k^\mathrm{T} \boldsymbol{s}_k = -\alpha_k (1 - \sigma) \nabla f(\boldsymbol{x}_k)^\mathrm{T} \boldsymbol{d}_k > 0$$

因此算法 2.10 中生成的序列 $\{B_k\}$ 中所有元素都是对称正定的。利用 Sherman-Morrison 公式 (2.54) 可以建立 $\boldsymbol{B}_{k+1}$ 和 $\boldsymbol{B}_k$ 行列式的关系:

$$\det(\boldsymbol{B}_{k+1}) = \det(\boldsymbol{B}_k) \cdot \frac{\boldsymbol{s}_k^\mathrm{T} \boldsymbol{y}^k}{\boldsymbol{s}_k^\mathrm{T} \boldsymbol{B}_k \boldsymbol{s}_k} \tag{2.56}$$

**假设 2.2** 设函数 $f : \mathbb{R}^n \to \mathbb{R}$ 是二次连续可微的凸函数, 即存在 $M \geqslant m > 0$ 满足

$$m\|\boldsymbol{y}\|^2 \leqslant \boldsymbol{y}^\mathrm{T} \nabla f(\boldsymbol{x}) \boldsymbol{y} \leqslant M\|\boldsymbol{y}\|^2, \ \forall \boldsymbol{x} \in \mathcal{L}(\boldsymbol{x}_0), \ \forall \boldsymbol{y} \in \mathbb{R}^n$$

其中 $\mathcal{L}(\boldsymbol{x}_0) := \{\boldsymbol{x} | f(\boldsymbol{x}) \leqslant f(\boldsymbol{x}_0)\}$。

**定理 2.19** 设函数 $f : \mathbb{R}^n \to \mathbb{R}$ 满足假设 2.2, 则由算法 2.10 生成的序列 $\{\boldsymbol{x}_k\}$ 收敛到 $f$ 的唯一全局最小点 $\boldsymbol{x}^*$。

**证明** 令 $m_k = \boldsymbol{s}_k^\mathrm{T} \boldsymbol{y}_k / \|\boldsymbol{s}_k\|^2$, $M_k = \|\boldsymbol{y}_k\|^2 / \boldsymbol{y}_k^\mathrm{T} \boldsymbol{s}_k$, 则 $m_k \geqslant m, M_k \leqslant M$。定义

$$\cos \theta_k = \frac{\boldsymbol{s}_k^\mathrm{T} \boldsymbol{B}_k \boldsymbol{s}_k}{\|\boldsymbol{s}_k\| \|\boldsymbol{B}_k \boldsymbol{s}_k\|}, \quad q_k = \frac{\boldsymbol{s}_k^\mathrm{T} \boldsymbol{B}_k \boldsymbol{s}_k}{\|\boldsymbol{s}_k\|^2}$$

于是可得

$$\frac{\|\boldsymbol{B}_k \boldsymbol{s}_k\|^2}{\boldsymbol{s}_k^\mathrm{T} \boldsymbol{B}_k \boldsymbol{s}_k} = \frac{\|\boldsymbol{B}_k \boldsymbol{s}_k\|^2 \|\boldsymbol{s}_k\|^2}{(\boldsymbol{s}_k^\mathrm{T} \boldsymbol{B}_k \boldsymbol{s}_k)^2} \frac{\boldsymbol{s}_k^\mathrm{T} \boldsymbol{B}_k \boldsymbol{s}_k}{\|\boldsymbol{s}_k\|^2} = \frac{q_k}{\cos^2 \theta_k}$$

$$\det\left(\boldsymbol{B}_{k+1}\right) = \det\left(\boldsymbol{B}_k\right) \cdot \frac{\boldsymbol{s}_k^{\mathrm{T}} \boldsymbol{y}_k}{\|\boldsymbol{s}_k\|^2} \cdot \frac{\|\boldsymbol{s}_k\|^2}{\boldsymbol{s}_k^{\mathrm{T}} B_k \boldsymbol{s}_k} = \det\left(\boldsymbol{B}_k\right) \frac{m_k}{q_k}$$

定义如下函数 $\Psi : \mathbb{R}^{n \times n} \to \mathbb{R}$,

$$\Psi(\boldsymbol{B}) = \mathrm{tr}(\boldsymbol{B}) - \ln(\det \boldsymbol{B})$$

则进一步可由

$$\mathrm{tr}\left(\boldsymbol{B}_{k+1}\right) = \mathrm{tr}\left(\boldsymbol{B}_k\right) - \frac{\|\boldsymbol{B}_k \boldsymbol{s}_k\|^2}{\boldsymbol{s}_k^{\mathrm{T}} \boldsymbol{B}_k \boldsymbol{s}_k} + \frac{\|\boldsymbol{y}_k\|^2}{\boldsymbol{y}_k^{\mathrm{T}} \boldsymbol{s}_k}$$

和式 (2.56) 可得到

$$\mathrm{tr}\left(\boldsymbol{B}_{k+1}\right) = \mathrm{tr}\left(\boldsymbol{B}_k\right) - \frac{q_k}{\cos^2 \theta_k} + M_k$$

$$\Psi\left(\boldsymbol{B}_{k+1}\right) = \Psi\left(\boldsymbol{B}_k\right) + M_k - \frac{q_k}{\cos^2 \theta_k} - \ln m_k + \ln q_k$$

$$= \Psi\left(\boldsymbol{B}_k\right) + \left(M_k - \ln m_k - 1\right) + \left(1 - \frac{q_k}{\cos^2 \theta_k} + \ln \frac{q_k}{\cos^2 \theta_k}\right) + \ln \cos^2 \theta_k$$

容易验证, $t > 0$, $1 - t + \ln t \leqslant 0$, 从而存在 $c > 0$, 使得

$$0 < \Psi(\boldsymbol{B}_{k+1}) \leqslant \Psi(\boldsymbol{B}_k) + ck + \sum_{j=1}^{k} \ln \cos^2 \theta_j \tag{2.57}$$

由于 $f$ 满足假设 2.2, $\alpha_k$ 满足 Wolfe 原则, 则有 Zoutendijk 条件成立, 即

$$\sum_{k=1}^{\infty} \|\nabla f(\boldsymbol{x}_k)\|^2 \cos^2 \theta_k < \infty$$

因此若假设存在 $\varepsilon > 0$, 对于任意 $k$ 有 $\|\nabla f(\boldsymbol{x}_k)\| \geqslant \varepsilon$, 则必有 $\theta_j$ 满足 $\cos \theta_j \to 0$, 进而存在 $K > 0$, 当 $j > K$ 时有 $\ln \cos^2 \theta_j < -2c$。对 $k > K$, 由式 (2.57) 可知,

$$0 < \Psi(B_0) + ck + \sum_{j=0}^{K} \ln \cos^2 \theta_j + \sum_{j=K+1}^{k} (-2c) = \Psi(B_0) + ck + \sum_{j=0}^{K} \ln \cos^2 \theta_j - 2(k - K)$$

显然, 当 $k$ 充分大时, 上式右端是一负数, 导致矛盾。可见必有序列 $\{k_i\}$ 存在且满足 $\|\nabla f(\boldsymbol{x}_{k_i})\| \to 0$。由假设 2.2 可知, 这一结论即等价于 $\boldsymbol{x}_k \to \boldsymbol{x}^*$。证毕。 □

在具体给出算法 2.10 的收敛速度分析之前, 首先直接给出如下一般性的结论 (即定理 2.20), 对该结论的证明感兴趣的读者可参考文献 [18]。

**定理 2.20**　设函数 $f : \mathbb{R}^n \to \mathbb{R}$ 是二次连续可微的, 令 $\boldsymbol{d}_k$ 为下降方向, $\alpha_k$ 满足参数 $\rho \in (0, 1/2)$ 的 Wolfe 原则。若由迭代 $\boldsymbol{x}_{k+1} = \boldsymbol{x}_k + \alpha_k \boldsymbol{d}_k$ 生成的序列 $\{\boldsymbol{x}_k\}$ 收敛到 $\boldsymbol{x}^*$, $\nabla f(\boldsymbol{x}^*) = 0$, $\nabla^2 f(\boldsymbol{x}^*)$ 是正定的, 并且搜索方向 $\boldsymbol{d}_k$ 满足条件:

$$\lim_{k \to \infty} \frac{\|\nabla f(\boldsymbol{x}_k) + \nabla^2 f(\boldsymbol{x}_k) \boldsymbol{d}_k\|}{\|\boldsymbol{d}_k\|} = 0, \tag{2.58}$$

则如下结论成立:

(1) 存在 $k_0$ 使得对于任意 $k \geqslant k_0$, 均有步长 $\alpha_k = 1$;

(2) 若对于任意 $k \geqslant k_0$ 均有步长 $\alpha_k = 1$, 则序列 $\{x_k\}$ 超线性收敛到 $x^*$.

事实上, 如果下降方向 $d_k$ 为拟牛顿方向, 那么定理 2.20 中的条件 (2.58) 可以等价地写成如下形式:

$$\lim_{k \to \infty} \frac{\|B_k + \nabla^2 f(x^*) d_k\|}{\|d_k\|} = 0 \tag{2.59}$$

在文献 [18] 中, 条件 (2.59) 被称为超线性收敛性的 Dennis-Moré 刻画.

为了进一步将定理 2.20 的结论具体应用到算法 2.10 中, 我们首先定义如下符号:

$$\widetilde{B}_k = [\nabla^2 f(x^*)]^{-1/2} B_k [\nabla^2 f(x^*)]^{-1/2}, \quad \tilde{y}_k = [\nabla^2 f(x^*)]^{-1/2} y_k, \quad \tilde{s}_k = [\nabla^2 f(x^*)]^{-1/2} s_k,$$

$$\cos \tilde{\theta}_k = \frac{\tilde{s}_k^{\mathrm{T}} \widetilde{B}_k \tilde{s}_k}{\|\tilde{s}_k\| \|\widetilde{B}_k \tilde{s}_k\|}, \quad \tilde{q}_k = \frac{\tilde{s}_k^{\mathrm{T}} \widetilde{B}_k \tilde{s}_k}{\|\tilde{s}_k\|}, \quad \widetilde{M}_k = \frac{\|\tilde{y}_k\|^2}{\tilde{s}_k^{\mathrm{T}} y_k}, \quad \tilde{m}_k = \frac{\tilde{s}_k^{\mathrm{T}} y_k}{\|\tilde{s}_k\|^2}$$

则可直接得到如下关系成立:

$$\widetilde{B}_{k+1} = \widetilde{B}_k - \frac{\widetilde{B}_k \tilde{s}_k \tilde{s}_k^{\mathrm{T}} \widetilde{B}_k}{\tilde{s}_k^{\mathrm{T}} \widetilde{B}_k \tilde{s}_k} + \frac{\tilde{y}_k \tilde{y}_k^{\mathrm{T}}}{\tilde{y}_k^{\mathrm{T}} \tilde{s}_k}$$

$$\Psi(\widetilde{B}_{k+1}) = \Psi(\widetilde{B}_k) + (\widetilde{M}_k - \ln \tilde{m}_k - 1) + \left(1 - \frac{\tilde{q}_k}{\cos^2 \tilde{\theta}_k} + \ln \frac{\tilde{q}_k}{\cos^2 \tilde{\theta}_k}\right) + \ln \cos^2 \tilde{\theta}_k$$

**引理 2.4** 设函数 $f: \mathbb{R}^n \to \mathbb{R}$ 满足假设 2.2, 由算法 2.10 生成的序列 $\{x_k\}$ 收敛到 $x^*$, $\nabla^2 f$ 在 $x^*$ 的邻域 $\mathcal{N}(x^*)$ 内具有 Lipshitz 连续性, 即存在常数 $L > 0$ 使得

$$\|\nabla^2 f(x) - \nabla^2 f(x^*)\| \leqslant L \|x - x^*\|, \quad x \in \mathcal{N}(x^*)$$

则有

$$\frac{\|\tilde{y}_k - \tilde{s}_k\|}{\|\tilde{s}_k\|} \leqslant \bar{c} \eta_k,$$

其中, $\bar{c} = L\|[\nabla^2 f(x^*)]^{-1/2}\|^2$, $\eta_k = \max\{\|x_{k+1} - x^*\|, \|x_k - x^*\|\}$.

**证明** 为了符号简单, 定义符号

$$G_k = \int_0^1 \nabla^2 f(x_k + t \alpha_k d_k) \mathrm{d}t.$$

则由中值定理可知

$$y_k - \nabla^2 f(x^*) s_k = [G_k - \nabla^2 f(x_*)] s_k$$

进而有

$$\tilde{y}_k - \tilde{s}_k = [\nabla^2 f(x^*)]^{-1/2} (G_k - \nabla^2 f(x^*)) [\nabla^2 f(x^*)]^{-1/2} \tilde{s}_k$$

再利用 $\nabla^2 f$ 在 $x^*$ 的局部 Lipschitz 连续性, 可得

$$\|\tilde{y}_k - \tilde{s}_k\| = \|[\nabla^2 f(x^*)]^{-1/2}\|^2 \|\tilde{s}_k\| \|G_k - \nabla^2 f(x^*)\| \leqslant \|[\nabla^2 f(x^*)]^{-1/2}\|^2 \|\tilde{s}_k\| L \eta_k,$$

由此可知结论成立. 证毕. $\qquad\square$

**定理 2.21**　设函数 $f : \mathbb{R}^n \to \mathbb{R}$ 满足假设 2.2 和引理 2.4 中的条件, 且 Wolfe 原则的参数 $\rho \in (0, 1/2)$, 若由算法 2.10 生成的序列 $\{\boldsymbol{x}_k\}$ 满足

$$\sum_{k=1}^{\infty} \|\boldsymbol{x}_k - \boldsymbol{x}^*\| < +\infty \tag{2.60}$$

则 $\{\boldsymbol{x}_k\}$ 超线性收敛到 $\boldsymbol{x}^*$。

**证明**　当 $k$ 充分大时，由引理 2.4 得

$$(1 - \bar{c}\eta_k)\|\tilde{\boldsymbol{s}}_k\| \leqslant \|\tilde{\boldsymbol{y}}_k\| \leqslant (1 + \bar{c}\eta_k)\|\tilde{\boldsymbol{s}}_k\|$$

将上式两边同时取平方, 可整理得

$$(1 - \bar{c}\eta_k)^2\|\tilde{\boldsymbol{s}}_k\|^2 - 2\tilde{\boldsymbol{y}}_k^{\mathrm{T}}\tilde{\boldsymbol{s}}_k + \|\tilde{\boldsymbol{s}}_k\|^2 \leqslant \|\tilde{\boldsymbol{y}}_k\|^2 - 2\tilde{\boldsymbol{y}}_k^{\mathrm{T}}\tilde{\boldsymbol{s}}_k + \|\tilde{\boldsymbol{s}}_k\|^2 \leqslant \bar{c}^2\eta_k^2\|\tilde{\boldsymbol{s}}_k\|^2$$

从而可得

$$2(\tilde{\boldsymbol{y}}_k)^{\mathrm{T}}\tilde{\boldsymbol{s}}_k \geqslant (1 - 2\bar{c}\eta_k + \bar{c}^2\eta_k^2 + 1 - \bar{c}^2\eta_k^2)\|\tilde{\boldsymbol{s}}_k\|^2 = 2(1 - 2\bar{c}\eta_k)\|\tilde{\boldsymbol{s}}_k\|^2$$

由上面的不等式得

$$\tilde{m}_k = \frac{\tilde{\boldsymbol{s}}_k^{\mathrm{T}}\tilde{\boldsymbol{y}}_k}{\|\tilde{\boldsymbol{s}}_k\|^2} \geqslant 1 - \bar{c}\eta_k$$

$$\widetilde{M}_k = \frac{\|\tilde{\boldsymbol{y}}_k\|^2}{\tilde{\boldsymbol{s}}_k^{\mathrm{T}}\tilde{\boldsymbol{y}}_k} = \frac{\|\tilde{\boldsymbol{y}}_k\|^2}{\|\tilde{\boldsymbol{s}}_k\|^2} \cdot \frac{\|\tilde{\boldsymbol{s}}_k\|^2}{\tilde{\boldsymbol{s}}_k^{\mathrm{T}}\tilde{\boldsymbol{y}}_k} \leqslant \frac{1 + \bar{c}\eta_k}{1 - 2\bar{c}\eta_k}$$

由 $\boldsymbol{x}_k \to \boldsymbol{x}^*$, $\eta_k \to 0$, 存在 $c > \bar{c}$, 对充分大的 $k$ 满足

$$\widetilde{M}_k \leqslant 1 + c\eta_k$$

再由 $h(t) = 1 - t + \ln t \leqslant 0$ 对 $t > 0$ 成立, 则有

$$0 \geqslant h\left(\frac{1}{1-t}\right) = 1 - \frac{1}{1-t} + \ln\frac{1}{1-t} = \frac{-t}{1-t} - \ln(1-t)$$

从而对充分大的 $k$, 当 $\bar{c}\eta_k < 1/2$ 时有

$$\ln(1 - \bar{c}\eta_k) \geqslant \frac{-\bar{c}\eta_k}{1 - \bar{c}\eta_k} \geqslant -2\bar{c}\eta_k$$

$$\ln\tilde{m}_k \geqslant \ln(1 - \bar{c}\eta_k) \geqslant -2\bar{c}\eta_k > -2c\eta_k$$

于是得到

$$0 < \Psi(\widetilde{\boldsymbol{B}}_{k+1}) \leqslant \Psi(\widetilde{\boldsymbol{B}}_k) + 3c\eta_k + \ln\cos^2\tilde{\theta}_k + \left(1 - \frac{\tilde{q}_k}{\cos^2\tilde{\theta}_k} + \ln\frac{\tilde{q}_k}{\cos^2\tilde{\theta}_k}\right)$$

将上式对 $k$ 求和并且利用条件 (2.60) 可知

$$\sum_{j=1}^{\infty}\left[\ln\frac{1}{\cos^2\tilde{\theta}_k} - \left(1 - \frac{\tilde{q}_k}{\cos^2\tilde{\theta}_k} + \ln\frac{\tilde{q}_k}{\cos^2\tilde{\theta}_k}\right)\right] \leqslant \Psi(\widetilde{\boldsymbol{B}}_0) + 3c\sum_{j=1}^{\infty}\eta_j < \infty$$

由 $h(\tilde{q}_j / \cos^2 \tilde{\theta}_j) \leqslant 0$ 得

$$\lim_{j \to \infty} \ln \frac{1}{\cos^2 \tilde{\theta}_j} = 0, \quad \lim_{j \to \infty} \left( 1 - \frac{\tilde{q}_j}{\cos^2 \tilde{\theta}_j} + \ln \frac{\tilde{q}_j}{\cos^2 \tilde{\theta}_j} \right) = 0$$

从而有

$$\lim_{j \to \infty} \cos \tilde{\theta}_j = 1, \quad \lim_{j \to \infty} \cos \tilde{q}_j = 1$$

由

$$\frac{\|[\nabla^2 f(\boldsymbol{x}^*)]^{1/2}[\boldsymbol{B}_k - \nabla^2 f(\boldsymbol{x}^*)]\boldsymbol{s}_k\|^2}{\|[\nabla^2 f(\boldsymbol{x}^*)]^{1/2}\boldsymbol{s}_k\|^2} = \frac{\|(\widetilde{\boldsymbol{B}}_k - \boldsymbol{I})\tilde{\boldsymbol{s}}_k\|^2}{\|\tilde{\boldsymbol{s}}_k\|^2}$$

$$= \frac{\|\widetilde{\boldsymbol{B}}_k\tilde{\boldsymbol{s}}_k\|^2 - 2(\tilde{\boldsymbol{s}}_k)^{\mathrm{T}}\widetilde{\boldsymbol{B}}_k\tilde{\boldsymbol{s}}_k + \|\tilde{\boldsymbol{s}}_k\|^2}{\|\tilde{\boldsymbol{s}}_k\|^2}$$

$$= \frac{\tilde{q}_k}{\cos^2 \tilde{\theta}_k} - 2\tilde{q}_k + 1$$

得到

$$\lim_{k \to \infty} \frac{\|[\boldsymbol{B}_k - \nabla^2 f(\boldsymbol{x}^*)]\boldsymbol{s}_k\|}{\|\boldsymbol{s}_k\|} = 0$$

由定理 2.20 和关于超线性收敛性的 Dennis-Moré 刻画公式 (2.59) 可得到序列 $\{\boldsymbol{x}_k\}$ 超线性收敛到 $\boldsymbol{x}^*$。结论得证。 $\square$

## 2.4 约束优化算法

本节考虑约束优化问题：

$$\min_{\boldsymbol{x} \in \mathbb{X}} f(\boldsymbol{x}) \tag{2.61}$$

其中，$\mathbb{X}$ 为问题的可行域。引入可行域使得约束优化问题比无约束优化问题更加复杂。通过求解一系列无约束优化问题来获得约束优化问题的解是一种常用的方法，但在这一过程中，不仅需要考虑目标函数的下降，还必须考虑迭代点的可行性。本节将简要介绍通过一系列无约束优化问题获得约束优化问题解的两种主要方法：罚函数方法和增广拉格朗日方法。为了便于理解，本节考虑可行域中仅包含等式约束的情形，即

$$\mathbb{X} = \{\boldsymbol{x} \in \mathbb{R}^n : c_i(\boldsymbol{x}) = 0, \ i = 1, 2, \cdots, m\}$$

类似于无约束优化问题的分析，下面给出等式约束优化问题的一阶最优性条件。由于约束优化问题，需要考虑可行性，我们首先给出如下概念。

**定义 2.3** 设 $\bar{\boldsymbol{x}} \in \mathbb{X}$，若存在 $n$ 维向量序列 $\{\boldsymbol{d}_k\}$ 和正标量序列 $\{t_k\}$ 且满足 $\bar{\boldsymbol{x}} + t_k\boldsymbol{d}_k \in \mathbb{X}$，且 $\boldsymbol{d}_k \to \boldsymbol{d} \neq 0, t_k \to 0$，则称 $\boldsymbol{d}$ 是集合 $\mathbb{X}$ 在 $\bar{\boldsymbol{x}}$ 处的切向量。集合 $\mathbb{X}$ 在 $\bar{\boldsymbol{x}}$ 处的所有切向量构成的集合称为切锥，记作 $\mathcal{T}_{\mathbb{X}}(\bar{\boldsymbol{x}})$。

由定义 2.3 可以看出，切锥 $\mathcal{T}_{\mathbb{X}}(\bar{\boldsymbol{x}})$ 可以看作所有可行序列 $\{\bar{\boldsymbol{x}} + t_k \boldsymbol{d}_k\}$ 所对应的极限方向构成的集合。由于切锥的计算往往不易，因此通常考虑如下的更容易计算的可行方向集合。

**定义 2.4**　设 $\bar{\boldsymbol{x}} \in \mathbb{X}$，若非零向量 $\boldsymbol{d} \in \mathbb{R}^n$ 满足 $\boldsymbol{d}^{\mathrm{T}} \nabla c_i(\bar{\boldsymbol{x}}) = 0, i = 1, 2, \cdots, m$，则称 $\boldsymbol{d}$ 是集合 $\mathbb{X}$ 在 $\bar{\boldsymbol{x}}$ 处的线性化可行方向。集合 $\mathbb{X}$ 在 $\bar{\boldsymbol{x}}$ 处所有线性化可行方向构成的集合称为线性化锥，记作 $\mathcal{L}_{\mathbb{X}}(\bar{\boldsymbol{x}})$。

基于以上两个概念，我们可以给出等式约束优化问题的一阶必要性条件，该条件又称为 Karush-Kuhn-Tucker 条件，简记为 KKT 条件。

**定义 2.5**　设 $\boldsymbol{x}^*$ 为问题 (2.61) 的局部最优解，若 $\mathcal{T}_{\mathbb{X}}(\boldsymbol{x}^*) = \mathcal{L}_{\mathbb{X}}(\boldsymbol{x}^*)$，则存在拉格朗日乘子 $\lambda_i^*, i = 1, 2, \cdots, m$ 使得如下条件成立:

$$\nabla f(\boldsymbol{x}^*) + \sum_{i=1}^{m} \lambda_i^* \nabla c_i(\boldsymbol{x}^*) = 0, \ c_i(\boldsymbol{x}^*) = 0, \ \lambda_i^* c_i(\boldsymbol{x}^*) = 0, \ i = 1, 2, \cdots, m \qquad (2.62)$$

通常称满足条件 (2.62) 的 $\boldsymbol{x}^*$ 为 KKT 点，满足条件 (2.62) 的 $(\boldsymbol{x}^*, \lambda^*)$ 为 KKT 对。由定义 2.5 可知，约束规范 $\mathcal{T}_{\mathbb{X}}(\boldsymbol{x}^*) = \mathcal{L}_{\mathbb{X}}(\boldsymbol{x}^*)$ 不成立时，局部极小点不一定为 KKT 点。由此可知，约束规范对于 KKT 条件的研究和使用非常重要，然而定义 2.5 的约束规范不容易验证，因此在实际使用中结合具体问题会提出更加容易验证的约束规范，例如线行无关约束规范 (linear independence constraint qualification, LICQ) 条件: $\nabla c_i(\bar{\boldsymbol{x}}), i = 1, 2, \cdots, m$ 是线性无关的。

## 2.4.1　罚函数方法

罚函数方法 (penalty methods) 的基本思想是通过对不可行迭代点进行惩罚，将约束优化问题转化为无约束优化问题。具体来说，这种方法在目标函数中引入惩罚项，用以衡量违反约束条件的程度。惩罚项通常是约束函数的某种形式 (如平方、绝对值等)，其作用是在可行域外的解产生高代价，从而驱使迭代过程中的解逐步回归到可行域内。通过逐步增大惩罚参数，罚函数方法能够逼近原始约束优化问题的解，确保在最终优化过程中满足约束条件。对约束函数采用不同惩罚函数，就形成了不同的罚函数方法。下面介绍等式约束优化问题中一类结构最简单的惩罚函数——二次罚函数，其表达式如下:

$$f_\sigma(\boldsymbol{x}) = f(\boldsymbol{x}) + \frac{\sigma}{2} \sum_{i=1}^{m} c_i^2(\boldsymbol{x})$$

其中，$\sigma > 0$ 为惩罚参数；$h(\boldsymbol{x}) = \frac{1}{2} \sum_{i=1}^{m} c_i^2(\boldsymbol{x})$ 为二次惩罚项。

可以观察到，当 $\boldsymbol{x} \in \mathbb{X}$ 时，有 $f_\sigma(\boldsymbol{x}) = f(\boldsymbol{x})$；当 $\boldsymbol{x} \notin \mathbb{X}$ 时，随着惩罚参数 $\sigma$ 的逐渐增大，$f_\sigma(\boldsymbol{x})$ 的最小值点逐渐向可行域靠近；如果进一步考虑极限情况 $\sigma = +\infty$，则 $f_\sigma$ 的最小值点即为原等式约束优化问题的最小值点。下面给出二次罚函数方法的算法框架:

**算法 2.11** (二次罚函数法)

**步骤 1** 给定初值 $\boldsymbol{x}_0 \in \mathbb{R}^n$，$\sigma_0 > 0$，惩罚参数增长系数 $\eta > 1$，精度 $\varepsilon \geqslant 0$，置 $k = 0$。

**步骤 2** 检查停止条件，若成立则返回解 $\boldsymbol{x}_k$；否则，通过求解如下无约优化问题得到 $\boldsymbol{x}_{k+1}$：

$$\min_{\boldsymbol{x} \in \mathbb{R}^n} f_{\sigma_k}(\boldsymbol{x}) \tag{2.63}$$

**步骤 3** 计算 $\sigma_{k+1} = \eta \sigma_k$，令 $k := k + 1$。转步骤 2。

在实际使用算法 2.11 时需要注意：在算法步骤中，$\boldsymbol{x}_{k+1}$ 可由前面介绍的求解无约束优化问题的算法进行求解得到；$\boldsymbol{x}_{k+1}$ 未必是子问题 (2.63) 的全局最优解，还可以是局部极小解或者近似满足一阶最优性条件的解；在算法步骤中，罚参数 $\sigma_k$ 建议根据子问题 (2.63) 的求解难度进行调整，若当前子问题收敛速度很快则在下一步选取较大的 $\sigma_k$，否则不宜过分地增大 $\sigma_k$。

通过以上分析，可以看出二次罚函数方法在实际应用中可以有多种形式。为了讨论的方便，我们在所有子问题 (2.63) 均具有全局最优解的假设下，给出二次罚函数方法的收敛性分析结果。

**定理 2.22** 设 $\{\boldsymbol{x}_k\}$ 是由算法 2.11 生成的序列。若对于所有 $k$ 均有 $\boldsymbol{x}_{k+1}$ 是算法子问题 (2.63) 的全局最小值点，且序列 $\{\sigma_k\}$ 是单调上升趋于无穷的，则 $\{\boldsymbol{x}_k\}$ 的所有聚点均为原问题 (2.61) 的全局最优解。

**证明** 设 $\boldsymbol{x}^*$ 是原问题 (2.61) 的全局最小解，即

$$f(\boldsymbol{x}^*) \leqslant f(\boldsymbol{x}), \ \forall \boldsymbol{x} \in \mathbb{X}$$

由定理 2.22 的条件可知 $\boldsymbol{x}_{k+1}$ 是 $f_{\sigma_k}(\boldsymbol{x})$ 的全局极小解，即 $f_{\sigma_k}(\boldsymbol{x}_{k+1}) \leqslant f_{\sigma_k}(\boldsymbol{x}^*)$。因此有

$$f(\boldsymbol{x}_{k+1}) + \frac{\sigma_k}{2} \sum_{i=1}^{m} c_i^2(\boldsymbol{x}_{k+1}) \leqslant f(\boldsymbol{x}^*) + \frac{\sigma_k}{2} \sum_{i=1}^{m} c_i^2(\boldsymbol{x}^*) = f(\boldsymbol{x}^*) \tag{2.64}$$

进一步整理可得

$$\sum_{i=1}^{m} c_i^2(\boldsymbol{x}_{k+1}) \leqslant \frac{2}{\sigma_k} \left[ f(\boldsymbol{x}^*) - f(\boldsymbol{x}_{k+1}) \right] \tag{2.65}$$

设 $\bar{\boldsymbol{x}}$ 是序列 $\{\boldsymbol{x}_k\}$ 的一个聚点，不妨设 $\boldsymbol{x}_k \to \bar{\boldsymbol{x}}$。在式 (2.65) 中令 $k \to \infty$，根据 $c_i(\boldsymbol{x})$ 和 $f(\boldsymbol{x})$ 的连续性以及 $\sigma_k \to +\infty$ 可知

$$\sum_{i=1}^{m} c_i^2(\bar{\boldsymbol{x}}) = 0$$

由此可知，$\bar{\boldsymbol{x}}$ 是原问题的一个可行解。由式 (2.64) 可得 $f(\boldsymbol{x}_{k+1}) \leqslant f(\boldsymbol{x}^*)$，两边取极限得 $f(\bar{\boldsymbol{x}}) \leqslant f(\boldsymbol{x}^*)$，因此聚点 $\bar{\boldsymbol{x}}$ 也是原问题 (2.61) 的全局最小解。结论得证。 □

在实际使用中，求子问题 (2.63) 的全局最优解往往具有非常高的成本，甚至是难以做到的，通常只能通过计算得到满足一定精度条件的近似解，例如 $\|\nabla f_{\sigma_k}(\boldsymbol{x}_{k+1})\| \leqslant \varepsilon_k$，$\varepsilon_k \to 0$。

此时，在线性无关约束规范条件下可知, 基于非精确子问题的罚函数方法生成序列 $\{\boldsymbol{x}_k\}$ 的极限点 $\boldsymbol{x}^*$ 为问题 (2.61) 的 KKT 点，并且其在 KKT 条件中相应的 $\lambda^*$ 满足条件

$$\lim_{k \to \infty} \left[ -\sigma_k c_i(\boldsymbol{x}_{k+1}) \right] = \lambda_i^*, \ i = 1, 2, \cdots, m$$

由此可知，为了保证迭代点的可行性，惩罚参数 $\sigma_k$ 需要趋于正无穷，这通常会导致子问题因条件数逐渐变差而难以快速求解。在实际应用中，需要特别关注惩罚参数 $\sigma_k$ 的调整。

事实上，对于既含有等式约束又含有非等式约束的一般约束优化问题，也可以采取二次罚函数的方法进行求解，所采用的算法框架与算法 2.11 类似。关于求解一般约束优化问题罚函数方法的收敛性分析可以参考专著 [16] 和专著 [38]。

## 2.4.2　增广拉格朗日函数方法

增广拉格朗日函数法 (augmented Lagrange method) 也是求解约束优化问题的常用方法之一。等式约束优化问题 (2.61) 的拉格朗日函数为

$$L(\boldsymbol{x}, \boldsymbol{\lambda}) = f(\boldsymbol{x}) + \sum_{i=1}^{m} \lambda_i c_i(\boldsymbol{x})$$

其中, $\lambda_i$ 为对应等式约束 $c_i(\boldsymbol{x}) = 0$ 的乘子，$i = 1, 2, \cdots, m$。增广拉格朗日函数的定义为

$$L_\sigma(\boldsymbol{x}, \boldsymbol{\lambda}) = f(\boldsymbol{x}) + \sum_{i=1}^{m} \lambda_i c_i(\boldsymbol{x}) + \frac{\sigma}{2} \sum_{i=1}^{m} c_i^2(\boldsymbol{x})$$

其中, $\sigma > 0$ 为给定的罚因子。对比 2.4.1 节介绍的二次罚函数可以看出，增广拉格朗日函数可以看作是在拉格朗日函数的基础上增加了约束的二次罚函数。

在增广拉格朗日函数方法的第 $k$ 步迭代是通过极小化增广拉格朗日函数得到新的迭代点，即给定 $\boldsymbol{\lambda}_k$, 变量 $\boldsymbol{x}_{k+1}$ 为如下优化问题的解:

$$\min_{\boldsymbol{x} \in \mathbb{R}^n} L_\sigma(\boldsymbol{x}, \boldsymbol{\lambda}_k)$$

由无约束优化问题的一阶最优化条件可知，$\boldsymbol{x}_{k+1}$ 满足

$$\nabla f(\boldsymbol{x}_{k+1}) + \sum_{i=1}^{m} [\lambda_{ki} + \sigma c_i(\boldsymbol{x}_{k+1})] \nabla c_i(\boldsymbol{x}_{k+1}) = 0$$

对比等式约束优化问题 (2.61) 对应的 KKT 条件 (2.62), 可得

$$\nabla f(\boldsymbol{x}^*) + \sum_{i=1}^{m} [\lambda_i^* + \sigma c_i(\boldsymbol{x}^*)] \nabla c_i(\boldsymbol{x}^*) = 0$$

因此在增广拉格朗日函数方法中可采用如下方式对乘子进行更新

$$\boldsymbol{\lambda}_{k+1,i} = \boldsymbol{\lambda}_{k,i} + \sigma c_i(\boldsymbol{x}), \ i = 1, 2, \cdots, m$$

基于以上分析，下面给出增广拉格朗日方法的算法框架。

**算法 2.12** (增广拉格朗日函数方法)

**步骤 1** 给定初值 $\boldsymbol{x}_0 \in \mathbb{R}^n$, $\sigma_0 > 0$, 参数 $\rho > 0$, 乘子 $\boldsymbol{\lambda}_0$, 精度 $\varepsilon \geqslant 0$, 置 $k = 0$。

**步骤 2** 检查停止条件, 若成立则返回解 $\boldsymbol{x}_k$; 否则, 通过求解如下无约优化问题得到 $\boldsymbol{x}_{k+1}$:

$$\min_{\boldsymbol{x} \in \mathbb{R}^n} L_{\sigma_k}(\boldsymbol{x}, \boldsymbol{\lambda}_k) \tag{2.66}$$

**步骤 3** 更新乘子 $\boldsymbol{\lambda}_{k+1,i} = \boldsymbol{\lambda}_{k,i} + \sigma_k c_i(\boldsymbol{x}_{k+1})$, $i = 1, 2, \cdots, m$。

**步骤 4** 更新参数 $\sigma_{k+1} = \rho \sigma_k$。置 $k := k+1$。转步骤 2。

与罚函数方法类似, 在算法 2.12 的实现过程中, $\boldsymbol{x}_{k+1}$ 可通过前面介绍的求解无约束优化问题的算法得到, 即 $\boldsymbol{x}_{k+1}$ 为子问题 (2.66) 的全局最优解、局部极小解或者满足一定条件的近似解。

**假设 2.3** 设 $\boldsymbol{x}^*$ 和 $\boldsymbol{\lambda}^*$ 分别为问题 (2.61) 的局部极小解和相应的拉格朗日乘子, 二阶充分性条件在 $\boldsymbol{x}^*$ 处成立, 即

$$\boldsymbol{d}^{\mathrm{T}} \nabla_{xx}^2 L(\boldsymbol{x}^*, \boldsymbol{\lambda}^*) \boldsymbol{d} > 0, \ \forall \boldsymbol{d} \in \{\boldsymbol{d} : \nabla c_i(\boldsymbol{x}^*)^{\mathrm{T}} d = 0, \forall i = 1, 2, \cdots, m \ \text{且} \ \boldsymbol{d} \neq 0\}.$$

**定理 2.23** 设 $\boldsymbol{x}^*$ 和 $\boldsymbol{\lambda}^*$ 分别为问题 (2.61) 的局部极小解和相应的拉格朗日乘子, 且满足 LICQ 条件和假设 2.3, 则有以下结论成立:

(1) 存在常数 $\hat{\sigma} < +\infty$ 使得对于任意 $\sigma \geqslant \hat{\sigma}$, $\boldsymbol{x}^*$ 都是 $L_\sigma(\boldsymbol{x}, \boldsymbol{\lambda}^*)$ 的严格局部极小解;

(2) 如果 $\boldsymbol{x}^*$ 都是 $L_\sigma(\boldsymbol{x}, \boldsymbol{\lambda}^*)$ 的局部极小解且满足 $c_i(\boldsymbol{x}^*) = 0, i = 1, 2, \cdots, m$, 则 $\boldsymbol{x}^*$ 为问题 (2.61) 的局部极小解。

**证明** 因为 $\boldsymbol{x}^*$ 为问题 (2.61) 的局部极小解且 LICQ 条件和假设 2.3 成立, 所以

$$\nabla_x L(\boldsymbol{x}^*, \boldsymbol{\lambda}^*) = \nabla f(\boldsymbol{x}^*) + \sum_{i=1}^m \lambda_i^* \nabla c_i(\boldsymbol{x}^*) = 0$$

且对于任意 $\boldsymbol{u} \in \{\boldsymbol{u} : \nabla c(\boldsymbol{x}^*)^{\mathrm{T}} \boldsymbol{u} = 0\}$ 有

$$\boldsymbol{u}^{\mathrm{T}} \nabla_{xx}^2 L(\boldsymbol{x}^*, \boldsymbol{\lambda}^*) \boldsymbol{u} = \boldsymbol{u}^{\mathrm{T}} \left( \nabla^2 f(\boldsymbol{x}^*) + \sum_{i=1}^m \lambda_i^* \nabla^2 c_i(\boldsymbol{x}^*) \right) \boldsymbol{u} > 0 \tag{2.67}$$

基于上面的条件, 我们将证 $\boldsymbol{x}^*$ 是函数 $L_\sigma(\boldsymbol{x}, \boldsymbol{\lambda}^*)$ 的严格局部极小解。因为 $c_i(\boldsymbol{x}^*) = 0, i = 1, 2, \cdots, m$, 故有

$$\nabla_x L_\sigma(\boldsymbol{x}^*, \boldsymbol{\lambda}^*) = \nabla_x L(\boldsymbol{x}^*, \boldsymbol{\lambda}^*) = 0$$

$$\nabla_{xx}^2 L_\sigma(\boldsymbol{x}^*, \boldsymbol{\lambda}^*) = \nabla_{xx}^2 L_\sigma(\boldsymbol{x}^*, \boldsymbol{\lambda}^*) + \sigma \nabla c(\boldsymbol{x}^*) \nabla c(\boldsymbol{x}^*)^{\mathrm{T}}$$

接下来, 我们采用反证法证明对于充分大的 $\sigma$ 有下式成立:

$$\nabla_{xx}^2 L_\sigma(\boldsymbol{x}^*, \boldsymbol{\lambda}^*) \succ 0$$

事实上，如果对于任意的 $\sigma = k, k = 1, 2, \cdots$ 都存在向量 $\boldsymbol{u}_k$ 满足 $\|\boldsymbol{u}_k\| = 1$，且使得

$$\boldsymbol{u}_k^{\mathrm{T}} \nabla_{xx}^2 L(\boldsymbol{x}^*, \boldsymbol{\lambda}^*) \boldsymbol{u}_k = \boldsymbol{u}_k^{\mathrm{T}} \nabla_{xx}^2 L(\boldsymbol{x}^*, \boldsymbol{\lambda}^*) \boldsymbol{u}_k + k\|\nabla c(\boldsymbol{x}^*)^{\mathrm{T}} \boldsymbol{u}_k\|^2 \leqslant 0$$

则得

$$\|\nabla c(\boldsymbol{x}^*)^{\mathrm{T}} \boldsymbol{u}_k\|^2 \leqslant -\frac{1}{k} \boldsymbol{u}_k^{\mathrm{T}} \nabla_{xx}^2 L(\boldsymbol{x}^*, \boldsymbol{\lambda}^*) \boldsymbol{u}_k \to 0, \ k \to \infty$$

因为有界序列 $\{\boldsymbol{u}_k\}$ 必存在聚点，不妨假设 $\boldsymbol{u}^k \to \boldsymbol{u}$，那么

$$\nabla c(\boldsymbol{x}^*)^{\mathrm{T}} \boldsymbol{u} = 0, \ \boldsymbol{u}^{\mathrm{T}} \nabla_{xx}^2 L(\boldsymbol{x}^*, \boldsymbol{\lambda}^*) \boldsymbol{u} \leqslant 0$$

这与式 (2.67) 矛盾。因此存在有限大的 $\hat{\sigma}$，使得当 $\sigma \geqslant \hat{\sigma}$ 时，

$$\nabla_{xx}^2 L_\sigma(\boldsymbol{x}^*, \boldsymbol{\lambda}^*) \succ 0$$

即 $\boldsymbol{x}^*$ 是 $L_\sigma(\boldsymbol{x}, \boldsymbol{\lambda}^*)$ 的严格局部极小解。反之，如果 $\boldsymbol{x}^*$ 满足 $c_i(\boldsymbol{x}^*) = 0$ 且为 $L_\sigma(\boldsymbol{x}, \boldsymbol{\lambda}^*)$ 的局部极小解，那么对于任意与 $\boldsymbol{x}^*$ 充分接近的可行点 $\boldsymbol{x}$，我们有

$$f(\boldsymbol{x}^*) = L_\sigma(\boldsymbol{x}^*, \boldsymbol{\lambda}^*) \leqslant L_\sigma(\boldsymbol{x}, \boldsymbol{\lambda}^*) = f(\boldsymbol{x})$$

因此，$\boldsymbol{x}^*$ 为问题 (2.61) 的一个局部极小解。结论得证。 $\qquad\square$

与罚函数方法一样，增广拉格朗日方法也适用于既含有等式约束又含有非等式约束的一般约束优化问题，所采用的算法框架与算法 2.12 类似。关于求解一般约束优化问题增广拉格朗日算法的收敛性分析同样可以参考专著 [16] 和专著 [38]。对于凸优化问题，子问题采用非精确求解的增广拉格朗日算法的收敛性和收敛速度分析可参考文献 [39] 和文献 [40]。

## 习题与思考

1. 证明：将定理 2.3 中的步长搜索方式换成 Goldstein 线搜索原则时，Zoutendijk 条件仍然成立。

2. 设 $f(x_1, x_2) = x_1^2 + x_2^2 - 6x_1 + 4x_2$，选取初始点 $\boldsymbol{x}_0 = (0, 0) \in \mathbb{R}^2$，分别采用带精确线搜索的梯度下降算法和经典牛顿法进行求解。

3. 随机成生成 100 个样本 $\{(\boldsymbol{a}_i, b_i)\}_{i=1}^N$，$\boldsymbol{a}_i \in \mathbb{R}^{10}$，$b_i \in \mathbb{R}$。考虑线性回归中带 $\ell_2$ 范数平方正则项的损失函数：

$$f(\boldsymbol{x}) = \frac{1}{N} \sum_{i=1}^N \frac{1}{2} (\boldsymbol{a}_i^{\mathrm{T}} \boldsymbol{x} - b_i)^2 + \lambda\|\boldsymbol{x}\|_2^2, \ \lambda > 0$$

(1) 对比梯度下降算法和随机梯度下降算法的计算效果；

(2) 对比不同的初始点对于随机梯度下降算法收敛速度的影响；

(3) 分析随着参数 $\lambda$ 的变化，损失函数 $f_0 = \frac{1}{N} \sum_{i=1}^N \frac{1}{2} (\boldsymbol{a}_i^{\mathrm{T}} \boldsymbol{x} - b_i)^2$ 的变化情况。

4. 已知 Rosenbrock 函数 $f(x,y) = (1-x)^2 + 100(y-x^2)^2$ 的全局最优解 $(x^*, y^*) = (1,1)$。对比经典牛顿法和带 Amijo 线搜索牛顿法的收敛性和收敛速度。

5. 采用基于 Wolfe 原则的 BFGS 方法求解如下的极小化问题:

$$\min f(x_1, x_2) = 3x_1^2 + 4x_1 x_2 + 2x_2^2 - x_1 - 2x_2$$

6. 利用 Sherman-Morrison 公式 (2.54) 证明基于 $\boldsymbol{H}_k$ 的 BFGS 公式为

$$\boldsymbol{H}_{k+1} = \left( \boldsymbol{I} - \frac{\boldsymbol{s}_k \boldsymbol{y}_k^{\mathrm{T}}}{\boldsymbol{s}_k^{\mathrm{T}} \boldsymbol{y}_k} \right) \boldsymbol{H}_k \left( \boldsymbol{I} - \frac{\boldsymbol{y}_k \boldsymbol{s}_k^{\mathrm{T}}}{\boldsymbol{s}_k^{\mathrm{T}} \boldsymbol{y}_k} \right) + \frac{\boldsymbol{s}_k \boldsymbol{s}_k^{\mathrm{T}}}{\boldsymbol{s}_k^{\mathrm{T}} \boldsymbol{y}_k}$$

7. 通过线性共轭梯度算法 2.4 推导算法 2.5, 并用算法 2.5 求解如下的极小化问题:

$$\min f(x_1, x_2) = 4x_1^2 + x_1 x_2 + x_2^2 - 6x_1 - 5x_2。$$

8. 分别采用罚函数方法和增广拉格朗日函数方法求解如下等式约束优化问题的最优解:

$$\begin{aligned} \min_{\boldsymbol{x}} \quad & x_1^2 + x_2^2 \\ \text{s.t.} \quad & x_1 + x_2 = 1 \end{aligned}$$

9. 写出如下一般约束优化问题的二次罚函数和增广拉格朗日函数:

$$\begin{aligned} \min_{\boldsymbol{x} \in \mathbb{R}^n} \quad & f(\boldsymbol{x}) \\ \text{s.t.} \quad & c_i(\boldsymbol{x}) = 0, \ i \in \mathcal{E} \\ & c_i(\boldsymbol{x}) \leqslant 0, \ i \in \mathcal{I} \end{aligned}$$

其中, $\mathcal{E}$ 为等式约束指标集; $\mathcal{I}$ 为不等式约束指标集; 函数 $f, c_i, i \in \mathcal{E} \cup \mathcal{I}$ 均是连续可微的。

# 第 3 章
# 局部优化的多次重启

*泰山不让土壤, 故能成其大; 河海不择细流, 故能就其深。*

第 2 章的算法都追求局部收敛性, 而本书的主题是全局最优化方法, 为了这一目标, 本章介绍如何借助第 2 章的梯度型优化方法, 通过多次重启 (multistart) 的策略, 找到全局最优解或其近似。

## 3.1 从局部寻优到全局优化

前面介绍了基于梯度信息引导的经典最优化算法, 它们都有很好的收敛性。但是, 这里的收敛性指的是, 算法迭代点列在一定的条件下, 能够收敛到目标函数的稳定点 (stationary point)。众所周知, 稳定点只是可能的局部极值点, 但通常并不是最值点。

要实现从局部寻优到全局优化的跃迁, 通常有以下两大途径, 内含多个最优化领域, 本书主要围绕这些领域来介绍全局最优化方法。

(1) 基于梯度的多次重启: 立足梯度型优化算法, 但提供多个不同的初始点, 多次调用这类算法求解问题, 得到多个极值点, 并从中选择最好的极值点作为全局最优解的近似。因此, 多次重启的本质是保留梯度信息良好的局部搜索性能, 从多个初始点出发独立求解, 期望找到全局最优解。本章主要介绍两类主流的多次重启策略: 并行多次重启和串行多次重启, 以及相应的两个优秀算法——MultiStart 算法和 GlobalSearch 算法[41]。

(2) 不使用梯度的全局优化: 由于梯度信息通常导向局部极值, 因此, 放弃梯度信息的引导, 寻找一切可能的全局信息, 并用于引导寻优。不使用梯度的全局优化也可改成无导数优化 (derivative-free optimization, DFO), 但是后者有特殊的含义 (详见下一段)。本书把这两类无导数优化分别称为广义的和狭义的无导数优化。其中, 广义的无导数优化指的是一切不 (直接或间接) 使用目标函数梯度信息的最优化算法。目前, 在广义的无导数优化框架内, 至少包含以下几个重要领域。

① (狭义) DFO 算法: 狭义 DFO 算法通常仍保留经典梯度型优化算法的基本框架, 如线搜索框架或信赖域框架, 只是不直接使用目标函数的梯度信息。因此, 这类算法往往具有与经典梯度型算法类似的局部收敛性质, 但收敛速度一般要慢得多。与广义 DFO 算法中其他领域的算法相比, 狭义 DFO 算法的另一个重要性质是, 它们通常是确定性的。此外, 狭义 DFO 算法可以分为两类, 一类不使用梯度但使用近似梯度 (如用差分代替微分); 另一类

既不使用梯度也不使用近似梯度, 因此称为直接搜索 (direct search) 算法。本书第 4 章将详细介绍狭义 DFO 算法。

② 启发式优化 (heuristic optimization): 启发式优化算法通过一切可能的启发信息, 设计出有助于全局寻优的算法。因此, 这是一类范围广泛的最优化算法, 又叫作元启发优化 (meta-heuristic optimization) 算法。广义 DFO 中的很多算法都可以归类到启发式优化。根据笔者的理解, 尚未找到严谨的数学收敛性支撑或证明的所有最优化算法, 都可以归类到启发式优化。因此, 可以认为 (元) 启发式是设计高效最优化算法的初级阶段, 其后续发展一定会寻求严谨的数学收敛性证明, 一旦得到收敛性支撑, 这些算法可能脱离启发式优化类别, 另行归类或 "另立门派"。本书第 5 章将详细介绍 (元) 启发式优化算法。

③ 演化优化 (evolutionary optimization): 演化优化是演化计算 (evolutionary computation) 的重要分支。顾名思义, 这类算法通过引进自然选择和适者生存等理念, 以及基因和染色体的交叉和变异等技术, 借助演化 (或进化) 的思想来引导全局寻优。种群 (population) 的概念在演化优化算法中通常是必不可少的, 通过种群中个体之间的信息交互, 不断产生更适应环境的新个体。此外, 演化优化积极拥抱随机性, 让它在基因变异和自然选择等技术中起主导作用。本书第 6 章将详细介绍演化优化算法。

④ 群体智能优化 (swarm intelligence optimization): 群体智能优化在广义 DFO 中出现最晚 (约 20 世纪 90 年代初)。借助种群的概念, 并赋予个体一定的智能 (如记忆能力, 学习能力等), 群体智能优化可以模拟自然界中很多群居类动物或植物的自组织和自适应等智能行为。随着这一范式在蚂蚁、鸟类和鱼类等群体觅食性动物中得到很好的应用, 大量的群体智能优化算法被设计出来。这些算法都基于对各种动物或植物智能行为的建模和仿真, 并用于求解最优化问题。这个领域的繁荣发展导致大量动植物的智能行为被模拟用于优化算法的设计, 产生了 "算法动物园 (植物园)" 现象。本书第 7 章将详细介绍群体智能优化算法。

上面的论述表明, 最优化算法设计在离开梯度信息引导后, 进入百花齐放和百家争鸣的阶段, 带来了全局最优化算法的繁荣发展。另外, "算法动物园 (植物园)" 等现象也表明, 这个领域已经到了需要数学深度梳理并提供更严谨的理论支撑的阶段。本书第 8 ~ 11 章从算法的理论评价以及算法数值比较的理论基础两大角度, 对最优化算法的梳理和更健康发展提供了一些前沿洞见。

从 3.2 节开始, 介绍梯度型优化算法进行多次重启的两种策略: 并行式多次重启和串行式多次重启。顾名思义, 并行式多次重启允许梯度型优化算法被并行地独立执行, 有利于发挥并行计算的硬件优势, 但可能多次找到同一个局部极值点, 从而出现计算成本的巨大浪费。反之, 串行式多次重启序列地调用梯度型优化算法, 每一次独立运行前都要先判断, 是否有可能找到更好的极值点, 以及是否可能重复发现同一个局部极值点。针对这两类多次重启策略, 分别介绍一个主流的实现算法, 它们分别是并行式的 MultiStart 算法和序列式的 GlobalSearch 算法[41]。

在具体介绍多次重启策略之前, 先申明一下, 任何梯度型优化算法都可以并行式或串行式多次重启。实践中, 需要根据待求解最优化问题的类型, 选择合适的梯度型优化算法。

## 3.2　并行式多次重启

对于梯度型优化算法的多次重启, 一个很自然的思路就是: 从可行域中均匀采点, 以这些点为初始点, 分别独立地运行梯度型最优化算法。显然, 这种策略是可并行的, 可以将这些初始点分配给不同的处理器, 独立地进行优化计算。

上面的思路可以总结为如下的算法框架。

> **算法 3.1** (并行式多次重启算法框架)　**初始化**: 在可行域中以均匀分布随机抽样 $K$ 个点 $\{x_k\}_{k=1}^{K}$。
>
> **For** $k=1:K$
>
> - 以 $x_k$ 为初始点, 运行梯度型优化算法;
> - 存储找到的最好解 $x_k^*$ 及其函数值 $f(x_k^*)$。
>
> **EndFor**
>
> 输出最好解及其函数值组成的向量 $\{x_k^*, f(x_k^*)\}_{k=1}^{K}$, 并以其中目标函数值最小的解作为全局最优解的近似。

### 3.2.1　MultiStart 算法

这里的 MultiStart 是一个具体算法, 它可以认为是算法框架 3.1 的一个具体实现。这里参考 MATLAB 全局最优化工具箱, 介绍该算法的一些实现细节。

首先, 在初始化阶段, MultiStart 算法会生成 $K$ 个初始点, 它们在可行域内均匀分布。如果用户提供了一个或多个初始点, 则算法会优先使用这些初始点, 只产生剩余数量 (如果有剩余的话) 的均匀分布初始点。

值得注意的是, MultiStart 算法要求可行域是超矩形, 即每个分量有一个上边界和下边界。如果没有提供边界, 算法会采用人工边界 (如 1000)。举个例子, 如果是无约束变量, 则在 $[-1000, 1000]$ 内随机抽样初始点; 如果给定下边界而没有上边界, 则上边界设定为下边界 $+2000$; 反之如果没有下边界, 进行类似的处理。

此外, MultiStart 算法默认使用生成的所有初始点, 即便它是不可行的 (不满足边界约束之外的其他约束)。初始点也可以额外设置, 抛弃这些不可行的初始点。

其次, 运行局部优化算法, 这里涉及到算法选择。一般来说, 根据待求解的优化问题的类型, 选择主流的局部优化算法即可。比如, 在 MATLAB 中默认用 fmincon, 它可以求解比较一般 (含界约束, 线性约束和非线性约束) 的最优化问题。

如果采用并行计算, 算法会给每个并行处理单元 (worker processor) 每次分配 1 个初始点, 运行完局部优化算法后, 记录找到的最好解及其函数值。对每次局部优化算法的运行, 一般以固定的计算成本来作为停止条件。

最后, 在算法 3.1 的输出中, 通常会有多个解对应目标函数的同一个局部极值点, 也就是这个点被多次找到。但是, 由于计算误差的存在, 这些解并不会完全相等, 它们的目标函数值也不会完全相同。因此, 为了确定哪些解对应着同一个极值点, 通常会采用一些过滤条件, 将对应同一个极值点的解只保留一个而过滤掉其他的。比如, 如果解 $\boldsymbol{x}_p$ 和 $\boldsymbol{x}_q$ 满足如下条件, 则认为它们对应着同一个极值点。

$$||\boldsymbol{x}_q - \boldsymbol{x}_p|| \leqslant t_x \cdot \max(1, ||\boldsymbol{x}_p||) \tag{3.1a}$$

$$|f(\boldsymbol{x}_q) - f(\boldsymbol{x}_p)| \leqslant t_f \cdot \max(1, |f(\boldsymbol{x}_p)|) \tag{3.1b}$$

其中, $t_x, t_f$ 是两个常数 (如取值为 $10^{-6}$)。换句话说, 如果两个点 $\boldsymbol{x}_p$ 和 $\boldsymbol{x}_q$ 距离很近, 且它们的目标函数值也几乎相同, 则有理由认为它们是同一个解。

### 3.2.2 数值实验

本节介绍 MultiStart 算法的一个数值试验结果, 主要目的是展示该算法的一种不良性质: 它可能多次访问同一个局部极值点。本节直接调用 MATLAB 中的 MultiStart 算法, 用于求解如下的六驼峰问题:

$$f(x_1, x_2) = (4 - 2.1x_1^2 + \frac{1}{3}x_1^4)x_1^2 + x_1x_2 + (-4 + 4x_2^2)x_2^2 \tag{3.2}$$

其中, $x_1 \in [-3, 3], x_2 \in [-2, 2]$。该问题有 6 个极值点, 其中 $(-0.0898, 0.7127)$ 和 $(0.0898, -0.7127)$ 为最小值点, 最小目标函数值约为 $-1.0316$。图 3.1 给出了它的函数图像及其等值线, 以及 6 个极值点的位置。

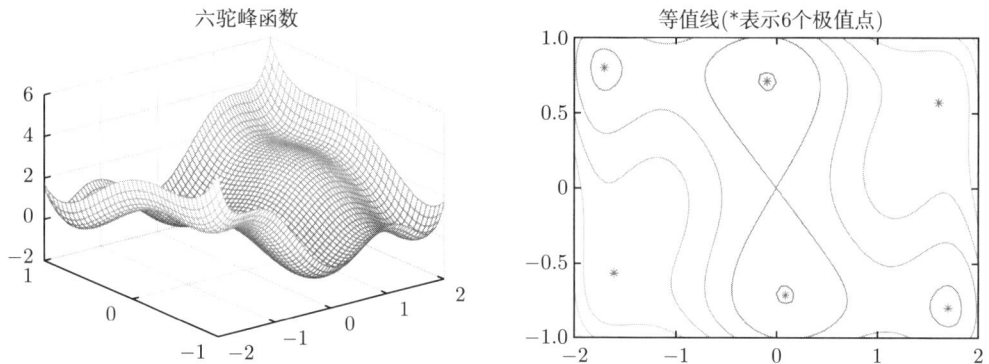

**图 3.1** 六驼峰函数的图像及其等值线, 以及 6 个极值点的位置 (用 * 号表示)(见文后彩图)
注意, 为了凸显函数在原点附近的复杂图形, 变量取值范围小于可行域

为了找出六驼峰问题的所有 6 个极值点, MultiStart 算法通常需要重启约 70 次局部优化。所使用的代码如下:

```
fun=@(x)(4-2.1*x(1)^2+x(1)^4/3)*x(1)^2+x(1)*x(2)+(-4+4*x(2)^2)*x(2)^2;
problem = createOptimProblem('fmincon','x0',[-0.5,0.5],...
          'objective',fun,'lb',[-3;-2],'ub',[3;2]);
ms = MultiStart;
rng default;
```

```
[x,fval,exitflag,output,solutions]=run(ms,problem,70);
```

在上述代码和变量中, fun 用于定义目标函数; problem 用于定义局部优化算法 (fmin-con)、初始点和上下界等信息; rng default 用于设置随机数种子, 便于结果的可重复。根据输出信息 (见图 3.2) 可以知道, 70 次 fmincon 的求解都找到了极值点。图 3.3 给出了这 70次局部搜索过程中, 目标函数值的变化。从图中可以很明显地看到, 有 70 个 "$L$ 形" 曲线, 左边从高高的 "山上" 快速下降, 在底部通常变化缓慢, 形成明显的 "$L$ 形"。

```
           funcCount: 2911
     localSolverTotal: 70
   localSolverSuccess: 70
localSolverIncomplete: 0
localSolverNoSolution: 0
```

**图 3.2　MultiStart 算法求解六驼峰函数的输出 (计算成本及局部搜索次数等)**

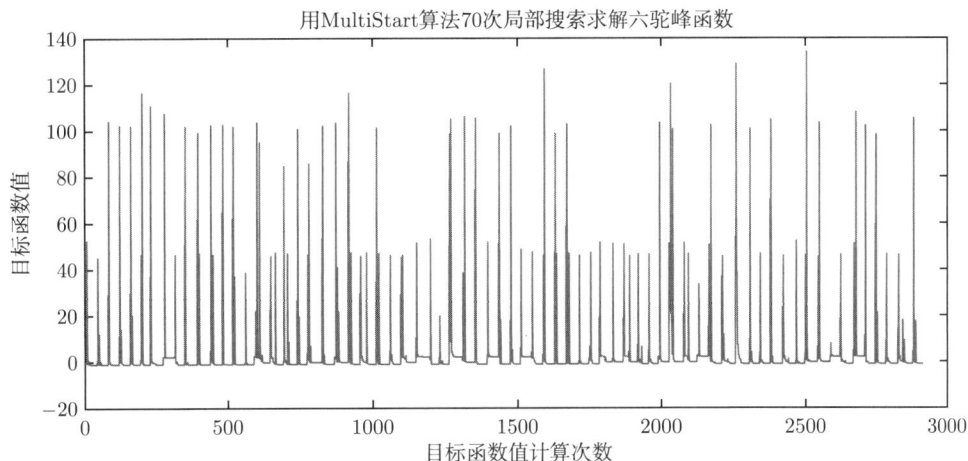

**图 3.3　MultiStart 算法求解六驼峰函数时, 目标函数值的变化历史**

从输出变量 output 可以看到 (见图 3.2), 70 次的 fmincon 局部搜索都找到了极值点, 一共耗费 2911 次目标函数值计算。认真阅读输出变量 solutions, 并用如下的代码获得 6 组初始点的位置信息:

```
[x1,x2,x3,x4,x5,x6]=solutions.X0;
```

可以发现, 从 28 个不同的初始点出发的 fmincon 求解都访问了极值点 $(-0.0898, 0.7127)$。类似地, 从 21 个不同的初始点出发都访问了极值点 $(0.0898, -0.7127)$, 从 7 个初始点出发访问了极值点 $(1.7036, -0.7961)$, 从 6 个初始点出发访问了极值点 $(-1.7036, 0.7961)$, 从 5个初始点出发访问了极值点 $(-1.6071, -0.5687)$, 从 3 个初始点出发的 fmincon 求解访问了极值点 $(1.6071, 0.5687)$。换句话说, 有 49 个初始点导向了 2 个不同的最小值点, 其余 21个初始点导向了其余 4 个极值点。图 3.4 画出了各初始点找到对应极值点的关系图, 其中, 空心图形表示初始点, 对应的实心图形表示找到的极值点。

初始点(无填充)及其访问到的极值点(填充)

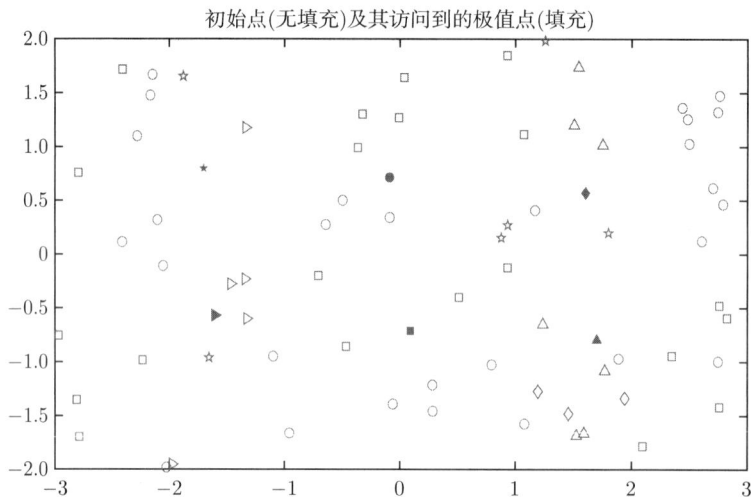

**图 3.4**  MultiStart 算法求解六驼峰函数时, 初始点 (无填充) 及从其出发访问到的对应极值点 (填充)

比如, 空心圆表示 **28** 个初始点, 实心圆表示从这些点出发访问到的极值点, 其余类似。一共有 **70** 个初始点, **6** 个极值点

从图 3.4 可以发现, 在六驼峰函数中, 不同极值点的吸收盆 (basin of attraction) 相互交叠, 且目标函数值越低的极值点拥有越大的吸收盆。这一发现意味着, 对于六驼峰问题来说, 越好的极值点是越容易被找到的。比如, MultiStart 算法中设置初始点数量为 5, 就可以找到两个全局最优解。但是, 需要约 15 个初始点才能找到 $(1.7036, -0.7961)$ 和 $(-1.7036, 0.7961)$ 两个极值点; 需要约 70 个初始点才能找到所有 6 个极值点。

以上发现是对于六驼峰函数来说的, "越好的极值点越容易被找到" 这个判断虽然很好, 但是对于其他优化问题可能并不成立。读者朋友可以进一步探究, 什么影响了这个判断的成立。

本节的数值试验表明, MultiStart 算法可以有效地找到所有可能的极值点。遗憾的是, 大量的初始点可能导向同一个极值点, 导致计算成本的极大浪费。3.3 节将介绍一些技术, 既能保留找到所有极值点的良好性质, 又可以尽量避免计算成本的极大浪费。

## 3.3  序列式多次重启

序列式多次重启旨在进一步改进并行式多次重启, 从而避免对同一极值点的多次重复访问, 故能更高效地找到全局最优解。在这一方向上, GlobalSearch 算法[41] 是目前的主流算法, 被 MATLAB 等商用软件所采用。本节主要介绍 GlobalSearch 算法的理念和算法要素。

### 3.3.1  GlobalSearch 算法

梯度型优化算法的多次重启涉及到两个关键技术: 一是如何生成高质量的初始点; 二是如何避免对同一极值点的多次重复访问。在并行多次重启中, 通常用均匀分布的方式随机抽样初始点, 但是, 在序列式多次重启中, 文献 [41] 建议采用散点搜索 (scatter search) 技术生成初始点。至于对同一极值点的重复访问, 在并行式多次重启中是难以避免的, 这也是序列式多次重启试图解决的重要问题。为此, 需要对之前的每次局部寻优进行监控, 利用监控得到的信息, 判断下一个初始点是否可以抛弃。在 GlobalSearch 算法中, 监控主要基于吸收盆、得分函数与门槛值等概念。

吸收盆是一个球形区域, 以找到的极值点为中心, 以该极值点与初始点的距离为半径。当然, 球的半径也可以小于这个距离且可以动态变化。

**定义 3.1**　假设局部优化算法从初始点 $\boldsymbol{x}_0$ 出发, 找到了极值点 $\boldsymbol{x}^*$。那么, 称

$$B(\boldsymbol{x}^*, \boldsymbol{x}_0) = \{\boldsymbol{x} \in \mathbb{R}^n \mid \|\boldsymbol{x} - \boldsymbol{x}^*\| \leqslant r\|\boldsymbol{x}^* - \boldsymbol{x}_0\|, r \in (0, 1]\}$$

为该算法求解当前优化问题时的一个吸收盆 (basin of attraction)。

随着 GlobalSearch 算法的迭代, 会产生多个吸收盆, 且这些吸收盆往往是相互交叠的 (overlap)。

得分函数 (score function) 是惩罚函数的推广, 定义为目标函数值与约束违反程度的加权和, 即

$$\text{Score}(\boldsymbol{x}) = f(\boldsymbol{x}) + \sum_i \omega_i \cdot \text{Viol}(c_i(\boldsymbol{x})) \tag{3.3}$$

其中, $c_i(\boldsymbol{x})$ 表示第 $i$ 个约束 (函数或变量); $\text{Viol}(c_i(\boldsymbol{x}))$ 表示该约束的违反程度; $\omega_i$ 是权重参数。显然, 如果 $\boldsymbol{x}$ 是可行点, 则其得分值等于目标函数值本身。因此有如下性质 (即命题 3.1)。

**命题 3.1**　得分值越低, 解的质量通常越好。

重启门槛值 (threshold) 是一个参数, 用于判断新的初始点的质量是否足够好, 值得重启局部搜索。在 GlobalSearch 算法的初期, 门槛值被设置为在初始化阶段找到的最好解的目标函数值 (也是得分值)。随着迭代的进行, 门槛值被不断更新, 与对吸收盆的监控一起, 控制局部搜索的重启, 尽可能避免重复访问同一个极值点。

算法 3.2 给出了 GlobalSearch 算法的伪代码。

可以看到, GlobalSearch 算法包含两个重要组成部分: 一个是基于散点搜索的全局搜索; 另一个是局部搜索及其多次的重启。全局搜索出现在初始化阶段, 以及主循环阶段的开始。局部搜索主要发生在主循环阶段, 但是在初始化阶段也出现了两次。这两次局部搜索的作用主要是, 确定初始的重启门槛值以及划分出两个初始的吸收盆。

在主循环阶段, 每个尝试点都被仔细检查, 看是否值得重启局部搜索。检查包括两部分: 一是距离检查, 二是质量检查。距离检查判断当前尝试点是否落入已有的吸收盆, 如果是的话, 则认为可能重复访问已知的极值点, 从而抛弃当前尝试点。质量检查则判断当前尝试点是否足够好, 从而能够找到好的极值点。这两个检查都必须满足, 才能重启局部搜索。

虽然 GlobalSearch 算法不会出现像 MultiStart 算法一样的如此多的重复访问, 但重复访问仍可能出现。因此, 在算法 3.2 的输出中, 仍需要采用式 (3.1a) 和式 (3.1b) 对局部解进行过滤。

3.3.2 节将详细介绍散点搜索, 3.3.3 节将详细介绍对多次重启的距离过滤和质量过滤。

---

**算法 3.2** (GlobalSearch 算法)　**初始化阶段: 给定局部最优化算法和初始点。**

- 对给定的初始点执行局部搜索, 记录找到的局部解。
- 用散点搜索算法获得 $n_1$ 个尝试点 (trial points), 根据式 (3.3) 计算它们的得分值, 并筛选出最好 (得分值最低) 的尝试点, 对它执行局部搜索, 记录得到的局部解。
- 令重启门槛值为当前最好的局部解的得分值。

**主循环阶段: 用散点搜索算法获得 $n_2$ 个尝试点。**

**For** $k=1:n2$ ％ 判断是否对该初始点执行局部搜索:

- **IF** 初始点位于现有的吸收盆中,
  不执行局部搜索。
- **ELSEIF** 根据式 (3.3) 计算得到的得分值大于或等于重启门槛值,
  不执行局部搜索。
- **ELSE**
  用当前初始点的得分值更新重启门槛值, 执行局部搜索, 并记录得到的局部解。
- **ENDIF**
- 如果陷入停滞 (连续多次迭代没有执行局部搜索), 增加重启门槛值。

**EndFor**

输出找到的局部解及其函数值, 并以其中目标函数值最小的解作为全局最优解的近似。

---

### 3.3.2　散点搜索

从算法 3.2 可以看到, 对于 GlobalSearch 算法来说, 散点搜索 (scatter search) 是一个重要技术。该算法本质上是一个启发式的种群搜索算法, 由 Glover 于 1977 年提出[42], 几年后他又提出了禁忌搜索算法 (详见第 5 章)。也就是说, 本节的散点搜索算法在逻辑上应该放到第 5 章介绍, 但是由于 GlobalSearch 算法严重依赖散点搜索, 故提前放到这里介绍。

跟很多启发式优化算法类似, 散点搜索算法有如下优缺点。主要优点包括: 能够快速逼近一个好的局部解 (通常是全局最优解), 以及能够处理离散变量。主要缺陷包括: 解的精度比较有限, 以及处理等式约束的能力很弱[41]。对散点搜索算法有更多兴趣的读者, 请参阅书籍 [43]。

散点搜索算法简单版本的伪代码可总结为算法 3.3。算法对三个集合进行了持续更新, 它们分别是初始种群 $P$, 参考集 $R$ 和尝试点集 Pool。其中, 最终的尝试点集 Pool 是算法的输出, 用作 GlobalSearch 算法的潜在初始点集。Pool 集由参考集 $R$ 中的点两两结对后组合并改进得到, 同时反馈并更新 $R$。参考集 $R$ 是初始种群 $P$ 的子集, 且由两类点组成, 一类是 $P$ 中最好的点 (构成 $R$ 的精英解子集), 另一类是距离精英子集最远的点

(构成 $R$ 的多样解子集)。在每次迭代中, 参考集都只保留精英子集, 种群 $P$ 则全部重新生成。

**算法 3.3** (散点搜索算法)　*初始化阶段: 按下列步骤生成初始种群 $P$ 和参考集 $R$ 的精英解子集。*

- 给定集合 $P$ 和 $R$ 的大小 Psize, Rsize, 先令 $P = \varnothing, R = \varnothing$。
- 用多样解生成法 (diversification generation method) 产生一个点 $\boldsymbol{x}$, 然后用解改进法 (improvement method) 对它进行改进, 得到 $\boldsymbol{x}^*$。如果 $\boldsymbol{x}^* \in P$, 则抛弃它; 否则把它加入集合 $P$。重复这一步骤, 直到 $P$ 达到给定的大小。
- 对 $P$ 中的元素根据目标函数值从小到大排序, 挑出最好的 $b_1 <$ Rsize 个点加入参考集 $R$。

主循环阶段: 给定最大迭代次数 MaxIter。

**For** $k$=1:MaxIter

- 按下列步骤生成 $b_2 =$ Rsize $- b_1$ 个解, 构成参考集 $R$ 的多样解子集:
  - 令 $\boldsymbol{x}' \in P - R$ 为使得集合 $P - R$ 和集合 $R$ 距离最大的点, 即为如下优化问题的解:

  $$\max_{\boldsymbol{x} \in P-R} \min_{\boldsymbol{y} \in R} d(\boldsymbol{x}, \boldsymbol{y})$$

  其中, $d(\boldsymbol{x}, \boldsymbol{y})$ 表示 $\boldsymbol{x}, \boldsymbol{y}$ 的距离。
  - 将 $\boldsymbol{x}'$ 加入 $R$, 同时将其从 $P$ 删除。
- 尝试点生成: 如果 $R$ 中有新元素, 执行以下循环:
  - 参考集 $R$ 中的元素两两结对, 且两个元素中至少有一个是新元素;
  - 对每一个元素对, 用解组合法 (combination method) 产生若干尝试点, 并用解改进法改进它们, 然后加入集合 Pool。
  - 选择 $R \bigcup$ Pool 中最好的 Rsize 个解, 更新参考集 $R$。
- 种群与多样解子集更新 ($k<$MaxIter):
  - 删除参考集 $R$ 中最差的 $b_2$ 个解。
  - 用多样解生成法重新生成整个种群 $P$。

**EndFor**

输出尝试点集合 Pool。

从算法 3.3 可以看到, 里面采用了多个子算法, 包括: 多样解生成法、解改进法、解组合法等。下面详细介绍算法 3.3 的实现细节。

1) 多样解生成法

多样解生成法用于生成种群 $P$, 它是一种不依赖目标函数只考虑可行域的方法。具体来说, 该方法在不同的维度上独立随机抽样, 构成一个解。在每一维度上, 先将变量均匀地分成 4 块, 然后随机选取一块, 再从中随机抽样。算法 3.4 给出了它的伪代码。

**算法 3.4** (多样解生成法)   *初始化*: 给定决策变量每个维度的取值上界和下界, 并将变量的每个维度 4 等分。给定参考集大小 Rsize, 给定种群大小 Psize, 或令 Psize = $\max\{100, 5\text{Rsize}\}$。

**For** $k$=1:Psize

**For** $i$=1:$n$ % $n$ 表示维数

- 在第 $i$ 维上的 4 个子区域中随机选择一个;
- 在选定子区域中, 随机生成一个数, 令其为第 $k$ 个解在第 $i$ 维上的值。

**EndFor**

**EndFor**

*输出种群 $P$。*

根据文献 [43], 种群一共包含 100 个或者 5Rsize 个解。

2) 解改进法

在利用多样解生成法得到种群 $P$ 后, 再采用解改进法对 $P$ 中的每个解进行局部优化, 用较小的成本改善这些多样解。解改进法也用于在尝试点生成步骤中对解进行改进。对解进行改进的方法有多种。根据文献 [43], 可以采用 Nelder-Mead 单纯形法 (第 4 章有介绍) 对每个解进行改进, Nelder-Mead 单纯形法每次运行的成本控制在 50 次目标函数值计算。

对于一些简单问题, 从不同解出发的 Nelder-Mead 单纯形法可能找到同一个改进解。将这些解合并后, 输出的 $P$ 中包含的解数量小于 Psize。此时, 可以考虑重新用多样解生成法以及解改进法, 直到得到 Psize 个不同数量的解。

算法 3.5 给出了解改进法的伪代码。

**算法 3.5** (解改进法)   *初始化*: 给定种群 $P$, 其大小为 Psize, 给定整数 $N_1$。

**For** $k$=1:Psize

- 对第 $k$ 个解执行 Nelder-Mead 单纯形搜索, 并将计算成本控制在 $N_1$ 次目标函数值计算;
- 用改进后的解代替原来的第 $k$ 个解。

**EndFor**

如果 $P$ 中不同解的数量小于 Psize, 则用算法 3.4 补充生成一些解, 并采用 Nelder-Mead 单纯形法对它们进行改进, 直到 $P$ 中不同解的数量等于 Psize。输出种群 $P$。

3) 参考集及其更新

参考集 (reference set) 由两部分组成: 精英解子集和多样解子集, 它们在散点搜索算法的执行过程中都是动态更新的。

精英解子集有 $b_1$ 个, 由初始种群 $P$ 中目标函数值最小的 $b_1$ 个解组成。在主循环的尝试点生成环节, 参考解集的元素从不断扩大的集合 $R \bigcup \text{Pool}$ 中挑选最好的 Rsize 个, 因此参考集的 "精英化" 程度会越来越高。

多样解子集有 $b_2 = \text{Rsize} - b_1$ 个, 这里的 "多样" 由距离来度量。具体来说, 对 $P - R$ 中的每个解, 计算它与 $R$ 中每个解的距离, 挑选出最大距离对应的 $P - R$ 中的解, 并把它从 $P - R$ 中移入 $R$ 中。重复这个操作, 直到挑出 $b_2$ 个多样解。在主循环的尝试点生成环节, 由于参考集的 "精英化" 程度越来越高, 其多样解子集 "阶段性隐退", 直到参考集不再更新。在新的一次主循环迭代之前, 种群 $P$ 被重新生成, 参考集仅保留最好的 $b_1$ 个精英解。新一轮迭代将会再次挑选出 $b_2$ 个多样解, 充实到参考集 $R$ 中。

4) 父代个体选择

这里的 "父代个体选择" 指的是从参考集中选择两个解, 它们结对后将产生新的尝试解。如果将散点搜索算法与基因算法 (详见第 6 章) 进行比较, 则这个步骤本质上就是基因算法中的 "父代个体选择"。

在散点搜索算法中, "父代个体" 并不一定是 2 个解, 也可以是 3 个解或者 4 个解, 一般很少用更多解。为了简便, 在算法 3.3 中, 默认只有 2 个父代个体。

5) 解组合法

父代个体结对后, 解组合法会利用这些父代个体, 产生 1 个或多个尝试解。需要指出的是, 解组合法是问题依赖的[43]。设两个父代个体为 $\boldsymbol{x}'$, $\boldsymbol{x}''$, 则在解组合法中可用的组合策略有如下:

- 产生中点: $\boldsymbol{c} = \dfrac{\boldsymbol{x}' + \boldsymbol{x}''}{2}$;
- 产生多个点: $\boldsymbol{c}_1 = \boldsymbol{x}' + \boldsymbol{d}, \boldsymbol{c}_2 = \boldsymbol{x}' - \boldsymbol{d}, \boldsymbol{c}_3 = \boldsymbol{x}'' + \boldsymbol{d}, \boldsymbol{c}_4 = \boldsymbol{x}'' - \boldsymbol{d}$, 其中 $\boldsymbol{d} = \dfrac{r}{2}(\boldsymbol{x}' - \boldsymbol{x}''), r \in (0, 1)$。还可以从这 4 个点任取 $1 \sim 3$ 个点。

在生成了需要的尝试点后, 用解改进法 3.5 对它们进行改善, 得到的解就成为 Pool 集合中的尝试点。

## 3.3.3　局部搜索及其监控与重启

与 MultiStart 算法相比, GlobalSearch 算法的精髓在于不会对每个尝试点进行局部搜索, 而是依赖于对该尝试点的距离过滤和质量过滤。

1) 距离过滤

距离过滤指的是, 判断尝试点是否落入现有的吸收盆, 如果落入, 则不对其启动局部搜索。具体来说, 如果下式成立, 则认为尝试点 $\boldsymbol{p}$ 没有落入第 $i$ 个吸收盆:

$$\|\boldsymbol{p} - \text{center}(i)\| > a_1 \cdot \text{radius}(i)$$

其中, $\text{center}(i)$, $\text{radius}(i)$ 分别表示第 $i$ 个吸收盆的中心和半径; 系数 $a_1 = 0.75$, 可按需调整。这个距离过滤条件表明, 如果尝试点 $\boldsymbol{p}$ 与中心的距离超过半径的 $a_1$ 倍, 则认为 $\boldsymbol{p}$ 不属于该吸收盆。

如果某尝试点不属于任何现有的吸收盆, 则从它出发进行局部搜索将很可能不会重复访问已知的极值点, 这种情况是值得启动局部搜索的。但是, GlobalSearch 算法要求更高, 即便尝试点不属于任何现有的吸收盆, 也得通过 "质量过滤" 这一关, 才能成为初始点, 并对其启动局部搜索。

2) 质量过滤

质量过滤指的是, 判断尝试点的得分值 (见式 (3.3)) 是否低于重启门槛值, 如果不低于, 则不对其启动局部搜索。换句话说, 重启门槛值定义了一个门槛, 得分值低于这个门槛的尝试点 (参考命题 3.1), 才有资格成为初始点, 并启动局部搜索。

在 GlobalSearch 算法中, 距离过滤和质量过滤并不是一成不变的, 它们都在努力地适应环境的变化。

3) 距离过滤的自适应

在距离过滤中, 需要顾虑的是 "所有尝试点都落入了现有吸收盆" 这一极端情形。如果发生这种极端情形, 将没有尝试点可以启动局部搜索, 不利于寻找到全局最优解。为此, 需要在主循环一开始时就监控有多少尝试点落入了现有的吸收盆。这个任务落在了 "入盆尝试点计数器"(简称 R 计数器) 身上。

每个吸收盆都有一个 R 计数器, 用于监控有多少尝试点**连续地**落入了该吸收盆。当 R 计数器的值达到一个阈值 (比如 20) 后, GlobalSearch 算法将强行缩小该吸收盆的半径 (如乘以 0.8), 并将它的 R 计数器清零。

这里需要特别注意, R 计数器记录的尝试点数量, 是连续地落入吸收盆的尝试点。因此, 如果尝试点落入了某些吸收盆, 则这些吸收盆的 R 计数器的数值加 1, 而与此同时, 需要将其他吸收盆的 R 计数器数值清零!

4) 质量过滤的自适应

类似于距离过滤, 在质量过滤中也需要顾虑 "所有尝试点的得分值都不低于重启门槛值" 这一极端情形。为此, 需要在主循环一开始时就监控有多少尝试点的得分值不低于重启门槛值。这个任务落在了 "重启门槛值计数器"(简称 T 计数器) 身上。

与每个吸收盆都有一个 R 计数器不同, T 计数器总共只有一个。T 计数器用于监控有多少尝试点**连续地**不低于重启门槛值。当 T 计数器的值达到一个阈值 (比如 20) 后, GlobalSearch 算法将按下式提升重启门槛值, 并将 T 计数器清零。

$$\text{NewThreshold} = \text{Threshold} + a_2(1 + |\text{Threshold}|)$$

其中, NewThreshold, Threshold 分别表示新的和旧的门槛值; 参数 $a_2 = 0.2$, 可按需调整。

5) 局部搜索成功后的参数更新

值得注意的是, R 计数器和 T 计数器都在局部搜索无法重启时才发挥作用, 当局部搜索被重启时, 需要将这两个计数器都清零 (因为 "连续" 性被打断了)。

此外, 假设从初始点 $p$ 出发重启局部搜索后得到 $x_p$, 且 $x_p$ 是极值点的良好近似 (可用局部搜索触发的停止条件来判断, 如 fmincon 的退出标志 (exit flag) 为正数), 则需要进行以下设置:

- $p$ 点的得分值设定为新的重启门槛值;
- 如果 $x_p$ 是一个新的极值点 (根据条件 (3.1a) 和条件 (3.1b)), 则围绕 $x_p$ 建立一个新的吸收盆, 并将 $p$ 与 $x_p$ 之间的距离作为吸收盆的半径;
- 如果 $x_p$ 不是新的极值点, 则更新 $x_p$ 的吸收盆, 并将 $p$ 与 $x_p$ 之间距离以及原有吸收盆的半径中的最大者作为新的吸收盆的半径。

最后指出, GlobalSearch 算法可以处理混合变量 (既有连续变量又有离散变量) 的优化问题, 此时, 通常在局部搜索中设定离散变量保持当前值不变[41]。

### 3.3.4 数值实验

本节用 GlobalSearch 算法对六驼峰函数 (见式 (3.2)) 进行数值测试, 主要目的包括: ①检验 GlobalSearch 算法是否解决了 MultiStart 算法的重复访问问题; ②了解 GlobalSearch 算法在多次局部搜索之间的成本消耗; ③在相等的计算成本下 GlobalSearch 算法和 MultiStart 算法的性能比较。

1) 避免重复访问的成效

在 MATLAB 中借助如下的代码, 可对六驼峰函数进行求解。

```
fun=@(x)(4-2.1*x(1)^2+x(1)^4/3)*x(1)^2+x(1)*x(2)+(-4+4*x(2)^2)*x(2)^2;
problem = createOptimProblem('fmincon','x0',[-0.5,0.5],...
          'objective',fun,'lb',[-3;-2],'ub',[3;2]);
gs = GlobalSearch;
rng default;
[x,fval,exitflag,output,solutions]=run(gs,problem);
```

从输出变量 output 可以看到 (见图 3.5), GlobalSearch 算法只启动了 6 次局部搜索, 且每次都找到了极值点, 一共消耗 2223 次目标函数值计算。分析结构体输出变量 solutions 可以发现, 一共找到了 4 个极值点, 即仍有 2 次重复访问。找到的极值点是六驼峰函数 6 个极值点中最好的 4 个, 即 $(-0.0898, 0.7127), (0.0898, -0.7127), (1.7036, -0.7961)$, 以及 $(-1.7036, 0.7961)$。对比 MultiStart 算法和 GlobalSearch 算法的数值结果 (比如, 图 3.2 和图 3.5) 可以发现, 前者的重复访问问题, 在后者中得到了很好的解决。这说明, GlobalSearch 算法确实有能力过滤掉很多不必要的局部搜索, 成效非常显著。

```
          funcCount: 2223
    localSolverTotal: 6
  localSolverSuccess: 6
localSolverIncomplete: 0
localSolverNoSolution: 0
```

**图 3.5　GlobalSearch 算法求解六驼峰函数的输出 (计算成本及局部搜索次数等)**

2) 局部搜索之间的成本消耗

下面探讨 GlobalSearch 算法的计算成本 "分配", 特别关注在多次局部搜索之间的成本消耗。

首先, 每一次的局部搜索消耗的成本都不大, 一般不超过 40 次目标函数值计算。这略小于 MultiStart 算法中每次局部搜索的平均成本 ($2911/70 \approx 41$)。因此, GlobalSearch 算法用于局部搜索的计算成本很低, 在本例中大约不超过 $40 \times 6 = 240$ 次目标函数值计算。换句话说, 大量计算成本主要消耗在筛选好的初始点。

图 3.6 给出了 GlobalSearch 算法求解六驼峰函数时的目标函数变化历史, 以及 6 次局部搜索的初始位置, 其中初始位置用空心图形标出 (相同形状会访问同一个极值点)。与 MultiStart 算法的情况 (见图 3.3) 类似的是, GlobalSearch 算法的局部搜索曲线也有 "$L$ 形" 曲线的影子。但显著不同的是, 这里有两类 "$L$ 形" 曲线。一类 "$L$ 形" 曲线跟 Multistart 算法的类似, 但矮很多, 有 6 条, 对应着 6 次局部搜索。另一类 "$L$ 形" 曲线高很多, 且底部很厚, 对应着对尝试点的过滤以及对吸收盆和重启门槛值的动态监控。

可以看到, 图 3.6 中给出的 6 次局部搜索的初始位置都比较低, 反映出初始点的位置都比较好。图 3.7 给出了这 6 个初始点在等值线图中的具体位置, 印证了这些初始点很接近将要访问到的极值点。因此, GlobalSearch 算法的尝试点过滤策略是非常成功的。

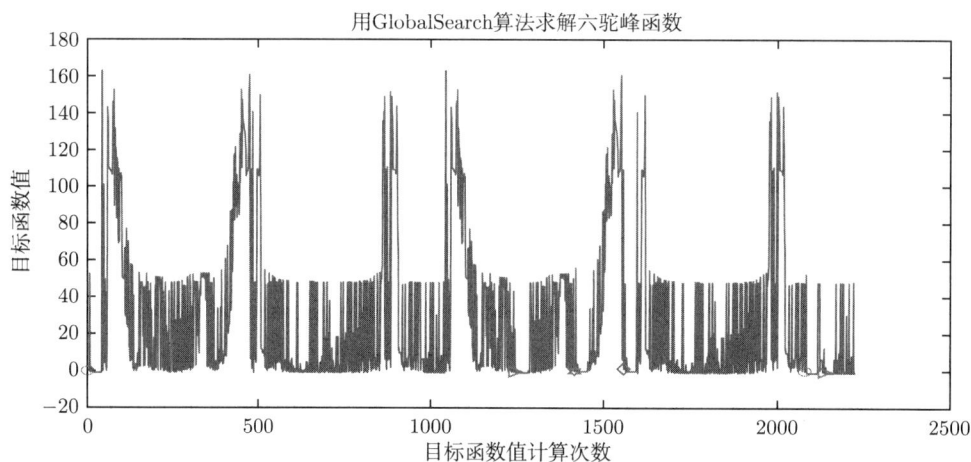

**图 3.6** GlobalSearch 算法求解六驼峰函数时, 目标函数值的变化历史, 以及 6 次局部搜索的初始位置 (空心的 6 个散点)(见文后彩图)

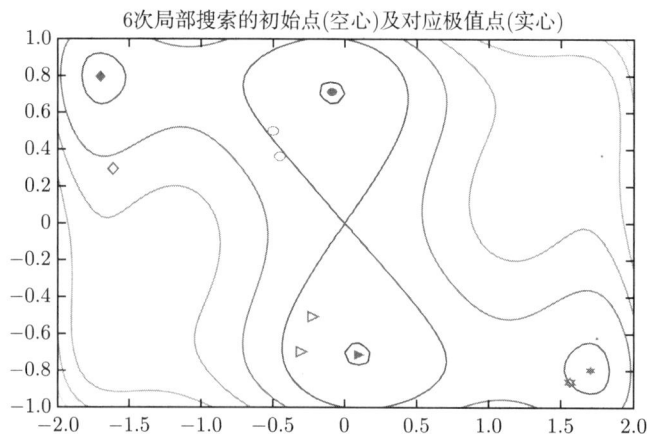

**图 3.7** GlobalSearch 算法求解六驼峰函数时, 6 次局部搜索的初始点及其找到的对应极值点 (初始点空心, 极值点同样图形但实心)(见文后彩图)

3) 等成本下的数值性能比较

注意到, 无论是 GlobalSearch 算法还是 MultiStart 算法, 都会首先对给定的初始点进行局部搜索。因此, 如果给定相同的初始点 $x_0$, 在第一次局部搜索成本内, 这两个算法的数值性能是完全相同的。图 3.8 给出了计算成本在 200 个函数值计算次数内, GlobalSearch 算法和 MultiStart 算法在求解六驼峰函数时, 目标函数值的变化历史。可以看到, 在计算成本小于 40 时, 这两条曲线是完全重合的。

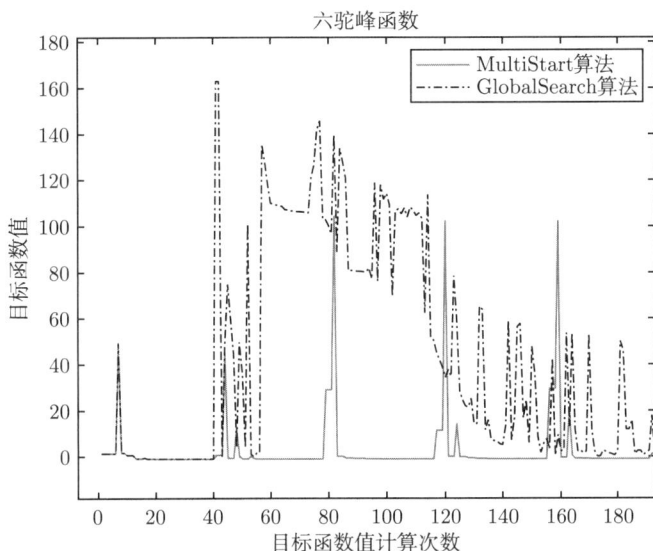

**图 3.8　GlobalSearch 算法和 MultiStart 算法分别求解六驼峰函数时, 目标函数值变化历史的对比 (见文后彩图)**

注意到低成本时, 两条曲线完全重合

随着计算成本的增加, 两个算法开始 "分道扬镳"。MultiStart 算法借助均匀分布寻找初始点, 独立而并行地开展多个局部搜索, 而 GlobalSearch 算法依赖散点搜索, 并借助对吸收盆和重启门槛值的监控和动态更新, 挑选优质的初始点, "递进式" 地开展局部搜索。这两种策略的差异, 导致 MultiStart 算法更适合 "找出全部极值点" 的任务, 而 GlobalSearch 算法更适合 "找到更好的极值点" 的任务。

举例来说, 对比本节和 3.2 节的数值试验结果可以发现, 在花费了 2000 多次函数值计算后, GlobalSearch 算法只找到 4 个极值点, 而 MultiStart 算法找到了所有 6 个极值点。因此, MultiStart 算法在发现所有极值点方面的能力远胜于 GlobalSearch 算法。另外, GlobalSearch 算法则通常拥有更好的发现全局最优解的能力。

为了验证 GlobalSearch 算法具有更好的全局搜索能力, 需要测试比六驼峰函数更复杂更高维的函数。下面给出著名的 Rastrigin 函数:

$$y = 10n + \sum_{j=1}^{n} \left[ x(j)^2 - 10\cos(2\pi x(j)) \right], \quad x \in [-4.1, 6.4]^n \tag{3.4}$$

其中, 维数 $n$ 可变。该函数具有很多的局部极值点, 且无论维数是多少, 在所有变量取 0 时, 这个函数取得最优函数值 0。图 3.9 给出了 MultiStart 算法和 GlobalSearch 算法求解 20 维 Rastrigin 函数时, 目标函数值的变化对比, 其中初始点给定为 $[-4, -4, \cdots, -4]^{\mathrm{T}}$。

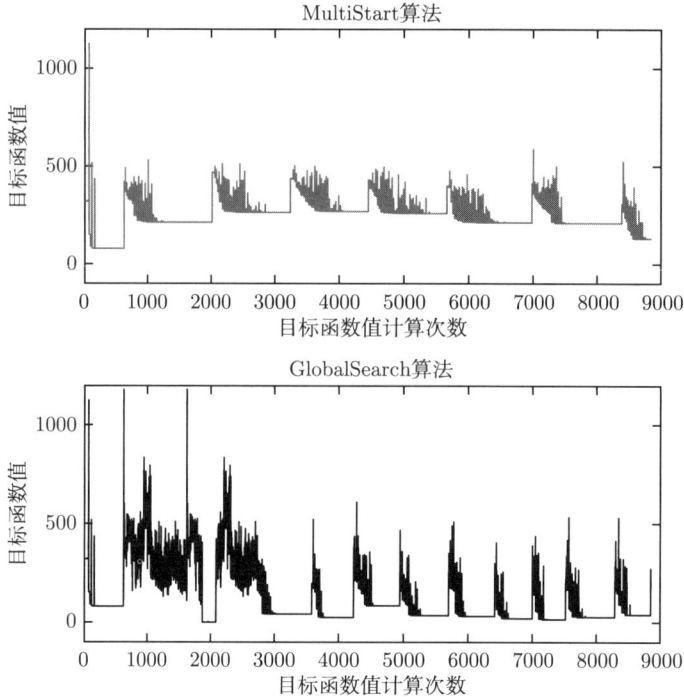

**图 3.9** MultiStart 算法和 GlobalSearch 算法分别求解 20 维 Rastrigin 函数时, 目标函数值变化历史的对比 (计算成本均为 8855)

注意到低成本时, 两条曲线完全重合。另外, 与 MultiStart 算法相比, GlobalSearch 算法的局部搜索曲线更窄更低

在 Rastrigin 函数的求解中, GlobalSearch 算法在 8855 的成本内找到了精度很高的最优解, 而 MultiStart 算法在消耗掉 87154 的成本后, 也只能找到函数值为 70 的最好解。为了进行等成本的数值比较, 图 3.9 只画出了成本为 8855 内的函数值变化。

图 3.9 中有两个重要现象值得指出。第一, 正如前面所说的, GlobalSearch 算法具有更好的全局搜索能力, 在成本为 2000 左右时就能找到真正的全局最优解; 第二, GlobalSearch 算法和 MultiStart 算法的每次局部搜索具有显著的区别, 前者消耗的成本更少但找到的解却更好, 反映在图形上, "L 形" 曲线更窄且更低; 而后者则反之。从图 3.9 可以发现, Multi-Start 算法在 8855 成本内只完成了 7.5 个局部搜索 (最后半个被截断), 而 GlobalSearch 算法完成了 11 个局部搜索。这要归功于初始点的显著差异: MultiStart 算法的初始点来自于均匀抽样, 质量没有保障; 而 GlobalSearch 算法依赖于散点搜索和对吸收盆和重启门槛值的动态监控与更新, 具有质量更好的初始点, 通常接近好的吸收盆, 从而只需要少量的成本即可收敛。

在本章即将结束之际, 简单总结梯度型优化算法的多次重启的几个重要结论:

- 以 MultiStart 算法为代表的并行式多次重启, 适合于并行处理, 采用均匀抽样确定初始点, 在 "找全所有极值点" 方面具有很好的竞争力。
- 以 GlobalSearch 算法为代表的序列式多次重启算法, 采用散点搜索确定尝试点, 通过对搜索过程的实时监控, 动态更新重启门槛值, 能找到优质的初始点, 有利于寻找到更好的极值点。
- 对于不是很复杂的优化问题, MultiStart 算法和 GlobalSearch 算法通常都能很好地找到全局最优解。但是, 对于极值点很多的复杂优化问题, GlobalSearch 算法在找到全局最优解方面具有明显的优势。
- 总之, 对于找到所有极值点的任务, 推荐选用 MultiStart 算法; 而对于寻找真正全局最优解的任务, 推荐选用 GlobalSearch 算法。

## 习题与思考

1. 基于梯度型优化算法来求解全局最优化问题, 除了多次重启策略外, 是否存在其他范式? 有的话, 该如何落实?

2. 在并行式多次重启策略中, 初始点的选取是很重要的。在可行域均匀取点是否是最佳策略? 特别是, 如果有一些好的初始点的先验信息, 如何更好地利用这些先验信息?

3. 在并行式多次重启策略中, 如果处理单元少于初始点数量, 是否可以通过监控搜索过程, 更好地指导后续的重启和寻优, 特别是减少重复发现同一个极值点? 该如何实现?

4. 如果可行域不是超矩形, 并行多次重启该如何抽样初始点?

5. "越好的极值点越容易被 MultiStart 算法找到", 该如何证明或证伪这个命题?

6. 用 MultiStart 算法求解全局最优化问题时, 该如何确定初始点的个数 (即多次重启的次数)?

7. 吸收盆定义中的参数 $r$ 接近 1 和接近 0 有何不同影响? 你认为如何设置这个参数更合适?

8. 得分函数 (式 (3.3)) 的权重参数有何作用? 你认为如何设置更合适? 跟 MATLAB 中的 GlobalSearch 算法相比, 你的设置方法有何优缺点?

9. 重启门槛值对系列多次重启算法起什么作用? 如果该门槛值足够大, 且吸收盆定义中的参数 $r$ 充分小, GlobalSearch 算法是否等价于 MultiStart 算法? 为什么?

10. 在 GlobalSearch 算法中, 如何设置相关参数, 才能使得重复访问同一个极值点的可能性尽可能小?

11. 散点搜索算法的参考集是一个重要技术。为什么要区分精英解子集和多样解子集? 它们的作用是什么? 如果全部用精英解或全部解从种群中随机选择, 对结果有何影响?

12. 如何设计合适的数值实验, 以理解在散点搜索中的解改进法的作用? 请实施这一实验, 并汇报你的发现。

13. 在多样解生成算法中, 每个维度 4 等分的意义是什么? 改成 3 等分对数值效果有何影响? 第 4 章的 DIRECT 算法就采用 3 等分策略。

14. 在解改进方法中, 能否用梯度型算法代替 Nelder-Mead 算法进行局部搜索? 对散点搜索有何影响?

15. 在散点搜索中, 有没有更好的解组合方法? 不同的解组合法对散点搜索的影响大吗?

16. GlobalSearch 算法中的距离过滤参数为何取 0.75? 该参数对算法的数值性能影响大吗? 影响越大则表示参数越灵敏, 请进行参数的灵敏度分析。

17. 在 GlobalSearch 算法的 R 计数器和 T 计数器中, 都强调过滤条件的 "连续" 发生。为何要强调这一点? 改为不连续发生有何影响?

18. 在更多的测试问题中验证: GlobalSearch 算法更适合求解全局最优解, 而 Multi-Start 算法更适合找到所有极值点。

# 第 4 章
# 直接搜索与无导数优化

> *放弃了梯度引导，优化该何去何从？*

无导数优化 (derivative free optimization, DFO) 是与梯度型优化算法相对的一类最优化算法。顾名思义，这类算法不利用目标函数的梯度信息。在大量的工程实践中，无导数优化算法广受欢迎，这是为什么呢？

一个原因是，在一些最优化问题中，目标函数的梯度不存在，从而无法借助于一阶必要条件来确定潜在的局部最优解。更重要的原因是，虽然目标函数的梯度存在，但获得梯度信息的代价很高。此时，虽然可以使用自动差分方法来近似梯度，但这样做会带来大量的计算误差，特别是对于含有噪声的目标函数，自动差分得到的梯度可能毫无意义。另外，现代科学和工程问题越来越需要对复杂大系统进行计算机模拟，而这往往会用到许多专业的商用软件，由于无法修改源代码，自动差分方法根本无法使用。总之，在很多工程实践中，目标函数的梯度信息变得越来越难于得到，这就产生了对无导数优化算法的大量需求。

一般认为，目前的无导数优化算法比较适合处理具有以下特点的最优化问题[44]：问题的维数不太高，通常不超过 100 维；目标函数有噪声，或其几何形态光滑性较差；实践场景对算法的渐近收敛率要求不高。对应地，若能得到梯度信息或者目标函数是光滑且没有噪声的，一般不建议采用无导数优化算法。

虽然无导数优化不采用梯度信息，但可以采用梯度的近似。因此，根据是否采用近似梯度信息，无导数优化又可以分为两个分支：一个分支采用近似梯度，而另一个分支不采用近似梯度，只进行直接搜索。本章将首先介绍直接搜索算法，然后介绍采用近似梯度的无导数优化算法，重点关注它们的基本理论和主流算法实现。

虽然不采用梯度信息，但是大量的直接搜索和无导数优化算法仍追求类似于梯度优化算法的收敛性。本章的最后介绍一类应用于全局最优化的无导数优化方法，这类方法试图通过稠密搜索等技术来获得全局收敛性。

## 4.1　直接搜索算法的基本理论

直接搜索算法是彻底的无导数优化方法，它既不使用梯度，也不使用近似梯度。然而，它们中的很多算法仍然能保证收敛到局部最优解，其诀窍是采用包含正基的搜索方向集。为便于后续讨论，首先给出基于正基的直接搜索算法的粗略框架，如算法 4.1 所示。

**算法 4.1** (基于正基的直接搜索算法框架)　*初始化: 给定初始点 $\boldsymbol{x}_0 \in R^n$ 和初始步长* $\boldsymbol{h}_0 > 0$, 令 $k = 0$。

当停止条件不成立, 执行以下循环:

- 确定搜索方向集 $D$, 要求 $D$ 必须包含正基;
- 沿着搜索方向集 $D$ 进行搜索: $\text{temp} = \boldsymbol{x}_k + h_k\boldsymbol{d}_k, \boldsymbol{d}_k \in D$, 若 temp 足够好, 则令 $\boldsymbol{x}_{k+1} = \text{temp}$;
- 根据搜索质量调整步长: 步长通常不断减少, 搜索质量非常好时可偶尔增加。

从算法 4.1 可以看到, 包含正基的搜索方向集以及步长调整策略是直接搜索算法的关键。这其中, 正基又是最重要的基础[44]。本节介绍正基的概念和相关重要性质[45-46], 重点关注为何正基能产生下降方向。4.2 节介绍几个主流的直接搜索算法。

## 4.1.1　从空间的基到正基

正基是空间的基这一概念的推广, 因此可以先回顾一下空间的基的概念。

**定义 4.1**　设存在向量组 $\{\boldsymbol{v}_1, \boldsymbol{v}_2, \ldots, \boldsymbol{v}_k\}$, 若存在系数 $\lambda_i(i = 1, 2, \cdots, k)$, 使得

$$\boldsymbol{v} = \lambda_1\boldsymbol{v}_1 + \lambda_2\boldsymbol{v}_2 + \cdots + \lambda_k\boldsymbol{v}_k \tag{4.1}$$

则称向量 $\boldsymbol{v}$ 为向量组 $\{\boldsymbol{v}_1, \boldsymbol{v}_2, \cdots, \boldsymbol{v}_k\}$ 的线性组合。这里的系数 $\lambda_i(i = 1, 2, \cdots, k)$ 是任意实数。如果向量组 $\{\boldsymbol{v}_1, \boldsymbol{v}_2, \ldots, \boldsymbol{v}_k\}$ 中存在一个向量, 可以表示成其他向量的线性组合, 则称该向量组是线性相关的; 反之, 如果不存在这样的向量, 则称该向量组是线性无关的。

**定义 4.2**　设存在向量组 $\{\boldsymbol{v}_1, \boldsymbol{v}_2, \cdots, \boldsymbol{v}_k\}$, 若向量空间中的任意向量都可以写成该向量组的线性组合, 而去掉该向量组的任何一个向量后, 都无法做到这一点, 则称该向量组为该向量空间的基。向量空间的基并不唯一, 但同一个向量空间的基必定包含相同数量的向量, 这个数量就是该向量空间的维数。

比如, 常用的向量空间 $\mathbb{R}^n$ 是 $n$ 维的, 它的任何一个基都包含 $n$ 个向量, 常用的基 (即直角坐标系) 为 $\boldsymbol{e}_1, \boldsymbol{e}_2, \cdots, \boldsymbol{e}_n$, 这里 $\boldsymbol{e}_i$ 表示第 $i$ 个元素为 1 其他元素都为 0 的列向量。

为了建立正基的概念, 需要引进正线性组合的概念。

**定义 4.3**　设存在向量组 $\{\boldsymbol{v}_1, \boldsymbol{v}_2, \ldots, \boldsymbol{v}_k\}$, 若存在非负系数 $\lambda_i(i = 1, 2, \cdots, k)$, 使得

$$\boldsymbol{v} = \lambda_1\boldsymbol{v}_1 + \lambda_2\boldsymbol{v}_2 + \cdots + \lambda_k\boldsymbol{v}_k \tag{4.2}$$

则称向量 $\boldsymbol{v}$ 为向量组 $\{\boldsymbol{v}_1, \boldsymbol{v}_2, \cdots, \boldsymbol{v}_k\}$ 的正 (线性) 组合 (positive combination)。这里的系数 $\lambda_i(i = 1, 2, \cdots, k)$ 都是非负实数。如果向量组 $\{\boldsymbol{v}_1, \boldsymbol{v}_2, \cdots, \boldsymbol{v}_k\}$ 中存在一个向量, 可以表示成其他向量的正线性组合, 则称该向量组是正线性相关的; 反之, 如果不存在这样的向量, 则称该向量组是正线性无关的。

**定义 4.4**　设存在一个正线性无关的向量组 $\{\boldsymbol{v}_1, \boldsymbol{v}_2, \cdots, \boldsymbol{v}_k\}$, 且向量空间中的任意向量都可以写成该向量组的正线性组合, 则称该向量组为该向量空间的正基。向量空间的正基并不唯一, 进一步, 同一个向量空间的正基包含的向量个数也可以不同。

比如, 下面的两个向量组都是向量空间 $\mathbb{R}^n$ 的正基, 而且在后文将会看到, 它们分别是 $\mathbb{R}^n$ 的最大正基和最小正基。

$$\{\boldsymbol{e}_1, \boldsymbol{e}_2, \cdots, \boldsymbol{e}_n, -\boldsymbol{e}_1, -\boldsymbol{e}_2, \cdots, -\boldsymbol{e}_n\} \tag{4.3}$$

$$\left\{\boldsymbol{e}_1, \boldsymbol{e}_2, \cdots, \boldsymbol{e}_n, -\sum_{i=1}^{n} \boldsymbol{e}_i\right\} \tag{4.4}$$

## 4.1.2　正基与下降方向

**定义 4.5**　如果向量组 $S = \{\boldsymbol{v}_1, \boldsymbol{v}_2, \ldots, \boldsymbol{v}_k\}$ 的任意正线性组合组成了集合 $C$, 即

$$C = \{\lambda_1 \boldsymbol{v}_1 + \lambda_2 \boldsymbol{v}_2 + \cdots + \lambda_k \boldsymbol{v}_k : \lambda_i \geqslant 0, i = 1, 2, \cdots, k\}$$

则称 $S$ 是 $C$ 的正张成集 (或生成集), 或者称 $S$ 正张成 $C$。这里的 $C$ 是一个凸锥 (convex cone)。

**定理 4.1**　$S = \{\boldsymbol{v}_1, \boldsymbol{v}_2, \cdots, \boldsymbol{v}_k\} \subset \mathbb{R}^n$ 能够正张成 $\mathbb{R}^n$, 当且仅当对 $\mathbb{R}^n$ 中的任意非零向量 $\boldsymbol{\omega}$, 存在 $i \in \{1, 2, \cdots, k\}$, 使得 $\boldsymbol{\omega}^{\mathrm{T}} \boldsymbol{v}_i > 0$。

**证明**　先证明必要性。若 $S$ 正张成 $\mathbb{R}^n$, 则对于任意非零向量 $\boldsymbol{\omega}$, 有

$$\boldsymbol{\omega} = \sum_{i=1}^{k} \lambda_i \boldsymbol{v}_i$$

其中每个系数 $\lambda_i$ 非负, 且不全为 0。采用反证法证明。假设 $\boldsymbol{\omega}^{\mathrm{T}} \boldsymbol{v}_i \leqslant 0$ 对所有 $i = 1, 2, \cdots, k$ 都成立, 那么必有

$$\boldsymbol{\omega}^{\mathrm{T}} \boldsymbol{\omega} = \sum_{i=1}^{k} \lambda_i \boldsymbol{\omega}^{\mathrm{T}} \boldsymbol{v}_i \leqslant 0$$

这与 $\boldsymbol{\omega}$ 是非零向量矛盾! 因此, 存在 $i \in \{1, 2, \cdots, k\}$, 使得 $\boldsymbol{\omega}^{\mathrm{T}} \boldsymbol{v}_i > 0$。

下面证明充分性, 即要证明 $S$ 正张成的凸锥是 $\mathbb{R}^n$ 本身。采用反证法证明。假设该凸锥不是 $\mathbb{R}^n$, 此时, 必定存在一个超平面 $\{\boldsymbol{v} \in \mathbb{R}^n : \boldsymbol{v}^{\mathrm{T}} \boldsymbol{h} = 0, \boldsymbol{h} \neq 0\}$, 使得该凸锥要么在 $\{\boldsymbol{v} \in \mathbb{R}^n : \boldsymbol{v}^{\mathrm{T}} \boldsymbol{h} \geqslant 0\}$, 要么在 $\{\boldsymbol{v} \in \mathbb{R}^n : \boldsymbol{v}^{\mathrm{T}} \boldsymbol{h} \leqslant 0\}$。不妨假设该凸锥包含在 $\{\boldsymbol{v} \in \mathbb{R}^n : \boldsymbol{v}^{\mathrm{T}} \boldsymbol{h} \geqslant 0\}$ 中, 取 $\boldsymbol{\omega} = \boldsymbol{h}$, 则 $\boldsymbol{\omega}$ 与 $\mathbb{R}^n$ 中任何向量的夹角都不是钝角, 因此必有 $\boldsymbol{\omega} = 0$, 得出矛盾。类似地, 若该凸锥包含在 $\{\boldsymbol{v} \in \mathbb{R}^n : \boldsymbol{v}^{\mathrm{T}} \boldsymbol{h} \leqslant 0\}$ 中, 可取 $\boldsymbol{\omega} = -\boldsymbol{h}$, 仍得出矛盾。于是, 假设该凸锥不是 $\mathbb{R}^n$ 不成立。　□

**定理 4.2**　设 $S = \{\boldsymbol{v}_1, \boldsymbol{v}_2, \cdots, \boldsymbol{v}_k\} \subset \mathbb{R}^n$ 能够正张成 $\mathbb{R}^n$, $\boldsymbol{\omega} \in \mathbb{R}^n$。如果 $\boldsymbol{\omega}^{\mathrm{T}} \boldsymbol{v}_i \geqslant 0$ 对所有 $i = 1, 2, \cdots, k$ 都成立, 那么必有 $\boldsymbol{\omega} = 0$。

**证明**　因为 $S$ 正张成 $\mathbb{R}^n$, 因此有

$$-\boldsymbol{\omega} = \sum_{i=1}^{k} \lambda_i \boldsymbol{v}_i$$

其中, 系数 $\lambda_i \geqslant 0$。如果 $\boldsymbol{\omega}^{\mathrm{T}} \boldsymbol{v}_i \geqslant 0$ 对所有 $i = 1, 2, \cdots, k$ 都成立, 那么有

$$-\boldsymbol{\omega}^{\mathrm{T}} \omega = \sum_{i=1}^{k} \lambda_i \boldsymbol{\omega}^{\mathrm{T}} \boldsymbol{v}_i \geqslant 0$$

也就是 $\boldsymbol{\omega}^{\mathrm{T}} \boldsymbol{\omega} \leqslant 0$, 这意味着必有 $\boldsymbol{\omega} = 0$。 □

上面的两个定理在无导数优化特别是直接搜索领域中具有重要意义。如果目标函数 $f(\boldsymbol{x})$ 在当前迭代点 $\boldsymbol{x}$ 的一个邻域内是连续可微的, 且 $\boldsymbol{\omega} = -\nabla f(\boldsymbol{x}) \neq 0$, 则根据定理 4.1 可得, 在 $\mathbb{R}^n$ 的正张成集 $S$ 内必定存在 $f(\boldsymbol{x})$ 在 $\boldsymbol{x}$ 点处的一个下降方向 $\boldsymbol{v}_i$。反之, 根据定理 4.2, 若 $\boldsymbol{\omega}^{\mathrm{T}} \boldsymbol{v}_i > 0$ 对所有 $i = 1, 2, \cdots, k$ 均成立, 那么必有 $\boldsymbol{\omega} = 0$, 即梯度为 0。

### 4.1.3 正基的构造

下面的定理表明, $\mathbb{R}^n$ 的正基至少包含 $n + 1$ 个向量。

**定理 4.3** 若 $S = \{\boldsymbol{v}_1, \boldsymbol{v}_2, \cdots, \boldsymbol{v}_k\} \subset \mathbb{R}^n$ 能够正张成 $\mathbb{R}^n$, 那么 $S$ 必定包含一个具有 $k - 1$ 个向量组成的子集, 它能够线性张成 $\mathbb{R}^n$。

**证明** 由于 $S = \{\boldsymbol{v}_1, \boldsymbol{v}_2, \cdots, \boldsymbol{v}_k\}$ 正张成 $\mathbb{R}^n$, 则它必定线性相关。于是存在不全为零的系数, 使得下式成立:

$$\alpha_1 \boldsymbol{v}_1 + \alpha_2 \boldsymbol{v}_2 + \cdots + \alpha_k \boldsymbol{v}_k = 0$$

不妨设 $\alpha_i \neq 0$, 则

$$\boldsymbol{v}_i = -\sum_{j=1, j \neq i}^{k} \frac{\alpha_j}{\alpha_i} \boldsymbol{v}_j$$

另外, 任意 $\boldsymbol{\omega} \in \mathbb{R}^n$, 有

$$\boldsymbol{\omega} = \sum_{j=1}^{k} \lambda_j \boldsymbol{v}_j, \quad \lambda_j \geqslant 0, j = 1, 2, \cdots, k$$

所以,

$$\boldsymbol{\omega} = \sum_{j=1, j \neq i}^{k} \left(\lambda_j - \frac{\alpha_j}{\alpha_i} \lambda_i\right) \boldsymbol{v}_j$$

因此, $S \setminus \{\boldsymbol{v}_i\}$ 线性张成 $\mathbb{R}^n$。 □

定理 4.3 表明, $\mathbb{R}^n$ 的正基至少包含 $n + 1$ 个向量, 称恰好具有 $n + 1$ 个向量的正基为 $\mathbb{R}^n$ 的最小正基。因此, 式 (4.4) 是 $\mathbb{R}^n$ 的一个最小正基。

**命题 4.1** $S = \{\boldsymbol{e}_1, \boldsymbol{e}_2, \cdots, \boldsymbol{e}_n, -\boldsymbol{e}_1, -\boldsymbol{e}_2, \cdots, -\boldsymbol{e}_n\}$ 是 $\mathbb{R}^n$ 的一个最大正基。

**证明** 首先证明 $S$ 是 $\mathbb{R}^n$ 的一个正基。对于任意向量 $\boldsymbol{\omega} \in \mathbb{R}^n$, 令

$$\boldsymbol{\omega} = \sum_{i=1}^{n} \lambda_i \boldsymbol{e}_i + \sum_{i=1}^{n} \alpha_i(-\boldsymbol{e}_i) = \sum_{i=1}^{n} (\lambda_i - \alpha_i) \boldsymbol{e}_i$$

显然, 存在全是非负数的系数 $\lambda_i, \alpha_i$, 使得上式成立。因此, $S$ 是 $\mathbb{R}^n$ 的一个正基。

然后证明 $S$ 是 $\mathbb{R}^n$ 的一个最大正基, 只需要证明对于任意向量 $\boldsymbol{v} \in \mathbb{R}^n$, $S \bigcup \{\boldsymbol{v}\}$ 不再是一个正基即可。因为 $S$ 是 $\mathbb{R}^n$ 的正基, 因此存在非负系数使得下式成立:

$$\boldsymbol{v} = \sum_{i=1}^{n} \lambda_i \boldsymbol{e}_i + \sum_{i=1}^{n} \alpha_i(-\boldsymbol{e}_i)$$

这使得 $S \bigcup \{v\}$ 不是正线性无关的, 从而不是正基。　　　　□

事实上, 有如下更一般的结论, 相关证明请参阅文献 [46]。

**定理 4.4**　设 $S = \{\boldsymbol{v}_1, \boldsymbol{v}_2, \cdots, \boldsymbol{v}_k\}$ 是线性子空间 $C \subset \mathbb{R}^n$ 的一个基, $\mathcal{J} = \{J_1, J_2, \cdots, J_l\}$ 是指标集 $K = \{1, 2, \cdots, k\}$ 的子集的集合, 且满足 $\bigcup_{i=1}^{l} J_i = K$ 以及对任意 $r = 1, 2, \cdots, l$ 有 $J_r \notin \bigcup_{i=1, i \neq r}^{l} J_i$。那么集合

$$\tilde{S} = S \bigcup \left\{ -\sum_{j \in J_1} \lambda_{1,j} \boldsymbol{v}_j, \cdots, -\sum_{j \in J_l} \lambda_{l,j} \boldsymbol{v}_j \right\}$$

是 $C$ 的一个正基, 其中 $\lambda_{i,j} > 0, i = 1, 2, \cdots, l; j \in J_i$。

**推论 4.1**　设 $S = \{\boldsymbol{v}_1, \boldsymbol{v}_2, \cdots, \boldsymbol{v}_k\}$ 是线性子空间 $C \subset \mathbb{R}^n$ 的一个基, $\mathcal{J} = \{J_1, J_2, \cdots, J_l\}$ 是指标集 $K = \{1, 2, \cdots, k\}$ 的子集的集合, 且满足 $\bigcup_{i=1}^{l} J_i = K$ 以及 $J_i, J_r, i \neq r$ 两两不相交。那么集合

$$\tilde{S} = S \bigcup \left\{ -\sum_{j \in J_1} \lambda_{1,j} \boldsymbol{v}_j, -\sum_{j \in J_2} \lambda_{2,j} \boldsymbol{v}_j, \cdots, -\sum_{j \in J_l} \lambda_{l,j} \boldsymbol{v}_j \right\}$$

是 $C$ 的一个正基, 其中 $\lambda_{i,j} > 0, i = 1, 2, \cdots, l; j \in J_i$。所以, $C$ 的正基的大小可以是 $\dim(C) + 1$ 和 $2\dim(C)$ 之间的任意一个数。

更严谨的证明[46] 表明, $\mathbb{R}^n$ 的正基最多包含 $2n$ 个向量, 称恰好具有 $2n$ 个向量的正基为 $\mathbb{R}^n$ 的最大正基。常用的正基除了式 (4.3) 中的最大正基和式 (4.4) 中的最小正基外, 还包括如下夹角均匀的正基[44]。

**命题 4.2**　若向量组 $\{\boldsymbol{v}_1, \boldsymbol{v}_2, \cdots, \boldsymbol{v}_{n+1}\}$ 满足

$$\boldsymbol{v}_{n+1} = -(\boldsymbol{v}_1 + \boldsymbol{v}_2, \cdots + \boldsymbol{v}_n)$$

且

$$\boldsymbol{v}_i^{\mathrm{T}} \boldsymbol{v}_j = \begin{cases} -1/n, & i \neq j \\ 1, & i = j \end{cases}$$

则向量组 $\{\boldsymbol{v}_1, \boldsymbol{v}_2, \cdots, \boldsymbol{v}_{n+1}, \} \subset \mathbb{R}^n$ 是一个夹角均匀的最小正基。

例如, 如下的向量组就是平面上能保证夹角相同的一个最小正基。

$$\left\{ (1, 0)^{\mathrm{T}}, (-1/2, \sqrt{3}/2)^{\mathrm{T}}, (-1/2, -\sqrt{3}/2)^{\mathrm{T}} \right\}$$

在直接搜索的算法设计中, 搜索方向集合至少包含正基, 但通常会比正基更大。多出来的向量允许算法进行额外的搜索, 如加速搜索等。根据定义 4.5, 这种搜索方向集就是生成集或正张成集。结合以上理论介绍可知, 正基有许多选择, 通常选择常用的最大正基、最小正基或夹角均匀的正基; 而正基之外的向量选择则依赖于不同的算法理念。4.2 节将介绍一些主流的直接搜索算法。

## 4.2 直接搜索算法的主流实现

本节主要介绍目前主流的两类直接搜索算法: 罗盘形直接搜索算法和单纯形直接搜索算法。后者更被人所熟知, 这里解释一下前者的命名。罗盘形直接搜索算法在文献 [44] 中被称为方向型 (directional) 直接搜索算法, 在文献 [47] 中被称为生成集 (generating set) 直接搜索算法。这两种命名方式都关注搜索方向, 但这与单纯形直接搜索算法的命名方式不一致, 这里的单纯形是一个几何体。本书采用罗盘形直接搜索这个名称, 是因为它能更好地描述此类算法搜索时依托的几何体: 以当前迭代点为中心、正基向量为搜索方向且包含步长的罗盘形框架。这样就把罗盘形与单纯形对应起来, 两者都是几何体, 能提供更好的提示信息。

### 4.2.1 罗盘形直接搜索算法

罗盘形是基于正基定义而来的一个框架, 它在文献 [47] 中又被称为网格单元框, 在英文文献中对应 frame 这个概念[49-50], 也可以直接用 general compass, 因为它是很快要介绍的罗盘搜索 (compass search) 算法的一般推广。

1) 罗盘形

以当前迭代点为中心, 沿每个正基方向走一步 (步长给定) 得到一个顶点, 这些顶点就组成了罗盘形。

**定义 4.6**  给定中心点 $\boldsymbol{x} \in \mathbb{R}^n$, $\mathbb{R}^n$ 中的正基 $\mathcal{V}_+$ 和步长 $h > 0$, 则罗盘形定义为如下的点集:

$$\Phi(\boldsymbol{x}, \mathcal{V}_+, h) = \{\boldsymbol{x} + h\boldsymbol{v} : \boldsymbol{v} \in \mathcal{V}_+\} \tag{4.5}$$

图 4.1 给出了平面上两种罗盘形的图示, 图 4.1(a) 对应最小正基, 图 4.1(b) 对应最大正基。

罗盘形提供了当前迭代点 (中心点) 附近的信息, 对这些信息 (特别是顶点函数值信息) 的利用, 是罗盘形直接搜索算法的关键。采用罗盘形的直接搜索算法隐含地将可行域网格化 (见图 4.2), 且网格步长可变, 算法依托罗盘形在这个网格中移动, 向着局部最优解前进。这里, 罗盘形的步长决定着整个网格的步长。可以想象如下的场景: 小小的罗盘形在大大的网格中移动着, 努力寻找优化的方向; 刚开始网格很粗 (步长较大, 罗盘形移动幅度较大), 虽然偶尔会变粗, 但总体上网格越来越细 (步长较小, 罗盘形移动幅度越来越小), 最后大致稳定在一个点上。

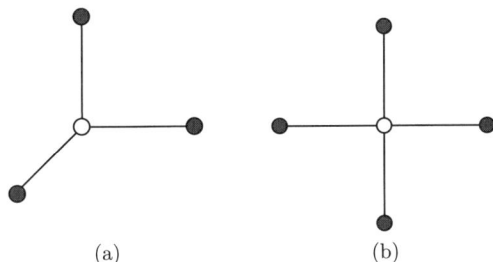

图 4.1　平面中的罗盘形示意图 (白点为中心点 (当前迭代点), 黑点为顶点), 右图就是罗盘

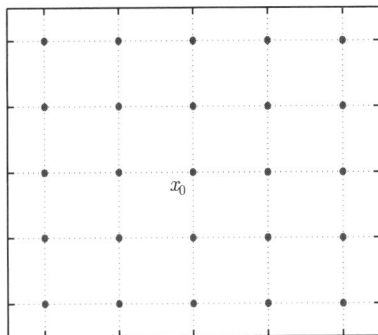

图 4.2　罗盘形直接搜索算法隐含地把可行域网格化

罗盘形直接搜索的关键是如何确定寻优方向, 以及在什么情况下降低步长。下一小节将以 20 世纪 50 年代提出的罗盘搜索 (compass search) 算法为例, 来说明这类直接搜索算法的各种要素。首先指出, 罗盘搜索算法是一种特殊的罗盘形直接搜索算法, 它采用常用的最大正基 (4.3), 由于其形状类似于罗盘, 固有此称谓。

2) 罗盘搜索算法

罗盘搜索算法有许多其他的称谓, 比如轴向搜索 (coordinate-search)、交替方向法 (alternating directions)、交替变量搜索 (alternating variable search)、轴向松弛法 (axial relaxation)、局部变异法 (local variation) 等。从中可以看出该算法在多个学科方向上得到了重视和应用。

**算法 4.2** (罗盘搜索算法)　*初始化*: 给定搜索方向集 $D_\oplus = [e_1, e_2, \cdots, e_n, -e_1, -e_2, \cdots, -e_n]$, 初始点 $x_0$ 和常数 $\alpha_0 > 0$。令 $k = 0$。

执行以下循环直到步长 $\alpha_k$ 足够小。

- 罗盘搜索: 给定罗盘 $P_k = \{x_k + \alpha_k d_i : d_i \in D_\oplus\}$。如果有某个顶点 $x_k + \alpha_k d_i$ 使得 $f(x_k + \alpha_k d_i) < f(x_k)$, 那么称这一步罗盘搜索是成功的, 停止搜索并令 $x_{k+1} = x_k + \alpha_k d_i$。否则, 称这一步罗盘搜索是失败的, 并令 $x_{k+1} = x_k$。
- 步长更新: 如果罗盘搜索是成功的, 令 $\alpha_{k+1} = \alpha_k$; 否则, 令 $\alpha_{k+1} = \alpha_k/2$。$k = k+1$。

分析算法 4.2 可以发现这类直接搜索算法有以下几个要素。首先, 需要有一个搜索方向集, 且该集合至少需包含一个正基 (算法 4.2 只有正基, 其他为空集), 用于构建罗盘。其次, 罗盘搜索要区分成功还是失败, 在后面的收敛性分析将看到, 失败的罗盘搜索是保证算法收敛到局部最优解的关键。最后,遇到失败的罗盘搜索,步长必须减少,这也是算法收敛的关键。将这些要素再简化一下就得到 "罗盘形搜索, 失败降步长" 这两大关键要素。组成正基的那些向量是用于构建罗盘的,其他向量可用于加速收敛 (可以没有加速向量)。因此,"罗盘形直接搜索" 比 "方向型直接搜索" 能更好地描述这类算法。

此外值得注意的是,在罗盘搜索中,可以对罗盘的所有顶点进行搜索,以函数值最小者为下一个迭代点 (如果成功);也可以以某种顺序进行搜索,如果成功就停止这一步的罗盘搜索。后者被称为是机会主义的罗盘搜索,因为不同的顺序可能得到不同的迭代点。对应地,前者被称为是完全的罗盘搜索,这一方式非常适合于并行计算。

图 4.3 是利用罗盘搜索求解某个二维问题的图示,它描述了前几步的搜索过程。这里采用了机会主义的罗盘搜索 (顺序为北南东西),且第 4 次迭代没找到更好的位置,仍留在 $x_3$ 处并减半步长。

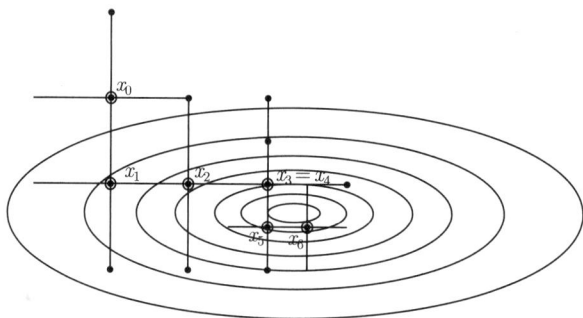

图 4.3    罗盘搜索求解二维问题的示意图

罗盘搜索算法既简单又易于实现,因而受到许多实务人员的喜爱。然而,这一简单算法的收敛性却长期没有得到理论证明,这多少影响了它 (们) 的进一步推广应用。这一境况直到 20 世纪 90 年代才得到改变。

3) 罗盘形直接搜索算法框架

包括罗盘搜索在内的许多直接搜索算法都可以放在如下的一般框架内。

**算法 4.3** (罗盘形直接搜索算法)    初始化: 给定正基的集合 $\mathcal{D}$ 和初始点 $x_0$, $\alpha_0 > 0$, $0 < \beta_1 \leqslant \beta_2 < 1, \gamma \geqslant 1$。令 $k = 0$。

执行以下循环直到步长足够小:

- 罗盘外搜索 (search step): 在一个有限集合中如果能搜索到一个点 $x$,其函数值 $f(x) < f(x_k)$,则令 $x_{k+1} = x$,并称本次迭代是成功的,跳过下面的罗盘形搜索。
- 罗盘形搜索 (poll step): 从 $\mathcal{D}$ 中选择一个正基 $D_\oplus$,建立罗盘形 $P_k = \{x_k + \alpha_k d_i : d_i \in D_\oplus\}$。如果有某个罗盘形顶点 $x_k + \alpha_k d_i$ 使得 $f(x_k + \alpha_k d_i) < f(x_k)$,那么称本次迭代是成功的,并停止罗盘形搜索,令 $x_{k+1} = x_k + \alpha_k d_i$。否则,称本次迭代是失败的,并令 $x_{k+1} = x_k$。
- 步长更新: 如果本次迭代是成功的,令 $\alpha_{k+1} \in [\alpha_k, \gamma\alpha_k]$;否则,令 $\alpha_{k+1} \in [\beta_1\alpha_k, \beta_2\alpha_k]$。$k = k + 1$。

在算法 4.3 中, 罗盘外搜索往往用于加速收敛, 不影响整体框架的收敛性, 而罗盘形搜索才是保证整体框架收敛性的关键。

4) 基本收敛结果

本节介绍直接搜索算法 (算法 4.3) 的收敛性理论, 为了突出影响收敛性的关键因素, 本节做以下假设。

**假设 4.1**　算法 4.3 在每一步迭代中都使用相同的正基 $D_\oplus$。

假设 4.1 不是必要的, 只是可以简化证明过程。即使每一步迭代使用不同的正基, 仍然可以保证该算法的收敛性。

**假设 4.2**　要求成功迭代必须满足充分下降条件, 即在罗盘外搜索和罗盘形搜索中, 如果找到某个点 $x$ 使得

$$f(x) < f(x_k) - \epsilon \tag{4.6}$$

则称本次迭代是成功的。这里 $\epsilon = \alpha_k^\mu, \mu > 1$。

假设 4.2 也不是必要的, 但可以简化证明所需要的条件。如果不使用充分下降条件 (即只用到简单下降条件 $f(x) < f(x_k)$), 那么需要更多的假设 (这些假设仍然是合理的、可以保证满足的)。这里的 $\epsilon$ 也不是唯一的。

**假设 4.3**　假设目标函数的水平集 $L(x_0) = \{x | f(x) \leqslant f(x_0)\}$ 是有界的。

**假设 4.4**　假设目标函数在包含 $L(x_0)$ 的某个开集内是连续可微的。

**引理 4.1**　若假设 4.2 和假设 4.3 成立, 则步长的极限为 0, 即 $\lim\limits_{k \to \infty} \alpha_k = 0$。

**证明**　(用反证法)。设步长的极限不是零, 那么对于所有的 $k$, 存在 $\delta > 0$, 使得 $\alpha_k \geqslant \delta$。根据算法 4.3, 只有当迭代不成功时, 步长才会下降。因此, 不成功迭代的次数必定有限。不妨假设在最后一次不成功迭代时步长为 $\tilde{\alpha}$。根据充分下降条件, 后续的每一次迭代目标函数值都至少下降 $\tilde{\alpha}^\mu$。经过无穷多次 (不考虑停止条件) 成功迭代后, 目标函数值必定趋于负无穷大。而根据假设 4.3, 目标函数在水平集内是有界的。这一矛盾表明步长的极限应该为 0, 即 $\lim\limits_{k \to \infty} \alpha_k = 0$。　□

引理 4.1 表明, 当不考虑停止条件时, 算法 4.3 产生的不成功迭代点必定有无穷多个。

**定理 4.5**　若假设 4.1 ～ 假设 4.4 成立, 则算法 4.3 产生的不成功迭代点列的任意极限点都是目标函数的稳定点。

**证明**　记算法 4.3 产生的不成功迭代点列为 $\{z_m\}$。因为水平集 $L(x_0)$ 是有界的, 所以必有收敛子列 $\{z_t\} \subset \{z_m\}$, 不妨设 $\{z_t\} \to z^*$。根据不成功迭代点的含义, 有

$$f(z_t + \alpha_t d_i) \geqslant f(z_t) - \alpha_t^\mu, \quad i = 1, 2, \cdots, p$$

其中, $p = 2n$ 是正基中的向量个数; $\alpha_t$ 是对应于不成功迭代点 $z_t$ 的步长。将上式变形可得

$$\frac{f(z_t + \alpha_t d_i) - f(z_t)}{\alpha_t} \geqslant -\alpha_t^{\mu-1}, \quad i = 1, 2, \cdots, p$$

令 $t \to \infty$, 根据引理 4.1 可得 $\lim\limits_{k \to \infty} \alpha_t = 0$, 即有

$$\nabla f(z^*)^{\mathrm{T}} d_i \geqslant 0, \quad i = 1, 2, \cdots, p$$

根据定理 4.2 可得 $\nabla f(z^*) = 0$, 即 $z^*$ 是目标函数的稳定点。又因为 $z^*$ 是不成功迭代点列的任意极限点, 所以得证。 □

对于罗盘形直接搜索算法的收敛性, 定理 4.5 是一个比较好理解的结果, 但其条件仍可以弱化, 具体请参阅综述文献 [47]。定理 4.5 表明, 在直接搜索算法中, 虽然成功迭代步帮助找到最优解, 但是保证收敛的却是失败的迭代步! 这不能不说是一种很有意思的现象。

本节的理论分析表明, 只要在算法 4.3 的框架内做到在罗盘形搜索中寻优失败, 步长就下降, 那么算法的收敛性就可以保证。罗盘外搜索完全不影响整体收敛性, 从而我们可以灵活地设计罗盘外搜索以达到加速收敛的目的。

5) 罗盘形直接搜索算法的发展简史

罗盘形直接搜索算法最早出现于 20 世纪 50 年代[44,47], 早期的文献往往针对一类问题提出启发式的算法, 缺乏收敛性的证明。例如, 文献 [51] 提出了罗盘搜索算法 (该文献早期是技术报告, 几十年后才正式出版); 文献 [52] 提出了著名的香蕉函数并提出了 Rosenbrock 算法; 文献 [53] 提出了模式搜索 (pattern search) 算法, 并第一个提出直接搜索 (direct search) 这一名称。在 20 世纪 60 年代, 直接搜索算法得到了大量的关注和发展。

由于直接搜索算法的收敛性无法得到理论证明, 且通常收敛速度慢以及存在其他的一些原因, 从 20 世纪 70 年代开始, 直接搜索算法的研究和发展陷入低谷。然而, 由于直接搜索算法易于编程实现且不需要梯度信息, 它仍然得到科学研究和工程计算的实际工作者的喜爱[47]。

到 20 世纪 90 年代初, 直接搜索算法重新受到大量的关注。一个原因是科学研究和工程计算的问题规模越来越大, 利用并行计算来提高算法效率显得越来越重要, 而直接搜索算法很容易实现并行化。另一个重要的原因是, 从 20 世纪 90 年代初开始, 部分重要的直接搜索算法的收敛性逐渐得到了理论证明。下面简要介绍一下直接搜索算法取得的主要收敛结果。

文献 [54] 首先对多方向搜索 (multidirectional search) 算法给出了收敛性证明。这一算法后来很少被使用, 但是该算法的收敛性证明为其他重要的直接搜索算法的收敛性证明提供了主要思想。利用这些思想, 文献 [55] 和文献 [56] 证明了无约束的广义模式搜索 (generalized pattern search, GPS) 算法的收敛性, 文献 [57] 和文献 [58] 把这些证明推广到有界约束和线性约束情形, 而文献 [55] 则在一般的线性约束情形下重新界定了 GPS 算法。继 GPS 算法之后, 文献 [49]、文献 [60] 和文献 [61] 提出了一种更灵活的直接搜索算法 (Coope-Price 直接搜索算法) 并证明了其收敛性。后来, 文献 [47] 和文献 [62] 在 GPS 算法的基础上吸收 Coope-Price 直接搜索算法的一些优点, 分别提出了生成集搜索 (generating set search, GSS) 算法和网格自适应的直接搜索 (mesh adaptive direct search, MADS) 算法并证明了其收敛性。必须指出的是, 以上提到的直接搜索算法的收敛性证明都是针对算法框架而不是具体的算法的。事实上, 以上的收敛性证明提出了目前常用的四种直接搜索的算法框架: GPS 算法框架、Coope-Price 的算法框架、GSS 算法框架和 MADS 算法框架。

直接搜索算法的收敛性为高效算法的构建提供了理论支撑和设计指导。目前, 罗盘形直接搜索算法的典型代表包括: 直接搜索共轭梯度法[63]、SID-PSM(simplex derivative guided pattern search method) 算法[64-66]、并行直接搜索算法 APPSPACK[67]、MADS 算法[58] 等。

## 4.2.2　单纯形直接搜索算法

单纯形直接搜索算法的典型代表是 Nelder-Mead 单纯形算法[68], 这个算法于 1965 年提出, 至今仍然应用广泛。与罗盘形直接搜索算法相同的是, 它们都是基于特定几何体 (单纯形或罗盘形) 的直接搜索; 但是, 与后者不同的是, 单纯形直接搜索算法难以纳入基于正基的直接搜索框架。更令人惊奇的是, 虽然单纯形直接搜索算法在通常情况下的数值性能非常好, 但是却已被证明在有些场景下是不收敛的[69-70]。

1) 单纯形及其几何度量

$k$ 阶单纯形 ($k$-simplex) 是 $\mathbb{R}^k$ 空间中由 $k+1$ 个顶点组成的一个凸多面体。

**定义 4.7**　假设 $\mathbb{R}^k$ 空间中有 $k+1$ 个点 $\boldsymbol{x}_0, \boldsymbol{x}_1, \cdots, \boldsymbol{x}_k$, 且这些点是仿射无关的, 即 $\boldsymbol{x}_1 - \boldsymbol{x}_0, \boldsymbol{x}_2 - \boldsymbol{x}_0, \cdots, \boldsymbol{x}_k - \boldsymbol{x}_0$ 是线性无关的, 那么单纯形就是如下的点集:

$$S = \left\{ \theta_0 \boldsymbol{x}_0 + \theta_1 \boldsymbol{x}_1 + \cdots + \theta_k \boldsymbol{x}_k : \sum_{i=0}^{k} \theta_i = 1, \theta_i \geqslant 0, i = 0, 1, \cdots, k \right\} \tag{4.7}$$

由此可见, $k$ 阶单纯形就是 $\mathbb{R}^k$ 空间中包含这 $k+1$ 个顶点的最小凸包。图 4.4 给出了 $0 \sim 3$ 阶单纯形的示意图, 从中可以看到, 0 阶单纯形是一个点, 1 阶单纯形是一条线段, 2 阶单纯形是一个三角形, 而 3 阶单纯形是一个四面体。

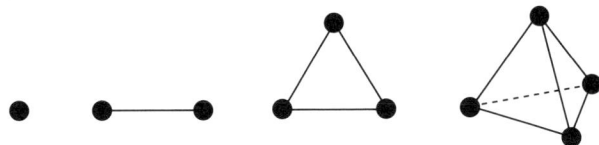

**图 4.4　0 ∼ 3 阶单纯形的图形示意**

单纯形的体积大小是影响单纯形搜索类算法停止条件的重要因素, 通常在体积或其相关度量足够小时停止算法。由于体积的计算比较复杂和耗时, 经常选择用单纯形的直径来间接度量。给定 $\mathbb{R}^k$ 中的单纯形 $X = \{\boldsymbol{x}_0, \boldsymbol{x}_1, \cdots, \boldsymbol{x}_k\}$, 其直径定义为

$$\mathrm{diam}(\boldsymbol{X}) = \max_{0 \leqslant i < j \leqslant k} ||\boldsymbol{x}_i - \boldsymbol{x}_j|| \tag{4.8}$$

这个定义式的计算仍比较复杂和耗时, 可以用下式来逼近:

$$\Delta(\boldsymbol{X}) = \max_{1 \leqslant i \leqslant k} ||\boldsymbol{x}_i - \boldsymbol{x}_0|| \tag{4.9}$$

这两个定义式有如下关系:

$$\Delta(\boldsymbol{X}) \leqslant \mathrm{diam}(\boldsymbol{X}) \leqslant 2\Delta(\boldsymbol{X}) \tag{4.10}$$

对上式的证明将作为练习请读者自己完成。由于有以上关系, 就可以用 $\Delta(\boldsymbol{X})$ 是否小于某个门槛值来决定是否停止算法。

下面给出 $\mathbb{R}^k$ 空间中, 由顶点 $\boldsymbol{x}_0, \boldsymbol{x}_1, \cdots, \boldsymbol{x}_k$ 构成的单纯形的体积计算公式:

$$\mathrm{vol}(\boldsymbol{X}) = \frac{1}{k!} |\det(\boldsymbol{x}_1 - \boldsymbol{x}_0 \ \boldsymbol{x}_2 - \boldsymbol{x}_0 \ \cdots \ \boldsymbol{x}_k - \boldsymbol{x}_0)| \tag{4.11}$$

其中, "det" 表示求行列式。对上式的证明将作为练习请读者自行完成。上式可以改写为

$$\mathrm{vol}(\boldsymbol{X}) = \frac{1}{k!} |\det(\boldsymbol{x}_1 - \boldsymbol{x}_0 \ \boldsymbol{x}_2 - \boldsymbol{x}_1 \ \cdots \ \boldsymbol{x}_k - \boldsymbol{x}_{k-1})| \tag{4.12}$$

或

$$\mathrm{vol}(\boldsymbol{X}) = \frac{1}{k!} \left| \det \begin{pmatrix} \boldsymbol{x}_1 & \boldsymbol{x}_2 & \cdots & \boldsymbol{x}_k \\ 1 & 1 & \cdots & 1 \end{pmatrix} \right| \tag{4.13}$$

然而, 单纯形的体积并不能很好地度量单纯形搜索质量的好坏, 至少它无法反映单纯形向量之间的夹角。一个更全面的度量指标是标准化体积 (normalized volume), 它的表达式为

$$\mathrm{von}(\boldsymbol{X}) = \mathrm{vol}\left(\frac{\boldsymbol{X}}{\mathrm{diam}(\boldsymbol{X})}\right) \tag{4.14}$$

2) 单纯形中的正基

给定 $\mathbb{R}^n$ 中的单纯形 $X = \{\boldsymbol{x}_0, \boldsymbol{x}_1, \cdots, \boldsymbol{x}_n\}$, 则向量组 $\{\boldsymbol{x}_1 - \boldsymbol{x}_0, \cdots, \boldsymbol{x}_n - \boldsymbol{x}_0\}$ 是 $\mathbb{R}^n$ 中的一组基, 因此, 下面的向量组是该单纯形产生的一个最大正基。

$$\{\boldsymbol{x}_1 - \boldsymbol{x}_0, \cdots, \boldsymbol{x}_n - \boldsymbol{x}_0, \boldsymbol{x}_0 - \boldsymbol{x}_1, \cdots, \boldsymbol{x}_0 - \boldsymbol{x}_n\}$$

虽然单纯形中蕴含着正基, 但是经典的 Nelder-Mead 单纯形算法并不能纳入基于正基的罗盘形直接搜索框架, 从而无法直接用后者的收敛性结果。

3) Nelder-Mead 单纯形算法

本节介绍 Nelder-Mead 单纯形算法。这个算法每次迭代都更新单纯形。具体来说是通过设计良好的策略来寻找一个点, 用于代替单纯形的最差顶点; 如果实在找不到这种点, 就全面收缩几乎每个顶点, 通过减少单纯形体积在更小的区域内尝试找到更好的解。

**算法 4.4**　(Nelder-Mead 单纯形算法)

初始化: 给定初始单纯形 $\boldsymbol{X}_0 = \{\boldsymbol{x}_0, \boldsymbol{x}_1, \cdots, \boldsymbol{x}_n\}$, 计算在这些顶点上的函数值。给定算法参数 $\gamma_s \in (0,1)$, $-1 < \delta_{\mathrm{ic}} < 0 < \delta_{\mathrm{oc}} < 1 \leqslant \delta_r < \delta_e$。令 $k = 0$。

执行以下循环直到停止条件成立:

- 令 $X = X_k$, 重新排序 $X$ 的顶点, 使得

$$f_0 = f(\boldsymbol{x}_0) \leqslant f_1 = f(\boldsymbol{x}_1) \leqslant \cdots \leqslant f_n = f(\boldsymbol{x}_n)$$

- 反射 (reflect): 沿着 $\boldsymbol{x}_c = \sum\limits_{i=0}^{n-1} \boldsymbol{x}_i/n$, 将最差的顶点 $\boldsymbol{x}_n$ 反射到 $\boldsymbol{x}_r$ 并计算其函数值 $f_r = f(\boldsymbol{x}_r)$。

$$\boldsymbol{x}_r = \boldsymbol{x}_c + \delta_r(\boldsymbol{x}_c - \boldsymbol{x}_n)$$

如果 $f_0 \leqslant f_r < f_{n-1}$, 则用 $\boldsymbol{x}_r$ 代替 $\boldsymbol{x}_n$, 令 $\boldsymbol{X}_{k+1} = \{\boldsymbol{x}_0, \boldsymbol{x}_1, \cdots, \boldsymbol{x}_r\}$, $k = k+1$, 并停止本次迭代。

- 延拓 (expand): 如果 $f_r < f_0$, 进行扩张, 则

$$\boldsymbol{x}_e = \boldsymbol{x}_c + \delta_e(\boldsymbol{x}_c - \boldsymbol{x}_n)$$

并计算 $f_e = f(\boldsymbol{x}_e)$。如果 $f_e \leqslant f_r$, 则用 $\boldsymbol{x}_e$ 代替 $\boldsymbol{x}_n$, 令 $\boldsymbol{X}_{k+1} = \{\boldsymbol{x}_0, \boldsymbol{x}_1, \cdots, \boldsymbol{x}_e\}$, $k = k+1$ 并停止本次迭代; 否则用 $\boldsymbol{x}_r$ 代替 $\boldsymbol{x}_n$, 令 $\boldsymbol{X}_{k+1} = \{\boldsymbol{x}_0, \boldsymbol{x}_1, \cdots, \boldsymbol{x}_r\}$, $k = k+1$, 并停止本次迭代。

- 压缩 (contraction): 如果 $f_r \geqslant f_{n-1}$, 执行如下的内压缩或外压缩。

  - 外压缩 (outside contraction): 如果 $f_r < f_n$, 进行外压缩, 即

$$\boldsymbol{x}_{\mathrm{oc}} = \boldsymbol{x}_c + \delta_{\mathrm{oc}}(\boldsymbol{x}_c - \boldsymbol{x}_n)$$

  并计算 $f_{\mathrm{oc}} = f(\boldsymbol{x}_{\mathrm{oc}})$。如果 $f_{\mathrm{oc}} \leqslant f_r$, 则用 $\boldsymbol{x}_{\mathrm{oc}}$ 代替 $\boldsymbol{x}_n$, 令 $\boldsymbol{X}_{k+1} = \{\boldsymbol{x}_0, \boldsymbol{x}_1, \cdots, \boldsymbol{x}_{\mathrm{oc}}\}$, $k = k+1$, 并停止本次迭代。

  - 内压缩 (inside contraction): 如果 $f_r \geqslant f_n$, 进行内压缩, 即

$$\boldsymbol{x}_{\mathrm{ic}} = \boldsymbol{x}_c + \delta_{\mathrm{ic}}(\boldsymbol{x}_c - \boldsymbol{x}_n)$$

  并计算 $f_{\mathrm{ic}} = f(\boldsymbol{x}_{\mathrm{ic}})$。如果 $f_{\mathrm{ic}} \leqslant f_r$, 则用 $\boldsymbol{x}_{\mathrm{ic}}$ 代替 $\boldsymbol{x}_n$, 令 $\boldsymbol{X}_{k+1} = \{\boldsymbol{x}_0, \boldsymbol{x}_1, \cdots, \boldsymbol{x}_{\mathrm{ic}}\}$, $k = k+1$, 并停止本次迭代。

- 全面收缩 (shrink): 如果前面的操作均未能找到一个点来代替最差的顶点 $\boldsymbol{x}_n$, 将其他顶点都绕着最好顶点 $\boldsymbol{x}_0$ 进行全面收缩:

$$\boldsymbol{x}_0 + \gamma_s(\boldsymbol{x}_i - \boldsymbol{x}_0), i = 1, 2, \cdots, n$$

重新计算 $f_i$, $i = 1, 2, \cdots, n$, 令 $\boldsymbol{X}_{k+1} = \{\boldsymbol{x}_0 + \gamma_s(\boldsymbol{x}_i - \boldsymbol{x}_0), i = 0, 1, \cdots, n\}$, $k = k+1$, 并停止本次迭代。

注意到算法 4.4 的每一次迭代中, 反射、延拓、压缩和全面收缩四个操作只能实施一个, 它们分别需要计算 1 次、2 次、2 次和 $n+2$ 次函数值。在经典的 Nelder-Mead 单纯形算法中, 这四个操作对应的参数分别为

$$\gamma_s = 0.5, \delta_{\mathrm{ic}} = -0.5, \delta_{\mathrm{oc}} = 0.5, \delta_r = 1, \delta_e = 2$$

给定以上参数设置, 平面上的四种单纯形操作如图 4.5 所示。

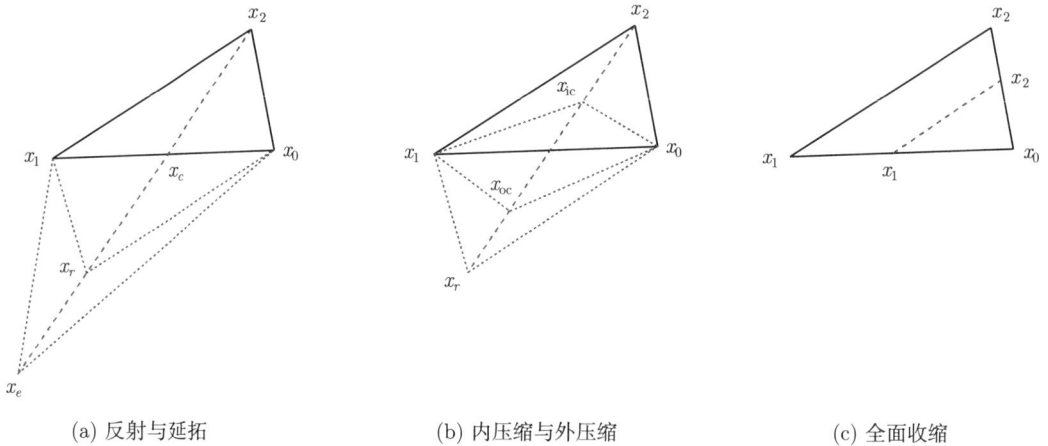

(a) 反射与延拓         (b) 内压缩与外压缩         (c) 全面收缩

图 4.5    平面上的四种单纯形操作示意图

在算法 4.4 中, 全面收缩步具有与其他步显著不同的特点。比如, 经过非全面收缩步后, 单纯形顶点的函数值之和必定下降。而在全面收缩步中, 这一结果未必成立。这些操作对单纯形体积的影响也不一样。在反射、延拓和压缩步中,

$$\mathrm{vol}(\boldsymbol{X}_{k+1}) = |\delta|\mathrm{vol}(\boldsymbol{X}_k) \tag{4.15}$$

而在全面收缩步中,

$$\mathrm{vol}(\boldsymbol{X}_{k+1}) = (\gamma_s)^n \mathrm{vol}(\boldsymbol{X}_k) \tag{4.16}$$

4) Nelder-Mead 单纯形算法的收敛性质

**定理 4.6**    设目标函数 $f$ 是有下界的, 则 Nelder-Mead 单纯形算法 (算法 4.4) 得到的最好顶点函数值序列 $\{f_{0,k}\}$ 是收敛的。

**证明**    由于 $f_{0,k+1} \leqslant f_{0,k}$, 又因为目标函数有下界, 根据 "单调有界序列必有极限", 显然 $\{f_{0,k}\}$ 是收敛的。      □

需要注意的是, $\{f_{0,k}\}$ 收敛并不意味着算法 4.4 能收敛到 $f$ 的稳定点, 还需要证明 $\{f_{0,k}\}$ 的极限是目标函数的稳定点。

**定理 4.7**　设目标函数 $f$ 是严格凸的, 则采用 Nelder-Mead 单纯形算法 (算法 4.4) 求解该函数时, 不会出现全面收缩 (shrink) 步。

**证明**　注意到, 全面收缩步只有在内压缩步和外压缩步都不可能的情况下才会执行。下面证明如果 $f_r \geqslant f_{n-1}$, 那么内压缩步或外压缩步是必然要执行的, 从而不会出现全面收缩步。

不妨设 $f_r \geqslant f_n$, 要证明内压缩是必然执行的。注意到 $\boldsymbol{x}_{\mathrm{ic}}$ 是 $\boldsymbol{x}_c$ 和 $\boldsymbol{x}_r$ 的凸组合, 且系数 $\lambda = 1 - \delta_{\mathrm{ic}}/\delta_r$。所以,

$$f_{\mathrm{ic}} = f(\lambda \boldsymbol{x}_c + (1-\lambda)\boldsymbol{x}_r) < \lambda f_c + (1-\lambda)f_r < f_r$$

也就是说, 在这种情况下内压缩被执行, 从而全面收缩不会被执行。

如果 $f_{n-1} \leqslant f_r < f_n$, 可以类似地证明外压缩被执行, 从而全面收缩不会被执行。　□

关于 Nelder-Mead 单纯形算法的收敛性, 没有一般的收敛结果。虽然已证明该算法对于一维严格凸目标函数是收敛的[69], 但是, 在二维严格凸问题中可能不收敛[70]! 下面给出一个例子[70]。

$$f(x_1, x_2) = \begin{cases} 360x_1^2 + x_2 + x_2^2, & x_1 \leqslant 0 \\ 60x_2^2 + x_2 + x_2^2, & x_1 > 0 \end{cases} \tag{4.17}$$

该目标函数是严格凸且是一阶光滑的。然而, 如果取初始单纯形为

$$\boldsymbol{x}_0 = [0,0]^{\mathrm{T}}, \boldsymbol{x}_1 = [1,1]^{\mathrm{T}}, \boldsymbol{x}_2 = \left[(1+\sqrt{33})/8, (1-\sqrt{33})/8\right]^{\mathrm{T}} \tag{4.18}$$

则可以证明, Nelder-Mead 算法将保持最好顶点 $\boldsymbol{x}_0$ 不变, 却不断地重复内压缩步, 直到收敛到原点, 而原点并不是一个稳定点。换一个初始单纯形却很容易找到该问题的最优解 $\boldsymbol{x}^* = [0, -0.5]^{\mathrm{T}}, f(\boldsymbol{x}^*) = -0.25$。这是个有意思的现象, 建议读者编程测试这个例子。

5) 确保收敛的修正 Nelder-Mead 单纯形算法

考虑到前面的反例, 下面给出一个修正的 Nelder-Mead 单纯形算法, 它可以确保收敛到稳定点[71]。

---

**算法 4.5** (修正 Nelder-Mead 单纯形算法)

初始化: 给定 $\epsilon > 0$, 选择初始单纯形 $\boldsymbol{X}_0 = \{\boldsymbol{x}_0, \boldsymbol{x}_1, \cdots, \boldsymbol{x}_n\}$, 使得 $\mathrm{von}(\boldsymbol{X}_0) \geqslant \epsilon$, 计算在这些顶点上的函数值。给定算法参数 $\gamma_s \in (0,1), \gamma_e > 1, -1 < \delta_{\mathrm{ic}} < 0 < \delta_{\mathrm{oc}} < 1 = \delta_r < \delta_e$。令 $k = 0$。

执行以下循环直到停止条件成立:

- 令 $\boldsymbol{X} = \boldsymbol{X}_k$, 重新排序 $\boldsymbol{X}$ 的顶点, 使得

$$f_0 = f(\boldsymbol{x}_0) \leqslant f_1 = f(\boldsymbol{x}_1) \leqslant \cdots \leqslant f_n = f(\boldsymbol{x}_n)$$

令 $\Delta = \mathrm{diam}(\boldsymbol{X})$。

- 反射 (reflect): 沿着 $\boldsymbol{x}_c = \sum\limits_{i=0}^{n-1} \boldsymbol{x}_i/n$, 将最差的顶点 $\boldsymbol{x}_n$ 反射到 $\boldsymbol{x}_r$, 即

$$\boldsymbol{x}_r = \boldsymbol{x}_c + \delta_r(\boldsymbol{x}_c - \boldsymbol{x}_n)$$

---

— 如果以下两个条件满足,

$$\text{diam}\left(\{\boldsymbol{x}_0, \boldsymbol{x}_1, \cdots, \boldsymbol{x}_{n-1}\} \bigcup \{\boldsymbol{x}_r\}\right) \leqslant \gamma_e \Delta$$

$$\text{von}\left(\{\boldsymbol{x}_0, \boldsymbol{x}_1, \cdots, \boldsymbol{x}_{n-1}\} \bigcup \{\boldsymbol{x}_r\}\right) > \epsilon$$

计算函数值 $f_r = f(\boldsymbol{x}_r)$。如果 $f_r \leqslant f_{n-1} - \rho(\Delta)$,执行延拓步; 否则, 执行压缩步。

— 否则, 执行保护性旋转 (safeguard rotation): 绕着最好顶点 $\boldsymbol{x}_0$ 旋转单纯形, 即

$$\boldsymbol{x}_{rot,i} = \boldsymbol{x}_0 + (\boldsymbol{x}_0 - \boldsymbol{x}_i), i = 1, 2, \cdots, n$$

计算新顶点的函数值 $f(\boldsymbol{x}_{rot,i}), i = 1, 2, \cdots, n$, 并令 $f_{rot} = \min\{f(\boldsymbol{x}_{rot,i}), i = 1, 2, \cdots, n\}$。如果 $f_{rot} \leqslant f_0 - \rho(\Delta)$, 令 $\boldsymbol{X}_{k+1} = \{\boldsymbol{x}_0, \boldsymbol{x}_{rot,1}, \cdots, \boldsymbol{x}_{rot,n}\}, k = k + 1$, 并停止本次迭代; 否则, 执行压缩步。

- 延拓 (expand): 令 $\boldsymbol{x}_e = \boldsymbol{x}_c + \delta_e(\boldsymbol{x}_c - \boldsymbol{x}_n)$, 如果以下两个条件满足:

$$\text{diam}\left(\{\boldsymbol{x}_0, \boldsymbol{x}_1, \cdots, \boldsymbol{x}_{n-1}\} \bigcup \{\boldsymbol{x}_e\}\right) \leqslant \gamma_e \Delta$$

$$\text{von}\left(\{\boldsymbol{x}_0, \boldsymbol{x}_1, \cdots, \boldsymbol{x}_{n-1}\} \bigcup \{\boldsymbol{x}_e\}\right) > \epsilon$$

计算 $f_e = f(\boldsymbol{x}_e)$, 如果 $f_e \leqslant f_r$, 则用 $\boldsymbol{x}_e$ 代替 $\boldsymbol{x}_n$, 令 $\boldsymbol{X}_{k+1} = \{\boldsymbol{x}_0, \boldsymbol{x}_1, \cdots, \boldsymbol{x}_e\}, k = k + 1$ 并停止本次迭代; 否则用 $\boldsymbol{x}_r$ 代替 $\boldsymbol{x}_n$, 令 $\boldsymbol{X}_{k+1} = \{\boldsymbol{x}_0, \boldsymbol{x}_1, \cdots, \boldsymbol{x}_r\}, k = k + 1$, 并停止本次迭代。

- 压缩 (contract): 按算法 4.4 计算内压缩或外压缩点, 记为 $\boldsymbol{x}_{cc}$。如果以下两个条件满足:

$$\text{diam}\left(\{\boldsymbol{x}_0, \boldsymbol{x}_1, \cdots, \boldsymbol{x}_{n-1}\} \bigcup \{\boldsymbol{x}_{cc}\}\right) \leqslant \Delta,$$

$$\text{von}\left(\{\boldsymbol{x}_0, \boldsymbol{x}_1, \cdots, \boldsymbol{x}_{n-1}\} \bigcup \{\boldsymbol{x}_{cc}\}\right) \geqslant \epsilon。$$

计算 $f_{cc} = f(\boldsymbol{x}_{cc})$, 如果 $f_{cc} \leqslant f_n - \rho(\Delta)$, 则用 $\boldsymbol{x}_{cc}$ 代替 $\boldsymbol{x}_n$, 令 $\boldsymbol{X}_{k+1} = \{\boldsymbol{x}_0, \boldsymbol{x}_1, \cdots, \boldsymbol{x}_{cc}\}, k = k + 1$, 并停止本次迭代; 否则, 执行全面收缩步。

- 全面收缩 (shrink): 将其他顶点都绕着最好的顶点 $\boldsymbol{x}_0$ 进行全面收缩, 即

$$\boldsymbol{x}_0 + \gamma_s(\boldsymbol{x}_i - \boldsymbol{x}_0), i = 1, 2, \cdots, n$$

计算新得到的 $n$ 个顶点的函数值, 令 $\boldsymbol{X}_{k+1} = \{\boldsymbol{x}_0 + \gamma_s(\boldsymbol{x}_i - \boldsymbol{x}_0), i = 0, 1, \cdots, n\}$, $k = k + 1$, 停止本次迭代。

在算法 4.4 的基础上, 算法 4.5 增加了两大修正: 一是对单纯形几何度量的监控, 以保证单纯形的直径不过大和标准化体积不太小; 二是增加了充分下降条件, 以确保收敛性。相比经典的 Nelder-Mead 单纯形算法 4.4, 虽然算法 4.5 能确保收敛到稳定点, 但在数值性能上却通常不如前者, 多数商用软件仍然采用前者。

## 4.3 采用近似梯度的无导数优化算法: 基本理论

前面两节介绍了直接搜索方法的基本理论和主流算法实现, 本节及 4.4 节将介绍采用近似梯度的无导数优化算法, 也主要关注其基本理论和一些主流的算法实现。

采用近似梯度的无导数优化方法有一个共同特点, 那就是在搜索的过程中, 根据已经得到的数据点, 努力去近似或逼近目标函数。为了这个目的, 本节介绍函数逼近的两种常用技术: 插值 (interpolation) 和拟合 (fitting)。它们的一个共同点是, 都要寻找一个 “代理模型”(函数) 来近似真正的目标函数。它们的主要不同点是, 插值要求代理模型 (此时也叫插值函数) 精确经过每个数据点, 而拟合没有这个限制, 只要求这个代理模型 (此时也叫拟合函数) 在某种意义下很好地逼近所有数据点。

具体来说, 函数逼近的任务是, 给定搜索得到的点集或其子集

$$\{(\boldsymbol{x}_0, f(\boldsymbol{x}_0)), (\boldsymbol{x}_1, f(\boldsymbol{x}_1)), \cdots, (\boldsymbol{x}_p, f(\boldsymbol{x}_p))\} \tag{4.19}$$

要找到一个代理模型 $m(\boldsymbol{x})$。

### 4.3.1 插值

对于插值来说, 要使得 $m(\boldsymbol{x})$ 精确经过上述点集中的每一个点, 即

$$m(\boldsymbol{x}_i) = f(\boldsymbol{x}_i), \quad i = 0, 1, \cdots, p \tag{4.20}$$

对于拟合来说, 通常在最小二乘的意义下, 使得 $m(\boldsymbol{x})$ 产生的误差达到最小, 即

$$\min \sum_{i=0}^{p} [m(\boldsymbol{x}_i) - f(\boldsymbol{x}_i)]^2 \tag{4.21}$$

这种拟合技术就是回归 (regression)。换句话说, 回归是一种特殊的拟合技术, 如无声明, 后文中的拟合均指回归。

不管对于插值还是回归, 通常都先假定代理模型的类型, 比如假定其为线性函数或二次函数, 然后通过方程或优化问题求解代理模型的未知系数。

1) 线性插值

假设最优化问题的控制变量为 $\boldsymbol{x} = (x_1, x_2, \cdots, x_n)^{\mathrm{T}}$, 则可以建立如下形式的线性插值函数:

$$m(\boldsymbol{x}) = \alpha_0 + \alpha_1 x_1 + \cdots + \alpha_n x_n \triangleq \alpha_0 + \alpha^{\mathrm{T}} \boldsymbol{x} \tag{4.22}$$

其中, $\alpha = (\alpha_1, \alpha_2, \cdots \alpha_n)^{\mathrm{T}}$ 是线性插值函数的梯度。为了求出上述函数中的 $n+1$ 个系数, 需要 $n+1$ 个方程。因此, 可以从数据点集中取 $p = n$, 即选择 $n+1$ 个点 (后面会解释如何选择), 代入 $m(\boldsymbol{x}_i) = f(\boldsymbol{x}_i), i = 0, 1, \cdots, p$, 得到

$$\boldsymbol{M} \cdot [\alpha_0, \alpha_1, \cdots, \alpha_n]^{\mathrm{T}} = [f(\boldsymbol{x}_0), f(\boldsymbol{x}_1), \cdots, f(\boldsymbol{x}_n)]^{\mathrm{T}} \tag{4.23}$$

其中,

$$
M = \begin{bmatrix} 1 & x_{01} & \cdots & x_{0n} \\ 1 & x_{11} & \cdots & x_{1n} \\ \vdots & \vdots & & \vdots \\ 1 & x_{n1} & \cdots & x_{nn} \end{bmatrix}
\tag{4.24}
$$

根据线性代数的知识, 方程 (4.23) 有唯一解的充要条件是矩阵 $M$ 非奇异。因此, 在选择数据点的时候, 需要保证矩阵 $M$ 的非奇异性。

**定义 4.8** 若用于插值的数据点集使得系数矩阵 $M$ 是非奇异 (满秩) 的, 则称该点集是适定的 (posed)。

这里的 "适定性"(posedness) 是数学 (特别是计算数学) 中一个重要的概念, 通常指问题满足解的存在性、唯一性和稳定性 (解的行为随着输入数据或初始条件的微小变化而连续地、可预测地变化)。适定性好 (well-posed) 也是计算系统的重要指标。

在适定性满足的条件下, 问题 (4.23) 有唯一解, 即得

$$
[\alpha_0, \alpha_1, \cdots, \alpha_n]^{\mathrm{T}} = M^{-1}[f(\boldsymbol{x}_0), f(\boldsymbol{x}_1), \cdots, f(\boldsymbol{x}_n)]^{\mathrm{T}}
\tag{4.25}
$$

从而可以得到唯一的插值函数。在目标函数连续可微及梯度 Lipschitz 连续的假设下, 该插值函数具有良好的逼近性。具体来说, 目标函数的梯度与插值函数的梯度的误差有上界[44], 即

$$
\|\nabla f(\boldsymbol{x}) - \alpha\| \leqslant c_1 \cdot \Delta
\tag{4.26}
$$

且目标函数值与插值函数值的差也有上界, 即

$$
|f(\boldsymbol{x}) - m(\boldsymbol{x})| \leqslant c_2 \cdot \Delta^2
\tag{4.27}
$$

这里的 $c_1, c_2$ 是与矩阵 $M$ 有关的常数; $\Delta = \max\limits_{1 \leqslant i \leqslant n} \|\boldsymbol{x}_i - \boldsymbol{x}_0\|$。

2) 非线性插值

众所周知, 线性模型无法获取数据点集隐含的曲率 (curvature) 信息。本小节介绍非线性插值模型, 特别是二次多项式 (quadratic polynomial) 插值。

对于插值问题, 首先要确定插值函数的形式, 然后再利用数据点的信息, 求解出插值函数的未知系数。由于非线性函数有很多, 这里只介绍二次多项式函数。$\mathbb{R}^n$ 空间中的二次多项式可表示为

$$
m(\boldsymbol{x}) = \alpha_0 + \alpha_1 x_1 + \cdots + \alpha_n x_n + \alpha_{n+1} x_1^2 + \alpha_{n+2} x_1 x_2 + \cdots + \alpha_p x_n^2
\tag{4.28}
$$

其中, $p = (n^2 + 3n)/2$。这个通用表达方式包含 1 个零次项 (常数), $n$ 个一次项, 以及 $n(n+1)/2$ 个二次项。

为了求解出二次插值函数 (4.28) 中的 $p+1$ 个未知系数, 需要 $p+1 = (n^2 + 3n + 2)/2$ 个数据点, 且这些点的选取需要保证适定性 (见定义 4.8)。假设点集 $\{(\boldsymbol{x}_i, f(\boldsymbol{x}_i))\}_{i=0}^p$ 是适定的, 将它们代入式 (4.28), 得到如下的线性方程组:

$$\begin{bmatrix} 1 & x_{01} & \cdots & x_{0n} & x_{01}^2 & x_{01}x_{02} & \cdots & x_{0n}^2 \\ 1 & x_{11} & \cdots & x_{1n} & x_{11}^2 & x_{11}x_{12} & \cdots & x_{1n}^2 \\ \vdots & \vdots & & \vdots & \vdots & \vdots & & \vdots \\ 1 & x_{p1} & \cdots & x_{pn} & x_{p1}^2 & x_{p1}x_{p2} & \cdots & x_{pn}^2 \end{bmatrix} \cdot \begin{bmatrix} \alpha_0 \\ \alpha_1 \\ \vdots \\ \alpha_p \end{bmatrix} = \begin{bmatrix} f(\boldsymbol{x}_0) \\ f(\boldsymbol{x}_1) \\ \vdots \\ f(\boldsymbol{x}_p) \end{bmatrix} \tag{4.29}$$

求解该方程组可得唯一的系数向量, 并得到唯一的二次插值多项式。

其他次数的插值多项式可通过类似推导得到, 数据点集的适定性要求也与这里的要求类似, 因此不再赘述。

## 4.3.2　回归

在以下两种情况中, 可以用线性回归代替线性插值: 一是函数逼近任务中不需要精确经过每个数据点 (比如, 数据点存在噪声); 二是数据点数量超过 $n+1$ 个, 方程 (4.23) 是超定的, 可能无法得到插值函数。

1) 线性回归

在线性回归中, 最优化问题的控制变量仍记为 $\boldsymbol{x} = (x_1, x_2, \cdots, x_n)^{\mathrm{T}}$, 则线性回归函数可表示为

$$m(\boldsymbol{x}) = \alpha_0 + \alpha_1 x_1 + \cdots + \alpha_n x_n \triangleq \alpha_0 + \alpha^{\mathrm{T}} \boldsymbol{x} \tag{4.30}$$

数据点有 $p$ 个, 在最小二乘 (误差最小) 的意义上求解如下的线性方程组:

$$\boldsymbol{M} \cdot [\alpha_0, \alpha_1, \cdots, \alpha_p]^{\mathrm{T}} = [f(\boldsymbol{x}_0), f(\boldsymbol{x}_1), \cdots, f(\boldsymbol{x}_p)]^{\mathrm{T}} \tag{4.31}$$

其中,

$$\boldsymbol{M} = \begin{bmatrix} 1 & x_{01} & \cdots & x_{0n} \\ 1 & x_{11} & \cdots & x_{1n} \\ \vdots & \vdots & & \vdots \\ 1 & x_{p1} & \cdots & x_{pn} \end{bmatrix} \tag{4.32}$$

根据线性代数的知识, 方程 (4.31) 有唯一解的充要条件是矩阵 $\boldsymbol{M}$ 列满秩。因此, 在选择数据点的时候, 需要保证矩阵 $\boldsymbol{M}$ 的列满秩性, 此时一般有 $p \geqslant n$。

**定义 4.9**　若用于回归的数据点集使得系数矩阵 $\boldsymbol{M}$ 是列满秩的, 则称该点集是适定的。

在适定性满足的条件下, 问题 (4.31) 有唯一解, 从而可以得到唯一的线性回归函数。在目标函数连续可微及梯度 Lipschitz 连续的假设下, 该回归函数具有良好的逼近性。目标函数的梯度与回归函数的梯度之间的误差有上界[44], 即

$$\|\nabla f(\boldsymbol{x}) - \alpha\| \leqslant c_1 \cdot \Delta \tag{4.33}$$

且目标函数值与回归函数值的差也有上界, 即

$$|f(\boldsymbol{x}) - m(\boldsymbol{x})| \leqslant c_2 \cdot \Delta^2 \tag{4.34}$$

这里的 $c_1, c_2$ 是与矩阵 $M$ 有关的常数，$\Delta = \max\limits_{1 \leqslant i \leqslant p} ||\boldsymbol{x}_i - \boldsymbol{x}_0||$。注意到，这些理论结果与 4.3.1 节介绍的线性插值的理论结果基本一致。

2) 非线性回归

本小节介绍非线性回归模型，特别是二次多项式 (quadratic polynomial) 回归模型。首先，要确定回归函数的形式，然后再利用数据点的信息，求解出回归函数的未知系数。由于非线性函数有很多，这里只介绍二次多项式函数。我们已经在 4.3.1 节中的非线性插值介绍过，$\mathbb{R}^n$ 空间中的二次多项式可表示为

$$m(\boldsymbol{x}) = \alpha_0 + \alpha_1 x_1 + \cdots + \alpha_n x_n + \alpha_{n+1} x_1^2 + \alpha_{n+2} x_1 x_2 + \cdots + \alpha_p x_n^2$$

其中，$p = (n^2 + 3n)/2$。为了求解出上式中的 $p + 1$ 个未知系数，至少需要 $(n^2 + 3n + 2)/2$ 个数据点。在回归问题中，一般只考虑数据点超过 $(n^2 + 3n + 2)/2$ 的情形。假设，选取的数据点集满足适定性 (见定义 4.9)，将它们代入式 (4.28)，得到如下的超定线性方程组 (此时 $p > (n^2 + 3n)/2$)：

$$\begin{bmatrix} 1 & x_{01} & \cdots & x_{0n} & x_{01}^2 & x_{01}x_{02} & \cdots & x_{0n}^2 \\ 1 & x_{11} & \cdots & x_{1n} & x_{11}^2 & x_{11}x_{12} & \cdots & x_{1n}^2 \\ \vdots & \vdots & & \vdots & \vdots & \vdots & & \vdots \\ 1 & x_{p1} & \cdots & x_{pn} & x_{p1}^2 & x_{p1}x_{p2} & \cdots & x_{pn}^2 \end{bmatrix} \cdot \begin{bmatrix} \alpha_0 \\ \alpha_1 \\ \vdots \\ \alpha_p \end{bmatrix} = \begin{bmatrix} f(\boldsymbol{x}_0) \\ f(\boldsymbol{x}_1) \\ \vdots \\ f(\boldsymbol{x}_p) \end{bmatrix}$$

由于方程的个数超过未知系数的个数，上述方程组可能无解。但是，可以在最小二乘的意义下，得到一个解，即求解如下的均方误差最小化问题：

$$\min \sum_{i=0}^{p} [m(\boldsymbol{x}_i) - f(\boldsymbol{x}_i)]^2$$

将得到的解 $(\alpha_0, \alpha_1, \cdots, \alpha_p)$ 代入回归函数，就可得到唯一的二次回归多项式。

其他次数的回归多项式可类似推导得到，数据点集的适定性要求也跟这里类似。这里不再赘述。

### 4.3.3  单纯形梯度

单纯形梯度是最优化领域的一个概念[72]。给定 $p + 1$ 个点 $(p \geqslant n)$，它们组成如下的点集：

$$X = \{\boldsymbol{x}^0, \boldsymbol{x}^1, \cdots, \boldsymbol{x}^p\}$$

如果该点集是适定的 (适定的含义见定义 4.8 和定义 4.9)，则目标函数 $f(\boldsymbol{x})$ 在点 $\boldsymbol{x}_0$ 处的单纯形梯度定义为如下线性方程组的解：

$$L\boldsymbol{x} = \delta f(X) \tag{4.35}$$

其中，

$$L = [\boldsymbol{x}_1 - \boldsymbol{x}_0, \boldsymbol{x}_2 - \boldsymbol{x}_0, \cdots, \boldsymbol{x}_p - \boldsymbol{x}_0]^{\mathrm{T}}$$

$$\delta f(X) = [f(\boldsymbol{x}_1) - f(\boldsymbol{x}_0), f(\boldsymbol{x}_2) - f(\boldsymbol{x}_0), \cdots, f(\boldsymbol{x}_p) - f(\boldsymbol{x}_0)]^{\mathrm{T}}$$

当 $p = n$ 时, 有

$$\nabla_s f(\boldsymbol{x}_0) = L^{-1} \delta f(X)$$

当 $p > n$ 时, 单纯形梯度 $\nabla_s f(\boldsymbol{x}_0)$ 是超定方程组 (4.35) 在最小二乘意义下的解。

如果把插值函数写成 $m(\boldsymbol{x}) = \alpha_0 + \alpha^{\mathrm{T}} \boldsymbol{x}$, 则单纯形梯度就是插值函数的梯度, 即

$$\nabla_s f(\boldsymbol{x}_0) = \alpha$$

为了看出这一点, 把方程 (4.23) 写为 (注意此时 $p = n$)

$$\begin{bmatrix} 1 & x_{01} & \cdots & x_{0n} \\ 1 & x_{11} & \cdots & x_{1n} \\ \vdots & \vdots & & \vdots \\ 1 & x_{n1} & \cdots & x_{nn} \end{bmatrix} \cdot \begin{bmatrix} \alpha_0 \\ \alpha_1 \\ \vdots \\ \alpha_n \end{bmatrix} = \begin{bmatrix} f(\boldsymbol{x}_0) \\ f(\boldsymbol{x}_1) \\ \vdots \\ f(\boldsymbol{x}_n) \end{bmatrix}$$

并将第一个方程之外的所有方程逐个减去第一个方程, 得到

$$\begin{bmatrix} x_{11} - x_{01} & x_{12} - x_{02} & \cdots & x_{1n} - x_{0n} \\ x_{21} - x_{01} & x_{22} - x_{02} & \cdots & x_{2n} - x_{0n} \\ \vdots & \vdots & & \vdots \\ x_{n1} - x_{01} & x_{n2} - x_{02} & \cdots & x_{nn} - x_{0n} \end{bmatrix} \cdot \begin{bmatrix} \alpha_1 \\ \alpha_2 \\ \vdots \\ \alpha_n \end{bmatrix} = \begin{bmatrix} f(\boldsymbol{x}_1) - f(\boldsymbol{x}_0) \\ \vdots \\ f(\boldsymbol{x}_n) - f(\boldsymbol{x}_0) \end{bmatrix}$$

即

$$L \cdot \alpha = \delta f(X)$$

因此, 有 $\nabla_s f(\boldsymbol{x}_0) = \alpha$。

利用类似方法可以论证, 在 $p > n$ 时, 如果把回归函数写成 $m(\boldsymbol{x}) = \alpha_0 + \alpha^{\mathrm{T}} \boldsymbol{x}$, 则单纯形梯度就是回归函数的梯度, 即

$$\nabla_s f(\boldsymbol{x}_0) = \alpha$$

具体论证过程作为本章的课后习题, 请读者自行完成。

由于单纯形梯度 $\nabla_s f(\boldsymbol{x}_0) = \nabla m(\boldsymbol{x}_0)$, 结合前两节的误差上界结果, 可得

$$||\nabla f(\boldsymbol{x}_0) - \nabla_s f(\boldsymbol{x}_0)|| \leqslant c_1 \cdot \Delta \tag{4.36}$$

其中, $c_1$ 是与矩阵 $L$ 有关的常数; $\Delta = \max\limits_{1 \leqslant i \leqslant p} ||\boldsymbol{x}_i - \boldsymbol{x}_0||$。因此, 单纯形梯度与梯度之间的误差是可控的, 这为单纯形梯度在数值最优化领域的应用提供了理论基础。在很多场合, 梯度信息是不可得的或者非常复杂的, 此时可用单纯形梯度来进行近似[72]。

# 4.4　采用近似梯度的无导数优化算法: 基本框架

本节介绍无导数优化的两类算法, 一类是线搜索方法, 另一类是信赖域方法。这一分类完全类似于经典梯度型方法 (参考第 2 章内容), 根本区别在于这里没有真实梯度信息, 只能利用如单纯形梯度等数值梯度信息。

本节以 Kelley 提出的非精确滤波算法[72] 为基础, 介绍基于单纯形梯度等数值梯度的线搜索无导数优化算法, 并介绍其对应的信赖域算法。本节特别关注如何通过选择好的过程数据来获得更好的数值梯度信息。

## 4.4.1　线搜索型无导数优化算法

本小节先介绍线搜索无导数优化算法的基本框架, 其关键是数值梯度的计算; 然后介绍基于单纯形梯度的两个无导数优化算法, 一个是非精确滤波算法, 它是基于单纯形梯度的 BFGS 拟牛顿算法, 另一个可以认为是基于单纯形梯度的梯度下降算法。

1) 线搜索无导数优化算法框架

基于线搜索的无导数优化算法框架可描述为算法 4.6, 可以看到它非常类似于基于线搜索的梯度型算法, 区别只在于下降方向是基于梯度还是数值梯度。

**算法 4.6** (线搜索无导数优化算法)　**初始化:** 给定初始点 $\boldsymbol{x}_0 \in \mathbb{R}^n$, 令 $k = 0$。
**当停止条件不成立, 执行以下循环:**
**步骤 1 (确定搜索方向)**　基于某种数值梯度, 确定一个能够使目标函数值产生下降的方向 $\boldsymbol{d}_k$;
**步骤 2 (确定搜索步长)**　计算在 $\boldsymbol{d}_k$ 方向上的搜索步长 $\alpha_k$;
**步骤 3 (产生下一个迭代点)**　$\boldsymbol{x}_{k+1} = \boldsymbol{x}_k + \alpha_k \boldsymbol{d}_k$, 令 $k = k+1$。

数值梯度有多种计算方式, 例如, 前面介绍的单纯形梯度, 以及基于差分的数值梯度。下面简单介绍基于差分的数值梯度。

2) 基于差分的数值梯度

给定目标函数 $f(\boldsymbol{x})$ 以及一个点列 $\{\boldsymbol{x}_k\}$, 则可以定义前向差分为

$$f(\boldsymbol{x}_{k+1}) - f(\boldsymbol{x}_k)$$

后向差分为

$$f(\boldsymbol{x}_k) - f(\boldsymbol{x}_{k-1})$$

以及中心差分为

$$\frac{f(\boldsymbol{x}_{k+1}) - f(\boldsymbol{x}_{k-1})}{2}$$

进一步, 还可以把上述差分称为一阶差分, 并定义二阶差分为一阶差分的差分, 即

$$[f(\boldsymbol{x}_{k+1}) - f(\boldsymbol{x}_k)] - [f(\boldsymbol{x}_k) - f(\boldsymbol{x}_{k-1})] = f(\boldsymbol{x}_{k+1}) - 2f(\boldsymbol{x}_k) + f(\boldsymbol{x}_{k-1})$$

有了差分的概念, 就可以通过差商来计算数值梯度。所谓差商就是函数值的差分除以自变量的差分, 比如在一元函数情形下差商可表示为

$$\frac{f(x_{k+1}) - f(x_k)}{x_{k+1} - x_k}, \frac{f(x_k) - f(x_{k-1})}{x_k - x_{k-1}}, \frac{f(x_{k+1}) - f(x_{k-1})}{x_{k+1} - x_{k-1}} \tag{4.37}$$

而且, 前向或后向差商与真实梯度之间的误差为步长的同阶无穷小, 而中心差商与真实梯度之间的误差为步长平方的同阶无穷小。

由于目标函数一般为多元函数, 此时梯度通常按式 (4.38) 计算

$$\frac{\partial f}{\partial x_i} \approx \frac{f(\boldsymbol{x} + h\boldsymbol{e}_i) - f(\boldsymbol{x})}{h}, i = 1, 2, \cdots, n \tag{4.38}$$

这里的 $\boldsymbol{e}_i$ 表示第 $i$ 个元素为 1 其他元素为 0 的单位向量。换句话说, 在当前迭代点 $\boldsymbol{x}$, 为了获得梯度信息, 需要以 $\boldsymbol{x}$ 为中心, 沿着坐标轴方向以相同步长 $h$ 搜索 $n$ 个点。这个要求适用于轴向搜索类型的算法, 对于其他无导数优化算法是不方便的。为了解决这个困境, 可以采用 4.3 节介绍的单纯形梯度。

下面介绍基于单纯形梯度的无导数优化算法, 非精确滤波 (imprecision-filtering) 算法[72] 是其中的典型代表。

3) 非精确滤波算法

非精确滤波算法在 20 世纪 90 年代初被提出, 最初被设计用于求解有界约束的优化问题, 后来被用于求解更一般的约束优化问题[72]。该算法用单纯形梯度来逼近真实梯度, 且采用了二阶海塞 (Hessian) 矩阵, 用于逼近拟牛顿方向。算法 4.7 给出了非精确滤波算法的伪代码。

**算法 4.7** (非精确滤波算法)

*初始化:* 给定常数 $\beta, \eta \in (0, 1)$ 以及正整数 $j_{\max}$。给定初始点 $\boldsymbol{x}_0$ 和初始的近似海塞矩阵 $\boldsymbol{H}_0$(比如用单位矩阵)。构建第一个顶点为 $\boldsymbol{x}_0$ 的初始单纯形, 并令 $k = 0$。

执行以下循环直到停止条件成立:

- 计算单纯形梯度和线搜索方向: 计算单纯形梯度 $\nabla_s f(\boldsymbol{x}_k)$, 且要求 $\Delta_k \leqslant \|\nabla_s f(\boldsymbol{x}_k)\|$。计算线搜索方向 $\boldsymbol{d}_k = -\boldsymbol{H}_k^{-1} \nabla_s f(\boldsymbol{x}_k)$。

- 执行线搜索: 对 $j = 0, 1, \cdots, j_{\max}$
  - 令 $\alpha = \beta^j$, 计算函数值 $f(\boldsymbol{x}_k + \alpha \boldsymbol{d}_k)$;
  - 若如下的充分下降条件满足 (此时称线搜索成功):

  $$f(\boldsymbol{x}_k + \alpha \boldsymbol{d}_k) - f(\boldsymbol{x}_k) \leqslant \eta \alpha \nabla_s f(\boldsymbol{x}_k)^{\mathrm{T}} \boldsymbol{d}_k,$$

  则停止线搜索, 令 $\alpha_k = \alpha$。

- 更新: 若线搜索成功, 令 $\boldsymbol{x}_{k+1} = \boldsymbol{x}_k + \alpha_k \boldsymbol{d}_k$, 并按 BFGS 拟牛顿更新公式 (梯度用单纯形梯度代替) 将 $\boldsymbol{H}_k$ 更新为 $\boldsymbol{H}_{k+1}$。否则, 令 $\boldsymbol{H}_{k+1} = \boldsymbol{H}_0$, 并更新单纯形顶点。令 $k = k + 1$。

可以认为, 非精确滤波算法是基于单纯形梯度的 BFGS 拟牛顿法。它非常适用于求解带噪声的优化问题, 特别是当目标函数在大尺度上易于求解, 且噪声是高频低振幅的情形[72]。Kelley 的个人主页 (www.ctk.math.ncsu.edu/imfil.html) 提供了非精确滤波算法的 MATLAB 代码, 其对应的 Python 代码可以从 scikit-quant 包中获得, 详见 https://scikit-quant.readthedocs.io/en/latest/imfil.html。

4) 基于单纯形梯度的线搜索无导数优化算法

在专著 [44] 中, 作者提出了另一个基于单纯形梯度的线搜索型无导数优化算法, 其伪代码如算法 4.8 所示。如果说非精确滤波算法是基于单纯形梯度的 BFGS 拟牛顿法, 则算法 4.8 可以认为是基于单纯形梯度的梯度下降法。

在算法 4.8 中, 下降方向是负单纯形梯度方向, 线搜索方法与算法 4.7 中的一致。参数 $\Delta_k$ 为单纯形的大小度量, 是各顶点与第一个顶点的最大距离, 即

$$\Delta_k = \max_{1 \leqslant i \leqslant p} \|\boldsymbol{x}_i - \boldsymbol{x}_0\|$$

**算法 4.8** (基于单纯形梯度的线搜索无导数优化算法)

*初始化*: 给定常数 $\beta, \eta, \omega \in (0,1)$ 以及正整数 $j_{\max}$。给定初始点 $\boldsymbol{x}_0$, 构建第一个顶点为 $\boldsymbol{x}_0$ 的初始单纯形, 并令 $k = 0$。

执行以下循环直到停止条件成立:

- 单纯形梯度计算: 计算单纯形梯度 $\nabla_s f(\boldsymbol{x}_k)$, 且要求 $\Delta_k \leqslant \|\nabla_s f(\boldsymbol{x}_k)\|$(详见后面的算法 4.9)。令 $j_{\text{current}} = j_{\max}, \mu = 1$。
- 执行线搜索: 对 $j = 0, 1, \cdots, j_{\text{current}}$
    - 令 $\alpha = \beta^j$, 计算函数值 $f(\boldsymbol{x}_k - \alpha \nabla_s f(\boldsymbol{x}_k))$;
    - 若如下的充分下降条件满足

$$f(\boldsymbol{x}_k - \alpha \nabla_s f(\boldsymbol{x}_k)) - f(\boldsymbol{x}_k) \leqslant -\eta \alpha \|\nabla_s f(\boldsymbol{x}_k)\|^2$$

则停止线搜索, 令 $\alpha_k = \alpha$。

- 更新: 若线搜索失败, 令 $\mu = \mu/2$, 重新计算单纯形梯度 $\nabla_s f(\boldsymbol{x}_k)$, 且要求 $\Delta_k \leqslant \mu \|\nabla_s f(\boldsymbol{x}_k)\|$(详见后面的算法 4.9); 并令 $j_{\text{current}} = j_{\text{current}} + 1$, 回到第二步执行线搜索。否则, 若线搜索成功, 令

$$\boldsymbol{x}_{k+1} = \operatorname*{argmin}_{\boldsymbol{x} \in \chi_k} \{f(\boldsymbol{x}_k - \alpha_k \nabla_s f(\boldsymbol{x}_k)), f(\boldsymbol{x})\}$$

这里的 $\chi_k$ 是除线搜索步骤以外到达过 (即计算过目标函数值) 的所有点的集合。取 $\boldsymbol{x}_{k+1}$ 为单纯形的第一个顶点, 并丢弃原单纯形的一个顶点, 更新单纯形。

**算法 4.9** (算法 4.8 的关键步骤)

*初始化*: 令 $i = 0, \nabla_s f(\boldsymbol{x}_k)^{(0)} = \nabla_s f(\boldsymbol{x}_k)$。

执行以下循环直到 $\Delta_k \leqslant \mu ||\nabla_k f(\boldsymbol{x}_k)^{(i)}||$：

- $i = i + 1$；
- 计算满足下式的单纯形梯度 $\nabla_s f(\boldsymbol{x}_k)^{(i)}$，要求单纯形包含点 $\boldsymbol{x}_k$，且在球 $B(\boldsymbol{x}_k;$ $\omega^i \mu ||\nabla_s f(\boldsymbol{x}_k)^{(0)}||)$ 内。

$$||\nabla f(\boldsymbol{x}_k) - \nabla_s f(\boldsymbol{x}_k)^{(i)}|| \leqslant k_{\text{eg}} \left( \omega^i \mu ||\nabla_s f(\boldsymbol{x}_k)^{(0)}|| \right)$$

- 令 $\Delta_k = \omega^i \mu ||\nabla_s f(\boldsymbol{x}_k)^{(0)}||$，$\nabla_s f(\boldsymbol{x}_k) = \nabla_s f(\boldsymbol{x}_k)^{(i)}$。

与非精确滤波算法显著不同的是，算法 4.8 对单纯形梯度的精度进行了控制，以确保线搜索能够成功。具体的控制方法由算法 4.9 给出。注意到算法 4.9 只有在 $\Delta_k \leqslant \mu ||\nabla_s f(\boldsymbol{x}_k)||$ 不满足的时候才运行。而且，参数 $\omega, \mu$ 由算法 4.8 提供。另一个参数定义为

$$k_{\text{eg}} = v \left( 1 + \frac{\sqrt{n} \Delta_k ||L^{-1}||}{2} \right)$$

其中，$v$ 为 Lipschitz 常数，矩阵 $L$ 由式 (4.35) 定义。

算法 4.8 的停止条件通常是单纯形大小 $\Delta_k$ 充分小，比如小于 $10^{-5}$。在一定的条件下，该算法可以保证收敛到稳定点，有兴趣的读者请参阅文献 [44] 的 9.2 节。

## 4.4.2　信赖域型无导数优化算法

1) 算法框架

第 2 章已经介绍过，信赖域方法是与线搜索方法对应的一种优化技术。它们的区别是，线搜索方法先确定搜索方向，再确定搜索步长；而信赖域方法先确定搜索步长 (信赖域半径 $\Delta_k$)，再确定搜索方向。另一个重要区别是，信赖域方法在寻找搜索方向时，依据的是信赖域内能逼近目标函数 $f(\boldsymbol{x})$ 的一个代理函数 $m(\boldsymbol{x})$，即通过求解信赖域子问题

$$\min_{\boldsymbol{p}} m(\boldsymbol{x}_k + \boldsymbol{p}), \quad \text{s.t. } ||\boldsymbol{p}|| \leqslant \Delta_k$$

来确定搜索方向 $\boldsymbol{x}_k^+ = \boldsymbol{x}_k + \boldsymbol{p}$。

在信赖域算法中，搜索方向和信赖域是需要不断试探的。是否接受搜索方向以及是否更新信赖域，都依赖于如下的性能比：

$$\rho = \frac{f(\boldsymbol{x}_k) - f(\boldsymbol{x}^+)}{m(\boldsymbol{x}_k) - m(\boldsymbol{x}_k^+)} \tag{4.39}$$

如果 $\rho$ 够大，即接受 $\boldsymbol{x}_k^+$ 为下一个迭代点，并从数据集 $X$ 中移除一个点。如果 $\rho$ 不够大，此时有两种可能性：一种是插值点集 $X$ 选取不当，另一种是 $X$ 选取得当但信赖域半径太大。后者比较简单，缩小信赖域半径即可；而前者需要改进数据点集 $X$。

算法 4.10 给出了基于信赖域的无导数优化算法的框架，其中的初始数据集可以取单纯形的顶点和边上的中点[18]。

**算法 4.10** (基于信赖域的无导数优化算法)

*初始化:* 给定适定数据点集 $X$, 计算在这些点上的函数值, 令 $\boldsymbol{x}_0$ 表示函数值最小的点 (初始点)。给定初始信赖域半径 $\Delta_0$, 常数 $\eta \in (0,1)$, 令 $k = 0$。

执行如下循环直到停止条件成立:

- 构建满足插值条件的信赖域子问题 $m_k(\boldsymbol{x}_k + \boldsymbol{p})$, 求解该问题得到向量 $\boldsymbol{p}$, 令 $\boldsymbol{x}_k^+ = \boldsymbol{x}_k + \boldsymbol{p}$。根据式 (4.39) 计算性能比 $\rho$。
- 如果 $\rho \geqslant \eta$, 用 $\boldsymbol{x}_k^+$ 代替数据集 $X$ 中的一个点, 令 $\boldsymbol{x}_{k+1} = \boldsymbol{x}_k^+, k = k+1$, 进入下一个迭代; 如果 $\rho < \eta$ 但不需要改进数据集 $X$, 则缩小信赖域半径, 取 $\Delta_{k+1} < \Delta_k$, 令 $x_{k+1} = x_k, k = k+1$, 进入下一个迭代。
- 至少更新数据集 $X$ 中的一个点, 以改进数据集。令 $\hat{\boldsymbol{x}}$ 为数据集中函数值最小的点, $\boldsymbol{x}_k^+ = \hat{\boldsymbol{x}}$, $\Delta_{k+1} = \Delta_k$, 重新计算性能比 $\rho$。如果 $\rho \geqslant \eta$, 令 $\boldsymbol{x}_{k+1} = \boldsymbol{x}_k^+$; 否则令 $\Delta_{k+1} < \Delta_k$。令 $k = k+1$。

2) 信赖域子问题

信赖域子问题 $m(\boldsymbol{x})$ 是随着迭代的进行而动态变化的, 通常可取为二次或线性模型, 前者有利于捕获目标函数的曲率信息, 但计算成本更大。二次模型需要 $(n+2)(n+1)/2$ 个点, 而线性模型只需要 $n+1$ 个点。

给定 $(n+2)(n+1)/2$ 个数据点, 可构建如下的二次模型:

$$m(\boldsymbol{x}_k + \boldsymbol{p}) = c + \boldsymbol{g}^{\mathrm{T}}\boldsymbol{p} + \frac{1}{2}\boldsymbol{p}^{\mathrm{T}}\boldsymbol{G}\boldsymbol{p} \tag{4.40}$$

这里的 $\boldsymbol{g}, \boldsymbol{G}$ 分别是梯度向量和海塞矩阵的近似, 需要用插值条件来计算。由于该模型一共有 $1 + n + (n+1)n/2 = (n+2)(n+1)/2$ 个未知数, 刚好与数据点个数相等, 在数据集适定的条件下, 理论上有唯一解。

由于对每一次迭代, 都需要重新计算二次模型 $m(\boldsymbol{x})$, 计算量繁重。因此, 通常采用拉格朗日插值多项式等便利的基函数, 在每次迭代更新而不是重新计算 $m(\boldsymbol{x})$。

在式 (4.40) 中, 如果取 $\boldsymbol{G}$ 为零矩阵, 则得到如下的线性模型:

$$m(\boldsymbol{x}_k + \boldsymbol{p}) = c + \boldsymbol{y}^{\mathrm{T}}\boldsymbol{p} \tag{4.41}$$

该模型只有 $n+1$ 个未知数, 从而只需要 $n+1$ 个数据点组成的适定数据集即可求解。线性模型在降低计算成本的同时, 通常也降低了算法的收敛速度。一种折中的做法是, 在算法 4.10 的早期用线性模型, 此时只需要 $n+1$ 个数据点就可以启动算法, 而当搜索得到的数据点个数足够时, 采用二次模型[18]。

## 4.4.3　点集适定性与数据点选取

在最优化算法的寻优过程中, 会得到很多数据点, 选择哪些点用于插值或回归呢? 这是一个很重要的问题, 因为点集的选取质量将影响函数逼近的效果。根据上一小节的介绍, 基本的前提是要求如下的数据点集是适定的:

$$X = \{\boldsymbol{x}_0, \boldsymbol{x}_1, \cdots, \boldsymbol{x}_p\}$$

具体来说, 给定代理模型 (插值函数或回归函数) 的形式, 将 $\{(\boldsymbol{x}_i, f(\boldsymbol{x}_i))\}_{i=0}^{p}$ 代入后, 要求产生的系数矩阵是 (列) 满秩的。满秩矩阵又称为非奇异矩阵。在这一前提下, 本节将介绍如何度量数据点集的适定性, 以及如何据此选择好的数据点集。

1) 条件数

满足 (列) 满秩的系数矩阵很多, 有些会让线性方程组呈 "病态"。

**定义 4.10**　如果系数矩阵 $\boldsymbol{A}$ 或常数项 $\boldsymbol{b}$ 的微小改变, 引起线性方程组 $\boldsymbol{A}\boldsymbol{x} = \boldsymbol{b}$ 的解的巨大变化, 则称该方程组是 "病态" 方程组, 否则称方程组为 "良态" 方程组。

矩阵的条件数可以衡量一个线性方程组是 "病态" 的还是 "良态", 以及如果线性方程组是病态的话, 病态的程度如何[73]。

**定义 4.11**　矩阵 $\boldsymbol{A}$ 的条件数定义为

$$\mathrm{cond}(\boldsymbol{A}) = ||\boldsymbol{A}^{-1}|| \cdot ||\boldsymbol{A}|| \tag{4.42}$$

在定义中 4.11, 矩阵范数可以取 1-范数, 2-范数, 或 $\infty$-范数, 但两个范数要一致。取 2-范数 (谱范数) 时, 得到谱条件数, 且有如下计算公式:

$$\mathrm{cond}(\boldsymbol{A}) = ||\boldsymbol{A}^{-1}||_2 \cdot ||\boldsymbol{A}||_2 = \sqrt{\frac{\lambda_{\max}(\boldsymbol{A}^{\mathrm{T}}\boldsymbol{A})}{\lambda_{\min}(\boldsymbol{A}^{\mathrm{T}}\boldsymbol{A})}} \tag{4.43}$$

也就是说, 谱条件数的平方等于矩阵 $\boldsymbol{A}^{\mathrm{T}}\boldsymbol{A}$ 的最大特征值除以最小特征值。

**命题 4.3**　矩阵的条件数有以下性质:

- 对任何非奇异矩阵 $\boldsymbol{A}$, 有 $\mathrm{cond}(\boldsymbol{A}) \geqslant 1$。如果 $\boldsymbol{A}$ 为正交矩阵, 则 $\mathrm{cond}(\boldsymbol{A}) = 1$。
- 对任何非奇异矩阵 $\boldsymbol{A}$ 和非零常数 $c$, 有 $\mathrm{cond}(c\boldsymbol{A}) = \mathrm{cond}(\boldsymbol{A})$。
- 如果 $\boldsymbol{A}$ 为非奇异矩阵, $\boldsymbol{R}$ 为正交矩阵, 则 $\mathrm{cond}(\boldsymbol{R}\boldsymbol{A}) = \mathrm{cond}(\boldsymbol{A}\boldsymbol{R}) = \mathrm{cond}(\boldsymbol{A})$。

**命题 4.4**　设 $\boldsymbol{A}$ 非奇异, 满足 $\boldsymbol{A}\boldsymbol{x} = \boldsymbol{b} \neq 0$。

- 若常数项有误差 $\delta\boldsymbol{b}$, 且 $\boldsymbol{A}(\boldsymbol{x} + \delta\boldsymbol{x}) = \boldsymbol{b} + \delta\boldsymbol{b}$。则解的相对误差有如下上界:

$$\frac{||\delta\boldsymbol{x}||}{||\boldsymbol{x}||} \leqslant \mathrm{cond}(\boldsymbol{A}) \frac{||\delta\boldsymbol{b}||}{||\boldsymbol{b}||}。 \tag{4.44}$$

- 若系数矩阵有误差 $\delta\boldsymbol{A}$, 且 $(\boldsymbol{A} + \delta\boldsymbol{A})(\boldsymbol{x} + \delta\boldsymbol{x}) = \boldsymbol{b}$。设 $\delta\boldsymbol{A}$ 充分小, 且 $||\boldsymbol{A}^{-1}|| \cdot ||\delta\boldsymbol{A}|| < 1$, 则解的相对误差近似有如下上界:

$$\frac{||\delta\boldsymbol{x}||}{||\boldsymbol{x}||} \leqslant \mathrm{cond}(\boldsymbol{A}) \frac{||\delta\boldsymbol{A}||}{||\boldsymbol{A}||} \tag{4.45}$$

命题 4.4 表明, 如果线性方程组的系数矩阵或常数项有误差, 则系数矩阵的条件数度量了该线性方程组的解的相对误差最多能被放大多少倍。条件数越大, 相对误差可能被放大越多, 从而该线性方程组越 "病态"。反之, 条件数越小, 相对误差上界越小, 该线性方程组越 "良态"。

然而, 在函数逼近场合, 从数据点集的选取角度, 矩阵的条件数并不是一个适定性很好的度量。一个重要原因是矩阵的条件数对于插值 (或回归) 基函数的选取敏感[44]。

2) 拉格朗日多项式

在多变量多项式插值和回归中, 最常用的适定性度量是基于拉格朗日多项式的[44]。为便于后文描述, 记 $\mathcal{P}_n^d$ 为 $\mathbb{R}^n$ 空间中次数不超过 $d$ 的多项式组成的空间。

**定义 4.12** 给定数据点集 $X = \{\boldsymbol{x}_0, \boldsymbol{x}_1, \cdots, \boldsymbol{x}_p\}$, 由如下的 $p+1$ 个多项式 $l_j(\boldsymbol{x}) \in \mathcal{P}_n^d, j = 0, 1, \cdots, p$ 组成的集合, 称为在 $X$ 上的拉格朗日插值基函数。

$$l_j(\boldsymbol{x}_i) = \delta_{ij} = \begin{cases} 1, & i = j \\ 0, & i \neq j \end{cases} \tag{4.46}$$

**例 4.1** 给定空间 $\mathbb{R}$ 中的点集 $\{x_0, x_1, \cdots, x_d\}$, 次数不超过 $d$ 的拉格朗日插值基函数可表示为

$$l_j(x) = \frac{(x - x_0) \cdots (x - x_{j-1})(x - x_{j+1}) \cdots (x - x_d)}{(x_j - x_0) \cdots (x_j - x_{j-1})(x_j - x_{j+1}) \cdots (x_j - x_d)}, \quad j = 0, 1, \cdots, d$$

请读者验证上式满足式 (4.46)。进一步, 拉格朗日插值多项式可表示为

$$m(x) = \sum_{j=1}^{d} f(x_j) l_j(x)$$

注意到确定一个次数不超过 $d$ 的一元拉格朗日插值多项式, 需要 $d+1$ 个数据点, 且要求数据集是适定的。一般地, 确定一个次数不超过 $d$ 的 $m$ 元拉格朗日插值多项式, 需要的适定数据集应包含的数据个数为 (这个结论作为作业请读者自行证明)

$$\binom{m+d}{d} = \frac{(m+d)!}{m! \cdot d!} \tag{4.47}$$

**例 4.2** 给定空间 $\mathbb{R}^2$ 中的函数

$$f(\boldsymbol{x}) = x_1 + x_2 + 2x_1^2 + 3x_2^3$$

欲用一个次数不超过 2 的二元拉格朗日插值多项式来逼近它, 则需要 $C_4^2 = 6$ 个数据点。设数据点集 (每行对应一个点, 前两列为点的坐标, 最后一列为其函数值) 如下:

$$\begin{bmatrix} 0 & 0 & 0 \\ 1 & 0 & 3 \\ 0 & 1 & 4 \\ 2 & 0 & 10 \\ 1 & 1 & 7 \\ 0 & 2 & 26 \end{bmatrix}$$

设拉格朗日插值基函数为 $l(\boldsymbol{x}) = a_1 + a_2 x_1 + a_3 x_2 + a_4 x_1^2 + a_5 x_2^2 + a_6 x_1 x_2$, 根据式 (4.46), 可得第一个基函数满足

$$\begin{bmatrix} 1 & 0 & 0 & 0 & 0 & 0 \\ 1 & 1 & 0 & 1 & 0 & 0 \\ 1 & 0 & 1 & 0 & 1 & 0 \\ 1 & 2 & 0 & 4 & 0 & 0 \\ 1 & 1 & 1 & 1 & 1 & 1 \\ 1 & 0 & 2 & 0 & 4 & 0 \end{bmatrix} \begin{bmatrix} a_1 \\ a_2 \\ a_3 \\ a_4 \\ a_5 \\ a_6 \end{bmatrix} = \begin{bmatrix} 1 \\ 0 \\ 0 \\ 0 \\ 0 \\ 0 \end{bmatrix}$$

于是有

$$l_0(\boldsymbol{x}) = 1 - \frac{3}{2}(x_1 + x_2) + \frac{1}{2}(x_1^2 + x_2^2) + x_1 x_2$$

类似地, 其他 5 个插值基函数为

$$\begin{array}{rcl} l_1(\boldsymbol{x}) & = & 2x_1 - x_1^2 - x_1 x_2 \\ l_2(\boldsymbol{x}) & = & 2x_2 - x_2^2 - x_1 x_2 \\ l_3(\boldsymbol{x}) & = & -\dfrac{1}{2}(x_1 - x_1^2) \\ l_4(\boldsymbol{x}) & = & x_1 x_2 \\ l_5(\boldsymbol{x}) & = & -\dfrac{1}{2}(x_2 - x_2^2) \end{array}$$

所以, 可以用如下的 2 次拉格朗日多项式对其进行插值:

$$\begin{array}{rcl} m(\boldsymbol{x}) & = & 0 l_0(\boldsymbol{x}) + 3 l_1(\boldsymbol{x}) + 4 l_2(\boldsymbol{x}) + 10 l_3(\boldsymbol{x}) + 7 l_4(\boldsymbol{x}) + 26 l_5(\boldsymbol{x}) \\ & = & x_1 - 5 x_2 + 2 x_1^2 + 9 x_2^2 \end{array}$$

**命题 4.5**　关于拉格朗日插值, 有以下性质:

- 如果数据点集 $X = \{\boldsymbol{x}_0, \boldsymbol{x}_1, \cdots, \boldsymbol{x}_p\}$ 是适定的, 则其对应的拉格朗日插值基函数存在且是唯一的。

- 给定函数 $f(\boldsymbol{x})$ 和适定的数据点集 $X$, 拉格朗日插值多项式可表示为

$$m(\boldsymbol{x}) = \sum_{j=1}^{p} f(\boldsymbol{x}_j) l_j(\boldsymbol{x})$$

其中 $l_j(\boldsymbol{x}), j = 0, 1, \cdots, p$ 是对应 $X$ 的拉格朗日插值基函数。进一步, 有如下误差估计:

$$|f(\boldsymbol{x}) - m(\boldsymbol{x})| \leqslant \frac{1}{(d+1)!}(p+1) v_d \Lambda \Delta^{d+1}$$

其中 $v_d$ 是 $f(\boldsymbol{x})$ 的 $d+1$ 阶导数值的上界; $\Delta$ 是包含 $X$ 的最小球 $B(X)$ 的直径;

$$\Lambda = \max_{0 \leqslant j \leqslant p} \max_{\boldsymbol{x} \in B(X)} |l_j(\boldsymbol{x})|$$

以上关于拉格朗日插值的定义和性质可以直接推广到拉格朗日回归情形, 且结论相同, 这里不再重复。只提醒读者注意两点: 一是回归情形需要的数据点个数超过多项式空间 $\mathcal{P}_n^d$ 的维数; 二是回归多项式是在最小二乘 (即均方误差最小) 意义下 "经过" 数据点。

3) $\Lambda-$ 适定性

本小节介绍基于拉格朗日插值和拉格朗日回归的 $\Lambda-$ 适定性。

**定义 4.13**  给定常数 $\Lambda > 0$ 以及集合 $B \in \mathbb{R}^n$, 记 $\phi = \{\phi_0(\boldsymbol{x}), \phi_1(\boldsymbol{x}), \cdots, \phi_p(\boldsymbol{x})\}$ 为多项式空间 $\mathcal{P}_n^d$ 中的一组基, 如果下面的任何一个条件成立, 则称适定数据点集 $X = \{\boldsymbol{x}_0, \boldsymbol{x}_1, \cdots, \boldsymbol{x}_p\}$ 是 $\Lambda-$ 适定的 (在插值的意义下)。

- 点集 $X$ 上的拉格朗日插值基函数 $l_j(\boldsymbol{x}), j = 0, 1, \cdots, p$ 满足

$$\max_{0 \leqslant j \leqslant p} \max_{\boldsymbol{x} \in B} |l_j(\boldsymbol{x})| \leqslant \Lambda$$

- 对集合 $B$ 中的任何一点 $x$, 存在向量 $\lambda(\boldsymbol{x}) = \{\lambda_0(\boldsymbol{x}), \lambda_1(\boldsymbol{x}), \cdots, \lambda_p(\boldsymbol{x})\} \in \mathbb{R}^{p+1}$, 使得下式成立。

$$\sum_{j=0}^p \lambda_j(\boldsymbol{x}) \phi(\boldsymbol{x}_j) = \phi(\boldsymbol{x}), \quad ||\lambda(\boldsymbol{x})||_\infty \leqslant \Lambda$$

- 用 $B$ 中的任何一点来代替 $X$ 中的任何一点, 点集 $X$ 的体积最多增加 $\Lambda$ 倍。

在定义 4.13 中, 数据点集 $X$ 并不需要在集合 $B$ 内部, 但在算法设计的实践中, 一般会从 $B$ 中抽样数据点。此外, 第二个和第三个条件提供了 $\Lambda-$ 适定性的几何直观。比如, 第二个条件表明, $\Lambda$ 通过控制线性组合的系数, 来控制 $\phi(X)$ 张成 $\phi(B)$ 的优良程度。

**定义 4.14**  给定常数 $\Lambda > 0$ 以及集合 $B \in \mathbb{R}^n$, 记 $\phi = \{\phi_0(\boldsymbol{x}), \phi_1(\boldsymbol{x}), \cdots, \phi_q(\boldsymbol{x})\}$ 为多项式空间 $\mathcal{P}_n^d$ 中的一组基 $(q < p)$。如果下面的任何一个条件成立, 则称适定数据点集 $X = \{\boldsymbol{x}_0, \boldsymbol{x}_1, \cdots, \boldsymbol{x}_p\}$ 是 $\Lambda-$ 适定的 (在回归的意义下)。

- 点集 $X$ 上的拉格朗日回归基函数 $l_j(\boldsymbol{x}), j = 0, 1, \cdots, p$ 满足

$$\max_{0 \leqslant j \leqslant p} \max_{\boldsymbol{x} \in B} |l_j(\boldsymbol{x})| \leqslant \Lambda$$

- 对集合 $B$ 中的任何一点 $\boldsymbol{x}$, 下式

$$\sum_{j=0}^p \lambda_j(\boldsymbol{x}) \phi(\boldsymbol{x}_j) = \phi(\boldsymbol{x})$$

的最小 2-范数解 $\lambda(\boldsymbol{x}) = \{\lambda_0(\boldsymbol{x}), \lambda_1(\boldsymbol{x}), \cdots, \lambda_p(\boldsymbol{x})\} \in \mathbb{R}^{p+1}$ 满足 $||\lambda(\boldsymbol{x})||_\infty \leqslant \Lambda$。

4) 点集的 $\Lambda-$ 适定性提升

本小节用一个简单的例子来说明, 即便数据点集 $X$ 都是适定的, 但不同的 $\Lambda-$ 适定性对插值效果有不同的影响。

设函数为 $f(\boldsymbol{x}) = \cos x_1 + \sin x_2$, 要找到一个 2 次拉格朗日插值多项式来逼近它, 为此需要 6 个数据点。我们限制在正方形区域 $B(\boldsymbol{x}) = \{(x_1, x_2) | 0 \leqslant x_1, x_2 \leqslant 1\}$ 内抽样数据点。下面两个例子分别给出了 $\Lambda$ 值不同的数据点集, 产生了非常显著的插值效果差异。$\Lambda$ 值越大, 插值效果越差。

**例 4.3**　设数据点集 (每行对应一个点, 前两列为点的坐标, 最后一列为其函数值) 如下:

$$\begin{bmatrix} 0.51 & 0.1 & 0.9726 \\ 0.01 & 0.3 & 1.2955 \\ 0.2 & 0.9 & 1.7634 \\ 0.5 & 0.5 & 1.3570 \\ 0.99 & 0.4 & 0.9381 \\ 0.8 & 0.9 & 1.4800 \end{bmatrix}$$

设拉格朗日插值基函数为 $l(\boldsymbol{x}) = a_1 + a_2x_1 + a_3x_2 + a_4x_1^2 + a_5x_2^2 + a_6x_1x_2$, 根据式 (4.46), 可得第一个基函数满足

$$\begin{bmatrix} 1 & 0.5100 & 0.1000 & 0.2601 & 0.0100 & 0.0510 \\ 1 & 0.0100 & 0.3000 & 0.0001 & 0.0900 & 0.0030 \\ 1 & 0.2000 & 0.9000 & 0.0400 & 0.8100 & 0.1800 \\ 1 & 0.5000 & 0.5000 & 0.2500 & 0.2500 & 0.2500 \\ 1 & 0.9900 & 0.4000 & 0.9801 & 0.1600 & 0.3960 \\ 1 & 0.8000 & 0.9000 & 0.6400 & 0.8100 & 0.7200 \end{bmatrix} \begin{bmatrix} a_1 \\ a_2 \\ a_3 \\ a_4 \\ a_5 \\ a_6 \end{bmatrix} = \begin{bmatrix} 1 \\ 0 \\ 0 \\ 0 \\ 0 \\ 0 \end{bmatrix}$$

于是有

$$l_0(\boldsymbol{x}) = 0.9815 + 1.3797x_1 - 4.3340x_2 - 1.0203x_1^2 + 3.4023x_2^2 - 0.3993x_1x_2$$

类似地, 其他 5 个插值基函数为

$$l_1(\boldsymbol{x}) = 1.2742 - 3.4606x_1 - 0.6791x_2 + 1.8046x_1^2 - 0.4621x_2^2 + 1.8400x_1x_2$$
$$l_2(\boldsymbol{x}) = -0.3265 + 0.5134x_1 + 0.6833x_2 + 0.5208x_1^2 + 1.3929x_2^2 - 3.0010x_1x_2$$
$$l_3(\boldsymbol{x}) = -1.1997 + 3.0870x_1 + 5.4773x_2 - 3.4149x_1^2 - 5.2794x_2^2 + 0.3644x_1x_2$$
$$l_4(\boldsymbol{x}) = -0.3397 - 0.5243x_1 + 1.3675x_2 + 2.1989x_1^2 - 0.6656x_2^2 - 1.8606x_1x_2$$
$$l_5(\boldsymbol{x}) = 0.6102 - 0.9952x_1 - 2.5149x_2 - 0.0891x_1^2 + 1.6119x_2^2 + 3.0566x_1x_2$$

所以, 可以用如下的 2 次拉格朗日多项式对 $f(x)$ 进行插值:

$$m(\boldsymbol{x}) = 0.9860 - 0.0116x_1 + 1.1033x_2 - 0.4392x_1^2 - 0.2363x_2^2 - 0.0239x_1x_2$$

而插值的效果可用参数 $\Lambda$ 来度量 (越大越差):

$$\Lambda = \max_{0 \leqslant j \leqslant 5} \max_{\boldsymbol{x} \in \boldsymbol{B}} |l_j(\boldsymbol{x})| = 1.0081$$

这里用 MATLAB 中的 fmincon 函数粗略地求解了如下 6 个最大化问题 (取 $x_0 = (0.5, 0.5)^{\mathrm{T}}$), 间接得到了上述 $\Lambda$ 值。

$$\max_{x \in \boldsymbol{B}} l_j^2(\boldsymbol{x}), \quad j = 0, 1, \cdots, 5$$

图 4.6 给出了本例中的数据散点图、插值函数图像与原函数图像。可以看到, 由于 $\Lambda$ 值小, 插值效果非常好。

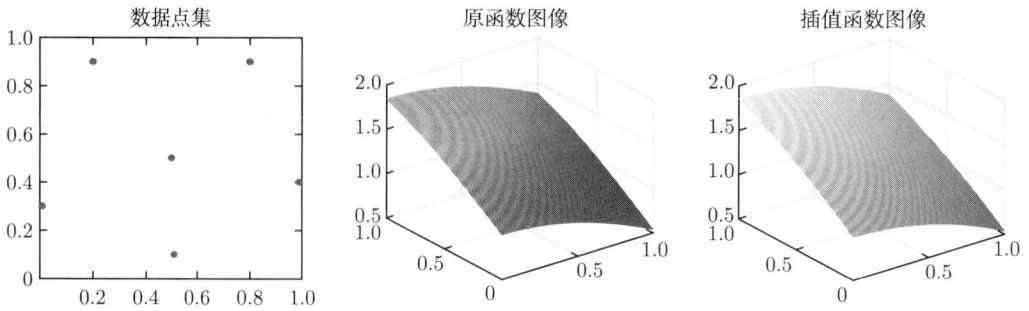

图 4.6　$\Lambda = 1.0081$ 的数据点集得到的插值效果图 (见文后彩图)

原函数为 $\cos(x_1) + \sin(x_2)$, 而插值函数

为 $0.9860 - 0.0116x_1 + 1.1033x_2 - 0.4392x_1^2 - 0.2363x_2^2 - 0.0239x_1x_2$

**例 4.4**　类似于上例, 但将上例的数据点集中更换了一个点 (第 4 个), 使得散点图有点像圆形 (见图 4.7)。因此, 数据点集为

$$
\begin{bmatrix}
0.51 & 0.1 & 0.9726 \\
0.01 & 0.3 & 1.2955 \\
0.2 & 0.9 & 1.7634 \\
0.1 & 0.6 & 1.3570 \\
0.99 & 0.4 & 0.9381 \\
0.8 & 0.9 & 1.4800
\end{bmatrix}
$$

于是, 可类似得到如下的 6 个拉格朗日基函数:

$$l_0(\boldsymbol{x}) = 0.2599 + 3.2366x_1 - 1.0392x_2 - 3.0745x_1^2 + 0.2265x_2^2 - 0.1801x_1x_2$$

$$l_1(\boldsymbol{x}) = 2.4745 - 6.5492x_1 - 6.1592x_2 + 5.2213x_1^2 + 4.8200x_2^2 + 1.4754x_1x_2$$

$$l_2(\boldsymbol{x}) = 0.8205 - 2.4381x_1 - 4.5536x_2 + 3.7859x_1^2 + 6.4405x_2^2 - 3.3494x_1x_2$$

$$l_3(\boldsymbol{x}) = -2.4861 + 6.3973x_1 + 11.3507x_2 - 7.0768x_1^2 - 10.9405x_2^2 + 0.7551x_1x_2$$

$$l_4(\boldsymbol{x}) = -0.0935 - 1.1579x_1 + 0.2433x_2 + 2.8998x_1^2 + 0.4179x_2^2 - 1.9354x_1x_2$$

$$l_5(\boldsymbol{x}) = 0.0248 + 0.5113x_1 + 0.1580x_2 - 1.7556x_1^2 - 0.9644x_2^2 + 3.2344x_1x_2$$

所以, 可以用如下的 2 次拉格朗日多项式对 $f(x)$ 进行插值:

$$m(\boldsymbol{x}) = 1.4806 - 1.2843x_1 - 1.1548x_2 + 0.9687x_1^2 + 1.9402x_2^2 - 0.1741x_1x_2$$

此时可算出

$$\Lambda = \max_{0 \leqslant j \leqslant 5} \max_{x \in B} |l_j(\boldsymbol{x})| = 2.0892$$

图 4.7 给出了本例中的数据散点图、插值函数图像与原函数图像。与图 4.6 对比可以明显看到, 由于 $\Lambda$ 值增大, 插值效果差了不少。

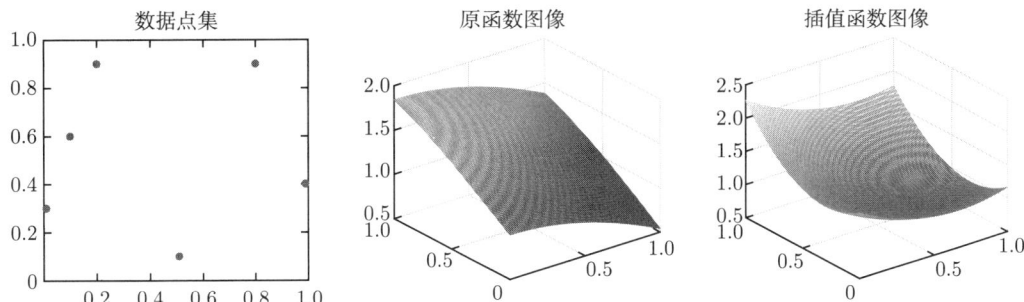

图 4.7　$\Lambda = 2.0892$ 的数据点集得到的插值效果图 (见文后彩图)

原函数为 $\cos(x_1) + \sin(x_2)$, 插值多项式为 $1.4806 - 1.2843x_1 - 1.1548x_2 + 0.9687x_1^2 + 1.9402x_2^2 - 0.1741x_1x_2$

上面的两个例子表明, 在无导数优化的算法设计中, 特别是要选择过程数据来逼近目标函数时, 需要好好研究应该选择哪些数据。在插值和回归领域, $\Lambda$ 值提供了一个很好的度量, 可以衡量所选的数据点是否合适。这里的 "合适" 至少包含两层含义: 一是数据点集是适定的; 二是 $\Lambda$ 值是小的。

## 4.5　全局最优化问题的无导数优化算法

前面介绍的直接搜索算法和采用近似梯度的无导数优化算法, 其主要目标仍是找到稳定点或极值点。换句话说, 虽然没有直接使用梯度, 但仍希望拥有梯度型算法的局部收敛性等良好的理论性质。

然而, 无导数优化技术可以走得更远。笔者认为, 采用无导数优化技术来求解全局最优化问题是一个很有价值也很有前途的研究方向。一方面, 全局最优化方法通常都是不使用导数信息的, 天然可以与无导数优化技术相融合; 另一方面, 无导数优化已经拥有了许多确保收敛到稳定点的有效技术, 跟其他全局最优化技术的结合有利于显著增强全局最优化算法的收敛结果。

目前, 已经有不少适用于求解全局最优化问题的无导数优化算法, 比如结合可变邻域搜索技术的 MADS 算法[74]、结合模式搜索和粒子群优化的 PSwarm 算法[75-76]、基于矩形分割的 DIRECT 算法[9,77-78]、基于二次插值逼近的多水平轴向搜索 (multilevel coordinate search, MCS) 算法[79], 以及基于径向基函数 (radius basis function, RBF) 的算法[80-81], 等等。

本节主要介绍 DIRECT 算法, 这是一个能很好地平衡局部搜索和全局搜索的无导数优化算法[3]。同时, DIRECT 算法能确保收敛到有界约束问题的全局最优解, 这也是它的一大优点。借助这一优点, 文献 [82] 提出了基于 DIRECT 的、能确保收敛到全局最优解的演化优化算法框架。

### 4.5.1　DIRECT 算法及其收敛性

DIRECT 算法是 DIvinding RECTangle (矩形分割) 的简写, 它要求可行域是矩形区域。因此, DIRECT 算法适用于求解如下的有界约束的最优化问题:

$$\min_{l \leqslant \boldsymbol{x} \leqslant u} f(\boldsymbol{x}) \tag{4.48}$$

其中, $l = (l_1, l_2, \cdots, l_n)^{\mathrm{T}}; u = (u_1, u_2, \cdots, u_n)^{\mathrm{T}}$ 是两个常数向量, 这里 $n$ 一般不超过 20。

1) 基本理念

DIRECT 算法通过把可行域不断地分解成越来越小的超矩形 (hyperrectangle) 的集合来寻找全局最优解 (所在的区域)。其核心步骤有两个: 一个是在所有超矩形中选择一些可能包含最优解的超矩形, 称为潜最优超矩形 (potential optimal hyperrectangle, POH); 另一个是对所有这些潜最优超矩形进行进一步的分割。

2) 寻找潜最优超矩形

DIRECT 算法分割得到的超矩形需要存储如下信息: 超矩形的中心点和超矩形每条边的长度, 这些边长可以确定超矩形的大小。在 DIRECT 算法中, 潜最优超矩形是根据如下的定义来确定的。

**定义 4.15** 给定常数 $\epsilon > 0$ 和所有超矩形的标号集合 $S$, 记 $f_{\min}$ 为当前找到的最小函数值, $\boldsymbol{c}_i, \sigma_i$ 分别为超矩形 $i$ 的中心和大小。如果存在某个常数 $\gamma > 0$ 使得

$$f(\boldsymbol{c}_j) - \gamma\sigma_j \leqslant f(\boldsymbol{c}_i) - \gamma\sigma_i, \quad \forall i \in S \tag{4.49a}$$

$$f(\boldsymbol{c}_j) - \gamma\sigma_j \leqslant f_{\min} - \varepsilon|f_{\min}| \tag{4.49b}$$

成立, 则称超矩形 $j$ 是一个潜最优超矩形。

从定义 4.15 中可以看出, 潜最优超矩形 POH 有以下特点:

- 大小相同的超矩形中, 只有 (中心点的) 函数值最小的超矩形才可能成为 POH;
- (中心点的) 函数值相同的超矩形中, 只有最大的超矩形才可能成为 POH。

此外, 文献 [9] 给出了一种图形方法来选取 POH, 这一方法与定义 4.15 等价但更直观。图 4.8 是该方法的一个应用示例。图 4.8 中的每个圆点代表一个超矩形, 其横坐标表示超矩形的大小, 纵坐标表示超矩形中心点的函数值。那么, 定义 4.15 所描述的选取 POH 的方法, 等价于在图 4.8 中找出所有圆点的右下闭凸包点 (这些点的连线构成了右下闭凸包)。在图 4.8 中, 连线上的三个圆点就是 POH。注意到, 由于条件 (4.49b) 的作用, 左下角中函数值最小且大小也最小的超矩形并没有成为 POH。从图 4.8 可以明显看到, 大小相同的超矩形中, 只有函数值最小的才能成为 POH; 而函数值相同的超矩形中, 只有大小最大的才能成为 POH。

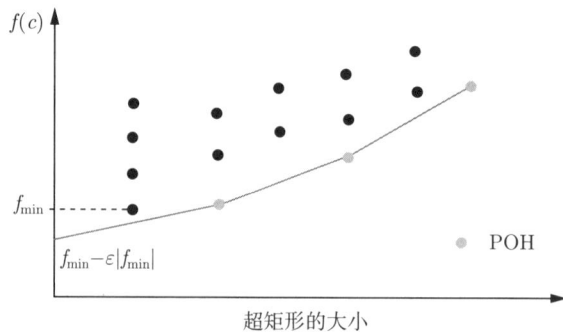

图 4.8　DIRECT 算法选择 POH 的图形方法

3) 对潜最优超矩形进行分割

当 POH 选定以后, 对每个 POH 作进一步分割。分割方法大致如下: ①分割前先抽样一些点, 计算其函数值, 函数值越小的点所在的维度越优先分割; ②只在最长边的维度上分割超矩形; ③在每一最长边的维度上把超矩形三等分。在首次分割之前, DIRECT 算法把可行域标准化成一个单位超立方体 (unit hypercube)。

图 4.9 用一个二维例子展示了 DIRECT 算法的前三次分割过程。首先, 单位超立方是 $S$ 中唯一的超矩形, 当然也是唯一的 POH, 其中心的函数值为 9, 最长边所在的维度有两个: 第一维 ($x$ 轴方向) 和第二维 ($y$ 轴方向)。分割之前抽样 4 个点 (每个最长边所在的维度上抽样两个, 与中心点的距离为边长的 1/3) 并计算其函数值 (标在点的旁边)。然后, 找到这 4 个函数值中最小那个所在的维度 (即第二维或 $y$ 轴方向), 沿着该维度三等分超立方体。最后, 沿着 $x$ 轴方向三等分超立方中心点所在的小超矩形。结果如图 4.9 右上角的图形所示, 此时有 5 个超矩形, 最下方的超矩形是 POH(见第二行第一幅图, 灰色背景表示 POH)。再将该 POH 进行分割, 得到第二行第三幅图, 此时有 7 个超矩形, POH 有 2 个 (见第三行第一幅图)。对这两个 POH 分别进行分割, 得到第三行第三幅图。这个过程可以一直进行下去, 显然, 可行域被分割成越来越小的超矩形的集合。

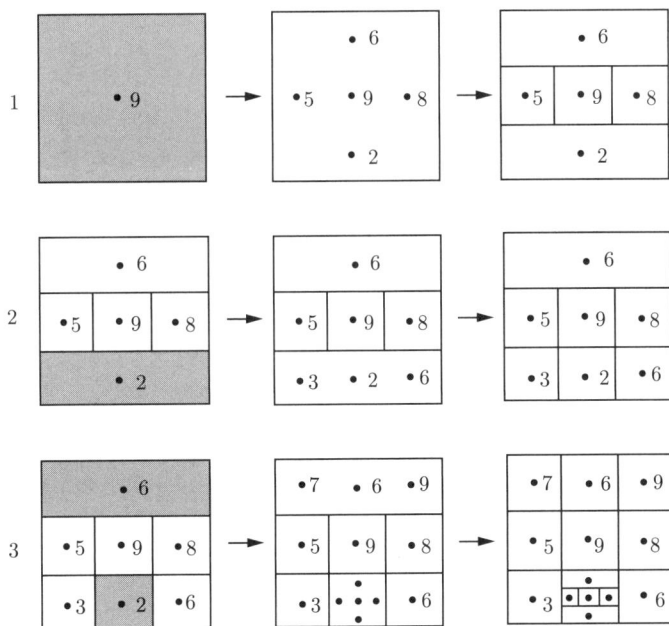

**图 4.9　DIRECT 算法分割 POH 的二维示意图**

图 4.10 是用 DIRECT 算法分割 Branin 函数得到的超矩形的中心点图, 一共有 290 个超矩形。从图中可以看出, 有三个抽样点的密集区域, 这三个区域恰好是 Branin 函数的三个全局最优解所在的区域。这说明 DIRECT 算法能有效地找到最优解所在的区域, 如果分割过程进一步进行下去, 有理由相信, 能找到距离全局最优解越来越接近的点。另外, POH 的选取方法看来是很好的, 因为找出来的 POH 聚集到了真正的最优解附近, 并没有浪费很

多时间在较远的地方搜寻。关于 DIRECT 算法抽样得到的点能够在局部最优解附近聚集 (local clustering) 的证明可参见文献 [83]。

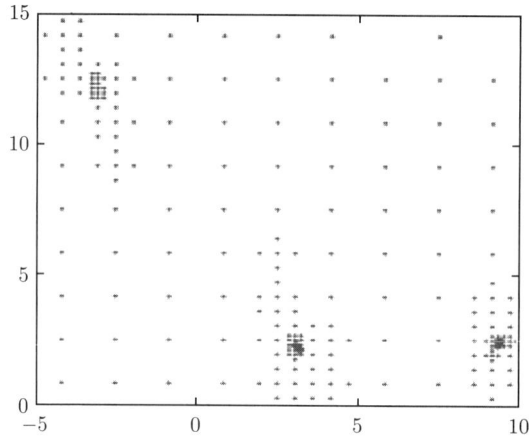

**图 4.10　DIRECT 算法求解 Branin 函数的抽样示意图**

每个点对应一个超矩形的中心，共 290 个点 (函数值计算次数为 290)

4) 伪代码

以上的描述可归纳为如下的 DIRECT 算法伪代码。

---

**算法 4.11** (DIRECT 算法)

*初始化*: 将可行域标准化为单位超立方体 (unit hypercube)，记中心点为 $c_0$，记 $f_{\min} = f(c_0)$。

执行以下循环直到停止条件不成立:

- 利用定义 4.15 确定 POH(一般有多个);
- 对每一个 POH 执行以下操作:
  - 确定最大边长 $l$ 及最大边长所在的维度，记这些维度的集合为 $I$;
  - 抽样: 对每个 $i \in I$，计算函数值 $f\left(c \pm \dfrac{1}{3}le_i\right)$，其中 $c$ 为该 POH 的中心点，$e_i$ 为第 $i$ 个维度上的单位坐标向量;
  - 分割: 确定 $f\left(c + \dfrac{1}{3}le_i\right)$，$i \in I$ 中函数值最小者所在的维度 (记为 $i_0$)，在该维度的方向上将该 POH 三等分，令 $I = I - \{i_0\}$;
  - 继续上一操作，直到 $I = \varnothing$。
- 更新 $f_{\min}$。

---

由于 DIRECT 算法能确定性地找到全局最优解，其逻辑思想自然、清晰且实施简单，因此已被纳入 TOMLAB 等商业优化软件[84-85]。在 TOMLAB 中有多个关于 DIRECT 算法的命令，如 glbsolve 或 glbDIRECT 等。

5) DIRECT 算法的收敛性

本节给出 DIRECT 算法对光滑函数的收敛性证明。首先设 $S_k$ 表示第 $k$ 次迭代前 DIRECT 算法产生的所有超矩形的集合，并引入以下记号:

$$\sigma_{\max} = \max_{j \in S_k} \sigma_j, \quad S_{\max} = \{i \in S_k | \sigma_i = \sigma_{\max}\}$$

即 $\sigma_{\max}$ 表示最大的超矩形的大小; $S_{\max}$ 表示最大超矩形的标号集合。

**引理 4.2**　在 DIRECT 算法的每一次迭代中, 至少有一个最大的超矩形会成为 POH。

**证明**　假设第 $j$ 个超矩形是一个函数值最小的最大超矩形, 即 $j \in S_{\max}$ 且

$$f(\boldsymbol{c}_j) \leqslant f(\boldsymbol{c}_i), \quad \forall i \in S_{\max} \tag{4.50}$$

如果令

$$\gamma = \max \left\{ \max_{i \in S - S_{\max}} \frac{f(\boldsymbol{c}_j) - f(\boldsymbol{c}_i)}{\sigma_j - \sigma_i}, \frac{f(\boldsymbol{c}_j) - f_{\min} + \epsilon |f_{\min}|}{\sigma_j} \right\} + 1, \tag{4.51}$$

那么有

$$f(\boldsymbol{c}_j) - \gamma \sigma_j \leqslant f(\boldsymbol{c}_i) - \gamma \sigma_i, \quad \forall i \in S \tag{4.52}$$

$$f(\boldsymbol{c}_j) - \gamma \sigma_j \leqslant f_{\min} - \epsilon |f_{\min}| \tag{4.53}$$

即满足定义 4.15 的两个条件, 所以超矩形 $j$ 是 POH。　□

**引理 4.3**　DIRECT 算法产生的任何一个超矩形迟早都会成为 POH。

**证明**　对任意的超矩形 $j \in S_k$, 设其大小为 $\sigma_j$, 并记 $\bar{S}_k = \{i \in S_k | \sigma_i > \sigma_j\}$ 为比超矩形 $j$ 更大的超矩形的集合。显然 $\bar{S}_k$ 是一个有限集合。根据引理 4.2, 在每次迭代中, 集合 $\bar{S}_k$ 中至少有一个超矩形成为 POH 并被分割。由于这个被分割的超矩形的大小必定变小, 所以每经过一次迭代, $\bar{S}_k$ 中的元素个数至少减少一个或者元素个数不减少但是至少一个超矩形的大小减少。这个过程一致持续下去, 经过有限次迭代后, $\bar{S}_k$ 中将不再有超矩形。此时超矩形 $j$ 就是最大的超矩形 (之一) 了, 从而在有限次迭代内必将成为 POH。　□

**引理 4.4**　DIRECT 算法产生的超矩形的中心点在可行域内稠密, 即对任意 $\delta > 0$ 和 $\boldsymbol{x} \in \Omega$, 存在充分大的 $k$ 和 $\boldsymbol{y} \in S_k$, 使得 $|\boldsymbol{x} - \boldsymbol{y}| < \delta$。

**证明**　(反证法)。设存在某个 $\delta > 0$ 和某个点 $\boldsymbol{x} \in \Omega$, 对于任意的 $k$ 和 $\boldsymbol{y} \in S_k$, 都有 $|\boldsymbol{x} - \boldsymbol{y}| > \delta$。这说明, DIRECT 算法产生的超矩形的中心点都在以 $\boldsymbol{x}$ 为中心, $\delta$ 为半径的邻域 $B(\boldsymbol{x}, \delta)$ 之外。不妨假设超矩形 $j$ 是包含邻域 $B(\boldsymbol{x}, \delta)$ 的最小的超矩形, 那么根据引理 4.3, 超矩形 $j$ 将在某一个迭代成为 POH 并被分割。如果分割后的某个超矩形包含在了邻域 $B(\boldsymbol{x}, \delta)$ 内, 则产生了矛盾。如果分割后的每个超矩形仍然在邻域 $B(\boldsymbol{x}, \delta)$ 外, 假设超矩形 $j_1$ 是包含邻域 $B(\boldsymbol{x}, \delta)$ 的最小超矩形。重复以上分析, 在有限次迭代内必有一个超矩形被包含在邻域 $B(\boldsymbol{x}, \delta)$ 内。因此总能得到矛盾。所以 DIRECT 算法产生的超矩形的中心点在可行域中稠密。　□

**定理 4.8**　设目标函数在最优解 $\boldsymbol{x}^*$ 的某个邻域内连续, 则对于任意的 $\delta > 0$, DIRECT 算法能抽样到某个点 $\boldsymbol{y}$, 使得 $|f(\boldsymbol{y}) - f(\boldsymbol{x}^*)| < \delta$。

**证明**　根据引理 4.4, DIRECT 算法抽样的点在可行域内稠密, 从而也在最优解 $\boldsymbol{x}^*$ 的邻域内稠密。因此存在某个常数 $m > 1$ 和 DIRECT 算法抽样得到的某个点 $\boldsymbol{y}$, 使得 $\|\boldsymbol{x}^* - \boldsymbol{y}\| < \delta/m$。根据目标函数的连续性可得 $|f(\boldsymbol{y}) - f(\boldsymbol{x}^*)| < \delta$。　□

## 4.5.2 DIRECT 算法的改进

下面探讨 DIRECT 算法中的某些细节及其可能的改进, 包括超矩形大小的定义方式、参数 $\epsilon$ 的作用以及分割方法等。

1) 超矩形大小的定义

在原始 DIRECT 算法[9] 中, 超矩形的大小定义为超矩形的对角线的一半, 即

$$\sigma = \frac{1}{2} \sqrt{\sum_{j=1}^{n} l_j^2} \tag{4.54}$$

其中 $l_j$ 是超矩形在第 $j$ 维上的边长。

在文献 [83] 和文献 [86] 中, 用下面的方式来定义超矩形的大小:

$$\sigma = \max_{1 \leqslant i \leqslant n} l_i \tag{4.55}$$

对比这两种定义, 它们用了不同的范数: 第一种是用 2-范数而第二种是用 $\infty$ 范数。后一种定义使得超矩形的 (按照大小) 分组更少, 从而更少的超矩形成为 POH (参考图 4.8)。从这个意义上看, 后一种定义使得 DIRECT 算法更偏向局部搜索, 得到的算法被称为 DIRECT-l (这里的 l 表示局部 (local) 的意思)。

2) 分割方法

在原始 DIRECT 算法中, 每一次迭代中的所有 POH 都会被分割。然而, 这被认为使得 DIRECT 算法太偏向全局搜索。在文献 [83] 和文献 [86] 提出的 DIRECT-l 算法中, 在每一次迭代的所有 POH 中, 只有一个 POH 会被分割。这样做的好处是, 新分割的超矩形信息可能使得某些 POH 不再成为 POH, 从而避免了一些可能的无效搜索。然而这样做的缺点是, 不知道该优先分割哪一个 POH。如果采用随机或任意的方法分割, 也许会将某些不好的 POH 优先分割。从文献 [83] 和文献 [86] 给出的数值结果看, DIRECT-l 算法有一定的优势。

3) 参数 $\epsilon$ 的作用

$\epsilon$ 是 DIRECT 算法中的唯一的参数, 该参数具有调节局部搜索和全局搜索的重要作用。为了看清这一点, 可参看图 4.8: 由于 $\epsilon > 0$ 的存在, 闭凸包与纵轴的交点不是 $f_{\min}$ 而是 $f_{\min} - \epsilon|f_{\min}|$, 这使得左下角的某些点 (这些点对应着函数值小的小矩形) 可能无法成为 POH。这一作用的含义是多方面的。首先, 在算法的初期, 超矩形不会太小, 分组也较少, $\epsilon$ 的这一作用一般只会影响左下角的一个或很少的超矩形成为 POH, 这可以避免算法过早进入局部搜索。但是, 在算法的中后期, 分割出来的超矩形已经很多且分组也很多了, 此时很多点聚集在局部最优解附近。$\epsilon$ 的这一作用使得 DIRECT 算法不去细分局部最优解附近的点 (它们可能无法成为 POH), 而是继续在外缘地带分割, 这样做可能会产生浪费。

鉴于此, 文献 [87] 建议让 $\epsilon$ 动态变化: 算法运行初期让 $\epsilon$ 较大, 运行中后期则让 $\epsilon$ 尽可能变小。当然, 这样做引进了更多的算法参数, 比如, 迭代多少次才算是进入算法的中后期? $\epsilon$ 大到什么值, 小到什么值, 这些都是没有理论指引的。

**4) 稳健 DIRECT 算法**

文献 [87] 首先指出, 当目标函数有一个加性校正 (additive scaling) 时, 即目标函数加上某个 (较大的) 常数时, DIRECT 算法可能得不到最优解。而理论上, 加性校正前后的两个目标函数应该有相同的最优解。文献 [88] 指出可以通过修改定义 4.15 来消除加性校正带来的问题。在这一思想的启发下, 文献 [89] 证明了原始 DIRECT 算法在目标函数线性校正 (linear scaling) 的变换下是不稳健的, 并提出了一类稳健 DIRECT 算法。

具体来说, 如果用这类稳健 DIRECT 算法去求解如下两个问题, 将得到相同的最优解:

$$
\begin{cases}
\min_{l \leqslant \boldsymbol{x} \leqslant u} f(\boldsymbol{x}) & (4.56) \\
\min_{l \leqslant \boldsymbol{x} \leqslant u} af(\boldsymbol{x}) + b & (4.57)
\end{cases}
$$

其中 $a > 0, b$ 是常数。反之, 如果用原始 DIRECT 算法去求解这两个问题, 可能无法得到相同的解, 下面的定理描述了这种可能性[88-89]。

**定理 4.9** 假设目标函数 $f : \mathbb{R}^n \to \mathbb{R}$ 是 Lipschitz 连续的, $L$ 是 Lipschitz 常数。记 DIRECT 算法产生的超矩形的集合为 $\mathbb{S}$, $R \in \mathbb{S}$ 是一个满足以下条件的特殊超矩形:

- $R$ 是最小的超矩形, 即对于任意 $T \in \mathbb{S}$, 有 $\sigma(R) \leqslant \sigma(T)$;
- $R$ 是函数值最小的超矩形且其函数值非零。

设 $f^* = \min_{x \in \Omega} f(x)$, 则当

$$
|f^*| > \frac{L\sqrt{n}}{\epsilon(\sqrt{1 + 8/n} - 1)} \tag{4.58}
$$

成立时, $R$ 不可能成为 POH, 直到所有比它大的超矩形都被分割的比它更小。

**证明** 根据定义 4.15, 超矩形 $R$ 要成为 POH 必须要存在 $\gamma$ 且其满足

$$
\gamma \leqslant \frac{f(\boldsymbol{c}_T) - f(\boldsymbol{c})}{\sigma(T) - \sigma(R)}, \quad \sigma(T) > \sigma(R), \ T \in \mathbb{S} \tag{4.59a}
$$

$$
\gamma \geqslant \frac{\epsilon|f(\boldsymbol{c})|}{\sigma(R)} \tag{4.59b}
$$

其中 $\boldsymbol{c}, \boldsymbol{c}_T$ 分别是超矩形 $R, T$ 的中心点。

不妨设 $R$ 的边长为 $3^{-l}$, 那么比 $R$ 大的最小的 $T$ 应该有 $n-1$ 条边的长度为 $3^{-l}$, 另一条边的长度为 $3^{-l+1}$, 故有

$$
\sigma(T) - \sigma(R) \geqslant \frac{1}{2}\sqrt{(n-1)(3^{-l})^2 + (3^{-l+1})^2} - \frac{1}{2}\sqrt{n(3^{-l})^2}
$$

$$
= \frac{3^{-l}}{2}\left(\sqrt{n+8} - \sqrt{n}\right)
$$

注意到可行域 $\Omega$ 被标准化成单位超立方体后其对角线长为 $\sqrt{n}$。因此 $f$ 的 Lipschitz 连续性表明

$$f(\boldsymbol{c}_T) - f(\boldsymbol{c}) \leqslant L\sqrt{n}$$

根据式 (4.59a) 可得

$$\gamma \leqslant \frac{f(\boldsymbol{c}_T) - f(\boldsymbol{c})}{\sigma(T) - \sigma(R)} \leqslant \frac{L\sqrt{n}}{3^{-l}\left(\sqrt{n+8} - \sqrt{n}\right)/2} \tag{4.60}$$

另外, 从 (4.59b) 可得

$$\gamma \geqslant \frac{\epsilon|f(\boldsymbol{c})|}{3^{-l}\sqrt{n}/2} \tag{4.61}$$

结合式 (4.60) 和式 (4.61), 如果式 (4.62) 成立

$$|f(\boldsymbol{c})| > \frac{L\sqrt{n}}{\epsilon(\sqrt{1+8/n}-1)} \tag{4.62}$$

那么不存在 $\gamma$ 使得式 (4.59a) 和式 (4.59b) 都成立。

假设 $f^* \geqslant 0$, 那么总可以通过线性校正使得 $f(\boldsymbol{c}) \geqslant f^*$ 成立, 因此式 (4.58) 表明式 (4.62) 成立。

假设 $f^* < 0$, 因为 $f$ 在 $\Omega$ 内 Lipschitz 连续, 从而 $f^*$ 也连续。引理 4.4 表明, DIRECT 算法抽样得到的点在 $\Omega$ 内稠密, 从而必定存在 $c$ 使得

$$f^* < f(\boldsymbol{c}) < -\frac{L\sqrt{n}}{\epsilon(\sqrt{1+8/n}-1)}$$

成立, 所以式 (4.62) 仍成立。 $\qquad\qquad\qquad\qquad\qquad\qquad\qquad\qquad\qquad\qquad\square$

以上定理表明, 如果对目标函数进行线性校正, DIRECT 算法容易出现数值性能的退化。比如, 在式 (4.57) 中令 $a=10, b=10^7$, 并取目标函数为 Branin 函数, 类似于图 4.10 可得到图 4.11。对比两幅图可明显看出, 线性校正影响了 DIRECT 算法的数值表现。而且由于 $b$ 的绝对值较大, 这种影响是比较严重的。

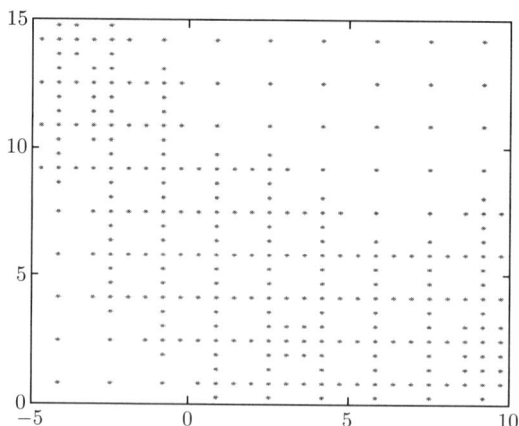

图 4.11　DIRECT 算法求解线性校正 ($a=10, b=10^7$) 后的 Branin 函数的抽样示意图

每个点对应一个超矩形的中心, 共 290 个点 (函数值计算次数为 290)。与图 4.10 对比可以发现线性校正导致了

**DIRECT 算法性能的退化**

幸运的是, 文献 [89] 提出了一个简单的方案来消除这种影响, 并由此得到一类稳健 DIRECT 算法。具体来说, 只需要把选择 POH 的定义 4.15 修改为下面的定义即可。

**定义 4.16**　给定常数 $\epsilon > 0$ 和所有超矩形的标号集合 $S$, 记 $f_{\min}$ 为当前最小的函数值, $c_i, \sigma_i$ 分别为超矩形 $i$ 的中心和大小。如果存在某个常数 $\gamma > 0$ 使得

$$f(c_j) - \gamma\sigma_j \leqslant f(c_i) - \gamma\sigma_i, \quad \forall i \in S \tag{4.63a}$$

$$f(c_j) - \gamma\sigma_j \leqslant f_{\min} - \epsilon|f_{\min} - f_{cc}|, \tag{4.63b}$$

成立, 则称超矩形 $j$ 是一个潜最优超矩形。其中 $f_{cc}$ 是 DIRECT 算法已抽样到的函数值的任意凸组合。

注意到, 定义 4.16 与定义 4.15 的差别只是在第二个不等式条件上。这里的 $f_{cc}$ 可以有很多选择, 比如把 DIRECT 算法已抽样到的函数值进行简单的平均, 或者取某一部分函数值进行简单的平均, 或者只是取其中的最大 (小) 值, 又或者取中位数, 等等, 这些选择都是可以的。文献 [88] 使用中位数得到了算法 DIRECT-median, 而文献 [89] 使用中间 50% 的函数值进行简单平均得到另一个算法 DIRECT-a。数值结果表明, 后者稍微好于前者, 且都消除了线性校正的影响, 使得 DIRECT 算法变得更加稳健。

采用定义 4.16 的 DIRECT 算法是怎样消除线性校正的影响的, 请参见文献 [89] 中定理 2 的详细证明。

## 4.5.3　DIRECT 算法与递归深度群体搜索技术

递归深度群体搜索 (recursive depth swarm search, RDSS) 是一种用于消除全局最优化算法的渐近无效现象的技术, 很早就在多水平 DIRECT 算法上成功应用[77,90], 在此基础上由文献 [3] 系统提出, 并已成功应用到多水平粒子群优化等算法上[91]。下面首先介绍全局最优化算法的渐近无效现象, 然后介绍递归深度群体搜索技术是如何解决这个问题的。

1) 全局最优化算法的渐近无效现象

在观察大量数值结果的基础上, 文献 [3] 指出, (全局) 最优化算法的渐近无效现象是普遍存在的, 并给出了理论证明。粗略地说, 渐近无效现象指的是, (全局) 最优化算法可以用较少的成本找到一个较好的近似解, 但是, 却需要高很多的成本来提升解的精度。如果以算法找到的最好目标函数值为纵轴, 以计算成本为横轴, 画出的图形通常类似于字母 "L"。也就是说, 在算法初期, 很少的计算成本就能取得较好的进展, 而越到后期, 为了获得类似的进展, 所需要的计算成本越来越高。

下面以一个数值实验来度量 DIRECT 算法逼近全局最优解的速度, 并说明该算法存在的渐近无效现象。文献 [87] 指出, 可以用 DIRECT 算法求解下面的测试函数:

$$f(\boldsymbol{x}) = \|\boldsymbol{x}\|_1 + 7, \quad \boldsymbol{x} \in [-1, 1]^2 \tag{4.64}$$

并通过一定成本内找到的强最优超矩形 (strongly optimal hyperrectangle, SOH) 的层数, 来度量 DIRECT 算法逼近全局最优解的速度。其中, SOH 的定义如下。

**定义 4.17**　称中心点的函数值最小且大小也最小的超立方体为一个强最优超矩形。进一步, 称边长为 $3^{-l}(k = 0, 1, 2, \cdots)$ 的 SOH 为第 $l$ 层 SOH。

由于 DIRECT 算法将每个 POH 的最长边进行三等分, 因此, 其分割得到的超矩形的任意边长都可以写成 $3^{-l}(l=0,1,2,\cdots)$ 的形式, 且任意两条边长之比不会大于 $3^{[87]}$。这表明, 任一超矩形或者边长全部相等 (此时为超立方体), 或者只有两种不同长度的边长且这两种长度之比为 3。而强最优超矩形是 DIRECT 算法在一定的计算成本内找到的最小超立方体, 且要求其中心点的函数值也最小。根据引理 4.2, SOH 是存在的, 且是按照顺序被找到的, 也就是说在第 $(k+1)$ 层 SOH 被找到之前一定会找到至少一个第 $k$ 层的 SOH$^{[3,87]}$。

容易看出, 问题 (4.64) 在原点处具有全局最优解, 因此 DIRECT 型算法可以在第一次迭代中就找到它。表 4.1 第二行的数据描述了 DIRECT 算法求解问题 (4.64) 时对最优解的逼近速度。从表 4.1 中可以看到, 当 $l \leqslant 7$ 时, 数据基本呈线性变化, 算法只用了 273 个函数值计算次数就可以找到了第 7 层 SOH, 即一个精度约为 $3^{-7} \approx 5 \times 10^{-4}$ 的解。对许多应用来说, 这个精度是不够的。不幸的是, 要找到 $l \geqslant 8$ 层的 SOH, 难度越来越大。比如, 要花超过 5 万函数值计算, 才能达到 $3^{-10} \approx 2 \times 10^{-5}$ 的精度; 花费超过 37 万函数值计算, 才能达到 $3^{-11} \approx 5 \times 10^{-6}$ 的精度。这些数据清楚地表明, DIRECT 算法存在严重的 "渐近无效" 现象。

表 4.1　找到问题 (4.64) 的第 $l$ 层 SOH 所需要的函数值计算次数

| $l$ | 1 | 2 | 3 | 4 | 5 | 6 | 7 | 8 | 9 | 10 | 11 | 12 | 13 |
|---|---|---|---|---|---|---|---|---|---|---|---|---|---|
| DIRECT | 9 | 33 | 65 | 97 | 121 | 193 | 273 | 2225 | 9817 | 52369 | 374049 | — | — |

注: "—" 表示计算次数超 85 万次。

2) 递归深度群体搜索技术

文献 [3] 指出, 渐近无效现象类似于数值代数中的 "光滑模" 现象, 而后者已经被多重网格法等递归深度技术成功消除$^{[92-93,96]}$。受这一成功案例的启发, 文献 [3] 提出了一类面向全局最优化算法的递归深度群体搜索技术。

递归深度群体搜索技术适用于采用群体搜索或种群演化的全局最优化算法, 通过设立子问题, 搭建两水平搜索框架 (见算法 4.12), 并通过递归调用两水平搜索框架来求解子问题, 得到多水平搜索框架 (见算法 4.13)。

**算法 4.12** (两水平群体搜索算法)　*初始化: 给定初始群体。*
**当停止条件不成立, 执行以下循环:**

- *群体搜索 (前优化): 在原始的搜索区域上用群体搜索求解原始优化问题, 迭代少数几次;*
- *子群搜索: 采用子群搜索求解原始优化问题的子问题;*
- *群体搜索 (后优化): 在原始的搜索区域上用群体搜索求解原始优化问题, 迭代少数几次。*

算法 4.12 与普通优化算法不同之处在于子群搜索 (即子问题求解), 其理念在于通过低成本的子问题求解, 来实现更高效的原问题优化。更进一步, 可以调用算法 4.12 来代替子群搜索, 实现多水平 (深度) 群体搜索。

**算法 4.13** (递归深度群体搜索算法 RDSS($L$))　　初始化: 令 $L_{\max} = L$。

当停止条件不成立, 执行以下循环:

- 群体搜索 (前优化): 在第 $L_{\max}$ 层搜索区域上用群体搜索求解原始优化问题, 迭代少数几次。

- 子群搜索: 当 $L = 1$ 时, 采用子群搜索求解原始优化问题的子问题; 否则, 令 $L = L - 1$, 调用 RDSS($L$)1 次或 2 次, 求解原始优化问题的子问题。

- 群体搜索 (后优化): 在第 $L_{\max}$ 层搜索区域上用群体搜索求解原始优化问题, 迭代少数几次。

在算法 4.13 中, 调用 RDSS($L$)1 次或 2 次分别对应着 V-循环和 W-循环的递归深度群体搜索算法, 两者的循环过程及其区别可参考图 4.12 和图 4.13, 从上往下的箭头表示前优化以及信息从 $L$ 层种群到 $L - 1$ 层种群的传递, 从下往上的箭头表示信息从 $L - 1$ 层种群到 $L$ 层种群的传递以及后优化。

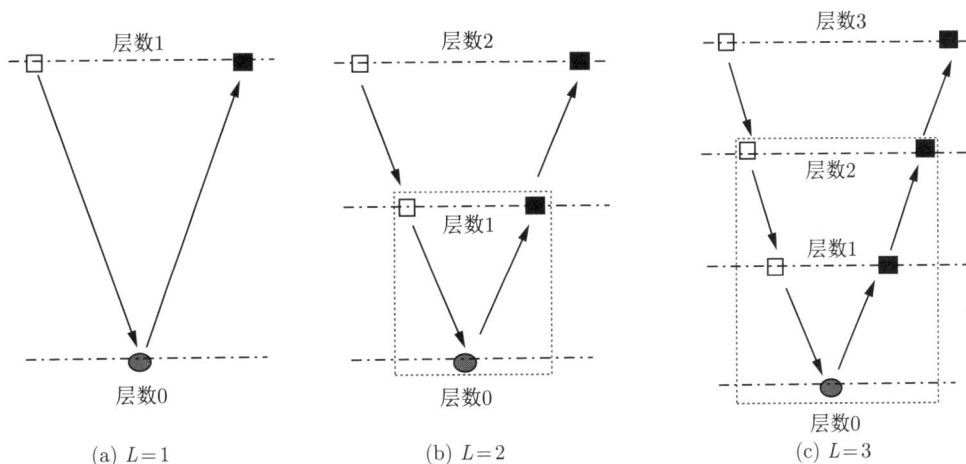

图 4.12　三层 V-循环递归结构图

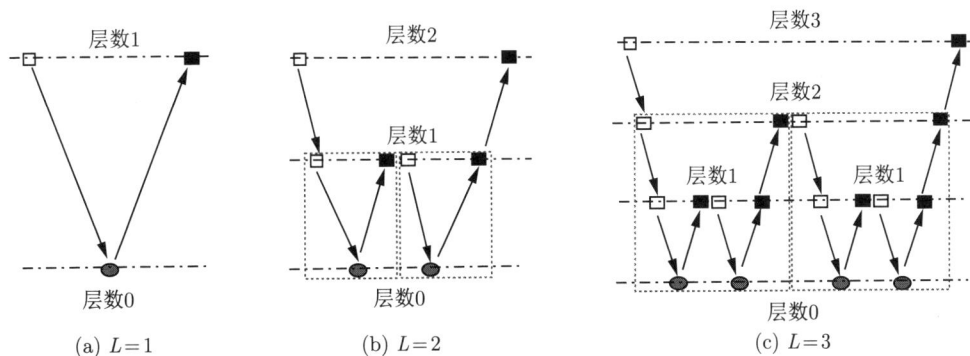

图 4.13　三层 W-循环递归结构图

从上述两个算法框架的介绍可以看出, 子问题构造具有重要意义。文献 [3] 指出, 递归深度技术应用到全局最优化的一个重要理论前提是, 子问题的求解应能够快速找到精度更高的近似解。因此, 子问题的构造并不容易, 一种可能的做法是直接将原问题作为子问题。此时, 可以把子群搜索看成一个有效的局部算法, 它可以在当前最好解的附近进行局部勘探, 以找到精度更好的解[91,95]。此外, 不同水平上种群的信息交互以及计算成本在不同水平搜索之间的分配也具有重要影响[3]。

虽然 DIRECT 算法不是种群演化类算法, 但是, 它的每次迭代都依赖于分割得到的超矩形集合 (可认为是一个种群), 本质上是群体搜索类算法。文献 [96] 和文献 [90] 将递归深度群体搜索技术应用到 DIRECT 算法中, 分别得到了两水平 DIRECT 算法和多水平 DIRECT 算法。表 4.2 给出了原始 DIRECT 算法、两水平搜索改进后的 RDIRECT-b 算法以及多水平搜索改进后的 MrDIRECT 算法对问题 (4.64) 的测试结果, 从中可以看到它们各自需要多少计算成本才能找到第 $l$ 层强最优超矩形 (SOH), 其中 DIRECT 算法的数据与表 4.1 一致。从表 4.2 中可以看到, RDIRECT-b 算法显著改善了原始 DIRECT 算法的数值性能, 而 MrDIRECT 算法又进一步提升了数值性能。总体上, RDIRECT-b 算法能以线性成本找到第 17 层 SOH(即精度为 $3^{-17} \approx 7 \times 10^{-9}$ 的解), 而 MrDIRECT 算法能以线性成本找到第 21 层 SOH(即精度为 $3^{-21} \approx 9 \times 10^{-11}$ 的解)。

表 4.2　找到问题 (4.64) 的第 $l$ 层 SOH 所需要的函数值计算次数

| $l$ | 1 | 2 | 3 | 4 | 5 | 6 | 7 | 8 |
|---|---|---|---|---|---|---|---|---|
| DIRECT | 9 | 33 | 65 | 97 | 121 | 193 | 273 | 2225 |
| RDIRECT-b | 9 | 33 | 39 | 69 | 101 | 125 | 197 | 221 |
| MrDIRECT | 9 | 13 | 37 | 53 | 65 | 93 | 129 | 171 |
| $l$ | 9 | 10 | 11 | 12 | 13 | 14 | 15 | 16 |
| DIRECT | 9817 | 52369 | 374049 | — | — | — | — | — |
| RDIRECT-b | 301 | 785 | 1609 | 2929 | 5297 | 8689 | 12945 | 18289 |
| MrDIRECT | 219 | 243 | 457 | 833 | 1233 | 2361 | 3217 | 4841 |
| $l$ | 17 | 18 | 19 | 20 | 21 | 22 | 23 | |
| DIRECT | — | | | | | | | |
| RDIRECT-b | 24161 | 40289 | 89041 | 235473 | 458081 | — | — | |
| MrDIRECT | 6049 | 8225 | 10033 | 18213 | 27977 | 66265 | 92987 | |

注: "—" 表示计算次数超过 85 万次。

当然, 三个算法都在最后呈现出一定程度的渐近无效行为。从图 4.14 中可以看到, 三个算法的数值结果都有点类似于字母 "L", 但是 RDIRECT-b 算法和 MrDIRECT 算法的曲线明显比 DIRECT 算法的更低, 表明相同成本下能找到精度显著更高的解; 而且, MrDIRECT 算法的曲线尾部很短, 可以认为在精度 $3^{-25} \approx 1 \times 10^{-12}$ 内消除了 DIRECT 算法的渐近无效现象。

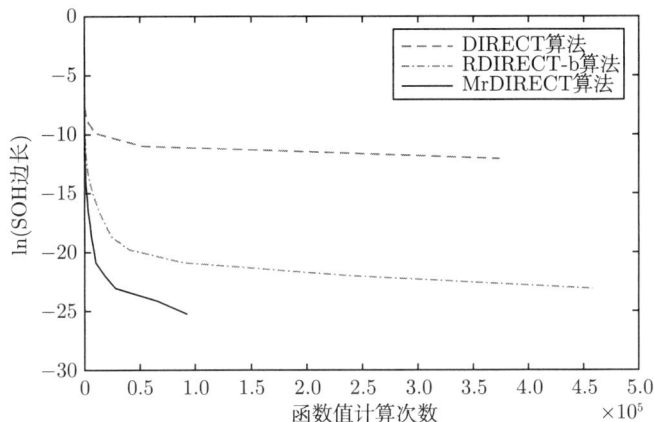

图 4.14　三个 DIRECT 型算法求解问题 (4.64) 的数值结果

# 习题与思考

1. 写出空间 $\mathbb{R}^2$ 的一组最大正基、一组夹角不均匀的最小正基以及一组夹角均匀的最小正基。

2. 给定向量 $\boldsymbol{\omega} = (1,1)^{\mathrm{T}}$ 以及第 1 题中的三组正基, 分别找出哪个正基向量能够跟 $\boldsymbol{\omega}$ 夹角为正?

3. 证明: 包含正相关集的任何有限集合都是正相关的; 反之, 正无关集合的任意子集都是正无关的。

4. 证明: 已知向量组 $S = \{\boldsymbol{v}_1, \boldsymbol{v}_2, \cdots, \boldsymbol{v}_k\} \subset \mathbb{R}^n$ 是正无关的, 若 $\boldsymbol{v} \notin \mathrm{span}(S)$, 那么 $\{\boldsymbol{v}\} \bigcup S$ 也是正无关的。

5. 证明: 若 $S = \{\boldsymbol{v}_1, \boldsymbol{v}_2, \cdots, \boldsymbol{v}_k\} \subset \mathbb{R}^n$ 正张成凸锥 $C \subseteq \mathbb{R}^n$, 那么存在某个 $\boldsymbol{v}_i$ 是 $S$ 中其他元素的正组合当且仅当 $S \setminus \{\boldsymbol{v}_i\}$ 也能正张成 $C$。

6. 证明: $S = \{\boldsymbol{v}_1, \boldsymbol{v}_2, \cdots, \boldsymbol{v}_k\} \subset \mathbb{R}^n$ 是正线性无关的, 当且仅当 $S$ 没有任何子集能够正张成凸锥 $\mathrm{pos}(S)$。

7. 证明: 如果 $S = \{\boldsymbol{v}_1, \boldsymbol{v}_2, \cdots, \boldsymbol{v}_k\} \subset \mathbb{R}^n$ 能够正张成一个线性子空间 $C$, 那么对任意 $i = 1, 2, \cdots, k$, $S \setminus \{\boldsymbol{v}_i\}$ 能线性张成 $C$。

8. 证明: 如果 $S = \{\boldsymbol{v}_1, \boldsymbol{v}_2, \cdots, \boldsymbol{v}_k\} \subset \mathbb{R}^n$ 能够线性张成子空间 $\mathbb{R}^n$, 则 $S$ 能够正张成 $\mathbb{R}^n$ 等价于 $S$ 能够严格正线性组合出零向量。

9. 证明: 若 $S$ 是 $\mathbb{R}^n$ 的正基, 则 $\mathbb{R}^n$ 中的每个元素都能够表示成 $S$ 中的元素的严格正组合, 且表示方法有无穷多种。

10. 机会主义的罗盘形搜索和完全的罗盘形搜索各有什么优缺点?

11. 给出至少两种罗盘外搜索的策略, 并说明各自的优缺点。

12. 若假设 4.2 和假设 4.3 成立, 证明算法 4.1 的成功迭代步只有有限多个。

13. 证明不等式 (4.10) 成立。

14. 证明单纯形体积的三个计算公式 (即式 (4.11)、式 (4.12) 和式 (4.13)) 是等价的。

15. 证明式 (4.15) 和式 (4.16) 成立。

16. 证明问题 (4.17) 是严格凸的, 然后用 Nelder-Mead 单纯形法求解它: ①初始单纯形由式 (4.18) 给定; ②用其他初始单纯形。解读结果, 验证单纯形法可能无法收敛到极值点。

17. 插值和回归技术都需要先假定函数的形式, 然后借助数据求出函数中的未知参数。这一范式与当前风靡的深度学习技术很不一样, 后者借助数据同时确定函数的形式和未知参数。认真思考这两种范式的差别, 并理解和归纳导致这种差别的原因。

18. 要获得 $n$ 元线性插值或回归函数, 各自需要的数据量哪个更多? 为什么?

19. 考虑有 5 个变量的二次插值或二次回归问题, 至少分别需要多少条数据?

20. 给定 $p+1$ 个 $n$ 维向量, 证明当 $p > n$ 时, 单纯形梯度就是回归函数的梯度。

21. 证明式 (4.37) 中前向或后向差商与真实梯度之间的误差为步长的同阶无穷小, 而中心差商与真实梯度的误差为步长平方的同阶无穷小。

22. 写出非精确滤波算法中近似海塞矩阵从 $\boldsymbol{H}_k$ 到 $\boldsymbol{H}_{k+1}$ 的更新公式。

23. 证明在线搜索型无导数优化算法 4.8 中, 单纯形会越来越小, 即参数 $\Delta_k$ 会越来越小这一结论需要什么条件。

24. 在信赖域型无导数优化算法 4.10 中, 性能比 $\rho$ 起着重要作用。请问, $\rho$ 有没有一个取值范围? 它接近 1 或远离 1 有哪些不同含义? 为什么参数 $\eta$ 要限制在 $(0,1)$?

25. 证明谱范数的计算公式 (4.43)。

26. 证明正交矩阵的条件数总等于 1。

27. 证明: 确定一个次数不超过 $d$ 的 $m$ 元拉格朗日插值多项式, 需要的适定数据集应包含的数据个数由式 (4.47) 决定。

28. 仔细研究例题 4.3 和例题 4.4 中数据的适定性, 请问能否论证 $\Lambda$ 的适定性越好 (即 $\Lambda$ 值越小) 的数据越呈现均匀分布?

29. 尝试开发一套流程, 找到满足适定性且 $\Lambda$ 值尽可能小的数据集, 用于设计数据驱动的最优化算法。

30. 可以把 DIRECT 算法看成几何启发的群体搜索算法, 那它与生物启发的种群演化类算法有何异同?

31. 在更多有代表性的全局最优化问题上, 测试并检验 DIRECT 算法及多水平 DIRECT 算法的数值性能, 特别关注渐近无效现象的缓解或消除。

32. 递归深度群体搜索技术与深度学习技术有何异同? 各自的特色是什么?

# 第2部分

# 启发式优化、演化优化与群体智能优化

以退为进，坚守初心。

第 1 部分已经介绍，经典的梯度型优化算法一般只能导向局部最优解。为了跳出局部陷阱，找到真正的全局最优解，在多次重启策略之外，人们只能放弃梯度信息的引导，走向无导数优化。无导数优化其实是一大类算法，除了第 4 章介绍的狭义无导数优化算法，还有更广泛意义上的无导数优化算法。

从本章开始的三章内容，我们介绍三种新型的无导数优化算法，它们分别是启发式优化、演化优化和群体智能优化。跟上一部分的梯度型优化及狭义无导数优化相比，这三类算法有一些显著不同的地方：它们通常都受到某种自然现象或生物行为等的启发，并积极拥抱随机性，且往往借助群体搜索。因此，这些算法有许多不同的称呼，比如自然启发的 (nature-inspired)、生物启发的 (bio-inspired)、基于种群的 (population-based)，等等。总之，在放弃梯度信息的引导后，人们开始从大自然中寻找各种智慧，并开启了无导数优化的大发展。

本章介绍启发式优化算法，第 6 章介绍演化优化算法，第 7 章介绍群体智能优化算法。首先从启发与元启发这两个概念的辨析开始。

## 5.1 启发式与元启发式

启发式 (heuristic) 和元启发式 (metaheuristic) 是两个容易混淆的概念。

### 5.1.1 启发式

根据维基百科的定义，启发式常见于计算机科学和数值最优化这两大领域，特别是以下两个场景中：①当经典方法找不到精确解时，可以用启发式来找近似解；②当经典方法求解速度太慢时，可以借助启发式更快地解决问题。通常，启发式方法通过牺牲掉最优性、完备性或精度等一些理论性质，来获得更快的求解速度。换句话来说，如果只关注数值最优化领域，启发式方法是经典的数学规划方法的重要替代或补充。

- 在梯度型方法无法使用或无能为力时，启发式方法可以替代它发挥作用；
- 而当梯度型方法求解速度太慢时，启发式方法可以是很好的补充。
- 梯度型方法更关注收敛性 (最优性) 和精度，而启发式方法更关注求解速度和广泛的适用性。

### 5.1.2 元启发式

元启发式通常指的是一个与问题无关的算法框架, 提供了设计启发式优化算法的准则或策略[97]。正是从这个角度, 元启发式有时候被认为是 "启发的启发"。当然, 它也可以指该算法框架的某种具体实现。

下面介绍元启发式与启发式的区别与联系。从应用领域的角度看, 根据维基百科的定义, 启发式可应用于计算机科学和数值最优化两大领域, 而元启发式只应用于数值最优化领域。因此, 在数值最优化领域, 启发式通常就是元启发式; 而在计算机科学领域, 只有启发式, 而没有元启发式。从内涵来看, 元启发式既包含元启发算法框架, 也包含具体的元启发式算法, 后者就等价于启发式算法。

### 5.1.3 元启发式优化算法的发展及分类

根据文献 [97], (元) 启发式的发展可以划分为五个历史阶段。在 1940 年以前, 启发式和元启发式的思想就出现了, 但正式的研究基本没有; 此后到 1980 年, 出现了第一批关于启发式方法的正式研究; 而从 1980—2000 年, 元启发式方法被大量提出, 该领域得到蓬勃发展; 此后, 研究人员开始更关注元启发式算法框架, 而不是具体方法, 得到了很多的洞见; 未来, 作者认为, 元启发式方法的设计将得到更多的理论支撑, 越来越科学化。

(元) 启发式方法是很宽泛的概念, 不仅包括许多单点迭代型启发式方法, 也包括基于种群演化和群体智能的大量方法。本章主要关注前一类方法, 后面两章将分别介绍基于种群演化的方法和基于群体智能的方法。

单点迭代型的启发式方法有点类似于梯度型优化算法, 采用的是从一个初始点到下一个迭代点, 并一直迭代下去的策略。这类方法包括模拟退火 (simulated annealing) 算法[99]、禁忌搜索 (tabu search) 算法[100-101]、贪婪随机自适应搜索过程 (greedy randomized adaptive search procedure, GRASP) 算法[102-103]、迭代局部搜索 (iterated local search, ILS) 算法[104]、变邻域搜索 (variable neighborhood search, VNS) 算法[105], 等等。注意到这些方法在提出之初多用于求解组合优化问题, 且有些 (如禁忌搜索, ILS 等) 已经超越了一个具体算法, 成为一种算法理念, 可以融入其他算法中。

本章主要介绍模拟退火和禁忌搜索两个算法。

## 5.2 模拟退火算法

模拟退火算法受金属退火可以优化材料的性能这一物理现象的启发。金属材料通过高温加热到液体, 然后缓慢降温, 可以有效减少材料缺陷。这个现象的背后, 存在着热力学规律。金属温度越高, 能量也越高, 每个分子的活动范围就越大, 有更大希望找到更有规律的晶体结构。随着温度的缓慢下降, 这些有规律的晶体结构逐渐冷却, 达到减少材料缺陷的作用。如果一次降温过程没有达成目的, 即金属晶体仍不够完美, 可以再次加热, 再次降温。1983 年, 这个过程被建模成模拟退火算法[99], 起初用于求解组合优化问题, 后来也被用于求解无约束或有界约束的连续优化问题。

在金属材料的高温退火与模拟退火算法之间, 有表 5.1 所示的类比关系。金属块的能量被对应为最优化问题的目标函数, 能量越低目标函数越小 (好)。而金属块中所有粒子的状态被对应为一个可行解, 于是, 金属的最高温状态对应初始温度下的可行解, 能量最低的粒子状态对应目标函数的最优解。金属退火的冷却过程对应着算法中温度下降的函数。

**表 5.1  金属退火与模拟退火的概念对应**

| 金属材料高温退火 | 模拟退火算法 |
| --- | --- |
| 金属能量 | 目标函数 |
| 粒子状态 | 可行解 |
| 最高温状态 | 初始温度下的可行解 |
| 粒子能量最低状态 | 最优解 |
| 冷却过程 | 控制温度下降的函数 |
| 等温状态 | Metropolis 抽样过程 |

表 5.1 中最后一行的等温状态, 又称为物理退火中的等温过程。在等温过程中, 系统状态的自发变化总是朝着自由能减少的方向进行。在模拟退火算法中, 这一过程对应着 Metropolis 抽样过程。后者是一种在给定概率分布的条件下, 产生随机样本的方法。在模拟退火算法中, Metropolis 抽样过程被用来在每一次迭代中, 根据当前温度和状态, 按照一定的概率接受或拒绝新的状态。

## 5.2.1  Metropolis 抽样过程

模拟退火算法本质上是一个随机搜索算法, 但不是简单的随机搜索, 而是基于 Metropolis 规则的随机搜索[106]。因此, 首先需要了解 Metropolis 规则。

在模拟退火算法中, 给定当前状态 (可行解), 算法会随机产生一个新的候选解, 如果这个候选解的目标函数值更小, 则接受为新的可行解。这个策略模拟了金属朝能量下降方向退火的过程。如果仅仅如此, 则算法成为简单随机搜索算法。模拟退火算法引进了新的机制, 即 Metropolis 规则。该规则允许算法以一定的概率接受目标函数值更差的候选解, 这在一定程度上超越了金属退火这个物理机制, 有利于跳出局部陷阱, 获得更好的全局搜索能力。

给定当前状态 (可行解)$x$ 和当前温度 $T$, Metropolis 规则中的接受概率可以表示为

$$P(接受候选解 z) = \begin{cases} 1, & f(z) \leqslant f(x) \\ (1 + e^{(f(z) - f(x))/T})^{-1}, & f(z) > f(x) \end{cases} \tag{5.1}$$

当候选解 $z$ 优于当前解 $x$ 时, 将接受新解 $z$ 作为算法的当前解; 否则, 将以一定的概率接受该候选解。容易看出, 接收一个更差候选解的概率不超过 50%。此外, 温度 $T$ 越低, 或 $f(z)$ 越大, 接受概率就越低。这意味着, 算法的早期更容易接受差的候选解, 但到了算法的后期, 差的候选解更难被接受了; 另外, 越差的候选解, 越难以被接受。

## 5.2.2 简单模拟退火算法

本小节先介绍没有采用再退火 (reannealling) 机制的简单模拟退火算法, 算法 5.1 给出了其伪代码。后面会在此基础上加入再退火机制, 得到完整版的模拟退火算法。

---

**算法 5.1** (简单模拟退火算法)

初始化: 给定温度 $T_0, T_{\min} > 0$, 候选解 $\boldsymbol{x}_0$ 及其函数值 $f(\boldsymbol{x}_0)$, 令 $\boldsymbol{x}_{\text{best}} = \boldsymbol{x}_0$, 迭代次数 $k = 0$;

执行以下步骤, 直到 $T_k \leqslant T_{\min}$:

- 生成候选解 $\boldsymbol{z}$, 并计算其函数值 $f(\boldsymbol{z})$;
- 如果 $f(\boldsymbol{z}) \leqslant f(\boldsymbol{x}_0)$, 接受候选解; 否则, 按照 Metropolis 规则以一定的概率接受 $\boldsymbol{z}$。若接受候选解, 令 $\boldsymbol{x}_{k+1} = \boldsymbol{z}$, 更新历史最好解 $\boldsymbol{x}_{\text{best}}$, 并进行必要的约束处理。
- 降温使得 $T_{k+1} < T_k$; 令 $k = k + 1$。

输出 $\boldsymbol{x}_{\text{best}}$。

---

在算法 5.1 中, 初始温度 $T_0$ 是一个重要参数, 其设定会影响模拟退火算法的全局搜索性能。一个简单的策略是固定的初始温度, 即

$$T_0 = k \tag{5.2}$$

其中, $k$ 为常数。另外一种方式是, 设置一个与初始候选解 $\boldsymbol{x}_0$ 的目标函数成正比的初始温度, 即

$$T_0 = k \times f(\boldsymbol{x}_0) \tag{5.3}$$

实验表明初始温度越大, 获得高质量解的概率越大, 但计算成本也通常更高。

模拟退火算法的停止条件与其他非梯度型优化算法类似, 通常消耗完给定的计算成本值就停止。这里的计算成本可以是迭代次数、CPU 时间或者目标函数值计算次数等。当然, 也可以基于搜索结果, 更加自适应地停止算法。比如:

- 结晶完成 (停滞状态): 多次迭代中目标函数值的平均改变量很小;
- 接近最优: 算法找到的最好目标函数值小于给定的值; 或者, 在最近若干次迭代中, 接受率小于一个给定的阈值。

从算法 5.1 可以发现, 模拟退火算法的关键步骤是产生候选解、Metropolis 抽样过程、以及降温技术。Metropolis 抽样过程已经介绍过了, 下面详细介绍候选解生成技术和降温技术。

1) 产生候选解

在模拟退火算法中, 候选解的产生方式借鉴了数学规划中的迭代公式, 即

$$\boldsymbol{x}_{k+1} = \boldsymbol{x}_k + \lambda_k \boldsymbol{d}_k \tag{5.4}$$

其中, $\boldsymbol{x}_k$ 是当前迭代点; $\boldsymbol{d}_k$ 是搜索方向; $\lambda_k$ 是搜索步长。

不同于数学规划中的下降方向, 这里的 $\boldsymbol{d}_k$ 可以是任意搜索方向, 一般在搜索区域内均匀分布地选取。搜索步长 $\lambda_k$ 也不是通过线搜索得到, 而是让它受温度参数的直接控制, 随

温度而改变。具体来说, 可以直接令步长等于温度, 即

$$\lambda_k = T_k \tag{5.5}$$

这被称为常用退火。另一种常用策略被称为玻耳兹曼退火, 取

$$\lambda_k = \sqrt{T_k} \tag{5.6}$$

可以发现, 无论采用哪一种退火方式, 搜索方向都是随机的, 而温度越高搜索步长越大。这意味着在模拟退火算法的早期, 搜索的随机性是很大的, 这保证了良好的全局搜索性能。随着算法进入中后期, 虽然搜索方向仍然是随机的, 但是, 温度越来越低, 搜索步长也越来越小, 算法就在当前最好区域的附近进行 "局部精炼" 式寻优。可以说, 候选解的生成方式同时兼顾了全局搜索 (global exploration) 和局部探索 (local exploitation) 性能。

2) 降温 (退火) 技术

模拟退火算法的降温 (退火) 方式对数值性能也有重要影响。其原则是: ①温度必须是单调递减的; ②温度的下降应该是缓慢进行的。第一条原则使得 Metropolis 规则越来越不可能接受较差的解, 保证了算法能稳定地搜索到较好的解。第二条原则能较好地避免算法陷入局部陷阱而无法跳出。

在上述两条原则下, 常用的降温 (退火) 方式有常规降温 (退火)、快速降温 (退火)、玻耳兹曼降温 (退火) 等。常规降温方式按如下公式降低温度:

$$T_k = T_0 \times 0.95^c \tag{5.7}$$

其中, 退火参数 $c$ 是本轮退火过程以来的迭代次数, 在不考虑再退火策略的条件下, $c$ 就等于迭代次数 $k$。注意到常规降温是按照指数方式降低温度的, 这个过程是非常缓慢的。

对应地, 快速降温采用如下方式降低温度:

$$T_k = \frac{T_0}{c} \tag{5.8}$$

注意, 这里的 "快速" 仍然是缓慢的, 是线性递减的, 只是相对于常规降温中的指数式下降来说更快而已。也就是说, 快速降温策略 (5.8) 并没有违反缓慢降温的原则。

最后, 玻耳兹曼降温的公式如下:

$$T_k = \frac{T_0}{\ln(c)} \tag{5.9}$$

由于 $\ln(1) = 0, \ln(2) = 0.6831$, 因此, 根据式 (5.9) 进行玻耳兹曼降温会产生短暂的 "天火融金" 现象。在第一次迭代时, 温度是无穷大, 被称为 "天火"。然后, 这个温度迅速地降到 $T_0$ 的 1.4427 倍, 接着才逐渐低于 $T_0$, 并越来越低。

图 5.1 给出了上述三种降温方式的图示。从中可以发现, 在退火的早期, 快速退火方式是下降最快的, 而玻耳兹曼退火总体上是下降最缓慢的。在退火的后期, 玻耳兹曼退火的温度最高, 远高于其他两种方式, 常规退火的温度最低。

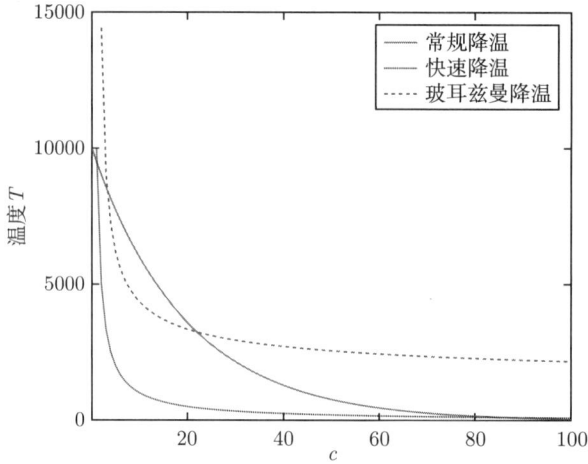

图 5.1    模拟退火算法的三种降温方式 $(T_0 = 10000)$(见文后彩图)

有两个交叉点值得关注, 一个是常规退火低于玻耳兹曼退火的点, 另一个是常规退火开始低于快速退火的点。根据

$$\ln(c) < (\frac{1}{0.95})^c$$

可得最小的 $c$ 为 23, 即当 $c \geqslant 23$ 时, 常规退火的温度开始越来越低于玻耳兹曼退火的温度。类似地, 根据

$$c < \left(\frac{1}{0.95}\right)^c$$

可得最小的 $c$ 为 88, 即当 $c \geqslant 88$ 时, 常规退火的温度开始越来越低于快速退火的温度。

## 5.2.3    从退火到再退火

前面已说明, 简单模拟退火算法是不采用再退火技术的。但是, 大量数值实验表明, 简单模拟退火算法容易陷入局部陷阱, 因此, 主流的模拟退火算法在算法 5.1 的基础上, 作了两大改进: ①将向量运算改为分量运算, 即候选解的每一维度都有自己的初始温度和当前温度, 候选解的产生和退火等操作都按照不同维度独立实施; ②引进再退火机制, 算法运行一段时间 (如接受 100 个候选解) 后, 让退火参数 $c$ 降低, 升高温度。这种改进得到了自适应模拟退火 (adaptive SA, ASA) 算法[107], 它的数值性能显著优于简单模拟退火算法。

下面介绍自适应模拟退火算法中的再退火技术。再退火本质上是一种多次重启策略, 可以简单地设定 "固定" 的重启时间。比如, 算法在接受 100 个候选解后, 启动再退火。此时, 令退火参数为

$$c_i = \ln\left(\frac{T_0}{T_i} \times \frac{\max_j(s_j)}{s_i}\right), \quad s_i = (u_i - l_i) \times \frac{\partial f(\boldsymbol{x})}{\partial x_i} \tag{5.10}$$

其中, $T_0$, $T_i$ 分别为第 $i$ 维上的初始温度和当前温度; $u_i$, $l_i$ 分别为第 $i$ 维上的上界和下界。偏导数 $\dfrac{\partial f(\boldsymbol{x})}{\partial x_i}$ 度量了在第 $i$ 维上目标函数的 "敏感程度", 偏导数越大, 自变量小的变动将

导致目标函数值越大的变动。因此, 式 (5.10) 意味着, 偏导数越大 (越 "敏感") 的维度, 其退火参数越小, 从而温度越高, 搜索范围越大。

事实上, 式 (5.10) 可以拆分成如下的两项, 这能使我们更好地理解再退火程度受哪些力量的影响。

$$c_i = \ln\left(\frac{T_0}{T_i}\right) + \ln\left(\frac{\max_j(s_j)}{s_i}\right) \tag{5.11}$$

对常用的三种退火方式, 第一项为

$$\ln\left(\frac{T_0}{T_i}\right) = \begin{cases} -c_i \ln(0.95) \approx 0.0513c_i, & \text{常规退火} \\ \ln(c_i), & \text{快速退火} \\ \ln(\ln(c_i)), & \text{玻耳兹曼退火} \end{cases}$$

可见, 第一项显著降低了当前退火参数 $c$, 从而显著地提升了温度。第二项最小为 0, 上可能不封顶。对偏导数最大的维度, 第二项为 0, 得到的 $c$ 最小, 从而温度最高, 搜索范围最大。偏导数越小, 第二项越大, 退火参数 $c$ 越大, 温度越低, 搜索范围越小。

将再退火技术加入简单模拟退火算法, 可得到如下的算法 5.2。注意, 该算法的候选解生成和退火及再退火步骤都是按不同维度独立完成的。

**算法 5.2**　(模拟退火算法)

*初始化*: 给定温度 $T_0, T_{\min} > 0$, 候选解 $\boldsymbol{x}_0$ 及其函数值 $f(\boldsymbol{x}_0)$, 令 $\boldsymbol{x}_{\text{best}} = \boldsymbol{x}_0$, 迭代次数 $k = 0$, 接受次数 $a = 0$;

执行以下步骤, 直到 $T_k \leqslant T_{\min}$:

- 生成候选解 $\boldsymbol{z}$, 并计算其函数值 $f(\boldsymbol{z})$;
- 如果 $f(\boldsymbol{z}) \leqslant f(\boldsymbol{x}_0)$, 接受候选解; 否则, 按照 Metropolis 规则以一定的概率接受 $\boldsymbol{z}$。若接受候选解, 令 $\boldsymbol{x}_{k+1} = \boldsymbol{z}, a = a + 1$, 更新历史最好解 $\boldsymbol{x}_{\text{best}}$, 并进行必要的约束处理。
- 降温使得 $T_{k+1} < T_k$; 令 $k = k + 1$。
- 若 $a = 100$, 执行再退火策略, 按式 (5.10) 调低退火参数, 并令 $a = 0$。

输出 $\boldsymbol{x}_{\text{best}}$。

模拟退火的另一种实现方式是, 在每次迭代中, 进行多次 "候选解生成和 Metropolis 规则接受" 后, 再进行降温。比如, 在文献 [106] 中的大规模旅行商问题求解中, 每次迭代执行 1000 次 "候选解生成和 Metropolis 规则接受" 后再降温。

### 5.2.4　渐近收敛性

模拟退火算法是一个单点迭代算法, 从一个初始点出发, 不断迭代。如果允许无穷多的迭代次数, 该迭代序列 $\{\boldsymbol{x}_k\}_{k=1}^{+\infty}$ 可以看成一个马尔可夫链[106]。记

$$P_{ij}(k) = P(\boldsymbol{x}(k) = j | \boldsymbol{x}(k-1) = i) \tag{5.12}$$

为第 $k$ 次迭代中从状态 $i$ 转移到状态 $j$ 的转移概率。根据前面的介绍, 模拟退火算法的状态转移概率与状态生成概率和接受概率有关。

在一定的条件下, 模拟退火算法有如下的渐近收敛性质, 更多的证明细节请参阅文献 [106]。

**定理 5.1** 假设状态空间中的任意两个状态 $\boldsymbol{x}_i, \boldsymbol{x}_j$ 之间, 存在一条能连接它们的状态路径, 使得模拟退火算法能够从状态 $\boldsymbol{x}_i$ 转移到状态 $\boldsymbol{x}_j$。那么, 模拟退火算法对应的马尔可夫链有一个稳定分布, 且最终转移到状态 $\boldsymbol{x}$ 的概率为

$$q_{\boldsymbol{x}}(T) = \frac{\exp\left(-\dfrac{f(\boldsymbol{x})}{T}\right)}{\sum\limits_{\boldsymbol{x}_i \in \Omega} \exp\left(-\dfrac{f(\boldsymbol{x}_i)}{T}\right)}, \forall \boldsymbol{x} \in \Omega \tag{5.13}$$

其中, $T$ 为当前温度; $\Omega$ 为状态空间。随着迭代次数趋于无穷大和温度趋近于 0, 模拟退火算法以概率 1 收敛到某个最优解, 即

$$\lim_{T \to 0} \lim_{k \to \infty} \boldsymbol{x}_k^T \in \boldsymbol{x}_{\mathrm{opt}} = 1。 \tag{5.14}$$

其中, $\boldsymbol{x}_k^T$ 表示第 $k$ 次迭代且温度为 $T$ 时找到的解; 而 $\boldsymbol{x}_{\mathrm{opt}}$ 表示由最优解组成的集合。

## 5.2.5 算法的应用

文献 [106] 认为, 当目标函数的计算涉及高维空间中的复杂模拟过程时, 基于种群的算法不适用, 而模拟退火算法则是好的选择。作为案例, 该文介绍了模拟退火算法在背包问题 (knapsack problem) 和旅行商问题 (traveling salesman problem, TSP) 中的实施, 以及涉及欧洲大陆近 30000 次飞行的飞机轨迹大规模规划问题的具体应用。

这里简要介绍模拟退火算法在旅行商问题中的应用。旅行商问题指的是, 给定 $n$ 个城市和任意两个城市之间的距离以及一个出发城市, 如何找到从这个城市出发, 经历每个城市有且仅有 1 次, 再回到出发城市的最短路径? 该问题最早被提出于 1930 年, 是运筹学与理论计算机科学领域中的重要问题。

不妨设已知这 $n$ 个城市的坐标为 $\boldsymbol{x}_i = (x_{i1}, x_{i2}), i = 1, 2, \cdots, n$, 且任意两个城市之间的距离为它们的直线距离, 即

$$d(\boldsymbol{x}_i, \boldsymbol{x}_j) = \sqrt{(x_{i1} - x_{j1})^2 + (x_{i2} - x_{j2})^2}$$

TSP 问题的状态空间为 $n$ 个城市的全排列, 共有 $n!$ 种不同排列。以排列 $X = \{\boldsymbol{x}_1, \boldsymbol{x}_2, \cdots, \boldsymbol{x}_n\}$ 为例, 它对应着从城市 $\boldsymbol{x}_1$ 出发, 先到 $\boldsymbol{x}_2$, 再到 $\boldsymbol{x}_3$, $\cdots$, 再到 $\boldsymbol{x}_n$, 最后回到 $\boldsymbol{x}_1$ 的一条路径。这条路径对应的长度为

$$f(X) = \sum_{i=1}^{n-1} d(\boldsymbol{x}_i, \boldsymbol{x}_{i+1}) + d(\boldsymbol{x}_n, \boldsymbol{x}_1)$$

给定以上编码和建模, 模拟退火算法就可以运行了。从某种初始排列 $X_0$ 出发, 不断重复 "产生候选解—以 Metropolis 规则接受候选解—降温", 直到停止条件满足。这里的候选解产生方式可以采用 "分块-两两交换" 策略:

- 将排列 $X$ 分成若干 (比如 3) 块;
- 对每一块或某些块, 执行两两交换操作。
  - 如果块内有偶数个城市, 前一半与后一半对调;
  - 如果块内有奇数个城市, 前一半与后一半对调, 最中间城市不变。

关于初始温度的设定, 文献 [106] 提供了一种预处理技术, 其理念是先给一个温度, 再通过控制初始接受率, 来选择恰当的初始温度。文献 [106] 给出的案例表明, 模拟退火算法可以在 1000 个城市的大型 TSP 问题中, 找到不错的近似最优路径。

基于以上思路的代码实现将作为本节的练习, 请同学们自主完成以加深对模拟退火算法的理解。

## 5.3　禁忌搜索算法

模拟退火算法的成功激发了人们用启发式方法来解决组合优化问题的兴趣。本节要介绍的禁忌搜索算法曾被认为是模拟退火算法的推广或一般化, 现在已成为求解组合优化问题的另一经典启发式算法。1986 年, Glover 提出了禁忌搜索算法的理念[108], 并在 1989 年被形式化 (formalized)[100-101]。

Glover 是美国国家工程院院士、运筹与管理科学领域的冯诺依曼理论奖获得者, 是启发式方法用于量子计算中的组合优化问题的先驱, 还作过量子计算相关企业的首席科学家。除了禁忌搜索算法, 他还是演化散点搜索 (evolutionary scatter search) 算法 (见第 3 章 GlobalSearch 算法部分的介绍) 的提出者。

### 5.3.1　算法理念与伪代码

1) 算法理念

与模拟退火算法类似, 禁忌搜索算法也是单点迭代的, 且深受爬山算法等局部搜索算法的影响。算法 5.3 给出了爬山算法的伪代码, 其中局部搜索有两种策略可选。"见好就收" 策略只要找到比当前解更好的解, 就停止局部搜索。"最好才收" 策略要找到 $N_k^+$ 中最好的点, 才退出局部搜索。

可以发现, 爬山算法采用了贪婪策略, 要求每次移动都改善目标函数值。因此, 这类算法容易陷入局部最优区域, 难以找到真正的全局最优解。为了找到全局最优解, 禁忌搜索算法主要从两个方面进行了改进。第一, 在当前邻域如果找不到更好的解, 则允许接受更差的解。这一点类似于模拟退火算法中的 Metropolis 规则。第二, 引入 "禁忌"(tabu) 策略, 防止回到已经访问过的解。

"tabu" 一词来自汤加语, 原住民用它来表示一些神圣而不能触碰的东西, 现在也被定义为因为道德、品味或潜藏风险而被禁止的事物。显然, 在禁忌搜索中, 用的是后一种解释,即避免算法陷入局部最优的风险, 以及避免重复搜索浪费成本的风险。具体来说, 禁忌搜索算法会维护一个叫作禁忌表的集合, 里面包含了算法近期访问过的解 (或某些规则), 在这个集合中的解或违反规则的解都不能被重复访问, 直到它被移出禁忌表。

---

**算法 5.3** (爬山算法)

初始化: 给定初始解 $x_0$, $k = 0$;

执行以下步骤, 直到满足停止条件:

- 构造解 $x_k$ 的 (可行) 邻域点集 $N_k$ 和改进邻域点集 $N_k^+$, 即

$$N_k^+ = \{x \in N_k | f(x) < f(x_k)\}$$

  如果 $N_k^+$ 为空集, 则返回局部最优解 $x_k$ 并退出算法。
- 局部搜索: 从下面两个策略中选择一个执行
  - "见好就收" 策略: 以某种规则选择 $x_{k+1} \in N_k^+$, 并跳出局部搜索。
  - "最好才收" 策略: 令 $x_{k+1} = \underset{x \in N_k^+}{\arg\min} f(x)$, 并跳出局部搜索。
- 令 $k = k + 1$。

---

2) 伪代码

算法 5.4 描述了一个简化版禁忌搜索算法的伪代码[100]。该算法从一个初始解出发, 重复 "构造邻域—局部搜索—更新最好解与禁忌表" 等操作, 直到停止条件 (通常是消耗完给定的计算成本) 满足。

---

**算法 5.4** (简单禁忌搜索算法)

初始化: 给定初始解 $x_0$, 禁忌表 $T = \{x_0\}$, 给定禁忌长度, 令 $x_{\text{best}} = x_0$, $k = 0$;

执行以下步骤, 直到满足停止条件:

- 构造解 $x_k$ 的邻域点集 $N_k$, 若 $N_k - T$ 是空集, 退出循环, 否则继续;
- 局部搜索: 令 $x_{k+1} = \underset{x \in N_k - T}{\arg\min} f(x)$;
- 更新最好解: 若 $f(x_{k+1}) < f(x_{\text{best}})$, 则令 $x_{\text{best}} = x_{k+1}$;
- 更新禁忌表: $T = T \bigcup \{x_k\}$; 若超过禁忌长度, 去掉最早加入禁忌表的点;
- 令 $k = k + 1$。

输出 $x_{\text{best}}$。

---

## 5.3.2 邻域结构与禁忌表

从算法 5.4 可以看出, 邻域的构造和禁忌表的设计是算法的两大要素, 下面分别进行介绍。

1) 邻域结构

邻域是搜索空间的子集, 是给定当前解 $x_k$, 经一次搜索或移动能访问到的所有点组成的集合[109], 其可以表示为

$$N_k = \{\boldsymbol{x} | \text{从当前迭代点}\,\boldsymbol{x}_k\text{经一次迭代能到达的可行点}\,\boldsymbol{x}\}$$

在禁忌搜索的每一次迭代中, 邻域的构造方式决定了邻域的结构。邻域的构造方式指的是, 对当前解进行一次局部变换, 并得到一组新解的机制。对离散优化问题, 邻域的构造方式通常会涉及添加、删除、调换等操作。基于这些操作, 可以从当前解得到一组新的解, 这组解就组成了当前解的邻域。

当前解的邻域有一个重要性质, 那就是邻域中的每一个解都能从当前解经一次移动搜索得到。因此, 邻域的构造方式决定了搜索的方向与速度, 对算法性能具有重要影响。理论上, 邻域的构造方法有很多, 且通常远多于搜索空间本身的定义方式[109]。遗憾的是, 一般并不存在万能的邻域结构。因此, 需要针对具体问题, 设计不同的邻域结构, 并通过尝试来确定好的结构。

此外, 有一种版本的禁忌搜索称为概率禁忌搜索 (probabilistic tabu search), 它采用 "最好才收" 局部搜索, 但在邻域点集 $N_k$ 的构造上有别于算法 5.4。在概率禁忌搜索的每次迭代中, 只有 $N_k$ 的一个随机子集被用于后续的局部搜索。这一策略的优势是, 能有效降低 "最好才收" 策略中遍历式搜索带来的巨大计算成本。但是, 其缺点是可能错过 $N_k$ 中的好解[109]。

2) 禁忌表与短期记忆

如果没有禁忌表, 算法 5.4 就是一个经典的局部搜索算法。因此, 禁忌搜索算法的灵魂是禁忌表的定义与构造。

禁忌表是一个或多个集合, 其元素被称为禁忌对象。禁忌算法中的禁忌表可分为短期记忆的禁忌表, 以及中长期记忆的禁忌表。前者是通常意义下的禁忌表, 而后者则含义更广泛, 会超越 "禁忌" 本身的含义。算法 5.4 只用到短期记忆的禁忌表, 没有包含中长期的禁忌, 这也是算法 5.4 被称为一个简化版禁忌搜索算法的原因。

这里先介绍短期记忆的禁忌表。此时的禁忌对象通常是一些解, 这些解可以明确列出, 也可以由一些规则或条件隐含地给出。在禁忌搜索算法中, 禁忌表中的解都是不能被访问的。具体来说, 如果一个解被包含在禁忌表中, 则它不能参与局部搜索。

短期记忆禁忌表的用途主要是在跳出局部陷阱的过程中, 防止算法 "回头" 搜索。一般是一个有限集合, 其元素个数称为禁忌长度。当加入的解的数量超过了禁忌长度后, 会把最早进入禁忌表的解 "挤出" 去, 使禁忌表重新被允许访问。因此, 禁忌长度是禁忌对象从被禁到释放的时间长度, 也是禁忌对象不能被访问的周期。

大量的数值实验表明, 短期禁忌表的禁忌长度对搜索的速度和解的质量有重要影响。如果禁忌长度过小, 容易重复访问周围的邻域, 不利于强化全局搜索能力; 反之, 如果禁忌表过长, 通常不利于局部能力的改善, 影响最终解的质量[110]。然而, 选择 "最好" 的禁忌长度并不容易。研究表明, 如果存在禁忌长度的一个不错的估计区间, 那么, 以下两种禁忌搜索算法的性能是差不多的[110]: 一种是固定选择这个区间中最好的值, 另一种是每次迭代时从该区间选择不同的值。这一发现有助于解决禁忌长度的选取问题。具体实现时, 可以从区间中随机选择一个值, 也可以基于某种知识或经验, 事先设计好一个序列 (如升降交错的序列) 供算法选择[110]。

3) 中期记忆与长期记忆

虽然都可以用禁忌表来描述, 但是, 中期记忆和长期记忆的禁忌表与短期记忆的禁忌表有显著不同。首先, 它们的用途不同。中长期记忆的作用是平衡局部搜索能力和全局搜索能力, 其中, 中期记忆的禁忌表主要用于强化局部搜索性能, 而长期记忆的禁忌表主要用于加强全局搜索能力。其次, 它们的内涵不同。前面已介绍, 短期记忆禁忌表一般是解的集合, 是一种精确记忆, 而中长期记忆禁忌表可以包含非精确记忆, 比如关于解的特征或属性 (attributes) 的记忆。

禁忌表的中期记忆可以通过记录解的访问频数或者频率来实现, 通常会对访问频数大的解进行额外的惩罚, 以达到防止过度搜索同一个解的目的。禁忌表的中期记忆也可以通过挖掘近期找到的最好解的共同特征或模式, 来强化对具有这一特征或模式的解的搜索[100]。中期禁忌表的第二种解读, 已经超越了 "禁忌" 的原本含义, 成为中期 "鼓励 (或引导)" 表。因此, 这类表又被称为禁忌搜索中的强化 (intensification)[109], 倾向于强化局部搜索性能。

与中期记忆的禁忌表相反, 长期记忆的禁忌表的目标是想方设法加强算法的全局搜索能力。为了达到这一目的, 不会过分关注目标函数值或适应值是增加了还是下降了, 而是想办法增加搜索的多样性 (diversification)[109]。长期记忆有三种常用策略: 第一种可称为重启式多样性搜索, 比如引进很少出现的元素到当前的解, 使得它快速脱离目前的搜索区域; 第二种称为连续多样性搜索, 可以通过在目标函数的评估中, 直接加入偏向某些元素的项来实现; 第三种称为振荡策略多样性搜索。

综合以上介绍, 禁忌表的作用已经超出了简单的 "防回头", 至少具有如下功能:

- 它赋予了禁忌搜索算法一种灵活的记忆结构, 以方便地处理各种需要, 比如防止重复访问同一个解, 防止过度搜索同一片区域, 避免陷入某个局部无法自拔, 等等。
- 它提供了一种控制机制, 通过定义禁忌表的长度, 实现对某些解或区域的搜索的限制和释放, 既更好地利用历史搜索信息, 又实现了搜索的多样化。

禁忌表的以上两大功能的具体落实, 依赖于对禁忌表的短期记忆、中期记忆和长期记忆的具体定义。

最后要指出, 中期禁忌表和长期禁忌表不是必须的, 对很多组合优化问题, 算法 5.4 已经足够使用了[110]。对于一些非常复杂的问题, 中期禁忌表和长期禁忌表的引入有助于更灵活地提升算法的数值性能。此外, 短期记忆和中长期记忆的边界并不绝对, 随着禁忌搜索算法的发展, 它们的融合设计也不鲜见。

4) 禁忌表的更新与特赦

禁忌表的更新有两种途径, 一种是正常的 "先进先出" 更新, 另一种是特赦式更新。正常情况下, 禁忌表是按进入顺序来管理禁忌对象的, 新的元素加入后, 被添加到列表的尾部。如果禁忌表已经满了, 则最早进来的元素会从禁忌表的头部删除, 从而满足 "先进先出" 规则。

特赦规则 (aspiration criterion) 是禁忌表更新的另一策略。这一策略的引进源于禁忌搜索可能会阻止对更好解的搜索, 导致搜索过程的停滞。通过撤销一些禁忌对象, 特赦规则可以很好地防止这一情况的发生。下面介绍四种基本特赦规则[101,111]:

- 基于空可行域的赦免, 又称为默认赦免 (aspiration by default): 当禁忌条件太强或太多以至于没有可行解可以移动时, 默认赦免会赦免被禁忌最久的一个解或一条规则。

- 基于目标函数值的赦免 (aspiration by objective): 如果禁忌表中的某个解比当前最好的解还要好, 则可以赦免这个解; 或者, 禁忌表中的某个规则 (或条件) 被赦免后, 可以产生比当前解更好的解, 则赦免这个规则或条件。

- 基于搜索方向的赦免 (aspiration by search direction): 如果增加或删除一条规则 (或条件), 可以带来更好的搜索方向, 则赦免对增加或删除这条规则 (或条件) 的禁忌。

- 基于影响力的赦免 (aspiration by influence): 这里的影响力指的是, 在搜索中某些选择的影响程度。比如, 在树形结构中, 靠近根节点的节点对解的质量和结构拥有更大的影响 (impact)[111]。基于影响力的赦免描述的是, 某个操作由于影响力低而被禁忌后, 如果执行了可能提升该操作影响力的移动, 则可以撤销对这个操作的禁忌。

在禁忌搜索算法的实施中, 可以根据需要对以上特赦规则进行变化。比如, 基于目标函数值的赦免可以变为基于目标函数值区间的赦免, 赦免比区间下限好的解, 强化禁忌比区间上限差的解。

### 5.3.3 收敛性

本小节讨论禁忌搜索算法在可行域有限的离散优化中的收敛性, 这一收敛性等价于有限终止性 (finite termination), 即禁忌搜索算法将在有限步后退出。具体来说, 本小节将证明算法 5.5 给出的禁忌搜索算法是收敛的[111]。

与算法 5.4 中的简单禁忌搜索相比, 算法 5.5 主要做了两处改动。一方面, 为了实现对可行域的遍历, 允许访问曾经访问过的点。也就是说, 算法 5.5 可以处理不可避免的循环。另一方面, 禁忌表是没有禁忌长度的, 可以取遍整个可行域 (注意可行域是离散的)。

为了证明算法 5.5 的收敛性, 还需要如下假设:

**假设 5.1** 邻居关系是对称的, 即如果 $x$ 在 $x'$ 的邻域内, 那么 $x'$ 也在 $x$ 的邻域内。

**假设 5.2** 邻域结构是强连接的, 即对于可行域中的任何两个点, 都存在一条路径连接它们。

---

**算法 5.5** (收敛禁忌搜索算法)

初始化: 给定初始解 $x_0$, 禁忌表 $T = \{x_0\}$, 令 $x_{\text{best}} = x_0$, $k = 0$;

执行以下步骤, 直到 $T$ 等于可行域:

- 构造解 $x_k$ 的邻域点集 $N_k$,
  - 若 $N_k - T$ 是空集, 取 $x_{k+1}$ 为 $N_k$ 中最早访问过的点, 并更新禁忌表中该点的访问时间;
  - 否则, 执行局部搜索: 以某种规则选择 $x_{k+1} \in N_k - T$。
- 更新最好解: 若 $f(x_{k+1}) < f(x_{\text{best}})$, 则令 $x_{\text{best}} = x_k$;
- 更新禁忌表: $T = T \bigcup \{x_k\}$;
- 令 $k = k + 1$。

输出 $x_{\text{best}}$。

---

根据算法 5.5, 每次迭代得到的禁忌表是单调递增的, 即 $T_k \subseteq T_{k+1}$。又因为可行域是有限的, 因此有如下引理。

**引理 5.1** 算法 5.5 得到的禁忌表序列 $\{T_k\}$ 单调递增, 且有极限 $T^*$。

下一个引理 5.2 给出了一个必要条件, 使得算法 5.5 将访问可行域中的所有解。这个必要条件可作为算法停止准则, 即如果已经访问的解的所有邻居解也已被访问过, 则可以停止算法。对其的详细证明请参阅文献 [111]。

**引理 5.2** 设 $N$ 是满足假设 5.1 和假设 5.2 的邻域结构, $N(\boldsymbol{x})$ 是点 $\boldsymbol{x}$ 的邻域。如果存在一次迭代 $k^*$, 使得

$$N(\boldsymbol{x}) \subseteq T_{k^*}, \forall \boldsymbol{x} \in T_{k^*}$$

那么第 $k^*$ 次迭代的禁忌表 $T_{k^*}$ 等于可行域。

结合引理 5.1 和引理 5.2, 如能证明 $T^*$ 中每个点的邻居也在 $T^*$ 内, 则 $T^*$ 就等于可行域, 从而算法可以终止。为此, 引入禁忌表 $T_k$ 的一个分割:

$$A_k = \{\boldsymbol{x}_i \in T_k : i < h_k\}, \ B_k = T_k - A_k = \{\boldsymbol{x}_i \in T_k : h_k \leqslant i \leqslant k\} \tag{5.15}$$

其中,

$$h_k = \min\{h : N(\boldsymbol{x}_i) \subseteq T_k, \forall i \leqslant h \leqslant k\}$$

也就是说, 集合 $A_k$ 中的点, 其邻居也在当前禁忌表 $T_k$ 中, 而集合 $B_k$ 中的点则没有这个性质。下面的两个引理给出了这两个集合的另一些重要性质, 对这两个引理的证明详见文献 [111]。

**引理 5.3** 序列 $\{A_k\}$ 和 $\{B_k\}$ 都是单调的, 且分别收敛到 $A^*$ 和 $B^*$。更进一步, 集合 $A^*$ 和 $B^*$ 构成了禁忌表 $T^*$ 的一个分割。

**引理 5.4** 序列 $\{A_k\}$ 和 $\{B_k\}$ 的极限 $A^*$ 和 $B^*$ 具有如下性质:
- $B^*$ 中的点的邻居不会出现在 $A^*$ 中;
- $A^*$ 中的点的邻居不会出现在 $B^*$ 中;
- $B^*$ 中的点的邻居一定在 $B^*$ 中;
- $A^*$ 是空集。

基于以上四个引理, 可以得到下面的收敛定理。

**定理 5.2** 如果假设 5.1 和假设 5.2 成立, 且最优化问题的可行域是有限集合, 那么算法 5.5 将会在遍历可行域后终止。

注意到定理 5.2 既没有涉及目标函数的计算, 也没有涉及对迭代点的移动的任何评估。因此, 这些因素不影响禁忌搜索算法 5.5 的收敛性。也就是说, 定理 5.2 保证了很大一类禁忌搜索算法的收敛性, 只要这些算法能满足假设 5.1 和假设 5.2, 且最优化问题的可行域是有限集合。

## 5.3.4 一个应用

本小节介绍禁忌搜索算法在最小代价生成树 (minimum cost spanning tree, 简称为最小生成树) 问题中的简单应用, 主要目的是用示例来说明如何应用简单禁忌搜索算法。

1) 最小代价生成树问题

最小代价生成树问题是一个经典的组合优化问题, 它要求在具有 $n$ 个节点的一幅图中, 找到权重 (代价) 之和最小的一棵树, 使之覆盖所有 $n$ 个节点, 并满足其他可能的一些约束。图 5.2 给出了一幅只有 5 个节点 7 条边的图, 要找出它的最小代价生成树, 且满足以下要求: ① $x_1, x_2, x_6$ 三条边最多只能用一条; ②除非 $x_3$ 被选用了, 否则不能选用 $x_1$。

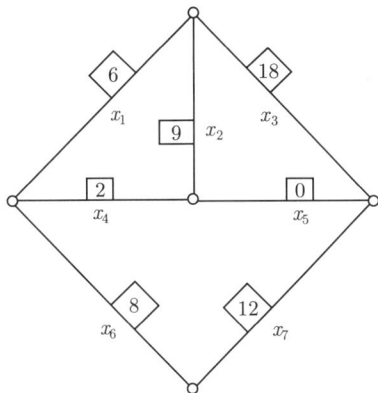

图 5.2 找出本图的最小代价生成树[112], 且满足约束: ① $x_1, x_2, x_6$ 三条边最多只能用一条; ②除非 $x_3$ 被选用了, 否则不能选用 $x_1$。小正方形里面的数字表示所在边的权重, 且约定每违反一条约束, 权重增加 50

虽然很多组合优化问题都是 NP-难的, 但非常幸运, 最小代价生成树问题并不是一个 NP-难问题。比如, 在没有约束的情况下, 可以用 Kruskal 算法完美求解最小代价生成树问题。求解步骤如下: 首先, 将各条边的权重从小到大排序; 然后, 从权重最小的边开始选用, 每选择一条边要检查其是否与前面已选择的边形成一条环, 如果是则放弃当前选择, 改用下一条边, 直到选够 $n-1$ 条边。在图 5.2 的示例中, 需要选择 4 条边, 根据 Kruskal 算法, 可轻松找到由 $x_5, x_4, x_1, x_6$ 组成的最小生成树。然而, 图 5.2 的示例是带约束的, 这棵树显然违反了所有约束, 是不可行解, 其权重之和为 116。

下面用简单禁忌搜索算法来说明, 如何求解图 5.2 中的示例问题。

2) 邻域的构造

虽然 Kruskal 算法找到的解是不可行的, 但它仍然可以用来作为禁忌搜索算法的初始点, 即取

$$X_0 = \{x_5, x_4, x_1, x_6\}, \text{代价为 } 116$$

结合最小代价生成树的实际, 给定一个点 $X$, 其邻域的构造可以采用简单的 "边交换"(edge swap) 策略, 即

$$N(X) = \{X' | 丢掉 X 中的一条边, 保证可行性的前提下, 加入图中 X 之外的另一条边, 得 X'\}$$

这个策略可以保证 $X$ 中总是只有 4 条边, 是一棵可行的生成树。容易发现, 在 $X$ 的基础上加入另一条边后, 会形成一个圈, 因此, 丢掉的边必定位于这个圈中, 以保证 $X'$ 是一棵树。

给定邻域结构 $N(X)$, 从 $X$ 出发到任何 $X' \in N(X)$ 的操作称为一次移动 (a move)。根据算法 5.4, 局部搜索步骤要求, 在所有可能的移动中, 要找到权重之和最小的移动。

3) 禁忌表的设计

在本例中, 如果将刚加入的边再次丢掉, 就会形成一个死循环。基于这一考虑, 禁忌表可以设计为 "禁止将新加入的边丢掉"。如果禁忌长度为 $k$, 则新加入的边在 $k$ 次迭代后才可以再次丢掉。结合本例实际, 确定禁忌长度为 $k = 2$, 即禁忌表中最多只有 2 条边。

在本例中, 特赦规则可以定义为 "如果加入一条被禁忌的边后, 得到的树比目前已知的最好树更优, 则可以赦免对这条边的禁忌"。换句话说, 对禁忌状态的边, 也需要加以评估, 如果能生成比当前最好解还要好的解, 则可以赦免禁忌状态。考虑到本例中点和边都比较少, 特赦规则是很有价值的。

4) 禁忌搜索的迭代过程

有了邻域结构和禁忌表后, 就可以开展禁忌搜索的迭代了。这里介绍前面几次迭代的细节, 图 5.3 给出了图形说明。

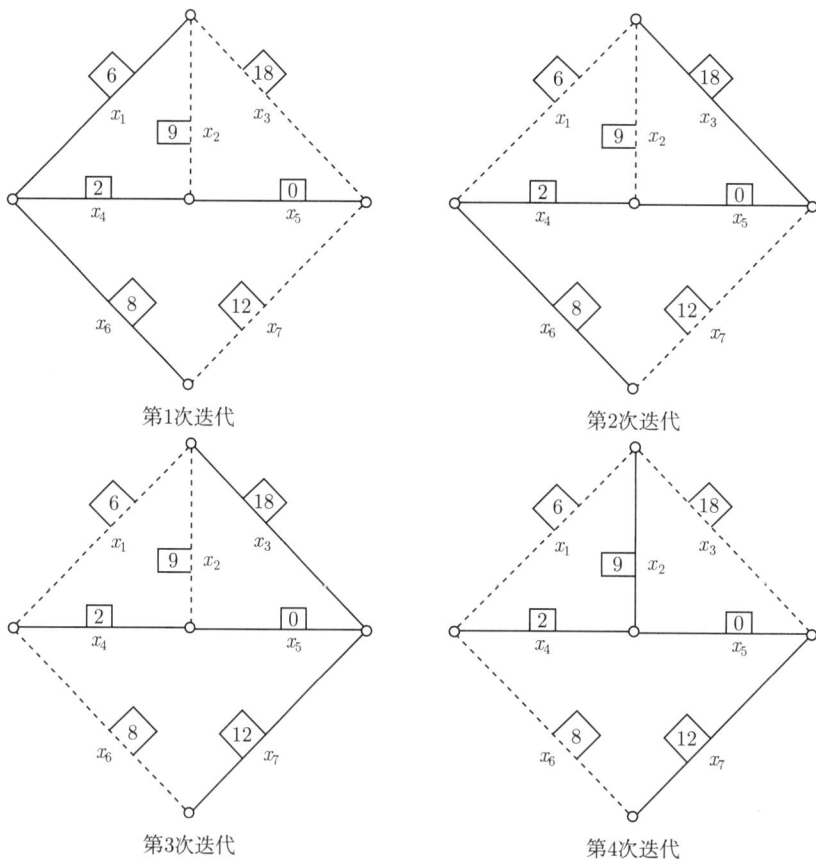

图 5.3　禁忌搜索算法求解图 5.2 中的问题 (前 4 次迭代)

图中实线的边组成了各次迭代的解

首先, 第 1 次迭代以 $X_0$ 为出发点, 寻找最好的移动。考虑到 $X_0$ 违反了两个约束条件, 代价太高, 需要通过 "边交换" 策略找到最好的移动。不难发现, 丢掉边 $x_1$ 是最好的选择, 可以同时消除两个约束违反。此时, 只能加上边 $x_3$, 其他两条边要么违反约束, 要么产生圈。因此, 第 1 次迭代的关键信息可以归纳为

$$X_0 = \{x_5, x_4, x_1, x_6\}, \text{代价为 } 116, \text{禁忌表} T = \varnothing$$

$$\text{加入边} x_3, \text{去掉边} x_1, \text{移动到} X_1 = \{x_5, x_4, x_3, x_6\}$$

第 2 次迭代从 $X_1$ 出发, 考察可以加入哪条边。容易发现, 加入 $x_1$ 或 $x_2$ 都无法产生可行解。因此, 只能加入 $x_7$。此时, 选择去掉 $x_6$ 可以产生最好的移动 (但比 $X_1$ 更差)。第 2 次迭代的关键信息如下:

$$X_1 = \{x_5, x_4, x_3, x_6\}, \text{代价为 } 28, \text{禁忌表} T = \{x_3\}$$

$$\text{加入边} x_7, \text{去掉边} x_6, \text{移动到} X_2 = \{x_5, x_4, x_3, x_7\}$$

类似地, 第 3 次迭代从 $X_2$ 出发, 考察可以加入哪条边。容易发现, 加入 $x_1$ 或 $x_6$, 需要去掉 $x_4$, 可行但代价增加了。如果加入 $x_2$, 虽然 $x_3$ 处于禁忌状态, 但如果赦免它, 并去掉 $x_3$, 可以得到代价为 23 的历史最好解。因此, 对 $x_3$ 进行特赦, 加入 $x_2$, 去掉 $x_3$。第 3 次迭代的关键信息如下:

$$X_2 = \{x_5, x_4, x_3, x_7\}, \text{代价为 } 32, \text{禁忌表} T = \{x_3, x_7\}$$

$$\text{加入边} x_2, \text{特赦并去掉边} x_3, \text{移动到} X_3 = \{x_5, x_4, x_2, x_7\}$$

最后, 第 4 次迭代从 $X_3$ 出发, 考察可以加入哪条边。容易发现, 加入 $x_1$ 或 $x_6$ 都无法得到可行解。于是选择加入边 $x_3$, 此时只能去掉 $x_5$, 可行但代价增加了。第 4 次迭代的关键信息如下:

$$X_3 = \{x_5, x_4, x_2, x_7\}, \text{代价为 } 23, \text{禁忌表} T = \{x_2, x_7\}$$

$$\text{加入边} x_3, \text{去掉边} x_5, \text{移动到} X_4 = \{x_3, x_4, x_2, x_7\}$$

事实上, $X_3$ 是本例的全局最优解。但是, 由于没有合适的全局最优性条件来监控, 找到了它也无法知道这就是全局最优解。于是, 在计算成本没消耗完的情况下, 禁忌搜索算法将一直迭代下去。

## 习题与思考

1. 考察模拟退火算法中的两个特殊候选解: 一个比当前解好一点点, 而另一个比当前解差一点点。在 Metropolis 规则下, 前者被 100% 接受, 而后者只有约 50% 的概率被接受。如何看待这一现象? 能否改进这一规则, 使得接受概率更加平滑? 修改后的算法性能会更好吗?

2. 在模拟退火算法中, 温度具体有哪些影响? 从全局搜索和局部搜索的角度, 温度的哪些影响有利于全局搜索? 哪些有利于局部搜索?

3. 模拟退火算法中的再退火技术具有重要影响。本书中介绍的再退火技术有哪些优缺点? 能否参考第 3 章的并行多次重启和串行多次重启理念, 改进再退火技术? 改进后的模拟退火算法性能如何?

4. 结合 2.5 节的介绍, 采用模拟退火算法求解旅行商问题。进一步, 结合第 1 题和第 3 题的思路, 尝试改进模拟退火算法, 并在旅行商问题中测试验证改进效果。

5. 如果可行域是连续的, 如何应用 3.3 节中禁忌搜索算法的收敛性? 提示: 在数值计算中, 无法表示全体实数, 比如浮点数表示中两个相邻的浮点数之间有一个最小差值 eps。

6. 应用禁忌搜索算法求解旅行商问题, 如何构建邻域结构? 如何定义禁忌表?

7. 用禁忌搜索算法求解旅行商问题, 并与模拟退火算法的求解效果进行比较。

不要最强壮和最聪明, 要的是适应环境变化。

本章的演化优化与第 7 章的群体智能优化是数值最优化领域的一个特殊分支, 它建立在生物演化和群体智能的基础上, 这两个都属于与人工智能密切相关的研究方向。从优化与智能的关系来看, 本章之前的最优化算法都可以归到 "为了智能的优化" (optimization for intelligence), 而演化优化与群体智能优化却是 "基于智能的优化" (optimization by intelligence)。因此, 后者也被许多研究人员称为智能优化。

本章介绍三组算法: 基因算法与基因规划、演化规划与演化策略、差分演化与文化演化。这 6 个算法的基础是基因算法, 它是最重要的一个演化优化算法, 其他算法都可以认为是基因算法的变种。

## 6.1  基因算法与基因规划

基因算法 (genetic algorithm, GA) 也经常被翻译成遗传算法, 是第一个重要的演化优化算法, 至今仍具有很大的影响力。基因规划 (genetic programming, GP) 是 GA 的 "孪生" 算法, 区别只在编码方式不同。但是, GA 一般用于数值优化, 而 GP 则用于结构优化或机器学习。

### 6.1.1  理念及发展简史

基因算法的理念主要体现在以下几个方面: ① 将各种自然系统或人工系统建模成种群, 通过种群的演化来模拟系统的动态变化; ② 在微观层面上引入交叉、变异等基因操作, 实现个体的繁衍迭代; ③ 在宏观层面上引入自然选择和适者生存机制, 实现种群 (系统) 对环境的自适应演化。这些理念为演化计算方法和基于种群的优化算法的繁荣发展奠定了概念基础和算法框架, 具有重要意义。不夸张地说, 基因算法的提出与它的成功实践, 开创了基于种群演化的最优化算法流派, 在传统的基于单点迭代的数学规划方法之外, 显著推动了对于搜索、优化以及学习行为的理解和认知。

基因算法的产生源于 20 世纪 50 年代和 60 年代动物学家们对于演化 (evolution) 现象的计算机仿真。这里先插一句, 本书一般将单词 "evolution" 翻译成演化而不是进化, 因为 "演化" 是没有方向的, 而在中文语境下 "进化" 一词有越来越好的内涵。种群的演化目标就是适应环境, 并不考虑自身是否变得更好, 而且在实践中, 很多个体甚至种群的所有个体都有可能变得更差。

借助演化现象的计算机仿真来求解最优化问题, 出现在 20 世纪 60 年代早期。早期的重要研究人员至少包括 Hans-Joachim Bremermann, Richard Friedberg, George Friedman, Michael Conrad 等人。很快, 德国的 Ingo Rechenberg 和 Hans-Paul Schwefel 提出了演化策略 (evolution strategies, ES) 算法, 美国的 Lawrence J. Fogel 提出了演化规划 (evolutionary programming, EP) 算法, 它们共同推动了演化计算这一新范式的发展，使其在解决复杂最优化问题上变得越来越流行。

密西根大学的 John Holland 教授关于元胞自动机 (cellular automata) 的系列研究工作, 使得基因算法的有效性得到了认可[13]。1975 年, John Holland 教授出版了专著 *Adaptation in Natural and Artificial Systems*, 给出了基因算法有效性的第一个理论结果——模式定理 (schema theorem)[113], 从此基因算法成为一类主流的最优化算法。

John Holland 教授的学生 David Goldberg 进一步将处理数值优化问题的基因算法推广到能够处理结构优化问题, 并在此基础上提出了基因规划 (genetic programming, GP) 算法[114]。该算法被 John Holland 教授的另一个学生 John Koza 发扬光大[115], 成为机器学习领域的一个重要算法。

以上介绍表明, 基因算法不只是一个具体的算法, 其理念的先进性和可扩展性还使得它成为一大类算法 (演化算法、基于种群的算法) 的灵魂与核心。

## 6.1.2　算法要素及伪代码

给定一个具体的最优化问题, 基因算法对其的求解主要包括以下几个要素: ① 编码, 用于将最优化问题的解转换成 "染色体" (也称为个体); ② 父代个体选择, 用于选择出一定数量的父代个体; ③ 基因操作, 用于将父代个体进行交叉、变异等操作, 以产生新的子代染色体; ④ 子代个体选择, 用于选择出新一代种群的个体; ⑤ 解码, 用于将找到的最好个体转换成原始问题的解。

基因算法的伪代码如算法 6.1所示, 其中适应值函数一般是目标函数的某种变换。比如, 对于最大化问题, 适应值函数可以直接取为目标函数本身; 对于最小化问题, 可以取目标函数的相反数。种群规模 (即种群的大小)$\mu$ 一般在整个算法运行过程中保持不变。种群中的每一个个体被看成是一条拥有 $m$ 个基因的染色体, 这里的 $m$ 大于或等于目标函数自变量的个数 $n$, 具体取决于编码方式。

**算法 6.1** (基因算法)

*初始化: 根据具体问题, 执行编码操作, 产生初始种群 $X_0 \in \mathbb{R}^{\mu \times m}$, 计算每个个体的适应值, 记录种群的最好个体及其适应值, 令 $k = 0$。*

*当停止条件不成立, 执行以下循环:*

- *父代个体选择: 根据一定的规则选择父代个体, 组成集合 $F \subseteq X_k$;*

- 基因交叉重组: 对 $F$ 内的个体进行交叉操作, 产生一些新个体, 构成集合 $F_{\text{temp}}$;
- 基因变异: 对 $F_{\text{temp}}$ 内的某些个体进行基因变异, 产生子代个体的集合 $F'$;
- 子代个体选择: 从集合 $X_k$ 和 $F'$ 的所有个体中, 选出一定数量的个体, 组成下一代种群 $X_{k+1} \leftarrow X_k \bigoplus F'$;
- 计算种群中每个个体的适应值, 更新种群的最好个体及其适应值, 令 $k = k+1$。

解码并输出种群中的最好个体及其适应值。

从算法 6.1可以发现, 基因算法有很多不同的实现方式。下面介绍基因算法的经典实现方式, 特别关注其算法要素及停止准则。

1) 编码和解码

基因算法中的编码, 目的是将最优化问题 "翻译" 成适合算法求解的形式。经典基因算法一般采用二进制编码, 此时种群中的每个个体对应一串二进制数字, 每个二进制数字称为一个基因, 这串基因称为一条染色体。这种编码技术要结合具体的最优化问题来实现。

**例 6.1**　用基因算法求解如下的一维最大化问题, 并给出编码和解码公式。

$$\max_{0 < x < 10} f(x) = 10 \sin(5x) + 7|x - 5| + 10 \tag{6.1}$$

**解**　首先, 要知道可行域 (即 $0 < x < 10$), 此外还要知道用户对解的精度要求, 不妨设精度要求为 $10^{-4}$。这意味着在区间 $(0, 10)$ 内需要刻划出至少 $(10 - 0) \times 10^4 = 10^5$ 个点, 分别是 $0, 0.0001, 0.0002, \cdots, 9.9998, 9.9999, 10$。为了达到这个目的, 需要最少 17 位的二进制数, 因为 $2^{16} = 65536 < 10^5 < 2^{17} - 1 = 131071$。于是, 可以用如下的公式来表示区间 $(0, 10)$ 内的任何一个点 $x$(在精度范围内),

$$\text{dec2bin}\left((2^{17} - 1) * \frac{x - 0}{10 - 0}\right) \tag{6.2}$$

这里的 dec2bin 是十进制转二进制的函数。类似地, 给定任何一个 17 位的二进制数 $y$, 可以用如下的公式来进行解码

$$0 + \frac{10 - 0}{2^{17} - 1} \text{bin2dec}(y) \tag{6.3}$$

这里的 bin2dec 是二进制转十进制的函数。

比如, 对应实数 $x = 1$ 的染色体为 11001100110011, 对应染色体 11100011100011100 的实数为 8.8889。

上面的例题虽然比较简单, 目标函数只是一元函数, 但却揭示出二进制编码的一般规律。当处理多元函数时, 只需要分别计算出各个维度上的二进制串, 然后把它们连成更长的串即可。每一维度上实数 $x$ 的编码公式为

$$\text{dec2bin}\left((2^m - 1) * \frac{x - a}{b - a}\right) \tag{6.4}$$

其中 $m$ 是二进制位数, $x \in (a, b)$。给定一个由 $m$ 位二进制数组成的染色体 $y$, 对应的解码公式为

$$a + \frac{b - a}{2^m - 1} \text{bin2dec}(y) \tag{6.5}$$

因此, 当最优化问题的维数较高或者对解的精度要求较高时, 染色体对应的二进制数的位数可能很大。

此外, 例 6.1 揭示出, 采用二进制编码来求解连续优化问题, 本质上是把连续问题离散化了。在 6.1.4 节将介绍更多的技术, 比如实数编码, 这样就可以更好地处理连续优化问题。

2) 父代个体的选择

这里介绍父代个体选择中的轮盘赌规则, 图 6.1 是其示意图。一个环形或圆形区域被分割成好几块, 每一块的面积可能不等, 一个旋转的指针随机停在某个区域内, 代表该区域被选中。这里的每个区域对应着基因算法里的一个个体, 区域面积的大小与该个体的适应值成正比。因此, 适应值越大的个体越有可能被选中成为父代个体, 从而可能拥有更多的后代。轮盘赌规则模拟了自然选择机制, 即弱肉强食与适者生存的自然法则。

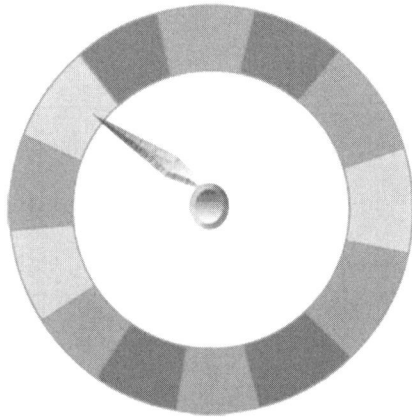

图 6.1    轮盘赌示意图

在具体实现上, 每个个体被选为父代个体的概率通常由式 (6.6) 决定:

$$\frac{f_i}{\sum\limits_{j=1}^{\mu} f_j} \tag{6.6}$$

这里的 $f_i$ 是第 $i$ 个个体的适应值; $\mu$ 是种群中的个体总数。

**例 6.2**    设当前种群有 10 个个体, 它们的适应值分别为 1, 2, 3, 4, 5, 6, 8, 9, 10, 15。计算它们各自被选为父代个体的概率。

**解**    可计算出这 10 个个体的适应值总和为 63, 因此, 根据式 (6.6), 它们被选为父代个体的概率分别为 $1/63, 2/63, \cdots, 15/63$。

在 6.1.4 节的 "选择与压力" 部分将介绍更多的父代个体选择技术。

3) 基因操作

基因算法中的基因操作主要包括基因之间的交叉重组和基因的变异, 它们直接模拟生物繁衍过程中的基因操作。在交叉重组方面, 需要选择两个父代个体 (模拟父亲和母亲), 对它们的染色体进行交叉重组。交叉重组的规则有多种, 一个简单的做法是, 将一个父代个体的一部分基因与另一个父代个体的一部分基因重组成一个子代个体。这里有两个注意事项,一个是交叉点位的确定,另一个是交叉概率。交叉概率通常较大,比如 0.8,其作用是控制父代个体的繁衍行为。由于交叉概率的存在,部分父代个体并不产生新个体。

**例 6.3** 给定两个父代个体 $F_1 =$'11110000111100001', $F_2 =$'11010010110100101',交叉点位在第 8 基因位,给出产生的两个新个体。

**解** 这里不考虑交叉概率,或认为交叉概率为 1。将第 8 基因位前面的基因留给一个新个体,其余的基因给另一个新个体,则可以交叉重组得到如下两个新个体: $C_1 =$ '11110000110100101', $C_2 =$'11010010111100001'。

与交叉重组不同,基因的变异并不需要有两个父代个体,而只需要一个父代个体。给定一个很小的变异概率 (如 0.1),对选中的要变异的个体,随机挑选一个基因,从 0 变为 1 或者从 1 变为 0。变异概率决定了大约只有 10% 的个体会发生变异。

经过基因的交叉和变异操作,在当前种群之外产生了一些新个体,这些新个体和当前种群的个体都有资格成为下一代种群的个体。在 6.1.4 节的 "交叉与变异" 部分将介绍更多的基因操作。

4) 子代个体的选择

子代个体的选择也有多种规则,这里介绍直接模拟生物繁衍的规则,即所有父代个体只存活一代,不会活到下一代。这意味着新种群的个体全部都是子代个体。比如,在例题 6.3 中,新个体 $C_1, C_2$ 自动成为下一代种群的个体,而 $F_1, F_2$ 则自动消亡。

在 6.1.4 节的 "选择与压力" 部分将探讨更多的子代选择规则。

5) 算法停止准则

基因算法属于一类随机全局最优化算法,与基于梯度信息的数学规划算法不同,没有合适的全局最优性条件来引导基因算法该何时停止。这个特点是所有演化优化算法和群体智能优化算法共有的,这里进行统一介绍,在其他的同类算法处就不再赘述。

一个常用的停止准则是,给定计算成本 (一般是函数值计算次数、迭代次数,或 CPU 时间),算法用完这些计算成本就停止。值得注意的是,不同场合下,需要用到不同的计算成本指标。在单个算法的运行中,常用迭代次数或 CPU 时间来度量计算成本,因为这两个指标比较容易计算。但是,在进行多个算法的数值比较时,如新算法开发或算法改进场合,为了公平性,要求各算法在相同的计算成本下进行求解。此时,函数值计算次数这个指标通常是最公平的。主要理由是: ① CPU 时间容易受机器和系统的影响,难以保证公平; ② 每个算法的一次迭代可能需要不同数量的函数值计算次数,比如种群规模不同时,相同的迭代次数并不意味着相同的计算成本; ③ 目标函数值的计算往往是最优化算法运行中最费时间的。

另外的停止准则是,想方设法去判断算法是否已经找到或接近最优解了,或者算法已经无法找到最优解了。常用的技术是判断最优解或最优函数值是否长期没有显著变化了。如果是,要么算法找到或接近了最优解,要么算法陷入了某个陷阱已无法跳出。因此,都可以考虑让算法停止。关于这类停止准则,8.3 将介绍更多的细节。

基于以上算法要素的介绍,为了便于论述,本书把满足下列条件的基因算法称为简单基

因算法 (simple GA, SGA)。

- 编码技术: 二进制编码;
- 父代个体选择: 轮盘赌规则;
- 基因操作: 单点杂交, 单基因位的变异;
- 子代个体选择: 种群的规模不变, 父代个体只存活一代。

## 6.1.3 收敛性

本小节介绍基因算法的三类收敛性结果, 它们分别采用模式分析、马尔可夫过程和动力系统等三种不同的分析技术, 后面两个技术已成为分析随机性最优化算法的重要技术。

1) 模式定理

模式定理 (schema theorem) 由密歇根大学的 John Holland 教授提出, 首次从理论上为基因算法的有效性提供了支撑[13], 对于推广基因算法起了重要作用。这里只介绍基于简单基因算法 (SGA) 的模式定理。

**定义 6.1** 基因算法中的模式 (schema), 指的是由 $\{0, 1, *\}$ 三种基因组成的串。其中, 0 或 1 称为模式的确定位, $*$ 称为不确定位。给定一个模式 $H$, 确定位的基因数称为该模式的阶数, 记为 $o(H)$; 第一个确定位和最后一个确定位之间的距离 (基因位数) 称为该模式的定义长度, 记为 $\delta(H)$。由于 $*$ 可以是 0 或 1, 一个包含 $*$ 的模式可以产生多个实例。模式的适应值指的是该模式的所有实例染色体的平均适应值。

**例 6.4** 给出以下模式的阶数和定义长度: (1)'1101*101*0'; (2)'*1*011*011'。

**解** (1)'1101*101*0' 是一个 8 阶模式, 其定义长度 (距离) 为 9; (2)'*1*011*011' 是一个 7 阶模式, 其定义长度 (距离) 为 8。

**例 6.5** 设模式 '1101', '1100', '1111', '1110' 的适应值分别为 1, 3, 2, 5, 求模式 '110*' 和 '11**' 的适应值。

**解** (1) 模式 '110*' 的适应值等于模式 '1100' 和 '1101' 适应值的平均, 因此它的适应值等于 2; (2) 模式 '11**' 的适应值等于模式 '1101', '1100', '1111', '1110' 适应值的平均, 因此它的适应值等于 2.75。

下面推导 SGA 的模式定理, 首先给出如下引理。

**引理 6.1** 设 $H$ 是 SGA 算法运行中的任一模式, $M(H, t)$ 表示第 $t$ 代种群中模式 $H$ 的实例染色体数量, 则有如下的估计式:

$$M(H, t+1) \geqslant M(H, t) \frac{f(H)}{\bar{f}(t)} \left(1 - \frac{\delta(H)}{l-1} p_c\right) (1 - p_m)^{o(H)} \tag{6.7}$$

其中, $p_c$ 和 $p_m$ 分别为交叉概率和变异概率; $l$ 是编码长度 (染色体包含的基因数); $f(H)$ 表示模式 $H$ 的适应值; $\bar{f}(t)$ 表示第 $t$ 代种群所有个体的平均适应值。

**证明** 在基因算法运行中, 能改变模式 $H$ 的实例数量的操作包括: 父代个体的选择、基因的交叉和变异。这三个操作有前后关系, 下面分别分析它们如何影响 $M(H, t+1)$。

给定 $M(H,t)$, 模式 $H$ 的一些实例个体在父代个体的选择阶段可能没有被选上, 从而没有产生自己的后代, 这些个体就不会继续包含在 $M(H,t+1)$ 中。下面计算有多少实例个体能够被选上。根据轮盘赌规则, 每个个体被选上的概率由式 (6.6) 决定。因此, 模式 $H$ 的实例个体被选上的概率为

$$\frac{\sum\limits_{i\in H} f_i}{\sum\limits_{j=1}^{\mu} f_j}$$

由于要选择 $\mu$ 次, 所以 $H$ 的实例个体被选上的期望个数为

$$\mu\frac{\sum\limits_{i\in H} f_i}{\sum\limits_{j=1}^{\mu} f_j} = \frac{\sum\limits_{i\in H} f_i}{\bar{f}(t)} = M(H,t)\frac{f(H)}{\bar{f}(t)}$$

基因的交叉操作可能打破模式 $H$ 的结构, 要确保 $H$ 的结构不被打破, 交叉的位置不能出现在 $H$ 的第一个和最后一个确定位的内部。因此, 模式 $H$ 的一个实例染色体, 在交叉操作中没有破坏 $H$ 的结构的概率为

$$1 - p_c\frac{\delta(H)}{l-1}$$

基因的变异操作也可能打破模式 $H$ 的结构, 要确保 $H$ 的结构不被打破, 变异的基因位不能是 0 或 1, 只能是 *。因此, 模式 $H$ 的一个实例染色体, 在变异操作中没有破坏 $H$ 的结构的概率为

$$(1 - p_m)^{o(H)}$$

综上分析, $M(H,t)$ 个染色体经过一次迭代以后, 仍能保留完整的模式 $H$ 结构, 并出现在下一代种群的期望个数为

$$M(H,t)\frac{f(H)}{\bar{f}(t)}\left(1 - \frac{\delta(H)}{l-1}p_c\right)(1 - p_m)^{o(H)}$$

由于交叉和变异操作可能在旧的模式 $H$ 之外产生新的模式 $H$, 因此 $M(H,t+1)$ 的值不会比上式小。引理 6.1 得证。　　　　　　　　　　　　　　　　　　　　　　　　　　□

我们可以对引理 6.1 的结论进行化简。考虑到 $p_m, p_c, \dfrac{\delta(H)}{l-1}$ 都较小, 于是有 $(1-p_m)^{o(H)}$ $\approx 1 - o(H)p_m$, 且

$$\left(1 - \frac{\delta(H)}{l-1}p_c\right)(1 - o(H)p_m) \approx 1 - \frac{\delta(H)}{l-1}p_c - o(H)p_m$$

因此,

$$M(H,t+1) \geqslant M(H,t)\frac{f(H)}{\bar{f}(t)}\left(1 - \frac{\delta(H)}{l-1}p_c - o(H)p_m\right) \tag{6.8}$$

当模式 $H$ 的确定位数少 ($o(H)$ 小), 定义长度短 ($\delta(H)$ 小), 且适应值高于平均适应值时, 可以得到

$$\frac{f(H)}{\bar{f}(t)}\left(1 - \frac{\delta(H)}{l-1}p_c - o(H)p_m\right) > 1$$

这将使得

$$M(H, t+1) \geqslant kM(H, t), \quad k > 1 \tag{6.9}$$

于是 $M(H, t+1) = M(H, 1)k^t$，即模式 $H$ 呈指数式增长。这就得到著名的模式定理。

**定理 6.1** 在 SGA 的运行过程中，确定位数少、定义长度短、适应值高的模式将呈指数式增长。

SGA 的模式定理也被称为"建筑块"(building blocks) 假设，简记为"低阶短距高适应值的模式呈指数式增长"。模式定理说的是，随着 SGA 的运行，一类被称为建筑块的染色体 (即低阶短距高适应值的染色体)，将呈指数式增长。直观上，这类优势模式有较多的符号"*"，且仅有的一些"0"或"1"都抱团在一起。

模式定理探究了 SGA 运行过程中优势模式的产生与增长规律。但是，这一结果并不是严格意义上的最优化算法的收敛结果。事实上，"建筑块假设"的字眼已经隐含透露出，该结构并没有得到严谨的数学证明，尚停留在假设层面。更进一步，存在一些明显的反例，表明这个假设并没有想象中那么好用。比如，在理论上，不存在任何一个模式，既能够以指数式增长又能够高于平均适应值。

总体上，SGA 的模式定理尝试用严谨的手段来解释为什么基因算法在很多问题中如此有效。虽然，在基因算法的发展历史上，模式定理发挥了重要作用，但是，这个理论结果是不够严谨的，距离证明基因算法的收敛性尚有一定的距离。

2) 马尔可夫链

20 世纪 90 年代初开始，研究人员不满足于模式定理的结果，开始探索用马尔可夫链和动力系统对基因算法进行理论分析[116-117]。这里先介绍马尔可夫链和基于马尔可夫链的基因算法研究结果，然后介绍基于动力系统的研究结果。

马尔可夫链是一种特殊的随机过程 $\{X(t)\}$，这里 $t$ 是时间参数，离散取值，且 $\{X(t)\}$ 所有可能取值的集合也是离散的。马尔可夫链的一个重要特性是马尔可夫性质，即系统从状态 $i$ 转移到任一给定状态 $j$ 的概率 $P_{ij}$ 只与状态 $i$ 有关，而与状态 $i$ 之前的状态无关。马尔可夫链在股票预测等大量场合具有重要应用。

描述马尔可夫链的重要工具是其转移 (概率) 矩阵 $\boldsymbol{P} = (P_{ij})_{T \times T}$，这里的 $P_{ij}$ 指的是当前在状态 $i$ 而下一时刻在状态 $j$ 的概率，$T$ 是所有状态的总数。转移矩阵 $\boldsymbol{P}$ 要求：

- 每个 $P_{ij} \in [0, 1]$；
- 每一行的概率之和为 1，即 $\sum\limits_{j=1}^{T} P_{ij} = 1, i = 1, 2, \cdots, T$。

下面不加证明地给出马尔可夫链的一个性质和一个定理，它们对于算法分析具有重要意义，对证明过程有兴趣的读者可以参阅教材 [118]，更多细节介绍详见 8.1 节。

**命题 6.1** 给定转移矩阵 $\boldsymbol{P}$，经过 $t$ 时刻后，马尔可夫链处于各个状态的概率由 $\boldsymbol{P}^t$ 决定，即如果当前在状态 $i$，$t$ 时刻后，在状态 $j$ 的概率为矩阵 $\boldsymbol{P}^t$ 的第 $i$ 行第 $j$ 列元素。

$\boldsymbol{P}^t$ 也叫作 $t$ 步转移矩阵，显然 $\boldsymbol{P}$ 就是 1 步转移矩阵。

**定义 6.2** 如果存在某个 $t$，使得 $t$ 步转移矩阵 $\boldsymbol{P}^t$ 的每个元素都是正数，则称 $\boldsymbol{P}$ 为正则转移矩阵，或称转移矩阵 $\boldsymbol{P}$ 是正则的。

**定理 6.2**　如果一个马尔可夫链的转移矩阵 $\boldsymbol{P}$ 是正则的, 则其无穷步转移矩阵 $\boldsymbol{P}^{\infty} = \lim\limits_{t \to \infty} \boldsymbol{P}^t$ 的每一行都相同, 且每个元素都是正数。

3) 基因算法的马尔可夫链分析

为了分析的方便, 这里分析简单基因算法 (SGA) 的一个变形: 在基因操作中, 先变异再交叉, 其余不变。为便于论述, 称该变种算法为 SGA2 算法。与前面的符号一致, 一条染色体的二进制编码长度为 $l$, 种群规模为 $\mu$。由于每个基因位只能取 0 或者 1, 这一编码技术产生的搜索空间的点的个数为 $L = 2^l$, 记这些点为 $\boldsymbol{x}_1, \boldsymbol{x}_2, \cdots, \boldsymbol{x}_L$。

在基因算法 SGA2 中, 算法的状态与转移体现为种群的状态及其转移。种群中有 $\mu$ 个个体, 每个个体可以是 $\boldsymbol{x}_1, \boldsymbol{x}_2, \cdots, \boldsymbol{x}_L$ 中的任何一个点 (可重复)。因此, 可用如下的状态向量 $\boldsymbol{v}$ 来描述种群的状态:

$$\boldsymbol{v} = \{v_1, v_2, \cdots, v_L\}, \quad \sum_{i=1}^{L} v_i = \mu, \quad v_i \in \{0, 1, \cdots, \mu\} \tag{6.10}$$

这里的 $v_i$ 表示种群中 $\boldsymbol{x}_i$ 这个点出现的次数。由于 $L$ 远大于 $\mu$, 可以想象, 状态向量 $\boldsymbol{v}$ 是非常稀疏的, 即绝大多数元素都是 0, 非零个数不超过 $\mu$ 个。下面计算种群的状态数, 也就是状态向量 $\boldsymbol{v}$ 的所有可能取值数。多个研究都表明[119], 这个数值很大, 可表示为如下的组合数:

$$T = \binom{L + \mu - 1}{\mu} \tag{6.11}$$

然后, 就可以来推导种群状态之间的转移概率了, 需要对每个状态向量 $\boldsymbol{v}$, 计算出经一次迭代后转移到状态向量 $\boldsymbol{u}$ 的概率 $P_{\text{smc}}(\boldsymbol{u}|\boldsymbol{v})$, 这里的 "smc" 分别表示父代个体选择 (selection)、基因变异 (mutation) 和基因交叉 (crossover) 三种运算。给定当前状态向量 $\boldsymbol{v}$, 经一次迭代转移到状态向量 $\boldsymbol{u}$, 意味着 $\boldsymbol{x}_i$ 出现了 $u_i$ 次。因此, 可以借助多项分布计算概率, 即

$$P_{\text{smc}}(\boldsymbol{u}|\boldsymbol{v}) = \frac{\mu!}{u_1! u_2! \cdots u_L!} \prod_{i=1}^{L} \left(P_{\text{smc}}(\boldsymbol{x}_i|\boldsymbol{v})\right)^{u_i} \tag{6.12}$$

其中, $P_{\text{smc}}(\boldsymbol{x}_i|\boldsymbol{v})$ 是给定状态 $\boldsymbol{v}$ 经一次迭代后在新种群中出现 $\boldsymbol{x}_i$ 的概率。

下面计算概率 $P_{\text{smc}}(\boldsymbol{x}_i|\boldsymbol{v})$。首先, 根据轮盘赌规则, 给定状态 $\boldsymbol{v}$ 经父代个体选择得到点 $\boldsymbol{x}_i$ 的概率为

$$P_{\text{s}}(\boldsymbol{x}_i|\boldsymbol{v}) = \frac{v_i f_i}{\sum\limits_{j=1}^{L} v_j f_j}, \quad i = 1, 2, \cdots, L \tag{6.13}$$

定义 $M_{ji}$ 为从点 $\boldsymbol{x}_j$ 经一次变异操作得到点 $\boldsymbol{x}_i$ 的概率, 则

$$P_{\text{sm}}(\boldsymbol{x}_i|\boldsymbol{v}) = \sum_{j=1}^{L} M_{ji} P_{\text{s}}(\boldsymbol{x}_j|\boldsymbol{v}), \quad i = 1, 2, \cdots, L \tag{6.14}$$

定义 $r_{jki}$ 为点 $\boldsymbol{x}_j$ 和点 $\boldsymbol{x}_k$ 经交叉后得到点 $\boldsymbol{x}_i$ 的概率, 于是得到

$$P_{\text{smc}}(\boldsymbol{x}_i|\boldsymbol{v}) = \sum_{j=1}^{L} \sum_{k=1}^{L} r_{jki} P_{\text{sm}}(\boldsymbol{x}_j|\boldsymbol{v}) P_{\text{sm}}(\boldsymbol{x}_k|\boldsymbol{v}), \quad i = 1, 2, \cdots, L \tag{6.15}$$

综上, 采用马尔可夫链来分析基因算法等随机最优化算法的主要步骤如下:

- 计算出搜索空间每个点的适应值 $f_i$;
- 计算出点 $\boldsymbol{x}_j$ 经变异成点 $\boldsymbol{x}_i$ 的概率 $M_{ji}, i, j = 1, 2, \cdots, L$;
- 计算出点 $\boldsymbol{x}_j$ 和点 $\boldsymbol{x}_k$ 经交叉得到点 $\boldsymbol{x}_i$ 的概率 $r_{jki}, i, j, k = 1, 2, \cdots, L$;
- 通过式 (6.15) 和式 (6.12) 计算出 SGA2 的转移矩阵 $\boldsymbol{P} = (P_{\text{smc}}(\boldsymbol{u}|\boldsymbol{v}))_{T \times T}$;
- 借助定理 6.2进行算法的极限状态分析或收敛性分析。

从以上步骤可以发现, 马尔可夫链分析需要的数据非常多 ($L$ 通常很大, $T$ 则更大), 因此这种技术一般只适合于低维的最优化问题或搜索空间的基数很少的问题。

### 4) 离散动力系统

离散动力系统是动力系统 (dynamical system) 的一种, 又称为离散时间动力系统 (discrete-time dynamical system)。本小节主要用到一阶离散动力系统, 其形式如下:

$$x_{k+1} = \phi(x_k) \tag{6.16}$$

这里一阶的含义是: 新的状态 $x_{k+1}$ 只跟前一项 $x_k$ 显式相关。类似地, 如果新的状态 $x_{k+1}$ 跟前两项 $x_k, x_{k-1}$ 显式相关, 则称为二阶离散动力系统。在式 (6.16) 中, 如果函数 $\phi(\cdot)$ 是线性函数, 称为一阶线性离散动力系统, 否则就是非线性动力系统, 后者常带来混沌现象。

关于离散动力系统的更多介绍详见 8.1 节。

### 5) 基因算法的离散动力系统分析

下面建立基因算法 SGA2 的离散动力系统模型。首先, 沿用马尔可夫链分析中的记号, 并定义新的状态向量如下:

$$\boldsymbol{p} = \frac{\boldsymbol{v}}{\mu} \tag{6.17}$$

向量 $\boldsymbol{v}$ 的第 $i$ 个元素 $v_i$ 描述了种群中 $\boldsymbol{x}_i$ 出现的次数, 因此, 向量 $\boldsymbol{p}$ 的第 $i$ 个元素 $p_i$ 描述了种群中 $\boldsymbol{x}_i$ 出现的频率, 故有 $\sum_{i=1}^{L} p_i = 1$。当种群非常大的时候, 该频率接近于点 $\boldsymbol{x}_i$ 在种群中出现的概率。记 $\boldsymbol{p}(t)$ 为 SGA2 算法迭代 $t$ 次后的状态向量, 那么, 找到 $\boldsymbol{p}(t)$ 与之前状态向量的依赖关系, 即可建立离散动力系统模型。

首先, 在式 (6.13) 中, 分子分母同时除以 $\mu$, 可得

$$P_{\text{s}}(\boldsymbol{x}_i|\boldsymbol{v}) = \frac{p_i f_i}{\sum_{j=1}^{L} p_j f_j}, \quad i = 1, 2, \cdots, L$$

同时注意到, 式 (6.13)、式 (6.14) 和式 (6.15) 的左边描述的都是点 $\boldsymbol{x}_i$ 出现的概率, 可以分别记成 $p_i^{\text{s}}, p_i^{\text{sm}}, p_i^{\text{smc}}$。再结合状态向量的时间先后, 这三个式子可以改写为如下形式:

$$p_i^{\text{s}}(t) = \frac{p_i(t-1) \cdot f_i}{\sum_{j=1}^{L} p_j(t-1) \cdot f_j}, \quad i = 1, 2, \cdots, L \tag{6.18}$$

$$p_i^{\mathrm{sm}}(t) = \sum_{j=1}^{L} M_{ji} \cdot p_j^{\mu}(t), \quad i = 1, 2, \cdots, L \tag{6.19}$$

$$p_i^{\mathrm{smc}}(t) = \sum_{j=1}^{L} \sum_{k=1}^{L} r_{jki} \cdot p_j^{\mathrm{sm}}(t) \cdot p_k^{\mathrm{sm}}(t), \quad i = 1, 2, \cdots, L \tag{6.20}$$

因为 $\boldsymbol{p} = (p_1, p_2, \cdots, p_L)^{\mathrm{T}}$, 所以, 也可以将以上三个式子写成如下的矩阵形式:

$$\boldsymbol{p}^{\mathrm{s}}(t) = \frac{\mathrm{diag}(\boldsymbol{f})\boldsymbol{p}(t-1)}{\boldsymbol{f}^{\mathrm{T}}\boldsymbol{p}(t-1)} \tag{6.21}$$

$$\boldsymbol{p}^{\mathrm{sm}}(t) = \boldsymbol{M}^{\mathrm{T}} \cdot \boldsymbol{p}^{\mathrm{s}}(t) \tag{6.22}$$

$$p_i^{\mathrm{smc}}(t) = (\boldsymbol{p}^{\mathrm{sm}}(t))^{\mathrm{T}} \boldsymbol{R}_i(\boldsymbol{p}^{\mathrm{sm}}(t)), \quad i = 1, 2, \cdots, L \tag{6.23}$$

其中, $\boldsymbol{f} = (f_1, f_2, \cdots, f_L)^{\mathrm{T}}$; $\mathrm{diag}(\boldsymbol{f})$ 是一个对角矩阵, 对角线的第 $i$ 个元素是向量 $\boldsymbol{f}$ 的第 $i$ 个元素; $\boldsymbol{R}_i$ 是一个 $L \times L$ 矩阵, 其第 $j$ 行第 $k$ 列元素为 $r_{jki}$。

可以看到, 式 (6.23) 是一个二次型。不过矩阵 $\boldsymbol{R}_i$ 不一定对称, 为了更好地利用二次型的优良性质, 可以将该二次型对称化。结果如下 (对此处的证明作为习题):

$$p_i^{\mathrm{smc}}(t) = (\boldsymbol{p}^{\mathrm{sm}}(t))^{\mathrm{T}} \bar{\boldsymbol{R}}_i(\boldsymbol{p}^{\mathrm{sm}}(t)), \quad \bar{\boldsymbol{R}}_i = \frac{\boldsymbol{R}_i + \boldsymbol{R}_i^{\mathrm{T}}}{2}, \quad i = 1, 2, \cdots, L \tag{6.24}$$

将式 (6.21) 和式 (6.22) 代入式 (6.24), 可以得到如下的离散动力系统:

$$p_i(t) = \left(\boldsymbol{M}^{\mathrm{T}} \frac{\mathrm{diag}(\boldsymbol{f})\boldsymbol{p}(t-1)}{\boldsymbol{f}^{\mathrm{T}}\boldsymbol{p}(t-1)}\right)^{\mathrm{T}} \bar{\boldsymbol{R}}_i \left(\boldsymbol{M}^{\mathrm{T}} \frac{\mathrm{diag}(\boldsymbol{f})\boldsymbol{p}(t-1)}{\boldsymbol{f}^{\mathrm{T}}\boldsymbol{p}(t-1)}\right), \quad i = 1, 2, \cdots, L \tag{6.25}$$

或改写为如下形式

$$p_i(t) = \frac{\boldsymbol{p}^{\mathrm{T}}(t-1)\mathrm{diag}(\boldsymbol{f}) \left(\boldsymbol{M}\bar{\boldsymbol{R}}_i\boldsymbol{M}^{\mathrm{T}}\right) \mathrm{diag}(\boldsymbol{f})\boldsymbol{p}(t-1)}{(\boldsymbol{f}^{\mathrm{T}}\boldsymbol{p}(t-1))^2}, \quad i = 1, 2, \cdots, L \tag{6.26}$$

由于 $t$ 时刻的状态向量 $\boldsymbol{p}(t)$ 只跟 $t-1$ 时刻的状态向量 $\boldsymbol{p}(t-1)$ 有关, 因此, 这是一阶离散动力系统。式 (6.26) 就是基因算法 SGA2 的动力系统模型, 它描述了种群无限大时, 个体在种群中出现的比例的动态变化情况。

为了完成基因算法的动力系统分析, 需要在每一代根据式 (6.26) 计算 $L$ 个概率值, 这个计算量是非常巨大的。如果不借助特殊的技术, 其计算量在 $L^4$ 量级。不过, 这一计算复杂度仍然比马尔可夫链的分析要低很多。与马尔可夫链的分析类似, 离散动力系统的分析技术通常只适用于低维问题或者搜索空间很小的问题。

比较以上介绍的三种理论分析方法可以发现, 模式定理关注的是无限种群下优势模式的产生与发展; 马尔可夫链分析关注的是无限次演化后种群的极限分布, 而离散动力系统的分析则关注无限种群下 (最好) 个体的比例变化。它们关注了基因算法的不同演化性质。后两种分析技术是目前分析随机最优化算法的主流。

### 6.1.4 基因算法的精炼

前面介绍了简单基因算法的实现和收敛性质, 本小节介绍基因算法各要素的其他实现方法, 它们的恰当组合可以显著提升简单基因算法的性能。需要指出的是, 本小节介绍的内容也适用于所有基于种群的随机最优化算法, 特别是能看成基因算法变种的各种算法。

1) 初始化

大量的数值实验表明, 初始化的好坏对于算法的数值性能具有极大的影响。主流的初始化方法包括以下几种:

- 简单随机初始化: 以随机方式产生 $\mu$ 个个体, 直接组成初始种群;
- 择优随机初始化: 以随机方式产生 $5\mu$ 个个体, 选择其中最好的 $\mu$ 个, 组成初始种群;
- 局部优化随机初始化: 以随机方式产生 $\mu$ 个个体, 对每一个体或部分个体进行局部搜索 (如梯度下降), 用得到的点代替这些个体, 组成初始种群;
- 先验知识初始化: 利用已知的 $\mu$ 个好初始点, 或者利用专家知识产生 $\mu$ 个点, 组成初始种群。

对于没有经验的新手, 可以采用简单随机初始化; 若对算法性能有更高的要求, 可以采用择优随机初始化或者局部优化随机初始化; 如果拥有丰富的先验知识或专家知识, 则可以采用先验知识初始化。

2) 格雷编码

对于组合优化问题, 除了自然二进制编码, 还可以使用格雷编码。格雷编码是自然二进制编码的变种, 它可以解决普通二进制编码会出现的 "汉明距离悬崖"(Hamming cliffs) 问题。"汉明距离悬崖" 问题指的是, 相邻整数的汉明距离相差很大, 或反过来说, 自然二进制数只有一位编码不同但表示的整数却大不相同。

**定义 6.3** 在信息理论中, 汉明距离指的是在两个等长符号串之间, 有多少个同位对的符号不相同。这里的同位对是相同位置的符号对。

**例 6.6** 二进制位串 1110 表示数字 14, 1111 表示数字 15。它们表示的整数是相邻的, 其汉明距离也只有 1。但是, 二进制位串 1000 表示数字 8, 0111 表示数字 7, 它们表示的整数是虽然相邻的, 其汉明距离却高达 4。

格雷编码 (Gray code) 可以解决上述汉明距离悬崖问题。格雷编码可以按如下方式计算得到: ① 给定自然二进制编码; ② 最高位不变, 其他位的格雷码由对应位与其前一位的自然二进制码的异或产生。这里的异或运算指的是 "相同为 0, 相异为 1" 的运算。反之, 也可以将格雷编码转换成自然二进制编码: ① 给定格雷编码; ② 最高位不变, 其他位的自然二进制码由其前一位的自然二进制码与其对应位的格雷码的异或得到。

**例 6.7** 表 6.1给出了 7~16 的自然二进制和格雷二进制表达式, 可以看到后者很好地解决了汉明距离悬崖问题。具体来说, 如果两个采用格雷二进制编码的数的汉明距离为 1, 则对应的整数必定相邻; 反之亦然。

3) 整数排列编码

对于一些重要的离散优化问题, 比如旅行商问题, 整数排列编码也是常用技术。整数排列编码比较自然和简单。假设旅行商问题中有 9 个城市, 则 123456789 及其任何置换都对应着一条路径。比如, 132479685 对应着路径 "1—3—2—4—7—9—6—8—5—1"。借助基因算法可以对这些染色体进行交叉和变异等操作, 逐渐找到更短的路径。

表 6.1 自然数 7~16 的自然二进制编码和格雷编码

| 自然数 | 自然二进制编码 | 格雷编码 | 自然数 | 自然二进制编码 | 格雷编码 |
|---|---|---|---|---|---|
| 7 | 00111 | 00100 | 12 | 01100 | 01010 |
| 8 | 01000 | 01100 | 13 | 01101 | 01011 |
| 9 | 01001 | 01101 | 14 | 01110 | 01001 |
| 10 | 01010 | 01111 | 15 | 01111 | 01000 |
| 11 | 01011 | 01110 | 16 | 10000 | 11000 |

4) 实数编码

基因算法刚开始主要用于求解组合优化问题, 但是也可以对其进行简单改造, 使之能求解连续优化问题。一个自然的做法是直接采用实数编码, 即个体或染色体本身就是一个实数。此时, 一般不再采用二进制编码中的交叉和变异运算, 而是采用更适合实数的操作。比如, 给定两个父代个体 (两个实数向量)$x, y$, 交叉运算可以采用如下方式:

$$c_1 \leftarrow \text{rand} \cdot x + (1 - \text{rand}) \cdot y, \quad c_2 \leftarrow (1 - \text{rand}) \cdot x + \text{rand} \cdot y \qquad (6.27)$$

这里 rand 是一个随机数, 不同的随机数可以得到不同的子代个体。变异操作可以采用如下方式: 随机确定向量 $x$ 的某个维度, 相应元素用一个随机数来代替, 该随机数要求在搜索范围内。

5) 选择与压力

基因算法在两个地方用到了选择操作, 一个用于选择父代个体, 一个用于选择子代个体。在 SGA 中, 父代个体的选择用的是轮盘赌方法, 而子代个体不需要进行选择 (两个父代个体产生两个子代个体后直接消亡)。下面介绍用于这两个地方的更多选择技术。

父代个体的选择规则有多种, 常用的除了轮盘赌规则, 还有改进轮盘赌规则和锦标赛规则。后两个规则都力图降低轮盘赌的选择压力和偏性。

定义 6.4 在个体选择过程中, 如果某些个体被选择的概率远大于其他个体, 则称选择压力强, 也称为选择偏性强。

种马策略是选择压力最大的选择规则之一。这一策略要求种群中的最好个体每次都被选为父代个体, 并跟其他所有父代个体一对一进行基因交叉。轮盘赌规则也有很强的选择压力和偏性。这是因为轮盘赌规则模拟了纯粹的自然选择, 即弱肉强食与适者生存, 导致适应值更大的个体拥有更大的概率被选中成为父代个体。

总体上, 如果父代个体与子代个体的选择都是压力强的, 则有利于局部搜索 (local exploration)。这非常适合于凸优化问题的求解。但是, 选择压力太强也可能导致算法早熟:

后续的种群很快成为早期少数优势个体的"近亲繁殖"，使得算法落入某个局部陷阱难以跳出来。这对于非凸优化问题特别是具有很多局部陷阱的问题，是非常不利的。此时，需要降低选择压力，使得算法更有利于全局搜索 (global exploration)。

改进轮盘赌规则在选择概率的定义上进行了改良，可以有效地降低选择压力。一种做法是对适应值进行变换来赋予选择概率，另一种做法是根据适应值的排名来赋予选择概率。这两个做法的本质是一致的，那就是选择概率的确定不再依据适应值的绝对差距，而是依赖于适应值的某种相对差距。比如，假设种群只有三个个体，适应值分别为 1, 3, 6。则在单纯的轮盘赌技术下，它们被选为父代个体的概率分别为 0.1, 0.3, 0.6。但是，如果按适应值的排名，可以赋予它们分别 0.2, 0.3, 0.5 的概率值。后者显然降低了选择压力，且均衡了选择概率。

竞标赛规则通过划分多个"小组"，在每个"小组"范围内分别实行轮盘赌规则。相对于轮盘赌规则，竞标赛规则更有利于适应值相对较小的个体 (某个小组可能都是低适应值的个体)，从而降低了选择压力，更好地保持了种群多样性，更适合于有多个局部最优解的复杂目标函数。

在子代个体的选择中，如果按照个体 (父代个体和基因重组后的个体) 的适应值来优胜劣汰，也一样存在高选择压力的问题。另一种做法是采用 SGA 的做法，即两个父代个体产生两个个体，不管它们的适应值如何都选为子代个体。也可以采用它们的混合策略，即保留部分最好的个体，但其他个体随机选择。这三种策略分别称为精英策略、随机策略和混合策略。

一般来说，父代个体和子代个体的选择策略如何组合是问题依赖的。如果最优化问题具有一些先验知识，比如有良好的凸性，则采用高压力的选择组合是有利的，反之，则采用低压力的选择组合。但是，如果没有任何先验知识 (黑箱优化)，为了更好地平衡局部搜索和全局搜索，可以在父代个体的选择与子代个体的选择上分别有所侧重。一种主流做法是，在父代个体选择上适当保持选择压力 (如竞标赛)，但在子代个体选择上则降低选择压力 (如随机策略或混合策略)。另一种做法也很受欢迎，那就是在算法的早期，采用有利于全局搜索的选择策略，而在算法的后期采用有利于局部搜索的选择策略。

最后要指出，在子代个体的选择中，保留到目前为止最好的个体 (最精英的个体) 具有重要意义。一方面，让最精英的个体活到下一代种群，有利于算法的局部精炼；另一方面，算法本身需要找的就是算法停止时最精英的个体，每次迭代更新并保留最精英个体很有必要。即使新一代种群不保留最精英个体，也必须额外保存这个个体，便于算法停止时返回相关信息。

6) 交叉与变异

在基因的交叉和变异操作方面，SGA 直接模拟了生物的两性繁殖过程，即两个父代个体通过基因交叉和变异产生后代。但是，基因算法可以看成计算机仿真，其基因交叉和变异可以更加灵活和丰富多彩，超越真实的生物繁殖过程。

在基因交叉方面，主要可以从以下两个地方超越两性繁殖的真实过程：一是父代个体可以不止两个; 二是交叉点位可以不止一个, 实现更丰富的基因重组。也就是说, 除了双父代单点交叉, 还可以组合出双父代多点交叉、多父代单点交叉、多父代多点交叉等策略。特别地, 如果交叉点位的数量只比染色体基因位少 1, 则称其为 (双父代或多父代) 均匀交叉。

**例 6.8**　假设一条染色体有 10 个基因, 采用三个父代个体进行交叉重组, 前 3 个基因和后 3 个基因来自当前父代个体, 第 4~7 个基因进行循环交换。根据这一规则, 求如下三个个体交叉重组得到的后代个体: 1110001010, 1010111010, 1010001110。

**解**　根据基因交叉规则, 可以得到三个新的个体: 1110001010, 1010001010, 1010111110。

**例 6.9**　假设一条染色体有 10 个基因, 采用如下三个父代个体进行均匀交叉: 1110001010, 1010111010, 1010001110。求可能产生的后代个体。

**解**　均匀交叉要求, 新个体的每一位基因都以同样的概率从三个父代个体的对应位置随机选择。因此, 如下新个体都可能来自以上三个体的均匀交叉: 1110001010, 1010001010, 1010111110。

基因变异是相对简单的操作。除了 SGA 中的变异, 另一种主流的变异方式为: 给定变异概率, 以此概率选择出种群中的一些个体; 如被选中, 仍以此概率选择出该个体的一些基因位, 执行 0 和 1 互换的变异。这两种方式本质上是等价的。实数编码情形下的变异, 请参见 (4) 实数编码。

**7) 种群多样性**

种群多样性是一个重要概念, 但并没有一个精确的定义。种群多样性的极端反面是, 种群只包含一个个体, 或者说所有个体都是这个个体的复制品。因此, 种群多样性要求种群中包含尽可能少的复制品。此外, 即便每个个体都不是复制品, 但如果所有个体都在一个较小的区域内, 种群的多样性也不够好。因此, 种群多样性还要求个体分布在尽可能宽广的范围内。综合以上论述, 在基因算法中, 种群多样性要求满足: ① 种群中的复制个体尽可能少; ② 种群中的个体分布在尽可能宽广的搜索区域内。因此, 种群多样性与全局搜索能力高度正相关: 种群多样性好, 有助于提升算法的全局搜索能力, 反之要提升算法的全局搜索能力, 也要求种群多样性好。

为了防止种群中的复制个体太多, 需要注意算法的各种设计。比如, 对于基因算法的父代个体选择和子代个体选择, 如果它们的选择压力太大, 容易产生复制个体, 或者个体都快速掉入某个陷阱, 即种群多样性差。有时候, 还可以实时监控复制个体的数量, 如果超过一定的阈值, 可以强行随机改变一些个体的位置。这些策略可以提升种群多样性, 帮助跳出局部陷阱。

小生境 (niching) 是保持种群多样性的重要理念, 它把整个种群分成一些子群, 并努力让子群在不同的区域内搜索。因此, 小生境技术有助于避免大范围的个体复制。如果最优化问题有多个全局最优解, 小生境技术有助于同时找到多个最优解。此外, 小生境衍生出来的多子群理念不仅仅有助于保持种群多样性, 还可以为算法设计和改进提供更丰富的土壤。

### 6.1.5 结构编码与基因规划

基因算法可以很自然地推广到处理机器学习问题, 只需要在编码技术上改用结构编码, 此时 GA 就成了基因规划 (GP)。树形结构编码是基因规划中的常用技术, 其基本理念是, 可以用一个树形结构来描述程序代码, 并把它看成一个个体 (染色体), 通过染色体的交叉重组和基因变异, 在适者生存的自然选择作用下, 能得到越来越好的程序代码。因此, GP 算法与 GA 可以认为是一对孪生算法, 具有完全相同的理念和框架, 差别只是编码技术不同, 基因操作形式上相应调整但本质不变。

基因规划已被成功应用到自动程序设计、软件修复、硬件设计、符号回归、结构学习等大量的领域。John Koza 在 2010 年指出, 在涉及大量领域的 76 个案例中, GP 算法得到的结果的竞争力可以与人类得到的结果相提并论[120]。于是, 有 "GP 是专利制造机" 的说法。

下面先介绍树形结构编码, 再介绍基于树形结构的交叉和变异。

1) 树形结构编码

基因规划算法通常采用树形结构编码, 它包含两大集合: 端点符集合与非端点符集合。端点符集合中的元素出现在树形结构的叶子节点, 可以包含常量 (如 $1$, $\pi$) 和自变量 $x$。非端点符集合又叫作函数符集合, 其元素出现在树形结构的非叶子节点, 可以包含如下符号:

- 算术运算符: $+$, $/$, $*$, $-$, $\cdots$;
- 关系运算符: $<$, $>$, $\cdots$;
- 数学函数: sin, cos, ln, exp, $\cdots$;
- 布尔运算符: AND, OR, NOT;
- 条件算子: IF, ELSEIF, ELSE;
- 循环算子: FOR, WHILE。

**例 6.10** 图 6.2是 GP 算法中的树形结构示意图, 请给出其函数表达式。

**解** 对树形结构的解读遵循 "从左往右, 从下往上" 的规则, 因此, 该图形对应的函数表达式为 $\mathrm{e}^{x_1} + \sin(x_2)$。

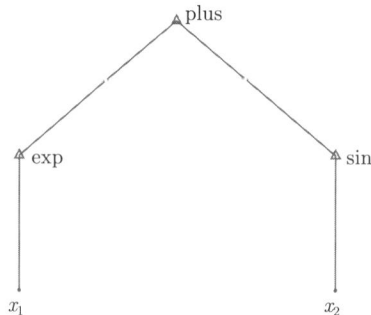

**图 6.2** 可以用树形结构来表述数学函数

**例 6.11** 用二叉树表示下面的计算机程序:

$$i = 1;$$

$$\text{While } i < 20$$
$$i = i + 1$$

**解** 这是一段计算 $1 + 2 + \cdots + 20$ 的程序, 其二叉树表示方式如图 6.3所示。

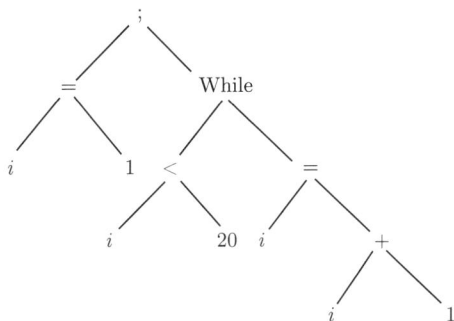

**图 6.3** 可以用树形结构来描述计算机程序

从上述两个简单的例子可以看到, 树形结构不仅可以用来描述数学函数, 还可以描述一段计算机程序。因此, 树形结构具有很强的表达能力, 是一个适用于多种类型结构学习问题的编码技术。下面简要介绍生成树形结构编码的两类基本方法: 完全法和生长法。给定非端点符集合 $F$, 端点符集合 $T$, 以及最大深度 $d$, 完全法的生成方法如下:

- 节点深度小于 $d$: 从集合 $F$ 中随机选取一个元素;
- 节点深度等于 $d$: 从集合 $T$ 中随机选取一个元素。

可以发现, 完全法生成的树形结构的叶子节点都在深度为 $d$ 的位置上。从外形上, 这种树形结构的每个分支都是完全的, 这也是它为何叫作完全法的原因。与完全法不同, 生长法的生成规则如下:

- 节点深度小于 $d$: 从集合 $F$ 和 $T$ 中随机选取一个元素;
- 节点深度等于 $d$: 从集合 $T$ 中随机选取一个元素。

可以看出, 生长法得到的树形结构的叶子可能出现在深度小于 $d$ 的节点上, 比如图 6.3中的例子。值得注意的是, 如果深度小于 $d$ 的节点选取到了集合 $T$ 中的元素, 则该节点成为叶子, 不再往下生长。

当然, 也可以混合使用完全法和生长法生成树形结构编码, 此时有多种混合方法。比如, 假设需要生成拥有 20 个个体的种群, 最大深度为 5, 则可以在深度为 1, 2, 3, 4 的节点处, 一半的概率采用完全法, 一半的概率采用生长法。

2) 基于树形结构编码的基因交叉和变异

总体上, 无论是基于树形结构编码还是基于二进制编码的基因操作, 它们的原理都是类似的, 区别在于细节的处理上有所不同。

对于基因交叉操作, 需要确定交叉的位置和交叉规则。此时, 交叉的位置不再是二进制基因位, 而是树形结构中的某个或某些节点 (一般是非叶子节点)。树形结构编码情形下的交叉规则与二进制编码情形下基本类似。比如, 对于单节点交叉, 交叉节点后的结构互换位置即可。

**例 6.12** 给定两个父代个体如图 6.4所示, 假设单节点交叉位置为第 3 层最右边节点, 请给出两个新个体的树形结构。

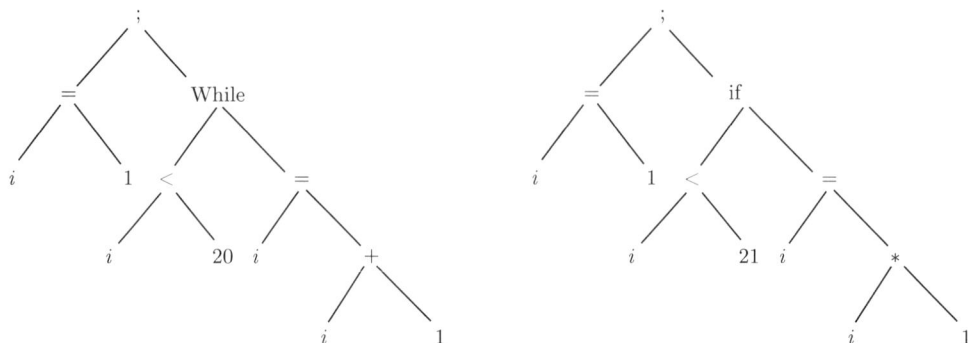

图 6.4 等待交叉的两个父代个体, 交叉位置为第 3 层最右边节点

**解** 两个新个体的树形结构如图 6.5所示。

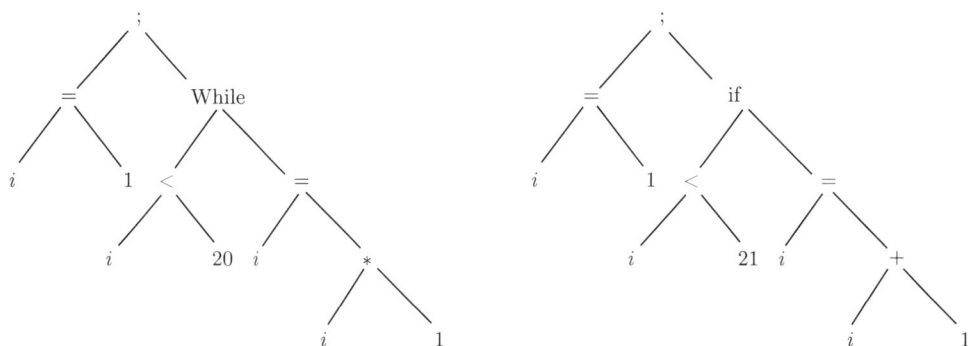

图 6.5 交叉操作后的两个子代个体

对于基因变异操作, 需要确定变异的位置以及变异规则。通常, 变异位置可以是树形结构的任何一个节点。相对于二进制编码情形, 树形结构情形下的变异规则比较丰富灵活:

- 变异位置为叶子节点: ① 可以继续作为叶子节点, 此时必须满足叶子节点要求, 即只能变异为常量或自变量; ② 也可以变异为非叶子节点, 此时需要在该节点下方增加一些非叶子节点和叶子节点。
- 变异位置不是叶子节点: ① 可以变异为叶子节点, 此时把该节点下方的节点全部删除, 同时把该节点变异为常量或自变量; ② 继续保持为非叶子节点, 此时可以把该节点及其后续分支全部重新生成。

**例 6.13** 给定个体如图 6.3所示, 假设变异位置为第 3 层右边第 2 个节点, 给出两种可能的变异结果。

**解** 变异后, 两个可能的新个体的树形结构如图 6.6所示。

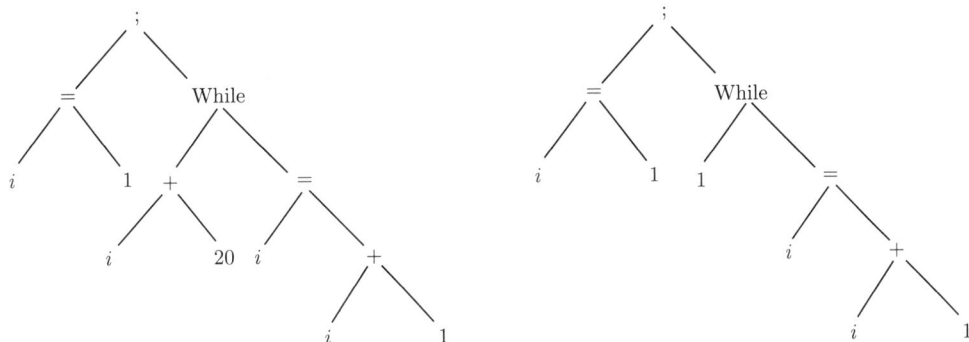

图 6.6　给定图 6.3, 变异位置为第 3 层右边第 2 个节点 (两种可能的变异结果)

3) 适应值度量

在每个演化算法中都需要指明如何计算个体的适应值或适应度。对于通常的数值优化问题, 适应值一般被定义为目标函数的某种变换。但是, 在基因规划中这个问题更加重要和复杂, 可以分不同的应用场景来具体研究适应值的度量方式。比如, 如果个体是含变量的一个程序, 则可以给变量赋值, 根据程序的输出与期望输出之间的差距来定义适应值, 差距越大适应值越小。又比如, 如果个体是一种游戏策略, 则可以通过游戏的对弈结果来定义适应值, 赢的数目越多适应值越大。如果个体是一种决策规则, 可以通过决策的准确率等指标来定义适应值, 准确率越高适应值越大。

4) 超越树形结构的编码

基因规划的关键是个体编码和基因操作, 特别是编码技术。树形结构编码是基本而主流的技术, 但是, 根据实际问题的不同, 还可以采用其他类型的结构编码技术。比如在汽车外形设计问题中, 几何结构编码比树形结构编码就更合适。下面介绍一个超越树形结构编码且利用了生物智能的实际案例。

**例 6.14**　某研究人员想预测外汇期货的价格。他把外汇期货的实时价格编码成钢琴音符, 且价格涨, 音高就高一些。然后他设计了一个装置, 让老鼠来预测下一个音符是高还是低。预测对了, 该装置可以自动投食, 否则老鼠会被电击。通过训练大量的老鼠, 并且过一段时间后淘汰胜率低于 50% 老鼠, 然后让精英老鼠相互交配, 选出第二代老鼠。经过一段时间的持续迭代, 据说冠军老鼠的预测准确率超过了很多基金经理。

## 6.2　演化规划与演化策略

演化计算一般认为有四大算法: 基因算法 (GA), 基因规划 (GP), 演化规划 (evolutionary programming, EP), 演化策略 (evolution strategies, ES)。前两个已经在 6.1 节中介绍过了, 这一节介绍 EP 算法和 ES 算法。我们会发现一个很有趣的事实: GA 和 GP 理念孪生, 但越走越远; 而 EP 和 ES 理念不同, 却越走越近, 现在已经很难区分了。

### 6.2.1 演化规划

演化规划由 David. B. Fogel 于 1964 年提出, 初衷是用于有限状态机的演化预测, 当时这被认为是有别于模拟人脑的另一种人工智能路径。后来, EP 算法也被用于函数优化。

下面先介绍演化规划的理念和伪代码, 然后介绍它的算法要素。

1) 理念

演化规划的主要理念包括: ① 模拟自然系统的演化; ② 用包含多个个体的种群来建构自然系统; ③ 模拟优胜劣汰和适者生存的自然选择; ④ 个体只通过变异来适应环境; ⑤ 变异强度或变异参数的调整是演化的关键。可以看到, 前三条与基因算法是一致的。但是, 后两条却显著不同。在 EP 算法中, 个体的变异是产生新个体的唯一方式, 而 GA 还包括基因的交叉。GA 中没有变异参数, 而 EP 算法认为变异参数是演化的关键, 并强调用自适应方式不断优化变异参数来加速演化过程。

2) 伪代码

演化规划的伪代码见算法 6.2。从中可以看到, 演化规划形式比基因算法简单, 除了编码、解码等常规操作外, 只有变异操作和子代选择两个要素。

---

**算法 6.2** (演化规划)

*初始化*: 根据具体问题, 执行编码操作, 产生初始种群, 计算每个个体的适应值, 记录种群的最好个体及其适应值。

当停止条件不成立, 执行以下循环:
- 个体变异: 对种群中的每一个个体, 执行变异操作, 产生一些子代个体;
- 子代个体选择: 从当前种群和子代个体中, 选择出一些个体, 构建下一代种群;
- 计算每个个体的适应值, 并更新种群的最好个体及其适应值。

解码并输出种群中的最好个体及其适应值。

---

下面分别介绍编码与个体表示、个体变异和子代个体的选择技术。

3) 编码与个体表示

在 EP 算法中, 个体由一个向量表示, 该向量包含两部分: 个体遗传物质 $\boldsymbol{x}$ 和个体变异参数 $\boldsymbol{\sigma}$。这里的个体遗传物质就是最优化问题搜索空间中的一个点, 这个点的每个分量的变异参数组成 $\boldsymbol{\sigma}$。因此, $\boldsymbol{x}$ 和 $\boldsymbol{\sigma}$ 是维度相同的向量。也就是说, EP 算法的个体可表示为

$$(\boldsymbol{x}, \boldsymbol{\sigma}) = (x_1, x_2, \cdots, x_n, \sigma_1, \sigma_2, \cdots, \sigma_n) \tag{6.28}$$

其中, $\sigma_i$ 是 $x_i$ 的变异参数, $i = 1, 2, \cdots, n$。

式 (6.28) 的二元个体表示有一个默认前提: 每一维的变异参数是独立的。这个前提假设不成立时, 可以引进相关系数来度量两个维度上变异参数之间的关系。这引出了如下的三元个体表示:

$$(\boldsymbol{x}, \boldsymbol{\sigma}, \boldsymbol{\rho}) = (x_1, x_2, \cdots, x_n, \sigma_1, \sigma_2, \cdots, \sigma_n, \rho_1, \rho_2, \cdots, \rho_t) \tag{6.29}$$

其中, $\boldsymbol{\rho}$ 表示相关系数向量, 其维数为 $t = \binom{n}{2}$。

在初始种群中, $\boldsymbol{x}$ 可以在搜索区域内随机生成, $\boldsymbol{\sigma}$ 一般也随机生成。适应值函数的定义与 GA 一致, 通常就取为目标函数本身或其变换。有了初始种群和适应值函数, EP 算法就可以开始迭代运行了。

4) 个体变异

前面已说明, 个体通过变异来更好地适应环境。当然, 变异只是基础, 结合后面要介绍的子代选择才能达成更好地适应环境的目标。

给定个体的表达式 (6.28), 演化规划的变异公式为

$$x_i^{'} = x_i + N(0, \sigma_i^2), \quad \sigma_i^{'} = \sigma_i + N(0, \eta\sigma_i^2), \quad i = 1, 2, \cdots, n \tag{6.30}$$

其中, $N(0, \sigma_i^2)$ 表示以 0 为均值、$\sigma_i^2$ 为方差的正态随机变量, $N(0, \eta\sigma_i^2)$ 的含义类似, 这里的 $\eta$ 是一个给定的常数。

从式 (6.30) 可以看出, 变异参数决定了变异的幅度, 因此也被称为变异强度。通常, 变异强度不能太小, 否则个体演化会很慢。因此, 如果变异强度低于某个临界值, 需要强行拉回临界值。

如果个体表示是三元个体, 即表示成式 (6.29) 的形式, 则演化规划的变异公式为

$$\begin{array}{rcl} \boldsymbol{x}^{'} & = & \boldsymbol{x} + N(0, C), \\ (\sigma_i^{'})^2 & = & \sigma_i^2 + N(0, \eta_1\sigma_i^2), \quad i = 1, 2, \cdots, n \\ \rho_j^{'} & = & \rho_j + N(0, \eta_2\rho_j), \quad j = 1, 2, \cdots, t \end{array} \tag{6.31}$$

其中, 这里的 $\eta_1, \eta_2$ 是常数, 矩阵 $C$ 为如下的协方差矩阵:

$$C = [c_{ij}]_{n \times n}, \quad c_{ij} = \rho_k\sigma_i\sigma_j, \quad i, j = 1, 2, \cdots, n, k = 1, 2, \cdots, t \tag{6.32}$$

二元个体变异 (6.30) 可以看成三元个体变异 (6.31) 的退化, 此时

$$\rho_k = \begin{cases} 1, & i = j \\ 0, & i \neq j \end{cases} \tag{6.33}$$

即 $C$ 为对角矩阵, 对角线元素为 $\sigma_1^2, \sigma_2^2, \cdots, \sigma_n^2$。

5) 子代个体的选择

给定种群, 在完成每个个体的变异后, 共有 $2\mu$ 个个体。下面介绍如何从这 $2\mu$ 个个体中, 选择出下一代的种群。在演化规划算法中, 种群规模通常保持不变。

有多种策略可以产生新种群, 一种主流策略是 $(\mu + \mu)$ 选择。即父代种群有 $\mu$ 个个体, 共产生 $\mu$ 个子代个体, 然后从这 $2\mu$ 个个体中根据适应值大小, 择优选出 $\mu$ 个个体组建出下一代新种群。

显然, $(\mu + \mu)$ 策略的选择压力是很大的, 有利于快速收敛到某个局部最优解。但是, 如果最优化问题是严重非凸的, 有多个局部最优解的话, 算法可能早熟。为了降低选择压力,

这里介绍 $(\mu + \mu)$ 随机 $q$ 竞争选择策略。该策略是 $(\mu + \mu)$ 策略的改进版, 改进方法类似于竞标赛规则。具体来说, 对每个个体, 从 $2\mu$ 个个体中随机选出 $q$ 个个体, 并记录该个体适应值大于这 $q$ 个个体中多少个个体的适应值, 以这个数作为该个体的分值。然后按照分值从大到小选择 $\mu$ 个个体组成下一代的新种群。

EP 算法的停止准则和 GA 类似, 这里不再赘述。

综合上述介绍, 小结一下。在理念上, 演化规划突出了变异在系统适应环境过程中的极端重要性。在形式上, 演化规划比基因算法更简洁, 不需要父代个体的概念, 也没有交叉重组操作。在数值效果上, 演化规划及其改进版本也取得了与 GA 相当的性能。这几方面的特性, 成就了演化规划在演化计算领域有别于基因算法的地位。

## 6.2.2 有限状态机及其应用

演化规划最初被用于设计有限状态机。本节简要介绍有限状态机及其应用案例。

1) 有限状态机

有限状态机是很多科学问题和实际问题的数学模型。在任何时刻, 这个抽象的机器处于某个状态中, 且总的状态数是有限的。机器根据当前状态和输入信息决定转移到哪个状态并输出信息。有限状态机分为确定性有限状态机和不确定性有限状态机两类。根据维基百科, 对每个不确定性有限状态机, 总存在一个等价的确定性有限状态机。

图 6.7是有限状态机的一个示例, 其输入输出都是 0 或 1, 箭头旁边的数字表示输入("/" 前) 和输出 ("/" 后)。该有限状态机有 4 个状态 (A, B, C, D), 状态 A 右上角的小箭头表示它为初始状态。在状态 A, 当输入信息为 1 时, 输出 0, 并转移到状态 C。在状态 C 处, 不管输入 0 还是 1, 都会输出 0, 但前者转移回到状态 A, 而后者转移到状态 D。状态 D 处的转移规则类似。在状态 B 处, 输入和输出一致, 且都转移回到状态 A。

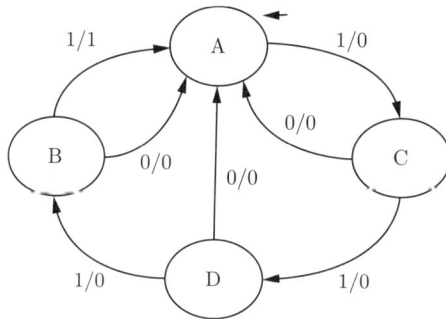

图 6.7　有限状态机的状态图示例

有限状态机可以由一系列状态 (含初始状态) 及一系列输入值来定义。为描述简单起见, 这里只介绍输入输出为二进制的有限状态机。此时, 对每个状态, 只需要考虑给定输入情况下, 输出是什么, 以及要转移到哪个状态。所以, 有限状态机可以用一个 $4n$ 维的状态向量来描述, 其中 $n$ 表示状态个数。每个状态要明确的 4 个信息是:

- 给定当前状态且输入为 0 时, 输出值是什么;

- 给定当前状态且输入为 0 时, 转移到哪一个状态;
- 给定当前状态且输入为 1 时, 输出值是什么;
- 给定当前状态且输入为 1 时, 转移到哪一个状态。

**例 6.15**  给出图 6.7对应的状态向量。

**解**  图 6.7中有 4 个状态, 因此状态向量是 16 维的。为便于描述, 状态按 A, B, C, D 排序, 且用数字 1, 2, 3, 4 标记。在初始状态 A 时, 当输入为 0, 没有输出 (用 NaN 表示), 状态不转移; 输入为 1 时, 输出 0, 并转移到状态 C。于是, 前 4 维为 $[\text{NaN}, 1, 0, 3]$。类似地, 可以得到其他数据。最后的状态向量为

$$[\text{NaN}, 1, 0, 3, 0, 1, 1, 1, 0, 1, 0, 4, 0, 1, 0, 2]$$

最后四个数字表明: 当在状态 D 时, 输入 0 输出也是 0, 转移到状态 A; 输入 1 输出 0, 转移到状态 B。其余情形类似。

有限状态机的设计问题如下: 给定二进制输入系列和对应的二进制输出系列, 设计出能实现与这些输入输出对应的有限状态机。本质上, 这是一类特殊的机器学习问题。其损失函数为期望输出系列与有限状态机实际输出系列之差的某种范数 (距离)。

演化规划可以用来求解上述的有限状态机设计问题。此时的编码可以直接使用有限状态机的状态向量作为个体遗传物质 $x$, 并在此基础上, 引入变异参数, 或进一步添加相关系数。适应值函数可以取为损失函数的倒数或其常数倍。

**2) 囚徒困境**

囚徒困境 (prisoners' dilemma) 是博弈论中的经典问题, 可以用有限状态机来加以描述和帮助求解。下面先介绍囚徒困境, 再用有限状态机来描述囚徒困境中的策略选择。

囚徒困境描述的是如下问题: 有两个犯罪嫌疑人被警察逮捕并分开审讯。警察指出:

- 如果某个嫌疑人能供出同伙且其同伙不供认, 则该嫌疑人可以免于起诉, 而其同伙将获刑 10 年;
- 如果两个嫌疑人都相互指认对方, 则各获刑 3 年;
- 如果两个嫌疑人都不供认对方, 两人各获刑 1 年。

在两个嫌疑人无法交流的情况下, 他们会作何选择呢?

为了更好地理解囚徒困境, 假设你是嫌疑人。如果你的同伙背叛 (供认) 你, 则你供认他是最佳选择; 而如果同伙不背叛, 你选择供认他也是最佳选择。因此, 无论同伴的选择是什么, 你选择供认对方都是最佳选择。这一点对你的同伴也成立。所以, 双方都选择背叛是一个均衡解 (任何一方改变策略都不会变得更好)。但是很清楚, 双方选择合作 (沉默不供认对方) 才是这个问题中双方的最优解。这就是为何称该问题为困境 (dilemma) 的原因。

囚徒困境导致了一系列重要论断: 个体的理性可能会导致集体的非理性, 纯粹的自由市场和自由选择是不妥当的, 等等。这引发了社会科学领域的大量思考, 也推动了囚徒困境问题的进一步推广与发展。一个重要的推广是, 区分了一次性囚徒困境问题和重复囚徒困境问题。前者的博弈双方只进行一次囚徒困境博弈, 而后者的博弈双方会进行多次甚至无穷次博弈, 这产生了丰富的应对策略。

下面介绍重复囚徒困境问题的策略选择及其有限状态机描述。先介绍两个极端的策略: 永远合作 (cooperate) 和永远背叛 (betray)。无论同伴作何选择, 前者都一直保持合作 (不供认对方), 而后者却一直保持背叛 (供认对方)。它们的有限状态机如图 6.8所示。

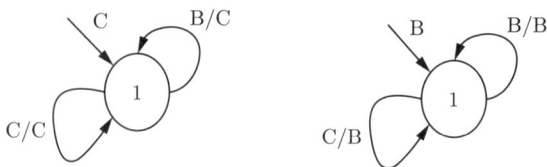

**图 6.8**    重复囚徒困境的极端策略: 永远合作 (左) 与永远背叛 (右) (B 表示背叛, C 表示合作)

永远记仇策略是对永远背叛策略的微调: 以合作开始, 只要对方有一次背叛, 就一直背叛。其有限状态机描述如图 6.9所示。

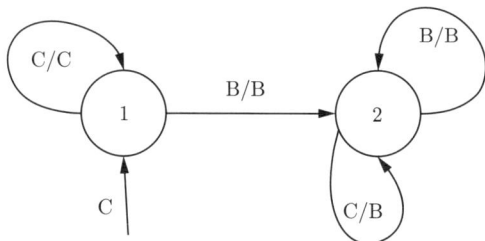

**图 6.9**    重复囚徒困境的永远记仇策略 (B 表示背叛, C 表示合作)

以牙还牙策略是重复囚徒困境中的常用策略, 它直接采用对手上一次的选择作为自己的选择。一牙还两牙策略是其变种, 除非对手连续两步都背叛, 否则一直选择合作。它们的有限状态机如图 6.10所示。

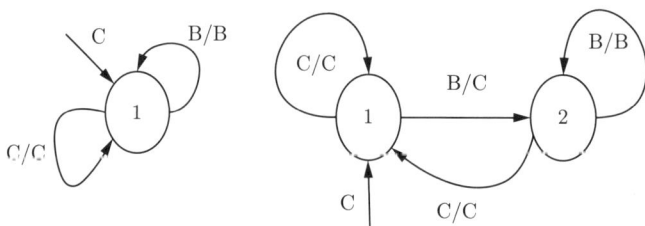

**图 6.10**    重复囚徒困境的以牙还牙策略 (左) 与一牙还两牙策略 (右) (B 表示背叛, C 表示合作)

还有很多可供选择的策略。比如, 图 6.11所示的有限状态机描述的是以牙还牙策略的另一种变种, 如果对手背叛一次, 则只有在他连续合作两次后才原谅他并进行新的合作。

## 6.2.3    演化策略

演化策略 (evolution strategy, ES) 与演化规划一样, 诞生于 20 世纪 60 年代初, 提出者是德国科学家 Ingo Rechenberg 和 Hans-Paul Schwefel。这两个算法在理念上具有很多相似之处, 都非常强调变异在演化过程中的作用。而且, 这两个算法在后续的改进中, 不断相互借鉴, 目前已经很难完全区分开了。

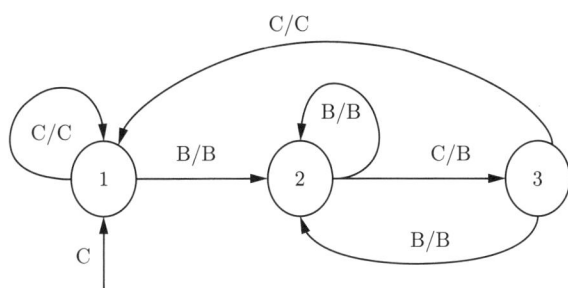

图 6.11 重复囚徒困境的一种惩罚策略 (B 表示背叛, C 表示合作)

1) 理念

演化策略的主要理念与演化规划类似, 包括: ① 模拟自然系统的演化; ② 用包含多个个体的种群来建构自然系统; ③ 模拟优胜劣汰和适者生存的自然选择; ④ 个体主要通过变异来适应环境; ⑤ 变异强度或变异参数的调整是演化的关键。

可以看到, 演化策略与演化规划的主要区别在第④点。在 EP 中, 个体的变异是产生新个体的唯一方式。而在 ES 中还加上了基因的交叉重组, 当然, 后者的地位是辅助性的。在演化策略的理念中, 变异强度被认为是演化的关键。与演化规划一样, 变异强度被纳入个体编码中, 与遗传物质一同参与演化。这种做法被称为 "演化的演化"。

2) 伪代码

演化策略的伪代码如算法 6.3所示。从中可以看到, 演化策略算法的框架跟基因算法类似, 都包含编码、解码等常规操作, 还有父代个体选择、交叉重组、变异个体和子代个体选择等要素。

---

**算法 6.3** (演化策略)

*初始化*: 根据具体问题, 执行编码操作, 产生初始种群, 计算每个个体的适应值, 记录种群的最好个体及其适应值。

当停止条件不成立, 执行以下循环:

- 父代个体选择: 以随机方式选择父代个体;
- 交叉重组: 两个父代个体进行交叉重组, 得到一个子代个体; 重复, 直到子代个体数量足够;
- 个体变异: 对重组得到的每个子代个体, 执行变异操作;
- 子代个体选择: 从当前种群和子代个体中, 选择出一些个体, 构建下一代种群;
- 计算种群中每个个体的适应值, 并更新种群的最好个体及其适应值。

解码并输出种群中的最好个体及其适应值。

---

由于父代个体的选择一般采用随机方式, 这里不再赘述。下面主要介绍个体表示、交叉

重组、个体变异和子代个体的选择技术。

3) 编码与个体表示

ES 算法的个体表示与 EP 算法类似, 个体由一个向量表示, 该向量包含两个或三个部分: 个体遗传物质 $\boldsymbol{x}$ 和个体变异参数 $\boldsymbol{\sigma}$, 以及可能的相关系数 $\boldsymbol{\rho}$。它们的含义在两个算法中都是一样的。因此, ES 算法中的个体可表示为

$$(\boldsymbol{x}, \boldsymbol{\sigma}) = (x_1, x_2, \cdots, x_n, \sigma_1, \sigma_2, \cdots, \sigma_n) \tag{6.34}$$

或者如下的三元向量:

$$(\boldsymbol{x}, \boldsymbol{\sigma}, \boldsymbol{\rho}) = (x_1, x_2, \cdots, x_n, \sigma_1, \sigma_2, \cdots, \sigma_n, \rho_1, \rho_2, \cdots, \rho_t) \tag{6.35}$$

其中, $t = \binom{n}{2}$。

ES 算法中的初始种群也与 EP 算法一样产生。适应值函数的定义与 GA 一致, 通常就取为目标函数本身或其变换。有了初始种群和适应值函数, ES 算法就可以开始迭代运行了。

4) 交叉重组

注意到演化策略中的个体包含 $\boldsymbol{x}$(遗传物质) $\boldsymbol{\sigma}$(变异强度) 和 $\boldsymbol{\rho}$(相关系数), 它们共同参与交叉重组, 但通常分别重组且重组规则一般不同。比如, 遗传物质部分的交叉重组可以参考 6.1 节 GA 的交叉策略。当然, 全局离散重组也是 ES 中的常用策略: 重组出的每个子代个体, 其每一维的值的产生办法如下:

- 对每一维, 从种群中随机选取两个父代个体;
- 从这两个父代个体在该维的元素值中, 随机选一个, 赋值给子代个体的这一维。

变异强度和相关系数的交叉重组可以采取类似的全局策略, 但一般取中值赋值给新个体, 即

- 对每一维, 从种群中随机选取两个父代个体;
- 计算这两个父代个体在该维的元素值的平均, 赋值给子代个体的这一维。

所以, 该策略称为全局中值策略。

注意, 在 ES 算法中, 交叉重组得到的子代个体数量一般不少于 $\mu$ 个。

5) 个体变异与子代选择

个体变异是 ES 算法的关键。事实上, 在 ES 算法的早期, 主流的 (1+1)-ES 算法只有 1 个父代个体 (没有种群的概念), 通过变异产生 1 个后代个体。此时, 没有交叉重组的用武之地。后来 ES 算法逐渐发展到 $(\mu + \lambda)$-ES 算法和 $(\mu, \lambda)$-ES 算法。要介绍这两个 ES 算法, 需要介绍子代选择策略。

在 ES 算法中, 子代个体的选择策略与 EP 算法中的类似, 且随着相互借鉴程度的加深, 相似程度也越来越高。主流的选择策略有 $(\mu + \lambda)$ 策略和 $(\mu, \lambda)$ 策略。这里的 $\mu$ 是种群规模, $\lambda$ 是经交叉及变异后的子代个体数量, 一般大于 $\mu$。$(\mu + \lambda)$ 策略是 EP 算法中 $(\mu + \mu)$ 策略的简单推广, 即从 $\mu$ 个父代个体和 $\lambda$ 个子代个体中择优选出 $\mu$ 个个体组成下一代种

群。$(\mu, \lambda)$ 策略指的是从 $\lambda$ 个新个体中, 择优选取出 $\mu$ 个, 构建新一代种群。这两种策略的一般化是 $(\mu, k, \lambda, s)$-ES 策略: 种群规模是 $\mu$, 每个父代个体最多存活 $k$ 代, 子代个体有 $\lambda$ 个, 每个子代个体由 $s$ 个父代交叉重组产生。

ES 算法中的变异方式与个体表示有关。这里先介绍二元个体表示 (式 (6.34)) 情况下的变异, 三元个体表示情况下的变异在 CMA-ES 算法中得到了应用。对 $(\mu + \lambda)$-ES 算法和 $(\mu, \lambda)$-ES 算法, 其变异方式如下:

- 变异强度 $\sigma$ 由交叉重组方式决定, 不再变异;
- 遗传物质 $\boldsymbol{x}$ 的变异公式为

$$x_i^{'} = x_i + N(0, \sigma_i^2), \quad i = 1, 2, \cdots, \mu \tag{6.36}$$

或者改写为

$$\boldsymbol{x}^{'} = \boldsymbol{x} + N(\boldsymbol{0}, \Sigma), \quad \Sigma = \mathrm{diag}(\sigma_1^2, \sigma_2^2, \cdots, \sigma_n^2) \tag{6.37}$$

其中, $N(\boldsymbol{0}, \Sigma)$ 表示以 $\boldsymbol{0}$ 为均值、$\Sigma$ 为协方差矩阵的多元正态随机变量。由于此时的 $\Sigma$ 为对角矩阵, 多元正态分布等价于 $n$ 个相互独立的一元正态分布。所以, 式 (6.36) 与式 (6.37) 等价。但是, 式 (6.37) 的矩阵表示方法有助于推广到 CMA-ES 算法。

6) CMA-ES 算法

CMA-ES 算法及其改进算法是目前演化策略算法中理论性质和数值性能最好的算法之一。这里的 CMA 是协方差矩阵自适应 (covariance matrix adaptation) 的简称。该算法与数学规划中的 BFGS 拟牛顿法类似, 都力图逼近正定矩阵 (协方差矩阵)。但是, 与拟牛顿方法不同的是, CMA-ES 算法不使用梯度或近似梯度信息, 甚至不要求它们的存在。这使得 CMA-ES 算法在非光滑甚至非连续问题以及多模和 (或) 噪声问题上都可行。当然, 在 BFGS 拟牛顿法能求解的问题中, 并不推荐用 CMA-ES 算法, 因为前者会快很多。总体上, CMA-ES 算法是目前极具竞争力的一个演化算法, 不仅适用于局部优化, 也适用于全局优化。

CMA-ES 算法具有复杂的参数调整设置和自适应策略, 这在一定程度上妨碍了对它的学习和研究。不过, 鉴于 CMA-ES 算法具有非常好的数值性能, 其代码仍得到了广泛应用。有兴趣的读者可以从网址 https://cma-es.github.io/ 下载其代码, 里面也有许多关于该算法后续改进的重要文献。

7) 自适应与自身自适应

在演化策略算法的发展过程中, 研究人员提出过两类基于自适应的演化策略算法: 一类是自适应演化策略 (adaptive ES); 另一类是自身自适应演化策略 (self-adaptive ES)。这两种自适应都是对变异参数和 (或) 相关系数来说的。前者是通过触发外生的规则来实现被动适应的, 而后者的自适应是算法内生实现的。

一个著名的外生规则是 "1/5 规则"。该规则最初被设计用在 (1+1)-ES 算法中实现变异强度 $\sigma$ 的自适应调整, 调整的依据是变异成功率。变异成功是指个体适应值在变异后高于变异前, 变异成功率是变异成功的比例。Ingo Rechenberg 的研究表明, 20% 的成功率是一个重要的门槛。如果变异成功率高于 20%, 则一般意味着变异强度太低, 算法可能在某个局部探索; 而如果变异成功率低于 20%, 则意味着变异强度太高, 算法可能在漫无目的地全局漫游。因此, 20% 规则要求:

- 如果变异成功率超过 20%, 则增加变异强度;
- 如果变异成功率等于或低于 20%, 则减小变异强度。

在 20% 规则的框架内, Hans-Paul Schwefel 建议, 用一个参数 $c < 1$ 来控制变异强度的调整, 增加变异强度时 $\sigma \leftarrow \sigma/c$, 降低变异强度时 $\sigma \leftarrow c\sigma$。在 (1+1)-ES 算法中, 常用的设置是 $c = 0.817$。

自身自适应力图不借助外生规则, 让算法内生实现自适应。事实上, 后期的 $(\mu + \lambda)$-ES 算法和 $(\mu, \lambda)$-ES 算法都是自身自适应 ES 算法。在这些算法中, 无论是变异强度还是相关系数, 都跟遗传物质一起参与交叉重组。换句话说, 交叉重组的方式决定了变异强度及相关系数适应环境的能力和水平。

自适应和自身自适应的区分有时候并不是十分明确, 因为 "外" 和 "内" 是相对于观察角度来说的。所以, 不少研究人员并不特别在意是自身自适应还是外生的自适应, 统称为自适应。只要有助于算法数值性能的提升, 各种简洁有效的外生规则和内生策略都是很受欢迎的。

## 6.2.4　GA、GP、ES、EP 的比较

我们已经介绍了演化计算领域的四个经典算法 (GA、GP 算法、EP 算法、ES 算法)。这四个算法具有密切的联系和很多共同点, 比如

- 都采用种群框架, 个体协同搜索或寻优;
- 都借助随机性;
- 都允许不同的编码技术来表示个体;
- 都依赖迭代演化;
- 都利用个体变异来产生更好个体;
- 都求助于自然选择, 利用了优胜劣汰技术;
- 都有父代个体和子代个体;
- 都依赖类似的条件来控制算法停止; 等等。

正因如此, 初学者经常分不清楚这四个算法有何本质区别。这一小节将从多个角度对它们进行对比分析, 帮助大家加深对这四个算法的理解。

首先, 我们将这四个算法分成两大类: 一类更强调变异在演化过程中具有的重要作用 (EP 算法和 ES 算法), 另一类强调基因交叉和重组在演化过程中具有重要的作用 (GA 和 GP 算法)。然后, 从数值优化和结构优化的角度进行了划分, GA 和 ES 算法更适合数值优化, 而 GP 算法和 EP 算法更有利于结构优化。

1) EP 算法和 ES 算法: 变异是个体适应环境的根源

EP 算法和 ES 算法都诞生于 20 世纪 60 年代初, 这两类算法都认为变异是个体适应环境的根源。在 EP 算法中, 交叉重组这种操作是没有的, 变异以及优胜劣汰的自然选择是产生个体适应性的唯一源泉。

在 ES 算法中, 虽然有个体的交叉重组运算, 但是, 其重要性不如变异。这可以从两方面看出。一是在个体表示上, 目标函数的解向量 $x$ 只占个体表示的 1/2 甚至 1/3, 而用于控制变异强度 (变异参数 $\sigma$) 和变异方向 (相关系数 $\rho$) 的占比往往更大; 二是个体交叉重组得到的解向量只是临时存在, 还得接受变异操作才能成为后代个体。

因此, 在 EP 和 ES 的算法理念和设计中, 变异的地位和作用是远高于交叉重组的。这一点显著区别于 GA 和 GP 算法。

2) GA 和 GP 算法: 基因重组产生更适应环境的个体

Holland 在 20 世纪 70 年代提出的 GA, 显然受到了 ES 算法和 EP 算法的重要影响。但是, 在 GA 中交叉运算的地位明显高于变异操作。

在 GA 和 GP 算法中, 虽然也是先进行交叉运算, 再进行变异操作。但是, 注意到 GA 和 GP 算法中的变异概率通常是很低的 (大约 0.1)。这一点与 ES 算法和 EP 算法显著不同, 后者的变异是必须的, 不存在变异概率。因此, GA 和 GP 算法的交叉重组以及自然选择才是个体适应性的主要来源。

3) GA 和 ES 算法: 适合数值优化

前面介绍过, GA 和 GP 算法是 "孪生的", 只在个体编码上采用不同的技术, 其他方面几乎一模一样。正是因为编码的不同, 导致 GA 适合数值优化, 而无法进行结构优化。因为 GA 的编码技术依赖于数值向量, 比如二进制向量、十进制向量或者整数向量等。

ES 算法提出后很快就面向数值优化, 其算法改进方向也可以类比数学规划中的算法 (如 BFGS 算法)。这类算法的主流代表 CMA-ES 算法中的很多要素都类似于 BFGS 算法。比如, $\sigma$ 可看成搜索步长; 协方差矩阵 $C$ 可看成 BFGS 算法中的正定矩阵或其近似。正因为有这些密切联系, CMA-ES 算法才在数值性能上傲视绝大多数启发式算法和智能优化算法。

4) GP 算法和 EP 算法: 用于结构优化与学习

GP 算法在编码技术上采用了问题依赖的结构编码, 如常用的树形结构编码等, 使得它可用于结构优化和机器学习。但是, GP 算法的其他要素都与 GA 基本一致。GA 和 GP 算法的这一联系为优化算法和学习算法提供了一个重要的桥梁, 深刻说明了它们不仅具有共同的本质, 即便在形式上也是极其类似的。

EP 算法在提出之初就着眼于结构优化, 试图设计最优的有限状态机。另外, 由于 EP 算法只有变异操作, 这使得它的个体表示灵活性很大, 便于处理各种各样的结构优化与机器学习问题。当然, 随着 EP 算法和 ES 算法的相互借鉴, 它们的后续改进算法在数值优化上也是表现优秀 (如 CMA-ES 算法)。正因如此, 如果用户想用 EP 算法来进行结构优化和机器学习, 采用更早期的 EP 算法可能会更合适。

## 6.3　差分演化与文化演化

前面介绍了演化计算 (演化优化) 的四个经典算法。一般来说, 差分演化 (differential evolution, DE) 算法和文化演化 (cultural evolution, CE) 算法并不被认为是经典的演化优化算法。不过, 把它们放在其他部分似乎更不合适。而且, 基于以下理由, 本书把这两个算法放在演化优化部分是合理的。

- 差分演化算法最初是作为基因算法的一个变种而被提出的。后来, 由于它的出色数值性能, 以及放弃了基因背景和个体编码等要素, 逐渐独立出来。
- 文化演化算法是与自然演化算法相伴的一种演化方式。自然演化算法通过基因 (gene) 的交叉和变异等微观操作, 实现种群的缓慢演化。而文化演化算法通过社会基因 (meme) 的微观操作, 可以帮助种群在文化层面实现快速演化。

### 6.3.1　差分演化

差分演化算法于 1995 年由 Rainer Storn 和 Kenneth V. Price 提出[121], 刚开始是 GA 的一个变种, 后来发展成为启发式优化算法的重要代表。与 GA 等智能优化算法不同, 差分演化算法没有模拟生物繁衍现象或生物智能行为, 而是受数学经验或直觉的启发。

1) 伪代码

差分演化算法的伪代码如算法 6.4所示。该算法通过不断地产生试验向量, 并择优更新个体, 来实现种群的演化。其关键是如何产生好的试验向量。正是在这个环节, 利用了数学中的差分思想。注意, 在差分演化算法中, 种群的个体也是向量, 在不引起歧义的情况下, "个体" 和 "向量" 可以混用。

---

**算法 6.4** (差分演化算法)

*初始化*: 给定参数 $F, c$ 的值; 生成初始种群 $\{x_i\}_{i=1}^{\mu}$, 计算每个个体的适应值。

当停止条件不成立, 执行以下循环:

对每一个个体 $x_i, i = 1, 2, \cdots, \mu$:
- 产生试验向量: 产生试验向量 $u_i$;
- 更新个体: 如果 $u_i$ 的适应值好于 $x_i$, 令 $x_i = u_i$。

输出种群最优个体及其函数值。

---

从算法 6.4可以看出, 差分演化算法的框架非常简洁, 甚至比基因算法的框架还简洁。在差分演化中, 有两个参数 $F$ 和 $c$, 它们分别被称为步长参数和交叉率。它们的作用体现在生成试验向量的过程中, 详见后面的子算法 6.5。

与基因算法一样, 差分演化算法采用了种群搜索的策略。但是, 它们仍然有一些显著区别。注意到在算法 6.4中, 一个精英个体可能存活很多代, 只要它的试验向量适应值不如它自己。换句话说, 在差分演化算法中, 不需要额外存储适应值最好的精英个体, 它会自动被保留到下一代种群。这个特性是 GA、GP 算法、EP 算法、ES 算法等算法都没有的, 后面这几个算法都需要额外存储最精英的个体信息。

2) 基于差分的搜索

这一小节介绍试验向量是如何产生的, 算法 6.5给出了具体的步骤。

**算法 6.5** (差分演化中试验向量的产生)

给定算法 6.4中的种群和参数信息。

对每一个个体 $x_i, i = 1, 2, \cdots, \mu$:

- 向量选择: 选择 $[1, \mu]$ 中不等于 $i$ 的三个随机整数 $r_1, r_2, r_3$, 且要求 $r_2 \neq r_3$;
- 产生变异向量: $v_i = x_{r_1} + F(x_{r_2} - x_{r_3})$;
- 产生试验向量: 产生一个随机整数 $J \in [1, n]$, 对每一维 $j = 1, 2, \cdots, n$
  - 产生随机数 $r \in [0, 1]$;
  - 如果 $r < c$ 或 $j = J$, 则 $u_{ij} = v_{ij}$; 否则 $u_{ij} = x_{ij}$。

从算法 6.5可以发现, 试验向量 $u$ 是当前个体 $x_i$ 与变异向量 $v_i$ 的近似 "均匀交叉": 有约 $1 - c$ 的概率来自 $x_i$, 有约 $c$ 的概率来自 $v_i$。这里用 "约" 是因为在选定的第 $J$ 维上, 必定采用来自变异向量的值 $v_{iJ}$。这一做法是为了避免全部复制当前向量, 使得试验向量 $u = x$, 从而达不到 "试验" 的效果。

在算法 6.5中, $c$ 的取值一般在 $[0.1, 1]$, 而 $F$ 的取值一般在 $[0.4, 0.9]$。从算法 6.5中可以理解这两个参数的作用, $c$ 决定了变异向量与当前个体的交叉概率, 故称为交叉参数或交叉率。而在变异向量生成式 $v_i = x_{r_1} + F(x_{r_2} - x_{r_3})$ 中, $x_{r_1}$ 被称为基向量, $x_{r_2} - x_{r_3}$ 被称为差向量, $F$ 类似于步长。因此, 变异向量是由基向量沿着差向量的方向移动一定的步长而生成的。

3) 差分演化算法的 12 种基本形式

由算法 6.4及其子算法 6.5搭建的差分演化算法, 称为 DE/rand/1/bin 算法。这是一套精心设计的记号, 用于说明基向量的选择方式、差向量的个数和试验向量的产生方法。具体来说, "rand" 表示基向量是随机选择得到的; "1" 表示只有一个差向量; "bin" 表示采用近似二项分布的方式对变异向量和当前个体进行交叉。前两项的含义容易理解, 下面解释一下第三项的含义。注意到如果没有随机整数 $J$ 的影响, 那么 $v$ 和 $x$ 的交叉就完全是依据二项分布的方式进行的, 发生概率恰好等于交叉率 $c$。因此加上随机整数 $J$ 的影响后, 交叉就以近似二项分布的方式进行。

除了 DE/rand/1/bin 算法以外, 差分演化算法还有 11 种基本形式, 它们可通过将以下三种选择进行组合而得到。

- 基向量的选择方式。
  - rand: 随机选择一个向量;
  - best: 选择最好的向量;
  - current/target/i: 选择当前向量, 即 $x_i$。
- 差向量的个数: 一般 1 个或 2 个。
- 试验向量的产生方法。

– bin: 变异向量 $v$ 与当前个体 $x$ 的 (几乎) 均匀交叉;

– L: 连续 $L$ 个 $v$ 中分量复制给 $u$ 的对应位置, 其余分量来自 $x$。

以上三种选择可以组合出 12 种不同的差分演化算法, 除了经典的 DE/rand/1/bin, 还有 DE/best/1/L, DE/current/2/bin, 等等。这些策略各有优点, 比如, "best" 形式的基向量可能有利于产生更好的试验向量, "L" 策略更有利于在试验向量中保存分量之间的相关信息。但是, 在这些组合中哪一种更好, 往往是问题依赖的。

4) 差分演化算法的发展简介

由于差分演化算法的框架简洁且算法易于实施同时具有良好的数值性能, 因此它得到了大量的关注。在研究层面, 这些关注主要集中在对差分演化算法性能的改进方面。目前已有大量差分演化算法的变种算法被提出来。比如, 自适应差分演化算法 SaDE[122], 利用外部存档信息的自适应差分演化算法 JADE[123], 对成功历史信息进行学习而提出来的 SHADE[124], 在 SHADE 基础上加入迭代局部搜索算子的 SHADE-ILS[125], 等等。这些差分演化算法的改进版本在大规模优化等最优化领域的算法竞赛中, 取得了骄人的成绩[124-127]。在应用层面, 差分演化算法及其改进已经在大量的工程应用中取得了很好的成果, 更多内容请参阅综述文献 [126-127]。

差分演化主要用于连续优化问题的求解。但是, 它的离散版本也很容易得到。观察算法 6.4 和算法 6.5, 只有变异向量生成那一步可能破坏离散性质。所以, 可以借助取整函数 (round) 将这一步改为

$$v_i = \text{round}(x_{r_1} + F(x_{r_2} - x_{r_3})) \tag{6.38}$$

或者

$$v_i = x_{r_1} + \text{round}(F(x_{r_2} - x_{r_3})) \tag{6.39}$$

当然, 将其改成其他类似形式也是可以的。总之, 差分演化算法的离散化是比较容易的, 但它的数值性能通常无法与连续情形中的数值性能相比。

最后, 差分演化算法作为一个直接使用数学概念 (差分) 的数学启发类算法, 其理论研究也取得了很多的进展。特别地, 在差分演化算法的复杂性和收敛性方面取得了一定的理论成果[128-129], 在差分演化算法对自变量线性变换的不变性、种群多样性、种群动态的数学描述 (动力系统、马尔可夫链、高斯逼近) 等方面取得了不错的进展[130]。

## 6.3.2　文化演化

生命的演化并不只有基因的演化, 文献 [131] 指出了生命演化的四个维度: 基因的演化是最基本和最底层的, 往上还有细胞和生物体层面的表观演化 (epigenetic)、生物体行为层面的演化, 以及精神符号层面的演化 (symbolic variation)。这里笼统地把演化分成两个层面, 底层的生物演化, 以及更上一层的文化演化。

1) 文化演化与生物演化

生物演化主要指的是基因和染色体或个体的迭代更新, 以及由此产生的种群演化。生物演化通过基因的交叉和变异等微观操作, 在优胜劣汰的自然选择作用下, 缓慢地实现种群

层面的优化。具体来说，种群层面的优化指的是种群中精英个体的适应值越来越好，当然，默认要求额外存储或保留精英个体。

文化演化的本意是从演化的角度来研究社会变迁 (social change)。本书的文化演化并不去探讨社会变迁本身，而是一类基于 "文化" 来改进寻优效果的数值优化算法。这里的 "文化" 是一个很广义的概念，能够影响个体决策的任何信息，都可以称为文化。研究文化演化算法的动机是，生物演化本身是非常缓慢的，但是文化演化却快得多，借助文化演化来加速生物演化，最终达成更快速更高效的寻优效果。

2) 模因论

文化演化有许多不同的研究方法，跟本书的主题最相关的莫过于模因论 (memetics)。这个方法起源于 1976 年 Richard Dawkins 的一本书《自私的基因》，里面提出了 "meme" 这个概念，它被翻译成 "模因" 或文化基因。本质上，这个概念借鉴了生物的 "基因"(gene)。

在 Richard Dawkins 的书中，模因被认为是一种 "文化单位"，在人群中传播。个体通过模仿其他个体的学习过程，从一个想法跳到另一个想法，从而实现模因的自我复制。同时，该书强调模因是自私的，所以它们很可能与生物宿主的基因利益相冲突。"模因之眼" 观点为一些文化现象提供了微观层面的可能解释。

本书的文化演化主要关注模因论的以下两个特性：

- 类似于基因可以进行交叉和变异，模因也可以有类似的微观操作；
- 模因的自我复制和自私特性，可以转化为最优化算法中的加强局部寻优。

模因的这两个性质吸引了大量的后续研究，推动了文化基因算法近 30 年的发展。

3) 文化基因算法

文化基因算法 (memetic algorithms) 由 Pablo Moscato 于 1989 年提出，类似于基因算法模拟生物演化，文化基因算法试图模拟文化演化[132]。此外，文化基因算法还大力加强局部搜索，通过平衡好种群的全局搜索和个体的局部搜索，来达到更快速更高效的迭代优化。而且，文化基因算法在局部搜索中力争采用跟问题有关的先验知识。

借用 Pablo Moscato 在文献 [132] 中的最后一句话来解读文化基因算法："Instead they are a framework to exploit all previous knowledge about the problem, combining methods to improve their performance." 也就是说，文化基因算法与知识驱动或数据驱动的演化算法类似，它们都试图从搜索数据中发现规律，用以引导后续的搜索行为。

算法 6.6给出了文化基因算法的伪代码。

---

**算法 6.6** (文化基因算法)

*初始化：给定初始种群。*

*当停止条件不成立，执行以下循环：*

- *种群的全局搜索：在种群层面上实施全局搜索；*
- *个体的局部搜索：对个体实施局部寻优；*
- *更新种群。*

---

在种群的全局搜索步骤中,可以采用各种可能的全局搜索策略,包括前面介绍的启发式优化或演化优化技术,以及后面要介绍的群体智能优化技术。在个体的局部搜索中,通常会采用高效的基于梯度或近似梯度信息的寻优技术。从这个角度来看,算法 6.6 是一个通用框架。

目前,文化基因算法已经超越了种群全局搜索与个体局部搜索结合的传统范式,成为一类知识驱动的、多任务的、迁移式的优化与学习算法[133-134]。这使得文化基因算法跟文化算法越来越融合与趋同。

4) 文化算法

文化算法由 Robert G. Reynolds 于 20 世纪 90 年代初提出。文化算法聚焦于在生物演化之上的文化演化,并强调文化演化的速度远远超过生物演化[135-136]。

为了实现更快速的演化进程,在常规的生物种群之外,文化算法引入了一个信仰空间(brief space)的概念,用于表示生物种群在演化过程中获取的知识以及任何先验知识。这些知识反哺用于引导种群演化的过程,目标是更快地收敛到全局最优解。算法 6.7 给出了文化算法的伪代码。

**算法 6.7** (文化算法)

*初始化: 给定初始种群, 建立初始信仰空间。*

*当停止条件不成立, 执行以下循环:*

- *种群演化: 结合信仰空间的知识和生物遗传特性, 对种群进行演化;*
- *文化演化: 评估每个个体的适应值, 并更新信仰空间。*

算法 6.7 的关键点是,如何结合信仰空间的知识和生物遗传特性来对种群进行高效的演化。为此,要解决一些重要问题,比如如何在算法中定义信仰空间,信仰空间与生物种群之间的信息如何进行交互,如何借助信仰空间对种群进行高效的寻优引导,等等。

总体上,文化算法属于知识驱动或数据驱动的最优化算法,可以有很多不同的方式来设计,从而有很多不同的文化算法。此外,"种群演化之上还有文化演化" 这一理念蕴含多水平搜索或深度搜索思想[3,137],是最优化问题和机器学习问题的重要研究方向之一。在这个领域仍有很多理论问题和应用技术需要进一步完善。

# 习题与思考

1. 与单点迭代的优化算法相比,基于种群的优化算法有哪些优点和缺点? 有没有可能融合两者的优点?

2. 基因算法的编码和解码与目标函数的形式无关,只跟它的可行域有关。假设可行域为 $[-1,1]^n$,精度要求为 $10^{-k}, k = 1, 3, 5, 7$,采用二进制编码。计算染色体的长度,观察它与 $n$ 和 $k$ 的关系,你有何发现?

3. 基因算法的模式定理究竟说明了什么? 用基因算法求解例 6.1,并检验模式定理结果的合理性和可能的不足。

4. 用基因算法求解例 6.1, 并用马尔可夫链方法分析种群的极限分布 (为了减少计算量, 可行域可改为 [0,1])。

5. 用离散动力系统方法分析第 4 题中无限种群下 (最好) 个体的比例变化。

6. 比较基因算法的三种理论分析 (模式定理、马尔可夫链分析和离散动力系统分析), 它们各自关注什么? 分别有什么优缺点?

7. 用基因算法求解一个旅行商问题, 注意采用不同的种群初始化策略、选择策略、基因交叉和变异策略、种群多样性策略等, 体会它们对算法数值性能的影响。

8. 基因算法最初并不是用于求解最优化问题, 而是模拟自然系统或人工系统。用基因算法的理念模拟一个自然或人工系统, 观察系统的演化规律。通过选择不同的算法策略 (如第 7 题所列举) 或调整参数设置, 观察它们对系统演化的影响。

9. 给定一组数据 $(x_i, y_i)$, 其中 $y_i = \sin(x_i), x_i \in (0, \pi), i = 1, 2, \cdots, 10$。用基因规划算法进行符号回归, 找到一个二次函数来拟合这组数据。

10. 用演化规划设计一个有限状态机, 使得输入向量 $\{1,0,1,0,1,0,0,1,1,0,1,0\}$ 能够产生输出向量 $\{0,0,1,1,1,1,0,1,1,0,0,1\}$。给出有限状态机的状态向量, 并画出该状态机。

11. 用演化算法模拟一个封闭系统, 里面的人都在进行重复囚徒困境博弈, 重复次数为 100 次。博弈双方都合作则各得 9 分, 都背叛则各得 7 分, 一方背叛一方合作时, 合作方得 0 分, 背叛方得 10 分。参赛者一旦选择如下某种策略就不再改变: ① 永远合作策略; ② 永远背叛策略; ③ 永远记仇策略; ④ 以牙还牙策略; ⑤ 一牙还两牙策略; ⑥ 惩罚策略。假设这个系统里面采用以上每种策略的人一样多。现在, 有一个新的参赛者要进入该系统, 且进入该系统后与每个参赛者各进行一场博弈。请为该参赛者设计一种策略, 帮他在博弈中获得尽可能高的分数。考虑重复博弈次数为无穷大, 策略可以改变, 对手策略无法预测等改变下最优应对策略会如何调整。

12. 分别用 GA, DE 算法和 CMA-ES 算法三个算法求解如下的 Weierstrass 函数, 并比较它们的数值性能。

$$f(\boldsymbol{x}) = \sum_{i=1}^{n} \left\{ \sum_{k=0}^{20} [a^k \cos(2\pi b^k (x_i + 0.5))] \right\} - n \sum_{k=0}^{20} [a^k \cos(\pi b^k)]$$

其中, $x_i \in [-5, 5], a = 0.5, b = 3$。Weierstrass 函数的最优解在原点处, 其最优函数值为 0。该函数的维数 $n$ 可变, 当 $n$ 趋于无穷大时, Weierstrass 函数具有非常有趣的性质: 处处连续但处处不可微, 且处处非单调。

13. 有一种观点认为, 差分演化算法是 Nelder-Mead 单纯形搜索算法的某种随机版本。对比这两个算法, 分辨它们之间的异同, 并体会这一观点的合理性。更进一步, 是否可以参考 Nelder-Mead 单纯形搜索算法, 设计出它的随机版本, 并测试它的数值性能。

14. 在差分演化的 12 种组合中, 哪些更有合理性? 各自适合求解什么样的最优化问题? 从理论和实验两方面论证你的判断。

15. 文化基因算法强调种群的全局搜索和个体的局部寻优的融合。在这一方向上, 尝试设计一些融合策略和算法实现, 并检验算法的数值性能是否比融合前的全局搜索算法和局部寻优算法更好。

链接与信息共享对智能的形成至关重要。

群体智能优化是基于群体智能设计出来的一系列最优化算法的总称。群体智能 (Swarm Intelligence) 源于对社会性动物 (如蚂蚁和一些鸟类) 的觅食和繁衍等行为的研究, 现在已成为人工智能的一种重要范式。粗略地来说, 群体智能主要研究大量分散的、去中心化的简单个体, 特别关注它们在集体 (宏观) 层面上, 在什么条件下以及如何呈现出自学习、自组织和自适应等智能行为。

群体智能研究的一个重要发现是: 虽然每个个体都很简单, 能实现的功能很少, 智能层次也不高, 但是, 大量的个体在种群层面上却能够实现复杂的功能, 显现出高得多的智能水平。比如, 一个蚂蚁很难成功觅食, 无法独立生存, 但是蚂蚁群体却能够非常高效地觅食, 在长距离上找到蚁巢与食物之间的最短路径。随着大量无人驾驶的飞行器和机器人的出现, 群体智能在现代生产、生活和军事斗争中具有非常广泛的应用。

本章介绍基于群体智能设计出来的一些最优化算法, 主要包括模拟鸟群和鱼群的觅食行为得到的粒子群优化[14,138], 模拟蚂蚁群体的觅食行为得到的蚁群优化[12], 以及近十来年提出来的烟花算法[139]、头脑风暴优化算法[15] 和鸽群优化[140]。

在介绍具体算法之前, 先概述一下本章的群体智能优化与第 5~6 章的演化优化及启发式优化的区别。除了思想渊源不同外, 它们还有一些重要且微妙的区别。首先, 群体智能优化中的个体是具有一定智能的, 而启发式优化和演化优化中的个体可以完全没有智能。另外, 演化优化算法更看重基因重组、变异等微观层面的演化, 而群体智能优化算法更重视种群等宏观层面的演化。当然, 随着这些算法的相互借鉴, 它们的共性已经远大于差异, 已经被一起纳入更广义的演化计算 (evolutionary computation) 中, 它们也共同组成了随机全局优化算法的重要组成部分。这也是把这 3 章内容放到同一部分的缘由。

## 7.1 粒子群优化

粒子群优化 (particle swarm optimization, PSO) 算法是目前群体智能优化的两大代表性算法之一, 另一个是蚁群优化[12], 将会在 7.2 节中介绍。

## 7.1.1 理念与算法实现

粒子群优化算法起源于对鸟群或鱼群觅食行为的计算机仿真, 与人工生命 (artificial life) 有密切联系[14]。

1) 从人工生命到优化算法

人工生命是通过人工模拟生命系统来研究生命的领域。鸟群在空中集体飞舞的行为非常优美, 吸引了大量研究人员的关注, 他们希望能用计算机来模拟这种优美而不可预测 "舞蹈"。研究人员发现, 只需要对 "人工小鸟" 定义很少的几条规则, 就可以很好地模拟出鸟群的这种优美 "舞蹈"。有兴趣的读者可以点击这个链接 http://www.red3d.com/cwr/boids/ 观看相关技术分析和简单演示。据称, 影片《狮子王》中的牛群在峡谷奔跑的画面就用到了这类技术。

在上述人工生命技术的基础上, 美国社会心理学家 Kennedy 和电气工程师 Eberhart 于 1995 年正式提出粒子群优化算法[14,138]。在粒子群优化算法中, 食物被当成全局优化问题的最优解, 小鸟被抽象成粒子 (particle), 鸟群被抽象成粒子群 (particle swarm)。粒子群优化算法的理念是, 既然自然界的鸟群 (或鱼群) 能够找到食物, 仿生出来的粒子群应该也能够找到最优化问题的全局最优解。

2) 粒子群优化的动态方程

为了模拟自然界的鸟或鱼, 每个粒子具有两个属性, 分别是其位置和速度。同时, 粒子具有一定的记忆能力, 每个粒子能够记住它曾经到达过的最好位置。此外, 每个粒子具有简单的记忆能力和学习能力: 能够与它附近的粒子交流各自曾经到达的最好位置, 计算出邻域最优位置 (自身及其附近粒子曾经到达的最好位置), 并据此调整它的飞行速度。

用 $\boldsymbol{x}_i, \boldsymbol{v}_i$ 分别表示第 $i$ 个粒子的位置和速度, $i = 1, 2, \cdots, \mu$, 这里 $\mu$ 表示粒子的总数, 也叫粒子群的规模。注意到 $\boldsymbol{x}_i, \boldsymbol{v}_i$ 都是向量, 且它们的维数相同。粒子群优化中有两个显式的方程, 通常称为粒子群优化的动态方程, 它们描述了每个粒子是如何调整其速度和位置的。这两个方程如下:

$$v_{ij}(k+1) = \omega v_{ij}(k) + C_{1,ij}[p_{ij}(k) - x_{ij}(k)] + C_{2,ij}[g_{ij}(k) - x_{ij}(k)] \tag{7.1a}$$

$$x_{ij}(k+1) = x_{ij}(k) + v_{ij}(k+1) \tag{7.1b}$$

这里的 $j$ 表示第 $j$ 维, $j = 1, 2, \cdots, n$; $k$ 表示迭代次数。也就是说, 粒子群优化是按照不同维度在每次迭代中动态调整每个粒子的速度和位置的。

在式 (7.1a) 中, $\boldsymbol{p}_i(k)$ 和 $\boldsymbol{g}_i(k)$ 分别是粒子 $i$ 自身和它附近的粒子 (含自身) 曾经到达的最好位置, 分别称为粒子 $i$ 的个体最优位置和邻域最优位置, 其准确定义如下:

$$\boldsymbol{p}_i(k) = \arg \min_{0 \leqslant t \leqslant k} f(\boldsymbol{x}_i(t)), \quad \boldsymbol{g}_i(k) = \arg \min_{l \in N_i} f(\boldsymbol{p}_l(k)) \tag{7.2}$$

这里的 $\arg \min f(\boldsymbol{x})$ 在数学上指的是使得函数 $f(\boldsymbol{x})$ 取得最小值的自变量 $\boldsymbol{x}$。在式 (7.2) 中, $N_i$ 是所有和粒子 $i$ 相互传递信息的粒子组成的集合, 称为粒子 $i$ 的邻域或社会网络或社会拓扑结构。这个集合的确定与 PSO 算法采用的种群拓扑结构有关, 后面将会详细介绍。

在式 (7.1a) 中，$C_1, C_2$ 是服从均匀分布的随机变量，而且对每个粒子的每一维在不同迭代中独立生成。具体来说，$C_{1,ij} \sim U(0, \phi_1), C_{2,ij} \sim U(0, \phi_2)$，其中 $\phi_1, \phi_2$ 是粒子群优化算法中两个重要的参数。

对比动态方程的两个式子可以发现，式 (7.1b) 只是简单地让粒子从当前位置飞到新的位置，而式 (7.1a) 则内涵深刻。式 (7.1a) 隐含着 PSO 算法的基本假设，即种群个体之间的信息共享有利于整个种群的演化。Kennedy 和 Eberhart 巧妙地将这一假设用数学模型 (7.1a) 表示出来，实现了对群体觅食的仿生。

式 (7.1a) 还表明，速度更新受三种力量的影响：当前速度的惯性或路径依赖、个体最优经验 (粒子自身曾经到达的最好位置) 的吸引，以及社会最优经验 (邻域粒子曾经到达的最好位置) 的牵引。参数 $\omega, \phi_1, \phi_2$ 决定了这三种力量的强度。一般设置 $\phi_1 = \phi_2$，以平衡个体最优经验和社会最优经验的吸引，避免过于 "个人英雄主义" 或 "集体主义"。

3) 粒子群优化算法的伪代码及代码获取

算法 7.1 给出了粒子群优化的伪代码。

---

**算法 7.1** (粒子群优化)

*初始化*：给定每个粒子的初始位置和初始速度，计算每个粒子的适应值，记录最优粒子 (适应值最高的粒子) 及其适应值；给定参数 $\omega, \phi_1, \phi_2$。

当停止条件不成立，执行以下循环：

- 速度更新：根据式 (7.1a) 更新每个粒子在每一维度上的飞行速度；
- 位置更新：根据式 (7.1b) 更新每个粒子的位置；
- 计算每个粒子的适应值，根据式 (7.2) 更新每个粒子的个体最优位置和邻域最优位置，更新最优粒子信息。

*输出*最优粒子的位置及其适应值。

---

从算法 7.1 可以发现，粒子群优化算法的伪代码很简单，其编程实现也非常容易。建议初学者自己编写 PSO 的代码，并进行数值测试。读者也可以在 Python 或 Matlab 中找到内置的 PSO 算法命令。法国的 Maurice Clerc 教授编写了一个标准粒子群优化 (standard particle swarm optimization, SPSO) 的版本，有兴趣的读者请参阅文献 [141]，SPSO2011 的代码可以从链接 http://www.particleswarm.info/Programs.html 下载。关于数值试验指导，请参阅本书最后一章。

4) 粒子群优化中的三大参数

粒子群优化的动态方程中有三个参数 $\omega, \phi_1$ 和 $\phi_2$，它们分别被称为惯性权重 (路径依赖程度)、自我认知因子和社会学习因子。从式 (7.1a) 可以看出，这三个参数分别决定了飞行速度的惯性强度、对个体最优经验和邻域最优经验的学习程度。大量的数值试验表明，这三个参数对 PSO 算法的性能有重要影响。

在最原始的 PSO 算法中，惯性权重是没有的，也可以认为其等于 1。其他两个参数取值为 $\phi_1 = \phi_2 = 2$。不过人们很快就发现，这种参数设置容易导致粒子的飞行速度太大从而

离开可行域范围。于是人们不得不对飞行速度进行外生的限制, 强行令 $|v| \leqslant v_{\max}$, 否则拉回 $v_{\max}$。

惯性权重参数 $\omega$ 于 1998 年由文献 [142] 引入。它的取值一般采用线性递减策略: 比如先取 $\omega = 0.9$, 随着迭代次数增加, 线性递减到 $\omega = 0.4$。这一策略允许算法的早期进行更多的全局探索 (exploration), 而在后期则更侧重于局部开发 (exploitation)。当然, 经过大量的理论研究发现, 当 $\omega$ 的取值为常数时更加便于分析算法的性能。在惯性权重出现以后, $v_{\max}$ 的作用大大减小了, 甚至可以完全不用它。

总体上, 粒子群优化算法三大参数的设置不是孤立的, 应该统筹设置。许多文献研究了这三个参数该如何设置才能保证 PSO 算法的稳定性 (算法收敛到某个点, 详见 8.1 节的定义), 并把能保证 PSO 算法稳定性的参数变化区域, 称为 PSO 算法的参数稳定域 (stable region)。大量的研究已经表明[143-145], 经典 PSO 算法 ($\omega$ 为常数, $\phi_1 = \phi_2$) 的稳定域可描述为

$$\omega \in (-1, 1), \quad \phi_1 = \phi_2 \in \left(0, \frac{12(1-\omega^2)}{7-5\omega}\right) \tag{7.3}$$

在上述稳定域内, 如下的常数设置被大量数值试验证明是非常有效的:

$$\omega = \frac{1}{2\ln 2} \approx 0.7298, \quad \phi_1 = \phi_2 = 0.5 + \ln 2 \approx 1.49618 \tag{7.4}$$

这个参数设置也被 SPSO2011 所采用[141]。关于 PSO 算法稳定性和参数稳定域的更多讨论, 请参阅 7.1.4 节。

参数设置的另一种常见策略是: 对惯性权重 $\omega$ 采取线性递减, 一般从接近 1 开始, 随着迭代的进行, 线性递减到 0.4 或更小的正数[142]。此时, 通常设定 $\phi_1 = \phi_2$, 具体可从稳定域 (7.3) 取值。

5) 粒子群优化中的社会网络

粒子群优化的动态方程用到了一类特殊的粒子集合, 即每个粒子的邻域拓扑 $N_i, i = 1, 2, \cdots, \mu$。这个集合清楚刻画了每个粒子的 "交友网络", 即它跟哪些粒子进行信息分享。这个概念允许在 PSO 算法中引入网络科学领域中的技术, 大大加强了粒子群优化的吸引力。

在粒子群优化中, 两个最经典的邻域拓扑结构分别是全局拓扑和环形拓扑, 图 7.1 给出了它们的示意图。这里首先要指出一个技术细节, 那就是如何判断拓扑结构中的点的邻居关系。最初的 PSO 算法是根据物理距离来判断邻居关系的, 这源自对鸟类飞行的仿真。不过, 距离计算需要不小的计算量, 因此, 人们很快就采用了直接给粒子编号 $1, 2, \cdots, \mu$ 的方法, 编号相近的就是邻居。数值试验表明, 简化计算后的算法的性能跟原来算法的性能相当。

环形拓扑和全局拓扑首先由文献 [138] 提出, 又叫作 lbest(local best) 结构和 gbest(global best) 结构。从图论的角度来看, 全局拓扑实际上就是全连接拓扑。从信息分享的角度来看, 全局拓扑允许任意两个粒子之间相互分享信息, 从而使得种群的最优经验 (所有粒子曾经到达的最好位置) 能够直接对每个粒子产生吸引。反之, 环形拓扑只允许每个粒子跟附近的两个粒子进行信息共享, 这使得种群的最优经验要更长的时间才能影响到每个粒子。

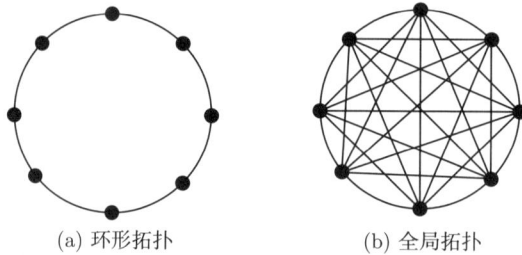

(a) 环形拓扑　　　　　　　(b) 全局拓扑

**图 7.1　PSO 中环形拓扑与全局拓扑**

因此, 对于具有一定的凸性的最优化问题, 建议采用全局拓扑, 这能够使得 PSO 算法快速地收敛到全局最优解。而对于高度非凸的最优化问题, 全局拓扑很容易使得算法早熟, 落入某个局部陷阱无法跳出, 因此, 建议采用环形拓扑, 以保证 PSO 算法能够开展更全局的搜索。

关于拓扑结构的选择与优化, 7.1.3 节会提供更多的细节和介绍。

## 7.1.2　动态方程的变化

笔者认为, 粒子群优化的动态方程是其最重要的特色与优势。动态方程的本质是迭代公式, 也就是说粒子群的迭代是有公式可循的。众所周知, 数学优化也是基于迭代公式来寻优的, 但在智能优化的大量算法中却很少见。这个特色使得粒子群优化算法具有类似数学优化的收敛性支撑。当然, 由于随机性的存在, 其收敛性也是在随机意义下获得的, 详见7.1.4 节。

前面已经说明, 式 (7.1a) 是动态方程的核心。对 PSO 算法动态方程的改进通常都是对式 (7.1a) 的改进。

1) 带压缩系数的粒子群优化

2002 年, Clerc 和 Kennedy 在文献 [146] 中提出了一种带压缩系数 (constriction coefficients) 的 PSO 模型, 它把式 (7.1a) 修改为如下形式:

$$v_{ij}(k+1) = \chi \left\{ v_{ij}(k) + C_{1,ij}[p_{ij}(k) - x_{ij}(k)] + C_{2,ij}[g_{ij}(k) - x_{ij}(k)] \right\} \tag{7.5}$$

其中, 参数 $\chi$ 要求满足

$$\chi = \frac{2}{\phi - 2 + \sqrt{\phi^2 - 4\phi}}, \quad \phi = \phi_1 + \phi_2 > 4 \tag{7.6}$$

比较式 (7.1a) 和式 (7.5), 如果令 $\omega = \chi, \phi_1 = \chi\phi_1, \phi_2 = \chi\phi_2$ (等式左边的参数来自式 (7.1a), 右边的参数来自式 (7.5)), 那么这两个式子在数学上是等价的。本书把这两种粒子群优化一并认为是经典 (canonical)PSO 算法。

根据文献 [146] 的收敛性分析, 建议取 $\phi = 4.1$, 从而有 $\chi = 0.7298$。在 $\phi_1 = \phi_2$ 的条件下, 这相当于在式 (7.1a) 中取 $\omega = 0.7298, \phi_1 = \phi_2 = 1.49618$。这就是前面推荐的参数设置, 也是 Clerc 教授的 SPSO2011 采用的参数设置。在三大参数取值为常数的条件下, 这可能是理论支撑最好且有效的设置。

2) 全信息粒子群优化

2002 年, Kennedy 和 Mendes 在文献 [147] 中提出了全信息粒子群优化 (fully informed particle swarm optimization, FIPSO)。这里的 "全信息" 指的是, 每个粒子受到它所有邻居的影响。具体来说, 将式 (7.1a) 替换为如下形式:

$$v_{ij}(k+1) = \omega v_{ij}(k) + \sum_{s \in N_i} C_{s,ij}(k)[p_{sj}(k) - x_{ij}(k)] \tag{7.7}$$

其中, $C_{s,ij}(k)$ 独立同 $U(0, \phi)$ 分布; $\boldsymbol{p}_s(k)$ 表示粒子 $i$ 的第 $s$ 个邻居曾经到达过的最好位置; $N_i$ 是粒子 $i$ 的邻域。

在经典 PSO 算法中, 粒子只受到邻域最好经验和自身最好经验的影响, 而在 FIPSO 模型中, 粒子除了受到自身最优经验影响外, 还受到它的所有邻居粒子最好经验 (显然包括邻域最好经验) 的影响。因此, FIPSO 是经典 PSO 算法的一般情况。在好的参数设定下, FIPSO 的数值效果通常比经典 PSO 算法更好。但是, FIPSO 的缺点是比经典 PSO 算法更依赖于粒子群的拓扑结构, 即邻居是怎么定义的[147]。

3) 高斯骨干粒子群优化

与全信息粒子群优化相反, 骨干粒子群优化 (Bare-bones PSO) 将式 (7.1a) 进行了尽可能的简化[148], 只留下 "骨干"。因为这个 "骨干" 是一个高斯分布, 所以又称为高斯骨干粒子群优化, 其具体形式如下:

$$v_{ij}(k+1) \sim N\left(\frac{p_{ij}(k) + g_{ij}(k)}{2}, |p_{ij}(k) - g_{ij}(k)|\right) \tag{7.8}$$

从式 (7.8) 可以看出, 这个高斯分布以个体最优与邻域最优的中点 $(p_{ij}(k)+g_{ij}(k))/2$ 为中心, 方差为 $|p_{ij}(k) - g_{ij}(k)|$。如果在经典 PSO 中按式 (7.4) 设置参数, 则个体最优与邻域最优的吸引力的平均合力大约在 $(p_{ij}(k) + g_{ij}(k))/2$ 处。高斯骨干 PSO 的抽样区域的示意图如图 7.2所示。

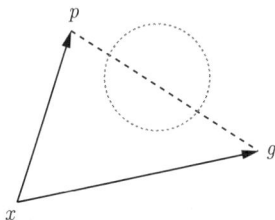

**图 7.2**　高斯骨干 PSO 的抽样区域 (圆圈内) 示意图

正如文献 [148] 所说, 高斯骨干 PSO 的重要意义不在于构建一个更高性能的 PSO 算法变种, 而在于离开对鸟类或鱼类觅食的仿生, 揭示出 PSO 算法的本质操作。这个本质就是基于某种数学支撑的随机抽样, 这里的数学支撑对随机抽样进行了合适的限制, 使得 PSO 算法不是简单的随机搜索。遗憾的是, 到目前为止, 这个数学支撑仍不是太清楚。

4) 基于递归深度群体搜索的粒子群优化

文献 [3] 指出, 包括粒子群优化在内的所有全局最优化算法都会出现渐近无效现象。这一现象指的是, 全局最优化算法往往能够快速定位到好的近似解的附近区域, 但是, 要在这些区域找到精度更高的解则比较困难, 所需要付出的计算成本的上升速度超过精度提升速度。

为了克服全局优化算法的渐近无效现象, 文献 [3] 提出了递归深度群体搜索 (RDSS) 技术。该技术起源于数值计算中的多重网格方法, 其作用机理是, 通过在 "粗糙" 水平上的低成本搜索来加速原始 "精细" 水平上的寻优速度。这一技术结合了群体搜索和多水平搜索, 并采用递归调用的方式, 在多个信息互通的水平上进行搜索寻优。近年来, 这一技术已经被成功应用于确定性的 DIRECT 算法和随机性的 PSO 算法, 并显著缓解甚至在一定精度内克服了渐近无效现象。因此, RDSS 技术有望应用于所有全局最优化算法。

算法 7.2 给出了只有三个搜索水平的递归深度群体搜索 PSO 算法的伪代码。其中, 参数 $L$ 是一个外生参数, 用于控制搜索水平的层数。这里三水平对应着层数 $L = 2, 1, 0$, 数字越小越 "粗糙", 搜索成本越低。在每个搜索水平上, 有一个前优化和一个后优化, 分别用 PSO 算法迭代 $N_1$ 和 $N_3$ 次。在 $L = 0$ 的水平上用 PSO 算法迭代 $N_2$ 次。这三个参数可以简单地设置为 $N_1 = N_2 = N_3 = 1$。

---

**算法 7.2** (RDSSPSO3$(L, \mathrm{Pop})$)  若 $L = 2$, 生成初始种群 $P$; 否则, $P = \mathrm{Pop}$。
当停止条件不成立, 执行以下循环:

- 群体搜索 (前优化): 在第 $L$ 层搜索区域上用种群 $P$ 进行群体搜索, 求解第 $L$ 层优化问题, 迭代 $N_1$ 次并更新种群 $P$;

- 子群搜索 (粗优化):
  - 当 $L = 1$ 时, 构建子群 $\mathrm{SubP}_0$, 用 $\mathrm{SubP}_0$ 进行子群搜索, 求解第 0 层优化问题, 迭代 $N_2$ 次并更新 $\mathrm{SubP}_0$, 用 $\mathrm{SubP}_0$ 更新 $P$;
  - 否则, 构建子群 $\mathrm{SubP}$, 用 RDSSPSO3$(L - 1, \mathrm{SubP})$ 求解第 $L - 1$ 层优化问题并更新 $\mathrm{SubP}$, 用 $\mathrm{SubP}$ 更新 $P$;

- 群体搜索 (后优化): 在第 $L$ 层搜索区域上用种群 $P$ 进行群体搜索, 求解第 $L$ 层优化问题, 迭代 $N_3$ 次并更新种群 $P$。

---

三水平的 PSO 算法调用格式为 RDSSPSO3(2), 算法的每一次迭代从第 2 层前优化开始, 在递归作用下, 到第 1 层前优化, 再到第 0 层搜索; 然后返回第 1 层进行后优化, 再返回第 2 层进行后优化。算法层数搜索模式为 "2-1-0-1-2", 搜索流程参见图 7.3(b)。图 7.3 的三个 V 形子图分别对应 2, 3, 4 个搜索水平的 PSO 算法。当然, 递归调用的时候, 可以调用 2 次算法本身, 则可以得到更丰富的 W 形搜索模式[3]。

在算法 7.2 中, 子群 $\mathrm{SubP}, \mathrm{SubP}_0$ 的构造可以有多种方式。比如, 从第 1 层到第 0 层时, 采用当前适应值最好的 10% 粒子构建子群; 而从第 2 层到第 1 层时, 采用当前适应值最好的 90% 粒子构建子群。

图 7.4 给出了 RDSSPSO3 算法与 SPSO2011 算法在 Hedar 测试集[149] 上的 data profile 比较结果。这两个算法都是粒子群优化的实现, 但前者加入了递归深度群体搜索机制, 其他跟 SPSO2011 完全一致。从图 7.4可以看到, RDSSPSO3 算法对应的曲线在大多数时候都在 SPSO2011 曲线的上方, 只有到了后期才实现重叠, 这说明 RDSSPSO3 算法在大多数时候都有更好的求解性能。

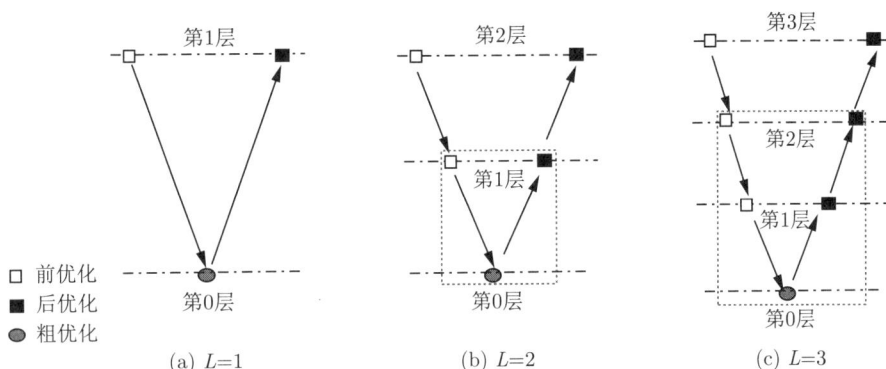

图 7.3　2、3 和 4 水平 V-形递归调用搜索框架示意图

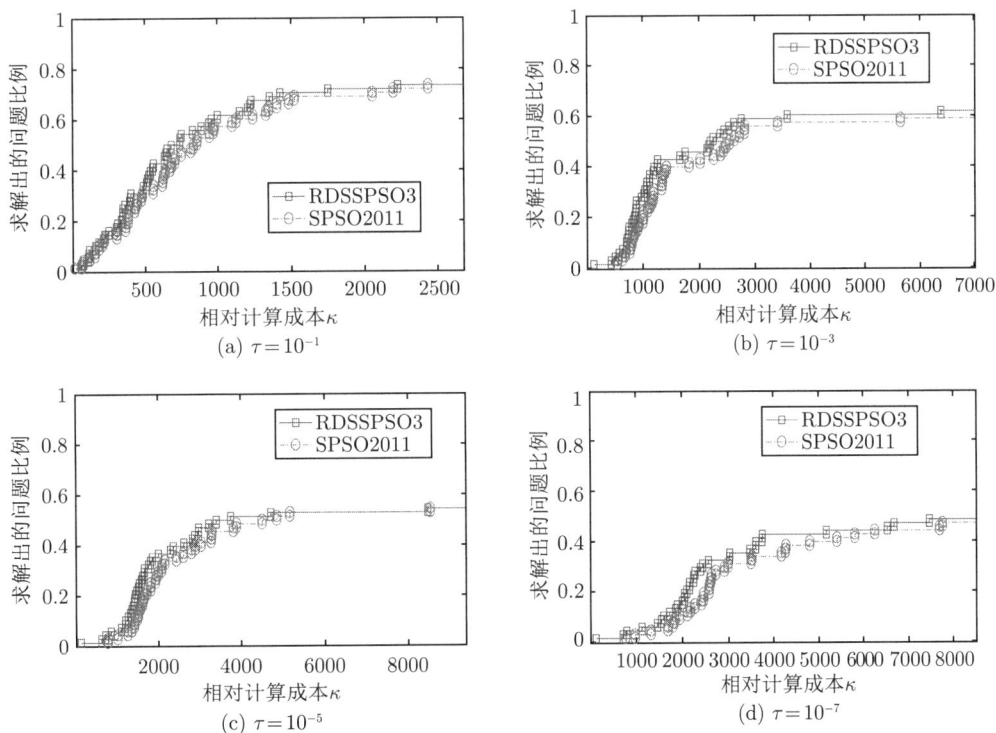

图 7.4　三水平 PSO 算法对 SPSO2011 的改进 (见文后彩图)

递归深度群体搜索技术本质上是通过加强局部搜索来加速全局搜索, 其特色是不引进其他局部搜索技术, 只是调用同一个算法, 在不同水平不同尺度的搜索区域进行寻优。因

此, RDSSPSO3 算法并没有增加 SPSO2011 算法的复杂度, 前者只是简单地将计算成本分配到不同水平的搜索中, 就实现了性能的提升, 且有助于消除渐近无效现象。更多细节详见文献 [3]。

5) 粒子群优化的其他变异或改进

除了以上介绍的变异或改进以外, PSO 算法还有非常多的改进和不同场景下的变异。比如, 用于求解离散最优化问题的二进制 PSO (Binary PSO) 算法[150]、自适应 (adaptive) PSO 算法[151], 以及大量吸收演化计算和其他技术的混合 PSO 算法[152], 等等。

## 7.1.3 拓扑选择与优化

前面已提到, PSO 算法中粒子群的拓扑结构是一个很重要的算法要素, 它定义了每个粒子的邻居是谁, 对算法性能具有重要影响。这里的拓扑结构本质上就是一个无向图, 又叫作社会网络, 因此会混用这三个概念。此外, 在粒子群优化中, 拓扑结构上的节点就是粒子, 邻居关系指的是两个粒子相连。因此, 在不引起歧义的情况下, 也会混用节点和粒子以及邻居与相连 (连接) 这两对概念。

1) 从静态拓扑到动态拓扑

在 PSO 算法的初期, 每个粒子的邻居被定义为物理距离在一定范围内的粒子。这种拓扑结构被称为是几何邻域 (geographical neighborhood), 它比较符合实际经验, 但是计算成本太大, 因此很快就被基于连接的拓扑结构所取代。基于连接的拓扑结构很符合图论, 只要两个粒子之间有连接, 它们就可以进行信息的共享, 而不管它们之间的实际距离有多大。

除了图 7.1给出的环形拓扑和全局拓扑, 轮形、星形和一些可能具有小世界性质的随机拓扑都被引入到 PSO 算法中。事实上, 一切图结构或网络结构都可以引入到粒子群优化中来[147,153-154]。在静态拓扑 (每次迭代采用相同的拓扑) 的条件下, 大量的研究表明, PSO 算法的最优拓扑结构是问题依赖的, 没有找到对所有问题都具有明显优势的拓扑结构[147,153-154]。更深入的研究表明, 最优拓扑结构不仅仅是问题依赖的, 还依赖于算法性能的度量指标[154] 和计算成本[155]。总之, 对拓扑结构的优化是一项颇具挑战性的研究任务[152]。

近年来, 动态拓扑在 PSO 算法的社会网络选择中受到越来越多的重视。动态拓扑指的是, 在每次迭代时允许采用不同的拓扑结构。这一策略为拓扑的自适应打开了通道[155]。在动态拓扑的框架内, 一种做法是选择不同类型的拓扑, 根据它们的特点分别用在算法的早期、中期和晚期迭代中。另一种做法是, 选择几何特征可变的同一类型拓扑, 在算法的早期、中期和晚期迭代中动态调整拓扑的几何特征。下面主要介绍后一种做法。

2) 正则拓扑及其生成方法

在图论中, 正则拓扑也叫作正则图。$m$ 个粒子的 $r$-正则拓扑指的是一个有 $m$ 个节点且每个节点与其他 $r$ 个节点相连的图[156], 且要求 $mr$ 为偶数。粗略地说, 正则图是一类每个节点具有相同度数的图。注意到, 正则拓扑是 PSO 算法中常用的环形拓扑与全局拓扑的一般推广: 环形拓扑是一个 2-正则拓扑, 而全局拓扑是一个 $(m-1)$-正则拓扑。图 7.5 展示了两个正则拓扑的示意图, 它们都有 6 个粒子, 一个是 3-正则拓扑, 另一个是 4-正则拓扑。

有多种方法可以生成正则拓扑。这里介绍一种简单生成方法[155]。假设要生成 $m$ 个粒子的 $r$-正则拓扑 ($mr$ 为偶数), 则先把粒子摆成一圈。

- 如果 $r$ 是偶数, 对任何粒子, 让它跟两侧临近的各 $r/2$ 个粒子相连接。
- 如果 $r$ 是奇数, 那么 $m$ 必须是偶数。对每个粒子, 让它跟两侧临近的各 $(r-1)/2$ 个粒子相连接, 再跟它正对面的粒子相连。

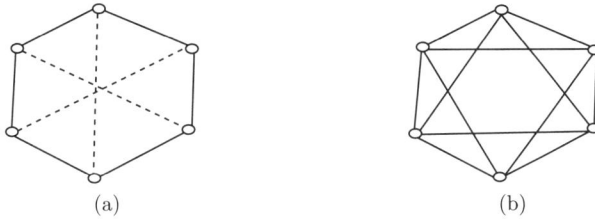

(a)    (b)

图 7.5 具有 6 个粒子的 3-正则拓扑和 4-正则拓扑

(a) 3-正则拓扑；(b) 4-正则拓扑

比如, 在图 7.5 中, 图 7.5(a) 对应 $r = 3$ 为奇数的情形, 每个粒子跟临近的两边各 1 个粒子相连, 再跟正对面的粒子相连 (即虚线部分)。图 7.5(b) 对应 $r = 4$ 为偶数的情形, 每个粒子跟临近的两边各 2 个粒子相连。

3) 平均路径长度与平均聚类系数

平均路径长度 (average path length, APL) 和平均聚类系数 (average clustering coefficient, ACC) 是图 (网络) 的两个重要的几何特征。APL 度量了图中任意两个节点的平均距离, ACC 度量了节点的邻居之间也相互是邻居的程度。对 PSO 算法来说, 这两个指标度量了社会最优经验传播到每一个粒子的快慢程度, APL 越小或 ACC 越大, 这个传播速度越快。

下面先给出平均路径长度和平均聚类系数的定义[156], 然后推导正则拓扑中这两个指标的计算公式。

**定义 7.1** 具有 $m$ 个节点的网络的平均路径长度为

$$\text{APL} = \frac{2}{m(m-1)} \sum_{j > i} d_{ij} \tag{7.9}$$

其中, $d_{ij}$ 为节点 $i$ 到节点 $j$ 的路径长度。

**定义 7.2** 有 $m$ 个节点的网络的平均聚类系数定义为

$$\text{ACC} = \frac{1}{m} \sum_i C_i, \tag{7.10}$$

其中, $C_i$ 是节点 $i$ 的聚类系数, 定义如下

$$C_i = \frac{2E_i}{k_i(k_i - 1)} \tag{7.11}$$

其中, $k_i$ 为与节点 $i$ 有连接的节点数; $E_i$ 为这 $k_i$ 个节点之间连接的边数。由于 $k_i(k_i-1)/2$ 是这 $k_i$ 个节点中允许的最大边数, 因此 $C_i$ 度量了节点 $i$ 的邻居节点之间仍然彼此相邻的程度。

下面的两个定理分别给出了具有 $m$ 个粒子的 $r$-正则拓扑的 APL 和 ACC 计算公式, 证明过程请参见文献 [155] 或文献 [3]。

**定理 7.1** 具有 $m$ 个粒子的 $r$-正则拓扑的平均路径长度计算如下:

(1) 如果 $m$ 是奇数, $r$ 是偶数, 那么

$$\text{APL} = \frac{(a+1)(ar+4b)}{2(m-1)}, \quad b = \text{mod}\left(\frac{m-1}{2}, \frac{r}{2}\right), \quad a = \frac{m-1-2b}{r} \tag{7.12}$$

(2) 如果 $m$ 和 $r$ 都是偶数, 则

$$\text{APL} = \begin{cases} \dfrac{a[(a+1)r-2]}{2(m-1)}, & b = 0 \\ \dfrac{(a+1)(ar+4b-2)}{2(m-1)}, & b \neq 0, \end{cases} \quad b = \text{mod}\left(\frac{m}{2}, \frac{r}{2}\right), \quad a = \frac{m-2b}{r} \tag{7.13}$$

(3) 如果 $m$ 是偶数, $r$ 是奇数, 则

$$\text{APL} = \begin{cases} \dfrac{4+(r-1)(a^2+4a)+4(a+2)b}{4(m-1)}, & a \text{是偶数} \\ \dfrac{4+(r-1)(a^2+4a-1)+4(a+3)b}{4(m-1)}, & a \text{是奇数} \end{cases} \tag{7.14}$$

其中 $b = \text{mod}\left(\dfrac{m-2}{2}, \dfrac{r-1}{2}\right)$, $a = \dfrac{m-2-2b}{r-1}$。

**定理 7.2** 具有 $m$ 个粒子的 $r$-正则拓扑的平均聚类系数计算如下:

(1) 如果 $r$ 是偶数, 则

$$\text{ACC} = \begin{cases} \dfrac{3(r-2)}{4(r-1)}, & 2 \leqslant r < \dfrac{2m}{3} \\ \dfrac{12r^2-12dm+12r-12m+4m^2+8}{4r(r-1)}, & \dfrac{2m}{3} \leqslant r < m \end{cases} \tag{7.15}$$

(2) 如果 $r$ 是奇数, 则

$$\text{ACC} = \begin{cases} \dfrac{3r-9}{4r}, & 2 \leqslant r \leqslant \dfrac{m}{2} \\ \dfrac{3r^2+12r-12m+9}{4r(r-1)}, & \dfrac{m}{2} < r \leqslant \dfrac{2m}{3} \\ \dfrac{12r^2-12dm+12r-12m+4m^2+8}{4r(r-1)}, & \dfrac{2m}{3} < r < m \end{cases} \tag{7.16}$$

**推论 7.1**　对环形拓扑即 2-正则拓扑, 有 ACC = 0 和

$$
\mathrm{APL} = \begin{cases} \dfrac{m^2}{4(m-1)}, & m\text{是偶数} \\[2mm] \dfrac{m+1}{4}, & m\text{是奇数} \end{cases} \tag{7.17}
$$

**推论 7.2**　对全局拓扑即 $(m-1)$-正则拓扑, 有 ACC = APL = 1。

图 7.6和图 7.7分别给出了 $m$ 粒子 $r$-正则图的 APL 和 ACC 曲线是如何随着 $m$ 和 $r$ 的增加而改变的。从中可以看出, 随着 $r$ 的增加, APL 呈下降趋势且最小为 1, 而 ACC 从 0 增加到 1 呈上升趋势, 但这些趋势因为 "奇捷径"(图 7.5中的虚线) 而出现局部振荡。

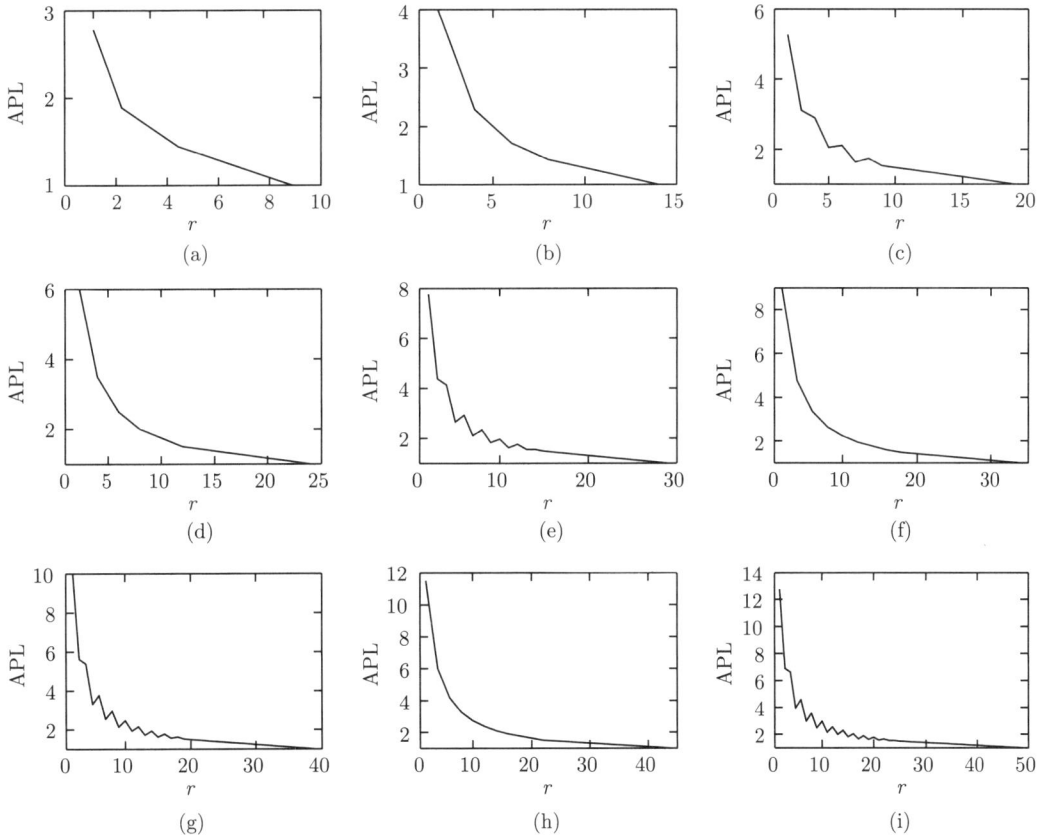

**图 7.6**　$m$ 个粒子的 $r$-正则图的平均路径长度, 当 $m$ 为奇数时, $r = 2, 4, \cdots, m-1$; 当 $m$ 为偶数时, $r = 2, 3, \cdots, m-1$

(a) $m = 10$; (b) $m = 15$; (c) $m = 20$; (d) $m = 25$; (e) $m = 30$; (f) $m = 35$; (g) $m = 40$; (h) $m = 45$; (i) $m = 50$

4) 正则拓扑的参数优化

本节在正则拓扑的框架内, 试图回答以下两个问题:

• 最优粒子数是多少以及如何确定?

• 给定粒子数, 粒子群优化中拓扑的最优度是多少, 如何确定?

根据前面的介绍, 最优拓扑往往是问题依赖的。因此, 上述两个问题的回答肯定也是问题依赖的。也就是说, 在给定一些最优化问题以后, 才能来回答这两个问题。

值得注意的是, 上述两个问题隐含了对计算成本的要求。如果计算成本较大, 假设某种参数设置下的 PSO 算法已经求解出了所有问题, 而另一种参数设置下的 PSO 算法还没做到这一点, 此时允许后者继续求解对前者是不公平的。因此, 需要采用最优前分析 (pre-optimal analysis), 即计算成本不能超过一个临界值 $\bar{\mu}_{\mathrm{f}}$, 在该临界值成本下有且仅有一个 PSO 算法求解出所有测试问题。文献 [155] 采用了一种更严格的成本限制, 要求在 $\bar{\mu}_{\mathrm{f}}$ 之前任何算法都没有求解出一个问题, 而当 $\mu_{\mathrm{f}} \geqslant \bar{\mu}_{\mathrm{f}}$ 时, 至少有一个测试函数的最优解被某个算法求解。成本值 $\bar{\mu}_{\mathrm{f}}$ 度量了这组测试函数对这组算法的难度。文献 [3] 和文献 [155] 也分析了计算成本大于 $\bar{\mu}_{\mathrm{f}}$ 时的影响, 指出这会使得参数最优设置规律变得更模糊, 但不会改变参数优化的趋势性规律。

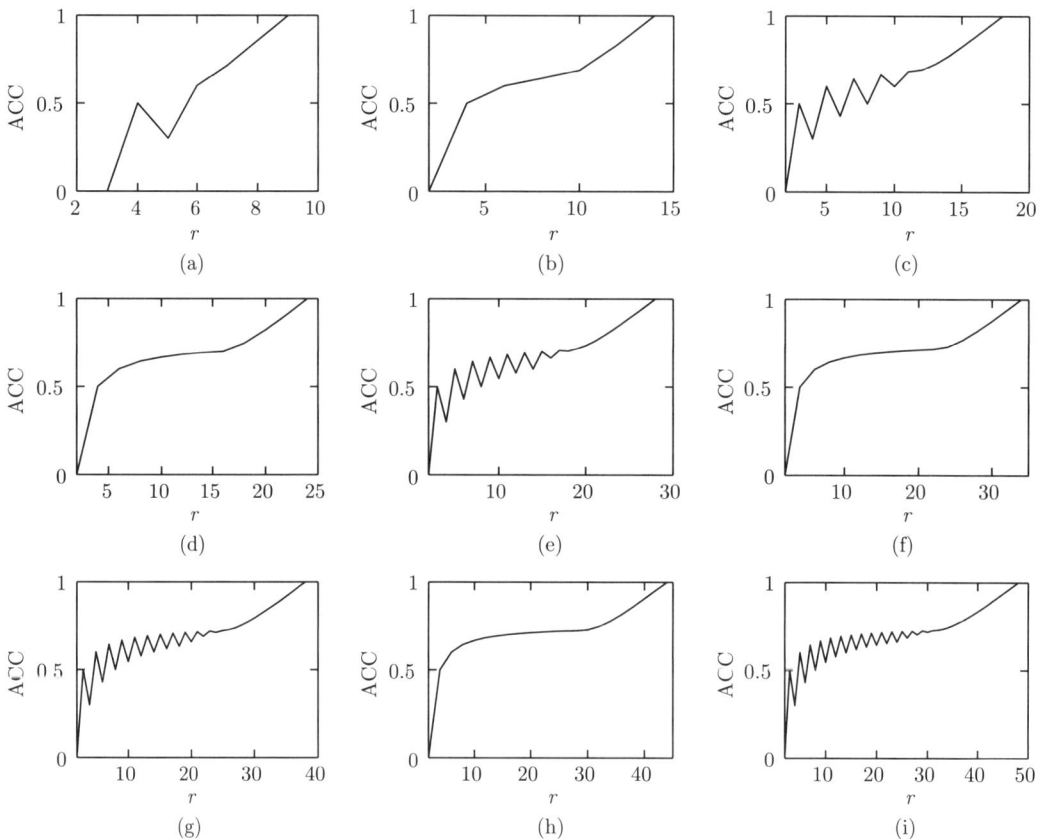

图 7.7　$m$ 个粒子的 $r$-正则图的平均聚类系数, 当 $m$ 为奇数时, $r = 2, 4, \cdots, m-1$; $m$ 为偶数时, $r = 2, 3, \cdots, m-1$

(a) $m = 10$; (b) $m = 15$; (c) $m = 20$; (d) $m = 25$; (e) $m = 30$; (f) $m = 35$; (g) $m = 40$; (h) $m = 45$; (i) $m = 50$

下面的 3 个命题描述了 PSO 算法采用正则拓扑时的最优参数变化规律。虽然它们只在统计意义上是正确的, 但是, 仍然给出了明确的变化趋势, 且当计算成本或度数相差较大时，这种趋势是很明显的。更详细的论证请参见文献 [3, 155]。

**命题 7.1**　如果 PSO 算法采用 $m$ 个粒子的 $r$-正则拓扑，则在 $m$ 固定的情况下，更小的 $r$ 使得算法具有更好的全局探索能力和更弱的局部开发能力；反之，更大的 $r$ 使算法具有更弱的全局探索能力和更好的局部开发能力。

**命题 7.2**　假设最优前分析的条件满足，且粒子数 $m$ 固定，那么，正则拓扑的最优度数 $r^*$ 随计算成本单调递减。

**命题 7.3**　假设最优前分析的条件满足，那么，正则拓扑的最优粒子数 $m^*$ 随计算成本单调递增。

文献 [155] 对以上命题进行了数值验证。在 SPSO2011 中分别采用 9 种粒子数 ($10:5:50$) 和 198 种不同的度数，对 51 个测试问题进行了最优前分析，考察不同成本下的最优参数设置。数值试验结果很好地支持了命题 7.2 和命题 7.3 的结论。进一步，还拟合出了如下的两个经验公式，可以方便地估算出不同情况下的最优参数设置。

$$m^* = c_{\mathrm{m}}\sqrt{\mu_{\mathrm{f}}}, \quad r^* = \mathrm{Int}\left(2 + \frac{c_{\mathrm{r}}(m-3)m}{\mu_{\mathrm{f}}}\right) \tag{7.18}$$

其中，$\mu_{\mathrm{f}}$ 是计算成本 (目标函数值的最大计算次数)；$c_{\mathrm{m}}, c_{\mathrm{r}}$ 是问题依赖的常数。对这 51 个测试问题，建议 $c_{\mathrm{m}} \in (0.4, 0.5)$，$c_{\mathrm{r}} \in [40, 50]$。在式 (7.18) 中，取整函数 $\mathrm{Int}(x)$ 的确定方式如下：当 $m$ 为奇数时，$\mathrm{Int}(x)$ 为最接近 $x$ 的偶数；当 $m$ 为偶数时，$\mathrm{Int}(x)$ 为最接近 $x$ 的奇数；当 $x < 2.5$ 时，取 $\mathrm{Int}(x)=2$。

## 7.1.4　收敛性和稳定性

我们已经知道，收敛性是所有最优化算法都关心的一个非常重要的理论性质，它探究了算法能否收敛到目标函数的最优解。但是，对于粒子群优化来说，由于随机数的采用，收敛性很难得到。粒子群优化研究中的 "收敛性" 往往是弱化以后的稳定性。本节先介绍稳定性的定义，然后介绍关于稳定性的研究结果。

1) 稳定性的定义

根据是否考虑随机性以及考虑随机性的几阶矩，稳定性有多种不同的定义。在介绍稳定性的定义之前，先介绍一个重要序列，在不考虑计算成本的情况下，它是一个无穷序列。

**定义 7.3**　对任何最优化算法，令 $\boldsymbol{x}_k^*$ 为一定计算成本 (如 $k$ 次迭代或 $k$ 次函数值计算次数) 内算法找到的最好解，则该序列满足如下的 "下降" 性质：

$$f(\boldsymbol{x}_i^*) \leqslant f(\boldsymbol{x}_j^*), \quad \forall i > j, \boldsymbol{x}_i^*, \boldsymbol{x}_j^* \in \{\boldsymbol{x}_k^*\}_{k=0}^{+\infty} \tag{7.19}$$

称序列 $\{\boldsymbol{x}_k^*\}_{k=0}^{+\infty}$ 为该算法的最好解下降序列 (descent sequence of the found best solutions)，并简记为 $\{\boldsymbol{x}_k^*\}$。

先不考虑随机性，下面的定义很好地解释了收敛性和稳定性的联系与区别。

**定义 7.4**　如果最优化算法的最好解下降序列 $\{\boldsymbol{x}_k^*\}$ 收敛到某个解 $\boldsymbol{z}$，即有

$$\lim_{k \to +\infty} \boldsymbol{x}_k^* = \boldsymbol{z} \tag{7.20}$$

则称该算法是稳定的。若 $z$ 是目标函数在可行域内的极值点, 则称算法是局部收敛的 (convergent locally); 更进一步, 若 $z$ 是目标函数在可行域内的全局最值点, 则称算法是全局收敛的 (convergent globally)。

从定义 7.4可以清楚看到, 稳定性是收敛性的基础和前提; 算法是收敛的, 它必是稳定的, 反之则不一定。

下面考虑随机性。为了区分, 记最好解下降序列为 $\{\boldsymbol{X}_k^*\}$, 它已经成为一个随机过程, 即每个 $\boldsymbol{X}_k^*$ 都是一个随机变量。从而, 可以用随机过程的稳定性理论来研究最优化算法的稳定性。此时, 一般要用到 $\{\boldsymbol{X}_k^*\}$ 的一阶和二阶矩信息。

**定义 7.5**　如果最优化算法的最好解下降序列 $\{\boldsymbol{X}_k^*\}$ 的数学期望收敛到某个解 $z$, 即有

$$\lim_{k \to +\infty} E(\boldsymbol{X}_k^*) = z \tag{7.21}$$

则称该算法是一阶稳定的。进一步, 如果还满足

$$\lim_{k \to +\infty} D(\boldsymbol{X}_k^*) = 0 \tag{7.22}$$

则该算法是二阶稳定的。

定义 7.5表明, 如果一个随机最优化算法的最好解下降序列在平均意义上收敛到一个解, 则它是一阶稳定的; 如果加上其最好解下降序列的方差为零, 则它是二阶稳定的。

根据最优化算法稳定性的定义, 通常可以确定算法中参数的一个范围, 这个范围称为算法的稳定域。

**定义 7.6**　如果最优化算法使用了参数, 则能够保证该算法 (一阶或二阶) 稳定的所有参数组合, 称为该算法的 (一阶或二阶) 参数稳定域。

2) PSO 算法的稳定性研究进展

早期的 PSO 理论分析往往不考虑随机性, 即学习因子 $\phi_1, \phi_2$ 都是确定性的常数。下面给出一些结果。

- 1998—1999 年, Ozcan 和 Mohan 在文献 [157-158] 研究了停滞 (stagnation) 状态假设下的粒子轨迹 (trajectories) 怎么随着参数的变化而变化。研究表明当 $\phi = \phi_1 + \phi_2 > 4$ 时，粒子振荡不断加大, 而 $\phi < 4$ 时会出现周期性的振荡。

- 2002 年, Clerc 和 Kennedy 在文献 [146] 中在停滞状态假设下, 通过分析线性离散动力系统, 研究了粒子轨迹及其收敛问题, 他们在该论文中还引进了带压缩系数的 PSO 模型。

- 2002 年, van den Bergh 在其博士论文 [159] 中详细研究了停滞状态假设下带惯性权重的 PSO 模型, 发现粒子会被一个不动点吸引, 该不动点是邻域最好点与个体最好点的加权和。他也指出, 加入随机性后结论仍成立; 并且还指出, PSO 可能收敛到非最优解。然后，他提出了一些改进方法, 并证明了改进方法能够在概率意义下收敛到全局最优解。

- 2003—2005 年, Blackwell 分析了粒子群在空间上的分布怎么随着时间的变化而变化。结果表明, 空间广度随着时间 $t$ 而按照 $(\sqrt{\kappa})^t$ 指数式递减[160], 所作的实验很好地证实了这些结果[161-162]。这一理论分析推广了文献 [159] 的结果。
- 2006 年, Campana 等在文献 [163] $\sim$ 文献 [164] 把 Clerc 和 Kennedy 的动力系统分析推广到 FIPSO, 并把粒子的轨迹分解为主动响应 (free response) 部分和被动响应 (forced response) 部分, 后者取决于目标函数。通过对主动响应部分的分析, 对粒子群的初始化提出了建议。

在 PSO 算法提出约 10 年后, 其理论分析开始去除确定性假设, 回归真正的随机性本性。

- 2006 年, Clerc 在文献 [165] 中指出, 带惯性权重的 PSO 的飞行速度更新公式可以看成 3 部分的和: 向前的力 $F\boldsymbol{v}_t$, 向后的力 $B\boldsymbol{v}_{t-1}$ 以及噪声 $N(\boldsymbol{p}_i - \boldsymbol{g}_i)$。其中, $F, B, N$ 都是随机变量, 且有 $E(F) = \omega - \phi_1^2 \ln(2), E(B) = 2\omega \ln(2)$。Clerc 用这些分析来帮助优化算法参数, 比如为了实现无偏搜索, 他令 $E(F) = E(B)$。Clerc 在一系列理论研究后, 提出了标准粒子群优化 (standard particle swarm optimization, SPSO) 算法[141], 成为 PSO 算法的一个有影响的实现方式。
- 2007 年, Poli 等在停滞状态假设下, 在文献 [143, 166] 中研究了 PSO 中的抽样分布随时间变化的规律, 并研究了抽样分布的均值、方差、偏度和峰度等。
- 2015 年, 笔者在文献 [144] 中综述了 PSO 算法稳定性的相关研究, 特别比较分析了前期研究中采用的不同假设条件和不同的稳定性含义。然后在弱停滞性 (weak stagnation) 假设下分析了 PSO 算法的二阶稳定性, 给出了经典 PSO 算法三大参数的二阶稳定域为

$$\omega \in (-1, 1), \quad \phi_1 = \phi_2 \in \left(0, \frac{12(1 - \omega^2)}{7 - 5\omega}\right) \tag{7.23}$$

在该区域内的任何一个参数组合, 都可以保证经典 PSO 算法是稳定的。这一研究为 PSO 算法的稳定性分析提供了易于比较的平台, 吸引了更多研究人员投入这一方向[167]。目前, 弱停滞性假设得到了进一步的弱化, 仍然能得到稳定域 (7.23)。稳定域内的最优参数设置等也得到了较深入的研究。

3) 弱停滞性假设

在前面的稳定性研究结果介绍中, 可以发现停滞性假设的弱化是一条重要主线。从要求每个粒子找到的最好位置都不再更新, 到只要求最优粒子的最好位置不再更新。后者被称为弱停滞性假设, 其定义如下[144]。

**定义 7.7**　如果整个粒子群找到的最好位置 $\boldsymbol{x}_i(K)$ 自第 $K$ 次迭代以来一直保持不变, 直到第 $(K + M)$ 次迭代 $(M \geqslant 3)$, 则称粒子群优化在第 $(K, K + M)$ 次迭代期间处于弱停滞状态, 并称 $\boldsymbol{x}_i(K)$ 为停滞点, 粒子 $i$ 在迭代 $(K, K + M)$ 期间称为占优粒子。

弱停滞性假设的第一个优势在于它比停滞性假设更加现实。停滞性假设要求每个粒子找到的最好位置保持不变, 这在现实中通常永远不会发生。然而, 在弱停滞性假设中, 只要求整个种群找到的最好位置不再更新, 而其他粒子的个体最优位置允许不断更新。这种状

态在数值实验中并不罕见[168], 而且如果全局最优解已经找到了, 那么整个种群必定会停留在弱停滞状态。

另外, 弱停滞性假设允许将粒子分为占优粒子和几个非占优粒子类型, 这种分类可以更好地分析不同类型粒子之间共享信息的条件, 也有助于分析最优经验 (知识) 是如何在不同类型粒子之间传播的。具体来说, 在弱停滞状态期间, 所有粒子可以划分为以下 4 类:

- Ⅰ 型粒子: 占优粒子, 该粒子的个体最优位置也是整个种群的最优位置;
- Ⅱ 型粒子: 跟占优粒子相连接的粒子, 也就是, 邻域最优粒子为占优粒子的粒子;
- Ⅲ 型粒子: 除占优粒子以外的邻域最优粒子;
- Ⅳ 型粒子: 跟 Ⅲ 型粒子连接的粒子。

显然, 以上的粒子分类依赖于拓扑结构 (社会网络)。例如, 对于 gbest 拓扑结构, 就不存在 Ⅲ 型和 Ⅳ 型粒子。对于 gbest 以外的其他拓扑结构, 通常 4 种粒子类型都是存在的。给定任何拓扑结构, Ⅰ 型粒子拥有最优的经验和知识, Ⅱ 型粒子的经验次之, 而 Ⅳ 型粒子如果存在的话, 其拥有的经验最差。

4) 占优粒子的领导行为

对于 PSO 算法的稳定性分析, 最重要的是分析 Ⅰ 型占优粒子的领导行为。从 PSO 算法的动态方程式 (7.1a) 和式 (7.1b), 可以得到第 $i$ 个粒子的第 $j$ 维满足如下的随机差分方程:

$$x_{ij}(k+1) = \alpha_1 x_{ij}(k) + \alpha_2 x_{ij}(k-1) + \alpha_3 p_{ij}(k) + \alpha_4 g_{ij}(k) \tag{7.24}$$

其中, $i = 1, 2, \cdots, \mu; j = 1, 2, \cdots, n$ 以及

$$
\begin{aligned}
\alpha_1 &= 1 + \omega - C_{1,ij} - C_{2,ij} \\
\alpha_2 &= -\omega \\
\alpha_3 &= C_{1,ij} \\
\alpha_4 &= C_{2,ij}
\end{aligned}
\tag{7.25}
$$

为了方便起见, 这里用 $\alpha_1, \alpha_2, \alpha_3$ 和 $\alpha_4$ 分别表示 $\alpha_{1,ij}(k), \alpha_{2,ij}(k), \alpha_{3,ij}(k)$ 和 $\alpha_{4,ij}(k)$。如果存在多次迭代, 将用 $\alpha_1(k)$ 表示 $\alpha_1$ 在第 $k$ 次迭代的值。

如果能够求解出随机差分方程 (7.24), 就可以很好地预测占优粒子的运动轨迹。遗憾的是, 这个方程很难求解。主要原因是邻域最优位置 $g$ 和个体最优位置 $p$ 是动态的, 而且系数 $\alpha_i(i = 1, 3, 4)$ 通常是随机变量。

从式 (7.25) 可以看出 $\alpha_i(i = 1, 2, 3, 4)$ 总是满足下面的条件

$$\alpha_1 + \alpha_2 + \alpha_3 + \alpha_4 = 1 \tag{7.26}$$

这意味着 $\sum_{i=1}^{4} \alpha_i - 1 = 0$ 总成立, 也就是说, 随机差分方程 (7.24) 的系数之和总是等于 0。这一点对于求解方程 (7.24) 是很有帮助的。

在一般情况下, 占优粒子会随着迭代次数的增加而改变。然而, 当整个粒子群处于弱停滞状态时, 占优粒子将不再改变。因此, 假设在迭代 $(K, K + M)$ 期间 PSO 算法处于弱停

滞状态, 且粒子 $d$ 是占优粒子, 则粒子 $d$ 的个体最优等于它的邻域最优也等于种群的最优位置。于是有 $p_d(k) = g_d(k) = x_d(K)$, $k \in [K, K + M)$, 这里 $x_d(K)$ 是停滞点。因此, 对于占优粒子 $d$, 在 $k \in [K, K + M)$ 时, 可以得到以下更简单的随机差分方程:

$$x_d(k+1) = \alpha_1 x_d(k) + \alpha_2 x_d(k-1) + \tilde{\alpha}_3 x_d(K) \tag{7.27}$$

其中 $\tilde{\alpha}_3 = \alpha_3 + \alpha_4$。注意, 这里省略了维数 $j$, 本节的后续部分也采用这一记号。

因为 $\alpha_1, \tilde{\alpha}_3$ 是随机变量, 所以不能通过求解它的特征方程来求解方程 (7.27)。但是, 可以用递归的方式来求解它, 并得到下面的定理。其证明过程请参见文献 [3, 144]。

**定理 7.3**　假设 PSO 算法在迭代 $(K, K + M)$ 期间处于弱停滞状态, $x_d(K)$ 是停滞点, 粒子 $d$ 是占优粒子, 那么随机差分方程 (7.27) 的解满足下面这个公式:

$$x_d(K + t) = x_d(K) + R(t)(x_d(K+1) - x_d(K)), \quad t \in [0, M) \tag{7.28}$$

其中 $R(t)$ 满足下面的递归公式:

$$R(t+1) = \alpha_1(K+t)R(t) - \omega R(t-1), \quad R(0) = 0, \quad R(1) = 1 \tag{7.29}$$

从方程 (7.28) 可以得出关于占优粒子领导行为的如下结论:

- 占优粒子的领导行为主要被 $R(t)$ 控制, 而 $R(t)$ 主要由 $\alpha_1$ 的值所影响。
- 如果 $R(t)$ 在每一维上都相同 (例如参数 $C_1, C_2$ 是常数时), 那么所有被占优粒子抽样的点将位于由 $\boldsymbol{x}_d(K+1)$ 和 $\boldsymbol{x}_d(K)$ 确定的直线上。
- 通常 $R(t)$ 在每一维上是不同的, 因此占优粒子采样的点在 $\boldsymbol{x}_d(K)$ 周围随机分布, 其实际分布取决于 $\alpha_1$。

5) 二阶稳定性分析

首先, 结合定理 7.3 和二阶稳定性定义 7.5, 可以得到如下的结论。

**引理 7.1**　假设种群永远处于弱停滞状态, 则 PSO 算法是稳定的当且仅当

$$\lim_{t \to \infty} E[R(t)] = 0, \lim_{t \to \infty} D[R(t)] = 0 \tag{7.30}$$

也就是说, $R(t)$ 渐近为常数 0。

**证明**　根据定理 7.3, 在弱停滞状态, 占优粒子具有以下动态行为:

$$x_d(K + t) = x_d(K) + R(t)[x_d(K+1) - x_d(K)]$$

因为停滞点 $x_d(K)$ 和 $x_d(K+1)$ 是常数, 则

$$D[x_d(K+t)] = D[R(t)][x_d(K+1) - x_d(K)]^2$$

因此 $\lim_{t \to \infty} D[x_d(K+t)] = 0$ 与 $\lim_{t \to \infty} D[R(t)] = 0$ 等价。又因为一阶稳定性要求 $\lim_{t \to \infty} x_d(K + t) = x_d(K)$, 所以 $\lim_{t \to \infty} E[R(t)] = 0$。 $\square$

根据 $E[R^2(t)] = D[R(t)] + [E(R(t))]^2$, 很自然地可以得到如下推论。

**推论 7.3**  假设种群永远处于弱停滞状态, 则 PSO 算法是二阶稳定的当且仅当

$$\lim_{t \to \infty} E[R^2(t)] = 0 \tag{7.31}$$

于是, PSO 算法的二阶稳定性转化成了计算 $E[R^2(t)]$。注意到有了数学期望的作用, 关于 $E[R^2(t)]$ 的方程是一个确定性差分方程。虽然这个差分方程比较复杂, 但确定性差分方程的处理具有成熟的方法。最终得到如下的定理, 证明过程详见文献 [144] 或文献 [3]。

**定理 7.4**  经典 PSO 算法二阶稳定的充分必要条件是

$$\begin{cases} \omega \in (-1, 1) \\ \phi_1 = \phi_2 = \phi \in \left( 0, \dfrac{12(1 - \omega^2)}{7 - 5\omega} \right) \end{cases} \tag{7.32}$$

式 (7.32) 也给出了经典 PSO 算法的参数 (二阶) 稳定域。图 7.8给出了这个稳定域的形状 (纵轴与曲线围住的部分)。前面已说明, 根据多种不同的停滞性假设和二阶稳定性定义, 都得到与式 (7.32) 相同的参数稳定域。

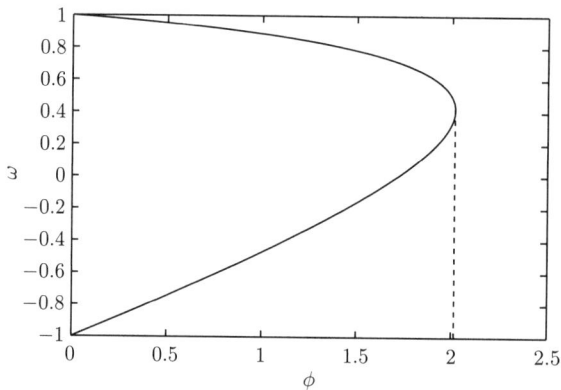

图 7.8  经典粒子群优化算法的参数稳定域 $(\phi_1 = \phi_2 = \phi)$

## 7.2  蚁群优化

蚁群优化 (ant colony optimization, ACO) 是群体智能优化的另一个代表性算法。与粒子群优化用于求解连续优化问题不同的是, 蚁群优化刚开始设计时是用于求解离散优化问题。所以, 本节的内容主要面向离散优化, 特别是著名的旅行商问题 (traveling salesman problem, TSP)。

TSP 指的是, 一个商品推销员要去若干个城市推销商品, 从一个城市出发, 需要经过所有城市并回到出发地。给定城市以及每对城市之间的距离, TSP 研究如何选择旅行路线, 以使得总行程最短。从图论的角度, TSP 的实质是在一个带权无向图 (每个顶点对应一个城市) 中, 找一个权值最小的哈密顿 (Hamilton) 回路。由于 TSP 的可行解是所有顶点的全

排列, 随着顶点数的增加, 排列数以阶乘级别增长。因此, TSP 是一个 NP 难问题, 难以快速求解。但是, TSP 是物流配送、交通运输、电路板线路设计等重要领域的数学模型, 对其求解具有重要意义。因此, 国内外学者对 TSP 进行了大量的研究。早期的研究者使用精确算法求解该问题, 常用的方法包括: 分枝定界法、线性规划法、动态规划法等。但是, 随着问题规模 (城市数量) 的增大, 精确算法变得越来越无能为力。蚁群优化等近似求解算法为 TSP 的求解提供了新的途径。

## 7.2.1　从蚂蚁到人工蚂蚁

1) 蚂蚁

蚂蚁是一种司空见惯的小动物, 但很多读者可能不知道, 地球上约有 1 万亿只蚂蚁, 占陆上动物总质量的 15%, 占比与人类相当。单个蚂蚁的生存能力是很弱的, 但是, 大量的观察和研究表明, 蚂蚁群体却能完成大量高难度的、自组织和自适应的智能行为。

一个重要的观察是, 蚂蚁在群体觅食行为时, 能找到蚁穴与食物之间的最短路径。图 7.9 给出了这一观察的平面示意图。在图 7.9(a) 中, 蚂蚁在一条直线上行走, 但是突然出现了一个新的障碍物 (见图 7.9(b))。面对这一情况, 有些蚂蚁从上方绕过障碍物, 有些则从下方绕过障碍物 (见图 7.9(c))。不过一段时间后, 蚂蚁总能找到最短路, 所有蚂蚁都会从上方去绕过障碍物 (见图 7.9(d))。

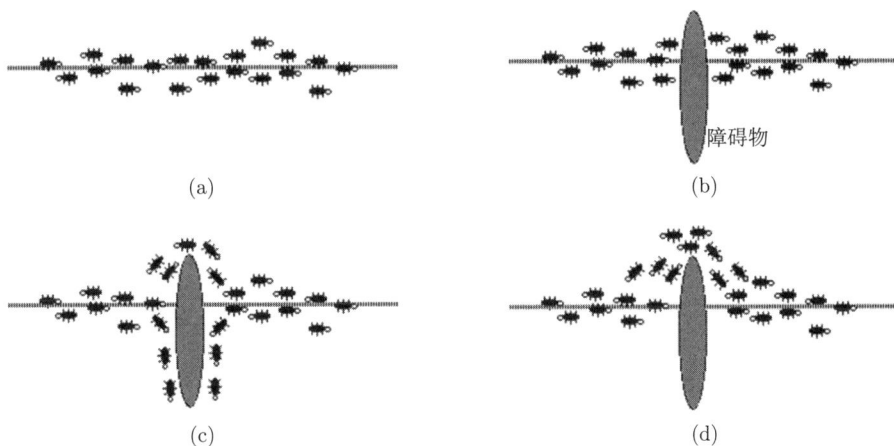

图 7.9　蚂蚁群体觅食寻找最短路的示意图

蚂蚁的这一能力的根源在 20 世纪 80 年代人们就已经很清楚了。原来, 蚂蚁在不同场景中会释放不同的信息素, 以触发其他蚂蚁的不同选择。这里我们只关心在路上行走时蚂蚁释放的信息素。这种信息素会引导其他蚂蚁的路径选择: 蚂蚁倾向于走信息素浓度更高的路径。于是, 蚂蚁越多的路径信息素越浓, 会吸引更多的蚂蚁走这条路。换句话说, 信息素的出现, 在蚂蚁群体的路径选择中产生了一种正反馈。正是这一正反馈机制, 保证了蚂蚁群体能轻松地找到最短路径。

比如, 在图 7.9 的示例中, 障碍物出现以后, 刚开始上方和下方的路径都有大约各一半的蚂蚁。但是, 由于障碍物上方的路径明显比下方更短, 上方路径的信息素浓度比下方更高, 会吸引更多的蚂蚁走上方的路径。这一正反馈机制开始形成, 并很快使得上方的信息素浓度越来越浓, 而由于挥发效应的存在, 下方的信息素浓度则越来越淡。最后, 下方的信息素浓度接近于 0, 所有蚂蚁都选择走上方路径。这就是蚂蚁找到最短路径的奥秘。

2) 人工蚂蚁与蚁群优化

受蚂蚁群体能找到蚁穴与食物之间的最短路径这一现象的启发, 蚁群优化试图通过仿真蚂蚁的群体觅食行为, 来实现旅行商问题的高效求解。换句话来说, 要在计算机中构建人工蚂蚁, 让它们去走销售商要旅行的路径, 并在路上释放信息素, 通过模拟蚂蚁的决策来力图找到最短路径。

在 20 世纪 80 年代, 许多研究人员就已经探讨了蚂蚁群体中的概率决策行为与自组织行为, 以及集体觅食的数学模型等重要问题。在这些研究的基础上, Dorigo 于 1991 年提出 (于 1992 年发表) 了第一个蚁群优化算法——蚂蚁系统 (ant system, AS) 算法[169-170]。1996 年, Dorigo 与 Gambardella 合作提出了蚁群系统 (ant colony system, ACS) 算法[171]。2000 年, Stützle 和 Hoos 提出最大最小蚂蚁系统 (max-min ant system, MMAS) 算法[172]。这些都是蚁群优化中的代表性算法。

在这些算法中, 人工蚂蚁与自然的蚂蚁通常有以下区别[170]:

- 人工蚂蚁有一定的记忆能力, 它们能记住自己走过的路, 从而避免简单的重复。
- 自然的蚂蚁是 "瞎的", 主要依靠嗅觉来感知环境。但是, 人工蚂蚁不完全是瞎的。比如, 它们能 "看" 到城市之间的道路。
- 自然的蚂蚁生活在连续的时空之中, 但是, 人工蚂蚁面对的是离散的时间。

## 7.2.2 蚁群优化算法

下面以旅行商问题为应用场景, 首先介绍蚂蚁系统、蚁群系统和最大最小蚂蚁系统等三种蚁群优化算法, 然后介绍蚁群优化的代码获取途径。

1) 蚂蚁系统

在旅行商问题中, 假设销售商需要访问 $n$ 个城市, 任意两个城市之间有一条边 $(i, j)$, 其长度 (距离)$d_{ij}$ 已知, 边上的信息素为 $\tau_{ij}$, $i = 1, 2, \cdots, n; j = i+1, i+2, \cdots, n$。

引进 $N$ 个人工蚂蚁, 每个蚂蚁从起始城市出发, 遍历所有城市 1 次 (不能重复访问), 然后回到起始城市。前面已介绍, 蚂蚁是根据信息素的浓度来进行路径选择的。在蚂蚁系统中, 这是通过随机比例规则来实现的。具体来说, 根据信息素和路径长度, 可以计算每个蚂蚁路径上的每条边的转移概率 (又叫作随机比例)。具体公式如下:

$$p_{ij}^k = \frac{\tau_{ij}^\alpha / d_{ij}^\beta}{\sum_{m \notin C_k} \tau_{im}^\alpha / d_{im}^\beta}, \quad k = 1, 2, \cdots, N \tag{7.33}$$

其中, $\alpha, \beta$ 是常数 (通常取值为 1 和 5); $C_k$ 是第 $k$ 只蚂蚁已经访问过的城市集合。

当第 $k$ 只蚂蚁到达城市 $i$ 时, 根据计算出的转移概率 $p_{ij}^k$ 选择下一个城市, 概率越大越可能被选为下一个城市 $j$。也就是说, 蚂蚁以轮盘赌方式决定下一个城市, 它们更倾向于选择信息素浓度更高且距离更短的边。在遍历了所有城市后, 蚂蚁得到的路径就是旅行商问题的一个可行解。因此, 在蚁群优化中, 一个蚂蚁对应一个可行解, 蚁群对应一组可行解, 而所有可行解中路径最短的那个就是要找的 TSP 的最优解。为便于论述, 不妨设每个蚂蚁的路径长度为 $L_k, k = 1, 2, \cdots, N$。

为了让蚁群优化算法运行, 一般要为每条边设立一个很小的初始信息素 $\tau_0$(通常取值为 $10^{-6}$)。每条边上的信息素都会挥发 (evaporation), 挥发率为 $\rho \in [0.5, 1)$。除了信息素的挥发, 每个蚂蚁还会释放信息素。因此, 信息素的更新服从如下的规则:

$$\tau_{ij} = (1 - \rho)\tau_{ij} + \sum_{k=1}^{N} \Delta\tau_{ij}^k \tag{7.34}$$

其中, 第一项是挥发后的信息素, 第二项是每个蚂蚁释放在这条边上的信息素, 释放规则为

$$\Delta\tau_{ij}^k = \begin{cases} Q/L_k, & \text{边 } (i, j) \text{ 在该蚂蚁的路径上} \\ 0, & \text{边 } (i, j) \text{ 不在该蚂蚁的路径上} \end{cases} \tag{7.35}$$

其中, $Q$ 是常数 (通常取值为 20), 称为信息素沉积常数。在信息素更新公式 (7.34) 中, 每只蚂蚁的每条边的信息素都会更新, 通常称为全局信息素更新规则。

算法 7.3 给出了蚁群优化的伪代码。其中, 蚂蚁数量通常取值为与城市数量相同, 即 $N = n$。蚂蚁系统算法不断地重复 "构建新路径—更新信息素" 的操作, 一直到停止条件满足, 就输出最短的路径及其长度。停止条件跟其他智能启发类算法类似, 通常是消费完给定的计算成本或满足一定的停滞条件即退出。

---

**算法 7.3** (蚂蚁系统算法)　*初始化: 给定城市数 $n$, 距离矩阵 $(d_{ij})$, 蚂蚁数量 $N$, 沉积常数 $Q$, 挥发率 $\rho$, 每条边的初始信息素 $\tau_0$, 以及参数 $\alpha, \beta$。*

*当停止条件不成立, 执行以下循环:*

- *从初始城市出发, 按式 (7.33) 计算转移概率, 以轮盘赌方式选择下一个城市。重复这一步骤, 直到构建出每个蚂蚁的路径。*
- *计算每个蚂蚁的路径长度 $L_k$。*
- *按式 (7.34) 更新每条边的信息素。*

*输出最短路径及其长度。*

---

根据文献 [170], 蚂蚁系统 (AS) 算法是多才多艺的 (versatile) 以及稳健的 (robust)。前者指的是, AS 算法能处理 TSP 的不同版本 (对称 TSP, 非对称 TSP), 后者指的是 AS 算法能处理各种不同的组合优化问题 (如 TSP, 二次分配问题 (quadratic assignment problem, QAP), 作业车间调度问题 (job-shop scheduling problem, JSP))。此外, 蚂蚁系统算法的计算复杂度可以表示为 $O(n^2 N \times \text{MaxIter})$, 这里的 MaxIter 是指最大迭代次数。

最后要注意到, 有别于通常的演化算法, 在蚂蚁系统算法中, 蚂蚁之间并不能直接交换信息, 而是通过释放信息素来间接交换信息。即便是间接的信息交互, 仍产生了巨大的协作效应。在蚂蚁系统中, $n$ 个蚂蚁借助信息素的协作搜索能力远远高于它们单独搜索的能力之和[170]。

2) 蚁群系统

1997 年, Dorigo 等[12] 提出了蚁群系统算法, 进一步强调了蚂蚁之间协作寻优的意义和价值。首先, 文献 [12] 指出, 在蚁群优化中, 信息素起着分布式长期记忆 (distributed long-term memory) 的作用。蚂蚁们通过这种分布式的长期记忆, 进行高效的隐式协同 (stigmergy)。但是, 文献 [12] 进一步指出, AS 算法通常适用于城市数量小于 30 的时候。为了处理更高维的 TSP, 需要从下面三个方面进行改进, 并得到蚁群系统 (ACS) 算法[12]。

第一个改进是针对转移概率 (7.33) 的。为了更好地平衡全局搜索和局部搜索, 给定 AS 算法的转移概率 $p_{ij}^k$(见式 (7.33)), 进一步采用如下的伪随机比例规则 (pseudo-random proportional rule):

$$P(\text{第 } k \text{ 只蚂蚁去城市 } j) = \begin{cases} p_{ij}^k, & r \geqslant q_0 \\ 1, & r < q_0, j = \arg\max_J p_{iJ}^k \\ 0, & r < q_0, j \neq \arg\max_J p_{iJ}^k \end{cases} \tag{7.36}$$

其中, $q_0 \in (0,1)$ 为常数; $r$ 是 $[0,1]$ 上均匀分布的随机数; $\arg\max_J p_{iJ}^k$ 指的是跟城市 $i$ 相连且 $p_{iJ}^k$ 最大的城市, 简称为 "最好的" 城市。换句话说, 伪随机比例规则保证至少有 $q_0$ 的概率选择 "最好的" 城市, 剩下的概率选取的城市跟 AS 中选取的城市一样。由于 AS 中的选取规则叫作随机比例规则, ACS 中有 $(1 - q_0)$ 的概率用随机比例规则, 只有 $q_0$ 的概率选取 "最好的" 城市, 因此叫作伪随机比例规则。在伪随机比例规则下, 当前 "最好的" 城市有更大的概率被选取, 因此加强了局部搜索。

第二个改进是在蚂蚁的路径构建中及时更新信息素。在 AS 算法中, 只有所有蚂蚁的路径构建完成后 (所有蚂蚁都走完了全程) 才更新信息素。这使得信息素的更新不够及时。因此, 在 ACS 算法中, 采用了更及时的更新策略, 称为局部信息更新策略, 其表达式如下:

$$\tau_{ij} = (1 - \phi)\tau_{ij} + \phi\Delta\tau_{ij} \tag{7.37}$$

在文献 [12] 中, 对 $\Delta\tau_{ij}$ 的赋值尝试了三种不同的做法。最后建议采用 $\Delta\tau_{ij} = \tau_0$, 即初始信息素。

第三个改进是在全局信息素更新步骤中。在 AS 算法中, 所有蚂蚁都会在它的路径的每一条边上留下信息素 (见式 (7.34))。在 ACS 算法中, 只有最好的蚂蚁才有资格留下信息素, 这里的最好蚂蚁指的是到目前为止找到最短路径的蚂蚁。换句话说, 只有最短路径上的边才有信息素增加, 其他边都只有挥发。具体来说, ACS 算法中的信息素更新规则如下:

$$\tau_{ij} = (1 - \rho)\tau_{ij} + \rho\Delta\tau_{ij} \tag{7.38}$$

只有最好的蚂蚁才能释放信息素, 即

$$\Delta \tau_{ij} = \begin{cases} Q/L_{\text{best}}, & \text{边 } (i,j) \text{ 在最短路径上} \\ 0, & \text{边 } (i,j) \text{ 不在最短路径上} \end{cases} \tag{7.39}$$

其中, $L_{\text{best}}$ 是最短路径的长度。由于当前最好蚂蚁的信息素反映了局部经验, 因此, 这一改进也是加强了算法的局部搜索能力。

可以看到, ACS 算法在全局信息素更新策略之外, 引入了额外的局部信息素更新。此外, 伪随机比例规则和最好蚂蚁才有资格释放信息素这两个策略都加强了局部搜索。综合以上三个改进, 可以发现, 相较于 AS 算法, ACS 算法显著强化了局部搜索能力。ACS 算法的伪代码见算法 7.4。

**算法 7.4** (蚁群系统算法) 初始化: 给定城市数 $n$, 距离矩阵 $(d_{ij})$, 蚂蚁数量 $N$, 沉积常数 $Q$ 及概率常数 $q_0$, 挥发率 $\rho, \phi$, 每条边的初始信息素 $\tau_0$, 以及参数 $\alpha, \beta$。

当停止条件不成立, 执行以下循环:

- 从初始城市出发, 按式 (7.36) 计算转移概率, 以轮盘赌方式选择下一个城市, 并按式 (7.37) 及时更新信息素。重复这一步骤, 直到构建出每个蚂蚁的路径。
- 计算每个蚂蚁的路径长度 $L_k$。
- 按式 (7.38) 更新每条边的信息素。

输出最短路径及其长度。

在文献 [12] 中, ACS 算法的参数建议如下:

$$Q = 1, q_0 = 0.9, \rho = \phi = 0.1, \alpha = 1, \beta = 2, \tau_0 = (nL_{nn})^{-1} \tag{7.40}$$

其中, $L_{nn}$ 是最短路径的粗略估计值。文献 [12] 还指出, 在 TSP 问题上的算法竞争是非常激烈的, 将生成良好起始解的构造性方法与将恰当的局部搜索相结合似乎是最佳策略, 而 ACS 就是一种好的构造性方法。

3) 最大最小蚂蚁系统

为进一步提升 AS 算法的数值性能, 特别是处理更大规模 TSP 问题的性能, Stützle 与 Hoos 在 2000 年提出最大最小蚂蚁系统 (MMAS) 算法[172]。

首先, MMAS 算法特别重视信息素的大小, 信息素既不能太小, 也不能太大。为此, 限定信息素处于 $[\tau_{\text{min}}, \tau_{\text{max}}]$ 区间。这里的 $\tau_{\text{min}}, \tau_{\text{max}}$ 分别指的是最小和最大信息素含量。如果信息素小于 $\tau_{\text{min}}$ 或者大于 $\tau_{\text{max}}$, 则强行拉回到这两个临界值。正是基于这个策略, 该算法被称为最大最小蚂蚁系统。

不难理解, $\tau_{\text{min}}$ 的出现使得每一条边都有信息素含量, 有利于加强算法的全局搜索能力。而 $\tau_{\text{max}}$ 的限定使得每条边的信息素不至于过大, 仍有利于加强算法的全局搜索能力。文献 [172] 认为, 最大最小信息素策略有助于 MMAS 算法陷入局部陷阱[172]。

其次, 在初始化阶段, MMAS 算法采用了 $\tau_0 = \tau_{\text{max}}$ 的做法来加大各条边的信息素含量。这一策略使得 MMAS 算法强化了算法初始阶段的全局搜索能力。

最后, 与 ACS 算法类似, MMAS 算法只允许最好蚂蚁在所在路径中释放信息素。与 ACS 算法不同的是, 这个最好蚂蚁可以是本次迭代中的最好蚂蚁 (iteration-best ant), 也可以是到当前迭代为止的最好蚂蚁 (global-best ant), 或者是这两个蚂蚁的混合。无论是哪一种最好蚂蚁, 这一策略都有利于最好蚂蚁的经验辐射, 从而强化了局部搜索能力。具体来说, MMAS 算法中的信息素更新规则如下:

$$\tau_{ij} = (1 - \rho)\tau_{ij} + \Delta\tau_{ij} \tag{7.41}$$

其中,

$$\Delta\tau_{ij} = \begin{cases} 1/L_{\text{best}}, & \text{边 } (i,j) \text{ 在最好蚂蚁的路径上} \\ 0, & \text{边 } (i,j) \text{ 不在最好蚂蚁的路径上} \end{cases} \tag{7.42}$$

其中, $L_{\text{best}}$ 是最好蚂蚁的路径长度。

相对于 AS 算法, MMAS 算法通过增加初始信息素以及限制信息素的上下界强化了全局搜索, 而最好蚂蚁才有资格释放信息素则强化了局部搜索。综合来看 MMAS 算法比 AS 算法更好地平衡了全局搜索能力和局部搜索能力。另外, 相对于 ACS 算法, MMAS 算法强化了全局搜索。换句话说, 在 AS 算法的基础上, ACS 算法强化了局部搜索, 而 MMAS 算法又进一步强化了全局搜索, 实现了局部搜索和全局搜索的更好平衡。

MMAS 算法的伪代码见算法 7.5。

---

**算法 7.5** (最大最小蚂蚁系统算法)  *初始化: 给定城市数 $n$, 距离矩阵 $(d_{ij})$, 蚂蚁数量 $N$, 挥发率 $\rho$, 信息素的最大值 $\tau_{\text{max}}$ 和最小值 $\tau_{\text{min}}$, 以及参数 $\alpha, \beta$。每条边的初始信息素取为 $\tau_{\text{max}}$。*

*当停止条件不成立, 执行以下循环:*

- *从初始城市出发, 按式 (7.33) 计算转移概率, 以轮盘赌方式选择下一个城市。重复这一步骤, 直到构建出每个蚂蚁的路径。*
- *计算每个蚂蚁的路径长度 $L_k$。*
- *按式 (7.41) 更新每条边的信息素, 并要求信息素浓度在 $[\tau_{\text{min}}, \tau_{\text{max}}]$ 内。*

*输出最短路径及其长度。*

---

算法 7.5 只是 MMAS 算法的基本版本, 要得到好的数值性能, 需要在很多细节上下功夫。下面介绍的几个细节的完善方法, 均来自于文献 [172]。

首先是 $\tau_{\text{min}}, \tau_{\text{max}}$ 的内生自适应。在算法 7.5 中, 这两个参数都是外生的常数。但是, 根据算法运行状态对它们进行自适应, 有助于提升算法的数值性能。先分析 $\tau_{\text{max}}$ 要满足的一些性质。注意到式 (7.41) 意味着在任何一次迭代的任何一条边上, 信息素的最大增加量为 $\dfrac{1}{L_{\text{best}}}$。因此, $\tau_{\text{max}}$ 满足如下方程:

$$\tau_{ij}(t) = (1 - \rho)\tau_{ij}(t-1) + \frac{1}{L_{\text{best}}}$$

解出这个方程可得到

$$\tau_{ij}^{\max}(t) = \sum_{i=1}^{t}(1-\rho)^{t-i}\frac{1}{L_{\text{best}}} + (1-\rho)^t\tau_{ij}(0)$$

当 $t \to \infty$ 时,

$$\tau_{\max} \leftarrow \tau_{ij}^{\max} = \frac{1}{\rho L_{\text{best}}} \tag{7.43}$$

文献 [172] 建议, 根据算法运行得到的 $L_{\text{best}}$, 按式 (7.43) 来及时更新 $\tau_{\max}$。这里的 $L_{\text{best}}$ 主要是本次迭代得到的最好蚂蚁的路径长度, 但在算法的中后期, 可以越来越频繁地夹杂着采用全局最好蚂蚁的路径长度。

对于 $\tau_{\min}$ 的自适应, 文献 [172] 建议按下式来对 $\tau_{\min}$ 进行自适应:

$$\tau_{\min} = \frac{2\tau_{\max}(1 - \sqrt[n]{p_{\text{best}}})}{(n-2)\sqrt[n]{p_{\text{best}}}} \tag{7.44}$$

其中, 参数 $p_{\text{best}}$ 是 MMAS 算法 "收敛" 时用以构建最短路径的转移概率。在文献 [172] 中, MMAS 算法 "收敛" 被定义为, 在每个城市节点要选择下一个城市时, 只有一条边的信息素为 $\tau_{\max}$, 其他边的信息素都是 $\tau_{\min}$。

其次, 在 MMAS 算法的初始化阶段, 文献 [172] 建议, 先设定初始信息素为大的任意值, 然后经一次迭代后, 设定信息素为 $\tau_{\max}(1)$。

此外, 文献 [172] 还建议采用信息素光滑化策略: 在计算出 $\tau_{ij}(t)$ 后, 按下式进行光滑化得到新的信息素值 $\tau_{ij}^*(t)$:

$$\tau_{ij}^*(t) = \tau_{ij}(t) + \delta(\tau_{\max}(t) - \tau_{ij}(t)) \tag{7.45}$$

其中, 参数 $\delta \in (0,1)$。注意到, 当 $\delta = 0$ 时, 相当于关闭光滑化策略; 而当 $\delta = 1$ 时, 相当于重新初始化。文献 [172] 认为, 当计算成本很多时, 信息素的光滑化策略非常有价值。

最后, 文献 [172] 认为如果结合合适的局部搜索算子 (如 3-opt 算法[173]), MMAS 算法将取得更好的数值性能, 特别是在求解更大规模的 TSP 问题时。

4) 代码获取

蚁群优化的主要提出者 Marco Dorigo 的个人主页里提供了很多关于 ACO 算法的文献和代码等资料, 详见链接 http://iridia.ulb.ac.be/ mdorigo/ACO/ACO.html。

由于蚁群优化经常测试 TSP 问题, 读者可以参阅 TSPLIB 的官网, 比如链接 http://comopt.ifi.uni-heidelberg.de/software/TSPLIB95/。里面除了经典的对称 TSP, 还有非对称 TSP、哈密顿圈, 以及车辆规划等测试问题。

## 7.2.3　蚁群优化的理论性质

随着 ACO 算法变种的不断丰富和广泛应用, 这类算法的理论性质也开始受到关注。这里先介绍理论进展的主要脉络, 然后重点介绍 ACO 算法收敛性的一个简单证明[174]。

1) 理论研究进展简介

2000 年, Gutjahr 给出了关于 AS 算法的第一个收敛性证据[175]。不过, 这里的 AS 算法是基于图形的 (graph-based AS), 与主流 ACO 算法有较大区别。Dorigo 和 Stützle 则针对主流 ACO 算法, 探讨了两种不同的收敛性: 一种是目标空间的收敛[174], 另一种是解空间的收敛[176]。前者关注算法至少生成一次最优解的概率, 而后者关注算法稳定到最优解 (持续不断地生成最优解) 的概率。黄翰等利用吸收态马尔可夫过程研究了 ACO 算法的收敛速度[177]。

在收敛性研究之外, 其他的一些理论性质也得到了一定的关注。比如, Zlochin 与 Dorigo 等将 ACS 算法与随机梯度下降等算法纳入统一的框架, 论述了它们是强相关的 (strong related)[178]。文献 [179] 则分析了蚁群优化算法的搜索偏性 (search bias)。

2) ACO 算法

下面介绍 ACO 算法在目标空间上的收敛性证明, 证明过程参考文献 [174]。这里的 ACO 算法由算法 7.6定义[174]。为便于描述, 先定义几个术语和符号:

$\mathcal{C}$: 所有城市组成的集合 $\{c_1, c_2, \cdots, c_n\}$;

$\mathcal{L}$: 城市之间两两连线组成的集合 $\{(c_i, c_j)|i, j = 1, 2, \cdots, n, j \neq i\}$;

$\mathcal{T}$: 城市之间两两连线上的信息素浓度组成的集合 $\{\tau(c_i, c_j)|i, j = 1, 2, \cdots, n, j \neq i\}$;

$\hat{s}$: 截止到目前, 算法找到的最好路径;

$s_t$: 在第 $t$ 次迭代中, 算法找到的最好路径;

$x_k$: 从初始城市到第 $k$ 个城市的路径;

$S$: 可行解的集合;

$S^*$: 最优解的集合, $s^* \in S^*$ 是任何一个全局最优解。

---

**算法 7.6** (蚁群优化算法)    *初始化阶段*:
- *给定城市数 $n$, 距离矩阵 $(d_{ij})$, 蚂蚁数量 $N$, 挥发率 $\rho$, 信息素的最大值 $\tau_{\max}$ 和最小值 $\tau_{\min}$, 每条边的初始信息素 $\tau_0 \geqslant \tau_{\min}$, 以及参数 $\alpha$。*
- *生成一个可行解 $s'$, 令 $\hat{s} = s'$。*
- *对每个蚂蚁, 选择一个初始城市, 记为 $c_1$, 并令 $k = 1$, 则有 $x_k = <c_1>$。*
    *当停止条件不成立, 执行以下循环:*
- *蚂蚁路径构建: 若 $k < n$ 且 $x_k$ 可行, 则按如下概率随机选择下一城市 $c_{k+1}$:*

$$P(c_{k+1} = c|\mathcal{T}, x_k) = \begin{cases} \dfrac{\tau(c_k, c)^\alpha}{\displaystyle\sum_{y \in C, (c_k, y) \in S_{c_k}} \tau(c_k, y)^\alpha}, & (c_k, c) \in S_{c_k} \\ 0, & \text{其他.} \end{cases} \tag{7.46}$$

*$(c_k, y) \in S_{c_k}$ 指的是 $x_{k+1} = <x_k, y>$ 可行。任何时候如果 $S_{c_k}$ 是空集, 则这个蚂蚁的路径构建终止。*
- *计算每个蚂蚁的路径长度 $f(x_n)$。*

- 信息素更新:
  - $\forall (i,j): \tau(i,j) \leftarrow (1-\rho)\tau(i,j)$;
  - 若 $f(s_t) < f(\hat{s})$, 令 $\hat{s} \leftarrow s_t$;
  - $\forall (i,j) \in \hat{s}: \tau(i,j) \leftarrow \tau(i,j) + g(\hat{s})$;
  - $\forall (i,j): \tau(i,j) \leftarrow \max\{\tau_{\min}, \tau(i,j)\}$。

这里的函数 $g: S \mapsto \mathbb{R}^+$ 满足 $f(s) < f(s') \Rightarrow g(s) \geqslant g(s'), \forall s, s' \in S$。

输出最短路径及其长度。

注意到算法 7.6是 ACS 算法和 MMAS 算法的一般化, 都采用了全局最好的信息素更新策略, 以及都采用了信息素有下界 $\tau_{\min}$ 的约束 (注意并没有直接施加上界约束)。下一小节将证明, 这两大策略可以保证 ACO 算法的收敛性。为便于收敛性证明, 不失一般性, 假设 $\tau_{\min} < g(s^*)$, 这可以通过令 $\tau_0 = g(s')/2$ 来满足。

3) ACO 算法的收敛性

首先给出 ACO 算法的两条性质。第一条性质 (即命题 7.4) 与式 (7.43) 类似, 揭示出一个重要观察, 那就是虽然没有直接给信息素浓度一个上界, 但是信息素浓度的最大值有一个渐近的上界。

**命题 7.4**　任一条边上的信息素浓度有一个上界, 即

$$\lim_{t \to \infty} \tau_{ij}(t) \leqslant \tau_{\max} = \frac{g(s^*)}{\rho} \tag{7.47}$$

其中, $\tau_{ij}(t)$ 表示第 $t$ 次迭代时边 $(i,j)$ 上的信息素浓度。

**证明**　根据信息素的全局更新策略, 在任一次迭代中, 对任意一条边, 信息素的最大增量为 $g(s^*)$。因此, 在第一次迭代中, 信息素浓度最大为 $(1-\rho)\tau_0 + g(s^*)$, 在第二次迭代中, 信息素浓度最大为 $(1-\rho)^2\tau_0 + (1-\rho)g(s^*) + g(s^*), \cdots$, 所以, 第 $t$ 次迭代的信息素浓度最大为

$$\tau_{ij}^{\max}(t) = \sum_{i=1}^{t} (1-\rho)^{t-i} g(s^*) + (1-\rho)^t \tau_0$$

当 $t \to \infty$ 时, 极限值为

$$\tau_{\max} = \frac{g(s^*)}{\rho} \tag{7.48}$$

于是命题 7.4 得证。　　　　□

注意到在上述证明中, 信息素浓度取得最大值的边一定在最优解 $s^*$ 上。因此, 有以下推论。

**推论 7.4**　在任一个最优解 $s^*$ 找到以后, $s^*$ 上的任何一条边的信息素浓度将渐近取得 $\tau_{\max}$, 即

$$\forall (i,j) \in s^*, \lim_{t \to \infty} \tau_{ij}(t) = \tau_{\max} = \frac{g(s^*)}{\rho}$$

**推论 7.5** 在任一个最优解 $s^*$ 找到以后, 不在 $s^*$ 上的任何一条边的信息素浓度将最多再经历

$$\left\lceil \frac{\ln \tau_{\min} - \ln \tau_{\max}}{\ln(1-\rho)} \right\rceil$$

次迭代后降低到 $\tau_{\min}$。这里 $\lceil \cdot \rceil$ 是向上取整函数。

**证明** 设 $t^*$ 是 ACO 算法首次找到最优解的迭代次数。考虑最坏情形, 设最优解没有经过边 $(k, l)$, 且信息素最大即 $\tau_{kl}(t^*) = \tau_{\max}$, 则再经过 $t$ 次迭代后, 信息素下降为

$$\tau_{kl}(t^* + t) = \max\{\tau_{\min}, (1-\rho)^t \tau_{\max}\}$$

于是, 当下式成立时, $\tau_{kl}(t^* + t) = \tau_{\min}$,

$$(1-\rho)^t \tau_{\max} \leqslant \tau_{\min}$$

即

$$t \geqslant \frac{\ln \tau_{\min} - \ln \tau_{\max}}{\ln(1-\rho)}$$

于是算法最多再经历 $\left\lceil \dfrac{\ln \tau_{\min} - \ln \tau_{\max}}{\ln(1-\rho)} \right\rceil$ 次迭代, 信息素就下降到 $\tau_{\min}$。 $\square$

下面的定理表明, 只要计算成本足够, ACO 算法总能找到一个最优解。

**定理 7.5** 记 $P^*(t)$ 为 ACO 算法在 $t$ 次迭代内找到至少一个最优解的概率, 则有

$$\lim_{t \to \infty} P^*(t) = 1$$

**证明** 根据 ACO 算法的路径构建策略, 一条边被选中的最小概率 (这条边上的信息素为 $\tau_{\min}$, 其他可选边的信息素为 $\tau_{\max}$) 为

$$\hat{p}_{\min} = \frac{\tau_{\min}^{\alpha}}{\tau_{\min}^{\alpha} + (n-1)\tau_{\max}^{\alpha}} \tag{7.49}$$

于是, 在一次迭代中找到任何一个可行解 (包括最优解) 的最小概率为 $\hat{p}_{\min}^n$。不妨设在一次迭代中找到最优解的概率为 $\hat{p}$, 这里 $1 > \hat{p} \geqslant \hat{p}_{\min}^n$。因此在 $t$ 次迭代内, 没有找到任何一个最优解的概率为 $(1-\hat{p})^t$。换句话说, 在 $t$ 次迭代内, 找到一个最优解的概率可表示为

$$P^*(t) = 1 - (1-\hat{p})^t$$

令 $t \to \infty$, 即可得 $\lim\limits_{t \to \infty} P^*(t) = 1$。 $\square$

定理 7.5 的证明过程并不依赖信息素的全局更新策略, 因此有如下推论。

**推论 7.6** 只要运行足够时间, 采用了信息素最大最小限制的 ACO 算法都可以保证找到最优解。

ACO 算法收敛的关键在于路径构建环节以及信息素浓度的上下界限制。在 ACO 算法中, 下界限制是外生给定的, 上界限制是算法内生的。当然, 如果像 MMAS 算法外生设

置 $\tau_{\max}$ 也是可以的。此时，对收敛性证明和收敛速度的影响，请读者朋友们作为作业自行参悟。

虽然信息素更新策略对于 ACO 算法的收敛性没有影响，但是对于 ACO 算法的数值性能还是有重要影响的。下面分析全局更新策略对信息素的影响，特别是当最优解已经找到以后。

注意到，当最优解被找到后，算法并不能确认这就是最优解 (除非最优解是已知的)。因此，ACO 算法将继续运行。根据信息素的全局更新策略，最优解所在的每一条边，除了挥发效应，还有信息素的释放效应，信息素一般会越来越大，直到 $\tau_{\max}$(根据推论 7.4)。另外，不属于最优解的边只有信息素挥发效应，信息素会越来越小，直到 $\tau_{\min}$(根据推论 7.5)。于是，一个很重要的研究问题是：最多需要多少次迭代，属于最优解的边上的信息素一定能超过不属于最优解的边？

**定理 7.6**　在 ACO 算法找到最优解后，最多再经过

$$t_0 = \left\lceil \frac{1-\rho}{\rho} \right\rceil$$

次迭代，最优解所在边上的信息素必定能超过其他边。

**证明**　设 $t^*$ 是 ACO 算法首次找到最优解的迭代次数。考虑最坏情形，设最优解经过边 $(i,j)$ 但没有经过边 $(k,l)$，且前者的信息素最小而后者的信息素最大，即 $\tau_{ij}(t^*) = \tau_{\min}, \tau_{kl}(t^*) = \tau_{\max}$。再经过 $t$ 次迭代后，两条边上的信息素分别为

$$\tau_{ij}(t^*+t) = (1-\rho)^t \tau_{\min} + \sum_{i=0}^{t-1}(1-\rho)^i g(s^*) \geqslant t(1-\rho)^{t-1}g(s^*)$$

和

$$\tau_{kl}(t^*+t) = \max\{\tau_{\min}, (1-\rho)^t \tau_{\max}\} \leqslant (1-\rho)^t \tau_{\max}$$

于是，令下式成立即可得到 $t_0$ 的表达式：

$$t(1-\rho)^{t-1}g(s^*) \geqslant (1-\rho)^t \tau_{\max}$$

即

$$t \geqslant \left\lceil \frac{1-\rho}{\rho} \right\rceil \equiv t_0$$

由于 $t_0$ 的这一表达式是在最坏情形下得到的，在其他情况下可以更快，于是定理 7.6 得证。

$\square$

**推论 7.7**　在任一个最优解找到以后，最多经过 $t_0$ 次迭代，任何一个蚂蚁都可以通过一个确定性策略构建出最优路径。这个确定性策略就是，在每个节点 (城市) 处，沿着信息素最高的边走到下一个城市。

文献 [174] 还详细论证了 ACS 算法和 MMAS 算法都属于算法 7.6定义的 ACO 算法，从而都是收敛的。但是，AS 算法却没有办法纳入算法 7.6框架，从而无法保证收敛。此外，

该文献还论证了局部搜索不会改变定理 7.5, 从而不影响 ACO 算法的收敛性。对更多细节感兴趣的读者请查阅文献 [174]。

## 7.3 其他群体智能优化算法

前面介绍了群体智能优化中的两个代表性算法: 粒子群优化算法与蚁群优化算法, 前者主要适用于连续优化, 而后者更适用于离散优化。除了这两个算法, 还有很多群体智能优化算法 [180-182]。这些算法从大自然中寻找智慧, 特别是对各种动物或各类植物的智能行为进行仿生, 因此也被戏称为算法动物园或算法植物园。本书不打算 (也没必要) 逐个介绍这些群体智能优化算法, 相信读者朋友在认真学习了粒子群优化算法与蚁群优化算法后, 能够理解群体智能优化算法的基本理念和大致算法框架。但是, 在本章的最后, 我们想特别介绍三个算法: 烟花算法 [139,183]、头脑风暴优化算法 [15] 以及鸽群优化算法 [140], 它们都是最近十来年由中国 (华人) 学者提出来的重要算法。

### 7.3.1 烟花算法

烟花算法 (fireworks algorithm, FWA) 由北京大学的谭营教授等于 2010 年提出 [139,183]。受国人在春节燃放烟花时的璀璨美景启发, 烟花算法模拟了烟花多点爆炸的方式, 设计出 "层次爆炸式" 搜索的寻优机制。

1) 烟花算法的理念

春节燃放的烟花有很多种, 烟花算法中要仿生的烟花是其中特殊的一种, 本书称为 "多点且层次爆炸式" 的烟花。这类烟花一般先出现一个或少量几个大的爆炸, 然后在其周围出现更多小的爆炸。图 7.10 给出了一个示意图, 图中显示了两层的烟花爆炸: 1 号烟花先爆炸, 只有两个但爆炸范围更大; 2 号烟花后爆炸, 有 6 个但爆炸范围更小。

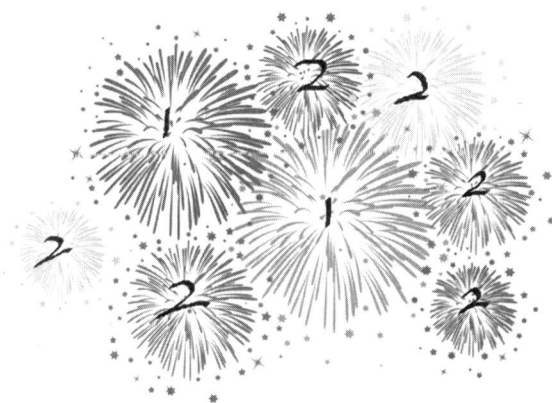

图 7.10　烟花层次燃放示意图 (1 号烟花先燃放, 2 号烟花后燃放)(见文后彩图)

为了对这一现象进行仿生建模并用于最优化搜索, 需要引进两个概念: 烟花 (firework) 和火花 (spark)。这两个概念具有有趣的传承关系: 烟花爆炸产生火花, 火花又可以转化成烟花, 继续爆炸, 产生新的火花, ……, 这个过程可以一直持续下去[183]。也可以认为烟花是父代个体, 火花是子代个体。父代与子代是一种相对关系, 子代也可以成为父代, 产生新的子代。因此, 烟花与火花本质上是一样的, 在数据结构上, 它们都是一个向量且维数相同, 是最优化问题的一个解。将烟花或火花向量代入目标函数, 即可得到对应的目标函数值, 也可以得到它们的适应值。

有了适应值后, 就可以对烟花进行好或差的判断。这赋予了烟花算法在分层爆炸理念之外的另一个重要理念: 好的烟花有更多的火花, 且分布较密集。这一理念源自于烟花燃放中的自然观察: 烟花爆炸后越璀璨就越漂亮。图 7.11 给出了好烟花 (图 7.11(a)) 与差烟花 (图 7.11(b)) 的燃放示意图。

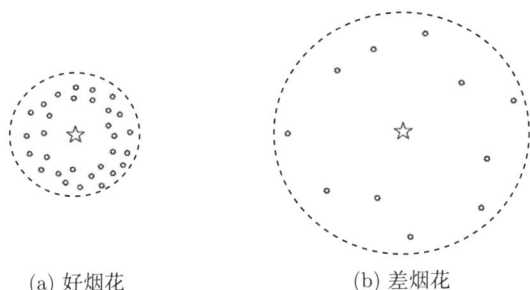

(a) 好烟花　　　　　(b) 差烟花

**图 7.11**　在烟花算法中, 烟花 (五角星) 燃放产生火花 (圆形)
好烟花能产生更多的火花且分布更密集, 差烟花只有少量火花且分布更分散

2) 伪代码与代码获取

有了烟花与火花的概念以及它们的适应值判断后, 就可以来描述烟花算法的伪代码了, 详见算法 7.7。从算法 7.7可以看到, 烟花算法主要包括三个步骤: 给定烟花种群, 首先对每个烟花进行爆炸并产生火花, 然后对一些火花进行变异, 最后从所有火花中选择一些组成新的烟花种群。不断重复这三个步骤, 直到停止条件成立。注意, 如果处理的是约束优化, 则需要在产生下一代烟花种群之前, 对每个火花进行约束处理。

**算法 7.7** (烟花算法)　*初始化: 随机产生初始的烟花种群。*
当停止条件不成立, 执行以下循环:
- **火花生成:** 对每个烟花, 计算其能产生的火花数量及其振幅, 据此随机产生火花;
- **火花变异:** 随机选择一些火花, 逐个进行高斯变异;
- **约束处理 (可选):** 对每个火花判断是否满足约束条件, 不满足的进行相应处理;
- **火花选择:** 使用选择策略, 得到下一代烟花种群。
输出最好的火花及其适应值。

烟花算法的代码可以从北京大学智能学院谭营教授的个人主页获取, 具体链接请参考 https://www.cil.pku.edu.cn/fwa/resourcesasd/index.htm。里面还提供了与烟花算法相关的重要论文和书籍。

注意到在算法 7.7 中, 并没有显式地描述烟花或火花的适应值, 但是它们在火花生成和火花选择步骤中都有重要影响, 详见下面的介绍。

3) 火花生成与爆炸算子

首先介绍如何产生新的火花, 这一算子常被称为爆炸算子。

根据前面介绍的烟花算法理念, 每个烟花产生的火花数量不同, 振幅也不同, 适应值越好 (目标函数值越小) 的烟花产生的火花越多振幅越小。因此, 在火花生成步骤中, 需要知道每个烟花的目标函数值 $f(x_i), i = 1, 2, \cdots, N$ ($N$ 为种群规模), 并据此计算能生成的火花数量 (称为爆炸强度) 及其振幅 (称为爆炸幅度)。

第 $i$ 个烟花的爆炸强度和爆炸幅度分别记为 $S_i, A_i$, 根据文献 [139], 爆炸强度的计算公式为

$$S_i = m \frac{Y_{\max} - f(x_i) + \epsilon}{\sum\limits_{i=1}^{N} (Y_{\max} - f(x_i)) + \epsilon} \tag{7.50}$$

爆炸幅度的计算公式为

$$A_i = A \frac{f(x_i) - Y_{\min} + \epsilon}{\sum\limits_{i=1}^{N} (f(x_i) - Y_{\min}) + \epsilon} \tag{7.51}$$

其中, $m$ 和 $A$ 是两个常数; $Y_{\min}, Y_{\max}$ 分别为最好烟花与最差烟花的目标函数值; $\epsilon > 0$ 为很小的常数, 其作用是避免分母为 0。同时, 通常会对每个 $S_i$ 进行限制, 使它们不会太大或太小。

确定了爆炸强度和爆炸幅度后, 就可以来产生火花了。对每个烟花生成 $S_i$ 个火花, 每个火花的第 $k$ 维坐标来自该烟花相应坐标的随机偏离, 偏离幅度为 $A_i$。具体来说, 第 $i$ 个烟花产生 $S_i$ 个火花, 它们的第 $k$ 维坐标来自如下的偏离:

$$x_{jk} = x_{ik} + \text{rand}(0, A_i), \quad j = 1, 2, \cdots, S_i; k = 1, 2, \cdots, n \tag{7.52}$$

其中, $\text{rand}(0, A_i)$ 表示在区间 $[0, A_i]$ 上服从均匀分布的随机数。注意这个随机数对不同的 $i, j, k$ 组合各自独立产生。

4) 火花变异

下面介绍烟花算法的变异算子。

从产生的火花中, 随机选出一些火花, 对选中的第 $i$ 个火花, 执行如下的变异操作:

$$x_{ik} = x_{ik} \cdot g, \quad g \sim N(1, 1), k = 1, 2, \cdots, n \tag{7.53}$$

其中, $N(1, 1)$ 表示均值和方差均为 1 的正态分布。式 (7.53) 的变异操作意味着, 对选中火花的每一维独立进行变异, 变异后的期望位置不变, 但是标准差与 $x_{ik}$ 相同。

5) 约束处理

对于越界的火花, 可以采用如下的模运算映射到可行域范围内:

$$x_{ik} = x_k^{\min} + |x_{ik}| \% (x_k^{\max} - x_k^{\min}), \quad k = 1, 2, \cdots, n \tag{7.54}$$

其中, $\%$ 表示取模运算, $x_k^{\max}, x_k^{\min}$ 分别表示可行域在第 $k$ 维的上界和下界。

6) 子代选择与种群更新

在烟花算法中, 采用基于欧氏距离的轮盘赌选择规则来选择子代火花, 组成下一代烟花种群。具体说来, 从本次迭代产生的所有火花 (假设有 $K$ 个) 中, 先计算每个火花跟其他火花的距离之和, 即

$$R(\boldsymbol{x}_i) = \sum_{j=1}^{K} ||\boldsymbol{x}_i - \boldsymbol{x}_j||^2 \tag{7.55}$$

然后, 计算每个火花的选择概率:

$$p(\boldsymbol{x}_i) = \frac{R(\boldsymbol{x}_i)}{\sum\limits_{j=1}^{K} R(\boldsymbol{x}_j)} \tag{7.56}$$

最后, 根据这些概率 $p(\boldsymbol{x}_i), i = 1, 2, \cdots, K$, 用轮盘赌方式选择 $N$ 个火花, 组成下一代烟花种群。在轮盘赌方式中, 概率越大的火花越有可能被选中。因此, 那些距离多数火花较远的"偏远火花"更有可能成为下一代烟花个体。

7) 烟花算法的发展简介

在理论层面, 文献 [183] 证明了烟花算法是一个吸收马尔可夫过程 $\{\xi_t\}_{t=1}^{\infty}$, 这里的 $\xi_t$ 描述了第 $t$ 次迭代时烟花种群的烟花位置、爆炸数目和爆炸幅度。进一步, 该文献证明了该过程能够以概率 1 收敛到最优状态空间。这一结果 (文献 [183] 的定理 3.2) 的证明过程显示, 火花的变异起着重要作用。文献 [183] 还探讨了烟花算法的期望收敛时间等时间复杂度。

与粒子群优化等算法类似, 烟花算法也具有良好的可扩展性。比如, 根据实际问题的需要, 对算法的各个要素进行修改、替换、增加或混合其他算子; 可以进行参数自适应; 也可以应用到多目标优化、动态寻优、小生境、离散优化等问题中。大量的实际应用场景包括数值计算 (如非负矩阵分解)、聚类、模式识别、群体机器人调度, 等等。

## 7.3.2  头脑风暴优化算法

头脑风暴优化 (brain storm optimization, BSO) 算法由南方科技大学的史玉回教授于 2011 年提出[15,184], 该算法模拟了人类借助头脑风暴找到更好方案的过程。

1) 头脑风暴过程

头脑风暴 (brain storming) 指的是一种创造性技术, 通常用于在团队层面提出创造性想法, 以解决一个明确的问题。头脑风暴技术由 Osborn 于 1939 年提出, 当初用于提升他所在的广告公司的创意质量。Osborn 发现, 一个个的员工很难单独提出好的创意, 但是, 把他们集中在一起, 在一定的规则下, 可以显著提升创意的数量和质量 [15]。这些规则被描述在他后来的书中, 并被广泛应用。

Osborn 认为, 头脑风暴取得良好效果的关键是维护好两大原则 (principles): 延迟评判 (defer judgment) 和以量取胜 (reach for quantity)。也就是说, 特别重视提升想法的数量, 对于任何想法, 先不进行价值评判。为了维护好这两大原则, 降低团队交流障碍, 激发团队创造力, Osborn 还提出四条具体规则 (rules)。

- 追求数量 (go for quantity)：该规则追求广泛且差异化的想法产出，旨在通过数量来孕育质量。其默认的假设是，产生的想法数量越多，有效解决问题的机会就越大。
- 搁置评议 (withhold criticism)：在头脑风暴中，首先搁置对新想法的任何批评和取舍，只专注于自由扩展或添加想法，将批评保留到头脑风暴的后期阶段。
- 大胆假设 (welcome wild ideas)：头脑风暴鼓励打破各种壁垒和藩篱，欢迎参与者从不同的角度来看问题，大胆地创造新想法。
- 交叉借鉴 (combine and improve ideas)：坚信 "1 + 1 > 2"，支持对他人想法的进一步联想，鼓励交叉融合。

在大量的实践中，头脑风暴还不断引进新规则，吸纳新技术。比如，团队成员尽可能背景不同，方便多学科交叉融合。再比如，普遍认为多轮次的头脑风暴效果比单一轮次更好。在多轮次的头脑风暴中，通常会在第一轮次的后期选出一些好的方案，供后续轮次进一步扩展与精练。此外，多轮次头脑风暴中间的休息阶段，被认为有利于参与者重新思考，跳出思维定式，产生更好的方案。

2) 头脑风暴优化

经过几十年的广泛应用，大家普遍认为，组织良好的头脑风暴过程能够高效地产生解决问题的好方案。受这一事实的启发，史玉回教授于 2011 年提出了模拟头脑风暴的最优化算法，即头脑风暴优化 (BSO) 算法[15,184]。通过将 $n$ 个个体纳入种群，BSO 算法可以很自然地开展群体搜索。BSO 算法的伪代码见算法 7.8。

---

**算法 7.8** (头脑风暴优化算法)　*初始化：组建初始种群。*
*当停止条件不成立，执行以下循环：*
- *评估并挑选好想法：计算种群中每个个体的适应值，将所有个体聚类成若干个簇，将每个簇中最好的个体看成簇的中心；*
- *跳出思维定式：以小概率随机选择一个簇，并将其中心替换为随机产生的个体；*
- *产生新想法：对每个给定个体，从种群中随机选择一个或两个个体，按一定规则产生新个体；若新个体优于当前个体，则进行替换。*
*输出最好的个体及其适应值。*

---

显然，BSO 算法模拟了多轮次的头脑风暴过程。为了让群体搜索模拟头脑风暴，每个个体提出一个解决方案，也可以认为每个个体对应一个解 (解决方案、想法、个体与解这几个概念是一个意思，根据不同场合可以混用)。从算法 7.8可以发现，在每一次迭代中有一次适应值评估。虽然放在每一次迭代的最前面，但是由于迭代的循环性，并没有违反头脑风暴中的延迟评判原则。

然后，将所有解聚类成若干个簇，根据适应值将每个簇中最好的个体看成是簇的中心。这个阶段模拟头脑风暴中 "产生想法并挑选好想法" 的过程。簇中心的选择有利于后续轮次的头脑风暴过程。为了模拟跳出思维定式，BSO 算法会以小概率将某个簇的中心替换为随机产生的个体。跳出思维定式这一步骤也可以认为是对 "大胆假设" 规则的模拟。

"交叉借鉴" 规则在伪代码中没有显式体现, 但是, 它隐含地体现在了新想法产生这一步骤中。具体来说, 在 BSO 算法中, 针对每一个给定的个体, 会随机选择一个或两个个体, 按一定的规则产生新的个体。如果新个体优于当前个体, 则用新个体替换当前个体, 否则放弃新个体。

在 BSO 算法中, 产生新个体 (想法) 的规则可用如下的公式描述:

$$x_{\text{new}}^d = x_{\text{temp}}^d + \xi \cdot N(\mu, \sigma^2), \quad d = 1, 2, \cdots, n \tag{7.57}$$

其中, $x_{\text{temp}}^d$ 表示一个临时解的第 $d$ 维, 该临时解可以是簇中心, 也可以是随机选择的一个解或两个解的线性组合; $N(\mu, \sigma^2)$ 是一个正态分布的随机数, 而系数 $\xi$ 控制该随机数的权重。在文献 [184] 中, 建议系数 $\xi$ 为

$$\xi = \text{rand} \cdot \text{logsig}\left(\frac{T/2 - t}{k}\right) \tag{7.58}$$

其中, rand 表示 [0,1] 上均匀分布的随机数; logsig 也就是 sigmod 函数, 即

$$\text{logsig}(u) = \frac{1}{1 + e^{-u}}$$

$T$ 为最大迭代次数; $t$ 为当前迭代次数; $k = 20$ 用于改变 logsig 函数的斜率。

在 BSO 算法的新个体产生步骤中, 临时解 $\boldsymbol{x}_{\text{temp}}$ 如果是两个或多个随机选择的解的线性组合, 则很好地模拟了 "交叉借鉴"。如果其只是簇的中心或一个随机选择的解, 则公式 (7.57) 可以认为模拟了 "对原有想法的扩展"。

3) 基于目标空间的头脑风暴优化

原始的 BSO 算法需要在解空间中对解进行聚类, 计算量较大。2015 年, 史玉回教授将 "解空间的聚类" 修改为 "目标空间的聚类", 提出基于目标空间的 BSO 算法[185], 其伪代码详见算法 7.9。

---

**算法 7.9** (基于目标空间的头脑风暴优化算法)    初始化: 组建初始种群。

当停止条件不成立, 执行以下循环:

- 评估并挑选好想法: 计算个体的适应值, 根据适应值将种群分成精英子群和普通子群;

- 跳出思维定式: 以小概率随机选择一个精英个体, 并将其替换为随机产生的个体;

- 产生新想法: 对每个给定个体, 从精英子群或普通子群中, 随机选择一个或两个个体, 按一定规则产生新个体; 若新个体优于当前个体, 则进行替换。

输出最好的个体及其适应值。

---

从算法 7.9可以发现, 对所有个体的聚类替换为精英子群和普通子群的简单划分, 聚类中心用簇中的精英个体取代。由于个体是否精英取决于其适应值的大小, 因此从解空间的聚类转化为了目标空间的分类。通常, 精英子群由整个种群中适应值最好的一定比例 (如

10%) 个体组成, 其余所有个体组成普通子群。因为在原始 BSO 算法中也是需要计算每个个体的适应值, 因此, 基于目标空间的聚类计算量要小得多。

下面介绍新想法产生步骤的变化。根据算法 7.9, 这个变化是很小的, 还是采用式 (7.57) 和式 (7.58) 来产生新个体。但是, 在临时解 $x_{\text{temp}}$ 的选择上可以更灵活。在原始 BSO 算法中, 聚类得到的簇是比较平衡的, 但是在基于目标空间的 BSO 算法中, 精英子群和普通子群是不平衡的: 前者数量少很多, 但适应值更高。通常, 如果求解单模问题, 临时解推荐从精英子群随机选取; 而对于多模问题, 可以以更大的概率从普通子群随机选取。

由于 "目标空间的聚类" 更易于实现, 基于目标空间的头脑风暴优化算法比原始版本得到了更广泛的关注和应用。如今, BSO 算法通常默认是基于目标空间的[185], 除非有特别说明。

4) 头脑风暴优化算法的发展简介

基于目标空间的 BSO 算法被提出来以后, 得到了广泛的关注和应用。在理论层面, 主要探讨了解聚类 (挑选好想法) 在加强局部搜索和算法收敛性中的作用, 算法参数和重新初始化等策略对 BSO 性能的影响。

在算法改进和应用层面, 许多研究探讨了 BSO 算法的新解生成策略, 提出了多种基于头脑风暴或基于最优化问题的改进策略。这些策略从数学建模的角度加深了对头脑风暴过程的认知, 也从计算机仿真的角度提升了头脑风暴的灵活性。与其他群体智能优化算法类似, BSO 算法也成功应用到了数值计算 (如非线性方程组求解)、多目标优化、约束优化、离散优化、动态优化、小生境优化等多种场景中, 实际应用包括聚类与特征选择、动态调度、路径规划、医学图像配准, 等等。

## 7.3.3  鸽群优化算法

鸽群优化 (pigeon-inspired optimization, PIO) 算法模拟了自然界中鸽群的归巢行为, 由北京航空航天大学的段海滨教授等于 2014 年提出, 用于求解在有威胁环境中航空器 (air robot) 的路径规划问题[140]。这类问题的目标是, 为航空器找到可安全飞行的最短路径。

1) 鸽群归巢

鸽子具有非常好的回家能力, 因此很早就在军事通信中得到重视。生物学研究表明, 鸽子在飞行中可以采用多种导航技术, 包括太阳导航、地球磁场导航和地标导航。普遍认为, 在长距离飞行中, 鸽子先采用太阳导航和地球磁场导航, 在接近家或基地时, 会利用附近的重要地标 (如河流、铁路或主干道路等) 来更精准地导航[140]。

研究认为, 鸽子的喙里有铁晶体, 能够利用磁接收来感知地球磁场。而且, 磁铁矿颗粒的信号能够通过三叉神经从鼻子传递到大脑, 指示哪个方向才是北方。换句话说, 鸽子可以通过感知地球磁场, 并在大脑中形成一幅地图来进行导航。此外, 鸽子能精确感知到家与放生地点的太阳高度差, 据此来更精确地调整方向。

当鸽子飞行接近家或基地时, 会减少对地球磁场和太阳高度差的依赖, 转而寻找附近的地标来精准导航。如果它们熟悉地标, 地标会引导它们直飞目的地。而如果它们远离目的地或对地标不熟悉, 它们会跟随熟悉地标的鸽子进行飞行。

2) 地图与指南针算子

鸽群优化算法对鸽群飞行的两大导航机制进行了数学建模, 从而得到一个群体寻优的算法。在 PIO 算法中, 这两大导航机制分别被称为 "地图与指南针算子"(map and compass operator) 以及 "地标算子"(landmark operator)。图 7.12 给出了两大导航机制的简单示意图[186], 其中图 7.12(a) 是地图与指南针算子, 图 7.12(b) 是地标算子。

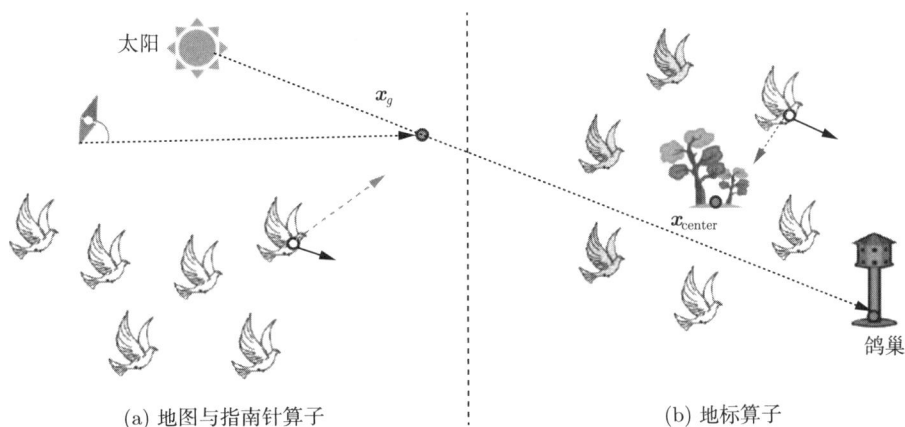

(a) 地图与指南针算子　　　　　　　　(b) 地标算子

**图 7.12　鸽群优化中的两大算子 (导航机制)**[186]

在距离目的地较远的地方, 采用地图与指南针算子; 在较近的地方, 采用地标算子

首先, 介绍地球磁场和太阳高度对鸽群的导航模型, 该模型在 PIO 算法中被称为是 "地图与指南针算子"。"地图" 指的是, 鸽子通过感知地球磁场, 能够在大脑中塑造一幅 "地图"。然后, 把太阳作为指南针来调整归巢的方向。

类似于 PSO 算法, PIO 算法也设定每个鸽子具有位置 $\boldsymbol{x}_i$ 和飞行速度 $\boldsymbol{v}_i$, $i = 1, 2, \cdots, \mu$, $\mu$ 为鸽子总数。它们的更新也和 PSO 算法中一样采用不同维度独立更新的策略, 具体的更新公式如下:

$$v_{ij}(k) = \mathrm{e}^{-Rk} \cdot v_{ij}(k-1) + \mathrm{rand} \cdot (x_{gj}(k-1) - x_{ij}(k-1)) \tag{7.59a}$$

$$x_{ij}(k) = x_{ij}(k-1) + v_{ij}(k). \tag{7.59b}$$

其中, $i = 1, 2, \cdots, \mu$ 为第 $i$ 只鸽子; $j = 1, 2, \cdots, n$ 表示第 $j$ 维; $k$ 表示迭代次数; $R > 0$ 是一个常数; rand 是 $[0,1]$ 上均匀分布的随机数; $\boldsymbol{x}_g$ 是截止当前迭代鸽群找到的最好位置。

3) 地标算子

前面已介绍, 在鸽群接近鸽巢穴时, 会减少对地图与指南针算子的依赖, 转而寻找熟悉的地标来更精确地飞行。而不熟悉地标的鸽子将跟随熟悉的鸽子飞行, 直到目的地。在 PIO 算法中, 这一过程是通过地标算子来实现的。

具体来说, PIO 算法在地标算子阶段展开了一场种群规模不断缩小的局部搜索。首先, 进入地标算子阶段后, 去掉适应值较差的一半鸽子, 只留下适应值更好的另一半鸽子。而且,

在后续迭代中, 重复这一策略, 种群规模持续减半, 只保留适应值最好的一半鸽子, 即

$$\mu(k) = \text{ceil}\left(\frac{\mu(k-1)}{2}\right) \tag{7.60}$$

其中, ceil 表示向上取整。然后, 将种群中鸽子的位置进行 (加权) 平均, 得到中心位置, 这就是相对满意的 "鸽巢" 位置估计:

$$\boldsymbol{x}_c(k) = \frac{\sum\limits_{i=1}^{\mu(k)} \boldsymbol{x}_i(k)}{\mu(k)} \tag{7.61}$$

在上式中, 如果要用加权平均, 则建议用每个鸽子的适应值进行加权。最后, 种群中的所有鸽子都朝着中心位置 $\boldsymbol{x}_c$ 飞行, 即

$$\boldsymbol{x}_i(k+1) = \boldsymbol{x}_i(k) + \text{rand} \cdot (\boldsymbol{x}_c(k) - \boldsymbol{x}_i(k)), \quad i = 1, 2, \cdots, \mu \tag{7.62}$$

当然, 在整个地标算子阶段, 会持续更新种群最优位置 $\boldsymbol{x}_g$。算法停止后, 输出 $\boldsymbol{x}_g$ 作为找到的最优解近似。

4) 鸽群优化算法伪代码

经过前面的介绍, 大家可以注意到, 鸽群优化算法在演化计算和群体智能优化中实现了一个突破, 那就是它不仅仅有全局搜索算子 (地图与指南针算子), 还自带了局部搜索算子 (地标算子)。这两个算子是按照串行的策略组织在一起的, 也就是先执行全局搜索算子, 然后执行局部搜索算子。PIO 算法的伪代码详见算法 7.10。

**算法 7.10** (鸽群优化算法)  *初始化*: 给定种群规模 $\mu$, 参数 $R$, 地图与指南针算子的最大迭代次数 $N_1$, 地标算子的最大迭代次数 $N_2$, 为每个鸽子随机赋予可行位置 $\boldsymbol{x}_i$ 和飞行速度 $\boldsymbol{v}_i, i = 1, 2, \cdots, \mu$。

　　如果迭代次数小于 $N_1$, 执行地图与指南针算子:
- 适应值评估: 计算每个鸽子的适应值, 更新种群最优位置 $\boldsymbol{x}_g$ 及其适应值;
- 根据式 (7.59a) 与式 (7.59b), 迭代更新每个鸽子的位置与速度。

如果迭代次数大于 $N_1$ 但小于 $N_1 + N_2$, 执行地标算子:
- 适应值评估: 计算每个鸽子的适应值, 更新种群最优位置 $\boldsymbol{x}_g$ 及其适应值;
- 对种群中鸽子的适应值进行排序, 只保留适应值更好的一半鸽子;
- 根据式 (7.61) 计算种群的中心位置, 然后, 种群中所有鸽子按照式 (7.62) 飞往中心位置方向。

　　输出种群最优位置 $\boldsymbol{x}_g$ 及其适应值。

鸽群优化算法的相关代码可参阅段海滨教授的个人主页 http://hbduan.buaa.edu.cn, 里面除了鸽群优化的代码和一些重要文献, 还有北航仿生自主飞行系统研究中用到的其他相关算法与资源。

5) 鸽群优化的发展简介

注意到在 PIO 算法的地图与指南针算子中, 所有鸽子都朝着种群最优位置 $x_g$ 飞去。这等价于在 PIO 算法中采用了全连接拓扑, 即所有鸽子都相互传递位置信息。受 PSO 算法允许多种不同拓扑结构的影响, 文献 [187] 提出允许采用多种拓扑结构的广义鸽群优化算法。

文献 [186] 从四个方面综述了鸽群优化算法更多的发展。这四个方面分别是: 算法要素替代 (component replacement), 增加算子 (operator addition), 结构调整 (structure adjustment) 与应用拓展 (application expansion)。这里简单提及用量子变异 (quantum mutation) 算子代替地图与指南针算子的研究方向, 这一策略显著提升了原始 PIO 算法的数值性能[188]。

关于 PIO 算法的最新发展, 请参阅段海滨老师的专著 [189]。

# 习题与思考

1. 对比粒子群优化算法的动态方程与线搜索梯度型优化算法的迭代方程, 可以发现前者具有多个搜索方向, 从而有多个步长。指出这些搜索方向分别是什么? 对应的步长分别是多少? 相比线搜索梯度型优化算法, 这种寻优策略有何优点和缺点?

2. PSO 算法的动态方程是按照不同的维度独立演化的, 不同维度之间没有联系。请问这种策略有什么优点和缺点? 能否参考演化规划算法或演化策略算法, 引入不同维度之间的相关系数? 这样做有什么利弊? 数值性能有提升吗?

3. 粒子之间的拓扑结构是 PSO 算法的重要特色。环形拓扑和全局拓扑可以认为是两个极端拓扑, 而正则拓扑是它们的一般化。根据式 (7.18) 提供的经验公式, 能否设计参数自适应的动态正则拓扑? 编程实现并检验其数值性能。

4. 全信息粒子群优化 (FIPSO) 算法的数值性能通常比 PSO 算法略好。但是, FIPSO 算法的动态方程更复杂。试从算法复杂度角度分析 FIPSO 算法和 PSO 算法, 看它们有没有本质区别。

5. 在 PSO 算法中, 本书提出可以将所有粒子分为 I 型、II 型、III 型和 IV 型粒子。根据这一理论, 分析正则拓扑的粒子分层。进一步, 选择其他类型的拓扑结构 (如随机拓扑等), 也做粒子分层分析。对比这些结果, 你有何发现?

6. 根据 PSO 参数的二阶稳定域式 (7.23), 有什么办法可以从这个区域找到一组最佳参数组合? 比如, 超越 SPSO 的参数组合?

7. 蚁群优化算法的关键是信息素释放和挥发产生的正反馈机制。认真分析这一机制, 其形成原理是什么? 在其他最优化算法中是否存在正反馈机制? 这一机制是否可以应用到其他算法中? 是否存在其他方式产生有助于寻优的正反馈机制?

8. 对比自然蚂蚁和人工蚂蚁, 它们有哪些异同点? 对于蚁群优化算法来说, 人工蚂蚁的哪些特点是起关键作用的?

9. 对比 AS 算法、ACS 算法和 MMAS 算法, 归纳出它们的哪些策略是有助于局部寻优的? 哪些是有助于全局搜索的? 你还可以提出什么策略, 提升算法的全局或局部搜索能力?

10. 为什么蚁群优化算法中的最好蚂蚁释放信息素策略可以保证每条边上的信息素必定有一个上限? 每只蚂蚁都释放信息素这一更自然的策略就不能保证信息素的上限吗? 为什么?

11. 认真分析定理 7.4 的证明过程, 它是否不依赖于信息素的释放和挥发策略? 它依赖的条件有哪些? 根据这些条件, 能否简化 ACO 算法, 使之也能保证收敛? 简化后的算法的数值性能有多大的下降? 据此理解其他条件对于算法性能的重要性究竟如何。

12. 分别用 AS 算法、ACS 算法和 MMAS 算法去测试 TSP, 重点关注随着规模 (城市数量) 的增加, 三个算法的性能有何变化? 尝试理解底层原因。

13. 烟花算法是一个启发式优化算法, 其爆炸算子起着重要作用。考虑两个特殊情形: 当前烟花种群中, 只有一个烟花很好 (差), 其他烟花都相对很差 (好)。考察这两种情形下, 爆炸强度和爆炸幅度分别如何? 据此更好地理解爆炸算子的作用机理。

14. 新解生成规则是头脑风暴优化算法中的重要算子。根据式 (7.57) 和式 (7.58), 取最大迭代次数为 $T = 1000$, 用计算机产生 100 个解。观察这些解跟原解 $\boldsymbol{x}_{\text{temp}}$ 的距离关系, 分析参数 $T, k$ 对距离的影响。据此更好地理解新解生成规则的作用机理。

15. 地标算子是鸽群优化算法的重要特色, 其他主流群体智能优化或启发式优化通常都没有这类算子。用鸽群优化算法求解如下的 Branin 函数:

$$f(x) = \left(x_2 - \frac{5.1}{4\pi^2}x_1^2 + \frac{5x_1}{\pi} - 6\right)^2 + 10 \times \left(1 - \frac{1}{8\pi}\right)\cos(x_1) + 10$$

其中, $x_1 \in (-5, 10), x_2 \in (0, 15)$。考察地标算子阶段的种群分布及其变化, 理解 "种群持续减半且朝着中心飞行" 这一机制。

16. 用本章介绍的群体智能优化算法求解上题中的 Branin 函数。取目标函数值的计算次数为 2000, 每个算法独立求解 50 次, 比较它们的数值性能表现。

# 第3部分

# 算法的理论评价与数值比较

生命是灰色的, 理论之树常青。

前面介绍了各种类型的全局最优化算法, 本部分介绍用户该如何选择合适的好算法。这里的 "合适" 指的是要考虑对最优化问题类型的匹配, 而 "好" 的标准是什么呢? 本章从 "稳、快、准" 三大指标来阐述 "好" 的全局最优化算法的理论评价。"稳" 指的是算法的稳定性和收敛性, "快" 指的是算法的收敛率和复杂度, 而 "准" 指的是解的准确性和算法的有效性。除非特别指出, 本章的论述将适用于确定性和随机性最优化算法, 其评价方式既适用于全局最优化算法也适用于局部最优化算法。

在正式介绍 "稳、快、准" 三大指标之前, 需要指出它们中的多数都作用于迭代算法, 即能产生迭代解序列的最优化算法。这里的迭代解系列指的是从一个初始状态 (这里可以是一个解, 也可以是一群解) $X_0$ 出发, 通过 $X_{k+1} = \mathcal{D}(X_k)$ 不断产生新的解状态, 从而得到的序列 $\{X_k\}_{k=1}^{+\infty}$, 而 $\mathcal{D}$ 描述了不同最优化算法对应的迭代规则。对于单点迭代类算法, 这里的 $X_k$ 是一个向量, 维数等于解空间的维数; 而对于种群演化类算法, 它就是一个矩阵, 每个向量是一个解, 解向量的个数称为种群的规模。

与迭代法对应的是直接法或解析法, 即能够直接给出最优解的解析表达式的方法。在数值最优化领域, 除非最优化问题非常简单, 一般来说很难用直接法得到最优解。因此, 最优化算法通常都是迭代法, 从而存在迭代解序列 $\{X_k\}_{k=1}^{+\infty}$。当然, 这个迭代解序列的信息量非常丰富, 在后续的理论分析中, 一般并不需要使用整个序列, 而需要使用它的某些重要子列, 特别是最好解下降序列。

## 8.1 "稳": 从稳定性到收敛性

收敛性是最优化算法最重要的理论性质, 它探究了算法能否收敛到目标函数的最优解。稳定性是收敛性的前提和基础, 虽然在局部最优化领域很少被考虑, 但在全局最优化领域是一个重要的理论性质。本节部分内容在 GA 和 PSO 算法的理论分析中介绍过, 这里更系统地进行论述。

### 8.1.1 最优化算法的稳定性

无论是单点迭代算法, 还是种群演化算法, 最优化算法在理论分析时都高度关注一个特殊序列的理论性质, 这个序列就是最好解下降序列。

1) 最好解下降序列

**定义 8.1** 对任何最优化算法, 令 $x_k^*$ 为一定计算成本 (如 $k$ 次迭代或 $k$ 次函数值计算次数) 内算法找到的最好解, 则该序列满足如下的 "下降" 性质:

$$f(x_i^*) \leqslant f(x_j^*), \quad \forall i > j, x_i^*, x_j^* \in \{x_k^*\}_{k=0}^{+\infty} \tag{8.1}$$

称序列 $\{x_k^*\}_{k=0}^{+\infty}$ 为该算法的最好解下降序列 (descent sequence of the found best solutions), 并简记为 $\{x_k^*\}$。

经典的梯度型优化算法的迭代序列往往就是一个最好解下降序列。然而, 随着最优化算法的种类越来越丰富多样, 后续的大量最优化算法都无法保证其迭代序列本身就是最好解下降序列。比如, 经典梯度型算法加入了 "非单调" 思想后, 序列不再一直下降; 当采用种群搜索进行寻优时, 下降性质更加无法满足。尽管如此, 最优化算法的最好解下降序列仍是容易获得的。

由于 "最好解" 对于最优化算法来说非常重要, 几乎所有最优化算法都会以某种方式保存寻优过程中找到的最好解。一种方式是算法自动保存而不需要额外存储, 例如差分演化算法会一直将最好解保存在种群中。另一种方式更常用, 那就是专门用变量额外存储最好解的信息。这两种方式保存得到的最好解序列都自动满足下降性质, 因此, 最好解下降序列 $\{x_k^*\}$ 在最优化算法的实践中是很容易获得的 (当然在真实的数值试验中只能得到有限截断序列)。

总之, 最好解下降序列 $\{x_k^*\}$ 就像影子, 在算法运行中如影随形; 同时, 它又是核心信息, 对分析算法的理论性质和数值性能具有有不可替代的作用。当然, 有些研究人员可能会采用每次迭代找到的最好解序列。但是这些序列不满足下降性质, 在很多场合需要额外说明取其下降子列。

2) 确定性最优化算法的稳定性

下面的定义明确了确定性最优化算法的稳定性和收敛性。把它们放在一起有助于读者更好理解它们的联系和区别, 8.1.2 节会专门探讨收敛性, 本节主要关注稳定性。

**定义 8.2** 如果最优化算法的最好解下降序列 $\{x_k^*\}$ 收敛到某个解 $z$, 即有

$$\lim_{k \to +\infty} x_k^* = z \tag{8.2}$$

则称该算法是稳定的。若 $z$ 是目标函数在可行域内的极值点, 则称算法是局部收敛的 (convergent locally); 更进一步, 若 $z$ 是目标函数在可行域内的全局最值点, 则称算法是全局收敛的 (convergent globally)。

从定义 8.2 可以清楚看到, 稳定性是收敛性的基础和前提; 算法是收敛的, 它必是稳定的, 反之则不一定。

3) 随机性最优化算法的稳定性

定义 8.2 虽然很明确, 但对于分析带随机性的全局最优化算法却并不够。由于大量的全局最优化算法普遍采用了随机数, 每次运行的结果往往是不一样的, 因此, 需要用概率和

统计的分析方法来推广稳定性的定义。

首先, 要把最好解下降序列推广到随机场合。用 $\{X_k^*\}$ 来描述随机最优化算法在算法运行中产生的最好解下降序列, 这里的 $X_k$ 是一个随机变量, 在不同的独立测试中结果一般不同。因此, 对于采用了随机性的大量全局最优化算法来说, 它们的最好解下降序列 $\{X_k^*\}$ 都是随机过程。从而可以用随机过程的稳定性理论来研究最优化算法的稳定性。此时, 一般要用到 $\{X_k^*\}$ 的一阶和二阶矩信息。需要指出的是, 有多种不同的方式来定义稳定性, 有些要求比较高, 对多种二阶矩甚至更高阶矩信息都提出了要求[190-191]。下面给出的是一种要求比较低的弱稳定性定义[144]。

**定义 8.3**　如果最优化算法的最好解下降序列 $\{X_k^*\}$ 的数学期望收敛到某个解 $z$, 即有

$$\lim_{k \to +\infty} E(X_k^*) = z \tag{8.3}$$

则称该算法是一阶稳定的。进一步, 如果其方差还满足

$$\lim_{k \to +\infty} D(X_k^*) = 0 \tag{8.4}$$

则该算法是二阶稳定的。

定义 8.3 表明, 如果一个随机最优化算法的最好解下降序列在平均意义上收敛到一个解, 则它是一阶稳定的; 如果加上其最好解下降序列的方差收敛到零, 则它是二阶稳定的。

4) 最优化算法的稳定性与参数稳定域

根据最优化算法稳定性的定义, 通常可以确定算法中参数的一个范围, 这个范围称为算法的参数稳定域。

**定义 8.4**　如果最优化算法使用了参数, 则能够保证该算法 (一阶或二阶) 稳定的所有参数组合, 称为该算法的 (一阶或二阶) 参数稳定域。

全局最优化算法的稳定性是一个重要的理论性质。在寻求稳定性的过程中, 找到算法的参数稳定域, 对于该算法的参数设置和性能提升具有重要的指导价值。比如, 第 7 章推导过经典的粒子群优化算法在多种不同的稳定性定义下都得到如下稳定域[144], 详见 7.1.4 节的推导。

$$\omega \in (-1, 1), \quad \phi_1 = \phi_2 \in \left(0, \frac{12(1 - \omega^2)}{7 - 5\omega}\right) \tag{8.5}$$

这一研究思路和方向完全可以应用到其他全局最优化算法中去, 为算法的参数设置建立更坚实的理论基础。

5) 随机性最优化算法的动力系统模型

为了证明随机最优化算法的稳定性或收敛性, 经常需要借助一些数学工具来获得最好解下降序列的规律, 其中马尔可夫链和动力系统是两个重要的工具。本小节先介绍动力系统, 下一小节介绍马尔可夫链。

动力系统 (dynamic systems) 的研究对象是随时间而演化的系统, 这样的系统往往可建模为一个微分方程 (组) 或差分方程 (组)。动力系统理论关注的是, 在不求出方程解析解 (事实上这些方程一般也没办法求出解析解) 的情况下, 研究系统的定性性质 (如稳定性、

解的形状与结构等性质)。其数学理论可追溯到 "数学界的最后一位全才" 庞加莱和李雅普诺夫。

动力系统已经发展成为一个博大精深的学科, 涉及数学的很多领域。这里只介绍跟本书相关性最强的随机差分动力系统。由于最优化算法一般都是迭代式 (单点迭代或种群演化) 的, 用差分方程来建模比较自然; 加上大量全局最优化算法都具有随机性, 因此可以用随机差分动力系统来描述, 最常用的是二阶随机差分动力系统[192]。

二阶差分动力系统对应着一个二阶差分方程。差分方程是微分方程的 "孪生兄弟", 前者刻画离散问题, 后者描述连续现象。比如下面的二阶微分方程:

$$x'' + ax' + bx = c \tag{8.6}$$

其对应的二阶差分方程为

$$x_{t+2} + ax_{t+1} + bx_t = c \tag{8.7}$$

方程 (8.6) 中的 $x$ 是连续时间 $t$ 的函数, 而方程 (8.7) 中的 $x$ 是离散时间 $t$ 的函数, 如 $x_{t+1}$ 表示 $x$ 在第 $t+1$ 代的值。

方程 (8.6) 和方程 (8.7) 中的 $a, b, c$ 可以是常数, 也可以是 $t$ 的函数。当 $a, b$ 是常数时, 它们是简单的二阶常系数微分 (差分) 方程, 其通解具有良好的结构, 即 "齐次通解 + 特解"。而它们的齐次通解都由特征方程 $r^2 + ar + b = 0$ 的根 $r_1, r_2$ 决定, 对差分方程, 有以下结果:

- 当 $r_1, r_2$ 是不等实根时, $x_t = \lambda_1 r_1^t + \lambda_2 r_2^t$, $\lambda_1, \lambda_2$ 为任意常数;
- 当 $r_1 = r_2 = r$ 是相等实根时, $x_t = (\lambda_1 + \lambda_2 t) r^t$, $\lambda_1, \lambda_2$ 为任意常数;
- 当 $r_1, r_2$ 是共轭复根 $\alpha \pm \beta i$ 时, $x_t = r^t(\lambda_1 \cos\theta t + \lambda_2 \sin\theta t)$, $r = \sqrt{\alpha^2 + \beta^2}$, $\theta = \arctan(\beta/\alpha)$, $\lambda_1, \lambda_2$ 为任意常数。

以上通解一般并不需要真正写出, 重要的是如下的理论结果。该结果对一切齐次线性常系数差分方程都成立, 对最优化算法的稳定性证明具有重要作用。

**定理 8.1** 对齐次线性常系数差分方程:

$$x_{t+q} + a_1 x_{t+q-1} + a_2 x_{t+q-2} + \cdots + a_q x_t = 0 \tag{8.8}$$

其中, 阶数 $q$ 为正整数, $a_1, a_2, \cdots, a_q$ 是常数, 其通解 $x_t$ 以零为极限的充分必要条件是, 特征方程 $r^{t+q} + a_1 r^{t+q-1} + \cdots + a_q = 0$ 的根都在单位圆内。

遗憾的是, 在算法分析中, $a, b, c$ 一般都不是常数, 而是随时间而变化且往往带有随机性的, 这就使得方程 (8.7) 成为一个二阶随机差分方程。据笔者所知, 在随机微分 (差分) 方程领域, 目前还在研究系数 $a, b$ 没有随机性、只是非齐次项 $c$ 有随机性的情况, 对于 $a, b, c$ 都有随机性的情况还没有多少研究成果。因此, 一般情况下方程 (8.7) 是非常复杂且难以求解的。结合我们的应用场景, 下面给出三步走的经验性步骤。

**步骤 1 建模成随机动力系统** 根据具体的最优化算法, 在一定的合理假设下, 特别是某种程度的停滞性假设 (stagnation assumption) 下, 推导出种群中个体 (一般是最好的精英个体) 位置满足的随机差分方程;

**步骤 2　消除模型的随机性**　在稳定性的定义 (见定义 8.3) 下, 借助数学期望, 将随机差分方程转化为确定性的常系数线性差分方程;

**步骤 3　确定性动力系统推演**　借助于定理 8.1, 通过证明特征方程的根都在单位圆内, 来证明算法的稳定性, 并据此得到参数稳定域。

7.1 节介绍的粒子群优化算法的稳定性分析, 就是利用了离散动力系统的分析框架, 证明了经典 PSO 算法的稳定性并得到了参数的二阶稳定域。

6) 随机性最优化算法的马尔可夫模型

本节简单介绍基于马尔可夫过程 (Markov process) 的随机性最优化算法的建模方法。马尔可夫过程, 是最重要的一类随机过程。随机过程是一门研究随时间而改变的一簇随机变量的学问, 诞生于 20 世纪 30 年代。

由于随机过程随着时间而改变, 因此可以看成是随机变量的 "升维"。更具体地来说, 随机过程是无穷多个随机变量组成的集合 $\{X(t)\}$, 给定任何时间点 $t$, $X$ 就是一个随机变量。将那么多随机变量放在一起, 可以从整体上宏观上更好地描述随机现象, 特别是研究不同时间点处随机变量的关系。

通常, 最一般的随机过程是非常复杂的, 很难找到不同时间点处随机变量的相互关系规律。幸运的是, 人类遇到的很多随机现象都符合或近似满足几个比较简单的模型。一个最简单的模型基于独立同分布假设, 即不同时间点处的随机变量相互独立且服从相同分布, 这个模型就是伯努利 (Bernoulli) 过程。这意味着, 可以通过研究任何时间点处的随机变量来获得整个随机现象的认知, 随机过程并没有带来新的知识。

马尔可夫过程基于另外一个假设, 即著名的马尔可夫性 (Markov property) 假设。该假设认为, 随机现象未来的变化只取决于当前的状态, 而与过去的状态无关, 即 "无记忆性"。很多随机运动形态都可以用马尔可夫过程来刻画, 比如, 布朗运动 (此时的马尔可夫过程也叫作维纳过程)。因此, 在某种意义上, 可以把马尔可夫过程在随机过程中的地位, 类比于牛顿力学在经典物理学中的地位。

根据时间的刻画是连续还是离散, 以及状态空间是连续还是离散, 马尔可夫过程又可以分为四种不同组合。其中, 跟我们的主题最相关的是时间和状态都离散的情形, 此时的马尔可夫过程又称为马尔可夫链 (Markov chain)。下面给出马尔可夫链分析基于种群的随机性最优化算法的大致流程。首先作以下假设:

- 假设最优化问题的搜索空间可以描述为集合 $S = \{\boldsymbol{x}_1, \boldsymbol{x}_2, \cdots, \boldsymbol{x}_{|S|}\}$, 其中每一个 $\boldsymbol{x}_i$ 是搜索空间的一个点, 集合的元素个数 $|S|$ 通常很大。
- 假设种群的大小为 $N$, 则集合 $S$ 中任意 $N$ 个 (可重复) 点组成的子集, 就是一个种群。

给定上述假设, 可以用向量

$$\boldsymbol{v} = \{v_1, v_2, \cdots, v_{|S|}\}, \quad \sum_{i=1}^{|S|} v_i = N \tag{8.9}$$

来表示一个种群, 其中 $v_i$ 是非负整数, 表示点 $\boldsymbol{x}_i$ 在该种群中出现了 $v_i$ 次。由于种群的构成和取值很好地反映了基于种群的随机性最优化算法的演化状态, 因此, 通常用向量 $\boldsymbol{v}$ 来描述算法的演化状态。记算法的状态总数为 $T$, 则 $T$ 就是在搜索空间 $S$ 中所有可能的种群的个数。所以有

$$T = \binom{|S| + N - 1}{N} = \frac{(|S| + N - 1)!}{N!(|S| - 1)!} \tag{8.10}$$

其次, 用马尔可夫链来分析算法, 需要知道任何两个状态之间的转移概率。记 $p_{ij}$ 为算法从当前状态 $i$ 转移到下一个状态 $j$ 的概率, 称下面的矩阵为转移矩阵 (transition matrix):

$$\boldsymbol{P} = (p_{ij})_{T \times T}, \quad \sum_{j=1}^{T} p_{ij} = 1, i = 1, 2, \cdots, T \tag{8.11}$$

关于转移概率, 通常会采用如下的齐次性 (homogeneous) 假设。

**假设 8.1** 马尔可夫链 $\{\boldsymbol{X}_t\}$ 是齐次的, 如果转移概率与时间无关, 即若记 $\boldsymbol{v}^i$ 表示第 $i$ 个状态, 有下式成立,

$$P\{\boldsymbol{X}_{t+1} = \boldsymbol{v}^j | \boldsymbol{X}_t = \boldsymbol{v}^i\} = p_{ij}, \quad \forall t \tag{8.12}$$

其中, $P\{A\}$ 表示随机事件 $A$ 发生的概率。

下面给出齐次马尔可夫链的一个非常好的性质 (即命题 8.1)。

**命题 8.1** 若随机过程 $\{\boldsymbol{X}_t\}$ 是一个齐次马尔可夫链, 则从当前状态 $\boldsymbol{v}^i$ 经历 $k$ 次转移到达状态 $\boldsymbol{v}^j$ 的概率, 等于转移矩阵的 $k$ 次方的第 $i$ 行第 $j$ 列元素, 即

$$P\{\boldsymbol{X}_{t+k} = \boldsymbol{v}^j | \boldsymbol{X}_t = \boldsymbol{v}^i\} = \boldsymbol{P}_{ij}^k, \quad \forall t \tag{8.13}$$

命题 8.1 表明, 只要知道了转移矩阵, 齐次马尔可夫链在任何时刻的状态就在概率意义上决定了! 这充分说明了转移矩阵的重要性。由于 $T$ 通常很大, 因此转移矩阵 $\boldsymbol{P}$ 是一个非常庞大的矩阵。也就是说, 用马尔可夫链进行算法分析需要做大量的数据准备。一旦准备好这些数据, 后续的推理可以直接借助马尔可夫链的理论结果, 特别是如下的基本极限定理[193]。

**定理 8.2** 如果转移矩阵 $\boldsymbol{P}$ 是正规的 (primitive), 即存在时间 $t$, $\boldsymbol{P}^t$ 的所有元素都非零。那么, 有以下结果:

- $\lim\limits_{t \to \infty} \boldsymbol{P}^t = \boldsymbol{P}_\infty$;
- $\boldsymbol{P}_\infty$ 的所有行都相同, 记为 $\boldsymbol{p}_\infty$;
- $\boldsymbol{p}_\infty$ 的每个元素都是正数;
- 马尔可夫链在无限次转移后处于第 $i$ 个状态的概率等于 $\boldsymbol{p}_\infty$ 的第 $i$ 个元素;
- $\boldsymbol{p}_\infty^{\mathrm{T}}$ 是 $\boldsymbol{P}^{\mathrm{T}}$ 相应于特征值 1 的特征向量, 正规化后它的元素之和为 1;
- 如果把 $\boldsymbol{P}$ 的第 $i$ 列元素全换成 0 就得到矩阵 $\boldsymbol{P}_i, i \in [1, T]$, 则 $\boldsymbol{p}_\infty$ 的第 $i$ 个元素可表示为

$$\boldsymbol{p}_\infty = \frac{|\boldsymbol{P}_i - \boldsymbol{I}|}{\sum\limits_{j=1}^{T} |\boldsymbol{P}_j - \boldsymbol{I}|} \tag{8.14}$$

其中, $I$ 是单位矩阵; $|\cdot|$ 是行列式。

借助于转移矩阵、齐次性和定理 8.2, 就可以利用马尔可夫链来分析随机性最优化算法了。粗略来说, 可遵循如下的步骤来用马尔可夫链分析随机性最优化算法。

**步骤 1**　建立马尔可夫链模型: 结合算法内涵, 计算转移矩阵 $P$;

**步骤 2**　论证马尔可夫链的齐次性: 证明它或假设它成立;

**步骤 3**　稳定状态分析: 计算 $p_\infty$, 论证算法的收敛性或稳定性。

早在 20 世纪 90 年代初, 马尔可夫链就已经被用来分析演化算法的收敛性[194-195]。特别地, 清华大学的刘波和王凌等在文献 [196] 中, 提出了一个一般框架, 统一了基于种群的随机性最优化算法。进一步, 作者用马尔可夫链证明了, 这个算法框架下的所有随机性最优化算法都是齐次的, 而在这个框架下采用了精英策略的随机性最优化算法都能收敛到全局最优解。6.1.3 节提供了基因算法的马尔可夫分析案例。总之, 马尔可夫链一直是随机性最优化算法理论研究的重要工具。

## 8.1.2　最优化算法的收敛性

前面已论述, 最优化算法的收敛性是在稳定性基础之上的理论性质, 要求最好解下降序列的极限值是最优化问题的一个局部或全局最优解。

1) 确定性最优化算法的收敛性

对于确定性最优化算法, 定义 8.2 就很好描述了收敛性, 即最好解下降序列 $\{x_k^*\}$ 满足

$$\lim_{k \to +\infty} x_k^* = z \tag{8.15}$$

其中, $z$ 是最优化问题的局部最优解或全局最优解, 分别对应局部收敛性 (local convergence) 和全局收敛性 (global convergence)。

然而, 关键的问题是, 如何才能验证或保证 $z$ 是一个最优解呢? 对于局部收敛性, 往往借助一阶必要条件 (定理 1.2) 和二阶充分条件 (定理 1.4) 来验证 $z$ 是一个局部最优解。即通过判断 $z$ 点处的一阶梯度是否为 0 以及二阶梯度是否大于 0, 来论证 $z$ 点是否为局部极小值点。然而, 对于全局收敛性, 要论证 $z$ 点是全局最小值点并不容易, 一般只能通过稠密搜索来保证。

2) 全局收敛性与大范围收敛性

数学规划中对最优化算法局部收敛性的大量研究成果表明, 算法的初始状态 (初始点的位置) 对最终的收敛性具有重要影响。因此, 定义式 (8.15) 的成立有一个默认的前提, 那就是算法的初始点在最优解的附近。这引出了两个容易混淆的收敛性概念, 一个是全局收敛性, 另一个是大范围收敛性。

全局收敛性指的是最优化算法能够收敛到真正的全局最优解, 即定义式 (8.15) 中的 $z$ 是最优化问题的全局最优解。反之, 大范围收敛性指的是定义式 (8.15) 对于大范围的 (通常是任意的) 初始状态都成立, 但定义式中的 $z$ 是最优化问题的局部最优解。这两个概念的英文都是 global convergence, 需要加以区分避免混淆。

在基于种群的全局最优化算法的收敛性研究中, 目前尚没有充分的证据表明, 初始种群对最终的收敛性也有重要影响。原因来自两个方面: 一方面, 种群的多样性和信息共享远远超越单点迭代情形; 另一方面, 全局最优化算法采用了大量的策略来保持种群多样性以及跳出局部最优。因此, 有理由相信, 即使初始种群的位置对全局收敛性有一定的影响, 也不可能像局部收敛性那么显著。

3) 随机性最优化算法的收敛性定义

将确定性最优化算法收敛性的定义式 (8.15) 推广到随机情形, 自然的方式是采用某种随机收敛代替确定性收敛。通常的选择是采用以概率 1 收敛 (convergence with probability 1)(也叫几乎必然收敛 (convergence almost surely) 或几乎处处收敛 (convergence almost everywhere)。由于对于随机性最优化算法来说, 很少关注局部收敛性而主要关注全局收敛性, 所以下面只给出全局收敛性的定义。

**定义 8.5** 随机性最优化算法的最好解下降序列 $\{\boldsymbol{X}_k^*\}$ 若满足

$$P\{\lim_{k \to +\infty} \boldsymbol{X}_k^* = \boldsymbol{z}\} = 1 \tag{8.16}$$

其中, $\boldsymbol{z}$ 是最优化问题的全局最优解, 则称该算法拥有全局收敛性 (global convergence)。

在定义 8.5 中, 也可以用更弱的依概率收敛 (convergence in probability)(或依分布收敛 (convergence in distribution); 由于 $\boldsymbol{z}$ 非随机, 两者等价) 来代替以概率 1 收敛, 即用下式代替式 (8.16):

$$\lim_{k \to +\infty} P\{\|\boldsymbol{X}_k^* - \boldsymbol{z}\| \leqslant \epsilon\} = 1, \quad \forall \epsilon > 0 \tag{8.17}$$

由于以概率 1 收敛可以推出依概率收敛, 因此, 定义 8.5 中全局收敛性满足, 也意味着式 (8.17) 保证的全局收敛性满足; 反之则不然。

无论采用以概率 1 收敛还是依概率收敛来定义随机最优化算法的全局收敛性, 它们都是不容易得到证明的, 也不是无条件的。有兴趣的读者可参考文献 [11] 和文献 [197] ~ 文献 [198]。

# 8.2 "快": 从收敛率到复杂度

以演化算法为代表的随机性最优化算法的理论研究从 20 世纪 90 年代开始得到了快速的发展, 除了 8.1 节介绍的算法稳定性和收敛性, 算法的收敛率、复杂度和算法的准确性度量等都受到广泛关注。本节介绍算法的收敛率和复杂度, 8.3 节介绍算法的准确性度量。

## 8.2.1 最优化算法的收敛率

收敛率 (convergence rate) 又叫作收敛速度, 反映了最优化算法在收敛到全局最优解的过程中的速度快慢。下面首先定义收敛序列的收敛率, 然后分别介绍确定性和随机性最优化算法的收敛率。

1) 收敛序列的 Q-收敛率
收敛序列的收敛率通常指的是如下的 Q-收敛率[8,18], 又叫作商收敛率。

**定义 8.6**　设序列 $\{\boldsymbol{x}_k\}$ 收敛于点 $\boldsymbol{z}$, 即满足

$$\lim_{k\to\infty} \boldsymbol{x}_k = \boldsymbol{z} \tag{8.18}$$

那么可以通过无穷小的比较, 来定义序列收敛的速度 (阶数), 即

$$\lim_{k\to\infty} \frac{||\boldsymbol{x}_{k+1} - \boldsymbol{z}||}{||\boldsymbol{x}_k - \boldsymbol{z}||} = \rho \tag{8.19}$$

这里 $||\cdot||$ 表示范数, 在常数序列情况下等价于绝对值。

(1) 若 $\rho = 1$, 则称 $\{\boldsymbol{x}_k\}$ 次线性收敛于 (converge sublinearly to) $\boldsymbol{z}$, 或称 $\{\boldsymbol{x}_k\}$ 的收敛速度是次线性的。

(2) 若 $\rho \in (0,1)$, 则称 $\{\boldsymbol{x}_k\}$ 线性收敛于 (converge linearly to) $\boldsymbol{z}$, 或称 $\{\boldsymbol{x}_k\}$ 的收敛速度是线性的。

(3) 若 $\rho = 0$, 则称 $\{\boldsymbol{x}_k\}$ 超线性收敛于 (converge superlinearly to) $\boldsymbol{z}$, 或称 $\{\boldsymbol{x}_k\}$ 的收敛速度是超线性的。进一步, 若对 $q > 1$ 有正数 $\mu$ 使得

$$\lim_{k\to\infty} \frac{||\boldsymbol{x}_{k+1} - \boldsymbol{z}||}{||\boldsymbol{x}_k - \boldsymbol{z}||^q} = \mu \tag{8.20}$$

则称 $\{\boldsymbol{x}_k\}$ $q$ 阶收敛于 (converge with order $q$ to) $\boldsymbol{z}$, 或称 $\{\boldsymbol{x}_k\}$ 的收敛速度是 $q$ 阶的。

定义 8.6 之所以称为序列的 "Q-收敛率" 是由于采用了无穷小的商 (quotient)[18]。收敛阶数有如下的估计式[199]:

$$q \approx \frac{\log \dfrac{||\boldsymbol{x}_{k+1} - \boldsymbol{x}_k||}{||\boldsymbol{x}_k - \boldsymbol{x}_{k-1}||}}{\log \dfrac{||\boldsymbol{x}_k - \boldsymbol{x}_{k-1}||}{||\boldsymbol{x}_{k-1} - \boldsymbol{x}_{k-2}||}} \tag{8.21}$$

从定义 8.6 可知, 二阶收敛的序列必定是超线性收敛的。定义 8.6 给出的收敛速度或阶数比较抽象, 下面给出几个简单的序列例子, 来具体说明序列收敛的速度快慢。不难验证如下的结果:

- 序列 $\left\{\dfrac{1}{k+1}\right\}$ 次线性收敛于 0;
- 序列 $\left\{\dfrac{1}{(k+1)^2}\right\}$ 次线性收敛于 0;
- 序列 $\left\{\dfrac{1}{2^k}\right\}$ 线性收敛于 0, 其收敛阶数为 1;
- 序列 $\left\{\dfrac{1}{2^{(2^k)}}\right\}$ 超线性收敛于 0, 其收敛阶数为 2。

从上面的例子可以看出, 超线性收敛的序列下降非常快; 线性收敛也已经很快了, 达到了指数式下降。

2) 收敛序列的 R-收敛率

序列的 "Q-收敛率" 采用无穷小的比较, 简单且容易理解。但是, 它没有包含一些收敛且速度也很快的序列, 比如

$$\left\{ 1, 1, \frac{1}{2}, \frac{1}{2}, \frac{1}{4}, \frac{1}{4}, \cdots, \frac{1}{2^{\lfloor \frac{k}{2} \rfloor}}, \cdots \right\} \tag{8.22}$$

其中, $\left\lfloor \dfrac{k}{2} \right\rfloor$ 表示向下取整。该序列收敛于 0, 但偶数项总是没有产生下降, 在 "Q-收敛率" 定义下由于极限式 (8.19) 不存在而无法判定其收敛率。

为了探讨这类序列的收敛速度, 通常在 "Q-收敛率" 的基础上, 进一步建立如下的 "R-收敛率" 定义。R-收敛率又叫作根 (root) 收敛率[7]。

**定义 8.7** 设序列 $\{x_k\}$ 收敛于点 $z$, 若存在 Q-线性收敛 (Q-次线性收敛、Q-超线性收敛) 于 0 的序列 $\{\epsilon_k\}$ 使得

$$\|x_k - z\| \leqslant \epsilon_k, \quad \forall k \tag{8.23}$$

则称序列 $\{x_k\}$R-线性收敛 (R-次线性收敛、R-超线性收敛) 于 $z$, 且序列 $\{x_k\}$ R-收敛的阶数就等于序列 $\{\epsilon_k\}$ Q-收敛的阶数。

定义 8.7 表明, 论证 R-收敛率的关键就是要找到一个占优序列 $\{\epsilon_k\}$。比如, 对于式 (8.22) 中的序列, 可以取

$$\epsilon_k = \frac{1}{\sqrt{2}^{k-1}} \tag{8.24}$$

显然对任意的 $k = 0, 1, \cdots,$ 有

$$\frac{1}{2^{\lfloor \frac{k}{2} \rfloor}} \leqslant \frac{1}{\sqrt{2}^{k-1}} \tag{8.25}$$

由于序列 $\{\epsilon_k\}$ Q-线性收敛到 0, 所以式 (8.22) 中的序列 R-线性收敛到 0, 它们的收敛阶数都是一阶的。

文献 [7] 在 "最优化方法的结构" 部分提出了 R-收敛速度的另一种定义, 该定义不需要去寻找占优序列。因此, 该定义在占优序列很难找到的场合具有优势。不过, 定义 8.7 更好地描述了 R-收敛率与 Q-收敛率之间的关系。

3) 确定性最优化算法的收敛率

前面探讨的是序列收敛的情况下如何度量其收敛速度, 本小节和下一小节分别探讨确定性和随机性最优化算法如果收敛, 该如何度量其收敛率。

最优化算法的运行可以产生很多迭代序列。比如, 不同的测试问题、不同的初始迭代点等都会影响迭代序列。因此, 即使理论上证明了某最优化算法是收敛的, 其收敛速度也可能有不同的度量结果。此时, 一般用最差 (最慢) 的结果来定义该算法的收敛率。

**定义 8.8** 若最优化算法是收敛的, 其收敛速度是线性 (超线性) 的当且仅当其所有可能的迭代序列都至少是线性 (超线性) 收敛的。若最优化算法的某个迭代序列是线性 (超线性) 收敛的, 则只能说该算法最多是线性 (超线性) 收敛的。

定义 8.8 中的收敛可以是 Q-收敛也可以是 R-收敛, 前后一致就行。该定义表明, 要论证一个最优化算法是线性收敛的, 必须从理论上证明对所有可能的迭代序列都是线性收敛的, 而不能仅仅关注部分迭代序列。如果只是基于某个 (些) 迭代序列, 发现它 (们) 具有线性收敛率, 则只能说明该算法最多具有线性收敛率。

4) 随机性最优化算法的收敛率

前面已提过, 随机性最优化算法的迭代序列 $\{X_k\}$ 是一个随机过程。因此, 度量随机性最优化算法的收敛率要比确定性最优化算法更加复杂多样, 原因是随机性最优化算法的迭代序列不仅受测试问题和初始位置等的影响, 还受到随机数的影响。理论上, 有两种度量方式: 一种是借助数学期望消除随机性, 度量其平均行为的收敛率; 另一种是直面随机性来度量收敛率。

第一种方式比较类似于确定性情形。在数学期望的作用下, 随机过程 $\{X_k\}$ 变成了 $\{E(X_k)\}$, 后者是确定性序列。因此, 可以根据定义 8.8 来度量算法的收敛率。当然, 前提是该算法是收敛的。比如文献 [200] 就采用了数学期望研究了保留精英个体的基因算法的收敛率。

第二种方式更加适合随机性最优化算法。一种常用做法是用种群的分布序列 $\{\pi_k\}$ 代替迭代序列 $\{X_k\}$, 其中 $\pi_k$ 表示第 $k$ 代种群的分布[201-202], 然后研究种群分布与其极限分布 $\pi^*$ 的差距。如果能够证明

$$||\pi_k - \pi^*|| \leqslant \lambda e^{-\mu k} \tag{8.26}$$

其中, $\lambda, \mu$ 都是大于 0 的常数, 则称该算法的收敛率为指数阶。这里的指数阶收敛率本质上等价于确定性情形下的线性收敛率。要看清这一点, 可以对比序列收敛中的例子, 其中线性收敛的序列就是指数阶下降的, 如 $\{2^{-k}\}$。

以智能优化方法为代表的随机性全局最优化方法能达到线性收敛就是一个良好的理论性质, 一般没有必要进行特别的加速设计。也就是说, 证明不等式 (8.26) 成立就是在智能优化领域研究收敛率的重要范式。当然, 要理解为何没大必要进行收敛率的提速, 需要理解 8.2.2 节的算法复杂度。

## 8.2.2　最优化算法的复杂度

最优化算法的复杂度分析一般包括时间复杂度和空间复杂度, 前者反映算法运行需要的 CPU 时间等时间方面的成本, 后者反映算法运行需要的内存空间。因此, 一个最优化算法的时间复杂度越小越好, 同时空间复杂度越少越好。在无法兼顾的情况下, 通常时间复杂度的重要性大于空间复杂度, 重要原因是存储设备越来越便宜, 而研究人员和用户的时间则越来越宝贵。

1) 从收敛率到时间复杂度

首先, 解释一下最优化算法的时间复杂度与其收敛率之间的关系。初学者可能会有一个错觉, 那就是以为收敛阶数越高的算法找到最优解的速度就越快。这其实是不一定的。因为收敛率是基于算法的迭代序列或最好解下降序列, 收敛阶数越高意味着需要更少的迭代次数或种群演化代数。但是, 每一次迭代或演化需要多少成本则完全没有考虑进来。比如, 一个算法如果只需要一次迭代就能收敛 (这种算法也叫作直接法), 则其收敛率无疑是最高的, 但它需要的总 CPU 时间很可能高于需要 5 次迭代才收敛的迭代算法, 因为后者在每次迭代中需要的计算成本可能远小于直接法。因此, 在最优化算法领域, 很少关注或设计二阶

收敛以上的算法, 因为每次迭代额外付出的代价往往太大。总之, 收敛率衡量的收敛快慢并不是算法运行时间的快慢, 时间复杂度才是。

时间复杂度在最优化算法的理论研究中占据重要地位。比如, 智能优化算法的理论研究在 20 世纪 90 年代得到了迅猛发展, 并在 1998 年的德国达格施图尔 (Dagstuhl) 举办过一场学术研讨会, 集中研讨演化算法的理论[203]。当时与会者关注最多的三大主题的第一个就是 "运行时间和复杂度" (runtime and complexity), 可见算法的时间复杂度受重视的程度。

在实践中, 最优化算法的运行时间 (runtime) 可以用 CPU 时间来度量。运行时间越短则算法的性能越好。为了记录 CPU 时间, 只需要在算法开始运行前记录一次 CPU 时间, 算法运行结束后再记录一次, 两次时间之差就是算法的运行时间。然而, 由于不同的机器设备、编程语言和编程方式等都会影响 CPU 时间, 这种做法的有效性限制很多。因此, 需要从理论上给出算法运行效率的某种度量。

算法的时间复杂度超越了简单的 CPU 时间记录, 它试图描述执行算法所需要的计算工作量是如何随着输入规模的增加而增加的。在最优化算法领域, 输入规模可以是问题的维数。因此, 算法的时间复杂度是一种渐近时间复杂度, 它定性描述当输入规模充分大时, 算法的计算工作量的大小。由于其采用了大写的 "$O$" 来度量, 因此又称为大 $O$ 时间复杂度。

2) 时间复杂度的描述性定义

**定义 8.9**  最优化算法的 (渐近) 时间复杂度记为 $O(c(n))$, 其满足

$$\lim_{n\to\infty}\frac{O(c(n))}{c(n)}=\text{const}>0 \tag{8.27}$$

其中, const 是一个正的常数, 且 $c(n)$ 描述了该算法在最坏情况下所需的一切计算工作量中最费时间的核心部分。

例如, $O(n^3)$ 可以用来描述一个最优化算法求解 $n$ 个决策变量的最优化问题时的时间复杂度, 并意味着算法的计算工作量与决策变量数的立方具有同一数量级。这里, 同一数量级指的是 $n^3$ 乘以一个正的常数, 该常数依赖于算法本身和最优化问题等多种因素。因此, 大 $O$ 时间复杂度并不具体表示算法真正的运行时间, 而是表示算法运行时间随数据规模增长的变化趋势, 且主要关注数据规模充分大时的情形。这就是为什么严格来说时间复杂度前面要加上 "渐近" 两个字, 虽然经常省略它们来简称。

$O(n^3)$ 是多项式时间复杂度 $O(n^k)$ 的一种。除了多项式时间复杂度, 常见的时间复杂度还有线性时间复杂度 $O(n)$、对数时间复杂度 $O(\log n)$、指数时间复杂度 $O(2^n)$ 等。对于充分大的 $n$, $O(n)$ 比 $O(\log n)$ 高效 (即复杂度更小), $O(\log n)$ 比 $O(n^k)$ 高效, $O(n^k)$ 又比 $O(2^n)$ 高效。注意当 $n$ 不是充分大时, 由于正常数的存在, 并不能说具有 $O(n)$ 时间复杂度的算法一定比 $O(n^2)$ 时间复杂度的算法更高效。例如, 假设 $O(n)=100n$, 而 $O(n^2)=10n^2$, 那么当数据规模 $n<10$ 时, $O(n)$ 是大于 $O(n^2)$ 的。

最优化算法特别是随机性最优化算法, 其数值性能通常存在最好、平均、最坏三种情况。根据定义 8.9, 本书介绍的时间复杂度只关注最坏情况。

3) 时间复杂度的计算

在定义 8.9 中, $c(n)$ 描述了算法在最坏情况下所需的一切计算工作量中最费时间的核心部分。这句描述指引我们该如何去计算时间复杂度。

第一步, 描述计算工作量的大小, 这一般可以写成 $n$ 的一个函数, 称为基本运算次数函数。基本运算次数函数描述了算法的运行需要多少数量的基本运算 (elementary operation)。这里的基本运算一般包括加法、减法、乘法、除法、模运算、布尔运算、比较和赋值运算, 它们的执行时间通常都被一个很小的常数所限定[204]。这个常数跟算法的实现环境 (机器、编程语言等) 有关, 但和 $n$ 无关。这样, 只统计并比较基本运算次数, 就剥离了实现环境的差异性, 实现了对算法复杂度的公平对比。

第二步, 省略非核心部分, 只保留计算量函数中的最高阶项, 并省去最高阶项前面的系数。比如, 假设某算法的基本运算次数函数为 $\frac{1}{3}n^3 + 12n^2 + 2n$, 则其时间复杂度为 $O(n^3)$。因为, 当 $n$ 充分大时, $12n^2 + 2n$ 与 $\frac{1}{3}n^3$ 相比是可以忽略不计的; 此外, 渐近时间复杂度本身包含了正的常数, 没有必要把系数 $\frac{1}{3}$ 表示出来。

从上面的计算方法可以看出, 基本运算的执行时间相当于一个参照单位, 算法的时间复杂度可以看成是, 算法在最坏情形下的运行时间在这个参照单位下的坐标或数值。从这个角度看, 就很容易产生新的推广。比如有时候, 如果算法的时间复杂度过于复杂, 可以将参照单位放大, 这样时间复杂度的数值就会下降, 可能更便于对比。就类似于恶性通货膨胀下一万亿元钱不便于计算, 但在 $1:100000000$ 的新货币下, 这笔钱的数额为一万元, 更便于计算和使用。

在最优化算法领域, 一个可行的策略是将一次迭代产生的基本运算次数作为参照单位, 来计算时间复杂度。当不同算法每次迭代产生的基本运算次数相同时, 可以直接用这种方式计算时间复杂度并进行对比。当每次迭代的基本运算次数不同时, 则需要固定某个基本运算次数函数作为参照单位, 各算法的计算量与之对比产生时间复杂度。另一种做法在智能优化算法领域很常用, 那就是取一次目标函数值的计算量为参考单位。这样, 时间复杂度就转换为目标函数值的计算次数。这种做法的依据是, 在最优化算法的运行中, 计算目标函数值是最费时间的, 从而成为了算法运行中总计算工作量的核心部分。

4) 空间复杂度

空间复杂度 (space complexity) 指的是算法的执行所需要的存储空间大小。具体来说, 包括存储算法本身所占用的存储空间、算法的输入输出数据所占用的存储空间和算法在运行过程中临时占用的存储空间三个方面。第一方面, 在最优化算法领域, 通常存储算法本身所占用的存储空间是很小的。第二方面, 算法的输入输出数据所占用的存储空间取决于要解决的问题, 有时候跟算法本身关系不大。比如本书后面对最优化算法的数值比较, 就涉及到存储大量的过程数据以供后续分析。由于过程数据是一个高维矩阵, 这些额外存储对算法运行所需存储空间提出了更高的要求。第三方面, 算法在运行过程中临时占用的存储空间, 往往是空间复杂度的重点。

空间复杂度的度量方式类似于时间复杂度, 也是关注渐近趋势, 一般也采用大 $O$ 表示法, 如 $O(s(n))$。这里的 $s(n)$ 表明存储空间写成了问题规模 $n$ 的函数。空间复杂度虽然没有时间复杂度那么重要, 但仍需要给予关注。

最后, 对于最优化算法, 其时间复杂度和空间复杂度很可能相互影响。此时, 需要在综合考虑算法的各项性能 (特别是算法的使用频率, 算法处理的数据量的大小, 算法运行的环境等) 的前提下, 平衡好时间复杂度和空间复杂度。

## 8.3 "准": 准确性与有效性

前面两节的内容阐述了如何在 "稳" 的基础上度量算法的 "快", 它们都跟算法的过程有关系, 因此都可以认为是算法效率 (efficiency) 的度量。而本节主要关注算法找到的最好解的准确性, 这是算法的结果, 因此属于算法的有效性 (effectiveness)[205]。简而言之, 本节在 "稳" 和 "快" 的基础上, 进一步追求算法找到解的 "准"。

由于最优化问题 (1.11) 的解指的是可行域中的一个点 $x$ 及其函数值 $f(x)$。因此, 可以从两个角度分别论述准确性度量。本节一方面从搜索空间 (决策空间) 的角度, 考察找到的决策变量 $x$ 的准确性; 另一方面从目标空间的角度, 探究找到的目标函数值 $f(x)$ 的准确性。

另外, 由于最优化算法找到的最好解的准确性可以用来控制算法的停止与否, 因此, 本节内容跟最优化算法的停止条件 (stopping conditions) 密切相关。

### 8.3.1 基于搜索空间的准确性与有效性度量

从搜索空间的角度来度量最优化问题解的准确性, 指的是如何描述找到的解 $x$ 的好坏。

1) 解的准确性: 搜索空间的理想度量

搜索空间的理想度量方式是找到最优化问题的全局最优解 $x^*$, 即以下面的要求度量解的准确性。

$$||x - x^*|| \leqslant \epsilon \tag{8.28}$$

其中, $\epsilon$ 是精度参数, 控制它就可以控制解的准确性。

遗憾的是, 最优化问题的最优解一般是不知道的, 而且对于全局最优化问题来说, 即便已经找到了也是无法简单验证的。因此, 上述的理想度量方式并不实用。

2) 解的准确性: 搜索空间的邻距度量

一种可行的替代方案是用相邻两次找到的解的距离来进行控制, 本书称为**邻距度量**, 即满足

$$||x_{k+1} - x_k|| \leqslant \epsilon \tag{8.29}$$

邻距度量得到了如下定理的理论支持。

**定理 8.3**  *如果序列 $\{x_k\}$ Q-超线性或 Q-线性收敛到 $x^*$, 即*

$$\lim_{k \to \infty} \frac{||x_{k+1} - x^*||}{||x_k - x^*||} = c, \quad c \in [0, 1)$$

那么当 $k$ 充分大时, 有

$$\frac{||\boldsymbol{x}_{k+1} - \boldsymbol{x}_k||}{1+c} \leqslant ||\boldsymbol{x}_k - \boldsymbol{x}^*|| \leqslant \frac{||\boldsymbol{x}_{k+1} - \boldsymbol{x}_k||}{1-c} \tag{8.30}$$

**证明**　给定正整数 $k$, 有

$$||\boldsymbol{x}_{k+1} - \boldsymbol{x}_k|| = ||(\boldsymbol{x}_{k+1} - \boldsymbol{x}^*) - (\boldsymbol{x}_k - \boldsymbol{x}^*)||$$

从而

$$||\boldsymbol{x}_k - \boldsymbol{x}^*|| - ||\boldsymbol{x}_{k+1} - \boldsymbol{x}^*|| \leqslant ||\boldsymbol{x}_{k+1} - \boldsymbol{x}_k|| \leqslant ||\boldsymbol{x}_{k+1} - \boldsymbol{x}^*|| + ||\boldsymbol{x}_k - \boldsymbol{x}^*||$$

于是可得到

$$1 - \frac{||\boldsymbol{x}_{k+1} - \boldsymbol{x}^*||}{||\boldsymbol{x}_k - \boldsymbol{x}^*||} \leqslant \frac{||\boldsymbol{x}_{k+1} - \boldsymbol{x}_k||}{||\boldsymbol{x}_k - \boldsymbol{x}^*||} \leqslant \frac{||\boldsymbol{x}_{k+1} - \boldsymbol{x}^*||}{||\boldsymbol{x}_k - \boldsymbol{x}^*||} + 1$$

对上式取极限, 则有

$$1 - c \leqslant \lim_{k \to \infty} \frac{||\boldsymbol{x}_{k+1} - \boldsymbol{x}_k||}{||\boldsymbol{x}_k - \boldsymbol{x}^*||} \leqslant 1 + c \tag{8.31}$$

或写成

$$\frac{1}{1+c} \leqslant \lim_{k \to \infty} \frac{||\boldsymbol{x}_k - \boldsymbol{x}^*||}{||\boldsymbol{x}_{k+1} - \boldsymbol{x}_k||} \leqslant \frac{1}{1-c}$$

所以, 当 $k$ 充分大的时候, 式 (8.30) 成立。　　　　　　　　　　　　　　　□

定理 8.3 表明, 可以通过邻距控制的方式 (8.29) 来间接实现理想度量方式 (8.28)。特别地, 有以下结论成立。

**推论 8.1**　当序列 $\{\boldsymbol{x}_k\}$ Q-超线性收敛到 $\boldsymbol{x}^*$ 时, 只要 $k$ 充分大, $||\boldsymbol{x}_{k+1} - \boldsymbol{x}_k||$ 就是 $||\boldsymbol{x}_k - \boldsymbol{x}^*||$ 的等价无穷小, 从而邻距度量等价于理想度量。

**推论 8.2**　当序列 $\{\boldsymbol{x}_k\}$ Q-线性收敛到 $\boldsymbol{x}^*$ 时, 只要 $k$ 充分大, $||\boldsymbol{x}_{k+1} - \boldsymbol{x}_k||$ 是 $||\boldsymbol{x}_k - \boldsymbol{x}^*||$ 的同阶无穷小, 从而邻距度量是理想度量的很好近似。具体来说, 若邻距度量下误差为 $||\boldsymbol{x}_{k+1} - \boldsymbol{x}_k|| = \epsilon$, 则理想度量下的误差有如下误差界:

$$\frac{\epsilon}{1+c} \leqslant ||\boldsymbol{x}_k - \boldsymbol{x}^*|| \leqslant \frac{\epsilon}{1-c}$$

这里的 $c$ 体现了序列线性收敛的速度。

**推论 8.3**　当序列 $\{\boldsymbol{x}_k\}$ Q-次线性收敛到 $\boldsymbol{x}^*$ 且当 $k$ 充分大时, $||\boldsymbol{x}_{k+1} - \boldsymbol{x}_k||$ 可能是 $||\boldsymbol{x}_k - \boldsymbol{x}^*||$ 的高阶无穷小, 从而邻距度量可能不是理想度量的很好近似。具体来说, 若邻距度量下误差为 $||\boldsymbol{x}_{k+1} - \boldsymbol{x}_k|| = \epsilon$, 则理想度量下的误差 $||\boldsymbol{x}_k - \boldsymbol{x}^*|| \geqslant \epsilon/2$, 但上不封顶。

上面的分析表明, 在理想度量无法实施的情况下, 邻距度量是一种很好的替代。这些分析考察的是一般序列, 当分析最优化算法时, 需要用最好解下降序列。

3) 解的准确性与算法的停止准则

最优化算法在一次运行中找到的最好解的准确性, 跟算法的停止条件密切相关。事实上, 可以根据邻距度量信息得出算法是否需要停止的判断。

对于确定性最优化算法, 由于其算法的收敛阶一般较高 (一般至少能达到线性收敛), 用邻距度量描述解的准确性并控制算法的停止与否可以取得良好的效果[7]。当然, 为了消除 $\boldsymbol{x}$ 的具体数值大小的影响, 可以采用相对邻距度量。一般地, 当 $||\boldsymbol{x}_k|| < \epsilon_1$ 时, 直接用式 (8.29); 否则用

$$\frac{||\boldsymbol{x}_{k+1} - \boldsymbol{x}_k||}{||\boldsymbol{x}_k||} \leqslant \epsilon \tag{8.32}$$

或者统一采用如下的相对邻距度量:

$$\frac{||\boldsymbol{x}_{k+1} - \boldsymbol{x}_k||}{1 + ||\boldsymbol{x}_k||} \leqslant \epsilon \tag{8.33}$$

比如, 在 MATLAB 自带的确定性最优化算法中, 对多数算法采用了式 (8.33) 的相对邻距停止准则, 而对部分算法采用式 (8.29) 的邻距停止准则 (详细查阅容差细节 (tolerance details) 的帮助文档)。其中 $\epsilon$ 为参数 steptolerance, 一般默认为 $10^{-6}$。

但是, 对于随机性最优化算法, 由于其算法的收敛阶通常较低 (一般很难达到超线性收敛, 次线性收敛算法也有不少), 因此简单地采用一次邻距度量来控制算法的停止与否可能效果很差。此时, 更多地依赖于目标空间的状态来判断算法是否停止。

无论对于确定性还是随机性最优化算法, 通常都会进一步结合 8.3.2 节要介绍的目标空间的准确性度量, 来更好地控制算法的停止与否。主要原因是, 由于全局最优解 $\boldsymbol{x}^*$ 的未知, 即便邻距度量很小了, 仍有可能其目标函数值还是远离最优目标函数值。比如在全局最优解附近高度复杂的目标函数。

4) 算法多次运行及多个问题上的有效性

前面谈到的都是最优化算法在一次运行中找到最好解的准确性, 这反映的是算法在这一次运行中的有效性。然而, 要更好地反映算法的有效性, 需要在多个问题中进行测试, 对随机性最优化算法, 在每个问题上还需要多次运行。下面讨论如何度量一个最优化算法在多个问题及多次运行中的有效性。

首先考虑算法在一个测试问题中多次运行的情况, 这适用于随机性最优化算法。在这多次运行中, 由于随机性, 有些运行找到的最好解可能满足 (相对) 邻距度量条件 (8.29) 或条件 (8.32) 或条件 (8.33), 有些则可能不满足。因此, 通常采用如下的成功率 (successful rate, SR) 来度量总体的有效性。

$$\mathrm{SR} = \frac{n_{\mathrm{sr}}}{n_{\mathrm{r}}} \tag{8.34}$$

其中, $n_{\mathrm{r}}$ 表示独立运行的次数 (number of independent runs); $n_{\mathrm{sr}}$ 表示成功运行的次数 (number of successful runs)。

然后考虑算法求解多个测试问题的情况。假设最优化算法一共测试了 $n_{\mathrm{p}}$ 个测试问题, 在每个问题上的成功率记为 $\mathrm{SR}_i$, 那么该算法的总体有效性度量为

$$\mathrm{SR} = \frac{1}{n_{\mathrm{p}}} \sum_{i=1}^{n_{\mathrm{p}}} \mathrm{SR}_i \tag{8.35}$$

最后要强调, 本节的算法有效性只是从搜索空间解的准确性角度探讨的, 这通常是不够的, 还需要结合目标空间的准确性度量。

## 8.3.2　基于目标空间的准确性与有效性度量

对于最优化问题 (1.11) 的最优解 $\boldsymbol{x}^*$ 及其目标函数值 $f(\boldsymbol{x}^*)$ 来说, 也许用户更关注前者, 而不是后者。因为前者关系着决策时的变量取值, 有了前者就可以做决策, 而后者只是决策后的目标函数值。而且, 有前者就可以计算出后者; 反之则不行。

然而, 从最优化算法的有效性度量角度, 多数度量方式和算法停止准则等更多地依赖于目标空间的函数值[205]。部分原因也许在于目标函数值只是一个常数, 更便于计算, 而决策变量是一个向量, 有些计算没那么方便。

1) 解的准确性: 目标空间的理想度量与邻差度量

类似于搜索空间的理想度量方式, 目标空间的理想度量方式是找到最优化问题的全局最优值 $f(\boldsymbol{x}^*)$, 即以下面的要求度量解的准确性。

$$|f(\boldsymbol{x}) - f(\boldsymbol{x}^*)| \leqslant \delta, \tag{8.36}$$

其中, $\delta$ 是精度参数, 控制它就可以控制解的准确性。遗憾的是, 最优化问题的全局最优值 $f(\boldsymbol{x}^*)$ 一般是不知道的, 因此, 上述的理想度量方式主要用在人为构造的基准测试 (benchmark) 中, 在实际优化问题的求解中并不实用。

对应搜索空间的邻距度量, 一种常用的替代方案是用相邻两次找到的目标函数值之差来度量解在目标空间的准确性, 本书称这种度量方式为**邻差度量**, 即满足

$$|f(\boldsymbol{x}_{k+1}) - f(\boldsymbol{x}_k)| \leqslant \delta \tag{8.37}$$

如果单纯地采用邻距度量, 难以处理一些决策变量比较近但其目标函数值却相差很大的情形 (如图 8.1 的点 $A$ 和点 $B$); 反过来, 如果单纯地采用邻差度量, 难以处理一些目标函数值相距比较近但其决策变量却相距甚远的情形 (如图 8.1 的点 $C$ 和点 $D$)。于是, 通常要结合邻距度量和邻差度量, 协同反映解的准确性, 即满足

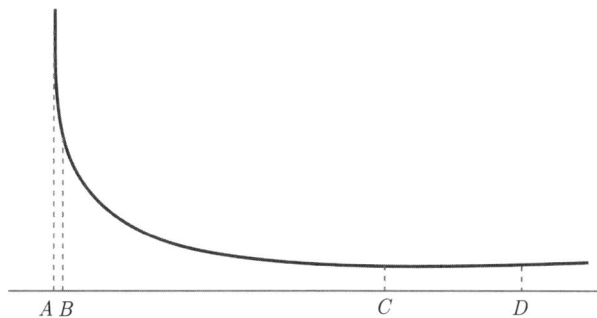

**图 8.1　邻距度量与邻差度量的可能陷阱**
点 $A$ 与点 $B$ 相距很近, 但函数值相差很大; 点 $C$ 与点 $D$ 函数值很接近, 但两点相距甚远

$$||\boldsymbol{x}_{k+1} - \boldsymbol{x}_k|| \leqslant \epsilon, \quad |f(\boldsymbol{x}_{k+1}) - f(\boldsymbol{x}_k)| \leqslant \delta \tag{8.38}$$

式 (8.38) 中采用了搜索空间的邻距度量和目标空间的邻差度量, 在它们同时成立的情况下, 只要目标函数是连续的, 就可以很好地度量解的准确性。

2) 解的准确性与算法的停止准则

前面说过, 最优化算法在一次运行中找到的最好解的准确性, 跟算法的停止条件密切相关。因此, 可以从式 (8.38) 的准确性度量判断出算法是否需要停止。当然, 为了消除 $\boldsymbol{x}$ 和 $f(\boldsymbol{x})$ 数值大小的影响, 通常改写为相对度量。

具体来说, 一般地, 当 $||\boldsymbol{x}_k||$ 与 $|f(\boldsymbol{x}_k)|$ 足够小时, 直接用式 (8.38); 否则用

$$\frac{||\boldsymbol{x}_{k+1} - \boldsymbol{x}_k||}{||\boldsymbol{x}_k||} \leqslant \epsilon, \quad \frac{|f(\boldsymbol{x}_{k+1}) - f(\boldsymbol{x}_k)|}{|f(\boldsymbol{x}_k)|} \leqslant \delta \tag{8.39}$$

或者统一采用如下的相对度量:

$$\frac{||\boldsymbol{x}_{k+1} - \boldsymbol{x}_k||}{1 + ||\boldsymbol{x}_k||} \leqslant \epsilon, \quad \frac{|f(\boldsymbol{x}_{k+1}) - f(\boldsymbol{x}_k)|}{1 + |f(\boldsymbol{x}_k)|} \leqslant \delta \tag{8.40}$$

比如, 在 MATLAB 自带的确定性最优化算法中, 对多数算法都采用式 (8.40) 作为算法的两个停止准则。当然还有其他的停止准则, 比如基于停滞 (stagnation) 情形的停止准则。目前, 停滞的判断主要依赖于对目标函数值的监测, 较少监测搜索空间的停滞现象。比如, 在 MATLAB 自带的 GA (基因算法) 等全局最优化算法中, 通常设置如果 50 代演化中最好解的目标函数值的平均相对变化不超过 $10^{-6}$, 即满足

$$\frac{1}{50} \sum_{k=s}^{s+50} \frac{|f(\boldsymbol{x}_{k+1}) - f(\boldsymbol{x}_k)|}{1 + |f(\boldsymbol{x}_k)|} \leqslant 10^{-6} \tag{8.41}$$

那么, 就认为算法从第 $s$ 代开始陷入停滞并持续了 50 代, 算法可以停止了。

3) 算法的有效性与数值比较

解的准确性考察的是算法在一个测试问题的一次运行中找到的最好解的准确性, 而算法的有效性要考察算法在多个测试问题上的总体准确性能 (overall accuracy)。因此, 究其本质, 算法的有效性通常与算法的数值比较紧密联系在一起。换句话说, 度量算法有效性的目的, 往往是要展示算法的良好性能, 而这不可避免地要与其他算法或某种标准进行比较。

算法有效性通常用一个百分比来度量, 常用的指标包括成功率 (SR)。参照搜索空间中的成功率定义, 可以给出在目标空间的成功率定义, 如下所示:

$$\mathrm{SR} = \frac{1}{n_{\mathrm{p}}} \sum_{i=1}^{n_{\mathrm{p}}} \mathrm{SR}_i, \quad \mathrm{SR}_i = \frac{n_{\mathrm{sr}}^i}{n_{\mathrm{r}}^i} \tag{8.42}$$

其中, $\mathrm{SR}_i$ 为算法在第 $i$ 个测试问题上的成功率, 由在该问题上的独立运行次数 $n_{\mathrm{r}}^i$ 和成功运行次数 $n_{\mathrm{sr}}^i$ 决定。

用成功率来度量算法有效性的关键, 是如何界定 "成功", 也就是 "成功" 的条件是什么。前面介绍的基于解的准确性的算法停止准则, 都可以认为是 "成功" 的条件。因此, 式 (8.38)、式 (8.39) 和式 (8.40) 都可以当作 "成功" 的定义, 再用式 (8.42) 来计算成功率。

然而, 无论是式 (8.38) 或式 (8.39) 还是式 (8.40), 作为 "成功" 条件有一个共同的缺点, 那就是它们无法预期算法停止前需要多少计算成本。而这一缺点与算法比较场景是不匹配的, 因为算法比较场景往往要求计算成本相同, 那样才能得到公平的比较结果。

总之, 采用式 (8.38)、式 (8.39) 或式 (8.40) 来度量解的准确性, 或者作为最优化算法的停止准则, 都是合适的。但是, 用它们作为 "成功" 的条件直接来计算成功率, 并不合适。此时, 可以采用成本截断策略: 当算法消耗掉给定的计算成本时, 算法停止, 并判断准确性条件如式 (8.40) 是否满足。这样, 既采用了准确性条件, 又考虑到了成本相同原则。

最后需要指出, 除了本节介绍的解的准确性条件, 还有其他一些条件可作为 "成功" 条件, 用以计算成功率等算法有效性指标。下面介绍本书经常采用的一种 "成功" 条件, 该条件被 performance profile 技术[206] 和 data profile 技术[207] 所采用, 已在数学规划领域广为接受, 也逐渐在智能优化领域传播[208]。具体来说, 该条件以所有参与比较的算法找到的最好函数值 $f_L$ 为参照, 如果某算法找到的最好函数值 $f(\boldsymbol{x})$ 满足

$$f(\boldsymbol{x}) \leqslant f_L + \tau(f(\boldsymbol{x}_0) - f_L) \tag{8.43}$$

则认为该算法找到了令人满意的解或求解出了测试问题, 其中 $\tau$ 为精度参数, $\boldsymbol{x}_0$ 为所有算法共同的初始迭代点。这里采用 $f_L$ 保证了至少有一个算法可以求解当前测试问题, 这一点对于复杂的全局最优化问题是有价值的[207]。

显然, 条件 (8.43) 并不适合于智能优化算法的比较, 因为智能优化算法一般采用种群搜索, 而不像数学规划算法采用单点搜索, 因此, 无法为所有算法固定一个初始迭代点 $\boldsymbol{x}_0$。为了解决这个问题, 可以将条件 (8.43) 改写为

$$f(\boldsymbol{x}) \leqslant f_L + \tau(1 + |f_L|) \tag{8.44}$$

注意到上式等价于

$$\frac{f(\boldsymbol{x}) - f_L}{1 + |f_L|} \leqslant \tau$$

相当于在式 (8.40) 的相对邻差度量中取 $f(\boldsymbol{x}_k) = f_L$。

虽然采用 $f_L$ 可以保证至少有一个算法能求解当前测试问题, 但文献 [209] 指出, 这种做法得到的 profile 曲线, 会随着参与比较的优化算法的不同而改变, 从而产生 "传递无效性"。为了解决这个问题, 如果测试问题的全局最优值 $f^* = f(\boldsymbol{x}^*)$ 已知 (如在最优化算法的竞赛等场景), 则可以用 $f^*$ 代替 $f_L$, 从而避免 "传递无效性" 困境。如果 $f^*$ 不知道, 但存在一个值比所有参与比较算法能找到的最好函数值都小, 也可以用该值代替 $f_L$, 一样能避免 "传递无效性" 困境。

## 习题与思考

1. 用以下两种方式得到的最好解下降序列有何不同: ① 每次函数值计算时更新最好解; ② 每次迭代更新一次最好解。它们的稳定性和收敛性一致吗? 为什么?

2. 随机性最优化算法的一阶稳定性和二阶稳定性有何不同? 它们的几何意义分别是什么? 在演化算法和群体智能优化算法中, 哪一种更常见?

3. 参考经典 PSO 算法的参数稳定域推导, 能否推导出鸽群优化算法的一阶或二阶稳定域?

4. 验证如下差分方程的通解是否以零为极限:

$$x_{t+3} + x_{t+2} + x_{t+1} + x_t = 0$$

5. 下面的矩阵是一个 3 状态转移矩阵:

$$P = \begin{bmatrix} 0.7 & 0.2 & 0.1 \\ 0.4 & 0.4 & 0.2 \\ 0.2 & 0.5 & 0.3 \end{bmatrix}$$

试验证该矩阵是否正规? 计算 $P^{10}$ 和 $P^{100}$, 结果意味着什么? 你有何发现?

6. 验证序列 $\left\{ \dfrac{1}{3^k - 1} \right\}$ 是否线性收敛到 0? 如果求解一个二维最优化问题得到的最好解下降序列在不同维度上收敛速度不同, 比如在 $x$ 维上线性收敛, $y$ 维上次线性收敛, 则该序列的收敛速度该如何度量?

7. 一个最优化算法的收敛率越高, 其时间复杂度越小, 这种说法对吗? 为什么?

8. 为什么在最优化算法的时间复杂度中, 经常用消费了多少个目标函数值的计算次数来度量?

9. 是否存在如下情形: ① 解空间上很接近最优解, 但在目标空间上距离最优目标函数值还很远? ② 解空间上距离最优解很远, 目标空间上却距离最优目标函数值很接近? 如存在请分别举例说明。

10. 认真研究稳定性、收敛性、收敛率、复杂度、准确性和有效性等几个概念, 归纳总结它们分别有哪些缺陷和不足。

是骡子是马, 拉出来溜溜。

虽然最优化算法的理论评估是非常重要的, 但是, 它们并不能刻画算法的全部重要特征, 特别是一些有限成本下的数值特征。本章将介绍最优化算法的数值比较为何是必要的, 它的可行性如何, 该如何进行数值比较, 主流的数据分析方法是哪些, 以及有哪些可能的困境甚至悖论等。

## 9.1 数值比较的必要性与可行性

本节论证最优化算法的数值比较是必要的, 总体上也是可行的。

### 9.1.1 最优化算法的数值比较是必要的

首先, 从两对概念的分析入手, 来论证数值性能比较的必要性。这两对概念分别是: 理论上的有效率与实践中的有效性, 以及极限状态 (无限成本) 的性质与有限成本下的性能。

1) 理论的有效率不能代替实践的有效性

第 8 章介绍的算法稳定性、收敛性、收敛率和复杂度都与算法的求解过程相关, 因此是算法效率的度量。另外, 解的准确性和算法的有效性度量的是算法的求解结果。因为理论上的有效率 (efficiency) 并不等价于实践中的有效性 (effectiveness), 所以算法的数值比较是必要的。下面从三个方面具体分析。

第一, 稳定性与收敛性并不必然保证算法的有效性。事实上, 从它们的定义就能看出这一点。最优化算法的稳定性和收敛性, 指的是算法在经过充分多的迭代或演化后, 能够无限逼近一个解 (可以不是也可以是最优解)。而最优化算法的有效性, 指的是算法在大量的最优化问题上找到的最好解都是足够准确的, 也即能够在这些问题上找到符合精度要求的解。这些定义清楚地表明了, 稳定性与收敛性并不一定保证算法的有效性。

在实践中也发现, 有些算法经过改进后可以保证收敛性, 但算法的有效性却可能下降。一个有名的例子是 Nelder-Mead 的单纯形法[68], 该算法已经被证明在某些问题中是不收敛的[70], 但其数值性能却可能比其收敛的算法变种更好[210]。

第二, 算法具有高的收敛率并不一定带来高的有效性。根据收敛率的定义 8.6, 高的收敛率往往意味着需要更少的迭代次数或种群演化代数就能收敛到最优解。然而, 这并没有涉及每一次迭代或演化需要多少计算成本。如果每一次迭代或种群演化的计算成本很高, 即使收敛率高, 总的计算成本也可能高, 从而算法的有效性可能并不高。一个极端的例子是, 数值计算中有些问题存在直接法, 即只需要一次迭代即可求出解, 但这类方法的复杂度通常比迭代法 (需要多次迭代) 更高。

另外, 收敛率是极限性质, 描述的是充分多次迭代或演化以后的性质。而算法的有效性需要在一定的停止条件下, 考察解的准确性, 从而不可能迭代或演化充分多次。所以, 高的收敛率指的是极限状态下 "收敛快", 但并不意味着有限成本下 "收敛快"。关于这一点, 下一小节还有更多论述。

第三, 复杂度低并不能说明算法有效。第 8 章已表明, 无论是时间复杂度还是空间复杂度, 一般都采用大 $O$ 表示法。这意味着复杂度度量的是变量或规模充分大时的性质。比如时间复杂度 $O(n^2)$, 通常关注的是当 $n$ 充分大时的行为, 对于实践中给定的某个规模 $n$, 其数值性质如何并不很明确。此外, 复杂度的大 $O$ 表示法内含一个常数, 该常数的大小也是不清楚的。所以, 即便一个算法的复杂度比另一个算法低, 在具体的实践中, 也不能说前者的有效性一定比后者好。

总之, 最优化算法在理论层面的效率是很好的性质, 但并不总能保证算法在实践中的有效性。从这个意义上, 算法的数值比较是算法理论评价的很好补充, 是完全必要的。

2) 极限状态性质不能代替有限状态性能

最优化算法进行数值比较的必要性的更重要理由是, 极限状态下的性质不能代替有限状态下的性能。

首先注意到, 第 8 章介绍的算法稳定性、收敛性、收敛率和复杂度都是极限状态的性质。算法的稳定性和收敛性关注的是最好解下降序列的极限是否存在, 极限解是否是最优解等。在算法收敛的前提下, 收敛率进一步探究的是最好解下降序列趋近于极限解的速度。而复杂度度量的是最优化问题的规模充分大 (无穷大) 情形下, 算法的总体计算成本的数量级。这些都是计算成本或变量规模无穷大情形下的性质, 是极限状态性质。

其次, 极限状态的性质并不能代替有限状态的性能。这一点是显然的。序列极限的理论告诉我们, 对于一个无穷序列来说, 任意有限多项的数值无论怎么改变, 都不会影响序列的极限性质。因此, 最好解下降序列的极限性质并不能反映前面有限多项的性能。当然, 反过来也一样, 无论在有限成本下数值性能如何, 都无法反映最好解下降序列的极限性质。

最后, 当采用最优化算法来求解实际问题时, 一般只有有限的计算成本, 结合上述论述, 必须在理论评价之外, 关注最优化算法的数值性能比较。总而言之, 最优化算法的理论评价和数值性能比较是最优化算法评价这枚硬币的两面, 它们相辅相成、相互补充, 缺一不可。

## 9.1.2　没有免费午餐定理与数值比较的总体可行性

9.1.1 节论证了开展数值性能比较对于最优化算法的评价来说是完全必要的。下一个问题是, 最优化算法的数值比较是可行的吗? 首先给出本书的答案: 没有免费午餐 (no free lunch, NFL) 定理表明, 最优化算法数值比较的可行性并不是显而易见和唾手可得的; 但理论也表明, 最优化算法的数值比较总体是可行的。

1) 没有免费午餐定理

没有免费午餐 (NFL) 定理[211] 发表于演化计算和智能优化领域的国际顶级期刊 *IEEE Transactions on Evolutionary Computation* 的创刊号 (1997 年第 1 卷第 1 期), 对黑箱 (black-box) 优化算法甚至整个最优化算法领域的发展产生了持续且深远的影响, 是最优化算法进行数值比较时无法绕开的一个理论高地。NFL 定理表明, 在宏观大势上最优化算法的数值比较是不可行的。这里的 “宏观大势” 指的是 NFL 定理成立的假设环境, 具体来说就是在最优化算法的数值比较中, 考虑一切可能的最优化问题。下面的定理仅用文字描述了文献 [211] 论证的重要结论。

**定理 9.1**　当考虑一切可能的最优化问题时, 任意两个黑箱优化算法, 在任意性能度量指标下的平均性能都相等。

定理 9.1 表明, 在某类优化问题中, 如果某个算法比另一个算法更好, 那么在其他优化问题中前者必定比后者更差。特别地, 如果某个算法在某类优化问题中性能好于随机搜索算法, 那么, 它必定在其他类型的优化问题中比随机搜索性能更差。

这是一个乍看上去很难理解的结论: 当考虑一切可能的最优化问题时, 没有任何一个最优化算法的数值性能会超过随机搜索。这个定理意味着, 选择一些测试问题, 通过比较几个算法在这些问题中的数值表现, 然后下结论说某个算法比其他算法性能更好, 这种做法的价值很有限。正是在这个意义上, 我们认为在宏观大势上, 最优化算法的数值比较是不可行的。

NFL 定理是最优化领域特别是黑箱优化领域的一个重要理论成果, 深刻影响着最优化算法的设计、分析、应用与数值比较。下面简要介绍该定理的一些后续研究成果。这些后续研究主要围绕着 NFL 定理是否真正成立、什么情况下成立, 以及 NFL 定理的一般化和如何应用等问题展开。

文献 [211] 在论证 NFL 定理的时候, 采用了等可能性假设, 即每个最优化问题有相同的概率在实践中出现。然而这个隐含假设并不必要, 只是为了理论证明的简化, NFL 定理可以在非等可能性假设下成立[211-212]。文献 [211] 提出 NFL 定理时, 采用的是概率方法。概率方法被认为产生了一些歧义或误解, 导致一些研究提出了存在免费午餐的情形, 比如认为连续优化是存在免费午餐的[213-214]。文献 [215] 采用集合论的方法重新证明了 NFL 定理, 并从对称性的角度解读了 NFL 定理的一般性和威力。文献 [216] 纠正了文献 [214] 中的一个不必要假设, 证明了连续优化也不存在免费午餐。

除了原始 NFL 定理, 后续研究还提出了针对不同场合的变种。比如, 有限步停止的 $k$ 步 NFL 定理, 考虑停止条件的 NFL 定理, 针对有限问题集的 Sharpened NFL 定理, 针对有限算法集的 Focused NFL 定理, 考虑反例构造和复杂性的 Almost NFL 定理, 考虑有限性能指标的 Restricted Metric NFL 定理, 以及多目标优化 NFL 定理, 基于块状均匀分布 (block uniform distributions) 的 NFL 定理, 等等。详情请参阅最近的综述文献 [217], 里面提供了许多简单的例子, 是研究 NFL 定理的极好文献。另一篇综述文献 [218] 则更多地展示了 NFL 定理在优化、搜索和机器学习领域的应用。

综合目前的研究结果, 可以肯定的是, NFL 定理在很广泛的意义上均成立。具体来说, 目前被广泛接受的关于 NFL 定理的论述是: 在最优化问题集合 $\mathcal{F}$ 上, 所有的黑箱优化算法的数值性能都相同的充分必要条件是, 集合 $\mathcal{F}$ 对任意的置换 (permutation) 都是封闭的[215-216]。这里的置换是一个数学术语, 用于将集合的元素排成一个序列或打乱序列的顺序。也就是说, 只要函数被置换后还在集合 $\mathcal{F}$, NFL 定理就在 $\mathcal{F}$ 中成立。

$$f \in \mathcal{F} \subseteq \mathcal{Y}^{\mathcal{X}} \implies \sigma f \in \mathcal{F} \tag{9.1}$$

这里函数的置换 $\sigma f$ 定义为自变量逆置换的函数[215], 即

$$\sigma f = f\left(\sigma^{-1}(\boldsymbol{x})\right) \tag{9.2}$$

为便于后续讨论, 把上述研究结果总结为如下的性质 (即命题 9.1)。

**命题 9.1** NFL 定理成立的充分必要条件是: ① 参与比较的算法为黑箱优化算法, 即不利用最优化问题的几何结构而只依赖输入输出观测的最优化算法; ② 最优化问题集合 $\mathcal{F}$ 对任意的置换 $\sigma$ 是封闭的, 即满足条件 (9.1)。

NFL 定理及其后续发展已经表明, 任意两个黑箱优化算法, 在满足置换封闭性的最优化问题集合中的平均性能都是相等的。从而, 这种情况下的数值比较是不可行的。要使得数值比较可行, 至少必须超越黑箱优化或置换封闭性[217,219], 前者关注最优化算法, 而后者关注最优化问题。

2) 免费午餐: 超越黑箱优化

黑箱优化 (black-box optimization) 也被翻译为黑盒优化, 指的是不利用最优化问题的任何先验知识或结构性信息, 只是通过计算目标函数的函数值来认知该问题, 并实施寻优行为的一类最优化算法。

在数值最优化的发展历史中, 黑箱优化并不是求解最优化问题的首要手段, 反而是一种无奈之举。要用最优化方法来解决实际问题, 通常的流程是: 先建立具体的最优化模型 (1.11), 然后设计或采用合适的最优化算法来求解它, 根据得到的最优解的合意程度, 反馈回最优化模型并考虑是否需要调整模型。这个闭环流程可能需要循环几次才能稳定下来, 然后可以将整个流程做成软件, 以求解所有同样类型的问题。可以看到, 这个过程的第一步是建立具体的最优化模型, 也就是要确定最优化问题的决策变量、目标函数、约束函数等。对于大多数问题, 目标函数和约束函数都是可以明确写出来的, 从而可以根据它们的特点来设计或选择合适的最优化算法。这些算法都不是黑箱优化算法。

为什么会提出黑箱优化算法呢? 可以归结为三种原因。第一, 不少工程人员并不擅长梯度的计算, 使得梯度型算法的应用受到影响, 而黑箱优化恰好解决了这个问题, 深受这类实践人员的喜欢。当然, 随着自动差分等梯度逼近工具的普及, 这个原因已经影响不大了。第二, 在某些场景中, 最优化模型中的目标函数或约束函数很难明确表述出来。比如, 有些工程优化 (如某些助听器设计[47]) 的目标函数或约束函数本质上并不是数值型的, 从而无法

写出。再比如, 在一些基于模拟的最优化 (simulation-based optimization) 问题中, 其函数值的计算来自复杂的计算机仿真或物理实验, 目标函数或约束函数都很难明确表述。而且, 在这类仿真和实验中, 各种噪声或误差大量存在, 使得梯度型算法难以真正发挥作用[47]。第三, 梯度型算法难以求解全局最优化问题, 各种启发式优化算法和智能优化算法却能取得良好效果, 而这些算法多数都是黑箱优化算法[3]。

总之, 黑箱优化通常都不是求解最优化问题的首选方法, 而是梯度型算法难以应用或无法发挥作用的场景 (如非数值优化、模拟优化、全局最优化等) 中的无奈选择。即便是在非数值优化、模拟优化、全局最优化等场景中, 直接采用黑箱优化也往往不是最佳做法, 而是想方设法地利用最优化问题本身具有的一些特性或先验信息, 设计或改进黑箱优化。也就是说, 努力超越黑箱优化是实践中的应有之义。那么, 如何超越黑箱优化呢? 一般来说, 并不存在通用的方法, 可以各显神通地利用最优化问题中的任何有价值信息。

最常用的信息就是最优化问题的梯度信息。直接利用梯度信息的算法一般称为梯度型算法, 是经典的数学规划方法; 而间接利用梯度信息的算法, 通常指的是采用数值梯度或近似梯度的算法, 很多无导数优化算法都属于这一类。

除了梯度信息, 目前还没有被广泛使用的其他单一类型信息。因此, 只能具体问题具体分析, 结合问题的类型和特点, 恰当地融合进算法中。比如, 分支定界类算法需要根据最优化问题的特点, 恰当构建树形结构, 以及估计分支节点对应问题的最优值, 以用于高效 "剪支"。通过这些努力, 分支定界类算法都不属于 (或称超越了) 黑箱优化。

3) 免费午餐: 超越置换封闭性

下面从最优化问题集合的角度, 看看如何让 NFL 定理成立或不成立。根据式 (9.1) 和式 (9.2), 最优化问题集合 $\mathcal{F}$ 的置换封闭性 (closed under permutation) 要求集合中的函数具有很强的对称性。为了看清楚这一点, 先要明白置换 $\sigma : \mathcal{X} \mapsto \mathcal{X}$ 是一个双射, 即一一映射。因此, 求函数 $f$ 的置换 $\sigma f$, 首先要通过 $\sigma$ 在搜索区域 $\mathcal{X}$ 的点之间建立一个双射, 然后用 $x$ 的原像的函数值作为 $\sigma f$ 的函数值。所以, 函数 $f$ 及其置换函数 $\sigma f$ 有完全相同的函数值集合, 但函数值与 $x$ 的对应关系不同。

**例 9.1**　设 $\mathcal{X} = \{1, 2, 3\}$, $\mathcal{Y} = \{0, 1\}$。令 $\mathcal{F} = \{f_1, f_2, f_3\}$, 其中第一个函数将 1, 2, 3 分别映射为 1, 0, 0, 并简记为 $f_1(\mathcal{X}) = [1, 0, 0]$, 类似地 $f_2(\mathcal{X}) = [0, 1, 0]$, $f_3(\mathcal{X}) = [0, 0, 1]$。那么, 由这三个函数组成的集合 $\mathcal{F}$ 满足置换封闭性, 即无论自变量被如何置换, 其置换函数都在 $\mathcal{F}$ 内。

从上述例子可以看到, 最优化问题的置换封闭性意味着 NFL 定理可能在很小的最优化问题集合中成立[220]。这个结论意味着, 即使不考虑一切可能的最优化问题, NFL 定理也可能成立。这使得通过数值比较来评价最优化算法的性能变得更加不可行。

为了进一步搞清楚 NFL 定理成立的可能性, 需要计算满足置换封闭性的子集在一切最优化问题组成的集合的所有子集中占多少比例。文献 [221] 的研究结果表明, 这个比例接近于 0。也就是说, 从所有可能的子集中, 随机挑选一个, 满足置换封闭性的可能性接近 0。从这个意义上, 通过子集满足置换封闭性来保证 NFL 定理成立还是很难的。然而, 必须注意到, 由于一切最优化问题有无穷多个, 其子集就更多, 因此即使是接近零的比例, 满足置换封闭性的子集仍然有无穷多个。换句话说, 要想办法使得置换封闭性不成立, 还得更多地理解这个性质。

文献 [222] 证明了, NFL 定理成立的充分必要条件是最优化问题要呈现出分块均匀分布。这里的分块均匀分布指的是, 对于最优化问题集合 $\mathcal{F}$ 中的任意函数 $f$ 和任意的函数置换 $\phi$, 满足

$$P(f) = P(f_\phi) \tag{9.3}$$

其中, $f_\phi(\boldsymbol{x}) = f(\phi(\boldsymbol{x}))$。

根据以上结论, 置换封闭性也等价于分块均匀分布, 从而可以用更直观的分块均匀分布来间接描述置换封闭性。下面提供了一个简单的例子 (改编自文献 [217]), 但对于理解两者及其关系很有帮助。

**例 9.2**  设最优化问题集合为 $\mathcal{F} = \{f : \mathcal{X} \mapsto \mathcal{Y} | \mathcal{X} = \{1, 2, 3\}, \mathcal{Y} = \{0, 1\}\}$, 则图 9.1 描述了分块均匀分布与置换封闭性之间的一些关系, 其中下面的框表示 8 个函数, 框中数字表示自变量分别取 1, 2, 3 时的函数值; 上面的框表示对应函数的概率。

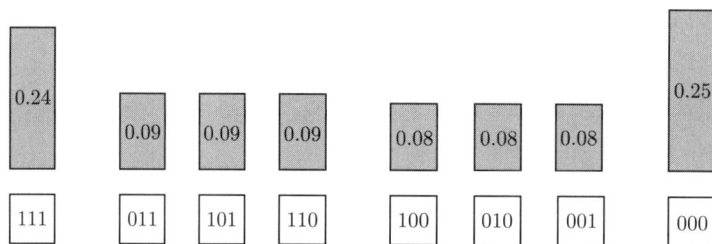

图 9.1    分块均匀分布与置换封闭性

从图 9.1 中可以发现, 块状均匀分布蕴含了四个子集, 且它们都是置换封闭的。因此有以下性质 (即命题 9.2), 该性质借助分块均匀分布更深刻地刻画了置换封闭性。

**命题 9.2**    NFL 定理在最优化问题集合 $\mathcal{F}$ 成立, 当且仅当 $\mathcal{F}$ 满足以下条件之一:

- $\mathcal{F}$ 是一个置换封闭的集合, 且集合中的每个问题都来自等可能的概率分布 $P(f) = \dfrac{1}{p}$, 其中 $p$ 为集合中问题的个数;

- $\mathcal{F}$ 包含多个置换封闭的子集, 这些子集来自等可能的概率分布 $P(f) = \dfrac{1}{s}$, 其中 $s$ 为子集的个数; 同时, 每个子集中的问题都来自等可能的概率分布 $P(f) = \dfrac{1}{p_i}$, 其中 $p_i$ 为第 $i$ 个子集中问题的个数。

总而言之, 满足置换封闭性的函数集合, 要么函数均匀分布; 要么包含多个子集, 每个子集的函数均匀分布, 且子集与子集之间均匀分布。理解了这一点, 就可以通过破坏 (分块) 均匀分布来超越置换封闭性, 从而获得免费午餐。

综合以上分析, 最优化算法数值比较的可行性可以归纳为如下的命题。

**命题 9.3**　当最优化算法不是黑箱优化算法时, NFL 定理不成立, 算法的数值比较是可行的。即使最优化算法都是黑箱优化算法, 它们的数值比较通常情况下也都是可行的。这里的通常情况指的是不包含如下极端情况的其他所有可能情况: ① 考虑了一切可能的最优化问题的测试函数集; ② 测试函数集是 ① 中集合的子集, 但满足分块均匀分布。

## 9.2　最优化算法数值比较的流程

最优化算法数值比较的主要目的包括: ① 在选定的测试问题集合中, 某个重点关注算法的性能是否跟其他算法不相上下, 甚至更好? 这个目的通常适用于新算法的提出或原有算法的改进, 此时重点关注的算法就是提出或改进的算法。② 在给定的最优化算法和测试问题集合中, 算法的性能排序是怎样的, 特别地, 哪个算法性能最好? 这个目的通常适用于算法竞赛场景。可以看到, 这两个目的都需要对这些算法的性能进行排序。要实现这两个具体目的, 首先要选定最优化算法和测试问题集合, 然后进行数值实验并记录过程数据, 最后通过分析过程数据得到算法的最终性能排序。

图 9.2 给出了最优化算法数值比较的流程图。从图 9.2 中可以看到, 整个流程主要包括三大步骤: 最优化算法与测试问题的选择、数值实验与数据收集以及数据分析与结果解读。下面分别进行介绍。

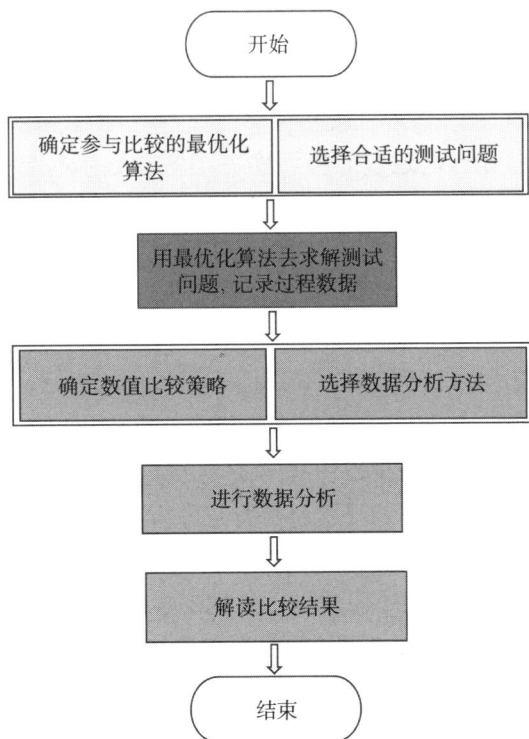

**图 9.2　对最优化算法进行数值比较的流程框架**

## 9.2.1  测试算法与测试问题的选取

最优化算法的数值比较, 首先要搞清楚 "谁跟谁比", 然后要搞清楚 "裁判是谁"。前者决定了最优化算法的选择, 而后者决定了选择什么样的测试问题以及选择多少测试问题。

1) 选择测试算法

"谁跟谁比" 的问题通常取决于数值比较结果的应用场景。一般有两类应用场景, 一类是算法竞赛, 另一类是算法改进或新算法的提出。这两类场景都很普遍。

算法竞赛场景包括在主流的国际会议中每年举行的算法竞赛, 如 CEC(IEEE Congress on Evolutionary Computation) 算法竞赛和 GECCO(Genetic and Evolutionary Computation Conference) 算法竞赛; 也包括在最优化和机器学习相关的问题或数据平台上举办的算法竞赛, 如 COCO(http://numbbo.github.io/coco/), Kaggle(https://www.kaggle.com/) 和阿里云天池 (https://tianchi.aliyun.com/)。第二类场景, 即最优化算法的改进或新算法的提出, 是最优化领域的研究热点。据笔者的不完全统计, 在数学规划领域有数十种算法, 在智能优化领域则更多, 至少有数百种算法。每年还有大量的论文讨论如何提升这些现有算法的数值性能。

在第一类应用场景中, "谁跟谁比" 的问题是相对简单的: 对所有参赛算法进行数值比较。也就是说, 任何一个参赛算法都会跟所有其他参赛算法进行比较。当然, 也有研究人员指出, 不能仅对每年参赛的算法进行比较, 还应该跟往年的获胜算法进行比较, 以更好地发现和推动最优化算法的性能提升[223-224]。总之, 在算法竞赛场景中, 所有 (本年度甚至跨年度) 参赛算法都需要进行数值比较。

在第二类应用场景中, 即在新算法提出或算法改进中, 一般只会将所提出或改进的算法跟其他相关算法进行数值比较。这里的相关算法具有较大的灵活性, 但通常是与所提出或改进算法同类型的主流算法。比如, 如果对某算法进行了改进, 则应当与改进前的版本进行比较; 同时, 要想论证这一改进具有良好效果, 还应当与该算法同类型的主流且性能最好的 (state of the art) 算法进行比较[225-226]。

2) 选择测试问题

最优化算法的数值比较可以类比成一场选举 (voting), 其中, 最优化算法是 "候选人", 而测试问题是 "选民"[227]。因此, 在确定了参与比较的最优化算法后, 需要确定谁来做 "裁判", 也即 "选民是谁"。这里仍要考虑应用场景是算法竞赛还是新算法提出或算法改进。

在最优化算法竞赛场景中, 测试问题通常由主办方给定。比如, 在 CEC 算法竞赛中, 由郑州大学的梁静教授的研究团队发布每年的竞赛测试问题[228]; 而在 COCO/BBOB 以及 GECCO 的 BBOB 算法竞赛中, 由法国巴黎理工学院的 Nikolaus Hansen 教授带领的 Randopt 研究团队发布[229-230]。以上两类测试问题都属于基准 (benchmark) 测试, 不直接来源于实际问题。在 Kaggle 和阿里云天池等平台的算法竞赛中, 竞赛测试问题由所在平台提供, 且往往来自企业的实际问题。

在新算法提出或算法改进场景中, 测试问题往往由算法提出者自主选择, 当然部分测试问题也可能来源于匿名审稿人的要求。在自主选择测试问题时, 并不能完全自由选择, 通常

需要遵从一定的 "行规"。首先，需要根据最优化算法的类型选择相应类型的测试问题，比如连续优化算法一般不能直接测试组合优化问题，而应该选择连续优化测试问题。其次，通常要选择一整个测试集合，而不是挑选集合中的部分测试问题。后一种情况往往会被视为故意挑选了对所提出算法有利的测试问题，而忽略了其他问题。此外，根据最近关于最优化算法数值比较悖论研究的结果，选择奇数个而不是偶数个测试问题组成的测试集合有利于显著降低循环排序悖论的发生[227]。最后，选择测试问题的最重要原则应该是，所选的测试问题集合能够充分代表所关注的最优化算法能够求解的最优化问题。然而不幸的是，目前尚没有成熟的理论指引如何度量测试问题集合的代表性。

9.3 节将介绍现有的一些测试问题及其集合[231]，特别是本书多处会用到的 Hedar 测试问题集[149]、CEC 测试问题集[232] 以及 BBOB 测试问题集[233-234]。同时，将详细介绍度量测试问题 (集) 的代表性的前沿研究进展。

## 9.2.2　数值实验与数据收集

最优化算法的数值比较，除了 9.2.1 节的 "谁跟谁比" 和 "裁判是谁" 问题，还要搞清楚 "评价指标是什么"，这涉及在数值实验中收集什么数据的问题。

假设有 $n_s$ 个最优化算法参与数值比较，选择了 $n_p$ 个测试问题，则这里的数值实验指的是，用这 $n_s$ 个最优化算法中的每一个去求解所有 $n_p$ 个测试问题。为了服务于数值比较的目标，开展数值实验的首要原则就是要保证公平性。下面介绍保证数值实验公平性的几点注意事项。

首先，在代码选用上，要选择主流的代码。各个最优化算法通常都有多种不同的代码实现版本，有的是算法提出者实现的，有的是后续的改进版本，有些优秀的算法还有商用软件的实现版本。因此，在数值比较中，需要选用算法提出者编写的版本或商用软件版本等主流版本，且在论文或报告中要给出明确说明。

其次，在参数设置上，应当采用默认参数或者主流的参数值。这样做的目的是让各个算法都发挥最佳性能，以保证数值比较的公平性。重要的参数设置也应当在论文或报告中明确说明。

再次，对于随机性最优化算法，需要在每个测试问题中独立测试多轮 (independent runs)。这样做是为了度量随机波动，以更好地反映该算法的数值性能。为了在后续的数据分析中能够借助于中心极限定理，通常要求独立测试次数在 30 次以上，在时间和成本允许的条件下通常测试次数越多越好。本书默认用 $n_r$ 来表示独立测试次数。

最后，也是最重要的，要确保每个算法求解同一个测试问题时花费的计算成本是相同的。为了数据分析的方便，这个要求通常会推广到每个算法在每次求解每个测试问题时，所花费的计算成本都是相同的。这里的计算成本一般采用目标函数值的计算次数 (number of function evaluations) 来度量，这是因为在最优化算法的数值测试中，目标函数值的计算往往是最费时间的。本书默认用 $n_f$ 来表示所花费的目标函数值计算次数。为了确保每个最优化算法在每次测试中都是因为花光了 $n_f$ 个函数值计算次数才退出的，需要关闭其他所有退出通道, 也即让算法的其他停止条件都失效。

在保证公平性的基础上实施数值实验的同时, 还要加入专门的代码, 来收集测试数据并用于后续的分析。收集哪些数据才能最好地度量最优化算法的数值性能呢?

根据第 8 章介绍的理论评价内容, 最优化算法的性能可以归纳为稳、快、准三类指标, 它们又都可以用计算成本、目标函数值以及 CPU 时间来反映。"准" 指的是找到的近似解距离真正的最优解近, 越近则越准, 可以用目标函数值来反映; "快" 指的是迅速地找到符合精度要求 (即准) 的近似解, 可以用目标函数值的计算次数及其函数值的配对来反映; 而 "稳" 可以理解为最优化算法求解出的测试问题越多则越稳, 也可以用目标函数值来反映。也就是说, 计算成本和目标函数值的配对就可以很好地描述稳、快、准三大指标了。再加上 CPU 时间受机器影响而不同等缺陷, 主流的方式就只用目标函数值的计算次数和目标函数值的配对来描述最优化算法的数值性能, 从而也只记录这两类数据。

具体来说, 在数值实验中, 需要记录每一次计算得到的目标函数值。对于某些基于梯度下降的经典算法, 记录的目标函数值序列自动是下降的, 即后一个值小于或等于前一个值。但是, 对于多数最优化算法, 由于采用了非单调 (非贪婪) 以及种群搜索等策略, 记录得到的目标函数值序列不是下降的。为此, 通常会对这个序列进行过滤: 如果后一个值比前一个值大则过滤掉 (用前一个值替换), 从而得到下降序列。

最后, 如果 $n_s$ 个最优化算法在 $n_p$ 个测试问题中进行测试, 且每个问题独立测试 $n_r$ 次 (对随机性最优化算法), 每次用光 $n_f$ 个目标函数值计算次数, 记录得到的过程数据可用如下的一个 $n_f \times n_r \times n_p \times n_s$ 的高维矩阵 (张量) 来存储。

$$H(1:n_f, 1:n_r, 1:n_p, 1:n_s)$$

其中, 元素 $h_{ijks}$ 是第 $s$ 个算法求解第 $k$ 个问题时在第 $j$ 轮测试中截止到第 $i$ 次函数值计算次数的最好目标函数值。矩阵符号 $H$ 是 history 的首字母。矩阵 $H$ 记录的数据很好地刻画了这 $n_s$ 个算法在这些 $n_p$ 个问题中的数值表现, 是后续数据分析的基础。

## 9.2.3 数据分析方法与数值比较策略

在获得了数值实验的过程数据 (矩阵 $H$) 后, 就可以来分析这些数据以推断算法的数值性能了。相对于 "谁跟谁比" "裁判是谁" 以及 "评价指标是什么" 这些问题, "如何分析数据" 更困难也更重要, 第 10 章和第 11 章将主要围绕 "如何分析数据" 这个问题展开深入分析。这里我们先进行粗略的介绍。

1) 数据分析方法

用于分析矩阵 $H$ 的数据分析方法目前有很多, 根据这些方法的操作对象, 可以分为面向单个测试问题的方法和面向整个测试问题集的方法两大类。前一类方法只能先在一个测试问题上进行分析, 然后汇总成整个测试问题集上的分析结果。这类方法包括 $L$ 形曲线法 (见图 9.3 的示例)、绝大多数基于假设检验的方法以及部分统计图形方法。后一类方法可以面向整个测试问题集, 直接得到整个集合上的分析结果, 主要包括基于累积分布函数的统计综合方法, 如 performance profile 方法[206] 和 data profile 方法[207](见图 9.4 的示例)。换句话说, 第一类方法需要从个体 (单个测试问题) 排序汇总成集体 (测试问题集) 排序, 而第二类方法直接产生集体排序。

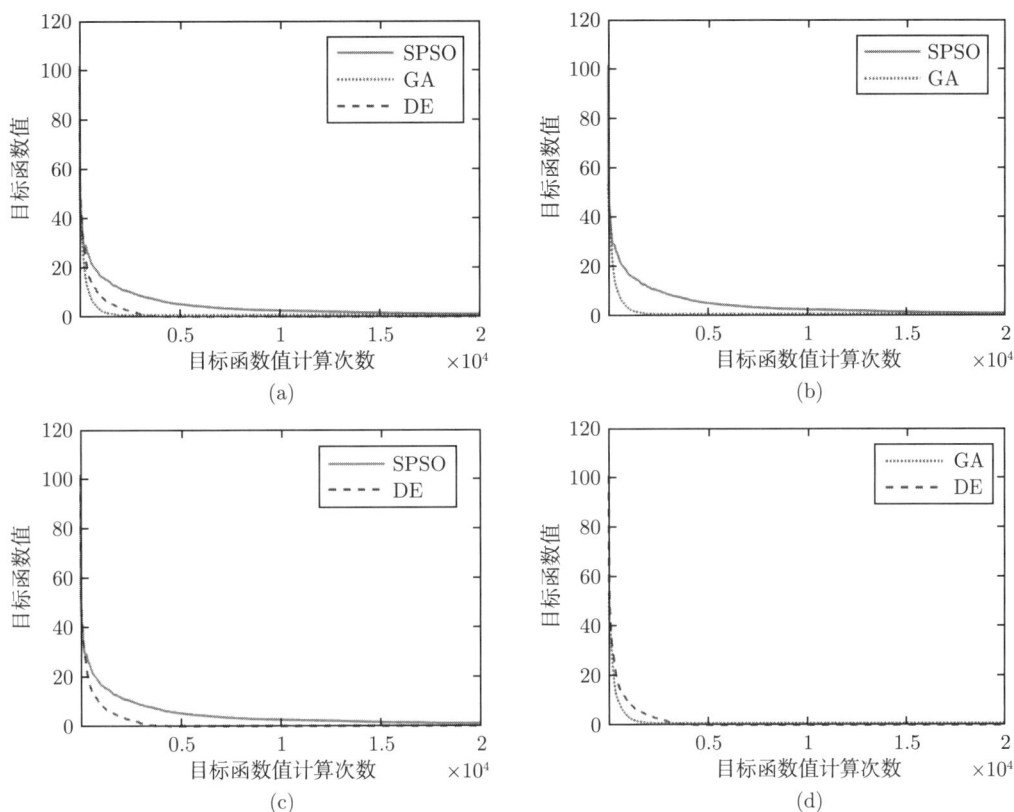

**图 9.3　$L$ 形曲线法的示例**

三个算法 SPSO、GA 和 DE 在 Hedar 测试集的第 40 号问题上的平均表现, 50 次独立运行, 每次运行的计算成本为 20000 次目标函数值计算次数

当然, 也可以将数据分析方法分成静态分析方法和动态分析方法两大类。前者关注单一时点处的寻优结果 (通常是最终结果), 而后者关注整个寻优过程。基于假设检验的方法都属于静态分析方法, 而 $L$ 形曲线法和基于累积分布函数的统计综合方法属于动态分析方法。当然, 静态分析方法也可以在一定程度上动态化, 比如考虑多个不同时间点处的比较结果[232]。当考虑了充分多时间点处的结果时, 就逐渐逼近动态分析方法了。

虽然迄今为止, 并没有一种数据分析方法在各方面都比其他方法好, 但总体上, 呈现出从静态到动态、从面向单个测试问题到面向整个测试问题集合的趋势。早期的数据分析方法比较简单, 常用 $L$ 形曲线法显示求解某个测试问题时的目标函数值下降历史 (随机时显示目标函数值的平均下降历史), 以及给出在一定计算成本下找到的最好目标函数值 (随机时提供均值和标准差)。对于随机性最优化算法, 随后加入了假设检验等统计推断方法来判断数值性能差异的显著性[208]。到本世纪初, performance profile 技术在数学规划中成为最主流的数据分析方法[206], 并由 data profile 技术推广到无导数优化领域[207]。这两大技术都已被进一步推广到了适用于随机性最优化算法[208]，并在智能优化等领域得到了很好的认可。最近的综述文献 [235] 在其 6.3 节第一段指出，用很大的表格提供最小值、最大值、平均值等描述性统计结果只能用于提供信息，还应该提供更丰富的可视化分析结果以及突出数值比较的最重要发现，而 data profile 等技术及其改进版本提供了这种可能性。

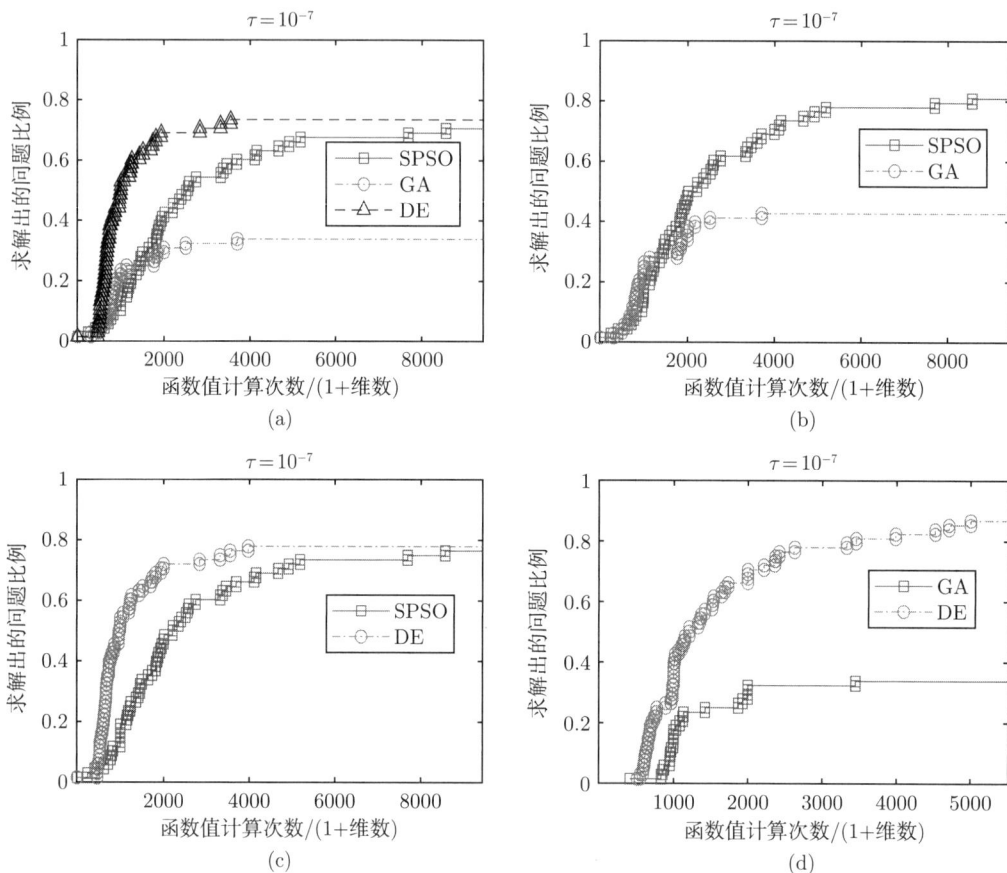

图 9.4　data profile 方法的应用示例

三个算法 SPSO、GA 和 DE 在 Hedar 测试集上的平均表现，50 次独立运行，每次运行的计算成本为 20000 次目标函数值计算次数

对数据分析方法的选择通常依赖于研究人员 (算法竞赛的组织者、算法的提出者或改进者以及工程实践人员) 的知识储备和方法惯性。对于数值最优化领域的研究生或其他新加入的研究人员，顺应上述趋势并掌握一种动态的、面向测试问题集合的数据分析方法，可以更好地适应未来的研究环境。

2) 数值比较的策略选择与悖论

一直以来，比较策略的选择都被隐含在数据分析方法的选择中，并没有得到足够的重视。最近的研究[227] 表明，所有的数据分析方法可以根据采用的比较策略分为两大类，第一类方法每次只能比较两个算法，称为采用 “C2” 策略的方法；另一类可以一次比较两个以上的算法, 称为采用 "C2+" 策略的方法。比如, 基于假设检验的方法通常都采用了 "C2" 策略, 而 $L$ 形曲线法和 data profile 技术等都采用了 "C2+" 策略。

当然, 采用 "C2+" 策略的数据分析方法, 也可以每次只比较两个算法, 分多次完成比较。比如, 如果用 $L$ 形曲线法来比较三个算法 $A_1, A_2, A_3$, 则对每个测试问题, 可以一次性将三个算法比较完, 如图 9.3(a) 所示; 也可以分三次完成, 每次分别比较 $A_1$ 和 $A_2$, $A_1$ 和 $A_3$, $A_2$ 和 $A_3$, 如图 9.3(b) $\sim$ (d) 所示。图 9.4 的四幅子图有类似含义, 其中图 9.4(a) 采用了 "C2+" 策略, 图 9.4(b) $\sim$ (d) 采用了 "C2" 策略。

于是, 如果选择了采用 "C2" 策略的数据分析方法, 如 Wilcxon 的秩和检验, 其比较策略只能是 "C2", 不需要再选择。但是, 如果选择了采用 "C2+" 策略的数据分析方法, 如 data profile 技术等, 是可以进一步选择比较策略为 "C2" 还是 "C2+" 的。

不同的比较策略有何不同的影响呢? 文献 [227] 的研究结果表明, 不同的比较策略可能带来不同的悖论。具体来说, 采用 "C2" 策略的数据分析方法可能导致循环排序 (cycle ranking) 悖论, 而采用 "C2+" 策略的数据分析方法可能导致非适者生存 (survival of the non-fittest) 悖论[227]。这表明, 比较策略对于最优化算法的数值比较具有深层次的影响。图 9.5 描述了 "C2" 和 "C2+" 两大比较策略与数据分析方法以及可能导致的对应悖论。

| 数据分析方法 | $t$ 检验<br>近似 $t$ 检验<br>Wilcoxon秩和检验<br>…… | $L$ 形曲线法<br>performance profile<br>data profile<br>…… |
|---|---|---|
| 比较策略 | "C2"策略 | "C2+"策略 |
| 可能悖论 | 循环排序 | 非适者生存 |

图 9.5　比较策略与数据分析方法以及可能导致的悖论

## 9.2.4　结果的汇总与解读

选好了数据分析方法并确定了比较策略后, 具体的数据分析过程主要是数值计算与结果汇总。这里的数值计算指的是, 根据数据分析方法的需要, 对矩阵 $\boldsymbol{H}$ 中的数据进行各种处理, 然后代入或导入数据分析方法, 得到比较结果。这里的比较结果如果是个体 (单个测试问题) 上的, 还得将它们汇总到整体 (测试问题集合) 上, 这被称为结果汇总。

1) 汇总单个测试问题上的排序

如果选择了面向单个测试问题的数据分析方法, 如 Wilcoxon 秩和检验, 则只能在每个测试问题上对两个算法进行统计检验, 得到的结果是这两个算法在该测试问题上是否有显著差异。对每个测试问题和任意两个算法都检验完毕后, 得到的是大量成对的显著性差异关系, 每一对要么有显著差异要么没有显著差异。结果汇总就是要将这些个体层面的显著差异关系汇总到整个测试问题集合上的显著差异关系或性能排序。

不难看出, 结果汇总并不是一件简单的事情。比如, 如果采用显著性检验, 一种处理办法是打分汇总: 在个体层面, 如果有显著差异, 显著好的算法打分为 2, 显著差的打分为 0; 如果没有显著差异, 则两个算法都打分为 1; 将每个算法的得分加起来, 就得到该算法的最终得分, 分值越高算法越好。然而, 这种处理方法合适吗? 是否会带来什么问题呢? 第 11 章将详细讨论这些话题, 更多细节请参阅文献 [11, 227, 236]。

幸运的是, 有一类数据分析方法不需要进行结果汇总, 它们能够直接得到算法在整个测试问题集合上的性能排序。这类方法就是面向测试问题集合的数据分析方法, 包括 performance profile 技术和 data profile 技术等, 如图 9.4(a) 所示。

2) 结果解读

在单个测试问题上的结果汇总完成后, 就获得了所有参与数值比较的算法在整个测试问题集合上的性能排序。这个排序就是数值比较的结果, 其呈现形式通常是表格或图形, 它可能是动态的, 也可能是静态的。如何解读这个比较结果呢?

解读数值比较结果最重要的原则是要实事求是, 不能任意延拓结果的适用范围。这里的适应范围至少应包括以下几个要素。

- 参与比较的算法: 如果这些算法发生变化 (新加入、退出或替换), 排序结果都可能发生变化。

- 选择的测试问题集合: 选择不同的测试问题集合, 排序结果很可能发生变化。

- 数值性能指标的度量依据: 通常关注最优化算法的 "稳、快、准" 等指标, 但用什么数据来度量却有不同的选择。常用的是不同计算成本下找到的最好目标函数值。如果换别的数据来度量, 比较结果可能发生变化。比如, 用 CPU 时间来度量算法的 "快", 与用目标函数值计算次数度量的 "快", 结果可能不一样。

- 采用的数据分析方法: 给定数据矩阵 $H$, 采用哪一种数据分析方法来分析它, 得到的比较结果很可能是不一样的。

- 采用的比较策略: 即便采用同一种数据分析方法, 在不同的比较策略下, 比较结果也可能不同。

- 个体排序到整体排序的汇总方式: 研究表明, 如何将单个测试问题上的个体排序汇总到测试问题集合上的整体排序, 对于比较结果有重要影响, 有些汇总方式甚至会产生悖论[227]。

总而言之, 不同于演绎的证明, 数值比较本质上是一种归纳方法, 其比较结果的成立离不开具体的条件。脱离这些条件谈数值比较结果是非常不妥的。

其次, 要尽可能围绕最优化算法评价的 "稳、快、准" 三大指标来解读比较结果。这是因为 "稳、快、准" 是评价一个最优化算法最重要的三大指标体系, 所以数值性能比较也得围绕它们来解读。这三类指标中, "快、准" 本来就可以归属到数值性能, 指的是 "尽可能**快**地找到尽可能**好**的近似解"。"稳" 虽然一般指的是算法的收敛性或稳定性, 但也可以体现在数值性能中, 指的是 "尽可能**多**地求解出测试问题"。因此, 在形式上, "稳、快、准" 分别对应着 "多、快、好"。在解读比较结果时, 要尽可能去回答 "哪个算法以最快的速度、最好的精度求解出最多的测试问题"? 而且, 可能不存在某个算法在这三大指标中都最好, 此时需要聚焦于两个甚至一个指标, 分别加以解读。

最后, 数值比较的目的不仅仅是给出最优化算法的性能排序, 也要注重从结果中分析或推断算法为什么好或不好。换句话说, 要知其然, 也要知其所以然。这一点要求比较高, 通常要结合算法的具体要素 (也称算子) 或者参数来分析。比如, 如果没有这个算子或参数, 性能有多大的影响; 如果参数值发生变化, 性能有多大的影响 (即灵敏度分析), 等等。从中可以发现影响算法数值性能的关键算子和参数设置, 并进一步指导后续的算法设计与分析。

## 9.3　测试问题的代表性度量

本节先介绍用于最优化算法数值比较的一些主流测试问题集合, 然后介绍如何来度量这些测试问题 (集合) 的代表性, 最后推荐一个具有良好代表性的测试问题集合。

### 9.3.1　常用测试问题集

为了对最优化算法进行数值测试和比较, 一些测试问题集被设计和构造出来, 它们被称为基准测试问题集 (sets of benchmark problems)。目前, 已有不少基准测试问题集可供各种类型的最优化算法测试选用。

表 9.1 给出了全局最优领域国际通用的一些基准测试问题集, 它们主要来自两个重要的最优化算法竞赛: CEC 算法竞赛和 BBOB 算法竞赛。CEC 算法竞赛由郑州大学梁静教授的团队主持, 从 2005 年开始, 每年在演化计算领域的国际主流会议 IEEE Congress on Evolutionary Computation (CEC) 开展。而 BBOB 算法竞赛由法国巴黎理工学院的 Nikolaus Hansen 教授带领的 Randopt 研究团队主持, 从 2009 年开始在演化计算领域的另一主流会议 Genetic and Evolutionary Computation Conference (GECCO) 举办, 后也在 IEEE Congress on Evolutionary Computation 开展。这两个算法竞赛的一大区别是, CEC 算法竞赛的测试集往往每年有所不同, 同一年也有不同赛道 (比如单目标、多目标等); 而 BBOB 算法竞赛的测试集合每年保持不变, 单目标优化算法只区分有无噪声, 多目标优化专注于双目标情形。

表 9.1一共给出了 21 个基准测试问题的集合, 其中 12 个适用于单目标无约束或有界约束优化 (无约束在实践中等价于有界约束), 4 个适用于单目标约束优化, 另外 5 个适用于多目标优化。可以发现, 某些年份的 CEC 算法竞赛有多个赛道。对 CEC 和 BBOB 测试问题集合感兴趣的读者, 可进一步查阅郑州大学计算智能实验室主页 (http://www5.zzu.edu.cn/cilab/Benchmark.htm), 以及 Nikolaus Hansen 教授的 COCO 平台 (http://numbbo.github.io/coco/testsuites)。对 Hedar 测试集感兴趣的读者可查阅日本京都大学系统优化实验室 (System Optimization Libratory) 主页 (http://www-optima.amp.i.kyoto-u.ac.jp/member/student/hedar//Hedar_files/TestGO.htm)。郑州大学计算智能实验室主页中列出了很多其他的一些集合, 感兴趣的读者请自行查阅。

表 9.1 列出的基准测试集主要用于单目标和多目标优化, 问题类型涵盖了无约束和有约束、有噪声和无噪声。这些测试集合包含的问题数量最少有 10 个, 最多达到 92 个, 但多

数在 $10 \sim 30$ 个。测试问题的维数最低为 2 维, 最高固定维数为 100 维, 另外部分测试问题的维数可变。相对来说, CEC 测试集合的问题维数要高一些, 而 BBOB 和 Hedar 集合的问题维数要低一些。

表 9.1 一些常用的基准测试问题集

| 名称 | 目标函数个数 | 问题个数 | 维数 | 问题类型 |
|---|---|---|---|---|
| CEC2005 | 单目标 | 25 | 10, 30, 50 | 无约束 |
| CEC2006 | 单目标 | 24 | $2 \sim 24$ | 有约束 |
| CEC2007 | 多目标 | 13 | 根据问题而定 | — |
| CEC2009 | 多目标 | 23 | 根据问题而定 | — |
| CEC2010 | 单目标 | 18 | 10, 30 | 有约束 |
| CEC2013 | 单目标 | 28 | 10, 30, 50 | 无约束 |
| CEC2014 | 单目标 | 30 | 10, 30, 50, 100 | 无约束 |
| CEC2015 | 单目标 | 15 | 10, 30, 50, 100 | 无约束 |
| CEC2016 | 单目标 | 15 | 10, 30 | 无约束 |
| CEC2017 | 单目标 | 29 | 10, 30, 50, 100 | 无约束 |
| CEC2017 | 单目标 | 28 | 10, 30, 50, 100 | 有约束 |
| CEC2019 | 单目标 | 10 | $9 \sim 18$ | 无约束 |
| CEC2020 | 单目标 | 10 | 5, 10, 15, 20 | 无约束 |
| CEC2020 | 多目标 | 24 | 根据问题而定 | — |
| CEC2021 | 单目标 | 10 | 10, 20 | 无约束 |
| CEC2021 | 多目标 | 50 | 根据问题而定 | — |
| BBOB | 单目标 | 30 | 2, 3, 5, 10, 20, 40 | 有噪声 |
| BBOB | 单目标 | 24 | 2, 3, 5, 10, 20, 40 | 无噪声 |
| BBOB | 双目标 | 92 | 根据问题而定 | — |
| Hedar | 单目标 | 68 | $2 \sim 48$ | 无约束 |
| Hedar | 单目标 | 16 | $2 \sim 20$ | 有约束 |

一般来说, 一个测试集会包含多个种类的测试问题, 以及从低到高不同维数的问题, 以更好地检验算法的鲁棒性 (robustness)。此外, 一个重要提醒是, 在使用这些基准测试集来测试全局最优化算法时, 通常要求将测试集中的问题视为黑箱问题。换言之, 虽然这些测试问题都有显式的数学表达, 但不能利用它们的任何结构信息, 只能去计算它们的函数值。这是全局最优化算法和局部优化算法的一大区别。

介绍完基准测试集, 一个自然的问题是, 这么多基准测试集, 在实践中究竟该如何选择呢? 很遗憾的是, 这个问题并没有明确的答案。除了根据最优化算法的类型 (单目标或多目标, 离散或连续变量, 无约束或有约束等) 进行必要的筛选外, 目前通常的做法仍然是经验性的: 选择比较主流的或自己熟悉的基准测试集。本章的后续内容, 将专注于介绍测试问题集合代表性度量方面的前沿研究成果及相关进展, 希望有助于读者朋友们更好地选择合适的基准测试集合。

## 9.3.2　测试问题的代表性: 三种定义

用数值比较的途径来论证一个最优化算法是否有效, 往往依赖于一个基本假设: 所选择的测试问题具有足够的代表性。这涉及如何度量测试问题的代表性。根据文献 [237], 本节先定义什么叫作一个测试问题 (集) 的代表性, 然后介绍如何计算这种代表性。

一个好的测试问题集合应该有良好的代表性, 代表测试的最优化算法能够遇到的所有最优化问题。比如, 对于有界约束的单目标优化算法来说, 一个好的测试问题集合应该能够代表所有可能的具有有界约束的单目标优化问题。然而, 如何度量这个代表性呢? 考虑到所有可能的具有有界约束的单目标优化问题是一个无穷集合, 且是一个实无穷集合, 这显然不是一个容易回答的问题。

为了推进测试问题集合的代表性度量研究, 文献 [237] 把这个问题分解成为如下的三个子问题, 并提出了三个不同层次的代表性定义。

- 代表性问题 1: 在所有可能的**优化问题**中, 所选择的测试问题集的代表性如何?
- 代表性问题 2: 在所有可能的**实际优化问题**中, 所选择的测试问题集的代表性如何?
- 代表性问题 3: 在所有可能的**测试问题**中, 所选择的测试问题集的代表性如何?

上述三个子问题的区别在于 "总体" 不同, 从问题 1 到问题 3, "总体" 越来越小。为了论述方便, 分别记所有可能的优化问题、所有可能的实际优化问题和所有可能的测试问题为集合 $\mathbb{P}_1, \mathbb{P}_2, \mathbb{P}_3$。由于优化问题包括实际优化问题和虚构的优化问题, 前者指的是人类在各类实践活动中能够遇到的最优化问题, 而后者指的是除前者之外的所有其他最优化问题, 所以 $\mathbb{P}_2 \subset \mathbb{P}_1$。另外, 所有可能的测试问题肯定是实际优化问题的一个子集, 因为这些测试问题要么来自生产实践, 要么来自科学研究, 所以有 $\mathbb{P}_3 \subset \mathbb{P}_2$。此外, 第一个和第二个 "总体" 都是实无穷集合, 而第三个 "总体" 却很可能是有限集合或者可数无穷集合。

针对上述三个问题, 文献 [237] 定义了与之对应的三种代表性问题, 它们分别被称为 I 型、II 型以及 III 型代表性问题。

**定义 9.1**　*I 型代表性问题试图研究的是, 所选的测试问题集在所有可能的优化问题集合 $\mathbb{P}_1$ 中具有多大的代表性; II 型代表性问题试图研究的是, 所选择的测试问题集在所有可能的实际优化问题集合 $\mathbb{P}_2$ 中具有多大的代表性; 而 III 型代表性问题试图研究的是, 所选的测试问题集在所有可能的测试问题集合 $\mathbb{P}_3$ 中具有多大的代表性。*

理想情况下, 选择的测试问题集应该能够代表所有可能的优化问题, 其中包括人类可能遇到的以及不可能遇到的优化问题。因此, I 型代表性问题可以认为是测试问题代表性研究在理论上的终极目标, 而 II 型代表性问题是实践中的终极目标。然而, 遗憾的是, 集合 $\mathbb{P}_1$ 和集合 $\mathbb{P}_2$ 都是不可数无穷集合, 这使得 I 型和 II 型代表性问题非常难以解决。

幸运的是, 集合 $\mathbb{P}_3$ 是 $\mathbb{P}_2$ 的一个合理近似, 这一点也是这些测试问题集合存在的价值所在。基于这一理由, III 型代表性问题在理论上是 I 型和 II 型代表性问题的一种良好逼近。另外, 由于集合 $\mathbb{P}_3$ 是可以收集得到的, 或者说是可以比较充分描述的, 因此 III 型代表性问题是可计算的。本节后续内容主要介绍针对 III 型代表性问题的相关研究成果, 目前, 其他两个代表性问题的研究成果还非常少。

### 9.3.3 测试问题的代表性度量: 一种方法框架

Ⅲ 型代表性问题要度量所选的测试问题集在所有可能的测试问题中的代表性, 这里的 "总体" $\mathbb{P}_3$ 是根据最优化算法的类型来收集的, 并不是各种不同类型测试问题的简单堆砌。因此, 至少在理论上, 集合 $\mathbb{P}_3$ 是可以完全收集的, 在实践中也是有希望充分收集的。本小节介绍的度量方法就基于充分收集得到的集合 $\mathbb{P}_3$, 分两阶段完成代表性分析。第一阶段, 构建一个能够描述集合 $\mathbb{P}_3$ 的特征矩阵; 第二阶段, 计算单个测试问题或一个测试问题集合的代表性。图 9.6 总结了这两个阶段的主要步骤。注意, 本节介绍的是方法框架, 9.3.4 节将以无约束单目标场景为例给出具体的计算结果。

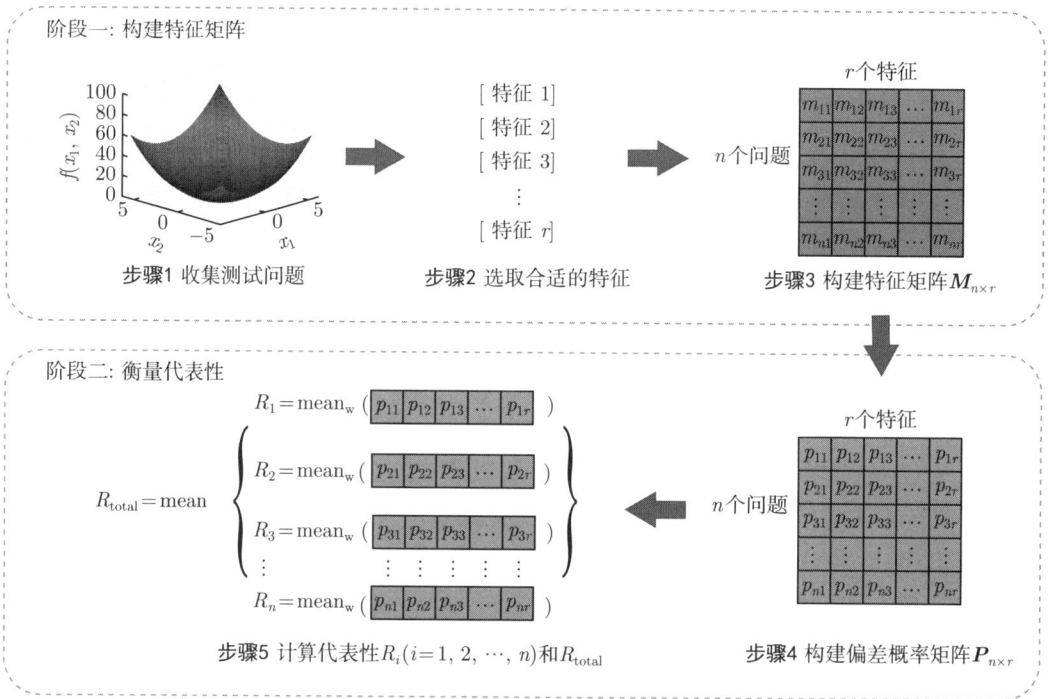

**图 9.6 Ⅲ 型代表性问题的计算流程图 (见文后彩图)**

1) 阶段一: 构建特征矩阵

首先, 收集测试问题。为了处理 Ⅲ 型代表性问题, 收集所有可能的测试问题是一个首要任务。在收集测试问题之前, 必须根据最优化算法的特征和类型, 确定测试问题的相应类型。比如, 根据决策变量类型区分连续优化、离散优化或混合优化问题; 根据目标函数的数量, 区分单目标优化问题或多目标优化问题; 根据是否存在约束条件, 区分无约束问题或有约束优化问题, 等等。在明确了测试问题的类型之后, 尽可能收集现有的所有此类测试问题, 并记录每个测试问题的基本信息 (维度, 搜索空间, 最优值等)。

其次, 选取合适的特征。收集完测试问题后, 需要提取它们的特征信息。理论上, 每个测试问题都有很多特征, 包括外部特征或内部特征、数值特征和非数值特征, 等等。选取哪些特征来描述这些测试问题, 既要顾及测试问题自身的规律, 也要考虑最优化算法和问题的类型等各种约束。前者涉及测试问题的构成要素及方式、可分性、多模态等, 后者涉及多目标优化、约束优化、离散优化等的特定特征。

最后, 构建特征矩阵。根据选取的特征, 计算每个测试问题在每个特征上的值, 这可能涉及对非数值特征 (如可分性等) 的数值化。在数值化处理结束后, 可以得到一个特征矩阵, 记为 $\boldsymbol{M} = (m_{ij})_{n \times r}$, 其中 $n$ 表示测试问题的数量, $r$ 表示特征的个数, $m_{ij}$ 指的是第 $i$ 个测试问题的第 $j$ 个特征值。

第一阶段得到的特征矩阵是 III 型代表性度量方法的关键。需要指出的是, 特征矩阵具有可扩展性, 包括行可扩展性和列可扩展性。行可扩展性也称为问题可扩展性, 指的是当有了新的测试问题或者发现漏掉了部分测试问题时, 只需要补充这些测试问题对应的特征数据 (每个测试问题对应一行), 并不会影响矩阵已有的数据。列可扩展性也称为特征可扩展性, 指的是当需要加入某个新的特征时, 只需要补充一列数据即可, 同样不会影响矩阵已有的数据。

当特征矩阵构建完成后, 就实现了对现有所有测试问题的重要特征的刻画。如果抛开“哪些特征是重要特征”的争议, 特征矩阵的构建意味着对所有测试问题组成的“社会”进行了普查, 普查数据足以对单个测试问题或某些测试问题的代表性进行度量。下一小节的任务就是在特征矩阵的基础上, 介绍如何度量单个测试问题的代表性, 并进一步度量整个测试问题集的代表性。

2) 阶段二: 衡量代表性

在社会科学中, 度量个体对群体的代表性通常借助于统计学, 分析该个体对群体中心的偏离程度, 偏离越小说明该个体越接近群体的中心, 从而在群体中越有代表性; 反之, 偏离程度越大则表明该个体越没有代表性。阶段二的偏差概率矩阵 $\boldsymbol{P}$ 就起着度量个体对群体中心偏离程度的作用。下面详细描述如何从特征矩阵 $\boldsymbol{M}$ 计算出偏差概率矩阵 $\boldsymbol{P}$。对于数值特征和非数值特征, 其偏差概率值的计算方式有所不同。

- 数值特征的偏差概率值计算。要计算个体对群体中心的偏离, 需要给定特征。具体来说, 对任意给定的一个特征, 先计算所有测试问题在该特征下的中心, 然后才能计算出个体的特征对该中心的偏离。目前, 对于任何类型的测试问题, 现有的测试问题数量通常都足够大, 可以借助中心极限定理来计算个体对中心的偏离。根据中心极限定理, 对给定的特征, 所有测试问题的平均值分布近似于正态分布。因此, 可以采用经典的归一化方法 $z$ 值来描述偏差值:

$$z_{ij} = \frac{m_{ij} - \bar{m}_j}{s_j} \tag{9.4}$$

其中, $m_{ij}$ 是测试问题 $i$ 的第 $j$ 个特征值; $\bar{m}_j$ 和 $s_j$ 分别是所有测试问题在第 $j$ 个特征上的平均值和标准差, 也即是特征矩阵 $\boldsymbol{M}$ 的第 $j$ 列的平均值和标准差。由于 $z_{ij}$ 可能为正值, 也有可能是负值, 为便于分析, 可以将 $z_{ij}$ 转化成标准正态分布下的 $p$ 值, 注意是单边 $p$ 值的两倍, 即

$$p_{ij} = 2(1 - \Phi(|z_{ij}|)) \tag{9.5}$$

其中, $\Phi(|z_{ij}|)$ 是 $z_{ij}$ 对应的标准正态分布值。因为 $p_{ij}$ 表示了偏差 $z_{ij}$ 的概率值, 所以称 $\boldsymbol{P}$ 为偏差概率矩阵。显然, $p_{ij}$ 取值在 [0,1] 范围内, 值越小, 表明偏差 $z_{ij}$ 的绝对值越大, 也即特征 $m_{ij}$ 相对平均值的偏差越大, 从而数据就越异常或者说越没有代表性。反之, $p_{ij}$ 越大表明 $m_{ij}$ 越有代表性。

- 非数值特征的偏差概率值计算。非数值特征的取值一般是离散的, 如果采用上述基于中心极限定理的偏差概率计算方法, 误差可能会很大。文献 [237] 建议直接采用每个取值占总体的比例来代表偏差概率值。具体来说, 先把非数值特征的所有可能取值列出, 计算每种取值的比例, 然后定义每个测试问题在该特征上取值的比例就是其偏差概率值, 即

$$p_{ij} = \frac{\text{特征矩阵第} j \text{列中} m_{ij} \text{的出现频数}}{\text{特征矩阵的行数}} \tag{9.6}$$

根据这一定义, $p_{ij}$ 的取值也在 [0,1] 范围内, $p_{ij}$ 越小, 说明取值为 $m_{ij}$ 的频数越少, 从而该值就越没有代表性。

综合以上步骤, 就实现了从特征矩阵 $\boldsymbol{M}$ 到偏差概率矩阵 $\boldsymbol{P} = (p_{ij})_{n \times r}$ 的计算, 其中 $n$ 和 $r$ 分别表示测试问题的数量和特征的数量。每个元素满足 $0 \leqslant p_{ij} \leqslant 1$, 其值越小就说明特征 $m_{ij}$ 越异常或越没有代表性, 反之越大则越正常或越有代表性。

最后, 衡量测试问题的代表性。给定偏差概率矩阵, 每个测试问题的代表性可以通过其特征值的加权平均来确定[237]。

**定义 9.2** 给定偏差概率矩阵 $\boldsymbol{P}$, 设第 $i$ 个测试问题的偏差概率值为 $p_{ij}, j = 1, 2, \cdots, r$。则该测试问题相对于所有测试问题的代表性定义为

$$R_i = \frac{\sum\limits_{j=1}^{r} w_j p_{ij}}{\sum\limits_{j=1}^{r} w_j} \tag{9.7}$$

其中, $w_j$ 表示第 $j$ 个特征的权重。

也就是说, 一个测试问题的代表性等于其各个特征的偏差概率的加权平均。由于 $0 \leqslant p_{ij} \leqslant 1$, 所得到的代表性也有 $0 \leqslant R_i \leqslant 1$, 且越接近 1 表示该测试问题越有代表性, 反之越接近 0 则表示越没有代表性。我们把它归纳为如下的性质 (即命题 9.4)。

**命题 9.4** 一个测试问题的代表性取值在 [0,1] 上, 越接近 1 则该测试问题越有代表性, 反之越接近 0 则越没有代表性。

更进一步, 一组测试问题的代表性可以用各个测试问题代表性的平均值来描述。

**定义 9.3** 假设一个测试问题集合有 $k$ 个测试问题, 各个测试问题的代表性为 $R_i, i = 1, 2, \cdots, k$, 则这个测试问题集合的代表性为

$$R = \frac{1}{k} \sum_{i=1}^{k} R_i \tag{9.8}$$

类似地, 有如下的性质 (即命题 9.5)。

**命题 9.5**　一个测试问题集合的代表性取值在 $[0,1]$ 上, 越接近 1 则该测试问题集合越有代表性, 反之越接近 0 则越没有代表性。

前面的介绍表明, 只要选定测试问题的类型, 收集到所有的或充分多的此类测试问题, 然后选择它们的重要特征, 就可以遵循以上方法框架来度量这些测试问题 (集) 的代表性了。9.3.4 节以单目标无约束或有界约束优化为例, 介绍如何完成具体的计算。

## 9.3.4　测试问题的代表性度量: 单目标无约束条件下的实践

无约束单目标连续优化算法是一切最优化算法的重要基础, 本节的内容既是 9.3.3 节方法的一个计算示例, 也是最优化算法的测试问题代表性研究的重要组成部分。

1) 步骤 1: 测试问题的收集

根据定义 9.1, Ⅲ 型代表性问题要度量某个测试问题或测试问题集合在所有测试问题集合 $\mathbb{P}_3$ 中有多大的代表性。因此, 收集到充分多甚至所有可能的测试问题是首要任务。由于测试问题 (集) 是动态变化的, 很难保证一个不漏地收集到所有同类型的测试问题。所以, 根据文献 [237], 收集到充分多的测试问题也就有较强的说服力了。

文献 [237] 收集到 1000 多个无约束单目标连续优化测试问题, 它们主要来自于流行的测试问题集, 如 CEC 测试集[232,238-243], BBOB/COCO 测试集[233-234], Hedar 测试集[149], 以及文献 [244] ~ 文献 [251] 提供的测试问题。注意可变维数的测试问题其不同维度被视为不同的测试问题。这些测试问题可以大致分为以下四种类型。

- 基本问题: 基本测试问题指的是单个函数构成的测试问题, 如 Sphere 函数, Rastrigin 函数和 Rosenbrock 函数, 等等。对单个函数进行平移或旋转操作之后得到的新测试问题也可以看作是基本测试问题, 如 Shifted Sphere, Rotated Rastrigin 和 Shifted and Rotated Rosenbrock, 等等。利用基本测试问题, 可以组成更加复杂的测试问题。

- 混合问题: 混合测试问题的决策变量会被随机划分成几个组 (称为子组件)。每个子组件由不同的基本测试问题混合构成。该设计理念源自现实世界优化问题的启发, 对于一个完整的供应链问题, 其包括了供应商、制造商、分销商、零售商以及消费者五个主体, 不同主体之间的决策目标也不同。那么可以认为实际中的优化问题, 不同的子组件中决策变量的属性可能也不同。

- 组合问题: 与混合测试问题不同的是, 组合问题是两个或两个以上的基本测试问题 (或混合测试问题) 以线性组合的形式构成的。

- 其他测试问题: 这里指 BBOB/COCO 测试集中的有噪声和无噪声测试问题。

2) 步骤 2: 测试问题的特征选取

文献 [237] 采用了 11 个特征来刻画这些测试问题的特征, 包括 5 个数值特征和 6 个非数值特征。其中, 数值特征是一些定量特征, 从几何或代数的角度描述了测试问题的适应度地形 (fitness landscape) 特征[252]; 而非数值特征是一些定性特征, 通常只能取有限个值。

表 9.2 列出了这 11 个特征的名称及其所刻画的内涵。这里的外部特征指的是这个测试问题 "长相如何",具体来说是由哪些基本初等函数组成? 以何种形式构建? 而内部特征描述测试问题的 "内在性格和特质",比如可分吗? 多峰吗? 崎岖吗? 对凸性的偏离程度如何? 搜索难度如何? 等等。它们的详细定义和计算方法详见文献 [11] 和文献 [237]。

表 9.2　5 个数值特征和 6 个非数值特征的概括描述

| 特征名称 | 刻画的性质 | 特征类型 | 内涵与取值 |
|---|---|---|---|
| 指数函数 (EF)<br>幂函数 (PF)<br>三角函数 (TF)<br>反三角函数 (ITF)<br>对数函数 (LF) | 外部特征 | 非数值型 | 描述了该问题由哪些基本初等函数以何种方式组成。取值为 {0, 1, 2}: 0 表示该初等函数不存在; 1 表示该初等函数以非复合形式存在; 2 表示该初等函数以复合形式存在 |
| 可分性 (Sepr) | 可分性 | 非数值型 | 描述测试问题是否可分, 取值为 {0, 1, 2}: 2 表示完全可分; 1 表示部分可分; 0 表示不可分 |
| 分散度 (DM) | 多模性 | 数值型 | 取值可正可负; 负值表示测试问题比较近似单峰结构, 而正值则表示更接近多峰结构; 偏离 0 越大, 结构越明确 |
| 平均绝对梯度 ($G_{avg}$) | 陡峭性 | 数值型 | 取值正数; 值越高, 说明地形陡峭程度越厉害; 反之则越平坦 |
| 绝对梯度标准差 ($G_{dev}$) | 崎岖性 | 数值型 | 取值正数; 值越高, 说明地形的陡峭性变化越大, 即地形越崎岖, 反之值越低则地形越不崎岖 |
| 凸性偏离的信息地形 (ILcd) | 凸性 | 数值型 | 取值于 [0, 1]: 值越接近 0 表示凸性越好; 反之, 值越接近 1 则凸性越差 |
| 适应值距离相关系数 (FDCs) | 搜索难度 | 数值型 | 取值于 [−1, 1], 数值越接近 1, 说明测试问题的搜索难度较低; 反之则越高 |

3) 步骤 3: 现有测试问题的特征矩阵

前两个步骤收集了 1142 个单目标无约束连续优化的测试问题,并选择了 11 个特征来描述这些问题的外在和内在特征。对每个测试问题,这些特征用数据表示后就成为一个反映该问题的 "特征向量",于是可以用一个 $1142 \times 11$ 的特征矩阵 $M$ 来描述所有测试问题在 11 个特征上的表现。这个特征矩阵就成了后续代表性度量的基础。

4) 步骤 4: 现有测试问题的偏差概率矩阵

根据 9.3.3 节介绍的方法,在获得了特征矩阵 $M$ 后,就可以通过式 (9.4)、式 (9.5) 和式 (9.6) 计算出偏差概率矩阵 $P$。这是一个 $1142 \times 11$ 的矩阵,每一行对应着一个测试问题,每一列对应着一个特征的偏差概率。具体来说,第 $i$ 个测试问题在第 $j$ 个特征上的偏差概率记为 $p_{ij}$,表示这个测试问题的该项特征在所有测试问题的该项特征中的偏离程度,并以概率值表示出来,概率值越大表示代表性越好,反之概率值越小表示代表性越差。这些偏差概率的均值和标准差由表 9.3 给出。

表 9.3　11 个特征偏差概率值的均值和标准差

| 非数值特征 | 可分性 | 指数函数 | 幂函数 | 三角函数 | 反三角函数 | 对数函数 |
|---|---|---|---|---|---|---|
| 平均值 | 0.6496 | 0.5519 | 0.7783 | 0.4809 | 0.9983 | 0.8372 |
| 标准差 | 0.2566 | 0.1526 | 0.2485 | 0.0922 | 0.0295 | 0.2349 |
| 数值特征 | DM | FDCs | ILcd | $G_{\mathrm{avg}}$ | $G_{\mathrm{dev}}$ | |
| 平均值 | 0.5174 | 0.4614 | 0.4909 | 0.6858 | 0.6916 | |
| 标准差 | 0.2552 | 0.2777 | 0.2818 | 0.2041 | 0.2185 | |

5) 步骤 5: 单个测试问题的代表性

根据 9.3.3 节介绍的 Ⅲ 型代表性问题的计算方法, 单个测试问题的代表性定义为所有特征的偏差概率值的加权平均。具体来说, 对于第 $i$ 个测试问题, 其代表性定义为

$$R_i = \frac{\sum\limits_{j=1}^{11} w_j p_{ij}}{\sum\limits_{j=1}^{11} w_j}, \quad i = 1, 2, \cdots, 1142 \tag{9.9}$$

根据文献 [237], 权重向量取为 $\boldsymbol{w} = [0.2, 0.2, 0.2, 0.2, 0.2, 1, 1, 1, 1, 1, 1]$, 即 5 个基本初等函数的权重之和为 1, 其余权重都设为 1。这样做的理由是, 这 5 个特征是一个整体, 它们共同组成了测试问题的外在 "长相" 特征。

计算出所有测试问题的代表性后, 可得到如图 9.7 所示的散点图。可以发现, 每个维度上测试问题的代表性基本都在 [0.3, 0.9] 上, 且分布比较均匀。我们把它总结为如下的命题 9.6。

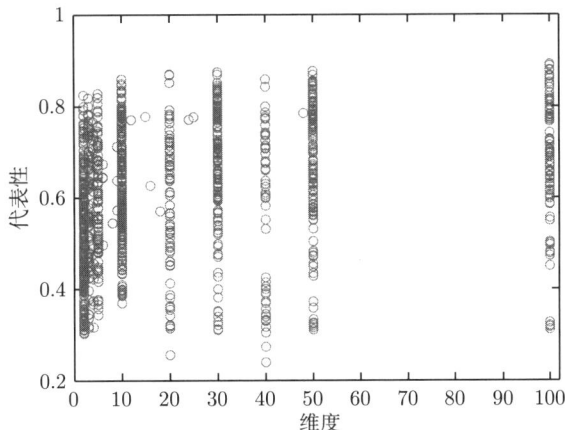

图 9.7　所有测试问题的代表性

**命题 9.6**　现有单目标无约束连续优化测试问题的代表性在 [0.3, 0.9] 上大致服从均匀分布。

6) 常见测试问题集的代表性

知道了单个测试问题的代表性, 可以进一步根据定义 9.3 计算整个测试问题集的代表性。表 9.4 给出了计算结果。其中, $R\_D$ 表示 $D$ 维测试问题的代表性, $R_{\text{total}}$ 表示整个测试问题集的代表性。从表 9.4 可知, CEC 测试集、BBOB 测试集和 Hedar 测试集的代表性都在 0.5 以上, 代表性较好。CEC 系列测试问题集合的代表性在 $0.59 \sim 0.75$, 最高的是 CEC2017, 其代表性达到了 0.7104。两个 BBOB 测试集的代表性总体低于 CEC 测试问题集合。结合命题 9.6, 虽然单个测试问题的代表性大致在 $[0.3, 0.9]$ 上, 但常用的测试问题集合的代表性在 $[0.55, 0.75]$ 上。我们把它总结为下面的命题。

表 9.4　Hedar, CEC 和 BBOB 测试问题集的代表性

| 代表性 | CEC2005 | CEC2013 | CEC2014 | CEC2015 | CEC2016 | CEC2017 |
|---|---|---|---|---|---|---|
| $R\_10$ | 0.6449 | 0.6106 | 0.6338 | 0.6654 | 0.6113 | 0.6715 |
| $R\_30$ | 0.6521 | **0.6322** | 0.6573 | **0.6970** | **0.6352** | 0.7285 |
| $R\_50$ | **0.6586** | 0.6091 | **0.6821** | 0.6853 | — | **0.7321** |
| $R\_100$ | — | — | 0.6749 | 0.6700 | — | 0.7097 |
| $R_{\text{total}}$ | 0.6519 | 0.6173 | 0.6620 | 0.6794 | 0.6233 | 0.7104 |

| 代表性 | CEC2019 | CEC2020 | BBOB2009 (无噪声) | BBOB2009 (有噪声) | Hedar | HR 测试集 |
|---|---|---|---|---|---|---|
| $R\_2$ | — | — | 0.5613 | 0.5886 | — | — |
| $R\_3$ | — | — | 0.5559 | 0.6137 | — | — |
| $R\_5$ | — | — | 0.5857 | **0.6211** | — | — |
| $R\_10$ | — | 0.6288 | 0.6224 | 0.5718 | — | — |
| $R\_20$ | — | — | 0.6668 | 0.5190 | — | — |
| $R\_40$ | — | — | **0.6741** | 0.4765 | — | — |
| $R_{\text{total}}$ | 0.5932 | 0.6471 | 0.6121 | 0.5651 | 0.5562 | **0.8475** |

**命题 9.7**　在单目标无约束连续优化领域, 现有常用的测试问题集合的代表性在 $[0.55, 0.75]$ 上。

## 9.3.5　一个高代表性的测试问题集

如果将这些测试问题的代表性从大到小排序, 并取前 5% 的测试问题组成新的测试问题集, 那么这个集合的代表性达到了 0.8475。为便于讨论, 本书称这个测试集为高代表性测试问题集, 简称 HR 测试集 (high representativeness test suite), 这个集合一共有 $\lfloor 1142 \times 5\% \rfloor = 57$ 个测试问题, 这里取奇数个的理由是遵循文献 [227] 的建议, 以降低循环排序悖论的发生概率。

HR 测试问题集全部来源于 CEC 和 BBOB 测试集, 其中 12 个来自 BBOB 和 BBOB-noisy 测试集, 其余 45 个来自 CEC 系列测试集。基于本章的理论和方法, 这个 HR 测试集合将可以对单目标无约束连续优化算法的数值性能测试提供更好的基础。对这些测试问题感兴趣的读者请参阅文献 [237]。

# 习题与思考

1. 最优化算法的理论评价有何缺点? 最优化算法的数值比较有何优点?

2. 本书介绍的哪些算法一定存在免费午餐? 为什么?

3. 为什么说最优化算法的数值比较总体上是可行的? 什么情况下不可行? 如何避免这一情况的发生?

4. 最优化算法的动态比较与静态比较对数值试验数据的选取有何不同的要求? 这两类比较方法各有哪些优缺点?

5. 面向单个测试问题的数据分析方法和面向整个测试集的数据分析方法各有哪些优缺点? 它们对数值实验数据的选取有何不同的要求?

6. 为什么说最优化算法的数值比较只有 "C2" 和 "C2+" 两种比较策略? 理论上存在其他策略吗? 这些策略在实践中可行吗?

7. 如何理解理论上 "稳, 快, 准" 的三大指标对应着数值上 "多, 快, 好" 三个指标?

8. 如何理解测试问题代表性的三个不同层次上的定义? 这种分层定义的优点和缺点有哪些? 你能给出更好的代表性定义吗?

9. 在 Ⅲ 型代表性问题的计算中 (参考图 9.6), 特征矩阵的计算步骤中的难点是什么? 衡量代表性步骤的难点是什么? 有其他的途径或选择吗?

10. 9.3.5 节给出的高代表性 HR 测试集中的测试问题有哪些共同点? 研究中用这个测试集进行测试的话, 有哪些好处和不足?

统计学是关于收集和分析数据的科学和艺术。——《不列颠百科全书》

在选择了参与数值比较的 $n_\mathrm{s}$ 个最优化算法和 $n_\mathrm{p}$ 个测试问题, 并完成了数值实验以后, 过程数据存储在如下的 $n_\mathrm{f} \times n_\mathrm{r} \times n_\mathrm{p} \times n_\mathrm{s}$ 高维矩阵中。

$$\boldsymbol{H}(1 : n_\mathrm{f}, 1 : n_\mathrm{r}, 1 : n_\mathrm{p}, 1 : n_\mathrm{s}) \tag{10.1}$$

其中, $n_\mathrm{r}$ 表示每个算法对每个测试问题进行了 $n_\mathrm{r}$ 轮的独立测试, 对确定性算法, $n_\mathrm{r} = 1$; $n_\mathrm{f}$ 表示每一轮测试的计算成本统一为 $n_\mathrm{f}$ 个目标函数值计算次数; 其元素 $h_{ijks}$ 是第 $s$ 个算法求解第 $k$ 个问题时在第 $j$ 轮测试中截止到第 $i$ 次函数值计算次数的最好目标函数值。此时, 这些数据已经成为客观实在, 如何分析这些数据, 以获得最优化算法数值性能的比较结果, 就成了最重要的任务。本书的后续部分将论证, 这个任务并没有想象得那么简单和直接, 它甚至是令人困惑的同时也是充满魔幻色彩的[227]。

本章首先介绍用于分析矩阵 $\boldsymbol{H}$ 的方法, 本书把这些方法统称为数据分析方法。本章主要介绍三大类数据分析方法, 它们按照时间发展顺序, 分别是描述性统计法与 $L$ 形曲线法、基于统计检验的方法和基于累积分布函数的方法。根据对矩阵 $\boldsymbol{H}$ 第一维度数据的利用方式, 这些数据分析方法可以分为静态和动态两大类。静态数据分析方法指的是, 矩阵 $\boldsymbol{H}$ 第一维度的数据只用到了一个, 通常是最后一个, 即

$$\boldsymbol{H}(\mathrm{end}, 1 : n_\mathrm{r}, 1 : n_\mathrm{p}, 1 : n_\mathrm{s}) \tag{10.2}$$

反之, 动态数据分析方法指的是用到了矩阵 $\boldsymbol{H}$ 的第一维度的所有数据。当然, 可以把静态数据分析方法重复几次用在 $\boldsymbol{H}$ 的第一维度的少数几个数据上, 如

$$\boldsymbol{H}(1 : 1000 : n_\mathrm{f}, 1 : n_\mathrm{r}, 1 : n_\mathrm{p}, 1 : n_\mathrm{s}) \tag{10.3}$$

每间隔 1000 个目标函数值计算次数就重复一次静态数据分析。

## 10.1 描述性统计法与 $L$ 形曲线法

前面的第 4 章已经介绍, 无论是数学规划方法还是其他最优化方法, 仅靠收敛性等理论评价是不够的, 还需要进行数值比较来论证算法的性能。因此, 在最优化方法发展的早期,

就有一些经典的数据分析方法被提出来, 比如描述性统计法和 $L$ 形曲线法。这些方法至今仍是本领域基本且重要的分析技术。

## 10.1.1　描述性统计法: 用表格呈现数据特征

描述性统计法通常用表格来呈现矩阵 $\boldsymbol{H}$ 中的数据特征, 特别是算法找到的最好近似解的数据特征。也就是说, 这个方法通常只关注如式 (10.2) 所示数据的特征, 因此, 描述性统计法是一个静态数据分析方法。它通常关注的特征包括: $n_r$ 轮测试中得到的最好近似解的均值、标准差、中位数、最小值和最大值等。当然, 对于确定性算法, 这些值都是同一个 (标准差为 0)。由于这些特征都属于基本的描述性统计量, 因此称这类方法为描述性统计法。通常, 描述性统计法需要对每个算法和每个测试问题计算数据的描述性统计值。下面总结了描述性统计法所需的数据和计算流程。

> **数据分析方法 I: 描述性统计法**
> 1. 适用场景: 显示算法在给定问题集上的测试数据的描述性统计值。
> 2. 前提假设: 无。
>    - 所需数据: $\boldsymbol{H}(\text{end}, 1:n_r, 1:n_p, 1:n_s)$。
>    - 对每一个算法 $s = 1, 2, \cdots, n_s$ 和每一个测试问题 $k = 1, 2, \cdots, n_p$:
>      - 计算 $n_r$ 轮测试找到的最好函数值 $\boldsymbol{H}(\text{end}, 1:n_r, k, s)$ 的描述性统计。
>      - 用表格将以上统计值呈现出来。

**例 10.1**　用 SPSO、GA 和 DE 三个算法去测试 Hedar 测试问题集合中的所有 68 个问题, 每个问题独立求解 50 轮, 每一轮求解都用 20000 次目标函数值计算次数才退出。数值实验得到的过程数据记录在 $20000 \times 50 \times 68 \times 3$ 的矩阵 $\boldsymbol{H}$ 中。用描述性统计法分析该矩阵, 对每个算法和每个测试问题, 计算 50 轮测试中找到的最好函数值的均值和标准差。计算结果如表 10.1所示。

表 10.1　**SPSO, GA 和 DE 三个算法求解 Hear 测试集的描述性统计**

| 问题名称 | 维数 | SPSO | GA | DE |
|---|---|---|---|---|
| Ackley | 2 | 1.20E-11±1.51E-11 | 1.59E-01±8.29E-01 | 8.88E-16±0.00E+00 |
| Ackley | 5 | 1.25E-07±4.22E-08 | 1.90E-01±6.94E-01 | 9.59E-16±4.97E-16 |
| Ackley | 10 | 1.69E-05±4.06E-06 | 9.50E-03±6.37E-03 | 1.03E-10±7.95E-11 |
| Ackley | 20 | 1.56E-03±6.79E-04 | 1.97E-01±7.68E-02 | 5.81E-03±1.80E-03 |
| Beal | 2 | 1.79E-17±3.41E-17 | 4.74E-02±1.88E-01 | 0.00E+00±0.00E+00 |
| Bohachevsky-1 | 2 | 0.00E+00±0.00E+00 | 1.77E-02±8.67E-02 | 0.00E+00±0.00E+00 |
| Bohachevsky-2 | 2 | 0.00E+00±0.00E+00 | 3.01E-02±8.53E-02 | 0.00E+00±0.00E+00 |
| Bohachevsky-3 | 2 | 0.00E+00±0.00E+00 | 8.83E-10±1.28E-09 | 0.00E+00±0.00E+00 |
| Booth | 2 | 3.28E-22±5.37E-22 | 1.34E-10±2.72E-10 | 0.00E+00±0.00E+00 |
| Branin | 2 | 3.98E-01±3.32E-09 | 3.98E-01±4.24E-11 | 3.98E-01±3.33E-16 |
| Colville | 4 | 1.00E-01±4.55E-01 | 1.06E+00±1.50E+00 | 4.96E-07±2.42E-06 |

续表

| 问题名称 | 维数 | SPSO | GA | DE |
|---|---|---|---|---|
| Dixon-Price | 2 | 3.83E-10±1.78E-09 | 1.82E-10±2.68E-10 | 3.70E-32±0.00E+00 |
| Dixon-Price | 5 | 3.36E-06±1.53E-05 | 5.33E-02±1.81E-01 | 2.54E-20±1.23E-19 |
| Dixon-Price | 10 | 6.67E-01±5.88E-05 | 3.68E-01±3.86E-01 | 6.65E-01±1.13E-02 |
| Dixon-Price | 20 | 7.23E-01±1.04E-01 | 3.12E+00±1.90E+00 | 9.09E-01±1.77E-01 |
| Easom | 2 | −1.00E+00±0.00E+00 | −6.60E-01±4.74E-01 | −1.00E+00±0.00E+00 |
| gp | 2 | 3.00E+00±3.54E-15 | 4.08E+00±5.29E+00 | 3.00E+00±3.37E-15 |
| Griewank | 2 | 1.54E-06±8.32E-06 | 6.02E-03±2.56E-02 | 1.63E-03±3.06E-03 |
| Griewank | 5 | 4.64E-02±1.92E-02 | 2.51E-03±1.66E-02 | 4.67E-03±4.82E-03 |
| Griewank | 10 | 1.11E-01±8.76E-02 | 1.02E-03±6.89E-03 | 1.33E-01±6.30E-02 |
| Griewank | 20 | 5.15E-03±6.43E-03 | 4.00E-03±4.01E-03 | 3.19E-01±9.26E-02 |
| Hart3 | 3 | −3.86E+00±9.42E-14 | −3.85E+00±1.08E-01 | −3.86E+00±3.11E-15 |
| Hart6 | 6 | −3.32E+00±2.41E-02 | −3.26E+00±5.96E-02 | −3.30E+00±4.77E-02 |
| Hump | 2 | 4.65E-08±1.58E-12 | 3.26E-02±1.60E-01 | 4.65E-08±9.97E-17 |
| Levy | 2 | 1.56E-22±2.01E-22 | 2.56E-12±5.09E-12 | 1.50E-32±1.37E-47 |
| Levy | 5 | 3.32E-14±4.88E-14 | 9.09E-03±6.36E-02 | 1.50E-32±1.37E-47 |
| Levy | 10 | 4.60E-09±6.91E-09 | 3.34E-05±3.54E-05 | 6.54E-21±1.18E-20 |
| Levy | 20 | 1.44E-02±3.74E-02 | 1.07E-01±2.81E-01 | 6.19E-04±5.84E-04 |
| Matyas | 2 | 2.78E-22±4.00E-22 | 8.08E-12±1.08E-11 | 1.18E-55±7.21E-55 |
| Michalewics | 2 | −1.80E+00±1.12E-15 | −1.80E+00±3.94E-10 | −1.80E+00±1.11E-15 |
| Michalewics | 5 | −4.62E+00±6.40E-02 | −4.54E+00±1.58E-01 | −4.68E+00±2.29E-02 |
| Michalewics | 10 | −7.82E+00±4.30E-01 | −9.43E+00±1.51E-01 | −9.63E+00±4.56E-02 |
| Perm | 4 | 1.03E-01±1.07E-01 | 3.69E-01±5.65E-01 | 1.20E-01±1.21E-01 |
| Powell | 4 | 3.12E-07±4.32E-07 | 7.20E-05±6.57E-05 | 9.59E-18±2.15E-17 |
| Powell | 12 | 1.39E-02±8.89E-03 | 1.84E-01±2.54E-01 | 5.52E-03±3.10E-03 |
| Powell | 24 | 4.18E-01±2.20E-01 | 4.27E+00±4.06E+00 | 1.50E+02±4.68E+01 |
| Powell | 48 | 3.89E+00±1.63E+00 | 6.20E+01±3.45E+01 | 4.65E+03±8.49E+02 |
| powersum | 4 | 6.31E-03±5.80E-03 | 2.50E-02±2.52E-02 | 2.36E-02±1.74E-02 |
| Rastrigin | 2 | 0.00E+00±0.00E+00 | 3.98E-01±9.75E-01 | 0.00E+00±0.00E+00 |
| Rastrigin | 5 | 1.06E+00±6.71E-01 | 7.56E-01±1.22E+00 | 3.98E-02±1.95E-01 |
| Rastrigin | 10 | 1.24E+01±3.58E+00 | 4.94E-02±1.95E-01 | 1.01E+00±1.78E+00 |
| Rastrigin | 20 | 6.37E+01±1.03E+01 | 2.02E+00±1.04E+00 | 7.97E+01±7.88E+00 |
| Rosenbrock | 2 | 2.21E-09±5.45E-09 | 3.58E-01±9.12E-01 | 0.00E+00±0.00E+00 |
| Rosenbrock | 5 | 1.71E-01±5.45E-02 | 7.59E-01±1.41E+00 | 2.88E-03±4.03E-03 |
| Rosenbrock | 10 | 5.90E+00±2.14E+00 | 3.63E+00±2.64E+00 | 3.37E+00±4.82E-01 |
| Rosenbrock | 20 | 3.88E+01±2.90E+01 | 5.27E+01±2.92E+01 | 2.38E+01±1.33E+01 |
| Schwefel | 2 | 2.55E-05±5.26E-14 | 1.90E+01±4.34E+01 | 2.55E-05±0.00E+00 |
| Schwefel | 5 | 1.95E+02±1.25E+02 | 1.42E+02±1.34E+02 | 2.37E+00±1.66E+01 |
| Schwefel | 10 | 1.35E+03±2.28E+02 | 1.15E+02±1.02E+02 | 7.11E+00±2.81E+01 |
| Schwefel | 20 | 4.24E+03±4.11E+02 | 7.68E+02±2.12E+02 | 9.49E+00±3.21E+01 |
| Shekel5 | 4 | −1.01E+01±7.09E-02 | −5.60E+00±2.46E+00 | −1.00E+01±1.05E+00 |
| Shekel7 | 4 | −1.04E+01±1.14E-14 | −6.02E+00±3.28E+00 | −1.02E+01±1.04E+00 |
| Shekel10 | 4 | −1.05E+01±2.76E-14 | −6.29E+00±3.44E+00 | −1.04E+01±7.57E-01 |

| 问题名称 | 维数 | SPSO | GA | DE |
|---|---|---|---|---|
| Shubert | 2 | $-1.87E+02\pm1.02E-05$ | $-1.83E+02\pm1.73E+01$ | $-1.87E+02\pm5.21E-14$ |
| sphere | 2 | 1.54E-24±3.01E-24 | 5.73E-12±1.33E-11 | 4.33E-115±2.84E-114 |
| sphere | 5 | 2.25E-16±1.53E-16 | 1.56E-10±1.48E-10 | 2.32E-53±5.37E-53 |
| sphere | 10 | 6.51E-12±3.78E-12 | 8.72E-05±8.94E-05 | 2.70E-22±2.61E-22 |
| sphere | 20 | 6.44E-08±2.78E-08 | 2.23E-02±1.48E-02 | 2.14E-06±1.26E-06 |
| sum square | 2 | 3.68E-24±6.80E-24 | 9.89E-12±2.29E-11 | 5.18E-114±3.30E-113 |
| sum square | 5 | 7.11E-15±6.17E-15 | 4.04E-10±4.59E-10 | 2.49E-52±4.71E-52 |
| sum square | 10 | 1.06E-08±1.30E-08 | 4.10E-04±4.37E-04 | 8.91E-21±2.07E-20 |
| sum square | 20 | 3.48E-02±4.38E-02 | 3.34E-01±2.61E-01 | 7.04E-05±4.48E-05 |
| trid | 6 | $-5.00E+01\pm3.31E-11$ | $-5.00E+01\pm7.14E-03$ | $-5.00E+01\pm5.85E-14$ |
| trid | 10 | $-2.10E+02\pm6.37E-03$ | $-2.06E+02\pm1.15E+00$ | $-2.09E+02\pm9.42E-01$ |
| Zakharov | 2 | 1.38E-23±6.78E-23 | 1.07E-11±2.32E-11 | 9.07E-101±6.32E-100 |
| Zakharov | 5 | 7.08E-14±6.75E-14 | 1.01E-09±8.24E-10 | 1.08E-24±3.73E-24 |
| Zakharov | 10 | 1.94E-06±1.90E-06 | 9.99E-03±9.67E-03 | 1.24E-02±1.19E-02 |
| Zakharov | 20 | 1.47E+00±8.48E-01 | 1.04E+01±1.18E+01 | 7.16E+01±1.41E+01 |

从例 10.1 可以看出，描述性统计法明确地给出了在每个问题上找到的最好解的平均值和标准差。当然，也可以给出其他描述性统计值，但会显著增加表格长度。此外，根据这些统计值，如何判断哪个算法性能更好呢？早期，在不借助统计检验的情况下，一般通过比较平均值的大小来判断在每个测试问题上性能的好坏。比如，在表 10.1 中的 2 维 Ackley 函数上，算法 DE 的平均值最小，SPSO 次之，GA 最大。类似地，可以得到三个算法在各个问题上的性能排序。然而，如何将这些单个测试问题上的排序汇总成整个测试集合上的排序呢？例 10.2 提供了两种不同策略下的结果。

**例 10.2**　在例 10.1 的基础上，在不考虑标准差数据的情况下，只根据平均值的大小，可以给出三个算法在每个测试问题上的性能排序。考虑以下两个策略将这些单个测试问题上的排序汇总成整个测试集合上的排序。① 策略一：只考虑每个测试问题上性能最好的算法，计数每个算法在多少个测试问题上性能最好，若两个算法并列第一则各算一次。这一策略的结果是：SPSO、GA 和 DE 三个算法分别在 28、9 和 47 个问题上性能最好，从而三个算法在整个 Hedar 测试集合上的排序为 DE 最好，SPSO 其次，GA 最差。② 策略二：在每个测试问题上排第一的算法记 2 分，第二和第三的算法分别记 1 分和 0 分，若两个算法并列则各取平均分。可算出 SPSO、GA 和 DE 三个算法分别得到 80.5 分、22 分和 101.5 分，于是三个算法在整个 Hedar 测试集合上的排序为 DE 最好，SPSO 其次，GA 最差。也就是说，两种策略得到的结论相同。

由于描述性统计法对每个算法和每个测试问题都提供了重要的数值特征，非常有利于后续研究的参照和对比。当然，其不足之处是往往需要很大的一张表才能呈现出来，当算法个数或测试问题个数很多时不太方便。描述性统计法的另一个不足之处是，为了得到整个测试集上的算法性能排序，需要去汇总单个测试问题的算法排序 (见例 10.2)，而怎样汇总才是合理并合适的, 还需要更多的理论研究。比如, 例 10.2 中的两种策略是否总是结论相同? 第 11 章将有更深入的研究。新近的综述文献 [205] 在其 2.2.5.1 节提供了更丰富的描述性统计方法回顾和梳理。

## 10.1.2　$L$ 形曲线法: 用 $L$ 形曲线呈现原始数据

与描述性统计法的静态分析不同, $L$ 形曲线法关注的数据是 $\boldsymbol{H}$ 本身, 因此它是一个动态分析方法。下面总结了 $L$ 形曲线法所需的数据和计算流程。

> **数据分析方法 II: $L$ 形曲线法**
>
> 1. 适用场景: 显示算法在给定问题上的测试数据的下降历史。
> 2. 前提假设: 无。
>    - 所需数据: $\boldsymbol{H}(1:n_{\mathrm{f}}, 1:n_{\mathrm{r}}, 1:n_{\mathrm{p}}, 1:n_{\mathrm{s}})$。
>    - 对每一个测试问题 $k = 1, 2, \cdots, n_{\mathrm{p}}$, 画一幅图:
>      - 对每一个算法 $s = 1, 2, \cdots, n_{\mathrm{s}}$, 计算其在该问题上的平均数值性能:
>        * 对第 $j = 1, 2, \cdots, n_{\mathrm{f}}$ 次目标函数值计算, 计算 $n_{\mathrm{r}}$ 轮测试找到的最好函数值 $\boldsymbol{H}(j, 1:n_{\mathrm{r}}, k, s)$ 的平均值。
>      - 将上述 $n_{\mathrm{s}}$ 个平均值序列呈现在同一幅图中。

图 9.3 给出了 $L$ 形曲线法的应用示例。每一幅 $L$ 形曲线图对应着一个测试问题, 里面的每一条曲线对应着一个最优化算法; 横轴是目标函数值的计算次数, 纵轴是目标函数值。因此, 每一条曲线描述了对应的算法求解该测试问题时, 在横轴的特定成本下找到的最好目标函数值的下降历史。由于这类曲线通常类似于字母 "$L$", 故得此名。

有时候, "$L$" 形曲线可能太靠近坐标轴, 如图 10.1(a) 所示。为了更好地看清楚曲线的下降趋势, 可以对目标函数值进行取对数等数学变换, 图 10.1(b) 就是对图 10.1(a) 的目标函数值取了自然对数。从中可以看到 DE 算法最好, GA 算法最差。图 10.1(c) 和图 10.1(d) 分别给出了 GA 和 DE 在该问题上 50 轮独立测试的所有结果, 这种方式可以呈现算法的随机波动, 从中更清楚地看到了 GA 的一半以上的测试结果比 DE 的结果更好。

$L$ 形曲线法直接对原始数据进行呈现, 动态且真实地反映了不同算法在各个测试问题中的数值表现。同时, 该方法不受算法个数的影响, 所有参与比较的算法都可以放在同一幅图中, 直观明了。总之, $L$ 形曲线法具有直观性、动态性和真实性, 这些性质使它至今仍是重要的数据分析技术。

当然, $L$ 形曲线法也有不足。一方面, 当测试问题很多时, 需要很多幅图来展示, 这并不方便。如对 Hedar 测试集合, 需要 68 幅图来展示。另一方面, 类似于描述性统计法, $L$ 形曲线法只能直接得到个体 (单个测试问题) 层面的算法排序, 必须借助于额外的汇总过程, 才能得到总体 (整个测试问题集合) 层面的算法排序。什么样的汇总过程才是合理并合适的, 是本书第 3 部分试图解决的重要问题。

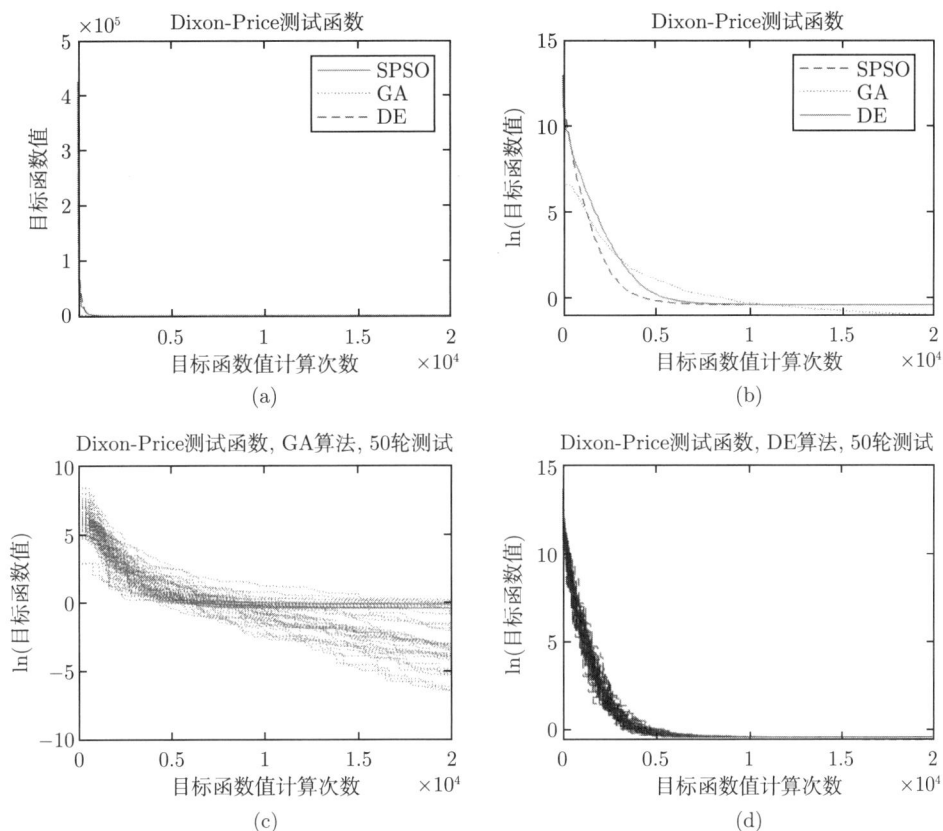

**图 10.1**　$L$ 形曲线法的示例

三个算法 SPSO、GA 和 DE 在 Hedar 测试集的第 14 号问题 (10 维 Dixon-Price) 上的测试结果, 50 次独立运行, 每次运行为 20000 次目标函数值计算。(a) 为原始目标函数值; (b) 为目标函数值的自然对数; (c) 为 GA 算法的 50 轮测试结果, (d) 为 DE 算法的 50 轮测试结果。(c) 和 (d) 显示了 $L$ 形曲线法是如何分析随机波动的

## 10.2　基于推断统计的数据分析方法

10.1 节介绍的描述性统计法和 $L$ 形曲线法都没有很好地处理随机性导致的算法波动, 它们只是针对每个算法及每个测试问题计算出了标准差或显示了每次独立测试的数据波动, 却没有开展算法之间差异的显著性检验。本节介绍基于推断统计的数据分析方法, 主要关注频率学派的假设检验方法——含参数检验和非参数检验。另一个学派即贝叶斯学派的数据分析方法, 本书暂不介绍, 有兴趣的读者可参阅文献 [205] 的 2.2.6 节内容及该论文内引的相关文献。

假设检验方法是数理统计特别是推断统计 (inferential statistics) 中的重要内容, 虽然其诞生才近百年, 但在科学、工程和社会实践的各个领域都得到了广泛的应用。推断统计是上一节介绍的描述性统计 (descriptive statistics) 的升级版本, 力图不断满足人类对于样本数据内部规律的理解, 是从局部推断总体的技术和艺术。

本节介绍参数检验和非参数检验, 前者以 $t$ 分布及其变化为代表, 后者以 Wilcoxon 秩和检验及其变化为代表。参数检验和非参数检验的共同点在于, 都需要先凝练出一对相互对立的命题 (称为原假设与备择假设) 作为统计假设, 然后根据样本信息做出推断, 是接受还是拒绝原假设。参数检验和非参数检验的区别在于, 后者要推断的内容更宏观, 是总体的分布或者总体的某种宏观性质; 而前者要推断的内容更微观, 通常是总体分布中的某个重要参数的大小。这意味着, 做非参数检验时, 无法利用总体分布的信息, 因为这个信息尚未知晓; 而做参数检验时, 需要利用总体分布的信息, 因为这个重要信息默认是已知的。换句话说, 非参数检验是假设检验的第一阶段, 试图推断总体的分布规律; 参数检验是其后续阶段, 在已知总体分布的前提下, 进一步推断总体分布的参数值。

在最优化算法的数值比较场景中, 不同算法在同一个测试问题中的测试数据, 可以看成来自不同总体的抽样。由于一般来说总体分布并不清楚, 所以, 进行非参数检验是合适的。此时, 要推断的命题并不是总体分布是什么, 而是总体分布的差异是否显著。如果要进行参数检验, 则首先需要对总体分布进行必要的检验, 判断不同算法的测试数据是否具有正态性; 进一步还要检验方差齐性, 即推断方差是否相等。然后才能选择适当的参数检验方法来进行数据分析。下面我们将首先介绍非参数检验, 然后介绍参数检验。

图 10.2 总结了基于统计推断的常用方法以及它们之间的联系和区别。本书将按照该图揭示的逻辑关系展开对这些方法的介绍。

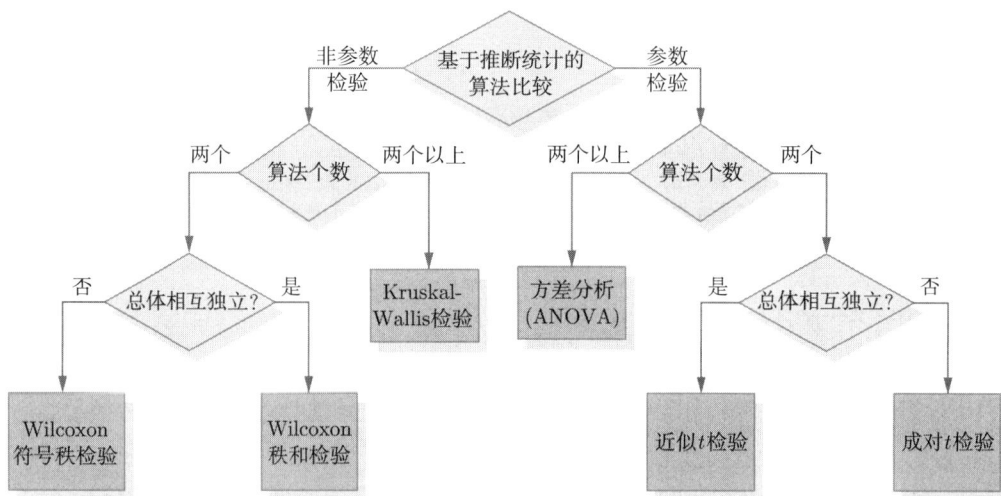

**图 10.2　基于统计推断的常用方法**

## 10.2.1　非参数检验

在没有总体分布信息的情况下, 通常只能对不同总体的样本数据进行排序, 然后对排位进行编号, 再建立基于这些数据的秩和 (排位之和) 或符号秩的检验统计量。根据最优化算法数值比较的实际需要, 本节主要介绍 Wilcoxon 秩和检验, 以及关系密切的 Wilcoxon 符

号秩检验 (Wilcoxon signed-rank test) 和多总体比较的 Kruskal-Wallis 检验。其他适用于分布检验和排序变量或相关变量的检验方法请参见文献 [205] 的 2.2.5.2 节内容及该论文内引的相关文献。

Wilcoxon 符号秩检验 (Wilcoxon signed-rank test) 和 Wilcoxon 秩和检验 (Wilcoxon rank-sum test) 是一对很容易混淆的方法, 它们由 Frank Wilcoxon 在同一篇论文中提出[253]。前者常用于检验成对数据的分布是否有显著差异, 要求两个总体具有依赖关系 (dependent), 比如双胞胎儿童的智商; 反之, 后者要求两个总体是相互独立的 (independent)。Kruskal-Wallis 检验是 Wilcoxon 秩和检验的推广, 可用于检验多个相互独立的总体是否有显著差异。

1) Wilcoxon 符号秩检验

Wilcoxon 符号秩检验适用于成对数据, 也即这两组数据不是相互独立的。在最优化算法的数值比较场景中, 使用 Wilcoxon 符号秩检验的一种可行方法是, 把两个算法 (如 $A_1, A_2$) 在每个测试问题上的平均数据当成一对数据, 即

$$\bar{H}(\text{end}, 1 : n_{\text{p}}, [A_1, A_2]) \tag{10.4}$$

其中, $\bar{H}$ 表示 $n_{\text{r}}$ 轮测试数据的平均值矩阵, 是一个 $n_{\text{f}} \times n_{\text{p}} \times n_{\text{s}}$ 的矩阵, 即

$$\bar{H} = \frac{1}{n_{\text{r}}} \sum_{i=1}^{n_{\text{r}}} H(:, i, :, :) \tag{10.5}$$

确定成对数据的来源后, Wilconxon 符号秩检验的原假设与备择假设可描述为如下形式的两个命题:

(1) $H_0$: 算法 $A_1, A_2$ 在各测试问题上找到的最好平均值之差 $\bar{H}(\text{end}, 1 : n_{\text{p}}, A_1) - \bar{H}(\text{end}, 1 : n_{\text{p}}, A_2)$ 来自中位数为 0 的总体;

(2) $H_1$: 算法 $A_1, A_2$ 在各测试问题上找到的最好平均值之差 $\bar{H}(\text{end}, 1 : n_{\text{p}}, A_1) - \bar{H}(\text{end}, 1 : n_{\text{p}}, A_2)$ 来自中位数不为 0 的总体。

当原假设 $H_0$ 为真时, $\bar{H}(\text{end}, 1 : n_{\text{p}}, A_1) - \bar{H}(\text{end}, 1 : n_{\text{p}}, A_2)$ 大于 0 和小于 0 的元素个数应该很接近; 反之, 若 $\bar{H}(\text{end}, 1 : n_{\text{p}}, A_1) - \bar{H}(\text{end}, 1 : n_{\text{p}}, A_2)$ 大于 0 和小于 0 的元素个数相差很大, 则有理由相信原假设不成立。具体的计算流程如下。

---

**数据分析方法 III: Wilcoxon 符号秩检验**

1. 适用场景: 检验改进算法与原始算法在给定问题上的测试数据的均值有没有显著差异。

2. 前提假设: 无。

- 所需数据: $\bar{H}(\text{end}, 1 : n_{\text{p}}, 1 : n_{\text{s}})$。
- 对整个测试问题集合, 执行以下检验:
  - 对两个算法 (原始算法及其改进算法), 执行一次 Wilcoxon 符号秩检验:
    * 计算差值: 计算 $\bar{H}(\text{end}, :, A_1) - \bar{H}(\text{end}, :, A_2)$, 得到 $n_{\text{p}}$ 个差值;
    * 排序并编号: 将这些差值按绝对值从小到大排序, 并编号为 $1, 2, \cdots,$

$n_{\mathrm{p}}$; 绝对值相等的全部赋值为它们编号的平均值;

* 计算符号秩: 将以上编号乘以它们差值的符号, 并求和得到检验统计值;

* 判断检验统计值是否落入拒绝域, 若是则拒绝 $H_0$, 否则不拒绝 $H_0$。

在 MATLAB 的统计工具箱, 命令 signrank 可以执行 Wilcoxon 符号秩检验, 常用调用格式为

$$[\mathrm{p, ~\sim, ~STATS}] = \mathrm{signrank(X,Y)}$$

其中, X, Y 是来自两个成对总体的样本, 比如 $\bar{\boldsymbol{H}}(\mathrm{end}, :, A_1)$ 和 $\bar{\boldsymbol{H}}(\mathrm{end}, :, A_2)$。该调用格式执行双边检验, 并返回 $p$ 值和结构体 STATS。$p$ 值越小拒绝原假设的把握就越大, 默认小于 0.05 就拒绝。在 $p$ 值小于 0.05 的前提下, 结构体 STATS 包含了判断哪个算法更好的重要信息: STATS.zval 是负数表示算法 $A_1$ 更好, 正数则表示 $A_2$ 更好。在 Python 的 SciPy 库中也有 Wilcoxon 符号秩检验的实现方法, 常用调用格式为

```
scipy.stats.wilcoxon(X,Y,correction=True, alternative="two-sided")
```

该调用格式也是执行双边检验, 这里的 correction 指的是对平局校正。

**例 10.3** 虽然 Wilcoxon 符号秩检验一般用于算法改进场景, 但在本例中, 我们也用它来处理例 10.1 中的测试数据 $\boldsymbol{H}(\mathrm{end}, 1:50, 1:68, 1:3)$。首先计算平均值矩阵 $\bar{\boldsymbol{H}}(\mathrm{end}, 1:68, 1:3)$, 然后开展 Wilcoxon 符号秩检验, 三个算法两两检验的 $p$ 值结果见表 10.2。从中可以看到, 这个表具有对称性, 表明算法的顺序并不影响 $p$ 值和检验结果。进一步可以发现, SPSO 与 GA 有显著差别, GA 与 DE 也有显著差别, 而 SPSO 与 DE 则不能说有显著差别。在有显著差别的前提下, 通过查看检验输出的结构体 STATS, 发现 SPSO 与 GA 的检验得到 STATS.zval $= -3.3851$, GA 与 DE 的检验得到 STATS.zval $= 4.2834$, 因此可以判断在本例中 SPSO 显著好于 GA, DE 也显著好于 GA。

表 10.2 **SPSO, GA 和 DE 求解 Hear 测试问题集的 Wilcoxon 符号秩检验**

| 算法 | SPSO | GA | DE |
|------|------|------|------|
| SPSO | — | 0.0007 | 0.1863 |
| GA | 0.0007 | — | 0.0000 |
| DE | 0.1863 | 0.0000 | — |

2) Wilcoxon 秩和检验

Wilcoxon 秩和检验又称为 Mann-Whitney 的 U 检验 (Mann-Whitney U test), 于 1945 年被 Frank Wilcoxon 首先提出, 并在两年后由 Henry Mann 和他的学生 Donald Ransom Whitney 进一步完善得到。该方法用于检验两个独立的总体是否具有显著差异。更严谨地说, 检验来自两个独立总体的两个随机变量 $X, Y$, 是否可以拒绝如下的命题:

$$P(X > Y) = P(X < Y) \tag{10.6}$$

如果拒绝, 则认为这两个总体分布有显著差异。该命题等价于 $X, Y$ 有相等的中位数。

在最优化算法的数值比较场景中, 给定最优化算法 $A_1, A_2$ 和测试问题 $p$, 常用的统计假设如下:

(1) $H_0$: 最优化算法 $A_1, A_2$ 在测试问题 $p$ 上的测试数据来自中位数相等的分布;

(2) $H_1$: 最优化算法 $A_1, A_2$ 在测试问题 $p$ 上的测试数据来自中位数不相等的分布。

在原假设 $H_0$ 成立的前提下, 这两个算法在该测试问题上的测试数据应该可以使得式 (10.6) 成立。如果式 (10.6) 不成立, 则有理由相信 $H_0$ 不太可能是对的。

Wilcoxon 秩和检验的具体做法是: 首先, 将两个算法的测试数据 $H(\text{end}, 1 : n_r, p, [A_1, A_2])$ 合并成一个集合, 从小到大排序, 并编号为 $1, 2, \cdots, 2n_r$; 然后, 求和两个算法各自数据的编号, 取其中较小的值为检验统计量的值; 最后跟临界值比较即可得到检验结果。下面给出了更完整的检验流程。

---

**数据分析方法 Ⅳ: Wilcoxon 秩和检验**

1. 适用场景: 检验两个最优化算法在给定问题上的测试数据的均值有没有显著差异。

2. 前提假设: 无。

- 所需数据: $H(\text{end}, 1 : n_r, 1 : n_p, 1 : n_s)$。
- 对每一个测试问题 $k = 1, 2, \cdots, n_p$, 执行以下检验:
    - 对两个算法 $\in \{1, 2, \cdots, n_s\}$, 执行 Wilcoxon 秩和检验:
        * 汇总两个算法在各自 $n_r$ 轮测试中找到的最好函数值, 从小到大排序, 并编号为 $1, 2, \cdots, 2n_r$;
        * 求和各自算法测试数据的编号, 取其中较小者为检验统计量;
        * 查表判断检验结果。
- 汇总不同问题上的检验结果, 推断整个测试集上的排序结果。

---

在 MATLAB 的统计工具箱, 命令 ranksum 可以执行 Wilcoxon 秩和检验, 常用调用格式为

$$p = \text{ranksum}(X, Y)$$

其中, X, Y 分别是来自两个独立总体的样本。该调用格式执行双边检验, 并返回 $p$ 值。$p$ 值越小拒绝原假设的把握就越大, 默认小于 0.05 就拒绝。在 Python 的 SciPy 库中也有 Wilcoxon 秩和检验的实现方法, 但它目前没有对排序中的平局 (tie, 即两个或以上数据相等从而排位相同) 进行校正。所以推荐用 Mann-Whitney U 检验, 常用调用格式为

$$\text{scipy.stats.mannwhitneyu}(X, Y, \text{alternative}=\text{"two-sided"})$$

该调用格式也是执行双边检验, 结果应该与 MATLAB 中一样。

下面讨论什么时候用单边检验, 什么时候用双边检验。其实无论选单边检验还是双边检验, 其统计量都是一样的。所以, 可以一律进行双边检验。在双边检验时, 如果 $p$ 值定义

为最显著 (最小) 的单边值的两倍 (很多软件都采用这一定义), 则可以得到如下简洁的决策准则。

- 如果 $p$ 值小于 0.05, 则无论进行单边检验还是双边检验, 结果都是拒绝原假设, 即认为 $X$ 和 $Y$ 的中位数有显著差异, 秩和大的那一组显著大于秩和小的组, 或者说秩和大的算法比秩和小的算法更差;
- 如果 $p$ 值大于 0.05, 无论进行单边检验还是双边检验, 结果都是不拒绝原假设, 即没有理由认为 $X$ 和 $Y$ 的中位数有显著差异, 或者说两个算法没有显著差异。

以上做法适用于本章中提到的所有假设检验方法。为了便于后续论述, 将以上决策准则归纳为下面的定义。

**定义 10.1** 采用显著性检验来分析最优化算法的数值比较数据时, 无论是进行双边检验还是单边检验, 只要有一种检验形式拒绝原假设, 就认为参与比较的算法性能在该测试问题 (集合) 中有显著差异。

如果没有特别说明, 本书默认以 0.05 为显著性水平。

**例 10.4** 利用例 10.1 中的测试数据 $\boldsymbol{H}(\text{end}, 1:50, 1:68, 1:3)$, 以 DE 为参照算法, 其他算法跟 DE 比较 (其他算法为 X, DE 为 Y), 开展 Wilcoxon 秩和检验, 结果如表 10.3 所示。其中问题序号按例 10.1 中的测试问题顺序。SPSO 与 DE 的检验结果中有几个 "NaN", 原因是两个算法的标准差都是 0, 此时只需要比较均值的大小, 可以发现两个算法在这些问题中的性能完全相同。

**表 10.3** SPSO, GA 和 DE 求解 Hedar 测试集的 Wilcoxon 秩和检验 (以 DE 为参照算法)

| 问题序号 | SPSO 均值 ± 标准差 | $p$ 值 | GA 均值 ± 标准差 | $p$ 值 | DE 均值 ± 标准差 |
|---|---|---|---|---|---|
| 1 | 1.20E-11±1.51E-11 | 0.000 | 1.59E-01±8.29E-01 | 0.000 | 8.88E-16±0.00E+00 |
| 2 | 1.25E-07±4.22E-08 | 0.000 | 1.90E-01±6.94E-01 | 0.000 | 9.59E-16±4.97E-16 |
| 3 | 1.69E-05±4.06E-06 | 0.000 | 9.50E-03±6.37E-03 | 0.000 | 1.03E-10±7.95E-11 |
| 4 | 1.56E-03±6.79E-04 | 0.000 | 1.97E-01±7.68E-02 | 0.000 | 5.81E-03±1.80E-03 |
| 5 | 1.79E-17±3.41E-17 | 0.000 | 4.74E-02±1.88E-01 | 0.000 | 0.00E+00±0.00E+00 |
| 6 | 0.00E+00±0.00E+00 | NaN | 1.77E-02±8.67E-02 | 0.000 | 0.00E+00±0.00E+00 |
| 7 | 0.00E+00±0.00E+00 | NaN | 3.01E-02±8.53E-02 | 0.000 | 0.00E+00±0.00E+00 |
| 8 | 0.00E+00±0.00E+00 | NaN | 8.83E-10±1.28E-09 | 0.000 | 0.00E+00±0.00E+00 |
| 9 | 3.28E-22±5.37E-22 | 0.000 | 1.34E-10±2.72E-10 | 0.000 | 0.00E+00±0.00E+00 |
| 10 | 3.98E-01±3.32E-09 | 0.000 | 3.98E-01±4.24E-11 | 0.000 | 3.98E-01±3.33E-16 |
| 11 | 1.00E-01±4.55E-01 | 0.000 | 1.06E+00±1.50E+00 | 0.000 | 4.96E-07±2.42E-06 |
| 12 | 3.83E-10±1.78E-09 | 0.000 | 1.82E-10±2.68E-10 | 0.000 | 3.70E-32±0.00E+00 |
| 13 | 3.36E-06±1.53E-05 | 0.000 | 5.33E-02±1.81E-01 | 0.000 | 2.54E-20±1.23E-19 |
| 14 | 6.67E-01±5.88E-05 | 0.000 | 3.68E-01±3.86E-01 | 0.085 | 6.65E-01±1.13E-02 |
| 15 | 7.23E-01±1.04E-01 | 0.000 | 3.12E+00±1.90E+00 | 0.000 | 9.09E-01±1.77E-01 |
| 16 | −1.00E+00±0.00E+00 | NaN | −6.60E-01±4.74E-01 | 0.000 | −1.00E+00±0.00E+00 |

| 问题序号 | SPSO | | | GA | | | DE | |
|---|---|---|---|---|---|---|---|---|
| | 均值 ± 标准差 | $p$ 值 | | 均值 ± 标准差 | $p$ 值 | | 均值 ± 标准差 | |
| 17 | 3.00E+00±3.54E-15 | 0.000 | | 4.08E+00±5.29E+00 | 0.000 | | 3.00E+00±3.37E-15 | |
| 18 | 1.54E-06±8.32E-06 | 0.000 | | 6.02E-03±2.56E-02 | 0.000 | | 1.63E-03±3.06E-03 | |
| 19 | 4.64E-02±1.92E-02 | 0.000 | | 2.51E-03±1.66E-02 | 0.018 | | 4.67E-03±4.82E-03 | |
| 20 | 1.11E-01±8.76E-02 | 0.045 | | 1.02E-03±6.89E-03 | 0.000 | | 1.33E-01±6.30E-02 | |
| 21 | 5.15E-03±6.43E-03 | 0.000 | | 4.00E-03±4.01E-03 | 0.000 | | 3.19E-01±9.26E-02 | |
| 22 | −3.86E+00±9.42E-14 | 0.000 | | −3.85E+00±1.08E-01 | 0.000 | | −3.86E+00±3.11E-15 | |
| 23 | −3.32E+00±2.41E-02 | 0.000 | | −3.26E+00±5.96E-02 | 0.000 | | −3.30E+00±4.77E-02 | |
| 24 | 4.65E-08±1.58E-12 | 0.000 | | 3.26E-02±1.60E-01 | 0.000 | | 4.65E-08±9.97E-17 | |
| 25 | 1.56E-22±2.01E-22 | 0.000 | | 2.56E-12±5.09E-12 | 0.000 | | 1.50E-32±1.37E-47 | |
| 26 | 3.32E-14±4.88E-14 | 0.000 | | 9.09E-03±6.36E-02 | 0.000 | | 1.50E-32±1.37E-47 | |
| 27 | 4.60E-09±6.91E-09 | 0.000 | | 3.34E-05±3.54E-05 | 0.000 | | 6.54E-21±1.18E-20 | |
| 28 | 1.44E-02±3.74E-02 | 0.000 | | 1.07E-01±2.81E-01 | 0.000 | | 6.19E-04±5.84E-04 | |
| 29 | 2.78E-22±4.00E-22 | 0.000 | | 8.08E-12±1.08E-11 | 0.000 | | 1.18E-55±7.21E-55 | |
| 30 | −1.80E+00±1.12E-15 | 0.327 | | −1.80E+00±3.94E-10 | 0.000 | | −1.80E+00±1.11E-15 | |
| 31 | −4.62E+00±6.40E-02 | 0.000 | | −4.54E+00±1.58E-01 | 0.000 | | −4.68E+00±2.29E-02 | |
| 32 | −7.82E+00±4.30E-01 | 0.000 | | −9.43E+00±1.51E-01 | 0.000 | | −9.63E+00±4.56E-02 | |
| 33 | 1.03E-01±1.07E-01 | 0.326 | | 3.69E-01±5.65E-01 | 0.002 | | 1.20E-01±1.21E-01 | |
| 34 | 3.12E-07±4.32E-07 | 0.000 | | 7.20E-05±6.57E-05 | 0.000 | | 9.59E-18±2.15E-17 | |
| 35 | 1.39E-02±8.89E-03 | 0.000 | | 1.84E-01±2.54E-01 | 0.000 | | 5.52E-03±3.10E-03 | |
| 36 | 4.18E-01±2.20E-01 | 0.000 | | 4.27E+00±4.06E+00 | 0.000 | | 1.50E+02±4.68E+01 | |
| 37 | 3.89E+00±1.63E+00 | 0.000 | | 6.20E+01±3.45E+01 | 0.000 | | 4.65E+03±8.49E+02 | |
| 38 | 6.31E-03±5.80E-03 | 0.000 | | 2.50E-02±2.52E-02 | 0.533 | | 2.36E-02±1.74E-02 | |
| 39 | 0.00E+00±0.00E+00 | NaN | | 3.98E-01±9.75E-01 | 0.000 | | 0.00E+00±0.00E+00 | |
| 40 | 1.06E+00±6.71E-01 | 0.000 | | 7.56E-01±1.22E+00 | 0.000 | | 3.98E-02±1.95E-01 | |
| 41 | 1.24E+01±3.58E+00 | 0.000 | | 4.94E-02±1.95E-01 | 0.970 | | 1.01E+00±1.78E+00 | |
| 42 | 6.37E+01±1.03E+01 | 0.000 | | 2.02E+00±1.04E+00 | 0.000 | | 7.97E+01±7.88E+00 | |
| 43 | 2.21E-09±5.45E-09 | 0.000 | | 3.58E-01±9.12E-01 | 0.000 | | 0.00E+00±0.00E+00 | |
| 44 | 1.71E-01±5.45E-02 | 0.000 | | 7.59E-01±1.41E+00 | 0.000 | | 2.88E-03±4.03E-03 | |
| 45 | 5.90E+00±2.14E+00 | 0.000 | | 3.63E+00±2.64E+00 | 0.743 | | 3.37E+00±4.82E-01 | |
| 46 | 3.88E+01±2.90E+01 | 0.770 | | 5.27E+01±2.92E+01 | 0.000 | | 2.38E+01±1.33E+01 | |
| 47 | 2.55E-05±5.26E-14 | 0.012 | | 1.90E+01±4.34E+01 | 0.000 | | 2.55E-05±0.00E+00 | |
| 48 | 1.95E+02±1.25E+02 | 0.000 | | 1.42E+02±1.34E+02 | 0.000 | | 2.37E+00±1.66E+01 | |
| 49 | 1.35E+03±2.28E+02 | 0.000 | | 1.15E+02±1.02E+02 | 0.000 | | 7.11E+00±2.81E+01 | |
| 50 | 4.24E+03±4.11E+02 | 0.000 | | 7.68E+02±2.12E+02 | 0.000 | | 9.49E+00±3.21E+01 | |
| 51 | −1.01E+01±7.09E-02 | 0.000 | | −5.60E+00±2.46E+00 | 0.000 | | −1.00E+01±1.05E+00 | |
| 52 | −1.04E+01±1.14E-14 | 0.000 | | −6.02E+00±3.28E+00 | 0.000 | | −1.02E+01±1.04E+00 | |
| 53 | −1.05E+01±2.76E-14 | 0.000 | | −6.29E+00±3.44E+00 | 0.000 | | −1.04E+01±7.57E-01 | |
| 54 | −1.87E+02±1.02E-05 | 0.000 | | −1.83E+02±1.73E+01 | 0.000 | | −1.87E+02±5.21E-14 | |
| 55 | 1.54E-24±3.01E-24 | 0.000 | | 5.73E-12±1.33E-11 | 0.000 | | 4.33E-115±2.84E-114 | |

续表

| 问题<br>序号 | SPSO | | GA | | DE |
| --- | --- | --- | --- | --- | --- |
| | 均值 ± 标准差 | $p$ 值 | 均值 ± 标准差 | $p$ 值 | 均值 ± 标准差 |
| 56 | 2.25E-16±1.53E-16 | 0.000 | 1.56E-10±1.48E-10 | 0.000 | 2.32E-53±5.37E-53 |
| 57 | 6.51E-12±3.78E-12 | 0.000 | 8.72E-05±8.94E-05 | 0.000 | 2.70E-22±2.61E-22 |
| 58 | 6.44E-08±2.78E-08 | 0.000 | 2.23E-02±1.48E-02 | 0.000 | 2.14E-06±1.26E-06 |
| 59 | 3.68E-24±6.80E-24 | 0.000 | 9.89E-12±2.29E-11 | 0.000 | 5.18E-114±3.30E-113 |
| 60 | 7.11E-15±6.17E-15 | 0.000 | 4.04E-10±4.59E-10 | 0.000 | 2.49E-52±4.71E-52 |
| 61 | 1.06E-08±1.30E-08 | 0.000 | 4.10E-04±4.37E-04 | 0.000 | 8.91E-21±2.07E-20 |
| 62 | 3.48E-02±4.38E-02 | 0.000 | 3.34E-01±2.61E-01 | 0.000 | 7.04E-05±4.48E-05 |
| 63 | −5.00E+01±3.31E-11 | 0.000 | −5.00E+01±7.14E-03 | 0.000 | −5.00E+01±5.85E-14 |
| 64 | −2.10E+02±6.37E-03 | 0.000 | −2.06E+02±1.15E+00 | 0.000 | −2.09E+02±9.42E-01 |
| 65 | 1.38E-23±6.78E-23 | 0.000 | 1.07E-11±2.32E-11 | 0.000 | 9.07E-101±6.32E-100 |
| 66 | 7.08E-14±6.75E-14 | 0.000 | 1.01E-09±8.24E-10 | 0.000 | 1.08E-24±3.73E-24 |
| 67 | 1.94E-06±1.90E-06 | 0.000 | 9.99E-03±9.67E-03 | 0.237 | 1.24E-02±1.19E-02 |
| 68 | 1.47E+00±8.48E-01 | 0.000 | 1.04E+01±1.18E+01 | 0.000 | 7.16E+01±1.41E+01 |

从表 10.3 可以看到, 大多数 $p$ 值都很接近 0, 说明 DE 在这些问题中都显著好过 SPSO 和 GA。只有在 8 个问题上, SPSO 和 DE 没有显著差异, 或者比 DE 更好。在 5 个问题上, GA 和 DE 没有显著差异或者比 DE 更好。

3) Kruskal-Wallis 检验

Kruskal-Wallis 检验 (Kruskal-Wallis test) 又称为基于秩的单因素方差分析 (one-way ANOVA on ranks), 是通过将 Wilcoxon 秩和检验推广到两个以上的独立总体而得到的, 即检验这多个独立总体是否具有相同的分布。类似于 Wilcoxon 秩和检验, 其依旧是通过检验这些总体是否具有相等的中位数, 来推断总体是否相同。因此, 原假设与备择假设具有如下形式:

(1) $H_0$: 多个最优化算法在某测试问题上的测试数据来自具有相同中位数的分布;

(2) $H_1$: 多个最优化算法在某测试问题上的测试数据来自中位数不全相等的分布。

Kruskal-Wallis 检验又称为 Kruskal-Wallis $H$ 检验, 因为它采用了如下的 $H$ 统计量:

$$H = (N - 1) \frac{\sum\limits_{i=1}^{g} n_i (\bar{r}_{i\cdot} - \bar{r})^2}{\sum\limits_{i=1}^{g} \sum\limits_{j=1}^{n_i} (r_{ij} - \bar{r})^2} \tag{10.7}$$

其中, $N$ 是各总体的样本数之和; $g$ 是总体数; $n_i$ 是第 $i$ 个总体的样本数; $r_{ij}$ 是第 $i$ 个总体的第 $j$ 个样本的秩 (编号); $\bar{r}_{i\cdot}$ 是第 $i$ 个总体的样本数据的平均秩; $\bar{r}$ 是所有秩的平均。在最优化算法的数值比较中, 如果用式 (10.1) 中的记号, 则有 $N = n_s n_r, g = n_s, n_i = n_r$。计算出了 $H$ 值, 就可以与临界值比较, 并得出检验结果。下面给出了更完整的检验流程。

数据分析方法 V: Kruskal-Wallis 检验

1. 适用场景: 检验三个或三个以上算法在给定问题上的测试数据的均值有没有显著差异。

2. 前提假设: 无。

- 所需数据: $\boldsymbol{H}(\text{end}, 1:n_{\mathrm{r}}, 1:n_{\mathrm{p}}, 1:n_{\mathrm{s}})$。
- 对每一个测试问题 $k = 1, 2, \cdots, n_{\mathrm{p}}$, 执行以下检验:
  - 对所有算法 $1, 2, \cdots, n_{\mathrm{s}}$, 执行 Kruskal-Wallis 检验:
    * 汇总所有算法在各自 $n_{\mathrm{r}}$ 轮测试中找到的最好函数值, 从小到大排序, 并编号为 $1, 2, \cdots, n_{\mathrm{s}} n_{\mathrm{r}}$;
    * 按照式 (10.7) 计算检验统计值;
    * 查表判断检验结果。
- 汇总不同问题上的检验结果, 推断出整个测试集上的排序结果。

在 MATLAB 的统计工具箱, 命令 kruskalwallis 可以执行 Kruskal-Wallis 检验, 常用调用格式为

$$[\text{p, ~, STATS}] = \text{kruskalwallis(X)}$$

其中, X 的每一列表示一组样本数据。该调用格式执行双边检验, 并返回 $p$ 值和结构体 STATS。$p$ 值越小拒绝原假设的把握就越大, 默认小于 0.05 就拒绝。如果拒绝了原假设, 为了搞清楚是哪一组样本数据具有不同的分布, 可以用结构体 STATS 中的信息, 进行多个两两检验来判断。调用格式如下:

$$\text{c = multcompare(STATS)}$$

其中, c 是一个 6 列的矩阵, 行数取决于两两检验的次数。第 1、2 列给出了哪两组样本数据进行检验, 第 6 列给出了检验的 $p$ 值。从这些信息可以知道哪一组或哪些组样本数据来自不同的总体分布。

在 Python 的 SciPy 库中也有 Kruskal-Wallis 检验的实现方法, 有平局校正, 常用调用格式为

$$\text{scipy.stats.mstats.kruskalwallis(a,b,c)}$$

其中 a,b,c 表示三组样本数据。检验结果返回 $H$ 的统计值和对应的 $p$ 值。

**例 10.5** 用 Kruskal-Wallis 检验来处理例 10.1 中的测试数据, 先只考虑对第一个测试问题进行检验, 所需数据为 $\boldsymbol{H}(\text{end}, 1:50, 1, 1:3)$。Kruskal-Wallis 检验得到 $p$ 值为 1.3583e-30, 拒绝原假设, 即认为 SPSO、GA 和 DE 三个算法在这个测试问题上的测试数据差异显著, 不可能来自相同的分布。为了搞清楚哪一个算法的数据来自不同的分布, 继续执行 multcompare 检验, 得到矩阵 $\boldsymbol{c}$ 如图 10.3 所示。从矩阵 $\boldsymbol{c}$ 可以看到, 每个两两检验的 $p$ 值都很小, 因此可以认为, SPSO、GA 和 DE 三个算法在这个测试问题上的测试数据分别来自三个不同的总体分布。

$$c =$$

| 1.0000 | 2.0000 | −69.9840 | −50.0000 | −30.0160 | 0.0000 |
| 1.0000 | 3.0000 | 30.0160 | 50.0000 | 69.9840 | 0.0000 |
| 2.0000 | 3.0000 | 80.0160 | 100.0000 | 119.9840 | 0.0000 |

图 10.3 Kruskal-Wallis 检验的后续 multcompare 检验结果

矩阵的每一行表示一个两两检验，前 2 列给出了检验的算法，中间 3 列分别是秩和的下界、平均和上界，第 6 列给出了检验的 $p$ 值

根据例题 10.5，可以用 Kruskal-Wallis 检验及后续的 multcompare 检验来获得各个算法在一个测试问题上的性能排序或评分。这里把它定义为集体比较评分策略。

**定义10.2** 采用 Kruskal-Wallis 检验可以实现对多个算法的评分。① 先执行 Kruskal-Wallis 检验，如果得到的 $p$ 值小于 0.05，则拒绝原假设，认为至少一个算法性能有显著差异；继续执行 multcompare 检验，从矩阵 $c$ 中的两两比较 $p$ 值 (第六列) 与秩和 (第四列) 来判断各算法的排序，第一名给 1 分，第二名给 2 分，以此类推。② 如果 Kruskal-Wallis 检验的 $p$ 值超过 0.05，则不拒绝原假设，认为各个算法在该问题中性能没有显著差异。在上述两种情况下，如果遇到不拒绝原假设的情况，即两个或多个算法性能没有显著差异，此时各算法打分为它们在无平局时打分的平均值。

根据定义 10.2，如果三个算法比较，且没有显著差异，则全部打分为 $(1+2+3)/3=2$。如果三个算法比较，两个算法没有显著差异，但都比第三个算法好，则前两个算法打分为 $(1+2)/2=1.5$，第三个算法打分为 3。下面的例题阐述了如何把这个打分策略用在例题 10.1 的测试数据上。

**例 10.6** 用 Kruskal-Wallis 检验及定义 10.2 的打分策略来处理例 10.1 的测试数据。所需数据为 $H(\text{end}, 1:50, 1:68, 1:3)$。Kruskal-Wallis 检验的结果表明，所有的 $p$ 值都远小于 0.05，即 SPSO、GA 和 DE 三个算法在 Hedar 集合的 68 个测试问题中，数值性能都有显著差异。继续采用 multcompare 检验，并采用定义 10.2 的打分策略，得到具体的打分结果如表 10.4 所示。最终，汇总得分后 SPSO，GA 和 DE 三个算法的得分分别为 132.5 分，181.5 分和 94 分。

注意 Kruskal-Wallis 检验和 Wilcoxon 秩和检验都只是考虑排位，没有考虑差距的绝对值，因此跟依赖均值和标准差的统计推断有区别。比如第 18 号函数 (Griewank-2D)，SPSO 的均值和标准差都最小，但按照秩和检验却是最差的算法。

表 10.4 SPSO, GA 和 DE 求解 Hear 测试集的 Kruskal-Wallsi 检验

| 问题名称 | SPSO | GA | DE | 问题名称 | SPSO | GA | DE |
|---|---|---|---|---|---|---|---|
| Ackley-2D | 2 | 3 | 1 | Bohachevsky-1 | 1.5 | 3 | 1.5 |
| Ackley-5D | 2 | 3 | 1 | Bohachevsky-2 | 1.5 | 3 | 1.5 |
| Ackley-10D | 2 | 3 | 1 | Bohachevsky-3 | 1.5 | 3 | 1.5 |
| Ackley-20D | 1 | 3 | 2 | Booth | 2 | 3 | 1 |
| Beal | 2 | 3 | 1 | Branin | 2 | 3 | 1 |

| 问题名称 | SPSO | GA | DE | 问题名称 | SPSO | GA | DE |
| --- | --- | --- | --- | --- | --- | --- | --- |
| Colville | 2 | 3 | 1 | Rastrigin-5D | 3 | 2 | 1 |
| Dixon-Price-2D | 2 | 3 | 1 | Rastrigin-10D | 3 | 1.5 | 1.5 |
| Dixon-Price-5D | 2 | 3 | 1 | Rastrigin-20D | 2 | 1 | 3 |
| Dixon-Price-10D | 3 | 1.5 | 1.5 | Rosenbrock-2D | 2 | 3 | 1 |
| Dixon-Price-20D | 1 | 3 | 2 | Rosenbrock-5D | 2.5 | 2.5 | 1 |
| Easom | 1.5 | 3 | 1.5 | Rosenbrock-10D | 3 | 1.5 | 1.5 |
| gp | 2 | 3 | 1 | Rosenbrock-20D | 1.5 | 3 | 1.5 |
| Griewank-2D | 3 | 2 | 1 | Schwefel-2D | 1.5 | 3 | 1.5 |
| Griewank-5D | 3 | 1.5 | 1.5 | Schwefel-5D | 2.5 | 2.5 | 1 |
| Griewank-10D | 2.5 | 1 | 2.5 | Schwefel-10D | 3 | 2 | 1 |
| Griewank-20D | 1.5 | 1.5 | 3 | Schwefel-20D | 3 | 2 | 1 |
| Hart3 | 2 | 3 | 1 | Shekel5 | 2 | 3 | 1 |
| Hart6 | 2 | 3 | 1 | Shekel7 | 2 | 3 | 1 |
| Hump | 2 | 3 | 1 | Shekel10 | 2 | 3 | 1 |
| Levy-2D | 2 | 3 | 1 | Shubert | 2.5 | 2.5 | 1 |
| Levy-5D | 2 | 3 | 1 | sphere-2D | 2 | 3 | 1 |
| Levy-10D | 2 | 3 | 1 | sphere-5D | 2 | 3 | 1 |
| Levy-20D | 1 | 3 | 2 | sphere-10D | 2 | 3 | 1 |
| Matyas | 2 | 3 | 1 | sphere-20D | 1 | 3 | 2 |
| Michalewics-2D | 1.5 | 3 | 1.5 | sum square-2D | 2 | 3 | 1 |
| Michalewics-5D | 2.5 | 2.5 | 1 | sum square-5D | 2 | 3 | 1 |
| Michalewics-10D | 3 | 2 | 1 | sum square-10D | 2 | 3 | 1 |
| Perm | 1.5 | 3 | 1.5 | sum square-20D | 2 | 3 | 1 |
| Powell-4D | 2 | 3 | 1 | trid-6D | 2 | 3 | 1 |
| Powell-12D | 2 | 3 | 1 | trid-10D | 1 | 3 | 2 |
| Powell-24D | 1 | 2 | 3 | Zakharov-2D | 2 | 3 | 1 |
| Powell-48D | 1 | 2 | 3 | Zakharov-5D | 2 | 3 | 1 |
| powersum | 1 | 2.5 | 2.5 | Zakharov-10D | 1 | 2.5 | 2.5 |
| Rastrigin-2D | 1.5 | 3 | 1.5 | Zakharov-20D | 1 | 2 | 3 |
| 总分 | | | | | 132.5 | 181.5 | 94 |

## 10.2.2　参数检验

非参数检验适用于总体分布的信息未知的情形, 如果总体的分布信息已知, 通常采用参数检验。本节介绍的参数检验要求总体是正态分布的, 且对两个正态总体的方差有一定的要求。为了验证这两个条件是否满足, 需要对样本数据进行正态检验和方差齐性检验, 前者检验样本数据是否来自正态分布, 后者检验两个正态总体的方差是否相等。

1) 参数检验的预检验: 正态检验和方差齐性检验

检验某个最优化算法在一个测试问题中的测试数据是否来自正态总体, 可以采用

Kolmogrov-Smirnov 检验。该检验也是一个非参数检验, 一般用双边检验, 原假设和备择假设分别为:

(1) $H_0$: 样本数据来自正态总体;

(2) $H_1$: 样本数据不是来自正态总体。

其检验统计量为

$$\text{KS} = \max_x |\hat{\Phi}(x) - \Phi(x)| \tag{10.8}$$

其中, $\Phi(x)$ 为原假设成立时的正态分布的分布函数; 而 $\hat{\Phi}(x)$ 为样本数据的经验分布函数。

以上单样本的 Kolmogrov-Smirnov 检验可以推广到两个样本的 Kolmogrov-Smirnov 检验, 后者检验这两个样本是否来自同一个总体。其检验统计量为

$$\text{KS} = \max_x |\hat{F}_1(x) - \hat{F}_2(x)| \tag{10.9}$$

其中, $\hat{F}_1(x)$ 和 $\hat{F}_2(x)$ 分别是两个样本的经验分布函数。注意双样本 Kolmogrov-Smirnov 检验并不是用于检验样本数据是否来自正态分布的。事实上, 它的作用类似于 Wilcoxon 的秩和检验, 用于检验两组样本数据是否来自同一个总体。

Kolmogrov-Smirnov 检验的实施可以通过 MATLAB 或者 Python 等软件来实现。后者可调用 scipy.stats.kstest 来实现, 这里主要介绍前者。在 MATLAB 中, kstest 和 kstest2 分别用于单样本和双样本的 Kolmogrov-Smirnov 检验。其中, kstest 检验样本是否来自标准正态分布, 因此需要先将样本数据标准化。常用调用格式为

```
x = (t - mean(t))/std(t);
[h, p] = kstest(x)
```

其中, 第一行代码的 t 为原始数据组成的向量; x 为其标准化后的向量; 返回值 $h$ 等于 1 或 0, 分别表示拒绝或不拒绝原假设; $p$ 为检验的 $p$ 值。双样本的 Kolmogrov-Smirnov 检验不需要对样本数据标准化, 常用调用格式为

```
[h, p] = kstest2(x1, x2)
```

其中, $x_1$ 和 $x_2$ 分别为两组样本数据组成的向量; h 和 p 的含义与 kstest 调用时相同。

总之, 可以两次调用单样本 Kolmogrov-Smirnov 检验, 分别检验两个算法在同一测试问题上的测试数据是否都来自正态总体。如果答案是肯定的, 那么可以采用下一小节介绍的 $t$ 检验, 检验两个总体的均值是否相等。但在 $t$ 检验之前, 通常还要用 $F$ 检验来判断两个正态总体是否具有方差齐性。该性质对于采用何种 $t$ 检验具有重要指导作用。

$F$ 检验的原假设和备择假设分别为

(1) $H_0$: 两个正态总体的方差相同;

(2) $H_1$: 两个正态总体的方差不同。

其检验统计量为

$$F = \frac{S_1^2}{S_2^2} \tag{10.10}$$

其中 $S_1^2, S_2^2$ 是两个样本方差。显然,如果原假设成立,则统计量 $F$ 应该在 1 的附近,反之,如果 $F$ 远离 1,则有理由拒绝原假设。可以证明,原假设成立时,统计量 $F$ 服从 $F(n_1-1, n_2-1)$ 分布,其中 $n_1, n_2$ 分别是两组样本的容量。

在很多软件中都有实现 $F$ 检验的功能。比如在 MATLAB 中,用 vartest2 可以检验两组样本数据是否来自方差相同的正态总体。常用调用格式为

$$[h, p] = \texttt{vartest2(x, y)}$$

其中,输入变量 x, y 表示两组样本数据;h 和 p 的含义与前面相同。此外,MATLAB 还提供了 vartestn 命令,它基于 Bartlett 检验,用以检验多组样本数据是否来自方差相同的正态总体。常用调用格式为

$$p = \texttt{vartestn(x)}$$

其中,p 为检验得到的 $p$ 值。该命令还能输出一个统计信息表和一幅箱体图,能大致看出是哪组样本数据的方差不同。

下面的例子将用 kstest, vartest2 和 vartestn 检验 SPSO、DE 和 GA 三个算法在 Hedar 测试集合上的测试数据是否满足正态检验和方差齐性检验。

**例 10.7**　对例题 10.1 中的测试数据进行正态检验以及方差齐性检验,显著性水平默认为 0.05。这里只需要用到每次测试得到的最好结果 $H(\text{end}, 1:50, 1:68, 1:3)$。首先采用 kstest 进行正态检验,如果三个算法的测试数据都不是正态的,则无需进行方差齐性检验;如果只有两个算法的测试数据是正态的,则用 vartest2 来进行方差齐性检验;如果三个算法的测试数据都是正态的,则用 vartestn 进行方差齐性检验。表 10.5 列出了检验结果。其中,$K$ 表示 kstest 的检验结果,1 表示不是正态总体 (拒绝原假设),0 表示正态总体 (不拒绝原假设);$F$ 表示 vartest2 或 vartestn 检验的结果,"—"表示没有检验,1 表示方差不相等 (拒绝原假设),0 表示方差相等 (不拒绝原假设)。

表 10.5　**SPSO, GA 和 DE 求解 Hear 测试集的最终数据的正态检验**

| 问题<br>名称 | SPSO | | GA | | DE | | 问题<br>名称 | SPSO | | GA | | DE | |
|---|---|---|---|---|---|---|---|---|---|---|---|---|---|
| | K | F | K | F | K | F | | K | F | K | F | K | F |
| Ackley-2D | 1 | — | 1 | — | 1 | — | Dixon-Price2D | 1 | — | 1 | — | 1 | — |
| Ackley-5D | 0 | — | 1 | — | 1 | — | Dixon-Price5D | 1 | — | 1 | — | 1 | — |
| Ackley-10D | 0 | 1 | 0 | 1 | 1 | — | Dixon-Price10D | 1 | — | 1 | — | 1 | — |
| Ackley-20D | 0 | 1 | 0 | 1 | 0 | 1 | Dixon-Price20D | 1 | — | 0 | 1 | 0 | 1 |
| Beal | 1 | — | 1 | — | 1 | — | Easom | 1 | — | 1 | — | 1 | — |
| Bohachevsky-1 | 1 | — | 1 | — | 1 | — | gp | 1 | — | 1 | — | 1 | — |
| Bohachevsky-2 | 1 | — | 1 | — | 1 | — | Griewank-2D | 1 | — | 1 | — | 1 | — |
| Bohachevsky-3 | 1 | — | 1 | — | 1 | — | Griewank-5D | 0 | — | 1 | — | 1 | — |
| Booth | 1 | — | 1 | — | 1 | — | Griewank-10D | 0 | — | 1 | — | 0 | — |
| Branin | 1 | — | 1 | — | 1 | — | Griewank-20D | 1 | — | 0 | 1 | 0 | 1 |
| Colville | 1 | — | 1 | — | 1 | — | Hart3 | 1 | — | 1 | — | 1 | — |

续表

| 问题名称 | SPSO | | GA | | DE | | 问题名称 | SPSO | | GA | | DE | |
|---|---|---|---|---|---|---|---|---|---|---|---|---|---|
| | K | F | K | F | K | F | | K | F | K | F | K | F |
| Hart6 | 1 | — | 1 | — | 1 | — | Rosenbrock20D | 1 | — | 0 | — | 1 | — |
| Hump | 1 | — | 1 | — | 1 | — | Schwefel-2D | 1 | — | 1 | — | 1 | — |
| Levy-2D | 1 | — | 1 | — | 1 | — | Schwefel-5D | 0 | — | 1 | — | 1 | — |
| Levy-5D | 1 | — | 1 | — | 1 | — | Schwefel-10D | 0 | 1 | 0 | 1 | 1 | — |
| Levy-10D | 1 | — | 1 | — | 1 | — | Schwefel-20D | 0 | 1 | 0 | 1 | 1 | — |
| Levy-20D | 1 | — | 1 | — | 0 | — | Shekel5 | 1 | — | 1 | — | 1 | — |
| Matyas | 1 | — | 1 | — | 1 | — | Shekel7 | 1 | — | 1 | — | 1 | — |
| Michalewics2D | 1 | — | 1 | — | 1 | — | Shekel10 | 1 | — | 1 | — | 1 | — |
| Michalewics5D | 1 | — | 1 | — | 1 | — | Shubert | 1 | — | 1 | — | 1 | — |
| Michalewics10D | 0 | 1 | 0 | 1 | 1 | — | sphere-2D | 1 | — | 1 | — | 1 | — |
| Perm | 1 | — | 1 | — | 1 | — | sphere-5D | 0 | — | 1 | — | 1 | — |
| Powell-4D | 1 | — | 0 | — | 1 | — | sphere-10D | 1 | — | 0 | — | 1 | — |
| Powell-12D | 1 | — | 1 | — | 1 | — | sphere-20D | 0 | 1 | 0 | 1 | 0 | 1 |
| Powell-24D | 0 | 1 | 1 | — | 0 | 1 | sum square2D | 1 | — | 1 | — | 1 | — |
| Powell-48D | 0 | 1 | 1 | — | 0 | 1 | sum square5D | 0 | — | 1 | — | 1 | — |
| powersum | 1 | — | 1 | — | 0 | — | sum square10D | 1 | — | 1 | — | 1 | — |
| Rastrigin-2D | 1 | — | 1 | — | 1 | — | sum square20D | 1 | — | 0 | 1 | 0 | 1 |
| Rastrigin-5D | 0 | — | 1 | — | 1 | — | trid-6D | 1 | — | 1 | — | 1 | — |
| Rastrigin-10D | 0 | — | 1 | — | 1 | — | trid-10D | 1 | — | 0 | — | 1 | — |
| Rastrigin-20D | 0 | 0 | 0 | 1 | 0 | 0 | Zakharov-2D | 1 | — | 1 | — | 1 | — |
| Rosenbrock2D | 1 | — | 1 | — | 1 | — | Zakharov-5D | 1 | — | 1 | — | 1 | — |
| Rosenbrock5D | 0 | — | 1 | — | 1 | — | Zakharov-10D | 1 | — | 1 | — | 1 | — |
| Rosenbrock10D | 1 | — | 0 | 1 | 0 | 1 | Zakharov-20D | 0 | 1 | 1 | — | 0 | 1 |

从表 10.5 可以看到, 绝大多数 (157/204=77%) 的测试数据样本都不满足正态检验; 只有 15 个问题出现了两个或三个算法满足正态检验, 从而可以进一步进行方差齐性检验的情况。而方差齐性检验的结果表明, 几乎所有测试数据样本都不满足方差齐性。唯一的例外是第 42 号函数 (Rastrigin-20D), 其在 vartestn 检验中不满足三个算法的方差齐性, 但进一步的两两检验表明, SPSO 和 DE 勉强可以算得上是方差相等的 ($p$ 值为 0.0657)。

例题 10.7 的结果表明, 多数情况下测试数据都不太可能来自正态总体, 即便两个算法的测试数据都近似正态, 它们的方差相等的可能性也很小。由于 SPSO、GA 和 DE 是很有代表性的智能优化算法, 我们认为, 从例题 10.7 得到的上述结论也很有代表性意义。正因为如此, 如果采用假设检验的方法来分析数据, 我们推荐优先采用 10.2.1 节介绍的非参数检验方法。只有在样本数据经受了正态检验后, 才能考虑用本节后续介绍的参数检验方法。

2) 成对双总体的 $t$ 检验

参数检验中的成对 $t$ 检验可类比于非参数检验中的 Wilcoxon 符号秩检验, 它们都作用于成对的样本数据, 检验这两组数据是否有显著差异。具体来说, Wilcoxon 符号秩检验要检验的是两组样本数据的中位数是否相等, 而成对 $t$ 检验要检验的是两组样本数据的均值是否相等。也就是说, 成对 $t$ 检验的原假设与备择假设可具体表述为:

(1) $H_0$: 算法 $A_1, A_2$ 在各测试问题上找到的最好平均值之差 $\bar{H}(\text{end}, 1 : n_p, A_1) - \bar{H}(\text{end}, 1 : n_p, A_2)$ 来自均值为 0 的正态总体;

(2) $H_1$: 算法 $A_1, A_2$ 在各测试问题上找到的最好平均值之差 $\bar{H}(\text{end}, 1 : n_p, A_1) - \bar{H}(\text{end}, 1 : n_p, A_2)$ 来自均值不为 0 的正态总体。

成对 $t$ 检验的本质是单总体 $t$ 检验, 其检验统计量为

$$t = \frac{\bar{x}_1 - \bar{x}_2}{s / \sqrt{n_p}} \tag{10.11}$$

其中, $\bar{x}_1 - \bar{x}_2$ 和 $s$ 分别为两组样本之差 $\bar{H}(\text{end}, 1 : n_p, A_1) - \bar{H}(\text{end}, 1 : n_p, A_2)$ 的均值和标准差。在原假设成立的条件下, 统计量 $t$ 服从自由度为 $n_p - 1$ 的 $t$ 分布。下面给出了成对 $t$ 检验的实现流程。

---

**数据分析方法 VI: 双总体成对 $t$ 检验**

1. 适用场景: 算法改进场景。
2. 前提假设: 双总体之差是正态总体。

- 所需数据: $\bar{H}(\text{end}, 1 : n_p, 1 : n_s)$。
- 对整个测试问题集合, 执行以下检验:
  - 对两个算法 (原始算法及其改进算法), 执行一次成对 $t$ 检验:
    * 计算差值: 计算 $\bar{H}(\text{end}, :, A_1) - \bar{H}(\text{end}, :, A_2)$, 得到 $n_p$ 个差值;
    * 根据式 (10.11) 得到检验统计值;
    * 判断检验统计值是否落入拒绝域, 若是则拒绝 $H_0$, 否则不拒绝 $H_0$。

---

在 Python 中, 成对 $t$ 检验可用如下的方式实施:

$$\texttt{scipy.stats.ttest\_1samp(rvs, 0.0)}$$

其中, rvs 是两组数据之差组成的向量。在 MATLAB 中, 成对 $t$ 检验由 ttest 命令实现, 常用调用格式为

$$\texttt{[h,p] = ttest(x,y)}$$

其中, $x, y$ 为两组输入数据; $h$ 和 $p$ 分别是检验结果和检验 $p$ 值, 含义与前面相同。

下面的例题用成对 $t$ 检验对例题 10.1 中的数据进行检验, 以检验各算法在这些问题中的性能是否有显著差异。

**例 10.8**　用成对 $t$ 检验对 SPSO、GA 和 DE 在 Hedar 测试集上的测试数据进行检验, 以推断三个算法的数值性能差异。三个算法两两比较, 需要进行三次检验。

首先, 要对三组测试数据之差进行正态检验。具体来说, 我们采用 kstest 检验如下三个向量是否为正态分布。

$$\bar{H}(\text{end}, 1 : 68, 1) - \bar{H}(\text{end}, 1 : 68, 2)$$

$$\bar{\boldsymbol{H}}(\text{end}, 1:68, 1) - \bar{\boldsymbol{H}}(\text{end}, 1:68, 3)$$

$$\bar{\boldsymbol{H}}(\text{end}, 1:68, 2) - \bar{\boldsymbol{H}}(\text{end}, 1:68, 3)$$

结果表明, 三次检验的 $p$ 值都非常小, 因此它们都不满足正态性。

如果不管正态检验的结果, 坚持用成对 $t$ 检验对它们进行显著性检验, 则可以得到如表 10.6 所示的结果。从中可以得到三次检验都不拒绝原假设, 也就是三个算法的数值性能都没有显著差异的结论。

表 10.6　SPSO, GA 和 DE 求解 Hear 测试问题集的成对 $t$ 检验

| 算法 | SPSO | GA | DE |
|------|------|------|------|
| SPSO | — | 0.2042 | 0.8882 |
| GA | 0.2042 | — | 0.4149 |
| DE | 0.8882 | 0.4149 | — |

对比表 10.6 的成对 $t$ 检验结果和表 10.2 给出的 Wilcoxon 符号秩检验结果, 可以发现, 前者的 $p$ 值显著大于后者; SPSO 和 DE 的最终检验结果相同 (不拒绝原假设, 即它们没有显著差异), 但是其他两个检验的结果都不同了, 也就是说 GA 和 SPSO 以及 DE 的显著性差异没有被成对 $t$ 检验发现。这表明, 在总体没有经受正态检验的条件下, 强行实施成对 $t$ 检验的效果是很差的。

3) 独立双总体的 $t$ 检验

通过将同一个测试问题上两个算法的平均性能看成一对变量, 成对双总体的 $t$ 检验对任意两个算法在一个测试集合上做一次检验即可, 比较简便。但是, 它抹除了两个算法在同一个问题上的随机波动。独立双总体的 $t$ 检验可以更细致地考察这种随机波动。

独立双总体的 $t$ 检验在每个测试问题上进行一次 $t$ 检验, 推断两个算法在该问题上的数值性能是否有显著差异, 然后汇总成整个测试问题集合上的性能差异推断。在每个测试问题上, $t$ 检验的原假设和备择假设分别为:

(1) $H_0$: 两个算法在该问题上的测试数据来自均值相等的正态总体;

(2) $H_1$: 两个算法在该问题上的测试数据来自均值不相等的正态总体。

具体来说, 在给定的第 $i$ 个测试问题上, 两个算法 $A_1, A_2$ 的测试数据 $\boldsymbol{H}(\text{end}, 1 : n_{\text{r}}, i, [A_1, A_2])$ 被看成两个独立正态总体的抽样, $t$ 检验要推断的是这两个独立正态总体是否具有相等的均值。

经典的独立双总体 $t$ 检验要求正态总体的方差 (未知但) 相等, 此时的 $t$ 检验统计量为

$$t = \frac{\bar{X}_1 - \bar{X}_2}{\sqrt{(S_1^2 + S_2^2)/n_{\text{r}}}} \sim t(d) \tag{10.12}$$

其中, $\bar{X}_1, \bar{X}_2$ 是两组样本的均值; $S_1^2, S_2^2$ 是两组样本的方差; $d$ 为 $t$ 分布的自由度。在原假设成立的条件下, 统计量 $t$ 服从自由度为 $d = 2n_{\text{r}} - 2$ 的 $t$ 分布。

遗憾的是, 在最优化算法的数值比较场景中, 方差齐性并不容易满足, 正如例 10.7 所揭示的。因此通常不能直接用式 (10.12) 的统计量 $t \sim t(2n_{\text{r}} - 2)$ 来进行检验。此时主流的策

略是继续采用式 (10.12) 的统计量, 但是要对 $t$ 分布的自由度进行校正. 常用的校正方法是 Satterthwaite 的自由度近似, 即

$$d = \frac{(n_{\mathrm{r}} - 1)(S_1^2 + S_2^2)^2}{S_1^4 + S_2^4} \tag{10.13}$$

显然, 当 $S_1^2 = S_2^2$ 时, 上述近似可得 $d = 2(n_{\mathrm{r}} - 1)$, 与方差齐性满足时一致. 考虑到方差齐性很难满足, 同时 Satterthwaite 的自由度近似理论性质和检验效果俱佳, 因此, 在独立双总体的 $t$ 检验中, 一般直接采用 Satterthwaite 的近似 $t$ 检验. 这也是为何在图 10.2 中直接用近似 $t$ 检验的理由. 下面给出了独立双总体 $t$ 检验的实现流程.

---

**数据分析方法 VII: 独立双总体的 Satterthwaite 近似 $t$ 检验**

1. 适用场景: 检验两个最优化算法在给定问题上的测试数据的均值有没有显著差异.

2. 前提假设: 正态总体.

- 所需数据: $\boldsymbol{H}(\mathrm{end}, 1 : n_{\mathrm{r}}, 1 : n_{\mathrm{p}}, 1 : n_{\mathrm{s}})$.
- 对每一个测试问题 $k = 1, 2, \cdots, n_{\mathrm{p}}$, 执行以下检验:
  - 对两个算法 $\in \{1, 2, \cdots, n_{\mathrm{s}}\}$, 执行 Satterthwaite 近似 $t$ 检验:
    * 根据式 (10.12) 计算检验统计量;
    * 根据式 (10.13) 计算 $t$ 分布的自由度;
    * 查表判断检验结果.
- 汇总不同问题上的检验结果, 推断整个测试集上的排序结果.

---

在 Python 中, 独立双总体 $t$ 检验可用如下的方式实施:

$$\texttt{scipy.stats.ttest\_ind(rvs1, rvs2)}$$

其中, rvs1, rvs2 是两组样本数据. 在 MATLAB 中, 独立双总体 $t$ 检验由 ttest2 命令实现, 采用 Satterthwaite 近似 $t$ 检验的调用格式为

$$\texttt{[h,p] = ttest2(x,y,'Vartype','unequal')}$$

其中, $x, y$ 是两组样本数据. 也就是说, 只要总体方差不满足齐性, 在 MATLAB 中就采用 Satterthwaite 近似 $t$ 检验.

**例 10.9**　用 Satterthwaite 近似 $t$ 检验对例 10.1 中的测试数据进行分析, 推断 SPSO、GA 和 DE 算法在 Hedar 测试集上的数值性能是否有显著差异. 特别关注例题 10.7 中 DE 算法和其他至少一个算法都通过了正态检验的 11 个测试问题. 其中, 第 15, 20, 21, 36, 37, 45, 62 和 68 号函数上有两个算法通过了正态检验, 而在第 4, 42 和 58 号函数上三个算法都通过了正态检验. 表 10.7 给出了检验结果, 其中方框表示 $p$ 值对应的算法和 DE 一起通过了正态检验.

在表 10.7 中, $p$ 值小于 0.05 表明该算法与 DE 算法有显著差异, 反之则没有充分证据表明存在显著差异; $p$ 值越小差异越显著。从中可以发现, 在 SPSO 与 DE 的比较中, 近似 $t$ 检验的结果与秩和检验的结果多数保持一致, 只有 13 个测试问题上结果相反。在 GA 与 DE 的比较中, 情况类似, 只有 14 个测试问题上结果相反。进一步, 如果总体是正态的, 则近似 $t$ 检验的结果与秩和检验的结果基本保持一致。具体来说, 除了第 20 号函数是个例外, 方框框住的其他 13 个 $p$ 值对应的检验结果, 都与该问题上秩和检验的结果一致。

表 10.7　SPSO, GA 和 DE 求解 Hear 测试集的 Satterthwaite 近似 $t$ 检验 (以 DE 为参照算法)

| 问题 | SPSO | | GA | | DE |
| 序号 | 近似 $t$ 检验 $p$ 值 | 秩和检验 $p$ 值 | 近似 $t$ 检验 $p$ 值 | 秩和检验 $p$ 值 | 均值 $\pm$ 标准差 |
|---|---|---|---|---|---|
| 1 | 0.0000 | 0.000 | 0.1849 | 0.000 | 8.88E-16$\pm$0.00E+00 |
| 2 | 0.0000 | 0.000 | 0.0613 | 0.000 | 9.59E-16$\pm$4.97E-16 |
| 3 | 0.0000 | 0.000 | 0.0000 | 0.000 | 1.03E-10$\pm$7.95E-11 |
| 4 | 0.0000 | 0.000 | 0.0000 | 0.000 | 5.81E-03$\pm$1.80E-03 |
| 5 | 0.0006 | 0.000 | 0.0833 | 0.000 | 0.00E+00$\pm$0.00E+00 |
| 6 | NaN | NaN | 0.1603 | 0.000 | 0.00E+00$\pm$0.00E+00 |
| 7 | NaN | NaN | 0.0170 | 0.000 | 0.00E+00$\pm$0.00E+00 |
| 8 | NaN | NaN | 0.0000 | 0.000 | 0.00E+00$\pm$0.00E+00 |
| 9 | 0.0001 | 0.000 | 0.0012 | 0.000 | 0.00E+00$\pm$0.00E+00 |
| 10 | 0.3054 | 0.000 | 0.0000 | 0.000 | 3.98E-01$\pm$3.33E-16 |
| 11 | 0.1259 | 0.000 | 0.0000 | 0.000 | 4.96E-07$\pm$2.42E-06 |
| 12 | 0.1387 | 0.000 | 0.0000 | 0.000 | 3.70E-32$\pm$0.00E+00 |
| 13 | 0.1302 | 0.000 | 0.0443 | 0.000 | 2.54E-20$\pm$1.23E-19 |
| 14 | 0.3175 | 0.000 | 0.0000 | 0.085 | 6.65E-01$\pm$1.13E-02 |
| 15 | 0.0000 | 0.000 | 0.0000 | 0.000 | 9.09E-01$\pm$1.77E-01 |
| 16 | NaN | NaN | 0.0000 | 0.000 | $-1.00$E+00$\pm$0.00E+00 |
| 17 | 0.0000 | 0.000 | 0.1594 | 0.000 | 3.00E+00$\pm$3.37E-15 |
| 18 | 0.0005 | 0.000 | 0.2387 | 0.000 | 1.63E-03$\pm$3.06E-03 |
| 19 | 0.0000 | 0.000 | 0.3863 | 0.018 | 4.67E-03$\pm$4.82E-03 |
| 20 | 0.1688 | 0.045 | 0.0000 | 0.000 | 1.33E-01$\pm$6.30E-02 |
| 21 | 0.0000 | 0.000 | 0.0000 | 0.000 | 3.19E-01$\pm$9.26E-02 |
| 22 | 0.0000 | 0.000 | 0.3222 | 0.000 | $-3.86$E+00$\pm$3.11E-15 |
| 23 | 0.0216 | 0.000 | 0.0007 | 0.000 | $-3.30$E+00$\pm$4.77E-02 |
| 24 | 0.1321 | 0.000 | 0.1594 | 0.000 | 4.65E-08$\pm$9.97E-17 |
| 25 | 0.0000 | 0.000 | 0.0009 | 0.000 | 1.50E-32$\pm$1.37E-47 |
| 26 | 0.0000 | 0.000 | 0.3222 | 0.000 | 1.50E-32$\pm$1.37E-47 |
| 27 | 0.0000 | 0.000 | 0.0000 | 0.000 | 6.54E-21$\pm$1.18E-20 |
| 28 | 0.0128 | 0.000 | 0.0106 | 0.000 | 6.19E-04$\pm$5.84E-04 |
| 29 | 0.0000 | 0.000 | 0.0000 | 0.000 | 1.18E-55$\pm$7.21E-55 |
| 30 | 1.0000 | 0.327 | 0.0058 | 0.000 | $-1.80$E+00$\pm$1.11E-15 |
| 31 | 0.0000 | 0.000 | 0.0000 | 0.000 | $-4.68$E+00$\pm$2.29E-02 |
| 32 | 0.0000 | 0.000 | 0.0000 | 0.000 | $-9.63$E+00$\pm$4.56E-02 |

续表

| 问题序号 | SPSO | | GA | | DE |
| --- | --- | --- | --- | --- | --- |
| | 近似 $t$ 检验 $p$ 值 | 秩和检验 $p$ 值 | 近似 $t$ 检验 $p$ 值 | 秩和检验 $p$ 值 | 均值 $\pm$ 标准差 |
| 33 | 0.4687 | 0.326 | 0.0040 | 0.002 | 1.20E-01$\pm$1.21E-01 |
| 34 | 0.0000 | 0.000 | 0.0000 | 0.000 | 9.59E-18$\pm$2.15E-17 |
| 35 | 0.0000 | 0.000 | 0.0000 | 0.000 | 5.52E-03$\pm$3.10E-03 |
| 36 | 0.0000 | 0.000 | 0.0000 | 0.000 | 1.50E+02$\pm$4.68E+01 |
| 37 | 0.0000 | 0.000 | 0.0000 | 0.000 | 4.65E+03$\pm$8.49E+02 |
| 38 | 0.0000 | 0.000 | 0.7486 | 0.533 | 2.36E-02$\pm$1.74E-02 |
| 39 | NaN | NaN | 0.0062 | 0.000 | 0.00E+00$\pm$0.00E+00 |
| 40 | 0.0000 | 0.000 | 0.0002 | 0.000 | 3.98E-02$\pm$1.95E-01 |
| 41 | 0.0000 | 0.000 | 0.0005 | 0.970 | 1.01E+00$\pm$1.78E+00 |
| 42 | 0.0000 | 0.000 | 0.0000 | 0.000 | 7.97E+01$\pm$7.88E+00 |
| 43 | 0.0067 | 0.000 | 0.0084 | 0.000 | 0.00E+00$\pm$0.00E+00 |
| 44 | 0.0000 | 0.000 | 0.0004 | 0.000 | 2.88E-03$\pm$4.03E-03 |
| 45 | 0.0000 | 0.000 | 0.4998 | 0.743 | 3.37E+00$\pm$4.82E-01 |
| 46 | 0.0016 | 0.770 | 0.0000 | 0.000 | 2.38E+01$\pm$1.33E+01 |
| 47 | 0.0193 | 0.012 | 0.0036 | 0.000 | 2.55E-05$\pm$0.00E+00 |
| 48 | 0.0000 | 0.000 | 0.0000 | 0.000 | 2.37E+00$\pm$1.66E+01 |
| 49 | 0.0000 | 0.000 | 0.0000 | 0.000 | 7.11E+00$\pm$2.81E+01 |
| 50 | 0.0000 | 0.000 | 0.0000 | 0.000 | 9.49E+00$\pm$3.21E+01 |
| 51 | 0.3568 | 0.000 | 0.00000 | 0.000 | $-$1.00E+01$\pm$1.05E+00 |
| 52 | 0.1594 | 0.000 | 0.0000 | 0.000 | $-$1.02E+01$\pm$1.04E+00 |
| 53 | 0.3222 | 0.000 | 0.0000 | 0.000 | $-$1.04E+01$\pm$7.57E-01 |
| 54 | 0.1253 | 0.000 | 0.1734 | 0.000 | $-$1.87E+02$\pm$5.21E-14 |
| 55 | 0.0008 | 0.000 | 0.0041 | 0.000 | 4.33E-115$\pm$2.84E-114 |
| 56 | 0.0000 | 0.000 | 0.0000 | 0.000 | 2.32E-53$\pm$5.37E-53 |
| 57 | 0.0000 | 0.000 | 0.0000 | 0.000 | 2.70E-22$\pm$2.61E-22 |
| 58 | 0.0000 | 0.000 | 0.0000 | 0.000 | 2.14E-06$\pm$1.26E-06 |
| 59 | 0.0004 | 0.000 | 0.0040 | 0.000 | 5.18E-114$\pm$3.30E-113 |
| 60 | 0.0000 | 0.000 | 0.0000 | 0.000 | 2.49E-52$\pm$4.71E-52 |
| 61 | 0.0000 | 0.000 | 0.0000 | 0.000 | 8.91E-21$\pm$2.07E-20 |
| 62 | 0.0000 | 0.000 | 0.0000 | 0.000 | 7.04E-05$\pm$4.48E-05 |
| 63 | 0.0000 | 0.000 | 0.0555 | 0.000 | $-$5.00E+01$\pm$5.85E-14 |
| 64 | 0.0000 | 0.000 | 0.00000 | 0.000 | $-$2.09E+02$\pm$9.42E-01 |
| 65 | 0.1617 | 0.000 | 0.0022 | 0.000 | 9.07E-101$\pm$6.32E-100 |
| 66 | 0.0000 | 0.000 | 0.0000 | 0.000 | 1.08E-24$\pm$3.73E-24 |
| 67 | 0.0000 | 0.000 | 0.2706 | 0.237 | 1.24E-02$\pm$1.19E-02 |
| 68 | 0.0000 | 0.000 | 0.0000 | 0.000 | 7.16E+01$\pm$1.41E+01 |

对例题 10.9 的观察表明，独立双总体的近似 $t$ 检验结果与 Wilcoxon 的秩和检验结果 80% 保持一致，特别是当独立双总体的抽样数据都符合正态分布时，这两类检验的结果 93% 以上保持一致。这大量的一致性主要归功于独立测试次数 $n_r = 50$ 比较大，此时中心

极限定理保证了, 每个算法的测试数据即便没有很好地通过正态检验, 也近似符合正态检验。我们把它归纳为如下的性质 (即命题 10.1)。文献 [205] 在其 2.2.5.2 节内容中提出了类似的判断。

**命题 10.1** 当独立测试次数 $n_\mathrm{r}$ 比较大 (至少 30 以上, 最好 50 以上) 时, 不管测试数据是否通过正态检验, 独立双总体的近似 $t$ 检验都可以较好地检验出算法的性能差异是否显著。当然, 测试数据都能通过正态检验的话, 检验效果更佳。

4) 独立多总体的方差分析

方差分析 (analysis of variance, ANOVA) 是数理统计学中应用最广泛的技术之一。它主要检验多个独立正态总体的均值是否受某些因素的影响, 如果均值都相等则认为不受影响, 否则就认为有影响。根据本书考虑的最优化算法数值比较的实际需要, 这里只介绍单因素方差分析 (one-way ANOVA)。

本节需要的数据是

$$\boldsymbol{H}(\mathrm{end}, 1:n_\mathrm{r}, 1:n_\mathrm{p}, 1:n_\mathrm{s}) \tag{10.14}$$

且对每一个测试问题 $k = 1, 2, \cdots, n_\mathrm{p}$, 对矩阵

$$\boldsymbol{H}(\mathrm{end}, 1:n_\mathrm{r}, k, 1:n_\mathrm{s}) \tag{10.15}$$

执行一次方差分析。此时的算法被当成 "因素", $n_\mathrm{s}$ 个算法被看成是该因素的 $n_\mathrm{s}$ 个水平。进一步, 各算法在第 $k$ 个测试问题上的 $n_\mathrm{r}$ 次独立测试, 被假设为来自方差相等的 $n_\mathrm{s}$ 个正态总体。在此基础上, 原假设和备择假设可描述如下:

(1) $\mathrm{H}_0$: 这 $n_\mathrm{s}$ 个正态总体的均值完全相等;

(2) $\mathrm{H}_1$: 这 $n_\mathrm{s}$ 个正态总体的均值不完全相等。

为论述方便, 记

$$\boldsymbol{X} = \boldsymbol{H}(\mathrm{end}, 1:n_\mathrm{r}, k, 1:n_\mathrm{s}), \quad \bar{X} = \frac{1}{n_\mathrm{s} n_\mathrm{r}} \sum_{j=1}^{n_\mathrm{s}} \sum_{i=1}^{n_\mathrm{r}} X_{ij}$$

则 $\boldsymbol{X}$ 是一个 $n_\mathrm{r} \times n_\mathrm{s}$ 的矩阵, $\bar{X}$ 是其总平均值。方差分析首先将总偏差平方和 $S_\mathrm{T}$ 分解成误差平方和 $S_\mathrm{E}$ 与效应平方和 $S_\mathrm{A}$, 它们的表达式分别为

$$S_\mathrm{T} = \sum_{j=1}^{n_\mathrm{s}} \sum_{i=1}^{n_\mathrm{r}} (X_{ij} - \bar{X})^2 \tag{10.16}$$

$$S_\mathrm{A} = \sum_{j=1}^{n_\mathrm{s}} \sum_{i=1}^{n_\mathrm{r}} (\bar{X}_{\cdot j} - \bar{X})^2 \tag{10.17}$$

$$S_\mathrm{E} = \sum_{j=1}^{n_\mathrm{s}} \sum_{i=1}^{n_\mathrm{r}} (X_{ij} - \bar{X}_{\cdot j})^2 \tag{10.18}$$

其中, $\bar{X}_{\cdot j}$ 是第 $j$ 个算法在该问题上的平均性能, 即

$$\bar{X}_{\cdot j} = \frac{1}{n_\mathrm{r}} \sum_{i=1}^{n_\mathrm{r}} X_{ij}$$

因此, $S_{\mathrm{A}}, S_{\mathrm{E}}$ 又分别被称为组间误差平方和与组内误差平方和。

然后, 构建了如下的统计量:

$$F = \frac{S_{\mathrm{A}}/(n_{\mathrm{s}}-1)}{S_{\mathrm{E}}/[n_{\mathrm{s}}(n_{\mathrm{r}}-1)]} \tag{10.19}$$

在原假设成立的条件下, 上述统计量 $F$ 服从分布 $F(n_{\mathrm{s}}-1, n_{\mathrm{s}}(n_{\mathrm{r}}-1))$。据此就可以对给定的测试问题进行方差分析。下面给出单因素 ANOVA 检验的实现流程。

> **数据分析方法 Ⅷ: 单因素 ANOVA 检验**
>
> 1. 适用场景: 检验三个或三个以上算法在给定问题上的测试数据的均值有没有显著差异。
>
> 2. 前提假设: (1) 正态总体; (2) 总体方差相等。
> - 所需数据: $\boldsymbol{H}(\mathrm{end}, 1:n_{\mathrm{r}}, 1:n_{\mathrm{p}}, 1:n_{\mathrm{s}})$。
> - 对每一个测试问题 $k = 1, 2, \cdots, n_{\mathrm{p}}$, 执行以下检验:
>   - 对所有算法 $1, 2, \cdots, n_{\mathrm{s}}$, 执行 ANOVA 检验:
>     * 按照式 (10.19) 计算检验统计值;
>     * 查表判断检验结果。
> - 汇总不同问题上的检验结果, 推断出整个测试集上的排序结果。

单因素方差分析在 Python 中用 f_oneway 实现, 调用格式为

`scipy.stats.f_oneway(X)`

其中, 输入 $\boldsymbol{X}$ 是一个 $n_{\mathrm{r}} \times n_{\mathrm{s}}$ 的矩阵, 它也可按列输入, 每一列代表一个算法在该问题中的测试数据。单因素方差分析在 MATLAB 中可用 anova1 来实现, 常用调用格式为

`[p, ~, STATS]  = anova1(X)`

其中, 输入 $\boldsymbol{X}$ 含义同上; 输出的是检验得到的 $p$ 值和结构体 STATS。如果 $p$ 值小于 0.05, 则拒绝原假设。此时, 为了搞清楚是哪一组样本数据具有不同的分布, 可以用结构体 STATS 中的信息, 进行多个两两检验来判断。调用格式如下:

`c = multcompare(STATS)`

其中, $\boldsymbol{c}$ 是一个 6 列的矩阵, 行数取决于两两检验的次数。第 1、2 列给出了哪两个算法的样本数据进行检验, 第 6 列给出了检验的 $p$ 值。从这些信息可以知道哪一组或哪些组样本数据来自不同的总体分布。

**例 10.10**　用 ANOVA 检验来处理例 10.1 中的测试数据, 先只考虑对第一个测试问题进行检验, 所需数据为 $\boldsymbol{H}(\mathrm{end}, 1:50, 1, 1:3)$。anova1 检验得到 $p$ 值为 0.1675, 不拒绝原假设, 即认为 SPSO、GA 和 DE 三个算法在这个测试问题上的测试数据没有显著差异。如果继续执行 multcompare 检验, 得到矩阵 $\boldsymbol{c}$ 如图 10.4 所示。从图 10.4 的矩阵可以看到, 每个两两检验 $p$ 值都不小, 因此不能拒绝 SPSO、GA 和 DE 三个算法在这个测试问题上的测试数据的均值不同。

| | | | | | |
|---|---|---|---|---|---|
| 1.0000 | 2.0000 | $-0.3858$ | $-0.1592$ | 0.0674 | 0.2260 |
| 1.0000 | 3.0000 | $-0.2266$ | 0.0000 | 0.2266 | 1.0000 |
| 2.0000 | 3.0000 | $-0.0674$ | 0.1592 | 0.3858 | 0.2260 |

图 10.4　anova1 检验的后续 multcompare 检验结果

矩阵的每一行表示一个两两检验，前 2 列给出了检验的算法，中间 3 列分别是秩和的下界、平均和上界，第 6 列给出了检验的 $p$ 值

下面根据定义 10.2 (用 anova1 检验代替 Kruskal-Wallis 检验) 对算法进行打分。如果三个算法比较，且没有显著差异，则全部打分为 (1+2+3)/3=2 分。如果三个算法比较，两个算法没有显著差异，但都比第三个算法好，则前两个算法打分为 (1+2)/2=1.5 分，第三个算法打分为 3 分。反之，若两个算法没有显著差异，但都比第三个算法差，则前两个算法打分为 (2+3)/2=2.5 分。下面的例题把这个打分策略用在了例题 10.1 的测试数据上。

**例 10.11**　用 anova1 检验来处理例 10.1 的测试数据。所需数据为 $H(\text{end}, 1:50, 1:68, 1:3)$，并继续采用 multcompare 检验和定义 10.2 的打分策略，得到三个算法的具体打分结果如表 10.8 所示。最终，汇总得分后，SPSO, GA 和 DE 三个算法分别得到 120.5 分，171.5 分和 116 分。

表 10.8　SPSO, GA 和 DE 求解 Hear 测试集的 ANOVA 检验

| 问题名称 | SPSO | GA | DE | 问题名称 | SPSO | GA | DE |
|---|---|---|---|---|---|---|---|
| Ackley-2D | 2 | 2 | 2 | Hart6 | 1.5 | 3 | 1.5 |
| Ackley-5D | 1.5 | 3 | 1.5 | Hump | 2 | 2 | 2 |
| Ackley-10D | 1.5 | 3 | 1.5 | Levy-2D | 1.5 | 3 | 1.5 |
| Ackley-20D | 1.5 | 3 | 1.5 | Levy-5D | 2 | 2 | 2 |
| Beal | 2 | 2 | 2 | Levy-10D | 1.5 | 3 | 1.5 |
| Bohachevsky-1 | 2 | 2 | 2 | Levy-20D | 1.5 | 3 | 1.5 |
| Bohachevsky-2 | 1.5 | 3 | 1.5 | Matyas | 1.5 | 3 | 1.5 |
| Bohachevsky-3 | 1.5 | 3 | 1.5 | Michalewics-2D | 1.5 | 3 | 1.5 |
| Booth | 1.5 | 3 | 1.5 | Michalewics-5D | 2 | 3 | 1 |
| Branin | 2 | 2 | 2 | Michalewics-10D | 3 | 2 | 1 |
| Colville | 1.5 | 3 | 1.5 | Perm | 1.5 | 3 | 1.5 |
| Dixon-Price-2D | 2 | 2 | 2 | Powell-4D | 1.5 | 3 | 1.5 |
| Dixon-Price-5D | 1.5 | 3 | 1.5 | Powell-12D | 1.5 | 3 | 1.5 |
| Dixon-Price-10D | 2.5 | 1 | 2.5 | Powell-24D | 1.5 | 1.5 | 3 |
| Dixon-Price-20D | 1.5 | 3 | 1.5 | Powell-48D | 1.5 | 1.5 | 3 |
| Easom | 1.5 | 3 | 1.5 | powersum | 1 | 2.5 | 2.5 |
| gp | 2 | 2 | 2 | Rastrigin-2D | 1.5 | 3 | 1.5 |
| Griewank-2D | 2 | 2 | 2 | Rastrigin-5D | 2.5 | 2.5 | 1 |
| Griewank-5D | 3 | 1.5 | 1.5 | Rastrigin-10D | 3 | 1.5 | 1.5 |
| Griewank-10D | 2.5 | 1 | 2.5 | Rastrigin-20D | 2 | 1 | 3 |
| Griewank-20D | 1.5 | 1.5 | 3 | Rosenbrock-2D | 1.5 | 3 | 1.5 |
| Hart3 | 2 | 2 | 2 | Rosenbrock-5D | 1.5 | 3 | 1.5 |

续表

| 问题名称 | SPSO | GA | DE | 问题名称 | SPSO | GA | DE |
|---|---|---|---|---|---|---|---|
| Rosenbrock-10D | 3 | 1.5 | 1.5 | sphere-10D | 1.5 | 3 | 1.5 |
| Rosenbrock-20D | 2 | 3 | 1 | sphere-20D | 1.5 | 3 | 1.5 |
| Schwefel-2D | 1.5 | 3 | 1.5 | sum square-2D | 1.5 | 3 | 1.5 |
| Schwefel-5D | 3 | 2 | 1 | sum square-5D | 1.5 | 3 | 1.5 |
| Schwefel-10D | 3 | 2 | 1 | sum square-10D | 1.5 | 3 | 1.5 |
| Schwefel-20D | 3 | 2 | 1 | sum square-20D | 1.5 | 3 | 1.5 |
| Shekel5 | 1.5 | 3 | 1.5 | trid-6D | 1.5 | 3 | 1.5 |
| Shekel7 | 1.5 | 3 | 1.5 | trid-10D | 1 | 3 | 2 |
| Shekel10 | 1.5 | 3 | 1.5 | Zakharov-2D | 1.5 | 3 | 1.5 |
| Shubert | 2 | 2 | 2 | Zakharov-5D | 1.5 | 3 | 1.5 |
| sphere-2D | 1.5 | 3 | 1.5 | Zakharov-10D | 1 | 2.5 | 2.5 |
| sphere-5D | 1.5 | 3 | 1.5 | Zakharov-20D | 1 | 2 | 3 |
| 总分 | | | | | 120.5 | 171.5 | 116 |

## 10.3　基于累积分布函数的数据分析方法

10.2 节介绍的基于推断统计的数据分析方法, 虽然可以较好地分析数据的随机波动, 但是也带来了不少问题, 下面仅列举三个重要方面。第一, 通常对每个测试问题都要进行 $C_{n_s}^2$ 次检验, 当测试问题个数 $n_p$ 或测试算法个数 $n_s$ 较大时, 需要进行很多次的检验。把这些单个测试问题上的检验结果汇总成整个测试问题集上的结果, 并不是一件简单的任务, 里面存在大量的理论困境[227]。第二, 要把这大量的检验结果呈现出来, 通常需要一张很大的表格, 这种方式很不直观, 阻碍了对比较结果的深入把握[205]。第三, 基于假设检验的数据分析方法虽已诞生百年, 但作为一种 "以样本推断总体、以局部推断整体" 的方法和艺术, 远没有达到成熟, 至今仍饱受非议和诟病, 也出现了大量的误用[254-256]。

最近二十年, 几个重要的基于累积分布函数 (cumulative distribution function, CDF) 的数据分析方法相继被提出来, 试图解决以上问题。这些方法直接面向整个测试问题集合, 而不是单个测试问题, 采用累积分布函数的形式以图形呈现结果, 很好地解决了上面提到的前两个问题。这类方法首先在数学规划中得到广泛应用, 并逐渐在全局最优化领域和智能优化领域得到越来越多的重视[205,208]。

本节首先介绍在数学规划中的主流数据分析方法: performance profile 方法和 data profile 方法, 然后介绍这些方法在整个最优化领域的推广、变化和应用。

### 10.3.1　performance profile 方法和 data profile 方法

performance profile 方法由美国阿贡国家实验室 (Argonne National Laboratory, ANL) 的 Jorge Moré 教授等于 2002 年提出[206], 很快成为数学规划领域的主流数据分析方法。2009 年, Jorge Moré 教授又把它推广到无导数优化算法的数据分析与算法评价中, 提出了 data profile 方法[207]。下面分别进行介绍。

1) performance profile 方法

performance profile 方法在提出之初适用于对数学规划算法的数值评价, 这类算法通常都是确定性的, 因此无须多次独立测试来消除随机波动。因此, 如果采用本章开始的记号, 数值实验得到的过程数据矩阵为

$$\boldsymbol{H}(1:n_{\mathrm{f}}, 1:n_{\mathrm{p}}, 1:n_{\mathrm{s}}) \tag{10.20}$$

且满足如下单调非增性:

$$\boldsymbol{H}(k+1, j, i) \leqslant \boldsymbol{H}(k, j, i), \quad \forall j = 1, 2, \cdots, n_{\mathrm{p}}, \forall i = 1, 2, \cdots, n_{\mathrm{s}}$$

performance profile 方法首先给定每个测试问题的 "求解出" 标准, 然后通过考查每个最优化算法是否求解出该测试问题来评价算法的有效性 (effectiveness), 并通过算法求解出该问题时所花费的计算成本, 比较各个最优化算法的求解效率 (efficiency)。因此, performance profile 方法融合分析了最优化算法的有效性 (effectiveness) 和效率 (efficiency) 性能。具体来说, performance profile 方法采用了如下的 "求解出" 标准:

$$f(\boldsymbol{x}) \leqslant f_{\mathrm{L}} + \tau[f(\boldsymbol{x}_0) - f_{\mathrm{L}}] \tag{10.21}$$

其中, $\boldsymbol{x}_0$ 是参与比较的 $n_{\mathrm{s}}$ 个最优化算法在给定测试问题上共同的初始搜索位置, $\tau$ 是用户提供的精度要求; $f_{\mathrm{L}}$ 是这 $n_{\mathrm{s}}$ 个最优化算法在给定的测试问题上找到的最小函数值, 即

$$f_{\mathrm{L}} = \min_i \boldsymbol{H}(\mathrm{end}, j, i), \quad j = 1, 2, \cdots, n_{\mathrm{p}} \tag{10.22}$$

也就是说, "求解出" 标准 (10.21) 要求算法能找到最好解 $f_{\mathrm{L}}$ 的一个近似, 误差不能超过 $\tau[f(\boldsymbol{x}_0) - f_L]$, $\tau$ 的取值一般为 $10^{-1}, 10^{-3}, 10^{-5}$ 或 $10^{-7}$。

"求解出" 标准 (10.21) 的一个优点是, 至少有一个算法能在 $n_{\mathrm{f}}$ 个目标函数值计算次数的计算成本内满足该标准, 该算法就是找到 $f_{\mathrm{L}}$ 的算法。记 $T_{ji}, j = 1, 2, \cdots, n_{\mathrm{p}}, i = 1, 2, \cdots, n_{\mathrm{s}}$ 为第 $i$ 个优化算法求解第 $j$ 个测试问题时, 恰好找到一个满足条件 (10.21) 的解的计算成本 (目标函数值计算次数)。显然, 对给定的测试问题 $j$, $T_{ji}$ 越小对应的优化算法求解效率越高。对于那些在 $n_{\mathrm{f}}$ 个目标函数值计算次数内始终无法满足条件 (10.21) 的算法, 令 $T_{ji} = +\infty$。这样就实现了从过程数据矩阵 $\boldsymbol{H}(1:n_{\mathrm{f}}, 1:n_{\mathrm{p}}, 1:n_{\mathrm{s}})$ 到求解成本矩阵 $\boldsymbol{T}(1:n_{\mathrm{p}}, 1:n_{\mathrm{s}})$ 的转换。

由于求解成本矩阵 $\boldsymbol{T}(1:n_{\mathrm{p}}, 1:n_{\mathrm{s}})$ 中的元素通常较大, 且跨度很大, 因此, performance profile 方法并没有直接针对矩阵 $\boldsymbol{T}$ 进行累积分布函数的计算, 而是把矩阵 $\boldsymbol{T}$ 进行如下的变换, 得到性能比矩阵 $\boldsymbol{R}$。性能比定义如下,

$$R_{ji} = \frac{T_{ji}}{\min_s\{T_{js}\}}, \quad j = 1, 2, \cdots, n_{\mathrm{p}}, \ i = 1, 2, \cdots, n_{\mathrm{s}} \tag{10.23}$$

从定义可以看出, 性能比 $R_{ji}$ 总是大于等于 1; 当 $R_{ji} = 1$ 时, 表明对第 $j$ 个测试问题来说, 第 $i$ 个优化算法是求解效率最高的。

文献 [206] 提出的 performance profile 方法, 本质上就是对性能比矩阵 $\boldsymbol{R}$ 的每一列 (每一个算法) 定义如下的累积分布函数:

$$\rho_i\left(\alpha\right) = \frac{\left|\{j : R_{ji} \leqslant \alpha\}\right|}{n_{\mathrm{p}}}, \quad i = 1, 2, \cdots, n_{\mathrm{s}} \tag{10.24}$$

其中, 分子表示第 $i$ 个优化算法的性能比不超过 $\alpha$ 的测试问题个数。也就是说, $\rho_i\left(\alpha\right)$ 描述了在性能比不超过 $\alpha$ 的计算成本范围内, 第 $i$ 个优化算法 "求解出" 的问题比例。

performance profile 方法的 MATLAB 代码可以从 Jorge Moré 教授的个人主页下载得到, 具体链接为 http://www.mcs.anl.gov/ more/dfo/。实际应用中, 输入过程数据矩阵 (10.20) 就可以了。图 10.5 给出了 performance profile 方法的一个应用示例, 数据来自三个确定性算法在 Hedar 测试问题集上的测试。这三个算法分别是内点法 (interior-point)、序列二次规划 (sequential quadratic programming, SQP) 法和 MCS 三个算法。前两个算法直接调用了 MATLAB 中的 fmincon 命令, 算法选择分别设置为内点法和 SQP 法; MCS 算法的代码来自算法提出者本人的代码[79]。

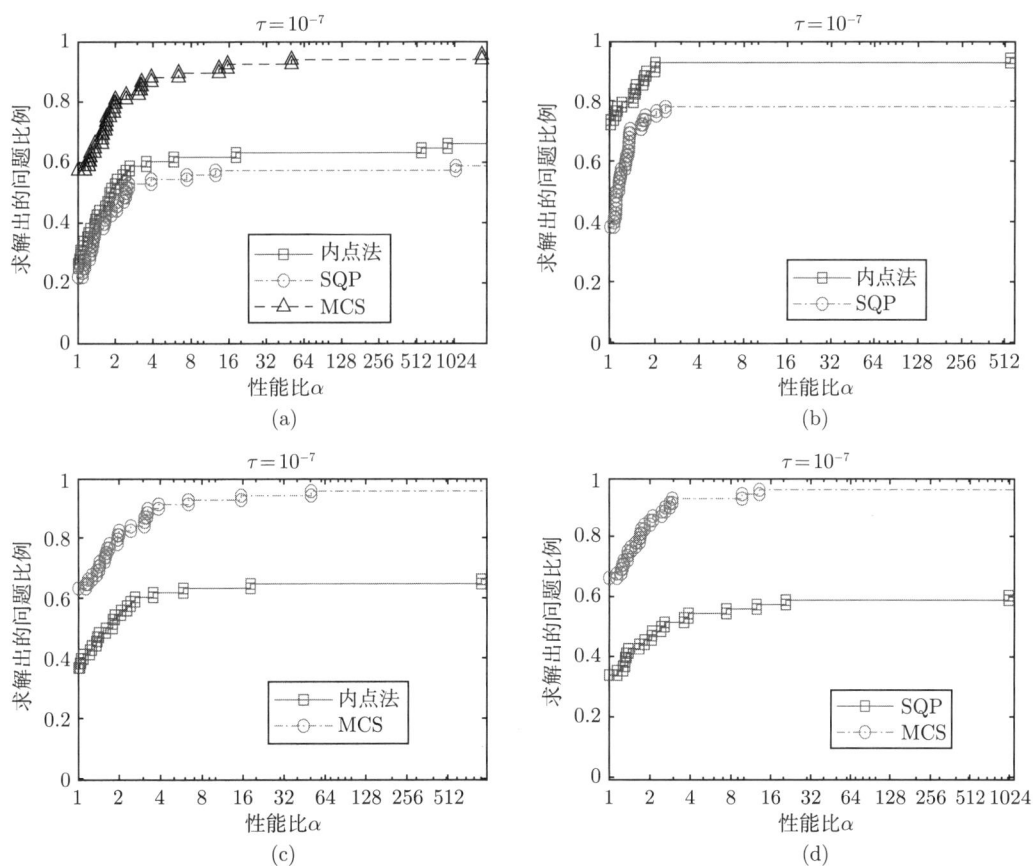

**图 10.5　performance profile 方法的应用示例**

内点法 (interior-point)、序列二次规划 (SQP) 法和 MCS 三个算法在 Hedar 测试集上的性能表现, 计算成本为 **20000** 次目标函数值计算次数

在图 10.5 中, 图 10.5(a) 进行三个算法的一起比较, 图 10.5(b) ~ (d) 进行了三个算法的两两比较。从图 10.5(a) 的结果可以看到, 在性能比为 1 时, MCS 算法求解出了约 60% 的问题, 其他两个算法各求解了约 20% 的问题。这表明 MCS 算法在约 60% 的问题上呈现出最高的求解效率, 而其他两个算法也在约 20% 的问题上呈现出最高的效率。注意, 这三个比例之和可能会超过 100%, 此时意味着两个或多个算法在同一些问题上具有同样高的求解效率。比如, 图 10.5(b) 就是一个例子, 内点法和序列二次规划法在纵轴上的截距之和约为 120%, 说明它们在约 20% 的问题上具有同样的高效率 (在相同的计算成本下, 找到了同样好的解)。通常, 截距之和超过 1 越多, 表明这些算法的共同之处越多, 关系越密切。

对比图 10.5(a) ~ (d) 可以发现, 在任何给定的性能比下, 算法之间的排序都是相容的。但是, 算法之间的性能差却有较大的变化。这里的性能差指的是不同算法的 performance profile 曲线之间的距离。比如, 图 10.5(b) 中内点法与序列二次规划 (SQP) 法之间的性能差, 就显著大于图 10.5(a) 的结果。出现这一现象的原因是, "求解出" 条件 (10.21) 采用的 $f_{\rm L}$ 会随着参与比较的算法不同而不同, 也就是 "求解出" 的标准发生了变化。

2) data profile 方法

performance profile 方法的设计初心是分析与比较梯度型优化算法的数值性能, 与此相反, data profile 方法的设计初心是分析与比较无导数优化算法的数值性能[207]。这两个方法都需要输入过程数据矩阵 (10.20), 也都需要将该矩阵转换成求解成本矩阵 $\boldsymbol{T}$, 但不需要再变换成性能比矩阵 $\boldsymbol{R}$, 而是变换成相对计算成本矩阵 $\boldsymbol{C}$, 其元素定义如下:

$$C_{ji} = \frac{T_{ji}}{n_j + 1}, \quad j = 1, 2, \cdots, n_{\rm p}; \ i = 1, 2, \cdots, n_{\rm s} \tag{10.25}$$

其中, $n_j$ 表示第 $j$ 个测试问题的维数。文献 [207] 将 $\dfrac{T_{ji}}{n_j + 1}$ 解读为单纯形梯度的个数, 其本质就是消除维数影响的相对计算成本, 因此称 $\boldsymbol{C}$ 为相对计算成本矩阵。

文献 [207] 提出的 data profile 方法对矩阵 $\boldsymbol{C}$ 的每一列 (每一个算法) 定义如下的累积分布函数:

$$d_i(\kappa) = \frac{|\{j : C_{ji} \leqslant \kappa\}|}{n_{\rm p}}, \quad i = 1, 2, \cdots, n_{\rm s} \tag{10.26}$$

其中, 分子表示第 $i$ 个优化算法的相对计算成本不超过 $\kappa$ 的测试问题个数。也就是说, $d_i(\kappa)$ 描述了在相对计算成本不超过 $\kappa$ 的计算成本范围内, 第 $i$ 个优化算法 "求解出" 的问题比例。

data profile 技术的应用示例可参看图 9.4。

3) 适用于随机优化的 performance profile 方法和 data profile 方法

前面已介绍, performance profile 通常用于分析梯度型优化算法的数值性能, 而 data profile 通常用于分析无导数优化算法的数值性能。不管哪一类优化算法, 都要求是确定性的, 才能直接用这两个分析技术。也就是说, 文献 [206] 和文献 [207] 并没有考虑随机优化算法的数值性能分析。近几十年, 以演化优化 (evolutionary optimization) 和群体智能优化 (swarm intelligence optimization) 为代表的随机优化算法蓬勃发展, 将 performance profile

技术和 data profile 技术推广到适用于随机优化的数值性能分析, 具有重要意义和价值。下面介绍相关进展。

　　一种思路是将随机优化算法的测试数据取平均值, 然后比较各算法的平均性能[155,229]。具体来说, 把随机优化算法的下降过程矩阵

$$\boldsymbol{H}(1:n_{\mathrm{f}}, 1:n_{\mathrm{r}}, 1:n_{\mathrm{p}}, 1:n_{\mathrm{s}})$$

沿着第二个维度取平均, 得到

$$\bar{\boldsymbol{H}}(1:n_{\mathrm{f}}, 1:n_{\mathrm{p}}, 1:n_{\mathrm{s}})$$

然后就可以把 $\bar{\boldsymbol{H}}$ 当成确定性算法的下降过程矩阵, 用 performance profile 技术和 data profile 技术来加以分析。这个思路的缺陷是, 只考虑了算法的平均性能, 没有考虑到对平均性能的波动和偏离。

　　2017 年, 文献 [208] 提出了一种 "均值-波动" 两步比较的策略, 将 performance profile 技术和 data profile 技术直接应用到了随机优化算法的数值性能分析。首先, 将各随机优化算法的平均性能进行比较, 也即跟上一种思路的做法一样。但是, 并不是马上宣告平均性能比较中的获胜者为最终的获胜者, 而是要让它经受第二场数值比较的考验。为此, 要沿着 $\boldsymbol{H}(1:n_{\mathrm{f}}, 1:n_{\mathrm{r}}, 1:n_{\mathrm{p}}, 1:n_{\mathrm{s}})$ 的第二个维度, 计算标准差矩阵

$$\boldsymbol{S}(1:n_{\mathrm{f}}, 1:n_{\mathrm{p}}, 1:n_{\mathrm{s}}) \tag{10.27}$$

然后计算出置信上界矩阵和置信下界矩阵, 其定义分别为

$$\boldsymbol{L} = \bar{\boldsymbol{H}} - \frac{\lambda \boldsymbol{S}}{\sqrt{n_{\mathrm{r}}}}, \quad \boldsymbol{U} = \bar{\boldsymbol{H}} + \frac{\lambda \boldsymbol{S}}{\sqrt{n_{\mathrm{r}}}} \tag{10.28}$$

换句话说, 用置信区间 $[\boldsymbol{L}, \boldsymbol{U}]$ 描述了算法对平均性能 $\bar{\boldsymbol{H}}$ 的偏离程度, 而参数 $\lambda$ 则刻画了置信区间的置信度。通常, $\lambda = 2$ 是一个好的选择, 此时对应了约 95% 的置信度。

　　第二场数值比较是在第一场比较的获胜算法的置信上界和其他算法的置信下界中展开。注意到在最小化问题中, 置信上界是 "最坏" 的情形, 而置信下界是 "最好" 的情形。所以, 第二场数值比较是要考验平均性能最好的算法, 看看它 "最坏" 情况下是否仍然比其他算法 "最好" 情况下好。如果是, 则可以宣告即使考虑了随机波动, 平均性能最好的算法仍是最好的。反之, 如果某些算法的置信下界比平均性能最好算法的置信上界更好, 则说明这些算法与后者并没有显著差异。而且, 以上结论的置信度达到 95%。

　　读者想要了解更多细节和应用案例请参阅文献 [208]。

　　4) 算法无关的 "求解出" 条件

　　在 performance profile 和 data profile 中, 都采用了 "求解出" 条件 (10.21)。该条件中的 "最优解" $f_{\mathrm{L}}$ 并不是目标函数真正的全局最优解, 而是参与比较的算法找到的最好函数值, 因此条件 (10.21) 常被称为算法依赖的 "求解出" 条件。这一策略的好处是, 任何一个测试问题都至少被一个算法 "求解出", 这样得到的 profile 曲线相对较高。但是, 这种策略

也带来了一些问题, 比如, 同一个算法的 profile 曲线在不同的比较中往往不同, 数值比较结果不满足传递性[227], 等等。

为了克服上述的算法依赖性, 一个很自然的想法是, 将 $f_{\mathrm{L}}$ 替换为真正的全局最优值。比如, 文献 [209] 建议用如下的 "求解出" 条件:

$$f(\boldsymbol{x}) \leqslant f^* + \tau\left(1 + |f^*|\right) \tag{10.29}$$

其中 $f^*$ 是目标函数的全局最优值。基于这一 "求解出" 条件的 performance profile 方法和 data profile 方法, 可以很好地消除原始 performance profile 方法和 data profile 方法的问题, 但是要求全局最优值 $f^*$ 已知。

在目标函数的全局最优值未知的场合, 条件 (10.29) 其实仍然可以用。此时, 可以将 $f^*$ 定义为全局最优值的一个近似, 这个近似值甚至可以比全局最优值更小。若用这个值作为参照, 并不妨碍结论的正确性和可传递性。当然, $f^*$ 定的太小会导致 profile 曲线比较低。

## 10.3.2　其他基于累积分布函数的数据分析方法

除了前面介绍的 performance profile 方法和 data profile 方法以及它们的改进版本, 还有其他一些方法也基于累积分布函数来直观分析数据[205]。这里主要介绍 function profile 方法[76]、operational zones 方法[257] 以及 accuracy profile 方法[258]。

function profile 方法与 data profile 方法一样于 2009 年被提出[76], 而且它们在数据分析方法的本质上, 具有很多相似之处。function profile 方法采用了如下的 "求解出" 条件:

$$f(\boldsymbol{x}) \leqslant f_{\mathrm{L}} + \tau|f_{\mathrm{L}}| \tag{10.30}$$

其中, $f(\boldsymbol{x}), f_{\mathrm{L}}, \tau$ 的含义与条件 (10.21) 中完全一致。给定过程数据矩阵 $\boldsymbol{H}(1:n_{\mathrm{f}}, 1:n_{\mathrm{p}}, 1:n_{\mathrm{s}})$, 第 $i$ 个最优化算法的 function profile 函数曲线定义为

$$\rho_i(v) = \frac{|\{j : T_{ji} \leqslant v\}|}{n_{\mathrm{p}}} \tag{10.31}$$

其中, $T_{ji}$ 的定义与 performance profile 中一致, 即第 $i$ 个算法在求解第 $j$ 个测试问题时, 恰好找到满足条件 (10.30) 的解时所花费的目标函数值计算次数; 若未能在给定的计算成本内找到满足条件 (10.30) 的解, 则 $T_{ji} = \infty$。

可以看到, function profile 方法和 data profile 方法非常类似。它们的区别主要在于 "求解出" 条件不同; 再就是在定义 profile 曲线时, 前者用的是绝对计算成本, 而后者用的是相对计算成本。图 10.6 (文献 [76] 中的图 10) 给出了 function profile 方法的一个示例, 图中的横坐标是函数值计算次数, 纵坐标是求解出的问题比例。

operational zones 方法由 Yaroslav D. Sergeyev 教授于 2017 年提出[257]。该方法与文献 [208] 提出的 "均值-波动" 两步比较的 data profile 方法有异曲同工之妙, 也是先比较均值, 再比较随机波动。但是, 文献 [257] 提出的 operational zones 方法只考虑了单变量连续

优化问题, 且要求目标函数满足 Lipschitz 连续性; 同时, 数值比较局限于一个随机优化算法与多个确定性优化算法的比较。

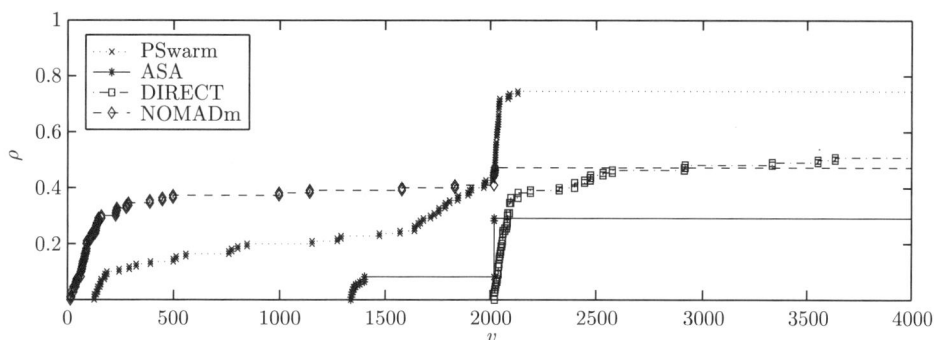

图 10.6　function profile 方法的一个示例

具体来说, operational zones 方法采用了如下的 "求解出" 条件:

$$\left| \boldsymbol{x}^k - \boldsymbol{x}^* \right| \leqslant \varepsilon \left( b - a \right), 1 \leqslant k \leqslant k_{\max} \tag{10.32}$$

其中, $a$ 和 $b$ 是单变量连续优化问题的上下界; $\boldsymbol{x}^*$ 是全局最小值点; $\boldsymbol{x}^k$ 是算法在第 $k$ 次目标函数值计算时找到的点; $k_{\max}$ 是最大函数值计算次数。精度 $\varepsilon$ 通常取值为 $10^{-4}$、$10^{-6}$。相比于前面介绍的几种数据分析方法, operational zones 方法采用的 "求解出" 条件更关注搜索空间, 而不是目标空间。这在目标函数有多个最优解的多模环境和小生境 (niching) 环境中具有一定的优势。

operational zones 指的是多条运行特征 (operational characteristic) 曲线组成的一个区域。而某个算法 $s$ 的运行特征曲线定义为

$$\phi_s \left( k \right) = \phi_s \left( k - 1 \right) + p_s^k, \quad \phi_s \left( 0 \right) = 0 \tag{10.33}$$

其中, $p_s^k$ 是算法 $s$ 在第 $k$ 次目标函数值计算时求解出的优化问题数量。为了更准确地分析随机优化算法, 文献 [257] 建议至少要独立运行随机优化算法 30 次, 并画出每一次运行时的运行特征曲线, 这些曲线组成的区域就称为 operational zone。

图 10.7 是 operational zones 方法的一个示例, 更多示例可参见文献 [259]。图中的阴影区域就是算法 1 的 operational zone, 中间的黑色线条是该算法的平均运行特征 (operational characteristic) 曲线。这表明算法 1 是一个随机优化算法, 而其他算法都是确定性算法。从图中可以看到, 算法 2,3,4 的运行特征曲线都在算法 1 平均运行特征曲线的上方, 表明三个确定性算法的数值性能都比算法 1 的平均性能好。然而, 如果考虑算法 1 的随机波动, 算法 2 的曲线和阴影区域有交集, 这意味着算法 2 和算法 1 并没有显著差异 (在计算成本超过 14000 时)。当然, 即使考虑随机波动, 算法 3 和算法 4 仍然显著比算法 1 要好。

从示例图 10.7 还能发现 operational zones 方法的一个优点, 它用一幅图就完成了 "均值-波动" 两次比较。而文献 [208] 提出的两步走方法需要两幅图才能完成两次比较。总之,

operational zones 方法与文献 [208] 提出的基于置信区间的两步走方法有许多相似之处, 但也有很多不同之处, 可以相互借鉴和完善。

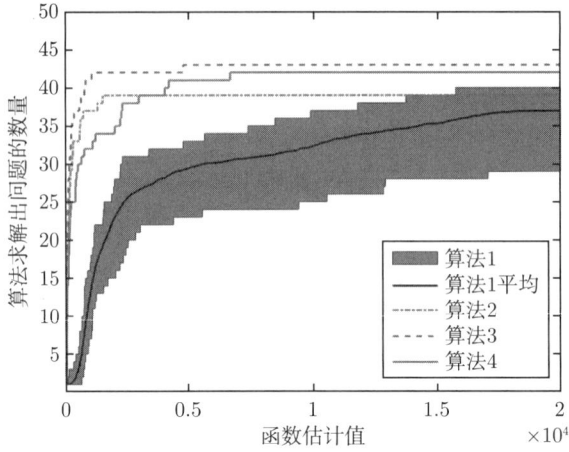

图 10.7　operational zones 的一个示例

通常, 基于累积分布函数的数据分析方法得到的直观图形都是一条条 (经验) 累积分布函数, 最小为 0, 最大为 1, 且具有单调递增性质。然而, 有些方法采用了从 1 到 0 单调递减的曲线来呈现数据, 比如, accuracy profile 方法[258]。本书一并把它们称为基于累积分布函数类的数据分析方法。下面粗略介绍一下 accuracy profile 方法。

accuracy profile 方法于 2006 年被提出[258]。不同于其他数据分析方法, accuracy profile 描绘的是最优化算法求解出的问题比例随着某种相对精度的不同而变化的情况。图 10.8 是 accuracy profile 的一个示例, 其中横坐标是某种相对精度的对数, 而纵坐标是算法在相对精度内求解出的问题比例。从图 10.8 可以看到, accuracy profile 得到的曲线是从 1 到 0 单调递减的。

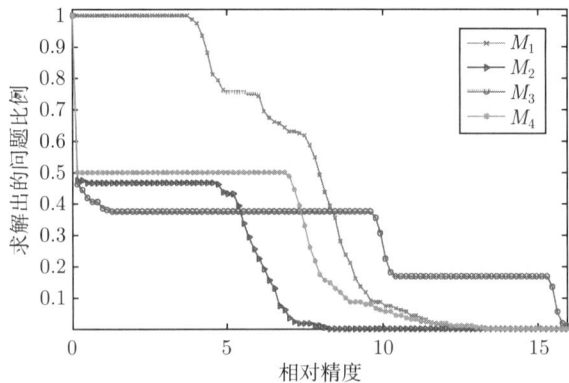

图 10.8　accuracy profile 方法示例

# 习题与思考

1. 在本章介绍的数据分析方法中，哪些属于静态比较方法？哪些属于动态比较方法？哪些面向单个测试问题？哪些面向整个测试集合？

2. 描述性统计法和 $L$ 形曲线法为什么至今仍有很多应用？其魅力在哪里？

3. 参数检验方法和非参数检验方法的共同点与主要区别是什么？代表性的方法分别有哪些？在最优化算法的数值比较场景中，哪一类方法更常用？为什么？

4. 在本章介绍的假设检验方法中，哪些是适用于成对数据的？哪些是适用于比较两个或多个独立总体的？在最优化算法的数值比较场景中，哪一种更常见？什么情况下可以用另一种？为什么？

5. 认真分析 SPSO、GA 和 DE 的 Wilcoxon 符号秩检验、Wilcoxon 秩和检验和 Kruskal-Wallis 检验结果，它们有何共同点和不同点？最终结果是否兼容？你认为哪一个最合理？为什么？

6. 认真分析 SPSO、GA 和 DE 的成对 $t$ 检验、Satterthwaite 检验和 ANOVA 检验结果，它们有何共同点和不同点？最终结果是否兼容？你认为哪一个最合理？为什么？跟第 5 题对应的非参数检验相比，你有何发现？

7. performance profile 技术和 data profile 技术都是基于单点迭代的最优化算法提出来的，在处理基于种群的最优化算法的数值比较时，会遇到什么问题？该如何解决问题？

8. 基于累积分布函数的数据分析方法都需要一个"收敛"条件，用于判断是否求解出了最优化问题。不同方法的"收敛"条件中哪些采用了问题依赖的参数？哪些不需要问题依赖的参数？这一区分有哪些影响？

9. 跟假设检验类的方法相比，基于累积分布函数的数据分析方法有哪些优点和不足？你认为哪一类方法更适用于最优化算法数值比较这一场景？理由是什么？

10. 基于累积分布函数的数据分析方法通常都面向确定性算法的比较，在处理随机性算法的数值比较时，这些方法会遇到什么问题？该如何解决这些问题？当前技术已经解决了这些问题吗？你有何想法？

科学理论的发展往往始于对某个悖论的解释。——爱因斯坦

本章介绍的数值比较策略是一个长期被忽视的研究方向，但正是这个方向的最新探索，指出了最优化算法数值比较这个理工科的研究内容，跟社会科学有多么深刻而广泛的联系；特别是这些学科竟然存在着一些共同的理论困境。本章将介绍这些理论困境是什么，它们是如何产生的，以及解决这些理论困境的最新研究进展。

## 11.1 数值比较的策略选择

数值比较的策略可以认为是一个"隐含"在数据分析方法上的概念，这也是为什么很少被重视以及图 9.2 中把它们并列的一个原因。然而，数据分析方法的选择并不等同于数值比较策略的选择，下面详细论述。

### 11.1.1 两种比较策略的定义

在本书中，数值比较策略指的是，依据什么策略来完成整个数值比较，一共需要进行多少场比较，以及如何将每一场比较的结果汇总成最后的排序[227]。在每一场比较中，需要选择跟该策略相适应的数据分析方法来分析数据并得到比较结果，因此，每一场比较对应着一次数据分析方法的应用，汇总每一场的比较结果就得到最终的算法排序。

为了进一步解释数值比较策略与数据分析方法的关系，可以把最优化算法的数值比较类比成跑步比赛，此时最优化算法对应着运动员，测试问题集合对应着多种不同的比赛场地。在这一类比下，数值比较策略就对应着赛程安排表和分数汇总规则，而数据分析方法对应着每一场比赛的打分方法。因此，它们是一种互补关系。

在实践中，只有参与比较的算法超过 2 个时 (这在实践中是很普遍的)，区分不同的数值比较策略才有意义。当只有两个算法参与数值比较时，在每个测试问题以及整个测试集合上，都只能进行两两的比较，没有其他的选择。但是，当算法数量达到 3 个及以上时，除了两两比较，还可以对所有算法一起集体比较。事实上，两两比较和集体比较正是两种最基本和最主流的数值比较策略。下面给出它们的定义。

**定义 11.1**    在有 $n_s > 2$ 个算法、$n_p$ 个测试问题参与的数值比较中，两两比较策略指的是在每一个测试问题或整个测试集合上，任何两个算法都需要进行一场单独比较的策略。称

前者为元素层两两比较策略, 而后者为集合层两两比较策略, 它们分别需要 $n_p n_s(n_s - 1)/2$ 场和 $n_s(n_s - 1)/2$ 场比较才能完成整个数值比较。在新算法提出等场合, 有时并不需要任何两个算法都进行比较, 但每一场比较都只有两个算法参加, 这类策略被称为非完整两两比较策略。

**定义 11.2**　在有 $n_s > 2$ 个算法、$n_p$ 个测试问题参与的数值比较中, 集体比较策略指的是在每一个测试问题或整个测试集合上, 所有算法一起进行比较的策略。前者被称为元素层集体比较策略, 而后者被称为集合层集体比较策略, 它们分别需要 $n_p$ 场和 1 场就能完成整个数值比较的策略。

文献 [227] 将两两比较策略记为 "C2", 将集体比较策略记为 "C2+", 这里的 "C" 代表的是 "比较"(comparing), "2" 代表的是 "每次只比较两个算法", "2+" 代表的是 "每次比较 2 个以上算法"。虽然 "2 个以上算法" 可以是 3 个, 4 个, $\cdots$, $n_s$ 个算法, 但结合各种实践, 很少出现中间状态的应用。因此, 本书中的 "C2+" 策略通常指的就是同时比较所有 $n_s$ 个算法。

无论是 "C2" 策略还是 "C2+" 策略, 在最优化领域都十分流行。例如, "C2" 策略被应用于算法设计与改进中[225,260-264], 还被用于 CEC 算法竞赛中; 而 "C2+" 比较策略则被应用于 BBOB/COCO 算法竞赛[229,265], IOHprofiler[266], 黑箱最优化竞赛 (black-box optimization competition, BBComp)[267] 以及各种算法设计与改进[77,90,144,206-208]。

事实上, "C2" 策略和 "C2+" 策略的应用远远超出了最优化算法的数值比较领域。比如, 它们在各种体育竞技中也有广泛应用。据我们所知, 所有主流的体育竞技, 要么采用 "C2+" 策略, 如跑步、跳高等所有田径比赛, 以及游泳、滑冰等比赛; 要么采用 "C2" 策略, 如足球、篮球等几乎所有球类比赛。而且, 不存在任何主流的体育竞技, 会混用 "C2" 和 "C2+" 策略。

在各种各样的选举活动中, "C2" 策略和 "C2+" 策略也有广泛的应用。这里的 "C2" 策略对应着两个候选人的选举, 而 "C2+" 策略对应着 3 个及以上候选人的选举。跟体育竞技不同的是, 在各类选举中, 会比较多地混用 "C2" 和 "C2+" 策略, 且通常先采用 "C2+" 策略, 再采用 "C2" 策略。比如, 在实行两党制的西方国家, 一般先在党内从多名党员中选出党派候选人, 再进行两党候选人的总统竞选。

因此, "C2" 和 "C2+" 这两个数值比较的策略是一座桥梁, 连接起了最优化算法的数值比较, 以及体育竞技和社会选举等多学科多领域的实践活动。所有的这些实践活动都有共同的本质, 可以称为社会选择或集体选择 (social selection or collective selection) 或群体决策 (group decision)。我们将借鉴社会科学领域中成熟的研究成果, 推进最优化算法数值比较的理论和方法研究。反过来, 也可以把最优化算法的数值比较看成是一个纯粹的理想的竞技或选举, 因为这里没有欺诈、串谋、黑哨等, 有的只是单纯的数据。这个理想的世界可以发挥重要的作用, 就像没有摩擦力的世界对于物理学的重要意义。总之, 比较策略的研究是一个跨学科的研究方向, 具有重要的研究价值。

表 11.1 给出了第 10 章介绍的常用数据分析方法可以服务于上面定义的哪种比较策

略。从表 11.1 可以看到, 基于描述性统计和推断统计的方法主要适用于元素层 (即单个测试问题), 而基于累积分布函数的方法主要适用于集合层 (即整个测试集)。另外, 适用于集体比较策略的数据分析方法, 也可以应用到两两比较策略中 (注意到 Kruskal-Wallis 检验和方差分析分别是 Wilcoxon 秩和检验和近似 $t$ 检验的推广)。鉴于这是一种退化式的应用, 所以, 这部分数据分析方法被加框处理。

表 11.1    常用数据分析方法与比较策略的适用关系

| 比较策略 | 元素层 | 集合层 |
|---|---|---|
| 两两比较<br><br>(C2) | $L$ 形曲线法<br>Wilcoxon 秩和检验<br>近似 $t$ 检验 | Wilcoxon 符号秩检验, 成对 $t$ 检验<br>performance profile, data profile<br>function profile, operational zones, accuracy profile |
| 集体比较<br><br>(C2+) | $L$ 形曲线法<br>Kruskal-Wallis 检验<br>方差分析 | performance profile, data profile<br>function profile, operational zones<br>accuracy profile |

然而, 正是加框的这部分数据分析方法带来了困惑, 也带来了新的洞见。一方面, 这部分数据分析方法能进行集体比较, 这种便利使得它们在实践中很少结合两两比较策略来使用。也就是说, 既然能多个算法一起比较, 为什么要两个两个费力地比较呢? 因此, 在传统的认知中, 表 11.1 是不会列出加框的方法的。删除加框的内容后, 表 11.1 中的数据分析方法和比较策略就变成一一对应了。正因为这个原因, 在传统认知下, 没有去研究数值比较策略的选择问题。

另一方面, 加框的内容又是不能随便删除的: 既然可以多个算法集体比较, 当然也可以进行两两比较。虽然需要更多次的比较, 但只要愿意就可以这么做。于是, 一个很自然的问题就来了: 同样的数据分析方法, 采用集体比较策略得到的结果, 跟采用两两比较策略得到的结果一致吗? 相容吗? 乍一看, 这个问题的答案应该是肯定的, 甚至会认为这个问题有点幼稚。然而, 深入的研究表明, 这两种结果未必总是一致的, 也就是说, 两种比较策略下结果的相容性并不是必然的, 存在不相容的情形[227]。而这又揭开了更多的悖论面纱, 比如, 两两比较策略下的结果可能不满足传递性[227], 等等。

而要理解以上理论困境和悖论, 需要更深刻地认识集体比较和两两比较这两个策略, 特别是需要从数学和统计学的角度认识它们的本质。

## 11.1.2    集体比较策略

本节介绍集体比较策略, 并建立它的数学模型。

1) 元素层集体比较和集合层集体比较

根据定义 11.2, 集体比较策略包含元素层和集合层的集体比较, 前者将集体比较作用在单个测试问题上, 而后者则将集体比较作用在整个测试问题集合上。为了更加清楚地解释这两类集体比较策略, 再次将最优化算法的数值比较类比成跑步比赛。在图 11.1 中, 3 个运动员 (对应 3 个优化算法)$A_1, A_2, A_3$ 在 $n_p$ 个不同颜色的场地 (对应 $n_p$ 个测试问题) 进行跑步比赛。图 11.1(a) 展示的是集合层集体比较, 即整个数值比较只需要进行 1 次数据分析; 而图 11.1(b) 展示的是元素层集体比较, 整个数值比较需要进行 $n_p$ 次数据分析, 还要进行结果汇总。无论哪一种情况, 在每个场地 (测试问题) 上都同时比较所有 3 个算法, 这是元素层集体比较和集合层集体比较这两个策略的共同点。

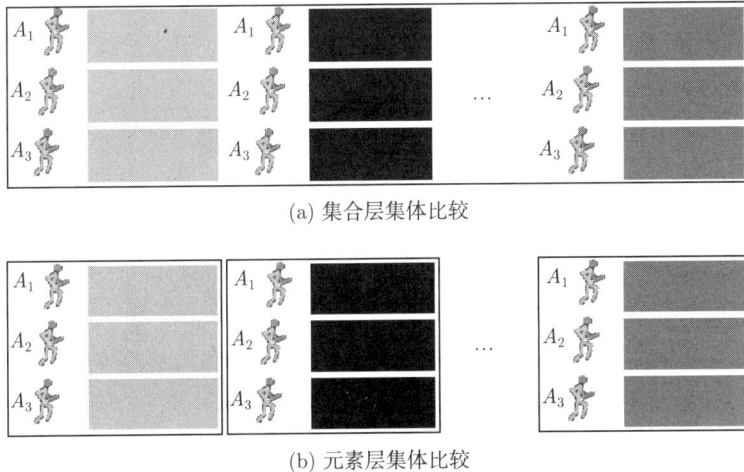

(a) 集合层集体比较

(b) 元素层集体比较

图 11.1　两种 "C2+" 比较策略的图形示例, 以跑步比赛为类比

元素层集体比较和集合层集体比较这两个策略的主要不同点, 体现在需要多少场比较上, 从而也就体现在需要多少次数据分析方法的应用上。对元素层集体比较, 需要 $n_p$ 场比较和数据分析; 而对于集合层集体比较来说, 只需要 1 场比较和数据分析。前者需要将 $n_p$ 场比较和数据分析的结果进行汇总, 而后者不需要这种汇总, 一次数据分析得到的就是最终的结果。在 11.2 节将会看到, 这个区别是很本质的: 结果汇总的过程充满了魔幻色彩, 是导致悖论的根源。

2) 元素层集体比较与投票选举

前一小节已指出集体比较需要将 $n_p$ 个测试问题上的集体比较结果汇总成最终的算法排序, 而这一结果汇总过程并不简单。为了更好地看清楚这一点, 这一小节把最优化算法的数值比较和投票选举进行对比。这里的投票选举指的是有若干个候选人竞选某个岗位, 有一些选民对他们进行投票, 最后得票数最高的候选人获胜。

表 11.2 列出了最优化算法的数值比较与投票选举、体育比赛之间的对应关系。注意这里的体育比赛与现实中稍有不同, 运动员需要在不同类型的比赛场地比赛, 再根据总得分进行排序。从表 11.2 中可以看到, 这些表面迥异的人类活动类比性很强, 有着相似甚至完全相同的本质。因此, 本书后面章节, 我们有时会混用这些相对应的概念, 以帮助更直观的理解。

表 11.2　最优化算法的数值比较与投票选举、田径比赛之间的对应

| 投票选举 | 最优化算法的数值比较 | 体育比赛 |
| --- | --- | --- |
| 候选人 | 最优化算法 | 运动员 |
| 选民 | 测试问题 | 比赛场地 |
| 竞选过程 | 数值实验过程 | 比赛过程 |
| 每次投票的计票方法 | 数据分析方法 | 每场比赛的计分方法 |
| 选举安排与积分方法 | 数值比较策略 | 赛程安排与积分方法 |

当候选人 (最优化算法、运动员) 只有两个时, 事情比较简单, 让每个选民 (测试问题、比赛场地) 对他 (它) 们进行排序。根据排序产生票数或计分的过程, 就是数据分析的过程。把单个选民 (测试问题、比赛场地) 上的票数或分值汇总成最后的结果, 就属于比较策略的研究范围。当候选人 (最优化算法、运动员) 超过两个时, 比较策略还得研究选举 (比赛) 如何安排, 是两两比较还是集体比较。当然, 对现实中的投票选举和体育比赛来说, 经历了几百年甚至更久的实践后, 早就有了成熟的选举 (比赛) 规则和办法。比如, 在经济学和政治学等社会科学领域, 有专门的投票理论来研究投票选举问题。在经历了 200 多年的实践和研究后, 这个领域产生了大量成熟的理论和方法[268], 可以适当迁移到最优化算法的数值比较中来。本章后续内容将借鉴投票理论中的概念体系和分析方法, 来研究最优化算法的数值比较。

3) 集体比较的投票模型

当把最优化算法看成候选人, 把测试问题看成选民后, 最优化算法的数值比较问题就等价于投票选举问题。本小节研究在集体比较策略下, 最优化算法数值比较的数学模型, 该模型本质上就是一个投票模型 (voting model)。

假设有 $n_s$ 个算法、$n_p$ 个测试问题参与数值性能比较。首先, 要确定算法优劣排序的内涵和依据。这要区分元素层集体比较和集合层集体比较, 因为单个测试问题上和整个测试集合上的数值性能指标有显著差异, 前者通常用算法找到的最好函数值, 而后者一般用求解出的问题比例。首先考虑元素层集体比较。

**定义 11.3**　给定两个算法 $A_i(i=1,2)$、一个测试问题和允许的计算成本。假设 $f_{\min}^i$ 是算法 $A_i$ $(i=1,2)$ 在计算成本内找到的最好函数值。当且仅当 $f_{\min}^1 \leqslant f_{\min}^2$ 时, 认为算法 $A_1$ 在该测试问题上的性能不差于 $A_2$, 记为 $A_1 \succeq A_2$。进一步, 当且仅当 $f_{\min}^1 < f_{\min}^2$ 时, 认为算法 $A_1$ 在该测试问题上的性能优于 $A_2$, 记为 $A_1 \succ A_2$; 当且仅当 $f_{\min}^1 = f_{\min}^2$ 时, 认为 $A_1$ 在该测试问题上的性能等于 $A_2$, 记为 $A_1 = A_2$。

上述定义明确了判断算法好坏的依据是算法找到的最好函数值。后者是一个实数, 可以方便地比较大小。因此, 定义 11.3 将算法的性能优劣转化为函数值的好坏。这一定义方式可以很容易地推广到一般情况。

**定义11.4**　假设需要比较 $n_s$ 个算法 $A_i(i=1,2,\cdots,n_s)$。给定测试问题和计算成本后, 经过数值实验, 假设算法 $A_i$ 在该测试问题上找到的最好函数值为 $f_{\min}^i(i=1,2,\cdots,n_s)$。对这些最好函数值进行大小排序, 便可以得到如下的算法性能排序:

$$A_{i_1} \succeq A_{i_2} \succeq \cdots \succeq A_{i_k} \tag{11.1}$$

其中, $i_1, i_2, \cdots, i_k$ 是 $1, 2, \cdots, n_s$ 的某种排列组合; $\succeq$ 的含义由定义 11.3 给出。

类似地, 可以给出集合层集体比较策略下算法排序的内涵和依据。

**定义 11.5**　给定两个算法 $A_i(i = 1, 2)$、测试问题集合和允许的计算成本。假设 $r_i$ 是算法 $A_i$ $(i = 1, 2)$ 在计算成本内求解出的问题比例。当且仅当 $r_1 \geqslant r_2$ 时, 认为算法 $A_1$ 在测试问题集合上的性能不差于 $A_2$, 记为 $A_1 \succeq A_2$。进一步, 当且仅当 $r_1 > r_2$ 时, 认为算法 $A_1$ 在测试问题集合上的性能优于 $A_2$, 记为 $A_1 \succ A_2$; 当且仅当 $r_1 = r_2$ 时, 认为 $A_1$ 在测试问题集合上的性能等于 $A_2$, 记为 $A_1 = A_2$。

**定义 11.6**　假设需要比较 $n_s$ 个算法 $A_i$ $(i = 1, 2, \cdots, n_s)$。给定测试问题集合和计算成本后, 经过数值实验, 假设算法 $A_i$ 求解出的问题比例为 $r_i$ $(i = 1, 2, \cdots, n_s)$。对这些比例按大小排序, 便可以得到如下的算法性能排序:

$$A_{i_1} \succeq A_{i_2} \succeq \cdots \succeq A_{i_k} \tag{11.2}$$

其中, $i_1, i_2, \cdots, i_k$ 是 $1, 2, \cdots, n_s$ 的某种排列组合; $\succeq$ 的含义由定义 11.5 给出。

无论是式 (11.1) 还是式 (11.2), 都包含了 $n_s!$ 种不同的排序结果。然而, 有些表达方式可能会产生部分重复。比如, $A_1 \succeq A_2 \succeq A_3$ 和 $A_1 \succeq A_3 \succeq A_2$ 这两种表述都包含 $A_1 = A_2 = A_3$ 的情况。为了避免这个问题, 引进下面的 "分层先等后不等" 策略来处理这个问题。

**定义 11.7**　在 $n_s$ 个算法的性能排序中, 为了保证完备性, 同时避免重复, 可以按 "分层" 再 "先等后不等" 的策略来处理。"分层" 指的是 $n_s$ 个算法有 $n_s - 1$ 层排序; "先等后不等" 指的是在每一层排序中, 对任何两个算法 $A_i, A_j$, 先排 "$\succeq$", 后排 "$\succ$"。称这一策略为 "分层先等后不等" 策略。

例如, 当 $n_s = 2$ 时, 按 "分层先等后不等" 策略得到 $A_1 \succeq A_2$ 和 $A_2 \succ A_1$。当 $n_s = 3$ 时, 按 "分层先等后不等" 策略得到如下排序:

$$
\begin{aligned}
A_1 &\succeq A_2 \succeq A_3 \\
A_1 &\succeq A_3 \succ A_2 \\
A_2 &\succ A_1 \succeq A_3 \\
A_2 &\succeq A_3 \succ A_1 \\
A_3 &\succ A_1 \succeq A_2 \\
A_3 &\succ A_2 \succ A_1
\end{aligned}
\tag{11.3}
$$

上述排序可以用下面的矩阵来简洁描述, 其中的第一列对应上述第一种排序, 以此类推。

$$
\begin{bmatrix}
A_1 & A_1 & A_2 & A_2 & A_3 & A_3 \\
A_2 & A_3 & A_1 & A_3 & A_1 & A_2 \\
A_3 & A_2 & A_3 & A_1 & A_2 & A_1
\end{bmatrix}
\tag{11.4}
$$

注意, 这一类排序矩阵将被包含进后续的比较策略模型中, 默认都采用了基于 "分层先等后不等" 策略的排序。

理论上, 式 (11.1) 或者式 (11.2) 中的 $n_s!$ 种不同的排序结果 (采用了基于 "分层先等后不等" 策略的排序) 都有可能发生, 只是发生的概率可能不同。记这些概率分别为 $p_i$ ($i = 1, 2, \cdots, n_s!$), 且满足

$$p_i \in (0, 1), \quad \sum_{i=1}^{n_s!} p_i = 1 \tag{11.5}$$

每一场比较和数据分析就相当于从这 $n_s!$ 种不同的排序结果中进行了一次独立抽样。因此, 对元素层和集合层集体比较策略来说, 分别进行了 $n_p$ 次和 1 次独立抽样。

所以, 可以用一个多项分布的随机变量 $\boldsymbol{X}$ 来描述每一种排序结果发生的次数 (即得票数), 其分布律为

$$P\{\boldsymbol{X} = (x_1, x_2, \cdots, x_{n_s!})\} = \frac{m!}{x_1! x_2! \cdots x_{n_s!}!} \prod_{i=1}^{n_s!} p_i^{x_i} \tag{11.6}$$

其中, 每个排序结果的得票数 $x_i (i = 1, 2, \cdots, n_s!)$ 满足

$$x_i \in [0, m], \quad \sum_{i=1}^{n_s!} x_i = m \tag{11.7}$$

这里的 $m$ 是集体比较策略下的比较次数或数据分析次数, 对元素层和集合层集体比较策略, 分别有 $m = n_p$ 和 $m = 1$。

换言之, 随机向量 $\boldsymbol{X} = (x_1, x_2, \cdots, x_{n_s!})^T$ 服从参数 $m$ 和 $(p_1, p_2, \cdots, p_{n_s!})$ 的多项分布。为了便于叙述, 这个多项分布可以记为如下的矩阵, 其中 $k = n_s$, 且采用了基于 "分层先等后不等" 策略的排序方式。

$$\begin{bmatrix} p_1 & p_2 & \cdots & p_{k!} \\ x_1 & x_2 & \cdots & x_{k!} \\ A_1 & A_2 & \cdots & A_k \\ A_2 & A_3 & \cdots & A_{k-1} \\ \vdots & \vdots & & \vdots \\ A_k & A_{k-1} & \cdots & A_1 \end{bmatrix}_{(k+2) \times k!} \tag{11.8}$$

其中, 第一列表示事件 "$A_1 \succeq A_2 \succeq \cdots \succeq A_k$" 发生的概率是 $p_1$, 但在 $m$ 次抽样中的发生次数为 $x_1$, 其余的含义类似。

矩阵 (11.8)、分布律 (11.6) 以及式 (11.5) 和式 (11.7) 就构成了集体比较策略 "C2+" 的数学模型。这个模型和投票模型 (有 $n_s$ 个候选人和 $n_p$ 个选民) 本质上是完全一致的[268]。对于集合层集体比较来说, 因为 $m = 1$, 所以向量 $(x_1, x_2, \cdots, x_{n_s!})^T$ 中只有一个 1 其余都是 0, 从而上述模型可以简化。后文中如未特别说明, 集体比较指的就是元素层集体比较。

### 11.1.3　两两比较策略

能进行两两比较的数据分析方法, 未必能进行集体比较; 但是, 能进行集体比较的数据分析方法, 却一定能进行两两比较。因此, 两两比较可以看成是集体比较的某种退化。

1) 元素层两两比较和集合层两两比较

借助于前面提出的跑步比赛类比, 可以给出两两比较策略 "C2" 的形象说明, 详见图 11.2。与图 11.1 类似, 3 个运动员 (对应 3 个优化算法)$A_1, A_2, A_3$ 在 $n_p$ 个不同颜色的场地 (对应 $n_p$ 个测试问题) 进行跑步比赛。图 11.2(a) 展示的是集合层两两比较, 整个数值比较只需要进行 $n_s(n_s - 1)/2$ 次数据分析; 而图 11.2(b) 展示的是元素层两两比较, 整个数值比较需要进行 $n_p n_s(n_s - 1)/2$ 次数据分析, 且需要进行结果汇总。无论哪一种情况, 在每个场地 (测试问题) 上都只能比较两个算法, 这是元素层两两比较和集合层两两比较这两个策略的共同点。

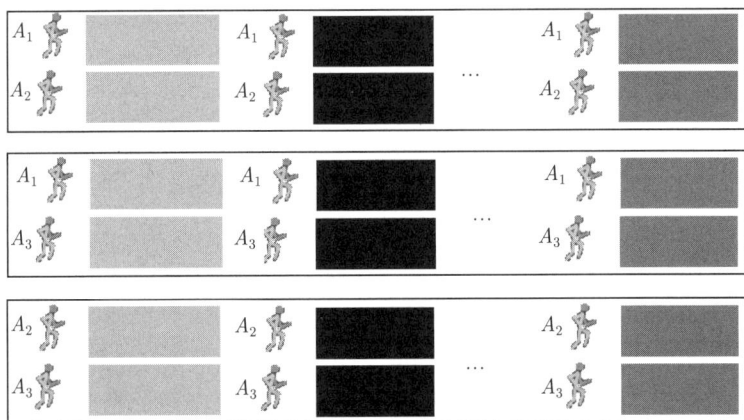

(a) 集合层两两比较

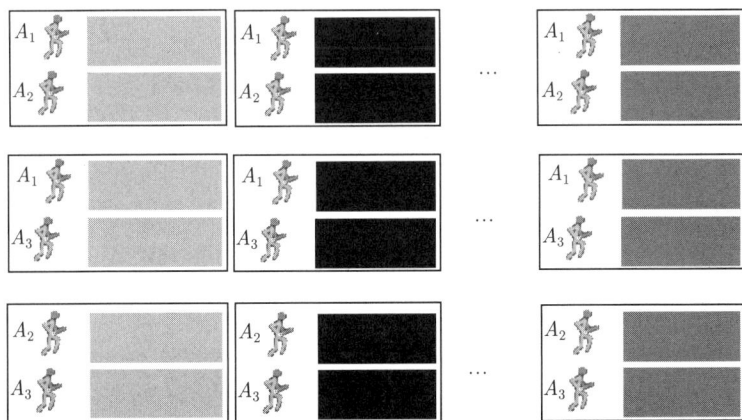

(b) 元素层两两比较

图 11.2　两种 "C2" 比较策略的图形示例 (以跑步比赛为类比)

元素层两两比较和集合层两两比较的不同点主要体现在比较 (数据分析) 次数不同, 以及是否需要进行结果汇总上。首先, 两者需要的比较次数相差很大, 达到 $(n_p-1)n_s(n_s-1)/2$, 且随着算法个数 $n_s$ 或测试问题个数 $n_p$ 的增加而快速提升。其次, 与元素层集体比较类似, 元素层两两比较也需要将单个测试问题上的算法排序, 汇总成整个测试问题集合上的算法排序。在 11.2 节将会介绍, 这个结果汇总过程会带来严重的理论困境。

2) 两两比较的数学模型

假设参与比较的算法为 $A_1$ 和 $A_2$, 则无论在测试问题集合层面还是单个测试问题层面, 结果只有两种可能性: 要么 $A_1 \succeq A_2$, 要么 $A_2 \succ A_1$。对元素层两两比较和集合层两两比较, 这里 "$\succeq$" 和 "$\succ$" 的内涵分别由定义 11.3 或定义 11.5 确定。也就是说, 两两比较和集体比较中两个算法的性能排序由同样的定义确定, 这为研究两个模型的关系奠定了坚实的基础。

先分析元素层两两比较和元素层集体比较的关系。前面已介绍, 元素层集体比较需要进行 $n_p$ 场比较和数据分析 (见图 11.1(b)), 然后将结果汇总成整个测试问题集合上的算法排序。对于元素层两两比较, 需要 $n_p n_s(n_s - 1)/2$ 场比较和数据分析 (见图 11.2(b)), 但这里包含了 $n_s(n_s - 1)/2$ 对算法, 因此, 每一对算法仍然只需要 $n_p$ 场比较。

事实上, 元素层两两比较和元素层集体比较的关系远不止这一点。前面已提及, 前者可以看成是后者的一种退化, 因此, 前者的数学模型也可以从后者的数学模型中推导出来。下面从 "C2+" 的矩阵描述 (11.8) 推导 "C2" 的矩阵描述。

已经论证, 集体比较策略下所有可能的排序结果的实际发生次数 (得票数) 服从多项分布, 分布参数为 $m$ 和 $(p_1, p_2, \cdots, p_{n_s}!)$, 且可以用矩阵 (11.8) 来描述。当算法个数 $n_s$ 降为 2 时, 所有可能的排序结果只有 $A_i \succeq A_j$ 和 $A_j \succ A_i$ 两种, $i, j = 1, 2, \cdots, n_s$ 且 $i \neq j$。此时, 多项分布就退化为二项分布, 分布参数为 $m$ 和 $(p_1, p_2)$。为了避免混淆, 这个二项分布可以记为如下的矩阵:

$$
\begin{bmatrix}
q & 1-q \\
y & m-y \\
A_i & A_j \\
A_j & A_i
\end{bmatrix}
\tag{11.9}
$$

其中, $q \in [0,1]$ 是矩阵 (11.8) 中所有满足 $A_i \succeq A_j$ 的列的概率 $p_i$ 之和, 类似地, $y \in [0, m]$ 是矩阵 (11.8) 中所有满足 $A_i \succeq A_j$ 的列的发生次数 (实际得票数)$x_i$ 之和。也就是说, 排序结果 $A_i \succeq A_j$ 的发生次数 $Y$ 服从二项分布 $B(m, q)$, 从而其分布律为

$$
P(Y = y) = \frac{m!}{y!(m-y)!} q^y (1-q)^{m-y}
\tag{11.10}
$$

对于元素层两两比较策略, 这里 $m = n_p$。于是, 矩阵 (11.9) 和分布律 (11.10) 就构成了元素层两两比较策略的数据模型。注意, 这里的 $i, j$ 是 $1, 2, \cdots, n_s$ 中的任意两个不同数的组合, 因此, 包含了 $n_s(n_s - 1)/2$ 个矩阵和分布律, 只是它们都有类似的表达式。

下面推导集合层两两比较的数学模型。由于集合层两两比较可以看成是集合层集体比较的退化，而集合层集体比较和元素层集体比较的模型基本一样，只是参数 $m = 1$。所以，集合层两两比较也可以推导出跟元素层两两比较一样的数学模型，即矩阵 (11.9) 和分布律 (11.10)，只是取 $m = 1$。换句话说，集合层两两比较策略下，排序结果 $A_i \succeq A_j$ 的发生次数 $Y$ 服从二项分布 $B(1, q)$，也就是 0-1 分布，从而可以用如下的矩阵描述：

$$
\begin{bmatrix}
q & 1-q \\
y & 1-y \\
A_i & A_j \\
A_j & A_i
\end{bmatrix}
\tag{11.11}
$$

其中，$q \in [0, 1]$，$y$ 取值为 0 或者 1。随机变量 $Y$ 的分布律为

$$
P(Y = y) = q^y (1-q)^{1-y}
\tag{11.12}
$$

于是，矩阵 (11.11) 和分布律 (11.12) 就构成了集合层两两比较策略的数学模型。类似地，这里的 $i, j$ 是 $1, 2, \cdots, n_s$ 中的任意两个不同数的组合，因此，包含了 $n_s(n_s - 1)/2$ 个矩阵和分布律，只是它们都有类似的表达式。后文中如未特别说明，两两比较指的就是元素层两两比较。

## 11.1.4　结果汇总中的相对多数规则

前面介绍了集体比较和两两比较的数学模型，根据 $m$ 等于 1 或者 $n_p$，可以分为四个模型。按照投票理论的术语，这里的 $m$ 相当于选民数量，也就是"总票数"。$m = 1$ 可以理解为 100% 票数，对应着集合层的集体比较和两两比较模型，$m = n_p$ 对应元素层的集体比较和两两比较模型。这两种情况的一个很大区别是，$m = n_p$ 时需要从单个测试问题的比较结果汇总到整个测试问题集合的比较结果，而 $m = 1$ 时直接得到测试问题集合上的比较结果，不需要汇总。当然，无论哪一种模型，在结果汇总到整个测试问题集合层面后，都需要借助如下的相对多数规则 (plurality rule) 来判断算法的好坏。

**假设 11.1** (相对多数规则 (plurality rule))　在最优化算法的数值比较中，若采用相对多数规则来对算法的数值性能进行排序，则要求在总票数 $m$ 给定的情况下，算法的"得票数"越多，性能越好，"得票数"最多的算法成为最好的算法。

**注 11.1**　相对多数规则是用于在整个测试问题集合层面，判断算法性能好坏的标准。而在单个测试问题层面，算法性能的好坏还是要依据定义 11.4。

作为一种评价标准，相对多数规则常用于选举投票和最优化算法的数值比较中[208,225,229,261,264]。在只有两个算法的情形下，相对多数规则要求获胜算法得票数超过半数，这等价于如下的绝对多数规则。但是，当算法更多时，这种等价关系并不成立。

**假设 11.2** (绝对多数规则 (majority rule))　在最优化算法的数值比较中，若采用绝对多数规则来对算法的数值性能进行排序，则要求在总票数 $m$ 给定的情况下，"得票数"过半的算法，才能成为最好的算法。

利用相对多数规则可以得到一个很显然的推论, 总结为如下命题。

**命题 11.1** 当总票数 $m$ 为奇数时, 根据相对多数规则, 任何两个算法之间不会出现"平局"现象。

由于数值比较策略对多数读者来说都是一个相对陌生的概念, 其数学模型也有些抽象。这里给出一个数值例子, 来说明这些数学模型的应用和相互关系。

**例 11.1** 假设需要对三个算法 $A_1, A_2, A_3$ 进行数值性能比较, 选择了 25 个问题组成的测试集合。经过数值实验, 集体比较策略对应的数学模拟可以用下面的矩阵描述。该矩阵经过了"分层先等后不等"处理。

$$
\begin{bmatrix}
0.25 & 0.3 & 0.15 & 0.1 & 0.05 & 0.15 \\
5 & 6 & 4 & 4 & 2 & 4 \\
A_1 & A_1 & A_2 & A_2 & A_3 & A_3 \\
A_2 & A_3 & A_1 & A_3 & A_1 & A_2 \\
A_3 & A_2 & A_3 & A_1 & A_2 & A_1
\end{bmatrix}
\tag{11.13}
$$

请问:(1) 采用集体比较策略, 算法排序如何? (2) 采用两两比较策略, 算法排序如何?

**解** 矩阵 (11.13) 是矩阵 (11.8) 的一个应用, 第一行是理论概率 $p_i$, 其和为 1, 第二行是实际得票数 $x_i$, 其和为总票数 25。

矩阵 (11.13) 表明, 三个算法的六种排序中, $A_1 \succeq A_2 \succeq A_3$ 的理论发生概率为 0.25, 但在 25 个测试问题的实际测试中, 在 5 个问题上出现了这种排序, 换句话说, 这个排序的得票数为 5 票。类似地, $A_1 \succeq A_3 \succ A_2$ 得票数为 6 票。$A_3 \succ A_1 \succeq A_2$ 的理论发生概率最低, 为 0.05, 在实际测试中得票数为 2 票。

此外, 在整个测试问题集合层面, 根据相对多数规则, 由于总票数为 25 票, 任何两个算法不可能出现"平局 (性能相同)"的情况。根据以上解读, 下面分析不同比较策略下的算法排序。

(1) 当采用集体比较策略时, 在六种可能的排序中, 只有第一名的算法才能得到票数。因此, 算法 $A_1$ 获得票数为 $5+6=11$, 算法 $A_2$ 获得票数为 $4+4=8$, 算法 $A_3$ 获得票数为 $2+4=6$。根据相对多数规则, 认为算法 $A_1$ 性能最好, $A_2$ 次之, $A_3$ 最差, 即 $A_1 \succ A_2 \succ A_3$。

(2) 从矩阵 (11.13) 可以推导出元素层两两比较策略下的如下三个矩阵描述:

$$
\begin{bmatrix}
0.6 & 0.4 \\
13 & 12 \\
A_1 & A_2 \\
A_2 & A_1
\end{bmatrix},
\begin{bmatrix}
0.7 & 0.3 \\
15 & 10 \\
A_1 & A_3 \\
A_3 & A_1
\end{bmatrix},
\begin{bmatrix}
0.5 & 0.5 \\
13 & 12 \\
A_2 & A_3 \\
A_3 & A_2
\end{bmatrix}
\tag{11.14}
$$

因此, 得到 $A_1 \succ A_2, A_1 \succ A_3, A_2 \succ A_3$。所以, 汇总这三个结果, 可得三个算法在整个测试问题集合上的性能排序为 $A_1 \succ A_2 \succ A_3$。这个结果与集体比较时一致。

从例 11.1 可以发现, 决定排序的主要是矩阵第二行的实际得票数 $x_i$, 矩阵第一行的理论概率 $p_i$ 并没有直接影响算法的性能排序。但是, 如果要计算某些事件 (比如某种悖论) 发生的概率, 就得依赖矩阵第一行的理论概率 $p_i$ 了。这个观察带来的一个好处是, 在不需要计算概率的场景下, 只需要矩阵 (11.8) 就可以代表数值比较策略的数学模型; 在需要计算概率的场景下, 才需要加上多项分布的分布律 (11.6)。11.2 节将会遇到概率计算的需求。

## 11.2　比较策略与悖论的发生

基于 11.1 节介绍的比较策略, 本节进一步介绍数值比较中可能发生的两大悖论: 循环排序 (cycle ranking) 悖论与非适者生存 (survival of the non-fittest) 悖论。特别地, 本节将论证元素层两两比较策略可能产生循环排序悖论, 而元素层集体比较策略可能产生非适者生存悖论, 还将借助比较策略的数学模型计算这两大悖论发生的概率。

### 11.2.1　悖论的实例

1) 循环排序悖论的例子

下面这个矩阵是集体比较矩阵 (11.8) 的一个实例, 显示了 3 个优化算法 $A_1, A_2, A_3$ 在 25 个测试问题上数值比较的结果, 其中的参数 $p_i$ 满足条件 (11.5)。矩阵经过了 "分层先等后不等" 处理, 因此, 第二列的含义是事件 $A_1 \succeq A_3 \succ A_2$ 的发生概率为 0.15, 但只在 5 个测试问题上实际发生, 其他列的含义类似。

$$\begin{bmatrix} 0.05 & 0.15 & 0.4 & 0.05 & 0.15 & 0.2 \\ 0 & 5 & 10 & 0 & 5 & 5 \\ A_1 & A_1 & A_2 & A_2 & A_3 & A_3 \\ A_2 & A_3 & A_1 & A_3 & A_1 & A_2 \\ A_3 & A_2 & A_3 & A_1 & A_2 & A_1 \end{bmatrix} \tag{11.15}$$

采用 "C2" 策略对矩阵 (11.15) 进行分析, 可以得到如下的三个矩阵:

$$\begin{bmatrix} 0.35 & 0.65 \\ 10 & 15 \\ A_1 & A_2 \\ A_2 & A_1 \end{bmatrix}, \quad \begin{bmatrix} 0.6 & 0.4 \\ 15 & 10 \\ A_1 & A_3 \\ A_3 & A_1 \end{bmatrix}, \quad \begin{bmatrix} 0.5 & 0.5 \\ 10 & 15 \\ A_2 & A_3 \\ A_3 & A_2 \end{bmatrix} \tag{11.16}$$

它们分别是使用 "C2" 策略分别比较 $(A_1, A_2)$, $(A_1, A_3)$, $(A_2, A_3)$ 时的数学模型。

由于测试问题共 25 个, 相当于总票数为 25。根据命题 7.1, 不会出现平局现象。从式 (11.16) 的第一个矩阵, 可以看到, $A_2$ 在 15 个问题上更好, 而 $A_1$ 只在 10 个问题上更好。根据相对多数规则, 在整个测试问题集合上的算法排序为 $A_2 \succ A_1$。类似地, 可以得到 $A_1 \succ A_3$, $A_3 \succ A_2$。于是, "C2" 策略的比较结果 $A_2 \succ A_1$, $A_1 \succ A_3$, $A_3 \succ A_2$ 形成了一个圈 $A_2 \succ A_1 \succ A_3 \succ A_2$, 不仅无法推断出性能最好的算法, 而且产生了一个悖论。这种算法性能排序成圈的现象被称为 "循环排序悖论", 其一般情况下的定义如下[227]。

**定义 11.8** (循环排序悖论) 当采用 "C2" 策略对算法 $A_i(i=1,2,\cdots,k)$ 进行数值性能比较时, 如果不存在任何一个算法 $A_i$ 使得 $A_i \succeq A_j$ 对于所有 $1 \leqslant j \leqslant k$ 成立, 称为循环排序悖论发生, 并用事件 $\mathbb{C}$ 表示该悖论。换言之, 循环排序悖论指的是在 "C2" 策略下没有获胜算法。

矩阵 (11.15) 描述的例子表明, 循环排序悖论是可能发生的。而根据定义 11.8, 循环排序的发生相当于算法两两比较的结果是不满足传递性的。这一结论可以总结为下面的命题。

**命题 11.2** 在两两比较策略下, 最优化算法两两比较的结果可能不满足传递性。

早在 1785 年, 法国学者孔多塞 (Marquis de Condorcet) 就发现了, 在投票选举中存在循环排序悖论, 因此这一悖论也被称为孔多塞悖论 (Condorcet paradox)[268]。本书所提出的循环排序悖论实际上是孔多塞悖论在最优化算法的数值比较领域中的一个推广或应用。

2) 非适者生存悖论的例子

本小节我们将论证, "C2" 策略下的获胜算法与 "C2+" 策略下的获胜算法可能不一致, 它们的排序结果甚至可能相反。

下面的矩阵是集体比较矩阵 (11.8) 的另一个实例, 显示了 3 个优化算法 $A_1, A_2, A_3$ 在 50 个测试问题上数值比较的结果, 其中的参数 $p_i$ 满足条件 (11.5)。矩阵经过了 "分层先等后不等" 处理。

$$
\begin{bmatrix}
0.15 & 0.03 & 0.35 & 0.03 & 0.4 & 0.04 \\
10 & 0 & 20 & 0 & 20 & 0 \\
A_1 & A_1 & A_2 & A_2 & A_3 & A_3 \\
A_2 & A_3 & A_1 & A_3 & A_1 & A_2 \\
A_3 & A_2 & A_3 & A_1 & A_2 & A_1
\end{bmatrix}
\tag{11.17}
$$

首先, 采用 "C2+" 策略对这三个算法进行比较时, 由于 $A_2$ 和 $A_3$ 都得 20 票, 而 $A_1$ 只得了 10 票, 因此, 根据相对多数规则, 获胜算法是 $A_2$ 和 $A_3$, 它们并列第一, 算法 $A_1$ 最差。

然后, 采用 "C2" 策略, 可以得到如下三个矩阵:

$$
\begin{bmatrix}
0.58 & 0.42 \\
30 & 20 \\
A_1 & A_2 \\
A_2 & A_1
\end{bmatrix},
\begin{bmatrix}
0.53 & 0.47 \\
30 & 20 \\
A_1 & A_3 \\
A_3 & A_1
\end{bmatrix},
\begin{bmatrix}
0.53 & 0.47 \\
30 & 20 \\
A_2 & A_3 \\
A_3 & A_2
\end{bmatrix}
\tag{11.18}
$$

由于总票数 50 为偶数, 不能排除两个算法平局的可能。所以, 上述三个矩阵的结果为 $A_1 \succeq A_2$, $A_1 \succeq A_3$, $A_2 \succeq A_3$, 即 $A_1 \succeq A_2 \succeq A_3$。也就是说, 算法 $A_1$ 是 "C2" 策略下的最好算法。

于是, 这个实例表明, 采用不同比较策略, 可以得到不同的最好算法: 在 "C2+" 策略下是 $A_2$ 和 $A_3$, 而在 "C2" 策略下却是 $A_1$。换句话说, 在 "C2" 策略下的 "非适者" $A_2$ 和 $A_3$,

却在 "C2+" 策略下获得最终胜利。这种现象被称为 "非适者生存" 悖论,其一般情况下的定义如下[227]。

**定义 11.9** (非适者生存悖论)　在最优化算法的数值比较中,如果 "C2" 策略下的非最好算法成为 "C2+" 策略下的最好算法,也就是说,"C2+" 策略下的最好算法并不是 "C2" 策略下的最好算法,就认为 "非适者生存悖论" 发生了,并用事件 $\mathbb{S}$ 表示。换句话说,非适者生存悖论指的是,"C2+" 策略下的最好算法在 "C2" 策略下至少会被一个算法打败。

**定义 11.10** (比较结果的相容性)　用两种不同的策略对最优化算法进行数值比较,如果某一种比较策略下的最好算法也是另一种策略下的最好算法,则称这两种策略下的比较结果是相容的 (compatible)。反之,如果某一种比较策略下的所有最好算法都不是另一种策略下的最好算法,则称这两种策略下的比较结果是不相容的 (incompatible)。

矩阵 (11.17) 描述的例子表明,非适者生存悖论是可能发生的。而根据定义 11.9 和定义 11.10,非适者生存的发生揭示了 "C2+" 策略和 "C2" 策略下的比较结果可能不相容。这一结论可以总结为下面的命题。

**命题 11.3**　在最优化算法的数值比较中,两两比较策略和集体比较策略下的排序结果可能不相容。

在大量的投票选举实践中,也发现了类似于非适者生存的悖论,分别叫作强博尔达悖论 (strong Borda paradox) 和严格博尔达悖论 (strict Borda paradox)[268]。本书中的非适者生存悖论是这两个博尔达悖论的推广。强博尔达悖论要求 "C2" 策略下最差的算法被选为 "C2+" 策略下的最好算法; 除此之外,严格博尔达悖论还要求排序完全倒置,也就是说,"C2" 策略下的最差算法是 "C2+" 策略下的最好算法,"C2" 策略下倒数第二的算法是 "C2+" 策略下的第二好算法,以此类推。而非适者生存悖论只要求 "C2" 策略下的非最好算法成为 "C2+" 策略下的最好算法。

3) 两种悖论的实际案例

前面我们给出了两个例子,用以说明循环排序悖论和非适者生存悖论的可能发生。这两个悖论都是用集体比较的数学模型来描述的,可以发现,这是讨论和分析悖论的一个简便且有效的方式。按照同样的方式,可以找到其他更多的悖论例子[236,269],也可以尝试发现其他类型的悖论。本小节我们用真实的算法和测试数据来说明循环排序悖论与非适者生存悖论的存在。

从真实算法和测试数据中发现悖论并不困难。文献 [227] 汇报了发现悖论的真实过程。作者直接从 MATLAB2016b 中选取了 3 个全局最优化算法: 粒子群优化 (PSO) 算法、遗传算法 (GA)、模拟退火 (SA) 算法。测试问题集为 Hedar 测试集[149],内含 27 个测试函数 (包含不同维度时,为 68 个)。由于这三个都是随机优化算法,为分析随机波动,每个算法在每个问题上独立测试 50 次,每次测试用光 20000 次函数值计算次数后退出。

给定测试过程数据,对算法在每个测试问题上做统计检验,得到这三个优化算法在每个测试问题上的排名。然后,把存在平局的测试问题剔除。最后,文献 [227] 选择了 12 个测试问题来介绍实际发生的悖论。

表 11.3 展示了这三个算法在其中 5 个测试问题上的性能排序。对每个问题,排序 "1" 表明算法在这个问题上表现最好,"2" 其次,而 "3" 最差。由于总票数为 5 票,根据相对多数规则,采用 "C2" 策略来分析表 11.3 中的排序结果,可以得到两两比较的结果分别为 "GA≻PSO""PSO≻SA""SA≻GA"(得票数都是 3 票对 2 票)。此时,算法排序成圈 "GA≻PSO≻SA≻GA",即发生了循环排序悖论。

表 11.3　真实算法和数据中的循环排序悖论

| 函数名称 | PSO | GA | SA |
|---|---|---|---|
| Griewank(5D) | 2 | 1 | 3 |
| Hump(2D) | 1 | 3 | 2 |
| Michalewics(10D) | 2 | 1 | 3 |
| Rosenbrock(20D) | 2 | 3 | 1 |
| Rastrigin(5D) | 3 | 2 | 1 |

表 11.4 展示了同样三个算法在 9 个测试问题上的性能排序。如果采用 "C2" 策略来分析表 11.4 中的排序结果,那么可以得到 "PSO≻SA"(5 票对 4 票),"PSO≻GA"(7 票对 2 票),以及 "SA≻GA"(5 票对 4 票)。因此,最终排序为 "PSO≻SA ≻GA",PSO 是 "C2" 策略下的最好算法。

表 11.4　真实算法和数据中的非适者生存悖论

| 函数名称 | PSO | GA | SA |
|---|---|---|---|
| Beale(2D) | 1 | 3 | 2 |
| Easom(2D) | 1 | 2 | 3 |
| Levy(2D) | 1 | 2 | 3 |
| Michalewics(10D) | 2 | 1 | 3 |
| Powersum(4D) | 2 | 3 | 1 |
| Rosenbrock(20D) | 2 | 3 | 1 |
| Schwefel(2D) | 2 | 1 | 3 |
| Shekel7(4D) | 2 | 3 | 1 |
| Sphere(20D) | 2 | 3 | 1 |
| "C2+" 策略下的得票数 | 3 | 2 | 4 |

但是,如果采用 "C2+" 策略来分析表 11.4中数据,三个算法的得票数分别为: PSO 3 票,GA 2 票,SA 4 票。根据相对多数规则,在 "C2+" 策略下的最好算法是 SA。因为,在 "C2+" 策略下的最好算法 SA 并不是在 "C2" 策略下的最好算法,而且在 "C2" 策略下 SA 会被 PSO 打败,所以,非适者生存悖论发生了。

## 11.2.2　悖论发生的概率计算: 一些数学铺垫

为了计算循环排序悖论和非适者生存悖论发生的概率,本节先介绍一些数学知识铺垫。

1) 多项分布概率值 $p_i$ 的等可能假设

前面已经指出, 在集体比较和两两比较的数学模型 (11.8) 和模型 (11.9) 中, 第一行的概率值 $p_i$ 对悖论的存在并没有影响, 但是对悖论的发生概率却有重要影响。为了计算悖论的发生概率, 首先需要确定多项分布的概率值 $p_i(i = 1, 2, \cdots, k!)$。

然而, 要确定这些概率值, 需要根据算法和测试问题的具体情况具体分析。事实上, 即便给定了最优化算法和测试问题集合, 也很难准确定义这些概率值 $p_i$, 所以做出一些合适的假设是必要的。作为初始的尝试, 文献 [227] 选择了等可能性假设, 即所有的 $p_i$ 都相等。

等可能性假设不仅仅是为了计算的方便, 从本质上也是符合最优化算法数值比较这个领域的哲学基础的, 特别是符合没有免费午餐定理的。从而该假设也被称为没有免费午餐 (NFL) 假设[227], 它与投票理论的无偏文化 (impartial culture) 假设[268] 等价, 是后者在最优化算法数值比较的一个实际应用。

**假设 11.3** (等可能假设或 NFL 假设)　对于给定的 $k$ 个最优化算法和测试问题集, 所有 $k!$ 个可能的算法排序是等可能发生的, 即满足

$$p_i = \frac{1}{k!}, \ i = 1, 2, \cdots, k! \tag{11.19}$$

再次强调, NFL 假设在本节的作用仅仅是为悖论发生的概率计算提供了一个方便的平台。没有它, 悖论的发生概率计算可能会更加困难, 计算出的概率值也可能发生变化, 但并不会改变悖论的存在性。

2) 两种策略下最好算法的存在性和唯一性

要计算悖论发生的概率, 还需要搞清楚 "C2+" 策略和 "C2" 策略下最好算法的存在性和唯一性。根据文献 [227], 有以下结论, 对其的证明详见文献 [11]。

**定理 11.1**　在最优化算法的数值比较中, "C2+" 策略下的最好算法总是存在, 但可能不唯一; 而 "C2" 策略下的最好算法却不一定存在, 如果存在, 也可能不唯一。

3) 所有可能排序结果的分割

在最优化算法的数值比较中, 显然不仅仅只有悖论, 更多的应该是没有悖论的正常情况。为此, 我们给出下面的定义。

**定义 11.11**　如果 "C2+" 策略下的最好算法存在, 且至少有一个最好算法同时也是 "C2" 策略下的最好算法, 此时, 称正常事件发生了, 并记该事件为 $\mathbb{N}$。

定义 11.11 表明, 正常事件 $\mathbb{N}$ 是排除了循环排序和非适者生存悖论之后的其他情况。这引导我们去探索所有可能排序结果的分割, 并得到下面的定理[11,227,270]。

**定理 11.2**　当应用 "C2+" 和 "C2" 两种策略来比较最优化算法的数值性能时, 随机事件 $\mathbb{C}$, $\mathbb{N}$, $\mathbb{S}$ 构成了样本空间的一个分割。

以下推论是定理 11.2的一个直接应用, 该结果有助于计算悖论的发生概率: 只要计算出了任何两个随机事件的发生概率, 另一个随机事件的发生概率也就计算出来了。

**推论 11.1**　当应用 "C2+" 和 "C2" 两种策略来比较最优化算法的数值性能时, 随机事件 $\mathbb{C}$, $\mathbb{S}$, $\mathbb{N}$ 的概率满足

$$P(\mathbb{C}) + P(\mathbb{N}) + P(\mathbb{S}) = 1 \tag{11.20}$$

4) 降低仿真计算的复杂度

悖论的概率通常要用计算机仿真方式来计算, 此时, 下面的定理有助于显著降低仿真计算的复杂度。

**定理 11.3** 在集体比较的数学模型中, 如果矩阵 (11.8) 中存在一个 $x_i$ 满足 $x_i \geqslant \dfrac{m}{2}$, 那么循环排序悖论和非适者生存悖论都不会发生。

**证明** 根据相对多数规则, 当矩阵 (11.8) 中存在 $x_i \geqslant \dfrac{m}{2}$ 时, 矩阵 (11.8) 第 $i$ 列第 3 行的算法一定是 "C2" 策略下的胜者。因此, 循环排序悖论不会发生。另外, 此时 "C2+" 策略下的最好算法一定是 "C2" 策略下的胜者, 因为该算法的得票数量超过了一半。所以, 非适者生存悖论也同样不可能发生。 □

有了以上假设和理论结果的铺垫, 下面就可以正式来计算悖论发生的概率了。

## 11.2.3 循环排序悖论的发生概率

首先, 考虑只有三个算法的情形, 然后考虑一般的情况。

1) 只有 3 个最优化算法的情形

在等可能假设下, 当最优化算法只有 3 个时, 集体比较的数学模型可描述如下 (6 种排序经过了 "分层先等后不等" 处理:

$$\begin{bmatrix} 1/6 & 1/6 & 1/6 & 1/6 & 1/6 & 1/6 \\ x_1 & x_2 & x_3 & x_4 & x_5 & x_6 \\ A_1 & A_1 & A_2 & A_2 & A_3 & A_3 \\ A_2 & A_3 & A_1 & A_3 & A_1 & A_2 \\ A_3 & A_2 & A_3 & A_1 & A_2 & A_1 \end{bmatrix} \tag{11.21}$$

其中, 实际得票数 $x_i$ 满足

$$\sum_{i=1}^{6} x_i = m, \quad x_i \in [0, m], \quad i = 1, 2, \cdots, 6 \tag{11.22}$$

实际得票数构成的随机变量 $X$ 满足参数为 $m$ 和 $(1/6, \cdots, 1/6)$ 的多项分布, 分布律为

$$P\{X = (x_1, x_2, \cdots, x_6)\} = \frac{m!}{x_1! x_2! \cdots x_6!} \frac{1}{6^m} \tag{11.23}$$

根据以上模型, 要计算悖论发生的概率, 只需要确定能使悖论发生的基本事件, 然后代入分布律公式 (11.23) 并求和即可。于是有如下的定理成立, 对其的证明详见文献 [11] 和文献 [227]。

**定理 11.4** 在 $m$ 个测试问题上比较 3 个优化算法时, 随机事件 $\mathbb{C}$ 的发生概率由下式计算得到:

$$P(\mathbb{C}) = \frac{1}{6^m} \left( 2 \sum_{\{x_i\} \in C_1} \frac{m!}{x_1! x_2! \cdots x_6!} - \sum_{\{x_i\} \in C_2} \frac{m!}{x_1! x_2! \cdots x_6!} \right) \tag{11.24}$$

其中, $C_1$ 和 $C_2$ 由下面两个集合确定:

$$\begin{cases} x_1 + x_2 + \cdots + x_6 = m \\ x_1 + x_2 + x_5 \geqslant \dfrac{m}{2} \\ x_1 + x_3 + x_4 \geqslant \dfrac{m}{2} \\ x_4 + x_5 + x_6 \geqslant \dfrac{m}{2} \\ x_i \in \{0, 1, \cdots, m\} \end{cases}, \quad \begin{cases} x_1 + x_2 + \cdots + x_6 = m \\ x_1 + x_2 + x_5 = \dfrac{m}{2} \\ x_1 + x_3 + x_4 = \dfrac{m}{2} \\ x_4 + x_5 + x_6 = \dfrac{m}{2} \\ x_i \in \{0, 1, \cdots, m\} \end{cases}, \quad i = 1, 2, \cdots, 6 \quad (11.25)$$

显然, 当 $m$ 是奇数时, 集合 $C_2$ 是空集。

定理 11.4 给出了计算循环排序悖论发生概率的具体公式 (11.24), 但是从这个公式计算出概率值并不是一件容易的事情, 尤其是当测试问题数量 $m$ 比较大时。事实上, 当 $m$ 比较大时, 通常是采用数值仿真的形式计算概率[227,270], 此时得到的是在一定精度误差内的概率近似值。具体来说, 依据定理 11.3, 通过对每个 $x_i < m/2$ 进行枚举。如果 $(x_1, x_2, \cdots, x_6)$ 满足条件 (11.25), 则代入式 (11.24) 进行概率求和, 最终得到悖论发生的概率 $P(\mathbb{C})$。

图 11.3 展示了只有三个算法进行比较的情况下, 循环排序悖论的发生概率是如何随着测试问题个数 $m$ 的增加而改变的[227]。从图 11.3 中可以看到两个相反的变化趋势。当 $m \leqslant 201$ 为偶数时, 随着 $m$ 的增大, $P(\mathbb{C})$ 的值从 0.5 逐渐降到约 0.1187。相反地, 当 $m \leqslant 201$ 为奇数时, 随着 $m$ 的增大, $P(\mathbb{C})$ 的值从 0 缓慢增大至约 0.0873。一个有趣的问题是, 当 $m \to \infty$ 时, $P(\mathbb{C})$ 的值是多大呢? 这个问题已有准确的答案, 如下所示:

$$\lim_{m \to \infty} P(\mathbb{C}) = \frac{1}{2\pi} \arccos\left(\frac{23}{27}\right) \approx 0.0877 \quad (11.26)$$

这个极限概率具有重要的理论价值, 因此在投票理论中很受重视, 被多个研究团队采用多种不同的方法计算得到。当然, 这些方法都采用了无偏文化假设 (即本书中的等可能假设)[268,271]。

图 11.3 揭示了一个很有价值的结论: 在设计测试问题集时, 只包含奇数个而不是偶数个问题, 具有重要意义, 因为发生循环排序悖论的可能性可以显著降低[227]。另外, 在只有三个优化算法时, 循环排序悖论的极限概率大约是 8.77%。这表明, 循环排序悖论并不是无足轻重可以任意忽视的, 还是要深入理解并想办法消除或降低它的影响。比如, 选择奇数个测试问题组成的测试集就是一个低成本的办法。

最后需要指出, 定理 11.4 适用于元素层两两比较和集合层两两比较, 但对于后者来说可以得到更简洁的结论。11.1 节已经说明, 集合层两两比较的 $m$ 不再是测试问题个数, 而是数据分析次数。由于集合层两两比较对整个测试集合的数据只进行一次数据分析, 因此 $m = 1$。在这一前提下, 集合 $C_1, C_2$ 都是空集, 根据定理 11.4 可以得出如下推论。

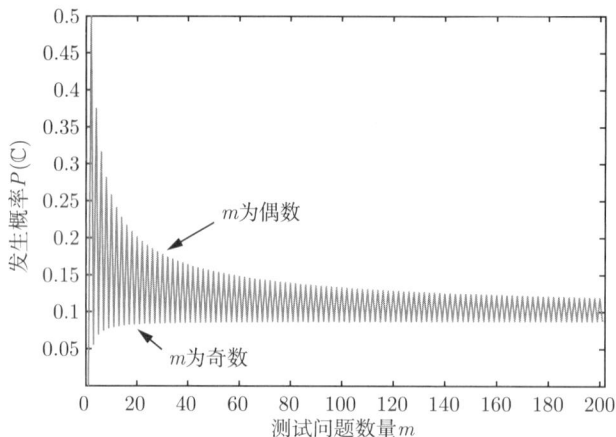

图 11.3　当最优化算法只有 3 个时, 循环排序悖论的发生概率 $P(\mathbb{C})$ 与测试问题数量 $m$ 的关系图

**推论 11.2**　如果采用集合层两两比较策略分析测试数据, 不会存在循环排序悖论。

2) 三个以上算法的情形

随着最优化算法数量的增加, 计算悖论的发生概率变得越来越困难。幸运的是, 前面已经论证, 等可能假设下循环排序悖论等价于无偏文化假设下的孔多塞悖论, 而后者在社会科学界已经有丰富的研究结果[268]。这里我们直接展示无偏文化假说下孔多塞悖论的发生概率结果[268], 详见表 11.5。

表 11.5　在 $m$ 个问题上比较 $k$ 个算法时, 循环排序悖论的发生概率

| $k$ | $m$ | | | | | |
| --- | --- | --- | --- | --- | --- | --- |
| | 5 | 15 | 25 | 35 | 45 | $\infty$ |
| 3 | 0.0694 | 0.0820 | 0.0843 | 0.0853 | 0.0855 | 0.0877 |
| 4 | 0.1389 | 0.1640 | 0.1686 | 0.1706 | 0.1710 | 0.1755 |
| 5 | 0.1995 | 0.2350 | 0.2417 | 0.2444 | 0.2460 | 0.2513 |
| 6 | 0.2514 | 0.2952 | 0.3034 | 0.3068 | 0.3104 | 0.3152 |
| 7 | 0.2958 | 0.3463 | 0.3556 | 0.3570 | 0.3600 | 0.3692 |
| 8 | 0.3339 | 0.3900 | 0.4003 | 0.3942 | 0.3903 | 0.4151 |
| 9 | 0.3676 | 0.4260 | 0.4370 | 0.4420 | 0.4450 | 0.4545 |
| 10 | 0.3986 | 0.4517 | 0.4633 | 0.5479 | 0.6160 | 0.4886 |
| 11 | 0.4232 | 0.4890 | 0.5010 | 0.5060 | 0.5090 | 0.5187 |

表 11.5 中展示了 $k = 3, 4, \cdots, 11$ 个算法在 $m = 5, 15, \cdots, 45$ 个问题上进行数值比较时, 循环排序悖论的发生概率的大小。更多结果可参见文献 [268] 中的表 4.6 及相关表格。这些概率值也是借助计算机仿真计算得来, 并不是解析解, 基本原理与上一小节介绍的类似。

从表 11.5 可以发现, 当 $m$ 或 $k$ 增大时, $\mathbb{C}$ 也会增大。这一点与本节刚开始从常识出发的推断一致。具体来说, 随着测试问题 $m$ 的增加, 循环排序悖论的发生概率 $P(\mathbb{C})$ 也增长,

但其增长是缓慢的。但是, $P(\mathbb{C})$ 却随着算法个数的增长而快速增长。此外, 循环排序悖论发生概率 $P(\mathbb{C})$ 的极限概率在理论上特别重要, 表格 11.5 的最后一列给出了这些极限概率值, 图 11.4 描绘了它随 $m$ 快速增长的图形。

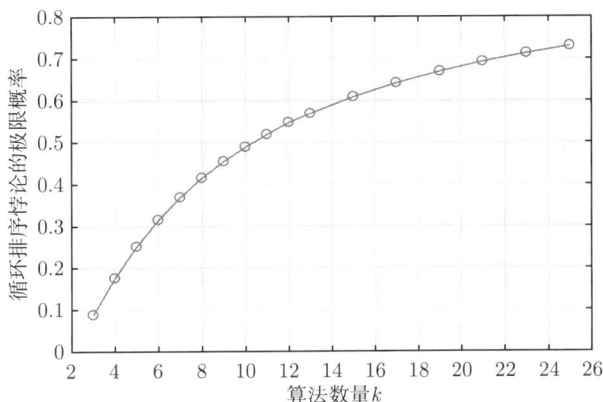

图 **11.4** 循环排序悖论的极限概率随着算法数量 $k$ 增长的变化趋势

总之, 表 11.5 和图 11.4 的结果表明, 循环排序悖论的极限概率随着算法个数的增加而快速增加, 当有 3 个以上最优化算法进行数值性能比较 (如算法竞赛) 时, 可能会频繁地发生循环排序悖论。比如, 算法超过 10 个时, 循环排序的发生概率超过 50%; 即便只有 5 个算法, 循环排序的发生概率也已经超过 25%。更进一步, 极限概率的这种快速递增趋势表明, 当参与数值比较的算法充分多时, 发生循环排序悖论的概率无限接近 1, 换言之, 下面的命题成立。

**命题 11.4** 循环排序悖论是一个渐近必然事件。

## 11.2.4 非适者生存悖论的发生概率

非适者生存悖论的发生概率 $P(\mathbb{S})$ 比循环排序悖论的发生概率 $P(\mathbb{C})$ 更加难以计算。原因之一是, 当算法个数 $k$ 比较大时, "非适者" 的情况更加复杂, 包含了多种不同类型的基本事件。本节, 我们首先考虑三个算法的情况, 然后对一般情况进行分析。对于前一种情况, 可以直接计算 $P(\mathbb{S})$ 的大小, 而对于后一种情况, 需要借助投票理论中的一些结论来间接地计算 $P(\mathbb{S})$。

1) 比较三个算法

根据模型 (11.21), 要计算非适者生存悖论发生的概率, 只需要确定能使悖论发生的基本事件, 然后代入分布律公式 (11.23) 并求和即可。于是有如下的定理成立, 对该定理的证明详见文献 [11] 和文献 [227]。

**定理 11.5** 在 $m$ 个测试问题上比较三个优化算法时, 随机事件 $\mathbb{S}$ 的发生概率由如下公式计算得到:

$$P(\mathbb{S}) = \frac{3}{6^m} \left( \sum_{\{x_i\} \in S_1} \frac{m!}{x_1! x_2! \cdots x_6!} + \sum_{\{x_i\} \in S_2} \frac{m!}{x_1! x_2! \cdots x_6!} \right) \tag{11.27}$$

其中，集合 $S_1$ 和 $S_2$ 的定义如下：

$$S_1 : \begin{cases} x_1 + x_2 + \cdots + x_6 = m \\ x_1 + x_2 + x_5 > \dfrac{m}{2} \\ x_1 + x_2 + x_3 > \dfrac{m}{2} \\ \max\{x_3 + x_4, x_5 + x_6\} > x_1 + x_2 \\ x_i \in \{0, 1, \cdots, m\}, i = 1, 2, \cdots, 6 \end{cases}$$

$$S_2 : \begin{cases} x_1 + x_2 + \cdots + x_6 = m \\ x_1 + x_2 + x_5 = \dfrac{m}{2} \\ x_1 + x_2 + x_3 > \dfrac{m}{2} \\ x_1 + x_3 + x_4 > \dfrac{m}{2} \\ x_5 + x_6 > \max\{x_1 + x_2, x_3 + x_4\} \\ x_i \in \{0, 1, \cdots, m\}, i = 1, 2, \cdots, 6 \end{cases}$$

显然，当 $m$ 为奇数时，集合 $S_2$ 为空集。

类似于 $P(\mathbb{C})$ 的计算，$P(\mathbb{S})$ 的计算也需要基于定理 11.5 来仿真实现。图 11.5 展示了 $m = 1, 2, \cdots, 201$ 时的 $P(\mathbb{S})$ 的数值结果。从图 11.5 中可以观察到，$P(\mathbb{S})$ 总是随着 $m$ 的增长而增长。但是，当 $m > 20$ 时，$P(\mathbb{S})$ 的增长较为缓慢。另外，与 $m$ 的奇偶性对 $P(\mathbb{C})$ 的影响相反，$m$ 为偶数时的发生概率 $P(\mathbb{S})$ 要小于其相邻的奇数时的发生概率。

一个有趣的问题是，当 $m \to \infty$ 时，能否计算得到 $P(\mathbb{S})$ 的极限概率？答案是肯定的。在三个算法的情形下，$P(\mathbb{S})$ 的极限概率为[227]

$$\lim_{m \to \infty} P(\mathbb{S}) = 0.2215 \tag{11.28}$$

最后需要指出，定理 11.5 适用于元素层集体比较和集合层集体比较，但对于后者来说可以得到更简洁的结论。11.1 节已经说明，集合层两两比较的 $m$ 不再是测试问题个数，而是数据分析次数。由于集合层两两比较对整个测试集合的数据只进行一次数据分析，因此 $m = 1$。在这一前提下，根据定理 11.5 可以推出如下结论。

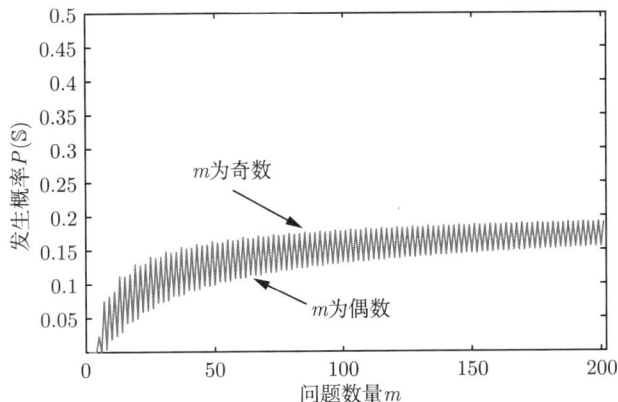

图 11.5　比较 3 个最优化算法时, 非适者生存悖论的发生概率 $P(\mathbb{S})$ 随 $m$ 增长的变化趋势

**推论 11.3**　如果采用集合层集体比较策略分析测试数据, 不会存在非适者生存悖论.

2) 比较三个以上算法

随着算法个数 $k$ 的增加, $P(\mathbb{S})$ 的计算难度也在上升. 跟 $P(\mathbb{C})$ 的计算一样, 可以从投票理论的相关研究中进行借鉴或间接计算. 本节首先介绍投票理论中的 "孔多塞效率"(Condorcet efficiency) 这个概念, 然后通过它间接地计算 $P(\mathbb{S})$.

对任何一种选举策略, "孔多塞效率" 指的是 "孔多塞胜者"(Condorcet winner) 存在的前提下, 该策略能把它选出来的条件概率[268]. 而 "孔多塞胜者" 指的是在 "C2" 策略下能打败其他所有候选人的候选人. 换言之, 如果在 "C2" 策略下的最好算法存在, 那么在相对多数规则下的 "孔多塞效率" 就是该最好算法同时也是 "C2+" 策略下的最好算法的条件概率.

根据定理 11.2, 最优化算法在数值比较中只存在三种随机事件 $\mathbb{C}$, $\mathbb{S}$ 和 $\mathbb{N}$, 并且当且仅当循环排序悖论不发生时, 在 "C2" 策略下的最好算法才存在. 因此, 相对多数规则下的 "孔多塞效率"$P_e$ 可以写成如下形式:

$$P_e = \frac{P(\mathbb{N})}{1 - P(\mathbb{C})} = 1 - \frac{P(\mathbb{S})}{1 - P(\mathbb{C})} \tag{11.29}$$

因此有,

$$P(\mathbb{S}) = (1 - P_e)[1 - P(\mathbb{C})] \tag{11.30}$$

结合先前计算得到的 $P(\mathbb{C})$ 以及投票理论中已知的部分 $P_e$ 结果, 就可以根据 (11.30) 间接地计算得到 $P(\mathbb{S})$.

表 11.6 展示了算法个数 $k = 3, 4, \cdots, 9$ 时, 相对多数规则的孔多塞效率 $P_e$、循环排序悖论的发生概率 $P(\mathbb{C})$ 以及非适者生存悖论发生概率 $P(\mathbb{S})$ 的极限值 (即有无穷多个选民时的概率值). 其中, 表 11.6 中第 2 行的数据来自文献 [272]; 第 3 行数据来自本书的表 11.5, 而 $P(\mathbb{S})$ 的数值则是根据式 (11.27) 计算而得. 所有只有三位精度的数值都是通过仿真计算得到的, 最大误差为 $0.025$[272].

表 11.6　$P_e$、$P(\mathbb{C})$、$P(\mathbb{S})$ 和 $P(\mathbb{N})$ 的极限概率随算法个数 $k$ 的变化情况

| $k$ | 3 | 4 | 5 | 6 | 7 | 8 | 9 |
|---|---|---|---|---|---|---|---|
| $P_e$ | 0.7572 | 0.646 | 0.571 | 0.521 | 0.440 | 0.420 | 0.393 |
| $P(\mathbb{C})$ | 0.0877 | 0.1755 | 0.2513 | 0.3152 | 0.3692 | 0.4151 | 0.4545 |
| $P(\mathbb{S})$ | 0.2215 | 0.292 | 0.321 | 0.328 | 0.353 | 0.339 | 0.331 |
| $P(\mathbb{N})$ | 0.6908 | 0.533 | 0.428 | 0.357 | 0.278 | 0.246 | 0.215 |

当 $k$ 增大时, $P(\mathbb{C})$ 单调递增而 $P_e$ 单调递减, 根据式 (11.30), $P(\mathbb{S})$ 的单调性并不明确。从表 11.6 来看, 当 $k = 3, 4, 5, 6, 7$ 时, $P(\mathbb{S})$ 是递增的, 而当 $k = 8, 9$ 时, $P(\mathbb{S})$ 是递减的。当 $k = 7$ 时, $P(\mathbb{S})$ 获得其最大值。

### 11.2.5　正常事件的发生概率

根据式 (11.20) 和式 (11.29), 可以推出如下公式来计算正常事件发生的概率 $P(\mathbb{N})$:

$$P(\mathbb{N}) = 1 - P(\mathbb{C}) - P(\mathbb{S}) = P_e[1 - P(\mathbb{C})] \tag{11.31}$$

于是, 就可以根据前面得到的结果计算出 $P(\mathbb{N})$。

图 11.6 展示了只有 3 个算法时的 $P(\mathbb{N})$ 是如何随着测试问题的数量而变化的。表 11.6 的第 4 行列出了算法个数 $k = 3, 4, \cdots, 9$ 时概率 $P(\mathbb{N})$ 的极限值 (即测试问题数量为无穷多)。从图 11.6 可以发现, 当测试问题数量 $m$ 较小时, $P(\mathbb{N})$ 激烈振荡; 随后振荡幅度持续减小, 当 $m > 60$ 时, 振荡幅度变得很小。而且, 当 $m > 60$ 时, $P(\mathbb{N})$ 随着 $m$ 的增大有缓慢减小的趋势, 最终收敛到约 0.6908(见表 11.6)。

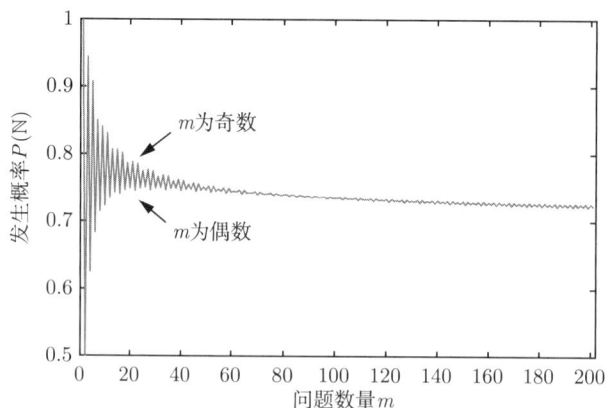

图 11.6　只有 3 个最优化算法时, 正常事件发生的概率 $P(\mathbb{N})$ 随 $m$ 增长而变化的图形

从表 11.6 可以发现, $P(\mathbb{N})$ 的极限值随 $k$ 的增大而持续减小。这一点可以从式 (11.30) 中得到验证, 因为 $P_e$ 和 $1 - P(\mathbb{C})$ 都随着 $k$ 的增长而减小。换言之, 参与比较的最优化算法越多, 得到一个正常事件的可能性就越低。例如, 当 $k = 3, 5, 7$ 时, 这个概率分别大约是 69%, 43%, 28%, 下降非常显著。

## 11.3　序的过滤与悖论的避免

11.2 节论证了循环排序悖论和非适者生存悖论是可能发生的, 并在等可能性假设下, 计算了这两类悖论发生的概率。这些概率并不小, 因此需要认真探讨悖论对最优化算法数值比较的影响, 以及如何避免或消除这些悖论。

### 11.3.1　悖论的影响及对策

循环排序和非适者生存等悖论对最优化算法数值比较领域, 可能产生深远影响。

1) 两两比较: 断章取义的风险与眼见可能并不为实

首先分析两两比较策略下对循环排序悖论的影响。

最大的影响可能是, 要更加慎重地宣称 "所提出或改进的算法的性能超过了所比较的算法" 这类判断。可以用简单的例子来说明这一点。假设有 5 个算法进行数值比较, 新提出或改进的算法为 $A_1$, 其余 4 个算法 $A_2, A_3, A_4, A_5$ 是跟 $A_1$ 同类型的主流算法。为了论证算法 $A_1$ 的有效性, 一种常见做法是将 $A_1$ 和其他 4 个算法进行数值比较, 如果能得出 $A_1$ 比其他 4 个算法中的大多数都更好, 比如 $A_1 \succ A_2$, $A_1 \succ A_3$, $A_1 \succ A_4$ 但是 $A_5 \succ A_1$, 此时通常会宣称所提出或改进的算法 $A_1$ 优于同类型的多数主流算法。这一结论貌似无懈可击, 然而, 如果这 5 个算法的整体排序关系是循环成圈的, 即有 $A_1 \succ A_2 \succ A_3 \succ A_4 \succ A_5 \succ A_1$, 那么情况就会很不一样。换句话说, 所提出或改进的算法性能 "比 3 个主流算法更好, 只比 1 个主流算法更差" 并不能推导出它 "比 3 个主流算法更好" 这个结论, 因为这 5 个算法的数值性能排序成圈的话, 就不能说谁好谁差。考虑到 5 个算法一起比较, 有 25% 以上的可能性排序成圈 (见表 11.6), 这种断章取义的错误是很容易犯的。

**定理 11.6** (断章取义定理)　在算法提出或改进场景中, 采用 "C2" 策略来论证算法的有效性时, 所提出或改进的算法性能 "比多数主流算法更好, 但比 1 个主流算法更差" 并不能推导出它 "比多数主流算法更好" 这个结论。

定理 11.6 乍一看似乎有点自相矛盾, 但是, 它又是合理的。因为, "比多数主流算法更好, 但比 1 个主流算法更差" 蕴含着这些算法排序成圈的可能, 而这使得这些算法之间的数值比较没有赢家, 就不能简单地下结论说 "它比多数主流算法更好"。定理 11.6 的重要意义在于, 只要有一个算法比所提出或改进的算法更好, 就不能随意推断出所提出或改进的算法比多数主流算法好这个结论。此时, 更稳健的推断类似于 "所提出或改进的算法在同类型主流算法中是有竞争力的"。

2) 集体比较: 非适者生存的诅咒

下面介绍集体比较策略下非适者生存悖论的影响。

非适者生存悖论是一个很令人沮丧的悖论: 在集体比较中好不容易选出来的最好算法, 竟然在两两比较中会被至少一个算法打败。而且, 表 11.6 中的结果表明, 这一悖论的发生概率一直很高。因此, 这些结论使得元素层集体比较策略被严重质疑。幸运的是, 在实践中, 采用元素层集体比较策略的数据分析方法 (见表 11.1) 很少被采用。无论是 Kruskal-Wallis

检验还是方差分析法, 都很少被采用, 部分原因是它们只能判断各个算法的均值是否相等, 如果不相等需要借助其他方法来判断谁好谁差。不过, $L$ 形曲线法倒是经常被用来显示各个算法求解问题时, 最好目标函数值的下降历史。然而, 这种用法只是单个测试问题上的结果显示, 是一种辅助手段; 很少进一步将它们汇总到整个测试问题集合上的排序, 因而不会产生非适者生存悖论。

无论如何, 集体比较中的非适者生存悖论阻碍了元素层集体比较策略和对应数据分析方法的简单应用, 这可能是最重要的影响之一。

3) 悖论发生的原因: 集体良序的迷失

悖论的出现及其产生的基础性影响, 呼唤对其产生原因的研究。参考投票理论中的相关研究成果, 这里可以给出循环排序悖论等发生的主流原因分析, 同时对如何消除悖论提供基本的对策。

前面已经介绍过, 循环排序悖论等并不是最优化算法数值比较的特有现象, 相反, 这些悖论普遍存在于投票选举、体育竞技等大量实践活动中, 并在投票理论等领域得到了大量的研究。换言之, 数值比较、投票选举和体育竞技等活动具有一些共同的特点, 可以用相同的数学模型来刻画和分析。根据这些分析和研究结果, 目前, 对于循环排序等悖论的发生原因有一个主流看法, 那就是: 在从个体排序到集体排序的汇总过程中, 良序关系丢失了 [268]。在经济学等社会科学领域, 这个现象又被称为 "从个体理性到集体非理性" [273]。

为了帮助读者更好地理解这些跨学科的概念, 可以重新回到数学模型来解释。例如, 矩阵 (11.32) 描述了 3 个算法在 25 个测试问题上的集体比较模型。采用 "C2" 策略分析这些数据, 可以发现 $A_2 \succ A_1 \succ A_3 \succ A_2$ 的循环排序。那么, 这里究竟发生了什么呢?

$$
\begin{bmatrix}
0.1 & 0.2 & 0.4 & 0.05 & 0.1 & 0.15 \\
1 & 6 & 10 & 0 & 4 & 4 \\
A_1 & A_1 & A_2 & A_2 & A_3 & A_3 \\
A_2 & A_3 & A_1 & A_3 & A_1 & A_2 \\
A_3 & A_2 & A_3 & A_1 & A_2 & A_1
\end{bmatrix}
\tag{11.32}
$$

前面已经介绍过, 在矩阵 (11.32) 中, 第 3~5 行的每一列代表着 3 个算法的一种可能排序, 一共有 3!=6 中可能排序; 第 2 行的数字表示这 6 种排序实际发生在多少个测试问题上, 也被称为得票数; 第 1 行的数字表示这 6 种排序在理论上有多大的概率发生。现在转换一下视角, 从测试问题或选民的角度来思考这个模型。对于每个选民或测试问题 "做出" 的排序, 比如 $A_2 \succ A_1 \succ A_3$, 其序关系 "$\succ$" 一定是具有良好性质的, 甚至可以达到良序关系。这些良好性质一定包含可传递性, 即对于该选民或测试问题来说, $A_2 \succ A_1, A_1 \succ A_3$ 成立是一定意味着 $A_2 \succ A_3$ 也是成立的。正是在这个意义上, 个体 (单个选民或测试问题) 被认为是理性的。

然而, 个体的理性在汇总成集体排序时却迷失了。正如矩阵 (11.32) 描述的例子, 采用 "C2" 策略分析这些数据, 可以得到 $A_2 \succ A_1 \succ A_3 \succ A_2$ 的循环排序。这意味着整

体序关系 "≻" 和个体序关系 "≻" 虽然长得一样, 但是, 其本质已发生重要变化, 至少它已经不再理性 (如不满足传递性)。这就是经济学等领域称之为 "个体理性到集体非理性" 的现象。

无论是 "从个体排序到集体排序的汇总过程中良序关系的丢失"[268] 还是 "从个体理性到集体非理性"[273], 这些描述仍然停留在现象描述上, 只是抽象了一些, 但并没有涉及真正的本质。真正的本质跟 "汇总过程" 有关, 即从 3 个以上个体的排序汇总成整体的排序过程。这个 "汇总过程" 充满着理论困惑, 也被不同领域的研究人员所感觉到。比如, 在最优化算法的数值比较领域, 有研究人员已经指出, 将单个问题上的数值结果汇总为一个最终结果, 并不是一件易事, 当中存在着一些常见的陷阱[230]。

4) 悖论发生的对策: 数值比较方法与策略的设计

到目前为止, 应该能够理解, 循环排序悖论等是客观存在的。一个很自然的问题就是, 该如何应对这些悖论? 我们认为, 应对之策不外乎研究、理解并尽可能消除这些悖论, 最终目的是完全消除这些悖论。如果无法做到完全消除, 那就退而求其次, 想办法跟它们 "在理解的基础上" 共存。当然, 如果能够利用这些悖论为人类服务, 则善莫大焉。这里主要从比较策略和比较方法的设计角度, 粗略谈一下消除悖论的几个可能方向。

首先, 超越相对多数规则的简单应用, 设计可以消除悖论的比较策略和比较方法。这一研究方向在投票理论中已有不少研究成果, 但在其他领域特别是工程领域还远未成熟。11.1 节已经简单介绍了相对多数规则 (见假设 11.1), 得票数最多的算法获胜。举个例子, 如果有 3 个算法参与比较, 一共测试了 10 个问题 (相当于 10 票), 则得票数超过 5 票的话, 就满足绝对多数规则而获胜; 若某算法只得了 4 票, 但其他两个算法才得了 3 票, 则该算法就满足相对多数规则而获胜。

目前, 已有至少两类策略超越了相对多数规则的简单应用, 并获得了投票理论领域研究人员较为一致的认可。一种是 Borda 规则 (Borda rule), 另一种是赞同法投票规则 (approving rule)。Borda 规则出现于约 200 年前, 可以使得强 Borda 悖论 (C2 策略下最差的算法被选为最好的算法) 发生的概率最小, 受到 Don Saari 等的极力推崇。而赞同法投票规则出现较晚, 在 20 世纪 70 年代才得到大量正式的研究[274-275], 但其各方面表现也不俗, 特别是在非竞争性群体决策 (non-competitive group decisions) 中非常有用, 受到 Steve Brams 等的大力支持。总之, 目前的研究结果表明, 并没有完美的比较策略, 何种策略最好取决于在投票或数值比较过程中最看重哪个目标。这既是一种不完美, 也给了研究人员和实践人员良好的发展空间, 可以根据具体情况和现实需求, 为投票或数值比较过程量身定做一套合适的比较策略和数据分析方法。

其次, 前面的研究结果表明, 在消除悖论方面, 集合层面的比较策略和比较方法体现出了明显的优势。推论 11.2 和推论 11.3 证明了, 在只有 3 个算法时, 采用集合层比较策略的话, 循环排序悖论和非适者生存悖论是不会发生的。这个结论可以推广到算法更多的情况。集合层比较策略消除悖论的原因也很清楚: 它们绕开了个体排序到集体排序这个烦人的的汇总过程。因为 $m = 1$, 只做了一次数据分析, 相当于只有一个选民, 其排序当然是理性的, 不会出现循环排序悖论和非适者生存悖论等。本节后续将继续探讨这方面的话题。

## 11.3.2 基于序的过滤的数据分析方法及其数学模型

本节介绍一类特殊的数据分析方法, 即基于序的过滤的数据分析方法, 并论证它们可以绕开个体排序的汇总这个环节, 实现汇总跃升, 由元素层数据分析方法变成集合层数据分析方法。只要过滤条件没有采用算法依赖的参数, 它们就可以绕开悖论[11]。

1) 基于序的过滤的数据分析方法

序的过滤是在序关系的基础上, 加上一个过滤条件, 从 "选拔考核" 变成了 "水平考核"。10.3 节介绍的基于累积分布函数的数据分析方法, 就属于这一类。

对于 performance profile 和 data profile 以及它们的一些修正方法[208] 来说, 采用的过滤条件就是 "求解出" 的条件式 (10.21)。类似地, 对于 function profile 来说, 其过滤条件是式 (10.30)。这两个条件式都用到了 $f_L$, 是一个算法依赖的变量, 参与比较的算法不同, $f_L$ 也不同。因此, 这一类过滤条件被称为算法依赖的过滤条件。反过来, performance profile 和 data profile 的另一些修正[209] 采用了算法无关的过滤条件式 (10.29)。类似地, operational zones 方法也采用了算法无关的过滤条件式 (10.32)。

也就是说, 在基于序的过滤的常用数据分析方法中, 存在两种不同的过滤条件, 一种与参与比较的算法无关, 而另一种则有关。根据文献 [236], 它们被分别称为算法无关的过滤条件和算法依赖的过滤条件。区分这一点的意义在于: 在从多项分布模型 (11.8) 退化成二项分布模型 (11.9) 时, 默认了退化是可行的, 但是如果过滤条件是算法依赖的, 则这一退化是不可行的。换言之, 只有采用了算法无关的过滤条件的数据分析方法, 才能将多项分布模型 (11.8) 退化成二项分布模型 (11.9)。我们把它总结为如下的命题。

**命题 11.5** 两两比较策略的数学模型可以从集体比较策略的数学模型中退化而得, 其前提是数据分析方法不能采用算法依赖的参数或条件。对基于累积分布函数的数据分析方法来说, 就是不能采用算法依赖的过滤条件。

此外, 序的过滤为解决模型 (11.8) 中的 "等号放置问题" 提供了新的途径。"等号放置问题" 指的是矩阵第 3 行到最后一行列举的所有可能的算法排序, 等号究竟该放在哪里。11.1 节是通过 "分层先等后不等" 策略 (见定义 11.7) 来解决这个问题的。然而, "分层先等后不等" 策略并不便于罗列、理解和解读, 随着算法数量的增加, 实现起来也比较复杂。序的过滤为解决这个问题提供了新的途径, 那就是建立新的数学模型。

2) 集体比较和两两比较的过滤模型

新途径需要确保两两比较策略的数学模型可以从集体比较策略的数学模型中退化而得, 根据命题 11.5, 数据分析方法不能采用算法依赖的过滤条件, 只能采用算法无关的过滤条件。因此, 后面建立的新模型只适用于采用算法无关过滤条件的数据分析方法, 包括 10.3 节介绍的修正 performance profile 方法和修正 data profile 方法[209]、operational zones 方法等。至于采用算法依赖过滤条件的原始 performance profile 方法、原始 data profile 方法和 function profile 方法等, 下一节我们将论证它们也能产生悖论。

新模型将充分利用过滤条件产生的 "求解出" 或 "没有求解出" 这两种结果。在只有 $k$ 个算法参与数值比较的情形中, 如果用 1 和 0 分别表示 "求解出" 和 "没有求解出" 这两种结果, 那么, 就可以通过列举所有可能的 $2^k$ 种求解状态, 来代替 $k!$ 种排序。注意到当 $k$ 较大时, $2^k$ 远远小于 $k!$, 因此, 过滤条件显著降低了模型的复杂度。由于新模型是基于过滤条件的, 我们称其为过滤模型, 以区别于传统的投票模型。

类似于投票模型, 过滤模型可以用矩阵 (11.34) 来描述。其中, 一共有 $k$ 个算法参与比较, 共测试了 $m$ 个问题。在矩阵 (11.34) 中, 第 1 行的概率 $p_i$ 和第 2 行的发生次数 $x_i$, $i = 1, 2, \cdots, 2^k$ 满足以下条件:

$$\sum_{i=1}^{2^k} p_i = 1, \quad \sum_{i=1}^{2^k} x_i = m \tag{11.33}$$

矩阵 (11.34) 的第 3 行到最后一行, 列举了 $2^k$ 种求解状态, 每一列表示一种状态。比如, 第一列表示 "所有算法都求解出了该问题", 该随机事件的发生概率是 $p_1$, 它实际发生在了 $x_1$ 个测试问题上; 第二列表示 "只有第 $k$ 个算法没有求解出该问题", 该随机事件的发生概率是 $p_2$, 它实际发生在了 $x_2$ 个测试问题上; $\cdots\cdots$; 第 $2^k$ 列表示 "所有算法都没有求解出问题", 该随机事件的发生概率是 $p_{2^k}$, 它实际发生在了 $x_{2^k}$ 个测试问题上。

$$\begin{bmatrix} p_1 & p_2 & \cdots & p_{2^k-1} & p_{2^k} \\ x_1 & x_2 & \cdots & x_{2^k-1} & x_{2^k} \\ 1 & 1 & \cdots & 0 & 0 \\ 1 & 1 & \cdots & 0 & 0 \\ \vdots & \vdots & & \vdots & \vdots \\ 1 & 1 & \cdots & 0 & 0 \\ 1 & 0 & \cdots & 1 & 0 \end{bmatrix}_{(k+2) \times 2^k} \tag{11.34}$$

因此, 矩阵 (11.34) 的每一列对应着一个随机事件, 且这些随机事件之间没有交集。换句话说, 过滤模型 (11.34) 解决了投票模型 (11.8) 的 "等号放置问题"。我们把它总结为下面的命题。

**命题 11.6**　采用过滤条件的集体比较策略, 其数学模型可以用矩阵 (11.34) 来描述, 且它能消除投票模型 (11.8) 的 "等号放置问题"。

此外, 可以从矩阵 (11.34) 退化得到任意两个算法比较时的模型, 即

$$\begin{bmatrix} q_1 & q_2 & q_3 & q_4 \\ y_1 & y_2 & y_3 & y_4 \\ 1 & 1 & 0 & 0 \\ 1 & 0 & 1 & 0 \end{bmatrix} \tag{11.35}$$

其中, $q_1$ 和 $y_1$ 分别是模型 (11.34) 中, 满足这两个算法都过滤为 1 的相应列的发生概率和发生次数的和; 类似地, $q_2$ 和 $y_2$ 分别是模型 (11.34) 中, 满足第一个算法过滤为 1 但第二个算法过滤为 0 的相应列的发生概率和发生次数的和。其余两列含义类似。

当然, 从矩阵 (11.34) 退化到矩阵 (11.35) 有一个默认的前提, 那就是给定任何一个算法, 其在矩阵 (11.34) 和矩阵 (11.35) 中的过滤值 (0 或 1) 应当是相同的。由于矩阵 (11.35) 在形式上代表了 $k(k-1)/2$ 对算法比较的模型, 这意味着, 过滤条件不能是算法依赖的, 否则这个默认前提无法成立。我们把上述讨论总结为如下的命题。

**命题 11.7** 采用过滤条件的两两比较策略, 其数学模型可以用矩阵 (11.35) 来描述, 它是矩阵 (11.34) 在算法无关过滤条件下的退化。

为了更好地理解上述模型及其退化关系, 下面给出一个例题。

**例 11.2** 给定集体比较策略的过滤模型如下:

$$\begin{bmatrix} 0.1 & 0.05 & 0.15 & 0.1 & 0.2 & 0.05 & 0.15 & 0.02 \\ 6 & 3 & 8 & 5 & 12 & 2 & 9 & 12 \\ 1 & 1 & 1 & 1 & 0 & 0 & 0 & 0 \\ 1 & 1 & 0 & 0 & 1 & 1 & 0 & 0 \\ 1 & 0 & 1 & 0 & 1 & 0 & 1 & 0 \end{bmatrix} \quad (11.36)$$

试解读该模型, 并在算法无关过滤条件下, 推导两两比较策略下相应的过滤模型。

**解** 模型 (11.36) 表明, 有三个算法 (记为 $A_1, A_2, A_3$) 进行数值比较, 测试了 57 个问题。在给定的过滤条件下, 理论上, 三个算法都能求解的可能性为 0.1, 实践中, 三个算法都能求解的问题有 6 个。类似地, $A_1, A_2$ 能求解而 $A_3$ 不能求解的理论可能性为 0.05, 实践中, 出现在了 3 个问题上; ……; 最后, 三个算法都无法求解的理论可能性为 0.02, 实践中, 出现在了 12 个问题上。

如果过滤条件是算法无关的, 则可以得到如下三个矩阵, 它们分别描述了算法 $A_1$ 与 $A_2$, $A_1$ 与 $A_3$, 以及 $A_2$ 与 $A_3$ 进行比较时的数学模型。

$$\begin{bmatrix} 0.15 & 0.25 & 0.25 & 0.35 \\ 9 & 13 & 14 & 21 \\ 1 & 1 & 0 & 0 \\ 1 & 0 & 1 & 0 \end{bmatrix}, \begin{bmatrix} 0.25 & 0.15 & 0.35 & 0.25 \\ 14 & 8 & 21 & 14 \\ 1 & 1 & 0 & 0 \\ 1 & 0 & 1 & 0 \end{bmatrix}, \begin{bmatrix} 0.3 & 0.1 & 0.3 & 0.3 \\ 18 & 5 & 17 & 17 \\ 1 & 1 & 0 & 0 \\ 1 & 0 & 1 & 0 \end{bmatrix}$$

在算法 $A_1$ 与 $A_2$ 的数值比较中, 测试了 57 个问题。在给定的过滤条件下, 理论上, 两个算法都能求解的可能性为 0.15, 实践中, 两个算法都能求解的问题有 9 个。$A_1$ 能求解而 $A_2$ 不能求解的理论可能性为 0.25, 实践中, 出现在了 13 个问题上。其他的解读类似。

### 11.3.3 算法无关的过滤条件与悖论的避免

本节首先用课程考试的例子来说明, 算法无关的过滤条件可以避免悖论; 然后用一个算法比较的实际案例, 来说明算法依赖的过滤条件仍可能产生悖论; 最后, 给出算法无关的过滤条件能避免悖论的理论证明。

1) 算法无关的过滤条件避免悖论的例子

最优化算法的数值比较还可以类比成学生参加各科课程考试, 此时, 学生对应着最优化算法, 而各科课程对应着各个测试问题。假设只关注 3 名学生 $A, B, C$ 的考试成绩, 共有 13 门课程考试, 对于一门考试, 满分为 100 分。表 11.7 列出了每个学生的各门课程考试成绩。

表 11.7　3 名学生在 13 门课程上的考试成绩

| 学生 | 1 | 2 | 3 | 4 | 5 | 6 | 7 | 8 | 9 | 10 | 11 | 12 | 13 |
|------|---|---|---|---|---|---|---|---|---|----|----|----|----|
| $A$ | 90 | 91 | 83 | 59 | 49 | 65 | 70 | 60 | 80 | 50 | 70 | 46 | 30 |
| $B$ | 80 | 72 | 61 | 99 | 95 | 89 | 85 | 80 | 32 | 45 | 40 | 32 | 20 |
| $C$ | 70 | 56 | 49 | 93 | 94 | 71 | 80 | 75 | 100 | 98 | 97 | 59 | 40 |

采用投票模型 (11.8) 来分析表 11.7 所示数据, 可以得到下列矩阵:

$$\begin{bmatrix} p_1 & p_2 & p_3 & p_4 & p_5 & p_6 \\ 3 & 0 & 0 & 5 & 5 & 0 \\ A & A & B & B & C & C \\ B & C & A & C & A & B \\ C & B & C & A & B & A \end{bmatrix} \tag{11.37}$$

在矩阵 (11.37) 中, 第一列表示事件 "$A \succ B \succ C$" 的发生概率是 $p_1$, 实践中在 3 门课程上出现了这一成绩排序, 其他列的含义类似。采用 "C2" 策略分析该矩阵, 可发现 "$A \succ B$" 发生在 8 门课程中, "$B \succ C$" 也发生在 8 门课程中, "$C \succ A$" 发生在 10 门课程中。也就是, "$A \succ B, B \succ C, C \succ A$" 同时发生, 即发生了循环排序悖论。

表 11.8给出了另外 3 名学生参加 13 门课程考试的成绩。

表 11.8　另外 3 名学生在 13 门课程上的成绩

| 学生 | 1 | 2 | 3 | 4 | 5 | 6 | 7 | 8 | 9 | 10 | 11 | 12 | 13 |
|------|---|---|---|---|---|---|---|---|---|----|----|----|----|
| $D$ | 90 | 60 | 50 | 90 | 70 | 50 | 40 | 30 | 80 | 70 | 60 | 50 | 30 |
| $E$ | 80 | 50 | 40 | 70 | 90 | 80 | 80 | 50 | 70 | 80 | 70 | 60 | 40 |
| $F$ | 70 | 40 | 30 | 80 | 80 | 60 | 50 | 40 | 90 | 90 | 80 | 70 | 50 |

当采用投票模型 (11.8) 分析表 11.8 中的数据时, 可得以下矩阵:

$$\begin{bmatrix} q_1 & q_2 & q_3 & q_4 & q_5 & q_6 \\ 3 & 1 & 4 & 0 & 1 & 4 \\ D & D & E & E & F & F \\ E & F & D & F & D & E \\ F & E & F & D & E & D \end{bmatrix} \tag{11.38}$$

类似地, 当采用 "C2" 比较策略分析矩阵 (11.38) 时, 易得结论: $D$ 在 5 门考试中的表现比 $E$ 的表现更好, 而在 8 门考试中的表现比 $E$ 差; $D$ 在 8 门考试中的表现比 $F$ 更好, 而在 5 门考试中比 $F$ 更差; $E$ 在 7 门考试中的表现比 $F$ 更好, 而在 6 门考试中比 $F$ 更差。也就是说, 可得结论 "$E \succ D, D \succ F, E \succ F$", 于是 $E$ 是 "C2" 比较策略下的胜者。然而, 如果直接采用 "C2+" 比较策略分析矩阵 (11.38), 胜者是 $F$, 因为 $F$ 在 5 门考试中的表现最好, 而无论是 $D$ 还是 $E$ 都只在 4 门考试中表现最好。此时, 非适者生存悖论发生了。

如果设计如下的二元过滤条件:

$$\begin{cases} 1, \text{成绩不低于}60 \\ 0, \text{成绩低于}60 \end{cases} \tag{11.39}$$

其中, "1" 代表该学生的成绩超过了及格线, 通过了课程考试, 而 "0" 则代表该学生未能通过该门课程的考试, 俗称 "不及格", 则这是一个算法无关的过滤条件。根据表 11.7 可以得到如下矩阵:

$$\begin{bmatrix} p_1 & p_2 & p_3 & p_4 & p_5 & p_6 & p_7 & p_8 \\ 4 & 2 & 2 & 2 & 0 & 0 & 1 & 2 \\ 1 & 1 & 1 & 0 & 1 & 0 & 0 & 0 \\ 1 & 1 & 0 & 1 & 0 & 1 & 0 & 0 \\ 1 & 0 & 1 & 1 & 0 & 0 & 1 & 0 \end{bmatrix} \tag{11.40}$$

在矩阵 (11.40) 中, 第一列的含义是, "3 名学生都及格" 的科目有 4 门, 该事件的理论发生概率为 $p_1$; 第二列的含义是, "学生 $A$ 和 $B$ 及格而 $C$ 不及格" 的科目有 2 门, 该事件的理论发生概率为 $p_2$。其余列的含义类似。

矩阵 (11.40) 和矩阵 (11.37) 的区别在于, 矩阵 (11.37) 中列出的是 $A$、$B$ 和 $C$ 的排序关系, 而矩阵 (11.40) 中列出的是 0 和 1。后者的优点之一在于, 0 或 1 并不依赖于参与比较的算法, 而只取决于二元过滤条件 (11.39)。

从矩阵 (11.40) 中可得比较结果: 学生 $A$、$B$ 和 $C$ 分别通过了 8 门、8 门和 9 门课程的考试, 未能通过的课程考试分别有 5 门、5 门和 4 门。当采用 "C2" 比较策略时, 能够得到 "$C \succ A, C \succ B, A \sim B$" 的最终结果, 也就是说, 获胜者是学生 $C$, 循环排序悖论并没有发生。对比投票模型下的循环排序悖论和过滤模型下的结果, 很清楚地表明了, 基于算法无关过滤条件的过滤模型消除了循环排序悖论。

类似地, 给定表 11.8 的数据, 如果采用投票模型来分析数据, 会得到非适者生存悖论。然而, 如果采用过滤条件 (11.39) 来分析数据, 可建立如下的过滤模型:

$$\begin{bmatrix} q_1 & q_2 & q_3 & q_4 & q_5 & q_6 & q_7 & q_8 \\ 6 & 0 & 0 & 2 & 1 & 0 & 1 & 3 \\ 1 & 1 & 1 & 0 & 1 & 0 & 0 & 0 \\ 1 & 1 & 0 & 1 & 0 & 1 & 0 & 0 \\ 1 & 0 & 1 & 1 & 0 & 0 & 1 & 0 \end{bmatrix} \tag{11.41}$$

从矩阵 (11.41) 容易计算出结论: 学生 $D$ 只通过了 7 门课程的考试, 学生 $E$ 通过了 8 门课程考试, 而学生 $F$ 通过了 9 门课程的考试。当采用 "C2" 比较策略时, 可得 "$F \succ D$, $F \succ E$, $E \succ D$", 学生 $F$ 表现最好。当采用 "C2+" 比较策略时, 因为 $F$ 通过的考试数量最多, 所以学生 $F$ 表现最好。因此, 无论是在 "C2" 还是在 "C2+" 比较策略下, 学生 $F$ 都是表现最出色的。总之, 通过引进过滤条件 (11.39) 并建立过滤模型, 成功避免了投票模型下的非适者生存悖论。

2) 算法依赖的过滤条件仍产生悖论的实例

这里介绍 MATLAB2016 中内置的模拟退火 (SA) 算法[276] 和粒子群优化 (PSO) 算法[14,138], 以及差分进化 (DE) 算法 (提出者编写的 MATLAB 代码)[121] 在 Hedar 测试函数集[149] 上的数值比较情况。固定计算成本为 20000 次函数值计算次数, 采用 data profile 方法[207] 和 "C2" 比较策略对测试过程数据进行分析, 结果如图 11.7 所示。

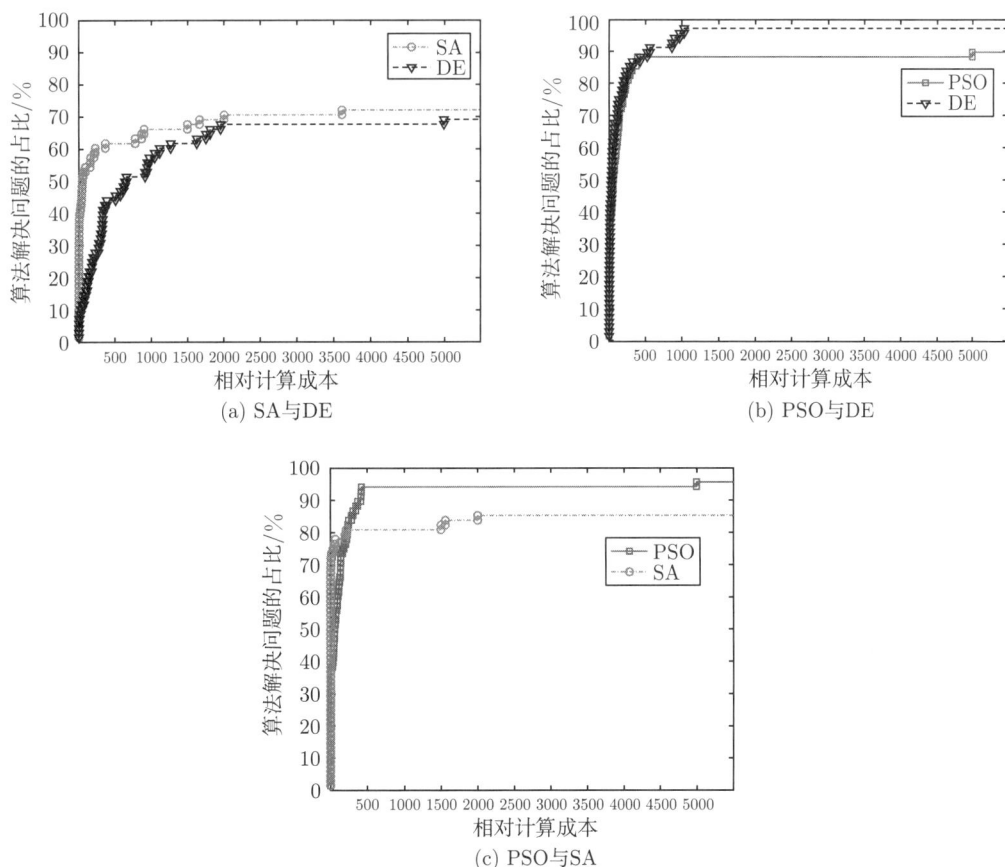

(a) SA 与 DE

(b) PSO 与 DE

(c) PSO 与 SA

图 11.7　SA、DE 和 PSO 的 data profile 曲线 $(\tau = 10^{-7})$

从图 11.7 的两两比较中可以看到, SA 的表现优于 DE, 也就是 SA$\succ$ DE; 类似地, 可以得到 DE$\succ$ PSO 和 PSO$\succ$ SA。也就是说, 循环排序悖论发生了。

非适者生存悖论的例子来自 MATLAB2016 中内置的另外三个全局优化算法在 Hedar

测试函数集[149] 上的数值比较。这三个算法分别是遗传算法 (GA)[113]、粒子群优化 (PSO) 算法[14] 和多次启动 (multistart, MS) 算法。采用 data profile 方法并分别在 "C2" 和 "C2+" 比较策略下进行数据分析, 结果如图 11.8 所示。

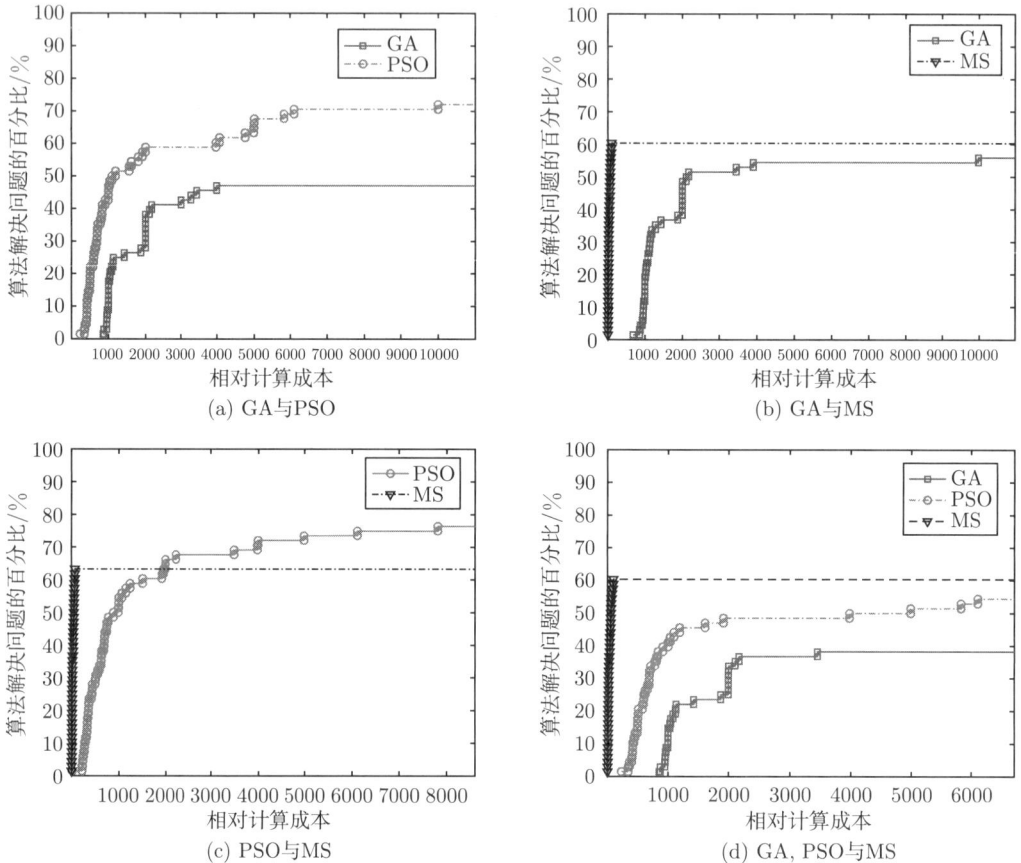

图 11.8　GA、PSO 和 MS 的 data profile 曲线 ($\tau = 10^{-7}$)

前三幅子图采用 "C2" 策略, 最后一幅图采用 "C2+" 策略

　　从图 11.8(a)~(c) 可以看到, PSO≻ GA, MS≻ GA, 同时 PSO≻ MS。因此, 在 "C2" 比较策略下的最好算法是 PSO 算法。但是, 图 11.8(d) 又表明, 在 "C2+" 比较策略下的最好算法是 MS 算法, 而不是 PSO 算法。因此, 非适者生存悖论发生。

　　以上两个悖论也可以通过采用算法无关的过滤条件来消除。为此, 采用文献 [209] 提出的 "求解出" 条件 (见式 (10.29)), 这一修正 data profile 方法的分析结果分别如图 11.9 和图 11.10 所示。

　　从图 11.9 可以看到, 各算法在三幅子图中的曲线是完全一样的, 且优劣关系为 DE≻ SA、DE≻ PSO, 以及 SA≻ PSO。因此, 有 DE≻ SA≻ PSO, 也就是 DE 的表现最好, PSO 的表现最差。换言之, 循环排序悖论被避免了。从图 11.8 可以看到, 各算法在所有子图中的曲线也是完全一样的, 从图 11.8(a)~(c) 的结果来看, "C2" 策略下的比较结果为 PSO≻

GA, MS≻ GA, MS≻ PSO。因此, 在 "C2" 比较策略下的胜者算法是 MS 算法。观察图 11.8(d) 可以看到, 在 "C2+" 比较策略下, MS 算法的表现仍最好, PSO 其次, GA 最差。也就是说, 三个算法的排序结果在 "C2" 和 "C2+" 策略下是完全一致的, 非适者生存悖论也被成功避免。

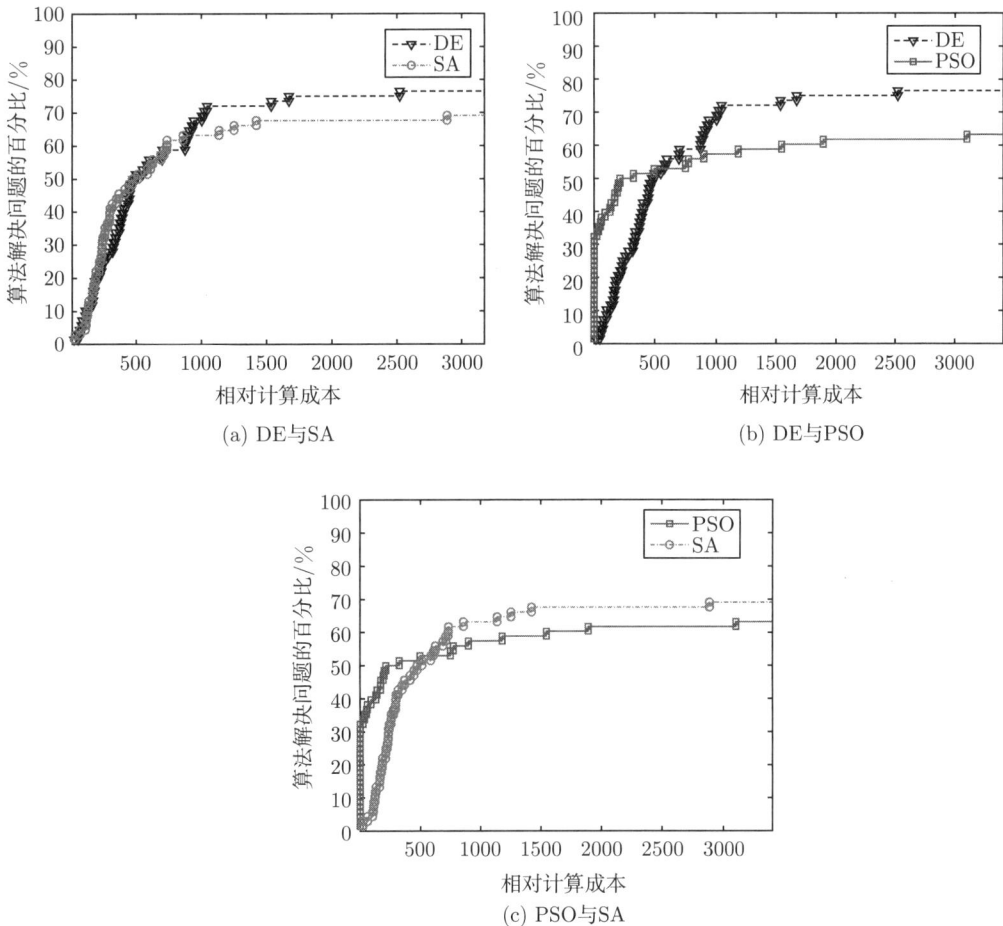

(a) DE与SA

(b) DE与PSO

(c) PSO与SA

图 11.9　SA、DE 和 PSO 的修正 data profile 曲线 ($\tau = 10^{-7}$)

3) 算法无关的过滤条件避免悖论的理论证明

上面两个小节用例子论证了采用算法无关的过滤条件可以消除循环排序悖论和非适者生存悖论。本小节证明这些结论总是成立的, 更多详细论证请参阅文献 [11] 和文献 [236]。

**定理 11.7**　采用算法无关过滤条件的数据分析方法, 在分析最优化算法数值比较的过程数据时, 循环排序悖论不可能发生。

**证明**　首先证明只有 3 个最优化算法时, 该定理成立, 而后推广至更多算法的情形。

当只有三个最优化算法时, 不妨把它们记为 $S_1$, $S_2$ 和 $S_3$。根据一般过滤模型 (11.34), 可以把只有三个算法时的矩阵表示为

$$\begin{bmatrix} p_1 & p_2 & p_3 & p_4 & p_5 & p_6 & p_7 & p_8 \\ n_1 & n_2 & n_3 & n_4 & n_5 & n_6 & n_7 & n_8 \\ 1 & 1 & 1 & 0 & 1 & 0 & 0 & 0 \\ 1 & 1 & 0 & 1 & 0 & 1 & 0 & 0 \\ 1 & 0 & 1 & 1 & 0 & 0 & 1 & 0 \end{bmatrix} \tag{11.42}$$

其中, 矩阵第一行各元素之和为 1, 第二行各元素之和为测试问题个数 $m$。

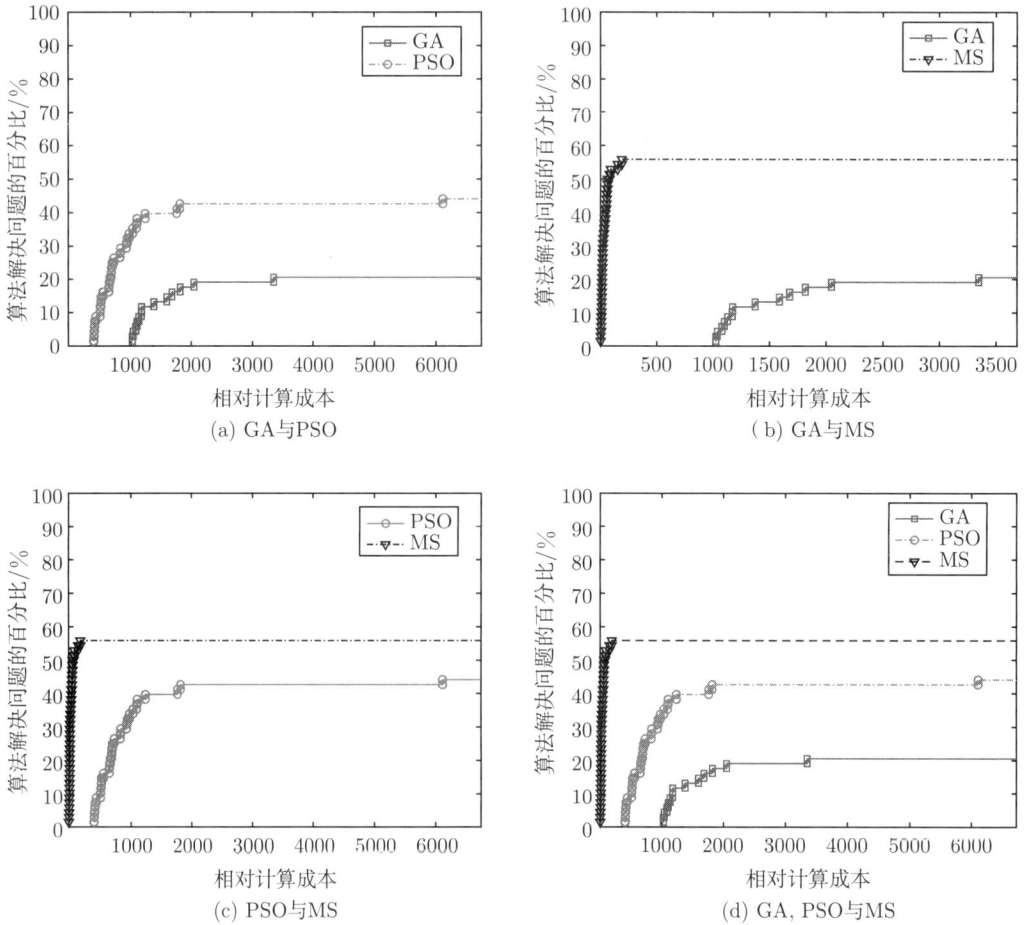

图 11.10　GA、PSO 和 MS 的修正 data profile 曲线 ($\tau = 10^{-7}$)

当以下任一事件发生时, 便会发生循环排序悖论:

$$\begin{aligned} C_1: & \quad S_1 \succeq S_2, \quad S_2 \succeq S_3, \quad S_3 \succeq S_1, \text{且至少一个} \succeq \text{不含等号} \\ C_2: & \quad S_2 \succeq S_1, \quad S_1 \succeq S_3, \quad S_3 \succeq S_2, \text{且至少一个} \succeq \text{不含等号} \end{aligned} \tag{11.43}$$

因为 $C_1$ 和 $C_2$ 是对称的, 故而只需证明 $C_1 = \{(n_1, n_2, \cdots, n_8) | S_1 \succeq S_2, S_2 \succeq S_3, S_3 \succeq S_1, \text{且至少一个} \succeq \text{不含等号}\}$ 是空集, 便能说明循环排序悖论不可能发生。

当且仅当满足以下条件时, 事件 $S_1 \succeq S_2$ 发生,

$$n_1 + n_2 + n_3 + n_5 \geqslant n_1 + n_2 + n_4 + n_6 \tag{11.44}$$

类似可得 $S_2 \succeq S_3$ 和 $S_3 \succeq S_1$ 发生的条件. 总结这些条件, 集合 $C_1$ 可表示为

$$\begin{cases} n_1 + n_2 + \cdots + n_8 = m \\ n_1 + n_2 + n_3 + n_5 \geqslant n_1 + n_2 + n_4 + n_6 & [S_1 \succeq S_2] \\ n_1 + n_2 + n_4 + n_6 \geqslant n_1 + n_3 + n_4 + n_7 & [S_2 \succeq S_3] \\ n_1 + n_3 + n_4 + n_7 \geqslant n_1 + n_2 + n_3 + n_5 & [S_3 \succeq S_1] \\ n_i \in \{0, 1, \cdots, m\}, i = 1, 2, \cdots, 8, \text{且上述不等式至少一个不含等号} \end{cases} \tag{11.45}$$

将式 (11.45) 中的三个不等式相加, 可得

$$2(n_1 + n_2 + n_3 + n_4) + n_1 + n_5 + n_6 + n_7 > 2(n_1 + n_2 + n_3 + n_4) + n_1 + n_5 + n_6 + n_7$$

显然, 这是矛盾的. 这样就证明了只有 3 个最优化算法时, 循环排序悖论是不可能发生的.

当最优化算法数量 $k > 3$ 时, 循环悖论发生当且仅当下面的任一事件 $C_i (i = 1, 2, \cdots, (k-1)!)$ 发生:

$$C_i: \ S_{i_1} \succeq S_{i_2}, \ S_{i_2} \succeq S_{i_3}, \ \cdots, \ S_{i_{k-1}} \succeq S_{i_k}, \ S_{i_k} \succeq S_{i_1}, \text{且至少一个} \succeq \text{不含等号} \tag{11.46}$$

其中, $i_1, i_2, \cdots, i_k$ 是 $1, 2, \cdots, k$ 的一个任意排列.

采用与 $k = 3$ 相同的方法, 首先将 "$S_{i_1} \succeq S_{i_2}$" 等随机事件表达为不等式, 然后证明这些不等式不可能同时成立, 从而证明集合 $C_i$ 是空集.

综上, 无论是 $k = 3$ 或者 $k > 3$, 循环排序悖论都不可能发生在采用算法无关过滤条件的过滤模型中. □

**定理 11.8**　采用算法无关过滤条件的数据分析方法, 在分析最优化算法数值比较的过程数据时, 非适者生存悖论不可能发生.

**证明**　首先证明该定理在只有 3 个算法 $S_1$, $S_2$, $S_3$ 时成立, 而后拓展至一般情况.

当只有三个算法 $S_1$, $S_2$, $S_3$ 时, 根据一般过滤模型 (11.34), 可以把三个算法时的矩阵表示为式 (11.42). 非适者生存悖论发生, 当且仅当以下任意一个事件发生, 其中 $S_{\text{C2+}}^*$ 代表的是 "C2+" 比较策略下的最好算法.

$$\begin{aligned} (\text{H}_1): & \ S_1 \succ S_2, \ S_1 \succ S_3, \ S_{\text{C2+}}^* \neq S_1, \\ (\text{H}_2): & \ S_2 \succ S_1, \ S_2 \succ S_3, \ S_{\text{C2+}}^* \neq S_2, \\ (\text{H}_3): & \ S_3 \succ S_1, \ S_3 \succ S_2, \ S_{\text{C2+}}^* \neq S_3, \\ (\text{H}_4): & \ S_1 = S_2, \ S_1 \succ S_3, \ S_2 \succ S_3, \quad S_{\text{C2+}}^* = S_3, \\ (\text{H}_5): & \ S_1 = S_3, \ S_1 \succ S_2, \ S_3 \succ S_2, \quad S_{\text{C2+}}^* = S_2, \\ (\text{H}_6): & \ S_2 = S_3, \ S_2 \succ S_1, \ S_3 \succ S_1, \quad S_{\text{C2+}}^* = S_1. \end{aligned} \tag{11.47}$$

因为事件 $H_1$, $H_2$, $H_3$ 是对称的, 事件 $H_4$, $H_5$, $H_6$ 也是对称的, 故只需证明事件 $H_1$ 和 $H_4$ 在采用算法无关过滤条件的数据分析中是不可能发生的即可。下面分别论证。

根据式 (11.44) 的表达, 事件 $H_1$ 可表示为如下的样本点集合:

$$\begin{cases} n_1 + n_2 + \cdots + n_8 = m \\ n_1 + n_2 + n_3 + n_5 > n_1 + n_2 + n_4 + n_6 & [S_1 \succ S_2] \\ n_1 + n_2 + n_3 + n_5 > n_1 + n_3 + n_4 + n_7 & [S_1 \succ S_3] \\ \max\{n_1 + n_2 + n_4 + n_6, n_1 + n_3 + n_4 + n_7\} > n_1 + n_2 + n_3 + n_5 & [S_{C2+}^* \neq S_1] \\ n_i \in \{0, 1, \cdots, m\}, i = 1, 2, \cdots, 8 \end{cases}$$

显然, 上述三个不等式不可能同时成立, 即集合 $H_1$ 是空集。

类似地, 事件 $H_4$ 可表示为如下的样本点集合:

$$\begin{cases} n_1 + n_2 + \cdots + n_8 = m \\ n_1 + n_2 + n_3 + n_5 = n_1 + n_2 + n_4 + n_6 & [S_1 = S_2] \\ n_1 + n_2 + n_3 + n_5 > n_1 + n_3 + n_4 + n_7 & [S_1 \succ S_3] \\ n_1 + n_2 + n_4 + n_6 > n_1 + n_3 + n_4 + n_7 & [S_2 \succ S_3] \\ n_1 + n_3 + n_4 + n_7 > \max\{n_1 + n_2 + n_3 + n_5, n_1 + n_2 + n_4 + n_6\} & [S_{C2+}^* = S_3] \\ n_i \in \{0, 1, \cdots, m\}, i = 1, 2, \cdots, 8 \end{cases}$$

显然, 上述三个不等式也不可能同时成立, 因此集合 $H_4$ 也是空集。

所以, 采用算法无关过滤条件的数据分析方法, 在分析 3 个算法数值比较的过程数据时, 非适者生存悖论不可能发生。接下来, 将以上证明过程推广至 $k > 3$ 个算法的数值比较的一般情形中。

根据非适者生存悖论的定义, 当且仅当 "C2+" 比较策略下的胜者不是 "C2" 比较策略下的胜者时, 该悖论才会发生。设 $S_{C2+}^*$ 求解出的问题数量为 $N_{C2+}^*$, 那么一定满足

$$N_{C2+}^* \geqslant \max\{N_i\}, \ i = 1, 2, \cdots, k \tag{11.48}$$

其中, $N_i$ 是算法 $S_i$ 求解出的问题数量。于是有

$$N_{C2+}^* \geqslant N_i, \ i = 1, 2, \cdots, k \tag{11.49}$$

但是, 式 (11.49) 意味着 $S_{C2+}^*$ 是 "C2" 比较策略下的最好算法。这意味着 "C2+" 策略下的最好算法一定是 "C2" 策略下的最好算法。换言之, 采用算法无关过滤条件的数据分析方法, 在分析 $k$ 个算法数值比较时, 不可能出现非适者生存悖论。

$\square$

# 11.4  均值 Borda 计数法与悖论的消除

本节内容主要参考文献 [277]。首先, 将最优化算法的数值比较问题转化为一个高维矩阵的降维问题: 从四维降到三维, 从三维降到二维, 再降到一维数组。在此基础上, 指出假

设检验类的数据分析方法主要作用在三维矩阵降维到二维矩阵的过程中, 而循环排序产生于二维矩阵降维到一维数据的过程中。然后, 证明了一个重要的理论结果, 即在不考虑等号 (平局) 的情况下, 假设检验类的数据分析方法得到的排序结果等价于直接比较均值的排序结果。最后, 基于这一结论, 提出了一种新的数据分析方法, 称为均值 Borda 计数法 (MeanBordaCount/t), 用于消除假设检验产生的循环排序悖论。本节从理论上论证了, 在算法两两比较的排序误差最小的意义下, 均值 Borda 计数法是消除循环排序的最好策略。

## 11.4.1　矩阵降维与最优化算法的数值比较

第 10 章已经说明, 最优化算法的数值比较在完成了数值测试以后, 过程数据可以用如下四个维度的矩阵来存储:

$$\boldsymbol{H}(1:n_{\mathrm{f}}, 1:n_{\mathrm{r}}, 1:n_{\mathrm{p}}, 1:n_{\mathrm{s}}) \tag{11.50}$$

其中, 有 $n_{\mathrm{s}}$ 个算法参与数值比较, 共测试了 $n_{\mathrm{p}}$ 个最优化问题, 每个算法对每个测试问题进行了 $n_{\mathrm{r}}$ 轮的独立测试, 每一轮测试的计算成本为 $n_{\mathrm{f}}$ 个目标函数值计算次数。该矩阵的元素 $\boldsymbol{h}_{ijks}$ 是第 $s$ 个算法求解第 $k$ 个问题时在第 $j$ 轮测试中截止到第 $i$ 次函数值计算次数的最好目标函数值。为了便于后面的论述, 将矩阵 $\boldsymbol{H}$ 的四个维度分别称为成本维、轮次维、问题维和算法维。我们将看到, 最优化算法的数值比较本质上是将矩阵 $\boldsymbol{H}$ 不断降维的过程, 最终得到一个一维数组, 其各元素的排序就对应着各算法的性能排序。我们把这个观察凝练为如下的命题。

**命题 11.8**　给定过程数据矩阵 $\boldsymbol{H}_{n_{\mathrm{f}} \times n_{\mathrm{r}} \times n_{\mathrm{p}} \times n_{\mathrm{s}}}$, 最优化算法的数值比较过程本质上是一个将 $\boldsymbol{H}$ 不断降维的过程。其最终输出是一个一维数组 $\boldsymbol{h}_{n_{\mathrm{s}} \times 1}$, 该数组各元素的排序就对应着各算法的性能排序。

命题 11.8 将最优化算法的数值比较看成过程数据矩阵 $\boldsymbol{H}$ 不断降维的过程。下面结合主流的数据分析方法, 进一步介绍降维过程是如何实现的。

1) 降维与基于累积分布函数的数据分析方法

这类数据分析方法在 10.3 节有详细介绍, data profile 和 performance profile 是其代表性方法。11.3 节证明了这类方法如果采用算法无关的过滤条件, 是可以通过汇总跃升来避免循环排序等悖论的。

从降维角度来看, 基于累积分布函数的数据分析方法首先对轮次维进行降维。一般有两种做法: 一种是对轮次维取均值考察算法的平均性能; 另一种是对轮次维不仅计算均值, 还计算其置信上、下界等最好、最坏的性能[208]。前一种做法相当于只关心算法的平均性能, 把算法看成了确定性算法。后一种做法则更为稳妥, 既考察了平均性能的好坏, 还考虑了平均性能差异的显著性。无论哪一种做法, 都是先对轮次维进行降维, 然后综合考察剩余的三个维度。

对剩余三个维度的综合考察就蕴含在 10.3 节讨论的过滤条件里。给定算法 $i = 1$, $2, \cdots, n_{\mathrm{s}}$ 和测试问题 $j = 1, 2, \cdots, n_{\mathrm{p}}$, 检查不同计算成本下找到的最好目标函数值, 如果存在一个函数值满足过滤条件, 则认为第 $i$ 个算法能够在给定的最大成本 $n_{\mathrm{f}}$ 内求解出第

$j$ 个问题。

因此, 以 data profile 和 performance profile 为代表的基于累积分布函数的数据分析方法, 它们的降维分为两部分: 先对轮次维进行降维, 然后综合考察剩余三个维度是否满足过滤条件。给定任何计算成本, 汇总算法能够求解出的问题比例, 就得到累积分布函数。这种策略跳过了对个体 (测试问题) 偏好的汇总, 只要过滤条件是算法无关的, 就可以避免循环排序等悖论[236]。

2) 降维与基于假设检验的数据分析方法

与基于累积分布函数的数据分析方法不同, 基于假设检验的数据分析方法是首先对成本维进行降维的。成本维最常用的降维方法是, 用光所有 $n_f$ 个目标函数值计算次数的计算成本, 即关注算法找到的最好解。这一做法也被称为静态比较[208]。当然, 存在其他的降维方法, 比如给定其他维度的值, 将成本维的所有数据求和。这一做法等价于求 $L$ 形曲线下方 (横轴上方) 的面积, 能较好地反映算法的动态性能。无论采用哪一种做法, 成本维降维后, 矩阵 $H$ 都只剩三个维度。由于成本维的降维方法不影响后续的讨论, 这里采用主流的静态比较策略, 即矩阵 $H$ 降维为

$$H(n_f, 1:n_r, 1:n_p, 1:n_s) \quad \text{或} \quad H(\text{end}, 1:n_r, 1:n_p, 1:n_s) \tag{11.51}$$

给定式 (11.51) 的三维矩阵, 后续沿着轮次维和问题维进一步降维, 最终得到算法维的排序数组 $h$。图 11.11 给出了这两个降维过程的示意图, 它们是最优化算法进行静态比较的关键和难点。

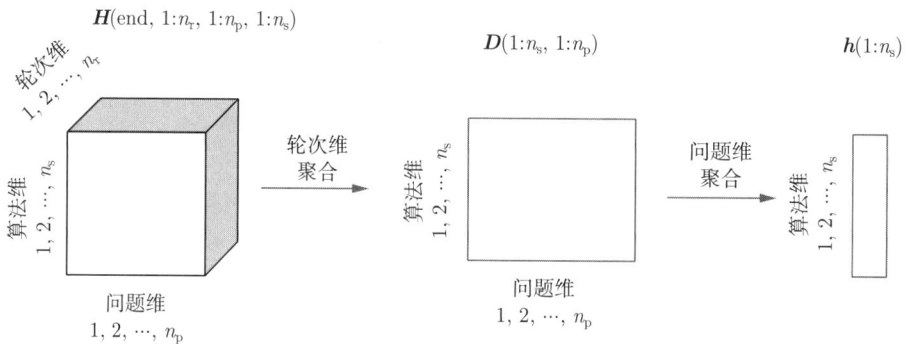

**图 11.11　最优化算法的数值比较本质上是对过程矩阵 $H$ 降维的过程**
首先, 假设检验类数据分析方法通常取算法找到的最好解来对成本维进行降维。然后, 通过对轮次维求平均 (辅之于统计检验) 得到矩阵 $D$; 再通过对问题维的统计聚合, 降维成一维数组 $h$。该数组各元素的排序就是对应算法的性能排序

基于假设检验的方法对轮次维通常采用求平均值或中位数 (基于秩的方法对应于中位数) 的方式降维。当然, 为了应对随机误差, 还需要辅之于统计推断 (如近似 $t$ 检验或 Wilcoxon 秩和检验等), 来检验不同算法在同一个问题上的平均性能是否有显著差异。此时, 得到的矩阵 $D$ 的每一列是某种排序。因为每一列对应着一个测试问题, 所以可以将 $D$ 中的每一列视为一个 "个体排序": 每个测试问题对各个算法的排序或偏好。

下面介绍在问题维上的降维或聚合。传统的做法是采用绝对多数规则 (这里等价于相对多数规则, 见假设 11.2): 给定任意两个算法, 计数它们在每个测试问题上的排序, 如果某算法在超过一半的问题上表现更好, 则认为该算法在整个测试问题集合上更好。最后, 汇总所有算法在测试集合上的排序, 这就是各测试问题的个体排序汇总而成的 “集体排序”。算法 11.1 给出了基于假设检验的数据分析方法的流程。

> **算法 11.1** (基于假设检验的数据分析方法)　% 输入: 最优化算法数值比较的过程数据矩阵 $H(1:n_f, 1:n_r, 1:n_p, 1:n_s)$;
>
> % 输出: $n_s$ 个算法的性能排序。
>
> **步骤 1**　对成本维进行降维得到 $H(\text{end}, 1:n_r, 1:n_p, 1:n_s)$;
>
> **步骤 2**　对轮次维进行假设检验, 得到 2 维矩阵 $D(1:n_s, 1:n_p)$, 其中第 $i$ 列是各算法在第 $i$ 个测试问题上的排序, $i = 1, 2, \cdots, n_p$;
>
> **步骤 3**　给定任意两个算法, 采用绝对多数规则汇总它们在每个测试问题上的排序, 得到它们在整个测试集上的排序;
>
> **步骤 4**　汇总并返回所有算法的排序。

算法 11.1 描述的步骤 2~步骤 4 与投票模型是一致的: 每一个算法相当于候选人, 每一个问题相当于选民, 个体排序相当于选民对候选人的偏好顺序, 而集体排序则是集体投票的结果[227]。根据 11.1 节 ~11.3 节的分析, 这一汇总过程可能产生循环排序悖论[227,236]。例 11.3 给出了一个循环排序的案例。

**例 11.3**　下面用 4 个算法 ($A_1, A_2, A_3$ 和 $A_4$) 在 5 个测试问题 ($P_1, P_2, P_3, P_4$ 和 $P_5$) 的模拟数据来说明基于假设检验的数据分析方法 (算法 11.1) 的应用。经过假设检验后, 这些算法在每个问题上的性能排序如表 11.9 所示。对任意两个算法, 采用绝对多数规则分析在整个测试集上的排名。比如, 对算法 $A_1, A_2$, 可以发现算法 $A_2$ 只在问题 $P_1$ 上表现更好, 在其他问题上都更差, 因此有 $A_1 \succ A_2$。类似地有, $A_1 \succ A_3$, $A_4 \succ A_1$, $A_2 \succ A_3$, $A_2 \succ A_4$, $A_3 \succ A_4$。最后得到四个算法的排序为 $A_1 \succ A_2 \succ A_3 \succ A_4 \succ A_1$, 形成了循环排序。

表 11.9　4 个算法在 5 个测试问题上的数值性能排序

| 问题 | $P_1$ | $P_2$ | $P_3$ | $P_4$ | $P_5$ |
|---|---|---|---|---|---|
| 算 | $A_2$ | $A_3$ | $A_1$ | $A_4$ | $A_1$ |
| 法 | $A_4$ | $A_4$ | $A_2$ | $A_1$ | $A_2$ |
| 排 | $A_1$ | $A_1$ | $A_3$ | $A_3$ | $A_3$ |
| 序 | $A_3$ | $A_2$ | $A_4$ | $A_2$ | $A_4$ |

总之, 基于假设检验的数据分析方法先对成本维降维, 再对轮次维降维得到二维矩阵 $D$, 最后对问题维进行降维 (聚合) 得到排序向量 $h$。基于矩阵降维的视角, 结合我们的前期研究成果和投票理论的研究成果, 可以断定, 循环排序悖论出现在从二维矩阵 $D$ 降维到一维排序向量 $h$ 的环节。这个环节的悖论本质上与假设检验是无关的, 只是源自于 “个体

排序汇总成集体排序"的过程。在投票理论和最优化算法的数值比较中, 已有方法可以避免这个悖论, 比如本节后面要提到的 Borda 计数法以及 11.3 节的 "汇总跃升"。

我们把以上分析总结为如下的命题。

**命题 11.9** (1) 在最优化算法的数值比较中, 假设检验类数据分析方法具有明显的降维特征: 首先降的是成本维, 然后是轮次维, 最后是问题维。(2) 假设检验主要作用在轮次维的降维, 即从三维矩阵降维到二维矩阵 $D$ 的过程中, 矩阵 $D$ 的每一列都是某种排序, 反映了各个算法在该列所对应的测试问题上的性能排序, 或者反过来说, 反映了该测试问题对各个算法的 "偏好"。(3) 从二维矩阵 $D$ 降维 (聚合) 到一维排序向量 $h$ 的过程, 可能产生循环排序, 该悖论与假设检验无关, 而是源自于 "个体排序到集体排序" 的汇总过程。

## 11.4.2 均值 Borda 计数法与假设检验中的循环排序消除

假设检验是统计学中的重要方法, 其主要功能是通过样本来推断跟总体的分布规律、重要参数的大小范围等相关的命题能否被接受。通常需要先设立两个相互对立的命题: 一个叫作原假设命题, 另一个叫作备择假设命题。注意, 这两个命题在假设检验框架中的地位是相距甚远的: 原假设处于被保护地位, 而备择假设则无此待遇[278]。其次要设计出一个检验统计量, 再利用样本的信息来判断这两个命题哪个更可能成立。推断结果只有两种, 拒绝原假设或不拒绝原假设。因为原假设处于被保护地位, 如果还能被拒绝, 说明此时接受备择假设是有充分理由的。但是, 不拒绝原假设的话, 并不能理直气壮地接受原假设, 只能说明目前的样本还无法拒绝原假设。这个区别经常被初学者忽略, 感兴趣的读者可以进一步参阅文献 [278]。

虽然, 假设检验方法诞生已经百年, 但是, 仍然饱受诟病和误用[208]。本节将论证, 在最优化算法的数值比较场景中, 用假设检验得到的矩阵 $D$ 的每一列排名数据, 在不考虑等号 (平局) 的情况下, 等价于直接比较均值得到的算法排名。然后结合投票理论中的相关研究成果, 提出了消除假设检验中可能出现循环排序的均值 Borda 计数法。

1) 假设检验与均值比较的等价性

下面的引理表明, 如果不考虑等号 (平局), 与依据均值大小直接进行排序相比, 参数检验类的数据分析方法并没有对算法的排序带来额外的重要信息。

**引理 11.1** 给定矩阵 $H(\text{end}, 1:n_{\text{r}}, 1:n_{\text{p}}, 1:n_{\text{s}})$, 对任意第 $i$ $(i = 1, 2, \cdots, n_{\text{p}})$ 个测试问题, 分别采用参数检验和直接依据均值大小进行算法排序, 在不考虑等号 (平局) 的情况下, 它们的排序结果完全相同。

**证明** 先考虑比较两个算法的参数检验, 如两总体 (近似) $t$ 检验。不妨设算法为 $A_1, A_2$, 且前者的均值小于后者的均值。此时, 直接按照均值大小排序的话, 算法 $A_1 \succ A_2$。下面证明参数检验的结果为 $A_1 \succeq A_2$, 从而在不考虑等号的情况下, 两者是等价的。

采用参数检验时, 首先要计算检验统计量, 该统计量必定包含两者的均值之差, 统计量的正负与均值之差的正负相同。不妨用 $A_1$ 的均值减去 $A_2$ 的均值, 也就是统计量是负数。根据文献 [278], 此时适合做左边检验, 即备择假设为 "算法 $A_1$ 的均值小于算法 $A_2$ 的均值"。此时, 检验的结果要么是确认备择假设 (拒绝原假设), 要么是不拒绝原假设。注意不拒绝原假设并不意味着接受原假设[278], 结合 $A_1$ 的均值小于 $A_2$ 的均值这一事实, 只能判断 $A_1$ 和 $A_2$ 的均值没有显著差异。所以, 参数检验的结论要么是 "算法 $A_1$ 的均值小于算法 $A_2$ 的均值", 要么是 "$A_1$ 和 $A_2$ 的均值没有显著差异"。即结论为 $A_1 \succeq A_2$, 在不考虑等号的情况下, 这个结论与直接按照均值大小排序的结果一致。

然后考虑同时比较三个或以上算法的参数检验, 比如方差分析。由于这类检验只能验证各个算法的均值是否完全相等, 要想得到各个算法的排序, 还需要进一步进行两个算法的检验, 所以, 本质上又回到了前面的两个算法的假设检验情形, 因此上述结论依然成立。 □

下面考虑非参数检验的情形, 得到的结论是类似的。

**引理 11.2**　给定矩阵 $\boldsymbol{H}(\mathrm{end}, 1 : n_{\mathrm{r}}, 1 : n_{\mathrm{p}}, 1 : n_{\mathrm{s}})$, 对任意第 $i$ $(i = 1, 2, \cdots, n_{\mathrm{p}})$ 个测试问题, 分别采用非参数检验和直接依据均值大小进行算法排序, 在不考虑等号 (平局) 的情况下, 它们的排序结果完全相同。

**证明**　不妨继续设算法为 $A_1, A_2$, 且前者的均值小于后者的均值。此时, 直接按照均值大小排序的话, 算法 $A_1 \succ A_2$。下面证明非参数检验的结果为 $A_1 \succeq A_2$, 从而在不考虑等号的情况下, 两者是等价的。

首先, 考虑比较两个算法的非参数检验, 如两总体的 Wilcoxon 秩和检验。这类非参数检验方法不直接使用两个总体的样本均值, 而是采用比如 "秩" 之类的概念, 根据每个总体包含的数据的秩之和来推断。因此, 这类检验方法的原假设和备择假设与参数检验情形是类似的, 只是均值的比较换成了中位数的比较。也就是说, 此时备择假设为 "算法 $A_1$ 的中位数小于算法 $A_2$ 的中位数"。因为这些数据的秩来自两个总体所有数据汇总后的大小排序, 小的排前面, 所以秩和更小的总体, 其样本均值必定也更小, 反之亦然。于是, 就跟前面的参数检验论证一样了, 适合做左边检验, 且检验结论要么是接受备择假设, 要么认为两个算法的中位数没有显著差异。即结论为 $A_1 \succeq A_2$, 在不考虑等号的情况下, 这个结论与直接按照均值大小排序的结果一致。

然后, 考虑同时比较三个或以上算法的非参数检验, 比如 Kruskal-Wallis 检验。由于这类检验只能验证各个算法的中位数是否完全相等, 要想得到各个算法的排序, 还得进一步进行两个算法的检验, 所以, 本质上又回到了前面的两个算法的假设检验情形, 因此上述结论依然成立。 □

综合以上两个引理, 可得下面的定理。该定理表明, 在最优化算法数值比较场景中, 从获得算法排名的角度, 无论参数检验还是非参数检验, 得到的算法排名结果与直接进行均值比较得到的结果几乎等价。进一步, 当不考虑等号 (平局) 情形时, 它们的结果完全等价。

**定理 11.9**　给定矩阵 $\boldsymbol{H}(\mathrm{end}, 1 : n_{\mathrm{r}}, 1 : n_{\mathrm{p}}, 1 : n_{\mathrm{s}})$, 对任意第 $i$ $(i = 1, 2, \cdots, n_{\mathrm{p}})$ 个测试问题, 分别采用假设检验和直接依据均值大小进行算法排序, 在不考虑等号 (平局) 的情况下, 它们的排序结果完全相同。

定理 11.9 表明, 在最优化算法的数值比较场景中, 从获得算法排序的角度, 假设检验与直接比较均值得到的结果几乎完全相同, 区别只在于包含的等号数量不同。通常, 直接比较均值较少产生等号, 而假设检验则会产生更多的等号 (算法性能没有显著差异)。因此, 可以首先采用直接比较均值的方式获得算法的大致排名, 然后借助假设检验判断某些算法之间是否平局 (没有显著差异)。下面将利用这一结论, 设计能够消除循环排序的数据分析方法。

2) 均值 Borda 计数法与循环排序的消除

本小节首先简要介绍投票理论中消除循环排序的 Borda 计数法, 然后将它应用到最优化算法的数值比较中, 结合上文论证的假设检验与均值比较几乎等价的结论, 提出均值 Borda 计数法, 用于消除假设检验可能带来的循环排序。

命题 11.9 表明, 最优化算法数值比较中可能发生的循环排序悖论实际上出现在二维矩阵 $D$ 降维 (聚合) 到一维数组 $h$ 的过程中。前面已提及, 循环排序悖论在投票理论领域被研究了上百年, 产生了许多用于避免或消除循环排序悖论的排序方法。Borda 计数法是其中的一种主流方法[279], 它抛弃了一个选民只有一票的做法, 赋予每个选民更多的投票权, 得票数排前几名 (根据需要确定人数) 的候选人获胜。这种投票系统被认为可以凝聚更多的选民共识 (consensus)。

具体来说, 每个选民根据偏好给所有候选人进行打分, 然后, 汇总每个选民的打分, 得到每个候选人的总得分或平均得分, 根据得分就可以给候选人进行最终的排序了, 排序最靠前的一个或几个候选人胜出。选民给候选人的常用打分规则有多个, 但它们都是等差数列[267]。

鉴于 Borda 规则的有效性, 其他一些排序方法会间接地依赖 Borda 计数法。比如, Black 方法[280], 在孔多塞赢家不存在的情况下, 就选择采用 Borda 计数法的赢家。除了直接或间接采用 Borda 计数法, 也存在其他排序方法可以避免或消除循环排序悖论, 如 Kemeny-Yong 方法[281-282], 以及 Ranked pairs 方法[283], 后者通过丢弃一些两两比较的结果来解开循环。

下面介绍 Borda 计数法为何能够消除循环排序。需要指出的是, 这里的本质与 11.3 节相同, 都是借助 "算法无关" 性。具体来说, 初始的矩阵 $D$ 的每一列是由假设检验得到的算法排名, 这些序数显然是算法依赖的。而转换成 Borda 权值后, 矩阵 $D$ 的每个元素都变成了算法无关的实数, 无论哪两个算法相比, 这些实数都不会发生变化。我们把这些观察总结为如下的命题。

**命题 11.10** Borda 计数法消除循环排序悖论的关键是, 将算法依赖的 "序" 转换成了算法无关的 "值", 这里的序指的是算法排序, 而值指的是 Borda 权值。

上一小节介绍了 Borda 计数法可以消除投票场景或者说给定矩阵 $D$ 的场景下的循环排序悖论, 也就是说, Borda 计数法只是作用在二维矩阵 $D$ 降维为一维排序向量 $h$ 的环节。本小节进一步考虑三维矩阵降维到二维矩阵 $D$ 的过程, 目标是设计合适的数据分析方法, 消除假设检验可能产生的循环排序悖论。

消除假设检验产生的循环排序的一种自然思路是, 用均值比较产生算法排序, 并辅以假设检验判断排序是否有等号 (性能无显著差异), 得到矩阵 $D$, 然后用 Borda 计数法处理该矩阵。得到矩阵 $D$ 后, Borda 计数法通过将每一列的排序转换成 Borda 权值, 再对每一行的权值求和或求平均来得到一维数组。下面的定义结合最优化算法的数值比较场景, 给出了 Borda 计数法具体内涵, 特别是 Borda 权值的计算方法。

**定义 11.12**　本章采用的 Borda 计数法根据 $k$ 个算法在每个测试问题上的数值性能, 进行算法排名, 然后计算各算法的平均排名, 排名最前的一个或若干个候选人获胜。各算法在每个测试问题上的排名 (赋分) 方法如下: 在该测试问题上性能最好的算法排第 1 名 (或称赋 1 分), 性能第二好的排第 2 名, ······, 性能最差的排第 $k$ 名。给定任何一个算法, 如果有其他算法与之性能一样好 (平局), 则该算法的排名为这些算法排名不并列情况下的平均名次。

定义 11.12 中处理平局的方法叫作锦标赛式 (tournament-style) 的排名方法。具体来说, 就是将与某算法平局的所有算法的平均名次赋予该算法。例如, 如果 $A_1 \succ A_2 = A_3 \succ A_4$, 那么 $A_1$ 为第 1 名, $A_4$ 为第 4 名, $A_2$ 和 $A_3$ 名次并列, 都是第 $2.5(=(2+3)/2)$ 名。当然, 这些名次也可以理解为分值或权值, 定义 11.12 采用了递增的等差数列来赋分, 分数越小的算法性能越好。

在处理平局问题时, 要注意平局是一种两两关系, 并不满足传递性。比如, 算法 $A_1$ 与 $A_2$ 没有显著差异 (平局), $A_2$ 与 $A_3$ 也没有显著差异, 并不意味着 $A_1$ 与 $A_3$ 没有显著差异。因此, 两个平局的算法的 Borda 分值并不一定相同。例如, 假设有 3 个算法, 在某个测试问题上的性能经过假设检验后, 发现 $A_1$ 与 $A_2$ 以及 $A_2$ 与 $A_3$ 都没有显著差异, 但是 $A_1$ 却显著好于 $A_3$。此时, 算法 $A_1$ 的 Borda 权值为 $(1+2)/2 = 1.5$, 算法 $A_2$ 的 Borda 权值为 $(1+2+3)/3 = 2$, 而算法 $A_3$ 的 Borda 权值为 $(2+3)/2 = 2.5$。

算法 11.2 列出了基于均值 Borda 计数法的流程。

**算法 11.2** (基于均值比较的 Borda 计数法 MeanBordaCount/t)　% 输入: 最优化算法数值比较的过程数据矩阵 $\boldsymbol{H}(1:n_\mathrm{f}, 1:n_\mathrm{r}, 1:n_\mathrm{p}, 1:n_\mathrm{s})$;
　% 输出: 算法的排序向量 $\boldsymbol{h}$, 元素越小, 对应算法的性能越好。
　**步骤 1**　对成本维进行降维得到 $\boldsymbol{H}(\mathrm{end}, 1:n_\mathrm{r}, 1:n_\mathrm{p}, 1:n_\mathrm{s})$;
　**步骤 2**　对轮次维计算均值, 在每个测试问题上按均值进行算法排序, 并辅之以假设检验, 看是否存在平局现象, 确定 2 维矩阵 $\boldsymbol{D}$。其中, $\boldsymbol{D}$ 的每一列表示各算法在该测试问题上的算法排序;
　**步骤 3**　按定义 11.12 将 $\boldsymbol{D}$ 中的每一列数据转换成 Bora 权值, 并按行求均值;
　**步骤 4**　返回上一步得到的均值向量, 其各元素的大小顺序就是对应算法的排序。

注意, 对比算法 11.2 与算法 11.1 的步骤 2, 虽然它们得到的矩阵 $\boldsymbol{D}$ 是相同的, 但是前者比后者更高效。算法 11.1 需要做 $n_\mathrm{s}(n_\mathrm{s}-1)/2$ 次假设检验, 而算法 11.2 最多只需要做 $n_\mathrm{s}-1$ 次假设检验。11.4.3 节将会更深入地讨论这一点。

算法 11.2 的步骤 3 采用了 Borda 计数法, 结合前面论证的 Borda 计数法可以消除循环排序, 所以算法 11.2 也可以消除假设检验产生的循环排序悖论。我们把它总结为如下命题。

**命题 11.11** 在最优化算法数值比较的场景中, 均值 Borda 计数法 (算法 11.2) 可以消除假设检验方法可能产生的循环排序。

下面用例 11.3 中的数据来说明算法 11.2 的应用。

**例 11.4** 继续考察例 11.3 中的数据。4 个算法 ($A_1, A_2, A_3$ 和 $A_4$) 在 5 个测试问题 ($P_1, P_2, P_3, P_4$ 和 $P_5$) 上找到的最好函数值的均值如表 11.10 所示。

表 11.10　4 个算法在 5 个测试问题上找到的最好函数值的均值

| 算法 | $P_1$ | $P_2$ | $P_3$ | $P_4$ | $P_5$ |
|------|-------|-------|-------|-------|-------|
| $A_1$ | 6.97 | 31.78 | 13.53 | 22.11 | 14.25 |
| $A_2$ | 1.37 | 42.51 | 16.52 | 32.25 | 21.57 |
| $A_3$ | 9.91 | 11.56 | 17.72 | 24.95 | 31.01 |
| $A_4$ | 5.61 | 23.95 | 24.25 | 21.55 | 43.59 |

给定表 11.9 中的排序, 根据定义 11.12, 对表 11.9 的每一列数据进行 Borda 权值转换, 排名从第一到第四分别赋分 1, 2, 3, 4, 结果详见表 11.11。计算每一行的权值的平均得到 $(2, 2.6, 2.8, 2.6)^{\mathrm{T}}$。因此, Borda 计数法对这四个算法的排序为 $A_1 \succ A_2 = A_4 \succ A_3$。注意到, 循环排序被成功消除。

表 11.11　4 个算法在 5 个测试问题上的 **Borda** 权值表 (对应表 11.9, 越小越好) 及均值 **Borda** 计数法的排序向量

| 算法 | $P_1$ | $P_2$ | $P_3$ | $P_4$ | $P_5$ | 均值 Borda 计数法的排序向量 |
|------|-------|-------|-------|-------|-------|------------------------------|
| $A_1$ | 3 | 3 | 1 | 2 | 1 | 2 |
| $A_2$ | 1 | 4 | 2 | 4 | 2 | 2.6 |
| $A_3$ | 4 | 1 | 3 | 3 | 3 | 2.8 |
| $A_4$ | 2 | 2 | 4 | 1 | 4 | 2.6 |

## 11.4.3　均值 Borda 计数法的理论优越性与数值有效性

11.4.2 节提出的均值 Borda 计数法不仅能消除循环排序, 而且具有如下良好的理论性质 (命题 11.12)。

**命题 11.12** 在使算法两两比较的排序误差最小化的意义上, 均值 Borda 计数法是消除循环排序的最好策略。

上述命题的证明过程较长, 详见文献 [11] 和文献 [277]。

接下来, 我们关注均值 Borda 计数法的数值有效性, 主要探讨算法 11.2 步骤 2 中 "假设检验辅助" 的必要性及其代价和效果。

首先指出, 在均值 Borda 计数法 (算法 11.2) 中, 假设检验的作用是辅助性的: 只是在步骤 2 中辅助判断相邻算法之间是否性能差异显著, 发挥主要作用的是对均值的直接排序 (步骤 2) 和 Borda 计数法 (步骤 3)。这也是为什么算法 11.2 被称为 MeanBordaCount/t 的原因, 这里的 "t" 指的是检验 "test" 的首字母, 它已经降格为辅助地位了。

考虑到存在大量对假设检验的误用和诟病[207]，仍有一种诱惑或吸引：在算法 11.2 的步骤 2 中，能不能抛弃假设检验，完全依赖均值的比较？毕竟定理 11.9 已经表明，假设检验不会改变任何一个算法的排位，只是可能增加一些等号：相邻两个算法的关系从 "$\succ$" 变为 "$=$"。那么，这种辅助作用是必要的吗？它有多大价值，值得为之付出做那么多假设检验的代价吗？

为了看出假设检验辅助的必要性，不妨在算法 11.2 的步骤 2 中去除假设检验辅助，此时称得到的算法为 MeanBordaCount。下面来看看它何缺陷。与 MeanBordaCount/t 相比，MeanBordaCount 没有捕捉性能差异不显著算法的机制，这一点经过 Borda 计数法后会有何影响呢？为了看清这一点，考虑如下的"一俊百丑"问题。

**定义 11.13**　有 2 个算法和 101 个测试问题，在第 1 个测试问题上，算法 $A_1$ 的性能很好，显著优于 $A_2$，在其他测试问题上它的性能相比 $A_2$ 略差但检验结果不显著，这种问题被称为"一俊百丑"问题。

对定义 11.13 中的"一俊百丑"问题，由于算法 $A_1$ 在 100 个测试问题上的"丑"相对于 $A_2$ 并不显著，而在另一个测试问题上却显著好于 $A_2$，因此综合来看，算法 $A_1$ 的性能应该更好。如果采用 MeanBordaCount/t，由于假设检验辅助的作用，$A_1$ 和 $A_2$ 在这 100 个测试问题上的不显著差距会被识别出来，因此它们的 Borda 权值相同均为 1.5，而在另一个测试问题上 $A_1$ 的 Borda 权值低于 $A_2$，所以 $A_1$ 的总分 151 低于 $A_2$ 的总分 152，$A_1$ 胜出。这个结果符合常识。但是，如果采用 MeanBordaCount，$A_1$ 和 $A_2$ 在这 100 个测试问题上的不显著差距无法被识别出来，因此 $A_1$ 的 Borda 权值都是 2 而 $A_2$ 为 1，所以最终算法 $A_2$ 得分 102 分，$A_1$ 得分 201 分，$A_2$ 胜出。这个结果违反了常识。例 11.5 给出了一个具体案例。

**例 11.5**　在"一俊百丑"问题上，设两个算法 $A_1, A_2$ 的性能如表 11.12 所示，其中数据越小表示性能越好，且经假设检验前 100 个测试问题上两个算法的性能没有显著差异，则 MeanBordaCount/t 和 MeanBordaCount 的排序向量分别见表 11.12 后两列。最终，MeanBordaCount/t 选择了算法 $A_1$，而 MeanBordaCount 则选择了算法 $A_2$，后者是不符合常识的。

表 11.12　两种方法在"一俊百丑"问题上的排序向量

| 算法 | $P_1$ | .... | $P_{100}$ | $P_{101}$ | MeanBordaCount/t | MeanBordaCount |
|------|-------|------|-----------|-----------|------------------|----------------|
| $A_1$ | 80 | .... | 80 | 79 | 1.495 | 1.99 |
| $A_2$ | 79 | .... | 79 | 199 | 1.505 | 1.01 |

在"一俊百丑问题"上的表现，说明了假设检验辅助还是很有价值的，它能够识别出不显著的差异，避免它们被放大从而产生不良的后续影响。

下面进一步探讨这个辅助作用的代价，即需要做多少次假设检验才足够。在最优化算法的数值比较场景中，如果采用假设检验来分析过程数据矩阵 $\boldsymbol{H}(1:n_\mathrm{f}, 1:n_\mathrm{r}, 1:n_\mathrm{p}, 1:n_\mathrm{s})$，通常需要对每个测试问题和每两个算法进行 1 次假设检验，因此，一共需要 $n_\mathrm{p}n_\mathrm{s}(n_\mathrm{s}-1)/2$

次假设检验。当测试问题个数或算法个数较大时, 所需的假设检验次数是很大的。在均值 Borda 计数法中, 由于借助直接比较均值确定了算法的排序, 假设检验只用来判断两个相邻排序的算法的性能差距是否显著, 因此, 最多只需要 $n_\mathrm{p}(n_\mathrm{s} - 1)$ 次假设检验。

比如, 假设有四个算法, 根据它们在测试问题上的均值, 初步判断它们的性能排序为 $A_1 \succ A_2 \succ A_3 \succ A_4$, 那么最多只需要做 3 次假设检验: $A_1, A_2$; $A_2, A_3$, 以及 $A_3, A_4$。为什么是 "最多" 3 次假设检验呢? 这是因为可以首先对 $A_1, A_4$ 进行假设检验, 如果确认它们的性能没有显著差异, 则无需做其他假设检验, 必有 $A_1 = A_2 = A_3 = A_4$。

所以, 在均值 Borda 计数法中, 所需的假设检验次数最多只需要 $n_\mathrm{p}(n_\mathrm{s} - 1)$ 次假设检验。但是, 通过一定的经验和技巧, 有时候可以进一步减少假设检验的次数。给定均值排序, 这里给出进一步减少假设检验次数的经验方法: ① 从大到小观察各算法的均值, 看是否有多个均值比较接近, 如果没有, 则可能无法减少次数; ② 如果有多个均值比较接近, 选择这几个均值中最大的和最小的, 开展假设检验, 如果没有显著差异, 则这几个算法的性能都是没有显著差异。

在均值 Borda 计数法中, Borda 权值是等差数列。本小节考虑用连续权值来代替 Borda 权值, 看看 Borda 权值有何优势。为了引进连续权值, 需要放弃假设检验, 直接对均值进行运算。此时, 如下的归一化 (min-max normalization) 是一个常用策略, 它可以标准化不同测试问题的解在数值上和单位上的显著差别。

$$x \longleftarrow \frac{x - x_{\min}}{x_{\max} - x_{\min}} \tag{11.52}$$

其中 $x_{\max}, x_{\min}$ 分别是一列数据中最大和最小的数据。算法 11.3 是采用连续权值的排序算法, 其中步骤 2 的矩阵 $\boldsymbol{D}$ 是均值本身而不是基于均值或假设检验的排序。这允许它在步骤 3 中直接用归一化方式得到连续的权值, 而不是离散的 Borda 权值。

**算法 11.3** (均值归一化计数法)   % 输入: 最优化算法数值比较的过程数据矩阵 $\boldsymbol{H}(1 : n_\mathrm{f}, 1 : n_\mathrm{r}, 1 : n_\mathrm{p}, 1 : n_\mathrm{s})$;

   % 输出: 算法的排序向量 $\boldsymbol{h}$, 且其中的元素越小, 对应算法的性能越好。

   **步骤 1**   对成本维进行降维得到 $\boldsymbol{H}(\mathrm{end}, 1 : n_\mathrm{r}, 1 : n_\mathrm{p}, 1 : n_\mathrm{s})$;

   **步骤 2**   对轮次维进行聚合得到 2 维矩阵 $\boldsymbol{D}(1 : n_\mathrm{s}, 1 : n_\mathrm{p})$, 其中 $D_{ij}$ 表示第 $i$ 个算法在第 $j$ 个问题上找到的最好函数值的均值;

   **步骤 3**   按式 (11.52) 将 $\boldsymbol{D}$ 中的每一列数据进行归一化处理, 并按行求均值;

   **步骤 4**   返回上一步得到的均值向量, 其各元素的大小顺序就是对应算法的排序。

下面的例题给出了算法 11.3 的应用, 数据来源与例 11.3 和例 11.4 同。

**例 11.6**   给定 4 个算法 $(A_1, A_2, A_3 和 A_4)$ 在 5 个测试问题 $(P_1, P_2, P_3, P_4 和 P_5)$ 上找到的最好函数值的均值如表 11.10 所示, 用算法 11.3 进行分析, 很容易得到排序向量如表 11.13 最后一列所示。因此, 算法 11.3 对这 4 个算法的排序为 $A_1 \succ A_2 \succ A_3 \succ A_4$。

表 11.13　4 个算法在 5 个测试问题上找到的最好函数值的均值及算法 11.3 的排序向量

| 算法 | $P_1$ | $P_2$ | $P_3$ | $P_4$ | $P_5$ | 均值归一化计数法的排序向量 |
|---|---|---|---|---|---|---|
| $A_1$ | 6.97 | 31.78 | 13.53 | 22.11 | 14.25 | 0.36 |
| $A_2$ | 1.37 | 42.51 | 16.52 | 32.25 | 21.57 | 0.44 |
| $A_3$ | 9.91 | 11.56 | 17.72 | 24.95 | 31.01 | 0.56 |
| $A_4$ | 5.61 | 23.95 | 24.25 | 21.55 | 43.59 | 0.58 |

可以看到, 算法 11.3 简单易于操作, 在例 11.6 上的结果与 MeanBordaCount/t 的结果有一定的相似性。然而, 该方法易受异常数据的影响: 即便在多个测试问题上表现平平, 只要有一个问题上性能很好, 就可能脱颖而出。例 11.7 给出了一个案例。

**例 11.7**　设 3 个算法在 7 个测试问题上的性能如表 11.14 所示, 其中数据越小表示性能越好, 且经假设检验 3 个算法的性能在每个测试问题上均有显著差异, 则 MeanBorda-Count/t 和均值归一化计数法的排序向量分别见表 11.12 后两列。可以看到, 算法 $A_1$ 在前 6 个测试问题上都比 $A_2$ 差, 这个差距虽然经受了显著性检验, 但从绝对值来看并不大; 但是, 在第 7 个测试问题上很明显地好于 $A_2$。如果采用 MeanBordaCount/t 来分析数据, 算法 $A_2$ 得分为 1.29, 明显小于 $A_1$ 的得分 2.14, 算法 $A_2$ 胜出。这总体反映了算法 $A_2$ 在 6 个测试问题上的表现均更好而只在 1 个测试问题上的表现更差的事实. 然而, 如果采用均值归一化计数法, 算法 $A_1$ 却以微弱分数 (0.12 对 0.13) 胜过算法 $A_2$, 原因是 $A_1$ 在第 7 个问题上的极佳表现弥补了它在其他 6 个问题上的不足。

表 11.14　两种方法的排序向量

| 算法 | $P_1$ | $P_2$ | $P_3$ | $P_4$ | $P_5$ | $P_6$ | $P_7$ | MeanBordaCount/t | 均值归一化计数法 |
|---|---|---|---|---|---|---|---|---|---|
| $A_1$ | 77 | 7 | 24 | 65 | 128 | 40 | 16 | 2.14 | 0.12 |
| $A_2$ | 75 | 6 | 22 | 62 | 125 | 38 | 47 | 1.29 | 0.13 |
| $A_3$ | 89 | 13 | 37 | 79 | 164 | 49 | 51 | 2.57 | 1 |

例 11.7 表明, 均值归一化计数法确实可以让一个 "偏科" 算法 (在某个测试问题上很好而在其他问题上平平) 脱颖而出。相对均值归一化计数法, 均值 Borda 计数法选出来的算法一般更加稳健, 必定是在多数测试问题上都表现好的算法。

综合本节的理论和数值分析, 关于均值 Borda 计数法, 我们有如下的结论。

**命题 11.13**　均值 Borda 计数法是适合于最优化算法的数值比较场景中的有效数据分析方法, 具有良好的理论和数值性质。① 采用的 Borda 计数法可以消除假设检验带来的循环排序, 且是在算法两两比较排序误差最小化的意义下的最优策略; ② 采用的 Borda 计数法可以避免极端性能的影响, 有助于均值 Borda 计数法获得稳健的算法排序结果; ③ 采用 "直接比较均值为主, 假设检验为辅" 的策略来获得每个测试问题上的算法排序, 该策略将所需要的假设检验次数从 $n_\mathrm{p} n_\mathrm{s}(n_\mathrm{s} - 1)/2$ 降到了最多 $n_\mathrm{p}(n_\mathrm{s} - 1)$, 且能有效识别不显著的性能差异并避免其被 Borda 权值放大差异。

## 习题与思考

1. 第 10 章介绍的数据分析方法中,哪些采用了两两比较策略?哪些采用了集体比较策略?在采用集体比较策略的方法中,哪些适用于元素层?哪些适用于集合层?

2. 在体育竞技中,哪些体育项目采用了两两比较策略?哪些采用了集体比较策略?在采用集体比较策略的方法中,哪些适用于元素层?哪些适用于集合层?

3. 在社会选举中,什么情况下采用两两比较策略?什么情况下采用集体比较策略?在采用集体比较策略的情况中,元素层集体比较还是集合层集体比较更常用?

4. 在前面三道题的结果汇总中,相对多数规则更常用,还是绝对多数规则更常用?

5. 两两比较策略可能产生循环排序悖论,这一结论不仅仅适用于最优化算法的数值比较。请给出生活中两两比较策略导致循环排序的案例。

6. 集体比较策略可能导致非适者生存悖论,这一结论不仅仅适用于最优化算法的数值比较。请给出生活中集体比较策略导致非适者生存悖论的案例。

7. 你认为循环排序悖论更严重还是非适者生存悖论更严重?为什么?

8. 如何理解式 (11.20) 是对的?存在随机事件 $\mathbb{C}, \mathbb{N}, \mathbb{S}$ 之外的事件吗?

9. 如何理解推论 11.2?根据这一推论,哪些数据分析方法不会导致循环排序悖论?

10. 11.2 节介绍了两大悖论的发生概率是如何计算的。注意到这些概率计算都依赖于等可能假设 (假设 11.3)。这个假设在实践中成立吗?如果不成立,对悖论发生的概率有何影响?如何突破这个假设并计算悖论的发生概率?

11. 三个随机事件 $\mathbb{C}, \mathbb{N}, \mathbb{S}$ 的发生概率是如何随着算法数量 $k$ 和测试问题数量 $m$ 的增长而改变的?如何理解这些规律?

12. 如何理解断章取义定理 (定理 11.6)?其成立有前提吗?它有何重要影响?

13. 在单个测试问题上的算法排序都是良序,但多个测试问题上的算法排序汇总却可能不满足传递性。如何理解这一点?它有何深刻含义?

14. 本章介绍了集体比较策略的两个数学模型:投票模型 (11.8) 与过滤模型 (11.34)。认真对比这两个数学模型,它们各有哪些优缺点?它们有何关系?

15. 采用算法无关过滤条件并基于累积分布函数的数据分析方法已被证明不会产生循环排序悖论和非适者生存悖论。这一结果表明,哪些主流的数据分析方法不会产生这两大悖论?这一结果的本质原因是什么?

16. 根据本章论述,可以把最优化算法的数值比较看成过程数据矩阵 $\boldsymbol{H}$ 的降维过程。根据这一观点,分析 data profile 技术和 Wilcoxon 秩和检验是怎么从矩阵 $\boldsymbol{H}$ 降维到最终排序结果的。这一降维分析法有何优缺点?

17. 定理 11.9 表明,采用假设检验和均值比较对最优化算法进行数值比较,得到的算法排序是完全相同的 (不考虑等号或平局)。这一结论意味着什么?有何重要应用?

18. Borda 计数法和采用算法无关过滤条件的数据分析方法类似,借助 "算法无关" 来消除循环排序悖论。"算法无关" 这一要求的本质是什么?对你有何启发?它有哪些应用价值?

19. MeanBordaCount/t 方法仍采用了假设检验, 它与假设检验方法有何区别? 为什么前者能消除悖论, 而后者却可能带来悖论?

20. 在最优化算法的数值比较中, 除了循环排序悖论和非适者生存悖论, 还有哪些可能的悖论? 该如何分析它们的发生概率? 如何消除或避免这些悖论?

# 第4部分

# 实操指引篇

# 第 12 章
## 最优化算法的设计与评价

读万卷书, 行万里路。

本章围绕如下问题, 为读者朋友提供可操作性的指引:

- 如何调用现有的最优化算法, 来求解手头的最优化问题?
- 如何改进或设计出自己的最优化算法?
- 跟现有主流算法相比, 如何证明自己的算法是有竞争力的?

为实现以上目的, 12.1 节介绍 MATLAB 中内置的最优化算法, 特别是如何调用它们来求解遇到的最优化问题。12.2 节介绍如何改进现有的最优化算法, 或设计出新的最优化算法, 来更好地解决面临的实际问题。12.3 节介绍如何对最优化算法进行理论评价, 并提供了一整套的流程介绍, 用以分析自己关注或设计的算法的数值性能。

## 12.1 如何调用现成的算法来求解最优化问题

多数人学习最优化算法的主要目的, 就是想找到现成的最优化算法, 来求解手头遇到的最优化问题。对于最优化算法领域的专业人员, 学会使用最优化算法来求解实际问题, 也是必经之路。

本书已经介绍过, 学习最优化算法 (无论是简单的使用还是专业的分析), 就像学医, 需要根据不同类型的疾病, 来推荐不同的药物处方。这里的 "疾病" 对应 "最优化问题", 而 "药物处方" 就对应 "最优化算法"。因此, 要求解手头的最优化问题, 第一步就是要 "检查与问诊", 即明确当前最优化问题的模型及其特征 (详见 1.1 节)。然后, 才能 "对症开药", 即寻找 (或设计) 合适的最优化算法来求解它。

在最优化问题的多种分类与特征中, 最重要的是要明确:

- 最优化目标是一个还是多个: 前者对应单目标优化, 后者对应多目标优化。由于多个优化目标通常有一定的对立 (比如既要轻松又要成绩好), 因此, 多目标优化比单目标优化通常要困难的多。
- 控制变量是连续变化的还是离散变化的: 前者对应连续优化, 后者对应离散优化或组合优化。在很多实际问题中还会遇到混合优化, 即部分变量是连续的, 部分变量是离散的。

- 约束条件的类型与可行域形状: 现实中的最优化问题通常都是有约束的, 所有约束条件的交集组成可行域。可行域的形状如果是 (超) 矩形, 通常易于处理, 因此常与无约束情形并列。

- 是否为凸优化问题: 若问题目标函数是凸函数且可行域是凸集, 则问题属于凸优化问题。如果问题是凸优化问题, 则存在成熟高效的最优化算法来求解这类问题, 能保证找到全局最优解; 如果问题不是凸优化问题, 则用户要有心理准备, 不敢保证一定能找到真正的最优解。

- 是否为线性规划问题: 线性规划问题是一类特殊的凸优化问题, 其目标函数是线性函数, 所有约束函数也是线性函数。如果问题是线性规划问题, 则采用线性规划算法, 可以保证找到全局最优解; 否则, 在非凸优化的情况下, 也不敢保证能找到真正的最优解。

以上五条中, 前两条是很容易被用户识别的, 后两条则需要更专业的人士来确认。此外, 最优化问题的模型在形式上不是唯一的, 把难以求解的模型转化成易于求解的模型具有重要意义。

需要注意的是, 后续内容默认读者朋友能够根据实际问题, 建立最优化模型, 并识别模型的基本特征 (是否为单目标, 变量是否离散, 是否为线性规划问题等)。如有困难, 建议先更好地理解本书 1.1 节的内容。

本节后续内容主要介绍 MATLAB 中的最优化算法, 会涉及 MATLAB 中的两个工具箱: 最优化 (optimization) 工具箱和全局最优化 (global optimization) 工具箱。此外, 调用 MATLAB 最优化算法, 实质就是调用 MATLAB 的相关函数或命令。因此, 本节有时会混用算法、函数与命令这三种说法。

## 12.1.1 最优化工具箱

在 MATLAB 中, 最优化工具箱包含了以下常用的最优化命令 (根据版本的不同, 可能还有其他命令, 这里介绍常用的命令), 其中 2 个用于求解线性规划问题, 5 个用于求解非线性规划问题:

- linprog: 求解线性规划问题;
- intlinprog: 求解混合整数线性规划问题;
- quadprog: 求解二次规划问题;
- fminbnd: 求解一元函数的有界约束优化问题;
- fminsearch: 采用无导数优化算法, 求解无约束非线性规划问题;
- fminunc: 采用梯度型优化算法, 求解无约束非线性规划问题;
- fmincon: 求解多元函数的约束优化问题。

下面分别介绍它们的调用方法。这里先提醒一下, 后面提供的代码在不同版本的 MATLAB 中可能会有不同的输出结果。

1) 用 linprog 求解线性规划问题

线性规划问题是一类特殊的最优化问题, 要求目标函数为线性函数, 且所有约束函数也是线性函数。linprog 命令可以用来求解如下的一般线性规划问题:

$$\min_{\boldsymbol{x}} \boldsymbol{f}^{\mathrm{T}}\boldsymbol{x}, \text{ s.t. } \begin{cases} \boldsymbol{A}\boldsymbol{x} \leqslant \boldsymbol{b} \\ \mathbf{Aeq}\,\boldsymbol{x} = \mathbf{beq} \\ \mathbf{lb} \leqslant \boldsymbol{x} \leqslant \mathbf{ub} \end{cases} \tag{12.1}$$

其中, $\boldsymbol{f}, \boldsymbol{x}, \boldsymbol{b}, \mathbf{beq}, \mathbf{lb}, \mathbf{ub}$ 都是列向量; $\boldsymbol{A}, \mathbf{Aeq}$ 为矩阵。式 (12.1) 允许三种不同类型的约束, 分别是不等式约束 $\boldsymbol{A}\boldsymbol{x} \leqslant \boldsymbol{b}$, 等式约束 $\mathbf{Aeq} \cdot \boldsymbol{x} = \mathbf{beq}$, 以及有界约束 $\mathbf{lb} \leqslant \boldsymbol{x} \leqslant \mathbf{ub}$。

linprog 命令的基本调用方法为

$$[\text{x,fval}] = \text{linprog(f,A,b,Aeq,beq,lb,ub)}$$

(1) 输入

f,A,b,Aeq,beq,lb,ub —— 线性规划模型 (12.1) 中的向量和矩阵。如果没有某类约束, 令对应变量为空集即可。如 A=[], b=[], 表示没有不等式约束。

(2) 输出

x —— 近似解;

fval —— 在近似解 x 处的目标函数值。

对于更专业人士, 可以采用如下方式来调用 linprog 命令:

$$[\text{x,fval,exitflag,output,lambda}] = \text{linprog(f,A,b,Aeq,beq,lb,ub,options)}$$

(3) 额外输入

options —— 用来定义各种选项 (算法选择, 最大迭代次数, 等等)。linprog 命令采用的算法默认是'interior-point-legacy', 可以替换为'interior-point'或者'dual-simplex'。

(4) 额外输出

exitflag —— 以何种条件退出程序;

output —— 一个结构体, 包含迭代次数、所用算法等信息;

lambda —— 是一个结构体, 包含每个不等式约束和等式约束的影子价格 (拉格朗日乘子)。

**例 12.1**　求解线性规划问题

$$\min z = -3x_1 + 4x_2 - 2x_3 + 5x_4$$

$$\text{s.t.} \begin{cases} 4x_1 - x_2 + 2x_3 - x_4 = -2 \\ x_1 + x_2 + 3x_3 - x_4 \leqslant 14 \\ -2x_1 + 3x_2 - x_3 + 2x_4 \geqslant 2 \\ x_1, x_2, x_3 \geqslant 0 \end{cases}$$

参考代码如下:

```
f = [-3 4 -2 5];
A = [1 1 3 -1;2 -3 1 -2];
b = [14 -2]';
Aeq = [4 -1 2 -1];
beq = -2;
lb = [0 0 0 -inf];
ub = inf*ones(1,4);
[x,fval] = linprog(f,A,b,Aeq,beq,lb,ub)
```

计算结果:

```
x = [0 8 0 -6]', fval = 2
```

2) 用 intlinprog 求解混合整数线性规划问题

混合整数线性规划指的是, 部分变量或者全部变量取值为整数的线性规划问题。这类问题的求解需要在一般线性规划问题求解的基础上, 加入分支定界 (branch and bound) 策略来找到整数解。

MATLAB 自版本 R2014a 开始提供求解混合整数线性规划的函数 intlinprog, 用于求解如下形式的混合整数线性规划问题:

$$
\min_{\boldsymbol{x}} \boldsymbol{f}^{\mathrm{T}}\boldsymbol{x}, \ \mathrm{s.t.} \begin{cases} \boldsymbol{x}(\mathbf{intcon})\text{取整数} \\ \boldsymbol{A}\boldsymbol{x} \leqslant \boldsymbol{b} \\ \mathbf{Aeq} \cdot \boldsymbol{x} = \mathbf{beq} \\ \mathbf{lb} \leqslant \boldsymbol{x} \leqslant \mathbf{ub} \end{cases} \tag{12.2}
$$

其中, $\boldsymbol{f}, \boldsymbol{x}, \mathbf{intcon}, \boldsymbol{b}, \mathbf{beq}, \mathbf{lb}, \mathbf{ub}$ 均为列向量, $\boldsymbol{A}, \mathbf{Aeq}$ 为矩阵。

intlinprog 命令的基本用法为

$$[\mathrm{x,fval}] = \mathrm{intlinprog(f,intcon,A,b,Aeq,beq,lb,ub)}$$

(1) 输入

f,A,b,Aeq,beq,lb,ub —— 混合整数线性规划模型 (12.2) 中的向量和矩阵。如果没有某类约束, 令对应变量为空集即可。如 A=[], b=[], 表示没有不等式约束。

intcon —— 整数约束的变量标号, 如 [1,3] 表示第一个和第三个变量为整数。

(2) 输出

x —— 近似解;

fval —— 在近似解 x 处的函数值。

对于更专业人士, 可以采用如下方式来调用 intlinprog 命令:

[x,fval,exitflag,output] = intlinprog(f,intcon,A, b,Aeq,beq,lb,ub,options)

(3) 额外输入

options —— 用来定义各种选项 (最大运行时间等)。

(4) 额外输出

exitflag —— 以何种条件退出程序;

output —— 一个结构体, 描述求解过程的总结性信息。

**例 12.2**　*求解如下的混合整数线性规划问题 (要求 $x_4$ 为整数):*

$$\min \ z = -3x_1 + 4x_2 - 2x_3 + 5x_4$$

$$\text{s.t.} \begin{cases} 4x_1 - x_2 + 2x_3 - x_4 = -2 \\ x_1 + x_2 + 3x_3 - x_4 \leqslant 14 \\ -2x_1 + 3x_2 - x_3 + 2x_4 \geqslant 2 \\ x_1, x_2, x_3 \geqslant 0 \end{cases}$$

参考代码如下:

```
intcon = [4];
f = [-3 4 -2 5];
A = [1 1 3 -1;2 -3 1 -2];
b = [14 -2]';
Aeq = [4 -1 2 -1];
beq = -2;
lb = [0 0 0 -inf];
ub = inf*ones(1,4);
[x,fval] = intlinprog(f,intcon,A,b,Aeq,beq,lb,ub)
```

计算结果:

```
x = [0 8 0 -6]', fval = 2.
```

3) 用 quadprog 求解二次规划问题

二次规划问题要求目标函数为二次函数, 而约束函数是线性函数。quadprog 命令可以用来求解如下的二次规划问题:

$$\min_{\boldsymbol{x}} \frac{1}{2} \boldsymbol{x}^{\mathrm{T}} \boldsymbol{H} \boldsymbol{x} + \boldsymbol{f}^{\mathrm{T}} \boldsymbol{x}, \quad \text{s.t.} \begin{cases} \boldsymbol{A}\boldsymbol{x} \leqslant \boldsymbol{b} \\ \boldsymbol{A}\mathrm{eq}\,\boldsymbol{x} = \mathrm{beq} \\ \mathrm{lb} \leqslant \boldsymbol{x} \leqslant \mathrm{ub} \end{cases} \tag{12.3}$$

其中, $\boldsymbol{f}, \boldsymbol{x}, \boldsymbol{b}, \mathrm{beq}, \mathrm{lb}, \mathrm{ub}$ 都是列向量; $\boldsymbol{H}, \boldsymbol{A}, \boldsymbol{A}\mathrm{eq}$ 为矩阵, 且 $\boldsymbol{H}$ 是对称矩阵。注意到, 二次规划问题的约束类型以及描述方式与线性规划问题完全相同。

quadprog 命令的基本调用方法为

```
[x,fval] = quadprog(H,f,A,b,Aeq,beq,lb,ub)
```

(1) 输入

H,f,A,b,Aeq,beq,lb,ub —— 线性规划模型 (12.3) 中的向量和矩阵。如果没有某类约束，令对应变量为空集即可。如 A=[], b=[]，表示没有不等式约束。

(2) 输出

x —— 近似解;

fval —— 在近似解 x 处的目标函数值。

对于更专业人士，可以采用如下方式来调用 quadprog 命令:

```
[x,fval,exitflag,output,lambda] = quadprog(H,f,A,b,Aeq,beq,lb,
ub,x0,options)
```

(3) 额外输入

x0 —— 初始迭代点;

options —— 用来定义各种选项 (算法选择, 最大迭代次数, 等等)。quadprog 命令采用的算法默认是'interior-point-convex', 可以替换为'trust-region-reflective'。

(4) 额外输出

exitflag —— 以何种条件退出程序;

output —— 一个结构体, 包含迭代次数、所用算法等信息;

lambda —— 是一个结构体, 包含每个不等式约束和等式约束的影子价格 (拉格朗日乘子)。

**例 12.3** 求解如下的二次规划问题:

$$\min \ z = -3x_1^2 + 4x_2 - 2x_3 + 5x_4^2$$

$$\text{s.t.} \begin{cases} 4x_1 - x_2 + 2x_3 - x_4 = -2 \\ x_1 + x_2 + 3x_3 - x_4 \leqslant 14 \\ -2x_1 + 3x_2 - x_3 + 2x_4 \geqslant 2 \\ x_1, x_2, x_3 \geqslant 0 \end{cases}$$

参考代码如下:

```
H = diag([-6,0,0,10]);
f = [0 4 -2 0];
A = [1 1 3 -1;2 -3 1 -2];
b = [14 -2]';
Aeq = [4 -1 2 -1];
beq = -2;
lb = [0 0 0 -inf];
ub = inf*ones(1,4);
[x,fval] = quadprog(H,f,A,b,Aeq,beq,lb,ub)
```

计算结果:

```
x = [0.000 0.0001 0.0000 1.9999]', fval = 4
```

4) 用 fminbnd 求解一元函数的最小值

前面介绍的线性规划问题和二次规划问题, 都可以归到凸优化问题框架内。因此, 只要算法使用得当, 是可以保证找到全局最优解的。本节接下来要介绍的问题, 往往属于非凸优化问题了, 一般不保证能找到全局最优解。

首先介绍一元函数在区间上的最小值问题, 这是数值最优化领域的基本问题, 其表达式为

$$\min_{x \in R} f(x), \quad a < x < b \tag{12.4}$$

在 MATLAB 中, 求解算法是基于抛物线插值 (parabolic interpolation) 的黄金分割法 (golden section search)。该算法要求目标函数 $f(x)$ 连续, 且最优解不能出现在端点 $a, b$ 附近, 否则收敛速度会很慢。

fminbnd 命令的基本调用方法为

$$[x,fval] = fminbnd(fun,a,b)$$

(1) 输入

fun —— 目标函数。它可用匿名函数直接编写, 如 @(x) $x^2+1$; 也可编写成 MATLAB 函数, 如 myfun, 然后 @myfun 调用, 如果 myfun 中有参数, 则改为 @(x) fun(x,c) 调用, 其中, c 为参数。

a,b —— 搜索区间的左、右端点。

(2) 输出

x —— 近似解;

fval —— 在近似解 x 处的目标函数值。

对于更专业人士, 可以采用如下方式来调用 fminbnd 命令:

$$[x,fval,exitflag,output] = fminbnd(fun,a,b,options)$$

(3) 额外输入

options —— 用来定义各种选项 (最大函数值计算次数, 最大迭代次数, 等等)。

(4) 额外输出

exitflag —— 以何种条件退出程序;

output —— 一个结构体, 包含寻优过程消耗的函数值计算次数和迭代次数等信息。

**注 12.1**　目标函数要求在区间 [a,b] 内是单峰 (单模) 函数, 否则得到的解可能只是极值。可以采用画出目标函数草图, 人工判断包含最优解的区间的方法来进行预处理。

**例 12.4**　求目标函数 $y = \dfrac{(x-1)\sin x}{e^{x^2}}$ 在区间 $(-2, 2)$ 内的最大值。

**解**　该函数的图形如图 12.1 所示。

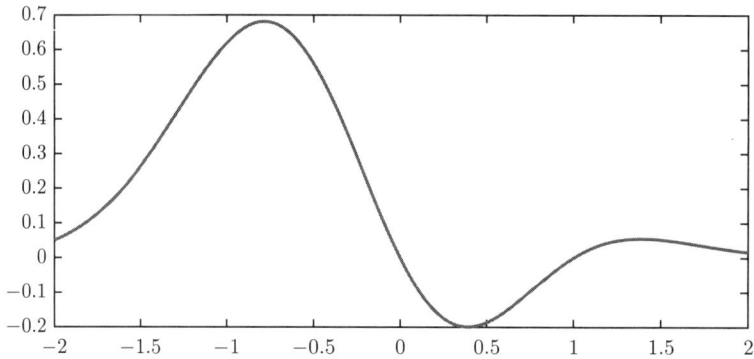

图 12.1　函数 $y = \frac{(x-1)\sin x}{e^{x^2}}$ 在区间 $(-2, 2)$ 内的图形

用 fminbnd 命令求解的参考代码如下 (注意为了求最大值, 目标函数加了负号):

```
[x,fval] = fminbnd(@(x)(1-x)*sin(x)/exp(x*x),-1.5,0)
x = -0.7829,  fval = -0.6813
```

结果表明, 该函数在 $-0.7829$ 处, 取得最大值约为 $0.6813$。

5) 用直接搜索算法 fminsearch 求解无约束优化问题

下面介绍无约束最优化问题的两个常用求解算法: 采用单纯形直接搜索方法的 fminsearch 命令, 以及采用梯度型优化方法的 fminunc 命令。

fminsearch 命令采用改进的 Nelder-Mead 单纯形直接搜索方法[284], 求解如下的无约束最优化问题:

$$\min_{\boldsymbol{x} \in \mathbb{R}^n} f(\boldsymbol{x}) \tag{12.5}$$

由于不借助于任何直接或间接的梯度信息, fminsearch 命令的效率通常不如 fminunc 命令, 但后者对最优化问题的要求更高, 从而稳健性更差。特别地, 在目标函数不可微或者不连续的情形中, fminsearch 命令具有显著的优势。

fminsearch 命令的基本调用方法为

$$[x,fval] = fminsearch(fun,x0)$$

(1) 输入

fun —— 目标函数;

x0 —— 初始迭代点。

(2) 输出

x —— 近似解;

fval —— 在近似解 x 处的目标函数值。

对于更专业人士, 可以采用如下方式来调用 fminsearch 命令:

$$[x,fval,exitflag,output] = fminsearch(fun,x0,options)$$

(3) 额外输入

options —— 用来定义各种选项 (最大函数值计算次数, 最大迭代次数, 等等)。

(4) 额外输出

exitflag —— 以何种条件退出程序;

output —— 一个结构体, 包含寻优过程消耗的函数值计算次数和迭代次数等信息。

**例 12.5**　求解如下的香蕉函数 (Rosenbrock 函数) 的最小值点及其最小值:

$$\min_{\boldsymbol{x}} \left[ 100(x_2 - x_1^2)^2 + (1 - x_1)^2 \right]$$

参考代码如下:

```
fun = @(x)100*(x(2) - x(1)^2)^2 + (1 - x(1))^2;
x0 = [-1.2,1];
x = fminsearch(fun,x0)
```

计算结果表明, 香蕉函数在 [1,1] 点取得目标函数为 0:

```
x = [1, 1]', fval = 0
```

由于该函数肯定是非负的, 因此, 显然找到了全局最优解。

6) 用梯度型算法 fminunc 求解无约束优化问题

fminunc 命令求解的最优化模型与 fminsearch 命令完全一样。但是, 在目标函数是可微的情况下, fminsearch 命令无法充分利用可能的梯度信息, 而 fminunc 命令则可以。提供了梯度信息后, fminunc 命令将显著提升求解效率, 得到更可靠的最优解 (可能是极值点, 而不是最值点)。

fminunc 命令允许采用三类主流的梯度型优化算法 (信赖域法、拟牛顿法和最速下降法)。它默认采用信赖域法 ('trust-region'), 可以在算法选择中改为拟牛顿法 ('quasi-newton', 内含最速下降法的设置)。注意, 如果采用默认的信赖域法, 需要提供梯度信息。如果不想提供梯度信息, 可以选择拟牛顿法, 后者将会在算法中计算并不断更新一阶和二阶近似梯度。在拟牛顿法中, 二阶梯度 (Hessian 矩阵) 的更新默认使用 BFGS 公式, 也可以改为 DFP 公式或最速下降公式 ('steepdesc')。

fminunc 命令的基本调用方法为

$$[\text{x,fval}] = \text{fminunc(fun,x0)}$$

(1) 输入

fun —— 目标函数;

x0 —— 初始迭代点, 尽可能接近最优解。

(2) 输出

x —— 近似解;

fval —— 在近似解 x 处的目标函数值。

对于更专业人士, 可以采用如下方式来调用 fminunc 命令:

```
[x,fval,exitflag,output,grad,hessian] = fminunc(fun,x0,options)
```

(3) 额外输入

options —— 用来定义各种选项 (算法选择, 最大函数值计算次数, 最大迭次数, 等等);

fun —— 目标函数以及可能需要提供的梯度信息。因此, 一般用 MATLAB 的函数格式编写, 以便同时反馈目标函数信息和梯度信息。格式为 $[f, g, h] = \mathrm{myfun}(x)$。其中, $f, g, h$ 分别返回 $x$ 点处的目标函数值、一阶梯度值和二阶梯度 (Hessian)。注意: 如果用到用户提供的梯度信息, 则需要对 options 进行必要的设置。如果用到一阶梯度, 则设置为:

$$\mathrm{options.SpecifyObjectiveGradient\ =\ 'true';}$$

或者

```
options = optimoptions('fminunc','SpecifyObjectiveGradient',true);
```

如果用到二阶梯度, 则设置为:

$$\mathrm{options.HessionFcn\ =\ 'objective';}$$

或者

```
options = optimoptions('fminunc','HessianFcn','objective').
```

exitflag —— 以何种条件退出程序;

output —— 一个结构体, 包含寻优过程消耗的函数值计算次数和迭代次数等信息;

grad, hessian —— 目标函数在 $x$ 点处的梯度和海塞矩阵。

**例 12.6** 用 fminunc 命令求解如下的香蕉函数 (Rosenbrock 函数) 的最小值点及其最小值:

$$\min_{x} \left[ 100(x_2 - x_1^2)^2 + (1 - x_1)^2 \right]$$

采用信赖域法并提供梯度信息的参考代码如下:

```
options = optimoptions('fminunc','Algorithm','trust-region',
            'SpecifyObjectiveGradient',true,'HessianFcn',
            'objective');
 myfun = @(x)100*(x(2)-x(1)^2)^2+(1-x(1))^2;
 x0=[-1,2];
 [x,fval] = fminunc(@myfun,x0,options)
```

计算结果表明, 基本找到了最优解 [1,1] 点, 目标函数值约为 0:

```
x = [1, 1]', fval = 1.9310e-17.
```

采用 BFGS 拟牛顿法的参考代码如下:

```
myfun = @100*(x(2)-x(1)^2)^2+(1-x(1))^2;
x0=[-1,2];
[x,fval] = fminunc(@myfun,x0)
```

虽然这里的 myfun 函数可以提供一阶和二阶梯度信息, 但是, 并没有被利用, fminunc 命令调用 BFGS 拟牛顿法求解。计算结果如下:

```
x = [1, 1]', fval = 1.2266e-10.
```

这表明, BFGS 拟牛顿法也基本找到了最优解 [1,1] 点, 但精度不如前面信赖域法的结果。

7) 用梯度型算法 fmincon 求解约束优化问题

在 MATLAB 中, fmincon 命令可以求解较为一般的约束优化问题, 其数学模型可以描述为

$$
\min_{\boldsymbol{x}\in\mathbb{R}^n} f(\boldsymbol{x}), \text{ s.t.}
\begin{cases}
c(\boldsymbol{x}) \leqslant 0 \\
\text{ceq}(\boldsymbol{x}) = 0 \\
\boldsymbol{A}\boldsymbol{x} \leqslant \boldsymbol{b} \\
\text{Aeq } \boldsymbol{x} = \text{beq} \\
\text{lb} \leqslant \boldsymbol{x} \leqslant \text{ub}
\end{cases}
\tag{12.6}
$$

其中, 约束函数 $c(\boldsymbol{x}), \text{ceq}(\boldsymbol{x})$ 可以是一个函数, 也可以是函数列向量; $\boldsymbol{x}, \boldsymbol{b}, \text{beq}, \text{lb}, \text{ub}$ 都是列向量, $\boldsymbol{A}, \text{Aeq}$ 为矩阵。

fmincon 命令的基本调用方法为

```
[x,fval] = fmincon(fun,x0,A,b,Aeq,beq,lb,ub,nonlcon)
```

(1) 输入

fun —— 目标函数;

x0 —— 初始迭代点;

A,b,Aeq,beq,lb,ub —— 线性约束中的向量和矩阵。如果没有某类约束, 令对应变量为空集即可。如 A=[], b=[], 表示没有不等式约束。

nonlcon —— 一个 MATLAB 函数, 返回非线性约束函数值 $c(x), \text{ceq}(x)$。

(2) 输出

x —— 近似解;

fval —— 在近似解 x 处的目标函数值。

对于更专业人士, 可以采用如下方式来调用 fmincon 命令:

```
[x,fval,exitflag,output,lambda,grad,hessian] = fmincon(fun,x0,
A,b,Aeq,beq,lb,ub,nonlcon,options)
```

(3) 额外输入

options —— 用来定义各种选项 (算法选择、最大迭代次数, 等等)。

(4) 额外输出

exitflag —— 以何种条件退出程序;

output —— 一个结构体, 包含迭代次数、所用算法等信息;

lambda —— 是一个结构体, 包含每个不等式约束和等式约束的影子价格 (拉格朗日乘子);

grad, hessian —— 目标函数在 $x$ 点处的梯度和海塞矩阵。

关于算法选择, fmincon 命令默认采用内点法 ('interior-point'), 也可以替换为信赖域法 ('trust-region-reflective')、积极集法 ('active-set')、序列二次规划 ('sqp') 等算法。MATLAB 帮助文档中建议先尝试内点法, 然后是序列二次规划算法和积极集算法, 但后两者都不能求解大规模问题。信赖域 ('trust-region-reflective') 算法要求在目标函数中提供梯度信息, 并将 SpecifyObjectiveGradient 设置为 true, 而且要求具有边界约束或线性等式约束之一 (但不能两者都有)。

**例 12.7** 求解如下的约束优化问题:

$$\min \ z = -3x_1^2 + 4x_2 - 2x_3 + 5x_4^2$$

$$\text{s.t.} \begin{cases} 1 \leqslant x_1^2 + x_2^2 + x_3^2 + x_4^2 \leqslant 4 \\ 4x_1 - x_2 + 2x_3 - x_4 = -2 \\ x_1 + x_2 + 3x_3 - x_4 \leqslant 14 \\ -2x_1 + 3x_2 - x_3 + 2x_4 \geqslant 2 \\ x_1, x_2, x_3 \geqslant 0 \end{cases}$$

参考代码如下:

```
fun=@(x)-3*x(1)^2+4*x(2)-2*x(3)+5*x(4)^2;
x0 = [1 2 3 4];
A = [1 1 3 -1;2 -3 1 -2];
b = [14 -2]';
Aeq = [4 -1 2 -1];
beq = -2;
lb = [0 0 0 -inf];
ub = inf*ones(1,4);
```

将非线性约束写成如下的 MATLAB 函数:

```
function [c,ceq]=mycon(x);
c=[sum(x.^2)-4;1-sum(x.^2)]; % 两个非线性不等式约束
ceq=[];    % 没有非线性等式约束
```

然后调用 fmincon 命令:

```
[x,fval,exitflag,output] = fmincon(fun,x0,A,b,Aeq,beq,lb,ub,
@mycon)
```

计算结果：

```
x = [0.0000 1.6000 0.0000 0.4000]', fval = 7.2000, exitflag =
1.
```

output 的信息表明, 搜索过程用了 19 次迭代, 一共消费了 100 次函数值计算次数。

## 12.1.2　全局最优化工具箱

Global Optimization 工具箱是 MATLAB 中提供的另一个关于数值优化的工具箱, 它提供的算法旨在寻找最优化问题的全局最优解。目前, Global Optimization 工具箱提供了 7 个命令来求解单目标优化问题的全局最优解：

- GlobalSearch: 串行多次重启；
- MultiStart: 并行多次重启；
- patternsearch: 采用模式搜索算法求解；
- simulannealbnd: 采用模拟退火算法求解有界约束优化问题；
- ga: 采用基因算法求解；
- particleswarm: 采用粒子群优化求解；
- surrogateopt: 基于代理模型的最优化方法。

对应地, 求解多目标优化的方法要少得多, 这里只介绍基于 GA 的方法：

- gamultiobj: 采用基因算法求解多目标优化问题。

必须提醒的是, Global Optimization 工具箱里的命令并不保证一定能找到全局最优解!

下面先介绍基于 GlobalSearch 和 MultiStart 策略的命令 run, 然后介绍基于无导数优化的命令 patternsearch, 再介绍基于启发式优化的命令 simulannealbnd、基于演化优化的命令 ga 和基于群体智能优化的命令 particleswarm, 最后介绍基于代理模型优化的命令 surrogateopt, 以及基于多目标优化的命令 gamultiobj。

1) 用 run 实现梯度优化的多次重启

首先指出, run 命令自身不是一个算法, 它只是一个 "马甲", 其内核是串行多次重启 GlobalSearch 和并行多次重启 MultiStart 算法。这一点是有别于所有其他最优化命令的。然后, 简单介绍一下 GlobalSearch 和 MultiStart 算法。MultiStart 算法根据给定的初始点 $x_0$, 先生成 $s-1$ 个随机点, 并以这 $s$ 个点为初始点, 独立地调用梯度优化算法 (如 fmincon)$s$ 次, 得到多个局部最优解, 输出它们中的最好者作为全局最优解的近似。

GlobalSearch 算法则更复杂, 它先对给定的 $x_0$ 进行局部寻优 (如用 fmincon), 得到一个局部最优解。然后, 定义该局部最优解的 "吸收盆": 以局部最优解为中心, 以初始点与局部最优解之间的距离为半径的球形区域。再想办法得到第二个初始点进行局部寻优, 定义第二个吸收盆。记录最小的局部最优解, 并把它作为一个门槛值。用 scattersearch 产生一堆尝试点, 对每个尝试点进行如下主循环, 直到停止条件满足: ①判断它是否不在现有吸收盆且目标函数值小于门槛值; ②若是 (表明这个点好), 则运行局部寻优, 并更新吸收盆的相关信息; ③若否, 记录并更新监控值 (每个吸收盆包含这类点的个数), 监控值太大则要缩小吸收盆半径, 或提高门槛值。

前面已说明, 在 MATLAB 中, GlobalSearch 和 MultiStart 并不直接求解问题。事实上, 它们是用来描述最优化问题以及求解算法的。具体做法是通过命令 createOptimProblem 定义结构体 problem, 即

```
problem = createOptimProblem(solverName,ParameterName,
ParameterValue)
```

其中, solverName 指的是求解算法 (一般用 fmincon); 后面的 "参数名-参数值" 对用于定义最优化问题, 例如参数名包括'objective', 'x0', 'Aeq', 'beq', 'Aineq', 'bineq', 'lb', 'ub', 'nonlcon', 等等。这些名称在前面已经见过多次, 含义是一致的 (除了用 Aineq, bineq 分别代替了 A, b)。

在定义好了最优化问题 problem 后, 就可以运行 run 命令了。run 命令调用 GlobalSearch 的基本用法为

```
gs = GlobalSearch;
[x,fval,exitflag,output,solutions] = run(gs,problem);
```

这里的各个变量的输出含义与前面的类似, x, fval 为找到的最好解及其函数值; exitflag 给出算法满足什么停止条件而退出, output 总结寻优过程中的关键信息 (如函数值计算次数等); solutions 包含找到的所有局部最优解。

run 命令调用 MultiStart 的基本用法为

```
ms = MultiStart;
[x,fval,exitflag,output,solutions] = run(ms,problem,s);
```

这里的 s 可以是一个正整数, 描述要独立重启 s 次; 也可以是给定的一个点集, 里面的每个点就是每次重启时的初始点, 点的数量就是重启次数。输出信息与 GlobalSearch 的调用一致。

对于更专业的读者, 可以通过 options 在最优化问题定义中加上算法选择, 即

```
problem = createOptimProblem(solverName,ParameterName,
ParameterValue,options)
```

其定义方式如下:

```
options = optimoptions(SolverName,Name,Value);
```

如果不清楚如何定义这些参数, 还可以用 optimoptions 推荐参数。具体方法是先描述最优化问题, 再寻求算法和参数推荐:

```
prob = optimproblem('Objective',expr);
options = optimoptions(prob)
```

这里的 expr 是目标函数表达式。

此外, 更专业的读者也可以去修改 GlobalSearch 或 MultiStart 的参数设置。因为两者的设置方法类似, 下面用 GlobalSearch 来说明。在前面的基本用法介绍中, gs = GlobalSearch 会建立一个求解器, gs 是一个包含多个属性的结构体, 描述了这个求解器的重要参数设置。通过下面的代码, 可以重新设置求解器的参数值:

```
gs = GlobalSearch(Name,Value)
```

这里的 Name 是属性名称, 而 Value 是其属性值。

**注 12.2**　由于 Multistart 需要用到随机数, 为了保证每次运行都得到相同的结果, 要对随机数流 RandStream 进行控制。下面的命令可以用默认的随机数生成算法 ('twister') 和默认的种子 ('seed'=0) 产生随机数流:

```
rng default
```

对更专业的读者, 可以选择更合适的随机数生成算法, 也可以对种子参数进行设置。比如用

```
rng(seed,generator);
```

可以设置种子和算法。

**注意**　这一点适用于所有采用随机数的最优化算法, 后面不再赘述。

**例 12.8**　求香蕉函数 (见例 12.5) 在 $-2 \leqslant x_1, x_2 \leqslant 2$ 内的最小值点, 初始点为 $[-1,2]$。

参考代码:

```
fun = @(x)(100*(x(2) - x(1)^2)^2 + (1-x(1))^2);
problem = createOptimProblem('fmincon','x0',[-1,2],
          'objective',fun,'lb',[-2;-2],'ub',[2;2]);
```

采用 GlobalSearch 求解:

```
gs = GlobalSearch;
[x,fval] = run(gs,problem)
```

求解结果为

```
x = [1.0000 1.0000], fval = 2.0779e-11
```

采用 MultiStart 求解:

```
ms = MultiStart;
[x,fval] = run(ms,problem,50)
```

求解结果为

```
x = [1.0000 1.0000], fval = 2.0200e-11
```

可以看到, 两种算法效果都非常好。

2) 用直接搜索算法 patternsearch 求解约束优化问题

与 fminsearch 类似, patternsearch 也采用直接搜索方法来求解最优化问题。两者的区别在于, 前者只能求解无约束最优化问题, 而后者可以求解有约束的最优化问题。

具体来说, patternsearch 命令包含了三类直接搜索算法, 分别是广义模式搜索 (generalized pattern search, GPS) 算法, 生成集搜索 (generating set search, GSS) 算法, 以及网格自适应搜索 (mesh adaptive direct search, MADS) 算法。默认采用 GPS 算法, 当出现了线性约束时, 会自动调用 GSS 算法。这三类算法都有一个显著特点: 包含两种不同类型的搜索过程, 一种是用于保证收敛的搜索, 称为 poll; 另一种是用于加速收敛的搜索, 称为 search。显然, poll 搜索更重要。事实上, 在 patternsearch 命令中, 默认不用 search 功能。无论是 poll 还是 search, 数据结构上都是集合, 包含搜索的方向向量, 后面分别称它们为 poll 集合和 search 集合。在这三个算法中, poll 集合 (或者 search 集合) 可以选择最小正基 (有 $n+1$ 个搜索方向) 或最大正基 (有 $2n$ 个搜索方向)。第 4 章已经介绍, 这两类正基是直接搜索中最常用和最重要的模式 (pattern)。

patternsearch 命令的基本用法如下:

```
[x,fval] = patternsearch(fun,x0,A,b,Aeq,beq,LB,UB,nonlcon)
```

还可以在输入中加入 options 来调整算法和参数选择, 也可以额外输出过程信息:

```
[x,fval,exitflag,output] = patternsearch(fun,x0,A,b,Aeq,beq,
LB,UB,nonlcon,options)
```

这里的输入和输出变量的含义与 fmincon 中类似, 不再赘述。

patternsearch 中允许的 poll 方法有以下几种:

- GPSPositiveBasis2N: 基于最大正基的 GPS 算法;
- GPSPositiveBasisNp1: 基于最小正基的 GPS 算法;
- GSSPositiveBasis2N: 基于最大正基的 GSS 算法;
- GSSPositiveBasisNp1: 基于最小正基的 GSS 算法;
- MADSPositiveBasis2N: 基于最大正基的 MADS 算法;
- MADSPositiveBasisNp1: 基于最小正基的 MADS 算法。

默认使用第一个方法 GPSPositiveBasis2N。可以通过如下设置:

```
options.PollMethod = "GSSPositiveBasis2N";
```

来选择基于最大正基的 GSS 算法, 其余方法的设置类似。值得注意的是, 当存在线性约束时, 优先选择 GSS 算法。

虽然默认不采用 search 功能, 但是, patternsearch 允许自己编写 search 函数, 也有多种自带的 search 方法。这里包括用于 poll 搜索的 6 种算法, 还包括 searchga, searchlhs, searchneldermead, rbfsurrogate 等算法。后面 4 种算法分别采用基因算法 (GA), 拉丁方搜索 (Latin hypercube search), Nelder-Mead 单纯形搜索, 以及基于 RBF 的代理模型算法。可以通过如下设置:

```
options.SearchMethod = "searchneldermead";
```

来选择 Nelder-Mead 单纯形搜索算法用于 search, 其余方法的设置类似。

**例 12.9**　分别用 fmincon 和 patternsearch 求解下面的问题:

$$\min(x-1)^2 + (y-2)^2$$

$$\text{s.t.} \begin{cases} -x + y - 1 = 0 \\ x + y - 2 \leqslant 0 \\ x, y \geqslant 0 \end{cases}$$

参考代码:

```
A=[1 1]; b=2; Aeq=[-1 1]; beq = 1; lb=zeros(1,2); x0=[1,2];
[x,fval] = fmincon(@(x)(x(1)-1)^2+(x(2)-2)^2,x0,A,b,Aeq,beq,
lb)
[x,fval] = patternsearch(@(x)(x(1)-1)^2+(x(2)-2)^2,x0,A,b,
Aeq,beq,lb)
```

无论是 fmincon 还是 patternsearch, 得到的结果均为

```
x=[0.5, 1.5], fval = 0.5
```

注意在 fmincon 和 patternsearch 的调用中, 没有 **ub** 变量, 表明没有上界约束。

**例 12.10**　求解如下的约束优化问题:

$$\min \ z = -3x_1^2 + 4x_2 - 2x_3 + 5x_4^2$$

$$\text{s.t.} \begin{cases} 1 \leqslant x_1^2 + x_2^2 + x_3^2 + x_4^2 \leqslant 4 \\ 4x_1 - x_2 + 2x_3 - x_4 = -2 \\ x_1 + x_2 + 3x_3 - x_4 \leqslant 14 \\ -2x_1 + 3x_2 - x_3 + 2x_4 \geqslant 2 \\ x_1, x_2, x_3 \geqslant 0 \end{cases}$$

参考代码如下:

```
fun=@(x)-3*x(1)^2+4*x(2)-2*x(3)+5*x(4)^2;
x0 = [1 2 3 4];
A = [1 1 3 -1;2 -3 1 -2]; b = [14 -2]';
Aeq = [4 -1 2 -1]; beq = -2;
lb = [0 0 0 -inf]; ub = inf*ones(1,4);
```

将非线性约束写成如下的 MATLAB 函数:

```
function [c,ceq]=mycon(x)
c=[sum(x.^2)-4;1-sum(x.^2)]; ceq=[];
```

然后调用 patternsearch 命令：

```
[x,fval,exitflag,output] = patternsearch(fun,x0,A,b,Aeq,beq,
lb,ub,@mycon)
```

计算结果：

```
x = [0.0000  1.6000 0.0000 0.4000]', fval = 7.2000, exitflag =
1
```

output 的信息表明，搜索过程用了 5 次迭代，一共花费了 523 次函数值计算次数。和例 12.7 比较可以发现，fmincon 的迭代次数更多，但消耗的函数值计算次数则少很多。

3) 用模拟退火算法 simulannealbnd 求解有界约束优化问题

simulannealbnd 命令采用模拟退火 (SA) 算法求解有界约束的最优化问题。根据第 5 章的模拟退火介绍，该算法允许接受更差的点，有望跳出局部陷阱，找到更好的近似最优解。

simulannealbnd 命令的基本用法如下：

```
[x,fval] = simulannealbnd(fun,x0,lb,ub)
```

还可以在输入中加入 options 来调整算法和参数选择，也可以额外输出过程信息：

```
[x,fval,exitflag,output]=simulannealbnd(fun,x0,lb,ub,options)
```

这里的输入变量和输出变量的含义与 fminbnd 以及 fminunc 中类似，不再赘述。

**例 12.11**    用 simulannealbnd 命令求解如下的香蕉函数 (Rosenbrock 函数) 在 $[-3,3]^2$ 范围内的最小值点及其最小值：

$$\min_{\boldsymbol{x}} 100(x_2 - x_1^2)^2 + (1 - x_1)^2$$

参考代码如下：

```
fun = @(x)100*(x(2) - x(1)^2)^2 + (1 - x(1))^2;
rng default; x0 = 6*rand(2,1)-3;%初始点随机产生
[x,fval] = simulannealbnd(fun,x0,[-3,-3]',[3,3]')
```

计算结果如下：

```
x = [1.0154, 1.0330]', fval = 6.2257e-04
```

这个结果距离真正的最优解 [1,1] 还有一定的距离，精度不太高。注意，模拟退火算法采用了随机数，每次运行结果不完全一样，本次运行不足以完全说明问题，需要多次运行才能更好地评价该算法的性能。

4) 用基因算法 ga 求解约束优化问题

ga 命令采用基因算法来求解约束优化问题。第 7 章已经介绍, 基因算法是一个基于种群的最优化算法, 是演化优化的代表性算法, 模拟生物演化过程中的自然选择和适者生存, 来试图找到最优化问题的全局最优解。

MATLAB 中的 ga 算法是一个 "多面手", 不仅能处理常见的约束优化问题, 还能处理混合整数约束。这个特点使得 ga 成为 MATLAB 中适用面最宽的优化算法 (截止到 MATLAB2023b 版本)。此外, MATLAB 中的 ga 算法采用了精英策略。根据个体适应值, 将适应值最好的部分个体 (约 5%) 认定为精英 (elite) 个体, 直接生存到下一代。其他个体要么进行配对产生下一代, 要么单独进行变异产生下一代。

ga 命令的基本用法如下:

```
[x,fval] = ga(fun,nvars,A,b,Aeq,beq,lb,ub,nonlcon,intcon)
```

其中, nvars 指的是最优化问题的维数 (控制变量个数); intcon 用于指明哪个变量取整数 (与 intlinprog 中一致); 其余变量与 fmincon 中类似。还可以在输入中加入 options 来调整算法和参数选择, 也可以额外输出过程信息:

```
[x,fval,exitflag,output,population,scores] =
            ga(fun,nvars,A,b,Aeq,beq,lb,ub,nonlcon,intcon,
            options)
```

这里的输出变量 population 是一个矩阵 (描述最后种群, 每行代表一个个体); scores 是这些个体对应的适应值。

**例 12.12**　求解如下的混合整数非线性规划问题 (要求 $x_4$ 为整数):

$$\min \ z = -3x_1^2 + 4x_2 - 2x_3 + 5x_4^2$$

$$\text{s.t.} \begin{cases} 4x_1 - x_2 + 2x_3 - x_4 = -2 \\ x_1 + x_2 + 3x_3 - x_4 \leqslant 14 \\ -2x_1^2 + 3x_2 - x_3 + 2x_4^2 \geqslant 2 \\ x_1, x_2, x_3 \geqslant 0 \end{cases}$$

参考代码如下:

```
fun = @(x)-3*x(1)^2+4*x(2)-2*x(3)+5*x(4)^2;
intcon = [4];
A = [1 1 3 -1]; b = 14;
Aeq = [4 -1 2 -1];beq = -2;
lb = [0 0 0 -inf]; ub = inf*ones(1,4);
```

将非线性约束写成如下的 MATLAB 函数:

```
function [c,ceq]=mycon(x)
c=2+2*x(1)^2-3*x(2)+x(3)-2*x(4)^2; ceq=[];
```

然后调用 ga 命令:

```
[x,fval] = ga(fun,4,A,b,Aeq,beq,lb,ub,@mycon,intcon)
```

计算结果:

```
x = [0 2 0 0]', fval = 8.
```

5) 用粒子群优化 particleswarm 求解有界约束优化问题

粒子群优化是最有代表性的群体智能优化算法之一。目前, MATLAB 中的 particleswarm 命令只能求解有界约束或者无约束优化问题。该算法的惯性权重是在 [0.1,1.1] 范围内动态自适应的, 两个学习因子取值为常数 1.49。如果是无约束问题, 默认上下界为 [−1000,1000]。初始种群在可行域内均匀分布。在约束处理方面, 遵循文献 [285] 的做法, 比如把越界的变量拉回最近的边界。

particleswarm 命令的基本用法如下:

```
[x,fval] = particleswarm(fun,nvars,lb,ub)
```

这里输入变量和输出变量的含义均与 ga 中类似。还可以在输入中加入 options 来调整算法和参数选择, 也可以额外输出过程信息:

```
[x,fval,exitflag,output,points] = particleswarm(fun,nvars,lb,
ub,options)
```

这里的输出变量 points 是一个结构体, 描述了最终种群 (矩阵表示, 每行代表一个个体), 及其对应的适应值。

**例 12.13**    用 particleswarm 命令求解如下的香蕉函数 (Rosenbrock 函数) 在 $[-3,3]^2$ 范围内的最小值点及其最小值:

$$\min_{\boldsymbol{x}} 100(x_2 - x_1^2)^2 + (1 - x_1)^2$$

参考代码如下:

```
fun = @(x)100*(x(2) - x(1)^2)^2 + (1 - x(1))^2;
rng default; %用于重复验证
[x,fval] = particleswarm(fun,2,[-3,-3]',[3,3]')
```

计算结果如下:

```
x = [1.0010    1.0018]', fval = 2.6373e-06.
```

这个结果比模拟退火算法得到的结果要好不少。注意, 粒子群优化算法也是采用了随机数, 每次运行结果不完全一样, 本次运行不足以完全说明问题, 需要多次运行才能更好地评价该算法的性能。

6) 用代理模型优化命令 surrogateopt 求解约束优化问题

surrogateopt 可以认为是代理模型优化 (surrogate optimization) 的简写。代理模型优化是数值最优化中的一个热门研究领域, 其理念是在搜索过程中构造代理函数 (surrogate), 通过找到代理函数的最优解来不断逼近原始目标函数的最优解。这里的代理函数是几何性态好的函数, 比如著名的径向基函数 (radius basis function, RBF)[80-81,286], 对它们的寻优通常成本低廉。代理模型优化的本质是通过低成本的代理模型来 "代替" 计算昂贵的原始目标函数。因此, 代理模型优化在目标函数计算是成本昂贵的场景中很受欢迎。

在 MATLAB 中, surrogateopt 是求解最优化问题的另一个 "多面手"。与 ga 命令类似, 它能求解一般的约束优化问题, 还能处理整数约束问题。此外, surrogateopt 还能够求解可行性问题 (或约束满足问题), 即找到满足所有约束条件的任何一个解。

surrogateopt 命令的基本用法如下:

```
[x,fval] = surrogateopt(objconstr,lb,ub,intcon,A,b,Aeq,beq)
```

这里的输入变量除了 objconstr 以外, 都和 ga 中类似。objconstr 可以是一个函数手柄, 就像 ga 中的 fun; 也可以是一个结构体, 包含两个可能的属性: objconstr(x).Fval 和 objconstr(x).Ineq。第一个属性用于描述目标函数, 第二个属性用于描述非线性不等式约束条件。

还可以在 surrogateopt 输入中加入 options 来调整算法和参数选择以及输出过程信息:

```
[x,fval,exitflag,output,trials]=
    surrogateopt(objconstr,lb,ub,intcon,A,b,Aeq,beq,options)
```

这里的输出变量 trials 是一个结构体, 包含三个属性: 矩阵 $\boldsymbol{x}$(每列代表一个点), 列向量 **Fval** 和矩阵 **Ineq**(分别表示目标函数和约束条件在 $x$ 点的值)。

**注意**　surrogateopt 命令必须提供 **lb** 和 **ub** 这两个变量!

**例 12.14**　求解如下的混合整数非线性规划问题 (要求 $x_4$ 为整数):

$$\min \ z = -3x_1^2 + 4x_2 - 2x_3 + 5x_4^2$$

$$\text{s.t.} \begin{cases} 4x_1 - x_2 + 2x_3 - x_4 = -2 \\ x_1 + x_2 + 3x_3 - x_4 \leqslant 14 \\ -2x_1^2 + 3x_2 - x_3 + 2x_4^2 \geqslant 2 \\ x_1, x_2, x_3 \geqslant 0 \end{cases}$$

参考代码如下:

```
lb = [0 0 0 -1000]; ub = 1000*ones(1,4);%由于不接受无穷界，这
里用正负1000代替上下界
intcon = [4];
A = [1 1 3 -1]; b = 14;
Aeq = [4 -1 2 -1];beq = -2;
```

将目标函数与非线性约束写成如下的 MATLAB 函数:

```
function f = objconstr(x)
f.Fval = -3*x(1)^2+4*x(2)-2*x(3)+5*x(4)^2;
f.ineq =2+2*x(1)^2-3*x(2)+x(3)-2*x(4)^2;
```

然后调用 surrogateopt 命令:

```
[x,fval] = surrogateopt(@objconstr,lb,ub,intcon,A,b,Aeq,beq)
```

计算结果:

```
x = [0 2 0 0]', fval = 8.
```

这一结果跟例 12.12 中的结果一样。

7) 用基因算法 ga 求解多目标优化问题

多目标优化指的是有多个目标函数同时需要达到最好, 而且这些目标之间往往是相互矛盾的 (如果不矛盾, 则可以转化成多个单目标优化问题, 分别处理即可)。因此, 多目标优化问题的最优解与单目标情形有很大不同, 是帕累托 (pareto) 最优意义下的最优解。帕累托最优解指的是, 任何一个目标要变得更好, 就要付出某个其他目标变得更差的代价。帕累托最优解通常有很多个, 它们组成的集合称为帕累托解集, 又叫作帕累托前沿 (Pareto front)。在不加入价值判断的情况下, 帕累托解集中的每个解都是最优解。换句话说, 多目标优化问题的求解目标是, 找到它的帕累托解集。至于从这个解集中挑选哪个解, 那是由决策者的价值取向来决定的。

gamultiobj 命令采用 ga 算法来求解多目标优化问题, 这个算法是 NSGA-II 算法的一个变种[287]。它能处理包含混合整数约束在内的一般约束优化问题, 适用范围很广。

gamultiobj 命令的基本用法如下:

```
[x,fval] = gamultiobj(fun,nvars,A,b,Aeq,beq,lb,ub,nonlcon,
intcon)
```

这里所有输入与输出变量均与 ga 中类似。区别在于 x 包含的最优解数量比 ga 中多很多。值得注意的是, 这里并不保证得到的最优解是真正的全局最优解, 只能保证是局部最优解。

还可以在输入中加入 options 来调整算法和参数选择, 也可以额外输出过程信息:

```
[x,fval,exitflag,output,population,scores] =
    gamultiobj(fun,nvars,A,b,Aeq,beq,lb,ub,nonlcon,intcon,
    options)
```

这里的输入与输出变量与 ga 中类似。

**例 12.15** 在 $[0,2\pi]$ 范围内, 求同时使得 $\sin(x),\cos(x)$ 达到最小的解。

参考代码如下:

```
fun = @(x)[sin(x), cos(x)];
lb = 0; ub = 2*pi;
```

然后调用 gamultiobj 命令 (为了可重复验证, 加了随机数种子):

```
rng default
[x,fval] = gamultiobj(fun,1,[],[],[],[],lb,ub);
```

用如下命令可以画出帕累托前沿的图像:

```
plot(sin(x),cos(x),'r*')
xlabel('sin(x)')
ylabel('cos(x)')
legend('Pareto前沿')
```

计算结果如图 12.2 所示, 图 12.2(a) 描述了帕累托前沿 (由 18 个帕累托最优解组成), 图 12.2(b) 给出了这些最优解所在的位置及目标函数图像。理论上的帕累托前沿是 $[\pi, 3\pi/2]$ 这条线段, gamultiobj 用 18 个点比较准确地定位了这个线段。

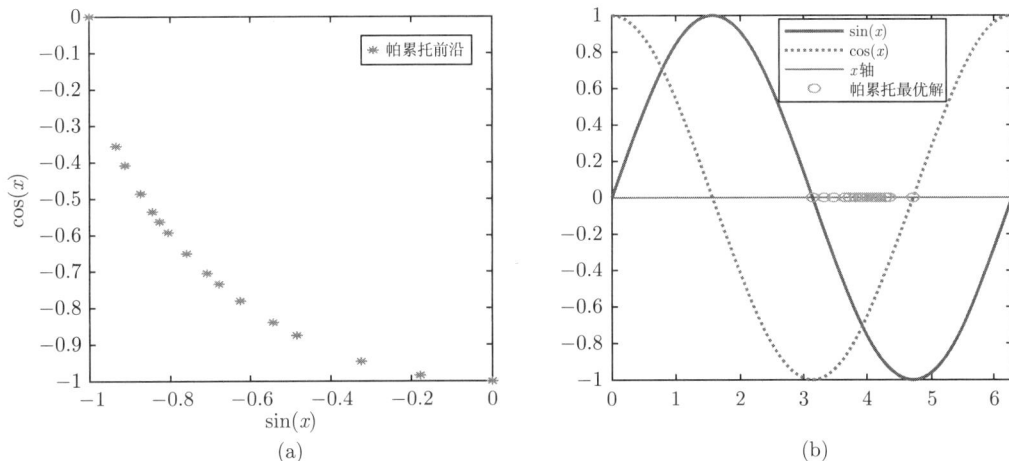

**图 12.2**　$[0, 2\pi]$ 范围内使得正弦函数和余弦函数同时最小的帕累托最优解 (见文后彩图)

## 12.2　如何改进或设计最优化算法

本节介绍如何改进已有的算法, 或者设计新的算法, 着重介绍单目标非凸优化算法的一些改进方向。结合 12.1 节介绍的 optimization 工具箱和 global optimization 工具箱, 以下几个命令可成为后续算法改进的标杆, 如果对相同类型的问题, 新改进算法的数值性能没有超越这些标杆, 则创新意义和实用价值就不够大。

- 求解无约束或有界约束最优化问题的命令: fminsearch, fminunc,simulannealbnd, particleswarm;
- 求解线性和非线性约束优化问题的命令: fmincon, patternsearch;
- 能求解各类约束 (含混合整数约束) 优化问题的命令: ga, surrogateopt。

最优化算法的设计与改进存在两条不同的路径: 一条是从最优化问题出发, 针对具体类型的问题, 开发高效的最优化算法; 另一条是从最优化算法本身出发, 想方设法提升其理论深度和数值性能。这两条路只是出发点不同, 并没有显著的区别, 最后都聚焦于开发出理论支撑强、数值性能好的最优化算法, 解决面临的实际问题。

下面针对两种特定类型的最优化算法, 分别介绍一些可行的设计与改进路径。这两类算法分别是基于多次重启的梯度型算法和种群协同型智能优化算法, 是笔者认为有前途的重要研究方向。

## 12.2.1 基于多次重启的梯度型算法

本节的梯度型算法既包含梯度下降法、(拟) 牛顿法、共轭梯度法和信赖域法等采用真实梯度的算法, 也包含采用近似梯度来代替真实梯度的对应算法。虽然近似梯度降低了寻优效率, 但扩大了应用范围, 且一般仍能保证收敛到最优化问题的极值点。结合第 1 部分 (第 2~4 章) 的内容, 可以把 (近似) 梯度型算法的性质与特点大致总结如下:

- 对最优化问题的目标函数等有较高的要求, 通常要求有一定的可微性。
- 通常都是单点迭代的, 即从一个初始点出发, 不断迭代到下一个点。
- 虽然允许一定程度的非单调, 但总体上属于下降算法, 即每个迭代点的目标函数值通常不会比上一个点的函数值高。
- 通常可以保证收敛到极值点, 但是, 对初始点敏感, 不同的初始点可能收敛到不同的极值点。
- 多次重启策略从多个不同的初始点出发运行梯度型算法, 通常可以帮助找到更好的极值点, 甚至真正的全局最优解。

鉴于梯度型算法利用了最优化问题的 (近似) 梯度信息, 在算法适用的情况下, 其局部搜索性能通常远超其他类型的算法。因此, 基于多次重启的梯度型算法是求解全局最优化问题的重要研究方向。

下面分新手、熟手、高手等几个级别, 分别介绍一些可操作性的设计或改进思路。

1) 新手级

对新手来说, 最重要的是学习和完成最优化算法设计、分析、数值比较与结果解读的全流程, 不用过多关注算法改进的效果。因此, 可以考虑按如下步骤完成一份实验报告。

- 挑一个熟悉的 (近似) 梯度型算法, 自己编程实现。同时, 找到该算法的标杆版本, 以便进行对比。比如选择梯度下降法, 此时可以用 MATLAB 中的 fminunc 命令 (设置成最速下降法) 作为标杆。
- 选择一些主流的测试问题, 最好是主流的测试问题集合, 用于算法测试和性能比较。
- 先用标杆算法去求解测试问题集合, 记录过程数据。然后, 采用并行的多次重启策略, 独立多次执行自己编写的算法。比如, 在可行域内随机生成 50 个点, 从这些点出发, 独立执行梯度下降算法 50 次, 并记录过程数据。
- 选择主流的数据分析方法, 对记录的过程数据进行分析, 比较标杆算法和自己编程算法的多次重启版本, 解读结果, 并撰写实验报告。

在这一阶段, 如果能够多编程实现一些算法, 多选择一些主流的测试问题集合进行测试, 多用几种主流的数据分析方法去分析数据, 同时, 多查阅和学习优秀的代码和论文, 则可以更快脱离新手阶段。

2) 熟手级

这里的熟手指的是以算法设计与应用为目标, 并力图能发表学术论文的研究人员, 或者以类似高度要求自己的读者。为达此目的, 对所关注算法的各个要素要非常熟悉, 理解算法的优点和缺点, 并想方设法改掉缺点, 提升算法的数值性能和理论支撑。在这一过程中, 还要特别关注创新性, 以及算法数值性能和 (或) 理论性质的提升效果, 才有助于发表高水平论文。下面给出一个参考性步骤。

- 熟悉以 MultiStart 和 GlobalSearch 为代表的多次重启策略[41]。
- 从一切可能的方向改进多次重启算法的数值性能, 并兼顾全局收敛性质。切入点包括但不限于: 参数自适应、成本分配、监控模式、多水平联动、局部算法选择、停止条件, 等等。
- 分析所提出算法的数值性能和 (或) 收敛性质, 撰写学术论文。此时的对标算法为改进前的算法, 以及同类主流算法。如果有合适的实际应用问题, 则更容易获得更多同行的认可。

在熟手级的早期, 如果能发现算法的某个缺陷, 并找到消除缺陷的方法, 则可以尽快完成论文撰写, 并经历投稿、修改 (或拒稿) 到论文被接受发表等全流程。这样可以了解学术发表的各环节, 如果确认不反感这一生活方式, 则可以更放心地投入到熟手级的 "升级打怪"中去。

在熟手级的中后期, 一般会追求发表高水平学术论文。最优化是多学科交叉的领域, 既有数学学科的研究人员, 也有大量工程领域的研究人员, 还有很多来自管理科学与工程以及社会科学领域的研究人员。不同领域的应用场景不同, 其他方面则大体类似, 都极其关注算法数值性能的提升, 也越来越重视算法的数学理论支撑。各领域最受重视的学术期刊主要包括:

- 在数学规划领域: *Mathematical Programming, SIAM Journal on Optimization, Journal of Global Optimization,* $\cdots$;
- 工程优化领域: *IEEE Transactions on Evolutionary Computation, Evolutionary Computation,* $\cdots$;
- 管理科学领域: *Operational Research, European Journal of Operational Research,* $\cdots$。

当然, 以上期刊的领域划分并不绝对, 不少期刊是多个领域研究人员都关注的, 比如 Journal of Global Optimization 就是三个领域的主流期刊之一。

3) 高手级

这里的高手指的是, 以开发能流传后世的顶级算法并解决实际问题为己任的研究人员。笔者不敢以高手自居, 故这里只能简单臆想一下高手的境界和成为高手的可能途径。

一方面, 高手大概率是熟悉各类经典的最优化算法的, 并对算法要素了然于胸, 甚至能做到 "以无招胜有招"。在算法设计层面, 注重算法理念的自然与和谐, 算法要素的简洁与优美。此外, 高手不会限制自己在梯度优化的多次重启中, 大概率会融合智能启发类算法, 平衡局部探索和全局搜索, 以使得算法具有更广泛的适用能力。

另一方面, 高手应该是熟悉实际最优化问题的, 既能充分利用问题的先验信息, 还能积极利用算法求解过程中的数据, 实施数据驱动, 调整搜索方向和策略, 提升算法效率。

## 12.2.2 种群协同型智能优化算法

在无导数优化领域, 基于种群协同演化的算法越来越得到认可, 已成为全局最优化算法的主流研究方向。根据第 2 部分 (第 5~7 章) 的内容, 可以把这类算法的性质与特点大致总结如下:

- 对最优化问题的目标函数要求低, 甚至可以没有任何要求 (即黑箱优化), 算法的适用范围广。
- 不是单点迭代的, 而是种群协同演化的, 即从一个初始种群出发, 不断迭代到下一个种群。
- 种群中的个体可以有智能 (如蚁群优化, 粒子群优化), 也可以没有智能 (如基因算法, 差分演化), 前者通常归属于群体智能优化, 后者归属于演化优化或启发式优化。无论哪一类, 都非常重视个体之间的信息共享, 以及基于共享信息的协同搜索。
- 不是下降算法, 在演化的种群中, 有些个体可能比上一代变差了, 但是, 只要算法背后的启发式或演化机理有效, (长期来看) 种群中的最优个体通常会变得更好。
- 通常都主动拥抱随机性, 属于随机优化算法。
- 以找到问题的全局最优解为目标, 但即便数值性能良好, 算法收敛性的数学证明通常很难得到。主要原因包括全局最优化问题可能是 NP 难问题, 以及有随机性等。

种群协同型智能优化算法跟人工智能特别是群体智能关系密切。目前的研究表明, 只要个体足够多, 且个体之间存在信息共享, 这个种群 (或系统) 就可能涌现出远超个体智能水平的智能行为。因此, 种群协同型智能优化算法具有重要的研究价值, 既有助于从人工智能的角度解决优化问题 (AI for optimization), 又有望从优化的角度进一步提升群体智能或人工智能的水平 (AI by optimization)。

下面分新手和熟手两个级别, 分别介绍一些可操作性的设计或改进思路。而关于高手级的介绍, 请参阅 12.2.1 节, 这里不再赘述。

1) 新手级

与 12.2.1 节类似, 对新手来说, 最重要的是学习和完成最优化算法设计、分析、数值比较与结果解读的全流程, 不用过多关注算法改进的效果。因此, 可以考虑按如下步骤完成一份实验报告。

- 挑一个熟悉的种群协同型算法, 自己编程实现。同时, 找到该算法的标杆版本, 以便进行对比。比如从粒子群优化算法入手, 编程选择它, 并用 Clerc 的标准粒子群优化 (SPSO2011)[141] 作为标杆, 也可以用 MATLAB 中的 particleswarm 命令作为标杆。

- 选择一些主流的测试问题, 最好是从主流的测试问题集合中选择, 用于算法测试和性能比较。
- 用标杆算法和自己编写的算法分别去求解测试问题集合, 记录过程数据。
- 选择主流的数据分析方法, 对记录的过程数据进行分析, 比较标杆算法和自己编程算法的数值性能, 解读结果, 并撰写实验报告。

在这一阶段, 建议多编程实现一些算法 (比如经典的几个算法: GA, PSO, ACO, DE 等), 多选择一些主流的测试问题集合进行测试, 多用几种主流的数据分析方法去分析数据, 同时, 多查阅和学习优秀的代码和论文, 早日脱离新手阶段。

2) 熟手级

这里的熟手定义与 12.2.1 节相同。下面提供一个参考性步骤。

- 对 GA, PSO, ACO, DE 等经典算法以及自己所关注算法的各个要素要非常熟悉, 理解算法的优点和缺点。
- 想方设法改进算法的缺点, 提升算法的数值性能。切入点包括但不限于: 编码方式、遗传操作、动态方程、子群协同、多水平联动、参数自适应、局部算法选择、重启策略、停止条件, 等等。
- 以改进前的算法以及同类主流算法为标杆, 分析并论证所提出算法的数值性能具有一定的优越性。
- 尽可能去探讨该算法的稳定性或收敛性等理论性质。如果有合适的实际应用问题, 则更容易获得更多同行的认可。

关于发表高水平学术论文的期刊选择, 请参阅 12.2.1 节的 "熟手级" 部分, 这里不再赘述。

需要特别强调的是, 由于种群协同型优化算法一般都有随机性, 因此, 对它们的数值性能的数据分析, 一定要注意随机波动的影响。事实上, 人们至今都不能很好地常识性地应对随机性, 也就是说, 随机现象的很多性质都是违反人类常识的。因此, 用心用情地对待随机波动, 更容易发现原创性的创新与有趣且有价值的应用。

## 12.3　如何评价一个最优化算法

假设读者朋友已经设计出了自己的最优化算法, 或者复现了他人的最优化算法, 在此基础上, 本节内容将进一步带领大家对算法进行恰当的评价, 包括数值性能的评价以及理论层面的评价。本节先介绍如何进行数值性能评价, 然后介绍如何对算法进行理论分析和评价。

### 12.3.1　对最优化算法进行数值测试

这里主要介绍数值测试的前期准备和如何收集测试过程数据。

1) 前期准备

前期准备主要包括两方面: 算法准备和测试问题准备。在算法方面, 要准备好至少两个最优化算法。这里默认有一个算法是读者更关心的算法, 比如自己编写或改进的算法。另一个是用于比较的 "标杆" 算法, 例如, 12.1 节介绍的 MATLAB 内置的最优化命令。注意: "标杆" 算法要求跟第一个算法是同类型的, 比如都是单目标优化算法, 或都用于求解混合整数约束, 等等。

在测试问题的准备方面, 要求根据最优化算法的求解类型, 选择相应的测试问题集合。而且, 一般要求这个测试问题集合具有一定的公信力, 比如, 第 9 章介绍的国际通用测试集 (CEC 系列测试集、BBOB 测试集、GKLS 测试集、Cuter 测试集、Hedar 测试集, 等等), 或者某些重要文献使用过的测试集。此外, 根据文献 [227] 的研究, 选择具有奇数个测试问题的测试集有利于显著降低循环排序悖论发生的概率。

下面给出一些国际通用测试问题集的信息:

- CEC 系列测试问题集[232]: 这是 CEC 国际会议中用于算法竞赛的测试问题集, 每年有所不同。
- BBOB 测试问题集[233-234]: 这是 GECCO 国际会议中用于算法竞赛的测试问题集 (后来在 CEC 会议中也开展算法竞赛), 每年基本稳定不变。
- GKLS 测试问题集: 由四位作者姓名首字母命名的测试问题集[231], 其特点是可以根据用户需要, 自动生产上百个测试问题。
- Hedar 测试问题集: 这个测试集相对比较简单。

不过, 上述测试集合中通常包含几十个甚至成百上千个测试问题, 不宜直接用于大规模测试。一般来说, 为了检查代码是否能符合预期地运行, 会在小规模测试集合上先测试。对于初入门的读者, 通常先接触有界约束的最优化问题, 表 12.1 列出的测试函数, 可用于对无约束或有界约束的最优化算法进行初步测试。通过选取不同的维度 $D$, 还可以测试算法在低维问题和高维问题上的性能表现。

表 12.1　几个常用的有界约束最优化测试问题

| 函数名称 | 表达式 | 搜索区域 | 最优函数值 |
|---|---|---|---|
| Sphere | $\sum\limits_{i=1}^{D} x_i^2$ | $[-100, 100]^D$ | 0 |
| Rosenbrock | $\sum\limits_{i=1}^{D-1} \left(100(x_{i+1} - x_i^2)^2 + (x_i - 1)^2\right)$ | $[-2.048, 2.048]^D$ | 0 |
| Rastrigin | $\sum\limits_{i=1}^{D} (x_i^2 - 10\cos(2\pi x_i) + 10)$ | $[-5.12, 5.12]^D$ | 0 |
| Griewank | $\dfrac{1}{4000} \sum\limits_{i=1}^{D} x_i^2 - \prod\limits_{i=1}^{D} \cos\left(\dfrac{x_i}{\sqrt{i}}\right) + 1$ | $[-600, 600]^D$ | 0 |
| Ackley | $20 + \mathrm{e} - 20\exp\left[-\dfrac{1}{5}\sqrt{\dfrac{1}{D}\sum\limits_{i=1}^{D} x_i^2}\right] - \exp\left[\dfrac{1}{D}\sum\limits_{i=1}^{D} \cos(2\pi x_i)\right]$ | $[-32, 32]^D$ | 0 |

2) 等计算成本控制

在最优化算法的数值比较中, 公平性的保障是一个必要前提。"等计算成本控制" 是用于保障公平性的主流且重要的技术。顾名思义, 这个技术通过控制各个算法的计算成本相等来保障公平性。但 "计算成本相等" 说起来简单, 做起来并不容易。

一种简单的做法是让 CPU 时间相等。由于 CPU 时间包含了算法执行过程中的各种成本消耗, 具有宏观性, 是一个很好的成本度量指标。但是, 其缺点也很明显。一是不同机器的 CPU 时间通常不同, 因此难以在不同机器上复现; 二是 CPU 时间很难精确控制, 无法保证各个算法消耗完全相等的 CPU 时间。为了更好地保障公平性, 需要更微观地考察和控制计算成本。

一个最优化算法的计算成本主要包含时间复杂度、空间复杂度, 以及对算力资源的需求等。可见要保证绝对的 "计算成本相等" 是很难的。考虑到同类型的最优化算法对算力资源的需求和空间复杂度差异不是很大, 而且这些硬件成本相对时间成本通常更便宜, 因此, 在前述两个前提下, 计算成本通常只考虑时间复杂度。

大家知道, 时间复杂度是用来描述算法执行时间随输入规模增长而变化的量度, 一般用大 $O$ 表示法描述。它关注的是算法执行所需的基本操作 (或步骤) 的次数, 特别是成本函数的最高次项 (最耗费成本的部分)。考虑到同类型的最优化算法所需的计算成本主要用于计算目标函数值, 而且这个成本易于控制, 其他计算消耗通常差别不大, 或者相对于目标函数的计算成本而言较小。因此, 最优化算法数值比较的 "等计算成本" 技术主要用于统计目标函数值的计算次数, 通过保证计算次数相等来保障公平性。

在具体落实上, 通常会用一个变量来专门记录目标函数的计算次数: 在目标函数完成一次计算后, 立刻让该变量增加 1。在 3) 中将介绍, 记录目标函数计算次数的同时, 还会采用另一个变量来记录得到的目标函数值。

3) 如何收集过程数据

下面介绍如何在数值测试中收集过程数据, 用于后续的数据分析与结果解读。首先要搞清楚的是要收集哪些过程数据。考虑到我们的目的是分析并论证算法性能的好坏, 通常需要全部或部分如下的过程数据:

$$\boldsymbol{H}(1:n_{\mathrm{f}}, 1:n_{\mathrm{r}}, 1:n_{\mathrm{p}}, 1:n_{\mathrm{s}}) \tag{12.7}$$

第 9 章已经介绍过, 该矩阵记录了 $n_{\mathrm{s}}$ 个最优化算法求解 $n_{\mathrm{p}}$ 个测试问题 (每个问题独立求解 $n_{\mathrm{r}}$ 次) 时, 随着计算成本的变化, 找到的最好目标函数值的历史。具体来说, 其元素 $h_{ijks}$ 是第 $s$ 个算法求解第 $k$ 个问题时, 在第 $j$ 轮测试中, 截止到第 $i$ 次函数值计算次数时的最好目标函数值。这里的 $n_{\mathrm{f}}$ 就是 2) 中介绍的 "等计算成本控制" 技术中用于保障公平性的, 要求每个算法只能消耗 $n_{\mathrm{f}}$ 个函数值计算次数。

为了得到矩阵 $\boldsymbol{H}$, 需要对每一个算法 $s$, 每一个测试问题 $k$ 和每一轮测试 $j$, 执行以下两个步骤:

- **记录**: 记录每次计算得到的目标函数值 $f(\boldsymbol{x}_i), i = 1, 2, \cdots, n_{\mathrm{f}}$;

- **过滤**: (测试完成后) 将 $f(\boldsymbol{x}_i)$ 跟前一目标函数值 $f(\boldsymbol{x}_{i-1})$ 比较 (第一次计算除外), 如果没有更小, 则丢弃 $f(\boldsymbol{x}_i)$, 用 $f(\boldsymbol{x}_{i-1})$ 取代 $f(\boldsymbol{x}_i)$,

上面的第一步可以在目标函数计算后直接存储, 并记录函数值计算次数。上面的第二步具有过滤功能, 使得最好目标函数值单调下降。这一步骤通常是在测试完成后再开展。原因是虽然 $f(\boldsymbol{x}_i)$ 没有实现下降, 但点 $(\boldsymbol{x}_i, f(\boldsymbol{x}_i))$ 的信息仍具有价值, 可用于代理模型构建等数据挖掘工作。

下面给出一个示例, 可进行大规模测试并记录过程数据 (不包含过滤步骤), 只需要将所有测试问题的计算接口放在同一个 MATLAB 函数 canfun 中即可。

```
function y = calfun(x)
global  fvals nfev nprob
%全局变量 , 记录目标函数值 , 函数值计算次数 , 测试问题编号
switch nprob
    case 1
        y = ackley(x); % Ackley函数
    ......
    case 68
        y  = zakh(x); % Zakharov函数
end
nfev = nfev +1;
fvals(nfev,1) = y;
```

最后, 值得提醒的是, 直接以式 (12.7) 的形式来存储矩阵 $\boldsymbol{H}$ 需要较大的内存空间。一种更灵活且高效的做法是, 将每个算法的过程数据存储为一个文件; 也就是用 $n_s$ 个如下的矩阵:

$$\boldsymbol{H}(1:n_f, 1:n_r, 1:n_p) \tag{12.8}$$

来存储数据。这一作法不仅可以节省内存空间, 还便于同时对确定性算法和随机性算法进行比较。对于确定性算法, $n_r = 1$, 上述矩阵变为更节省空间的如下形式:

$$\boldsymbol{H}(1:n_f, 1:n_p) \tag{12.9}$$

### 12.3.2 数据分析与结果解读

此刻, 假设过程数据矩阵 $\boldsymbol{H}$ 已经得到, 成为一个客观存在。本节介绍如何分析这些数据, 并推断哪个算法更好。前面已经介绍过, 这并不是一件简单的任务。

根据分析时用到的数据, 可以把数据分析分为动态分析和静态分析。前者关注算法性能是如何随着计算成本的增加而变化的, 而后者只关心给定某个计算成本时的算法性能比较。下面主要介绍四类数据分析方法是如何开展的。

1) 简单动态分析

研究人员很早就开始用曲线来显示最优化算法找到的最好目标函数值是如何随着计算成本的增加而下降的, 这种曲线类似于字母 "$L$", 因此这种分析技术常被称为 $L$ 形曲线法[208]。它需要的数据为

$$\boldsymbol{H}(1:n_{\mathrm{f}}, 1:n_{\mathrm{p}}, 1:n_{\mathrm{s}}) \tag{12.10}$$

注意这里没有轮次维的信息。对于确定性算法, $n_{\mathrm{r}}$ 本就为 1; 而对于随机算法, 需要对轮次维求平均, 即只考虑平均性能。

下面用 $L$ 形曲线法来分析以下三个算法在 Hedar 测试集上的过程数据, 计算成本为 20000 次函数值计算次数。

- MATLAB 中的基因算法 (GA);
- 粒子群优化算法, Clerc 教授的标准 PSO 代码[141];
- Nelder-Mead 的单纯形搜索 (NMS) 算法[288]。

注意到 GA 和 PSO 都是随机优化算法, 而 NMS 是一个确定性算法。图 12.3 给出了这三个算法在 4 个测试问题上的 $L$ 形曲线, 其中每个子图的标题是测试问题名称及其维数, 对随机算法 GA 和 PSO, 显示的是 50 次运行的平均性能。

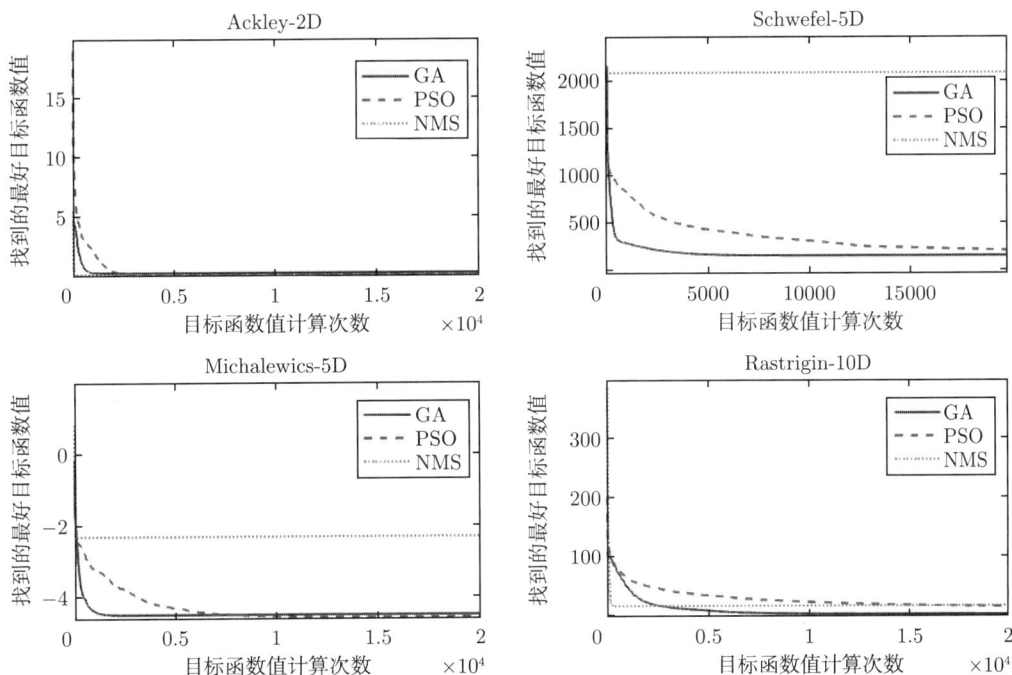

图 12.3　GA、PSO 和 NMS 三个算法在 4 个问题上的 $L$ 形曲线图

容易看出, $L$ 形曲线法有以下特点:

- 对每个测试问题需要用一个图来呈现, 测试问题较多时, 不便于完整呈现;
- 每一幅图的数值比较采用 "C2+" 策略, 即多个算法一起比较;

- 难以将每幅图的结果汇总成测试集上的比较结果。

上面的第三个特点, 本质问题是该定义或选择什么指标来描述每幅图的比较结果, 以及如何将这些结果汇总成整个测试问题集上的动态比较结果。考虑到 "多个排序的汇总可能产生循环排序等悖论"[227], 这个特点带来的问题仍是一个公开问题, 值得深入探讨。

一个常见的选择是, 以找到的最好目标函数值为指标, 越小越好。这个策略虽然破坏了动态性, 变成了静态比较, 但是仍有重要的价值。基于这一思路, 对这三个算法在 Hedar 测试问题集上进行排序, 可以得到表 12.2 中的结果。从表中可以看到, "GA 性能最差, PSO 次之, NMS 性能最好" 出现在 33 个测试问题上, 效果非常显著。NMS 算法在 33+3=36 个问题上表现最佳, PSO 算法在 15+6=21 个问题上表现最佳, GA 算法在 7+4=11 个算法上表现最佳。如果看两两比较的结果, 可以发现 NMS 在 42 个问题上优于 GA, 在 40 个问题上优于 PSO, 而 PSO 在 54 个问题上优于 GA。因此, 在这个数值比较中, 最后的排序结果应该是 "NMS≻PSO≻GA"。

表 12.2　GA, PSO 和 NMS 三个算法在 68 个 Hedar 测试问题上的排序结果 (第 2 列表示 "GA 排第 1, PSO 排第 2, NMS 排第 3" 出现在 7 个测试问题上, 其余含义类似)

| 性能最好 | GA | GA | PSO | PSO | NMS | NMS |
|---|---|---|---|---|---|---|
| 性能次好 | PSO | NMS | GA | NMS | GA | PSO |
| 性能最差 | NMS | PSO | NMS | GA | PSO | GA |
| 问题个数 | 7 | 4 | 15 | 6 | 3 | 33 |

当然, 并不是每次数值比较都能得到正常 (良序) 的排序。继续以找到的最好目标函数值为指标, 越小越好。表 12.3 给出了如下 4 个算法在 Hedar 测试集的 68 个问题上的排序结果。

- 差分演化 (DE) 算法[121];
- 多水平轴向搜索 (MCS) 算法[79];
- Nelder-Mead 的单纯形搜索 (NMS) 算法[288];
- MATLAB 中的模式搜索算法 patternsearch(简记为 PS)。

数值测试采用的计算成本为 20000 个函数值计算次数。对每个测试问题, 给出了每个算法的排序, 数字 1,2,3,4 分别表示对应的算法排在第 1,2,3,4 位, 且数字越小性能越好。

根据表 12.3 的数据, 如果采用集体比较 (C2+) 策略, 可以发现 DE 表现最好, 因为它在 26 个问题上性能最好, 其他三个算法分别在 18、10、14 个问题上性能最好。如果采用两两比较 (C2) 策略, 可以计算出, DE 在 33 个问题上的性能比 MCS 好, 但在 35 个问题上的性能更差; DE 在 38 个问题上的性能比 NMS 好, 在 36 个问题上的性能比 PS 更好; MCS 在 31 个问题上的性能比 NMS 更好, 在 34 个问题上的性能比 PS 更好; NMS 在 34 个问题上的性能比 PS 更好。因此, 有如下排序关系:

$$\text{MCS} \succ \text{DE}, \text{DE} \succ \text{NMS}, \text{DE} \succ \text{PS}, \text{NMS} \succ \text{MCS}, \text{MCS} = \text{PS}, \text{NMS} = \text{PS} \tag{12.11}$$

这是一个无法产生真正赢家的排序, 也即发生了循环排序悖论[227]。

表 12.3　在 Hedar 测试集的每个问题上, DE, MCS, NMS 和 PS 四个算法的排序 (数字 1,2,3,4 分别表示排第 1,2,3,4, 越小越好)

| 问题 | DE | NMS | MCS | PS | 问题 | DE | NMS | MCS | PS |
|---|---|---|---|---|---|---|---|---|---|
| 1 | 1 | 2 | 3 | 4 | 35 | 4 | 3 | 1 | 2 |
| 2 | 2 | 3 | 4 | 1 | 36 | 4 | 3 | 1 | 2 |
| 3 | 3 | 2 | 4 | 1 | 37 | 4 | 3 | 1 | 2 |
| 4 | 3 | 4 | 2 | 1 | 38 | 4 | 2 | 3 | 1 |
| 5 | 1 | 2 | 4 | 3 | 39 | 1 | 4 | 2 | 3 |
| 6 | 1 | 2 | 4 | 3 | 40 | 3 | 4 | 2 | 1 |
| 7 | 1 | 2 | 4 | 3 | 41 | 3 | 4 | 2 | 1 |
| 8 | 1 | 2 | 4 | 3 | 42 | 4 | 3 | 2 | 1 |
| 9 | 1 | 2 | 4 | 3 | 43 | 1 | 2 | 4 | 3 |
| 10 | 1 | 2 | 4 | 3 | 44 | 3 | 1 | 2 | 4 |
| 11 | 3 | 1 | 2 | 4 | 45 | 3 | 4 | 2 | 1 |
| 12 | 1 | 2 | 4 | 3 | 46 | 3 | 4 | 2 | 1 |
| 13 | 3 | 1 | 2 | 4 | 47 | 1 | 4 | 2 | 3 |
| 14 | 1 | 4 | 3 | 2 | 48 | 1 | 4 | 2 | 3 |
| 15 | 4 | 3 | 2 | 1 | 49 | 1 | 4 | 2 | 3 |
| 16 | 1 | 2 | 3 | 4 | 50 | 1 | 4 | 3 | 2 |
| 17 | 1 | 4 | 2 | 3 | 51 | 3 | 1 | 2 | 4 |
| 18 | 1 | 2 | 4 | 3 | 52 | 3 | 1 | 2 | 4 |
| 19 | 2 | 3 | 1 | 4 | 53 | 3 | 1 | 2 | 4 |
| 20 | 3 | 4 | 1 | 2 | 54 | 1 | 4 | 2 | 3 |
| 21 | 4 | 1 | 2 | 3 | 55 | 3 | 1 | 4 | 2 |
| 22 | 4 | 1 | 2 | 3 | 56 | 3 | 2 | 4 | 1 |
| 23 | 3 | 4 | 1 | 2 | 57 | 4 | 2 | 3 | 1 |
| 24 | 1 | 2 | 4 | 3 | 58 | 4 | 3 | 1 | 2 |
| 25 | 1 | 2 | 3 | 4 | 59 | 3 | 1 | 4 | 2 |
| 26 | 1 | 4 | 3 | 2 | 60 | 4 | 1 | 2 | 3 |
| 27 | 3 | 4 | 2 | 1 | 61 | 4 | 3 | 1 | 2 |
| 28 | 3 | 4 | 2 | 1 | 62 | 3 | 4 | 1 | 2 |
| 29 | 3 | 1 | 4 | 2 | 63 | 3 | 1 | 2 | 4 |
| 30 | 1 | 4 | 2 | 3 | 64 | 4 | 2 | 1 | 3 |
| 31 | 1 | 4 | 2 | 3 | 65 | 3 | 1 | 4 | 2 |
| 32 | 1 | 4 | 2 | 3 | 66 | 4 | 1 | 3 | 2 |
| 33 | 4 | 1 | 3 | 2 | 67 | 3 | 1 | 2 | 4 |
| 34 | 3 | 1 | 2 | 4 | 68 | 1 | 2 | 4 | 3 |

2) 基于假设检验的静态分析

1) 中的动态分析虽然提供了丰富的动态信息, 但在排序结果上仍主要关注最终的静态比较。也就是重点关注在消耗完所有计算成本后, 算法找到的最好目标函数值。遗憾的是,

1) 中比较了随机优化算法的均值。众所周知, 均值信息对于随机变量来说是不够的, 必须把随机波动纳入考量。为了实现这一目的, 假设检验方法是一个重要的选择。

本小节的静态分析只需要如下数据:

$$H(\text{end}, 1 : n_\text{r}, 1 : n_\text{p}, 1 : n_\text{s}) \tag{12.12}$$

具体来说, 在消耗完所有计算成本这一 "时点", 对算法找到的最好目标函数值进行假设检验分析。当然, 这里介绍的技术可以适用于任何其他 "时点"。

第 10 章已经介绍过, 有多种假设检验方法可以用于算法性能的静态比较。这里只介绍适用于双总体的 Wilcoxon 秩和检验, 以及适用于单总体的学生 $t$ 检验。学生 $t$ 检验是一个参数检验方法, 常用于随机优化算法跟确定性优化算法的性能比较, 推断是否有显著差异。而 Wilcoxon 秩和检验是一个非参数检验方法, 常用于推断两个随机优化算法是否有显著差异。

Wilcoxon 秩和检验和学生 $t$ 检验都有两种常见的应用:

- 在每个测试问题上, 固定一个算法, 检验它跟每个其他算法的性能差异是否显著;
- 在每个测试问题上, 对任意两个给定的算法进行检验, 推断性能是否有显著差异。

前一种应用常用于论证自己设计或改进的算法 (即那个固定算法) 是否足够好。如果它比同类主流算法更好或没有显著差异, 则该算法还是很有竞争力的。后一种应用常用于算法竞赛, 对各参赛算法进行性能排序。如果有 $n_\text{s}$ 个算法和 $n_\text{p}$ 个测试问题, 上面两种应用分别需要做 $n_\text{p}(n_\text{s} - 1)$ 和 $n_\text{p}n_\text{s}(n_\text{s} - 1)/2$ 次检验, 后者通常要大很多。

下面以 NMS, PSO 和 DE 三个算法 (具体代码及参考文献见 1) 中的介绍) 为例, 说明如何组合使用 Wilcoxon 秩和检验以及单总体的学生 $t$ 检验, 对随机优化算法 (PSO, DE) 与确定性算法 NMS 的性能进行统计推断。

首先, 对 PSO 和 DE 进行 Wilcoxon 秩和检验, 采用 MATLAB 的如下命令:

```
p=zeros(68,1);for k=1:68,p(k)=ranksum(Hpso(end,:,k),Hde(end,:,
k));end
```

这里的输出变量 $p$ 为 68 个统计 $p$ 值, 越小表明两总体差异越显著 (一般小于 0.05 即认为有显著差异)。输入变量为两个总体, 分别是两个算法在每个问题上找到的 50 个最好解。检验结果在 10.2 节已有介绍 (见表 10.4 的第 3 列), 这里总结如下。算法 DE 在 60 个问题上的性能显著好于算法 PSO, 在 5 个问题上的性能没有差异, 在 3 个问题上的性能没有显著差异或差于 PSO。

然后, 以确定性算法 NMS 为参照, 推断 DE 和 PSO 的性能是否显著不同于 NMS。采用 MATLAB 的如下命令:

```
p=zeros(68,1);for k=1:68,[~,p(k)]=ttest(H(end,:,k),Hnms(end,
k));end
```

这里的输出变量 68 个 $p$ 值, 越小表明两总体差异越显著 (一般小于 0.05 即认为有显著差异)。输入变量是 PSO 算法或 DE 算法在每个问题上找到的 50 个最好解, 以及 NMS 算法在每个问题上找到的最好解。ttest 用于单总体 $t$ 检验。表 12.4 给出了检验结果。

表 12.4　在 Hedar 测试集上, PSO 以及 DE 的性能相对于 NMS 算法的学生 $t$ 检验

| 问题序号 | PSO | | DE | | NMS |
|---|---|---|---|---|---|
| | 均值 ± 标准差 | $p$ 值 | 均值 ± 标准差 | $p$ 值 | 最好值 |
| 1 | 1.20E-11±1.51E-11 | 0.0000 | 8.88E-16±0.00E+00 | NaN | 8.8818E-16 |
| 2 | 1.25E-07±4.22E-08 | 0.0000 | 9.59E-16±4.97E-16 | 0.0000 | 7.9936E-15 |
| 3 | 1.69E-05±4.06E-06 | 0.0000 | 1.03E-10±7.95E-11 | 0.0000 | 1.2879E-13 |
| 4 | 1.56E-03±6.79E-04 | 0.0000 | 1.97E-01±7.68E-02 | 0.0000 | 18.1774 |
| 5 | 1.79E-17±3.41E-17 | 0.0006 | 5.81E-03±1.80E-03 | 0 | 4.9304E-32 |
| 6 | 0.00E+00±0.00E+00 | NaN | 0.00E+00±0.00E+00 | NaN | 0 |
| 7 | 0.00E+00±0.00E+00 | NaN | 0.00E+00±0.00E+00 | NaN | 0 |
| 8 | 0.00E+00±0.00E+00 | NaN | 0.00E+00±0.00E+00 | NaN | 0 |
| 9 | 3.28E-22±5.37E-22 | 0.0001 | 0.00E+00±0.00E+00 | NaN | 0 |
| 10 | 3.98E-01±3.32E-09 | 0.3054 | 3.98E-01±3.33E-16 | 0.0000 | 0.3939 |
| 11 | 1.00E-01±4.55E-01 | 0.1259 | 4.96E-07±2.42E-06 | 0.1545 | 0 |
| 12 | 3.83E-10±1.78E-09 | 0.1387 | 3.70E-32±0.00E+00 | NaN | 3.6978E-32 |
| 13 | 3.36E-06±1.53E-05 | 0.1302 | 2.54E-20±1.23E-19 | 0.1538 | 1.6024E-31 |
| 14 | 6.67E-01±5.88E-05 | 0.0297 | 6.65E-01±1.13E-02 | 0.3231 | 0.6667 |
| 15 | 7.23E-01±1.04E-01 | 0.0000 | 9.09E-01±1.77E-01 | 0.0034 | 0.8308 |
| 16 | −1.00E+00±0.00E+00 | NaN | −1.00E+00±0.00E+00 | NaN | −1.0000 |
| 17 | 3.00E+00±3.54E-15 | 0 | 3.00E+00±3.37E-15 | 0 | 84.0000 |
| 18 | 1.54E-06±8.32E-06 | 0.0000 | 1.63E-03±3.06E-03 | 0.0000 | 0.0074 |
| 19 | 4.64E-02±1.92E-02 | 0.0000 | 4.67E-03±4.82E-03 | 0.0000 | 0.0271 |
| 20 | 1.11E-01±8.76E-02 | 0.0011 | 1.33E-01±6.30E-02 | 0.0173 | 0.1550 |
| 21 | 5.15E-03±6.43E-03 | 0.0000 | 3.19E-01±9.26E-02 | 0.0000 | 6.5172E-07 |
| 22 | −3.86E+00±9.42E-14 | 0.0000 | −3.86E+00±3.11E-15 | 0.0000 | −3.8628 |
| 23 | −3.32E+00±2.41E-02 | 0.0000 | −3.30E+00±4.77E-02 | 0.0000 | −3.2032 |
| 24 | 4.65E-08±1.58E-12 | 0.1325 | 4.65E-08±9.97E-17 | 0.0000 | 4.6510E-08 |
| 25 | 1.56E-22±2.01E-22 | 0.0000 | 1.50E-32±1.37E-47 | 0.0000 | 1.4998E-32 |
| 26 | 3.32E-14±4.88E-14 | 0 | 1.50E-32±1.37E-47 | 0 | 0.4543 |
| 27 | 4.60E-09±6.91E-09 | 0 | 6.54E-21±1.18E-20 | 0 | 4.5183 |
| 28 | 1.44E-02±3.74E-02 | 0.0000 | 6.19E-04±5.84E-04 | 0.0000 | 227.9640 |
| 29 | 2.78E-22±4.00E-22 | 0.0000 | 1.18E-55±7.21E-55 | 0.2569 | 0 |

| 问题序号 | PSO | | | DE | | | NMS |
|---|---|---|---|---|---|---|---|
| | 均值 ± 标准差 | | $p$ 值 | 均值 ± 标准差 | | $p$ 值 | 最好值 |
| 30 | $-1.80\text{E}+00\pm1.12\text{E}-15$ | | 0 | $-1.80\text{E}+00\pm1.11\text{E}-15$ | | 0 | $-0.4128$ |
| 31 | $-4.62\text{E}+00\pm6.40\text{E}-02$ | | 0.0000 | $-4.68\text{E}+00\pm2.29\text{E}-02$ | | 0.0000 | $-2.3426$ |
| 32 | $-7.82\text{E}+00\pm4.30\text{E}-01$ | | 0.0000 | $-9.63\text{E}+00\pm4.56\text{E}-02$ | | 0.0000 | $-3.9724$ |
| 33 | $1.03\text{E}-01\pm1.07\text{E}-01$ | | 0.0000 | $1.20\text{E}-01\pm1.21\text{E}-01$ | | 0.0000 | $0$ |
| 34 | $3.12\text{E}-07\pm4.32\text{E}-07$ | | 0.0000 | $9.59\text{E}-18\pm2.15\text{E}-17$ | | 0.0031 | $4.4280\text{E}-62$ |
| 35 | $1.39\text{E}-02\pm8.89\text{E}-03$ | | 0.0000 | $5.52\text{E}-03\pm3.10\text{E}-03$ | | 0.0000 | $2.7216\text{E}-05$ |
| 36 | $4.18\text{E}-01\pm2.20\text{E}-01$ | | 0.0000 | $1.50\text{E}+02\pm4.68\text{E}+01$ | | 0.0000 | $2.7544$ |
| 37 | $3.89\text{E}+00\pm1.63\text{E}+00$ | | 0.0000 | $4.65\text{E}+03\pm8.49\text{E}+02$ | | 0.0000 | $3.8867\text{E}+03$ |
| 38 | $6.31\text{E}-03\pm5.80\text{E}-03$ | | 0.0000 | $2.36\text{E}-02\pm1.74\text{E}-02$ | | 0.0000 | $1.0040\text{E}-21$ |
| 39 | $0.00\text{E}+00\pm0.00\text{E}+00$ | | 0 | $0.00\text{E}+00\pm0.00\text{E}+00$ | | 0 | $4.9748$ |
| 40 | $1.06\text{E}+00\pm6.71\text{E}-01$ | | 0.0000 | $3.98\text{E}-02\pm1.95\text{E}-01$ | | 0.0000 | $54.7224$ |
| 41 | $1.24\text{E}+01\pm3.58\text{E}+00$ | | 0.0040 | $1.01\text{E}+00\pm1.78\text{E}+00$ | | 0.0000 | $13.9294$ |
| 42 | $6.37\text{E}+01\pm1.03\text{E}+01$ | | 0.0000 | $7.97\text{E}+01\pm7.88\text{E}+00$ | | 0.0000 | $39.7990$ |
| 43 | $2.21\text{E}-09\pm5.45\text{E}-09$ | | 0.0067 | $0.00\text{E}+00\pm0.00\text{E}+00$ | | NaN | $0$ |
| 44 | $1.71\text{E}-01\pm5.45\text{E}-02$ | | 0.0000 | $2.88\text{E}-03\pm4.03\text{E}-03$ | | 0.0000 | $6.1827\text{E}-29$ |
| 45 | $5.90\text{E}+00\pm2.14\text{E}+00$ | | 0.0000 | $3.37\text{E}+00\pm4.82\text{E}-01$ | | 0.0000 | $3.9866$ |
| 46 | $3.88\text{E}+01\pm2.90\text{E}+01$ | | 0.0000 | $2.38\text{E}+01\pm1.33\text{E}+01$ | | 0.0000 | $476.4690$ |
| 47 | $2.55\text{E}-05\pm5.26\text{E}-14$ | | 0 | $2.55\text{E}-05\pm0.00\text{E}+00$ | | 0 | $830.0752$ |
| 48 | $1.95\text{E}+02\pm1.25\text{E}+02$ | | 0.0000 | $2.37\text{E}+00\pm1.66\text{E}+01$ | | 0.0000 | $2.0752\text{E}+03$ |
| 49 | $1.35\text{E}+03\pm2.28\text{E}+02$ | | 0.0000 | $7.11\text{E}+00\pm2.81\text{E}+01$ | | 0.0000 | $4.1504\text{E}+03$ |
| 50 | $4.24\text{E}+03\pm4.11\text{E}+02$ | | 0.0000 | $9.49\text{E}+00\pm3.21\text{E}+01$ | | 0.0000 | $8.2209\text{E}+03$ |
| 51 | $-1.01\text{E}+01\pm7.09\text{E}-02$ | | 0.3222 | $-1.00\text{E}+01\pm1.05\text{E}+00$ | | 0.3222 | $-10.1532$ |
| 52 | $-1.04\text{E}+01\pm1.14\text{E}-14$ | | 0.0000 | $-1.02\text{E}+01\pm1.04\text{E}+00$ | | 0.1594 | $-10.4029$ |
| 53 | $-1.05\text{E}+01\pm2.76\text{E}-14$ | | 0.0002 | $1.04\text{E}+01\pm7.57\text{E}-01$ | | 0.3222 | $-10.5364$ |
| 54 | $-1.87\text{E}+02\pm1.02\text{E}-05$ | | 0 | $-1.87\text{E}+02\pm5.21\text{E}-14$ | | 0 | $-24.9204$ |
| 55 | $1.54\text{E}-24\pm3.01\text{E}-24$ | | 0.0008 | $4.33\text{E}-115\pm2.84\text{E}-114$ | | 0.2906 | $0$ |
| 56 | $2.25\text{E}-16\pm1.53\text{E}-16$ | | 0.0000 | $2.32\text{E}-53\pm5.37\text{E}-53$ | | 0.0040 | $9.8813\text{E}-324$ |
| 57 | $6.51\text{E}-12\pm3.78\text{E}-12$ | | 0.0000 | $2.70\text{E}-22\pm2.61\text{E}-22$ | | 0.0000 | $1.1574\text{E}-138$ |
| 58 | $6.44\text{E}-08\pm2.78\text{E}-08$ | | 0.0000 | $2.14\text{E}-06\pm1.26\text{E}-06$ | | 0.0000 | $1.8834\text{E}-08$ |
| 59 | $3.68\text{E}-24\pm6.80\text{E}-24$ | | 0.0004 | $5.18\text{E}-114\pm3.30\text{E}-113$ | | 0.2768 | $0$ |
| 60 | $7.11\text{E}-15\pm6.17\text{E}-15$ | | 0.0000 | $2.49\text{E}-52\pm4.71\text{E}-52$ | | 0.0005 | $0$ |
| 61 | $1.06\text{E}-08\pm1.30\text{E}-08$ | | 0.0000 | $8.91\text{E}-21\pm2.07\text{E}-20$ | | 0.0041 | $2.7121\text{E}-135$ |
| 62 | $3.48\text{E}-02\pm4.38\text{E}-02$ | | 0.0122 | $7.04\text{E}-05\pm4.48\text{E}-05$ | | 0.0000 | $0.0185$ |

续表

| 问题 | PSO | | DE | | NMS |
| 序号 | 均值 ± 标准差 | $p$ 值 | 均值 ± 标准差 | $p$ 值 | 最好值 |
|---|---|---|---|---|---|
| 63 | $-5.00\text{E}+01\pm3.31\text{E-}11$ | 0.0000 | $-5.00\text{E}+01\pm5.85\text{E-}14$ | 0.0000 | $-50.0000$ |
| 64 | $-2.10\text{E}+02\pm6.37\text{E-}03$ | 0.0000 | $-2.09\text{E}+02\pm9.42\text{E-}01$ | 0.0000 | $-210.0000$ |
| 65 | $1.38\text{E-}23\pm6.78\text{E-}23$ | 0.1617 | $9.07\text{E-}101\pm6.32\text{E-}100$ | 0.3203 | 0 |
| 66 | $7.08\text{E-}14\pm6.75\text{E-}14$ | 0.0000 | $1.08\text{E-}24\pm3.73\text{E-}24$ | 0.0478 | 0 |
| 67 | $1.94\text{E-}06\pm1.90\text{E-}06$ | 0.0000 | $1.24\text{E-}02\pm1.19\text{E-}02$ | 0.0000 | 8.9378E-118 |
| 68 | $1.47\text{E}+00\pm8.48\text{E-}01$ | 0.0000 | $7.16\text{E}+01\pm1.41\text{E}+01$ | 0.0106 | 76.9899 |

从表 12.4 的两个 $p$ 值列可以看到, 多数 $p$ 值都接近 0。如果以 0.05 为阈值, 小于 0.05 的占绝大多数。也就是说, 在这些问题上, PSO(或 DE) 与 NMS 的性能是有显著差异的。此外, 这两列里有多个 "NaN", 这是因为 PSO 或 DE 在该问题上的标准差为 0。也就是说, 在该问题上, 50 次运行得到的最好解都相同。此时, 相当于确定性算法, 只要比较最好解的大小就可以了。

表 12.4 的 $p$ 值列只能推断有没有显著差异, 但具体哪个算法性能更好, 还得看哪个算法找到的最好解更小。具体来说, PSO 算法在 11 个测试问题上的性能与 NMS 没有显著差异; 在 24 个测试问题上的性能显著优于 NMS, 但是在另外 33 个问题上的性能显著差于 NMS。类似地, DE 算法在 18 个测试问题上的性能与 NMS 没有显著差异; 在 30 个测试问题上的性能显著优于 NMS, 但是在 20 个问题上的性能显著差于 NMS。

综合上述检验结果, 如果按 "一人 (测试问题) 一票, 少数服从多数原则", 可以得到三个算法的排序结果为: DE≻ NMS ≻ PSO。这是一个正常的良序, 没有产生悖论。但是, 无论是 Wilcoxon 秩和检验还是学生 $t$ 检验, 将它们在每个测试问题上的检验结果汇总到整个测试集的结果时, 都可能出现循环排序悖论[227]。

比如, 继续拿 1) 中的 4 个算法 (DE, MCS, NMS, PS) 数值比较的例子来说明。如果采用假设检验来分析 DE 与其他三个确定性算法的性能差异, 则仍然得到表 12.3 中的结果。只不过在对每一行的解读上, 稍有调整。比如, 第 2 行的含义调整为 "PS ⪰ NMS ⪰ MCS ⪰ DE" 出现在 2 个测试问题上, 其余行的含义类似。这种调整的本质就是用 ⪰ 取代部分 ≻, 原因是假设检验可能得到 "没有显著差异" 的结果, 而均值比较则更难出现这种平局结果 (除非找到的最好解完全相等)[277]。不过很显然, 这种解读的微调并不能带来方向性的变化, 汇总后的结果由式 (12.11) 变为

$$\text{MCS} \succeq \text{DE}, \text{DE} \succeq \text{NMS}, \text{DE} \succeq \text{PS}, \text{NMS} \succeq \text{MCS}, \text{MCS} = \text{PS}, \text{NMS} = \text{PS} \qquad (12.13)$$

仍然是一个循环排序。

3) 基于均值比较与 Borda 计数法的静态分析

2) 中介绍了基于假设检验的静态数据分析, 也发现了这类方法可能产生循环排序等悖论。在悖论的例子介绍中, 还介绍了文献 [277] 论证和指出的一个重要事实: 给定任何测试

问题, 假设检验得到的算法排序与均值比较得到的算法排序是几乎等价的, 区别仅在于前者可能出现更多的平局。因为平局并不会改变排序方向, 因此, 假设检验和均值比较都可能导致循环排序等悖论。

根据文献 [277] 指出的事实, 一个自然的结论就是: 在最优化算法的数值比较中, 假设检验方法并没有那么必要, 可以简单地用均值比较来替代。考虑到悖论的存在, 文献 [277] 提出了 MeanBordaCount/t 方法, 该方法在每个测试问题上进行均值比较, 然后采用 Borda 计数法来汇总每个测试问题上的结果。文献 [277] 已经论证, MeanBordaCount/t 方法具有很好的理论优越性 (最小化两两排序的误差) 和数值稳健性。

下面用 MeanBordaCount/t 方法来分析 1) 和 2) 中介绍的悖论例子, 即分析 4 个算法 (DE, MCS, NMS, PS) 在 Hedar 测试集上的数值性能。其实表 12.3 中的数字已经给出了 MeanBoraCount 方法的权值, 但这种方法没有考虑如下情况: 两个算法有一点差异, 但却没有显著差异。因此, 需要辅以一定的假设检验。具体做法是, 观察 DE 的均值是否与其他算法的值接近, 若是则进行假设检验判断是否差异显著。如果差异不显著, 则这两个算法的 Borda 权值要调整为两者的平均值。经过假设检验辅助后, 得到新的权值见表 12.5。

根据表 12.5 最后一行的数据, 从小到大排序, 得到了无悖论的算法排序为

$$\text{PS} \succ \text{MCS} \succ \text{DE} \succ \text{NMS} \tag{12.14}$$

有趣的是, 如果不采用假设检验辅助, 直接将表 12.3 的权值按列求和, 得到 4 个算法的总权值分别为 165, 171, 172, 172。对应的算法排序为

$$\text{DE} \succ \text{NMS} \succ \text{MCS} = \text{PS} \tag{12.15}$$

根据文献 [277] 中的理论分析, 式 (12.14) 中的排序要更稳健一些。

4) 基于累积分布函数的动态分析

前面介绍的数据分析方法各有优缺点: $L$ 形曲线法具有动态特征, 但不便于比较随机波动; 而假设检验方法便于处理随机波动, 但丢失了动态特征; MeanBordaCount/t 方法简单易行, 却也丢失了动态特征。它们还有一个共同的缺点, 那就是通常都需要在每个测试问题上进行分析, 再将结果汇总到整个测试集上, 而正是这个汇总过程可能导致循环排序等悖论的发生。

下面介绍如何用 data profile 技术来分析过程数据, 它可以很好地展示动态比较的结果, 更好地理解各算法的性能是如何随着计算成本的提升而改变的。下面仍以 4 个算法 (DE, MCS, NMS, PS) 在 Hedar 测试集上的数值性能比较为例, 介绍 data profile 技术[207] 和修正 data profile 技术[209] 的用法。

首先, 将 4 个算法的历史数据保存为如下格式:

$$\boldsymbol{H}(1:20000, 1:68, 1:4)$$

对随机性算法, 可以按轮次维取均值, 再跟确定性算法一起比较。也可以把 50 轮独立测试当作 50 个不同算法, 一起进行比较, 按下列格式调用 Mdata_profile.m 文件。

表 12.5　在 Hedar 测试集的每个问题上, DE, MCS, NMS 和 PS 四个算法比较的 Borda 权值
(越小越好, 相等表示排序相同)

| 问题 | DE | NMS | MCS | PS | 问题 | DE | NMS | MCS | PS |
|---|---|---|---|---|---|---|---|---|---|
| 1 | 2.5 | 2.5 | 2.5 | 2.5 | 35 | 4 | 3 | 1 | 2 |
| 2 | 1.5 | 3 | 4 | 1.5 | 36 | 4 | 3 | 1 | 2 |
| 3 | 3 | 2 | 4 | 1 | 37 | 4 | 3 | 1 | 2 |
| 4 | 3 | 4 | 2 | 1 | 38 | 4 | 2 | 3 | 1 |
| 5 | 1 | 2 | 4 | 3 | 39 | 2 | 4 | 2 | 2 |
| 6 | 2 | 2 | 4 | 2 | 40 | 3 | 4 | 2 | 1 |
| 7 | 2 | 2 | 4 | 2 | 41 | 2.5 | 4 | 2.5 | 1 |
| 8 | 2 | 2 | 4 | 2 | 42 | 4 | 3 | 2 | 1 |
| 9 | 2 | 2 | 4 | 2 | 43 | 2 | 2 | 4 | 2 |
| 10 | 2 | 2 | 4 | 2 | 44 | 3 | 1 | 2 | 4 |
| 11 | 3 | 1 | 2 | 4 | 45 | 3 | 4 | 2 | 1 |
| 12 | 1.5 | 1.5 | 4 | 3 | 46 | 3 | 4 | 2 | 1 |
| 13 | 2 | 2 | 2 | 4 | 47 | 1.5 | 4 | 1.5 | 3 |
| 14 | 2.5 | 2.5 | 2.5 | 2.5 | 48 | 1 | 4 | 2 | 3 |
| 15 | 4 | 3 | 1.5 | 1.5 | 49 | 1 | 4 | 2 | 3 |
| 16 | 2 | 2 | 2 | 4 | 50 | 1 | 4 | 3 | 2 |
| 17 | 1 | 4 | 2 | 3 | 51 | 2 | 2 | 2 | 4 |
| 18 | 1 | 2 | 4 | 3 | 52 | 2 | 2 | 2 | 4 |
| 19 | 2 | 3 | 1 | 4 | 53 | 2 | 2 | 2 | 4 |
| 20 | 3 | 4 | 1 | 2 | 54 | 1.5 | 4 | 1.5 | 3 |
| 21 | 4 | 1 | 2 | 3 | 55 | 2 | 2 | 4 | 2 |
| 22 | 4 | 2 | 2 | 2 | 56 | 2 | 2 | 4 | 2 |
| 23 | 3 | 4 | 1.5 | 1.5 | 57 | 4 | 2 | 3 | 1 |
| 24 | 1 | 2.5 | 4 | 2.5 | 58 | 4 | 3 | 1 | 2 |
| 25 | 2.5 | 2.5 | 2.5 | 2.5 | 59 | 2 | 2 | 4 | 2 |
| 26 | 2 | 4 | 2 | 2 | 60 | 4 | 2 | 2 | 2 |
| 27 | 2 | 4 | 2 | 2 | 61 | 4 | 3 | 1.5 | 1.5 |
| 28 | 3 | 4 | 1.5 | 1.5 | 62 | 3 | 4 | 1.5 | 1.5 |
| 29 | 2 | 2 | 4 | 2 | 63 | 3 | 1 | 2 | 4 |
| 30 | 1 | 4 | 2 | 3 | 64 | 4 | 2 | 1 | 3 |
| 31 | 1 | 4 | 2 | 3 | 65 | 3 | 1.5 | 4 | 1.5 |
| 32 | 1 | 4 | 2 | 3 | 66 | 4 | 1 | 3 | 2 |
| 33 | 4 | 1.5 | 3 | 1.5 | 67 | 3 | 1 | 2 | 4 |
| 34 | 3 | 1 | 2 | 4 | 68 | 1 | 2 | 4 | 3 |
|  |  |  |  |  | 汇总 | 170 | 180.5 | 168.5 | 161 |

```
Mdata_profile(H,N+1,1e-5,1,gbest)
```

这里的 N 是一个向量, 存储了 Hedar 测试集中 68 个测试问题的维数; 1e-5 用于控制问题

被 "求解出" 的精度 (详见 10.3 节)。gbest 存储了各个测试问题的全局最优值。更多技术细节可参阅第 10 章的修正 data profile 技术和文献 [209]。图 12.4 显示了比较结果, 从中可以发现, 如果只看最右端 (用完所有计算成本), 算法排序为

$$\text{MCS} \succ \text{PS} \succ \text{DE} \succ \text{NMS} \tag{12.16}$$

DE 的 50 轮独立测试的性能曲线最后落在 NMS 和 PS 之间, 在消耗完计算成本后总体上仍差于 PS, 略好于 NMS。但是, 在计算成本较低时, DE 的性能显著差于三个确定性算法。

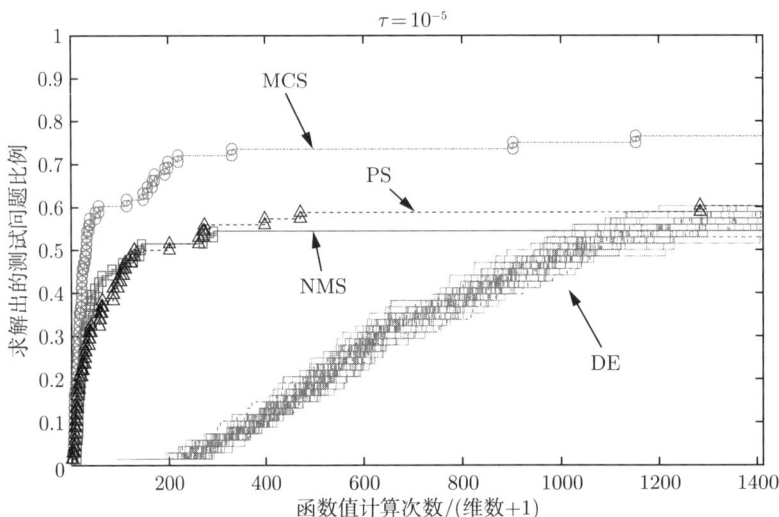

**图 12.4**  **根据 data profile 分析技术, 四个算法在 Hedar 测试集上的性能曲线图** (见文后彩图)
粉色曲线对应 DE 的 50 轮独立测试

最后, 小结一下以上四种数据分析技术。

- 第一, 不同的数据分析技术得到的排序结果很可能是不同的。即使采用同样的数据分析技术, 在不同的比较策略 (两两比较或集体比较或混合策略) 下, 得到的排序结果也可能不同, 甚至产生悖论。此外, 算法性能的排序结果还依赖于数值实验中的一些因素, 比如, 测试问题、计算成本、参数设置, 等等。

- 第二, 虽然, 算法的排序结果受多种因素影响, 但是在保证公平的前提下, 用任何一种主流的数据分析方法, 得到的排序结果还是具有良好的说服力的。只是, 不能简单地下结论说某个算法一定优于其他算法, 而要清楚这个结论是有前提的: 数值实验的特定实施, 以及采用的数据分析方法和比较策略。

- 第三, 四种数据分析技术各有优缺点。当测试问题较少时, $L$ 形曲线法提供了原始数据层面上的动态比较, 非常真实可信。但是, 在汇总个体 (测试问题) 排序时要小心, 推荐使用 MeanBordaCount/t 方法[277]。当测试问题较多时, 修正的 data profile 技术[209] 提供了对原始数据的简单过滤, 将算法之间的横向比较转换成算法自身的纵向比较, 非常适用于测试问题的最优解 (或其良好近似) 已知的场景。

总之, 孔夫子的话 "三人行则必有吾师焉", 用来形容最优化算法的数值比较是非常贴切的。"没有免费午餐定理" 表明了, 如果考虑一切可能的测试问题, 没有哪个算法具有优越性。即便面对给定的有限测试问题集, 算法排序仍受很多因素的影响, 很难有绝对的优胜算法。根据上述第二点, 若能够跟主流的优秀算法不相上下, 就可以在数值性能上有一席之地。要想算法有更长的生命力和更大的影响力, 就需要提供该算法在理论层面的有力支撑。

### 12.3.3　理论分析与评价

最优化算法的理论分析主要关注以下几个方面: 重要参数的灵敏度分析、时间复杂度、算法稳定性与参数稳定域、算法收敛性和收敛速度。

1) 重要参数的灵敏度分析

最优化算法的参数指的是, 算法在执行前需要外部赋值的常数。它们通常对算法的数值性能具有重要影响。比如, 基因算法的种群规模、交叉概率和变异概率, 都是该算法的参数。算法参数存在的理由包括: 对于不同的问题或场景, 参数取不同的值更合适; 没有很好的理论指引来明确参数取值, 等等。

参数的灵敏度指的是, 参数的微小改变会不会导致算法性能的显著变化, 如果会, 则灵敏度高, 否则灵敏度低。显然, 最优化算法的重要参数的灵敏度不能太高, 否则不利于用户的使用。因此, 对于最优化算法的重要参数, 需要进行灵敏度分析, 并论证其灵敏度不高。

参数的灵敏度分析步骤大致如下:

- 首先, 要明确参数的取值范围。
- 然后, 在这个范围内均匀取值, 同时保持其他设置不变。将不同取值的算法看成不同算法, 对它们分别进行数值测试与比较。
- 最后, 采用合适的数据分析方法, 比较这些算法的性能差异。如果性能差异不大, 则参数灵敏度不高; 如果性能差异显著, 则参数灵敏度高。

上述步骤既适用于单个参数的灵敏度分析, 也适用于参数组合的灵敏度分析。此外, 如果在参数的整个取值范围内, 灵敏度高, 但在这个范围的某个子集内, 灵敏度不高, 则可以将该参数的取值范围缩小到这个子集内, 并下结论说在这个范围内, 参数的灵敏度不高。

2) 时间复杂度

最优化算法的时间复杂度不是一个具体数值, 而是一个模糊函数。它描述的是, 随着最优化问题的规模 (控制变量的个数)$n$ 增大, 算法运行一次所需的 (核心) 计算量是如何增加的。对于相对简单的算法, 可以按下面的两个步骤直接计算其时间复杂度。

- 计算出该算法的一次运行需要多少基本运算次数, 这里的基本运算一般包括四则运算、模运算、布尔运算、赋值与比较运算。这个运算次数必定跟 $n$ 有关, 因此, 可以得到关于 $n$ 的一个函数, 比如, $\frac{1}{3}n^3 + 12n^2 + 2n$。
- 保留这个函数中最核心的部分, 并在前面加上 "$O$"。比如上例中得到时间复杂度为 $O(n^3)$。这里的核心部分指的是, 当 $n$ 趋于无穷大时, 其他部分相对于这个核心部分可以忽略不计。由于 "$O$" 本身表示了任意正常数, 所以要忽略 $\frac{1}{3}$。

当算法过于复杂, 包含多个模块, 且这些模块相对容易复现时, 可以按下列步骤间接表达时间复杂度。

- 把算法的基本运算次数表达为这些模块运算次数的函数。比如, $\frac{1}{3}T^3 + 100T^2 + 12S^2 + 20S$, 这里的 $T$ 和 $S$ 是两个函数, 分别表示两个不同模块的基本运算次数。

- 保留这个函数中最核心的部分, 并在前面加上 "$O$"。比如在上例中, 根据极限 $\lim\limits_{n\to\infty} \frac{T}{S}$ 是 $\infty$, 0 或非零常数 $c$, 分别得到时间复杂度为 $O(T^3)$, $O(S^2)$ 或 $O(T^3)$。如果 $T$ 和 $S$ 的函数关系无法得到, 也可以粗略地将时间复杂度表述为 $O\left(\frac{1}{3}T^3 + 12S^2\right)$。

3) 算法稳定性与参数稳定域

算法稳定性是算法收敛性的基础, 前者要求 (最好解) 迭代序列收敛到一个解 (即序列有极限), 后者进一步要求这个解满足一定的最优性条件。对于确定性优化算法来说, 通常可以一步到位, 直接证明算法的收敛性。但是, 对于随机优化算法来说, 直接证明它的收敛性是困难的, 经常会先保证稳定性, 以找到参数的稳定域。参数稳定域指的是, 为了保证稳定性, 算法参数要满足的条件所确定的区域。

随机优化算法的稳定性证明可以遵循如下的步骤:

- 推导算法的最好解下降序列 $\{x_k^*\}$ 满足的规律或条件, 这里的 $x_k^*$ 表示消耗计算成本 $k$ 后算法找到的最好解。这一步跟算法本身密切相关, 通常是最困难的。必要的时候, 可以先加入一些假设, 然后尝试尽可能弱化这些假设[144]。

- 根据上一步得到的规律或条件, 推导在什么条件下 $\{x_k^*\}$ 有极限 (即算法稳定), 满足这个条件的区域就是参数稳定域。注意到 $\{x_k^*\}$ 是个随机序列, 它的极限有不同的定义, 可以产生一阶和二阶稳定性等。这一步就是一个数学证明, 跟算法本身关系不大。注意到, 稳定域内的参数设置只是算法稳定的必要条件, 而不是充分条件。可以进一步探讨目前的主流参数组合是否在参数稳定域内, 也可以探讨是否存在其他有价值的参数组合。

4) 算法收敛性与收敛速度

对于确定性优化算法, 通常在一阶最优性条件的基础上, 直接论证算法的 (局部) 收敛性。其收敛率一般按照 Q-收敛率或 R-收敛率来定义, 这里不展开介绍。

对于随机优化算法, 目前主要有两条不同的路径来论证收敛性。一条可行的路径是在稳定性的基础上, 进一步论证算法是收敛的。其大致步骤如下:

- 根据稳定性结果, 找到最好解下降序列的极限解 $z$;
- 证明最好解下降序列以概率 1(或依分布) 收敛到 $z$, 详见第 8 章的介绍。

第二条可行的路径主要面向离散优化问题, 通过论证算法搜索到的解的极限分布是稳定的, 且每个概率都是正数, 来证明算法能以一定的概率找到全局最优解。其大致步骤如下:

- 将算法的寻优过程建模成马尔可夫链;
- 计算转移矩阵 $P$;
- 计算 $P^\infty$, 证明其每一行都相同, 且每个元素都是正数。

注意到, 无论稳定性还是收敛性, 通常都需要一定的假设条件。如果这些假设条件太强,结果可能价值不大。所以, 需要尽可能弱化这些假设条件, 使其变得对该算法来说是比较实际 (容易发生) 的。

随机优化算法的收敛率通常是比较低的, 能达到线性收敛率就是不错的结果。要证明随机优化算法的线性收敛率, 一个通常的做法是, 论证种群分布以指数式下降到它的极限分布 (见式 (8.26))。

# 习题与思考

1. 调用现成的最优化求解器, 求解如下问题的最优解:

(1) $\max\limits_{x,y} \dfrac{\sin(x+y)}{x^2+y^2+1}$;

(2) $\max\limits_{x,y} \dfrac{x+y^3}{x^2+y^4+1}$;

(3) $\min\limits_{x,y} x^2+(x-1)y+y^2$;

(4) $\min\limits_{x,y} (3x^2-y)^2+100(y^2-x)$;

(5) $\min\limits_{x} \dfrac{(x-1)\sin x}{\mathrm{e}^{x^2}}$;

(6) $\max\limits_{x} \dfrac{(x-1)\log_{10}(x^{10}+10)}{x^2+1}$;

(7) $\min\limits_{x} \dfrac{(x-1)\log_{10}(x^{10}+10)}{x^2+1}$。

2. 编程实现第 2 章介绍的梯度型优化算法, 并在表 12.1 中列出的最优化问题中进行测试 (初始点取为 $[1:n]$, $n$ 为维数)。采用主流的数据分析方法比较实验结果, 你有何发现?

3. 采用第 3 章介绍的 GlobalSearch 算法和 MultiStart 算法去测试表 12.1 中的最优化问题, 初始点取为 $[1:n]$, $n$ 为维数, 比较两个算法的实验结果, 你有何发现? 进一步, 将结果与第 2 题中的实验结果进行比较, 你有何发现?

4. 编程实现第 4 章介绍的主要算法, 并在表 12.1 中的最优化问题中进行测试, 如需初始点, 则取为 $[1:n]$, $n$ 为维数。采用主流的数据分析方法对比实验结果, 你有何发现?

5. 编程实现模拟退火算法和禁忌搜索算法, 并在表 12.1 中的最优化问题中进行测试, 如需初始点, 则取为 $[1:n]$, $n$ 为维数。采用主流的数据分析方法对比实验结果, 你有何发现?

6. 编程实现第 6 章介绍的演化优化算法, 并在表 12.1 中的最优化问题中进行测试。采用主流的数据分析方法对比实验结果, 你有何发现?

7. 编程实现第 7 章介绍的群体智能优化算法, 并在表 12.1 中的最优化问题中进行测试。采用主流的数据分析方法对比实验结果, 你有何发现?

8. 将第 2~7 题中的性能更好的算法放一起, 并在表 12.1 中的最优化问题中进行测试。采用主流的数据分析方法对比实验结果, 你有何发现?

9. 选择一个感兴趣的最优化算法, 对其进行改进并编程实现。用改进前后的算法以及一些同类型的算法去测试 12.1 中的最优化问题, 采用主流的数据分析方法对比实验结果, 你改进的算法性能好吗？如果好，为什么会好？能对其进行理论分析与评价吗？

10. 设计一个最优化算法或改进一个最优化算法，使之超越目前主流的同类型最优化算法。在国际通用的测试问题集合中进行大规模数值测试，采用主流的多种数据分析方法去分析过程数据，论证你的算法数值性能出众。对你的算法进行理论分析，论证其理论的优越性。

# 参 考 文 献

[1]    BOYD S, VANDENBERGHE L. Convex optimization[M]. Cambridge: Cambridge University Press, 2004.

[2]    VAN LEEUWEN J. Handbook of theoretical computer science[M]. Amsterdam: Elsevier, 1990.

[3]    刘群锋, 严圆. 全局最优化: 基于递归深度群体搜索的新方法 [M]. 北京: 清华大学出版社, 2021.

[4]    CRESCENZI P, KANN V, HALLDORSSON M. A compendium of NP optimization problems[M]. [S.l.: s.n.], 1995.

[5]    FLOUDAS C A, PARDALOS P M. State of the art in global optimization: Computational methods and applications[M]. Dordrecht: Kluwer Academic Publishers, 1996.

[6]    SULTANOVA N. A class of increasing positively homogeneous functions for which global optimization problem is NP-hard[J]. Dynamics of Continuous, Discrete and Impulsive Systems, Series B: Applications & Algorithms, 2010, 17: 723-739.

[7]    袁亚湘, 孙文瑜. 最优化理论与方法 [M]. 北京: 科学出版社, 1997.

[8]    李董辉, 童小娇, 万中. 数值最优化算法与理论 [M]. 2 版. 北京: 科学出版社, 2010.

[9]    JONES D R, PERTTUNEN C D, STUCKMAN B E. Lipschitzian optimization without the Lipschitz constant[J]. Journal of Optimization Theory and Applications, 1993, 79(1): 157-181.

[10]   JONES D R. Direct global optimization algorithm[M]. New York: Springer, 2001.

[11]   刘群锋, 严圆, 陈彩凤, 等. 全局最优化: 算法评价与数值比较 [M]. 北京: 清华大学出版社, 2024.

[12]   DORIGO M, GAMBARDELLA L M. Ant colony system: A cooperative learning approach to the traveling salesman problem[J]. IEEE Transactions on Evolutionary Computation, 1997, 1(1): 53-66.

[13]   HOLLAND J H. Genetic algorithms and the optimal allocation of trials[J]. SIAM Journal on Computing, 1973, 2(1): 88-105.

[14]   KENNEDY J, EBERHART R S. Particle swarm optimization[C]//Proceedings of ICNN'95 International Conference on Neural Networks. Perth, Australia: IEEE, 1995: 1942-1948.

[15]   SHI Y H. Brain storm optimization algorithm[C]//International Conference on Swarm Intelligence. Berlin: Springer, 2011: 303-309.

[16]   张立卫, 单锋. 最优化方法 [M]. 北京: 科学出版社, 2010.

[17]   刘浩洋, 户将, 李勇锋, 等. 最优化: 建模、算法与理论 [M]. 北京: 高等教育出版社, 2020.

[18]   NOCEDAL J, WRIGHT S. Numerical optimization[M]. 2nd ed. New York: Springer, 2006.

[19]   GRIPPO L, LAMPARIELLO F, LUCIDI S. A nonmonotone line search technique for Newton's method[J]. SIAM Journal on Numerical Analysis, 1986, 23(4): 707-716.

[20]   TOINT P L. An assessment of nonmonotone linesearch techniques for unconstrained optimization[J]. SIAM Journal on Scientific Computing, 1996, 17(3): 725-739.

[21]   DAI Y H. On the nonmonotone line search[J]. Journal of Optimization Theory and Applications, 2002, 112(2): 315-330.

[22]   ZHANG H C, HAGER W W. A nonmonotone line search technique and its application to unconstrained optimization[J]. SIAM Journal on Optimization, 2004, 14(4): 1043-1056.

[23]   BERTSEKAS D P. Nonlinear programming[M]. 2nd ed. Belmont: Athena Scientific, 1999.

[24]   LUENBERGER D G, YE Y Y. Linear and nonlinear programming[M]. 3rd ed. New York: Springer, 2008.

[25]　NESTEROV Y. Lectures on convex optimization[M]. 2nd ed. Cham: Springer, 2018.

[26]　POLYAK B T. Some methods of speeding up the convergence of iteration methods[J]. USSR Computational Mathematics and Mathematical Physics, 1964, 4(5): 1-17.

[27]　GHADIMI E, FEYZMAHDABIAN H R, JOHANSSON M. Global convergence of the heavy-ball method for convex optimization[C]//2015 European Control Conference (ECC). Linz: IEEE, 2015: 310-315.

[28]　LIU Y, GAO Y, YIN W. An improved analysis of stochastic gradient descent with momentum[J]. Advances in Neural Information Processing Systems, 2020, 33: 18261-18271.

[29]　DUCHI J, HAZAN E, SINGER Y. Adaptive subgradient methods for online learning and stochastic optimization[J]. Journal of Machine Learning Research, 2011, 12(7): 2121-2159.

[30]　HINTON G, NITISH S, SWERSKY K. Divide the gradient by a running average of its recent magnitude[EB/OL]. (2012)[2024-06-20]. https://www.coursera.org/learn/neural-networks.

[31]　KINGMA D P, BA J. Adam: A method for stochastic optimization[EB/OL]. (2015)[2024-06-20]. https://arxiv.org/abs/1412.6980.

[32]　HESTENES M R, STIEFEL E. Methods of conjugate gradients for solving linear systems[J]. Journal of Research of the National Bureau of Standards, 1952, 49(6): 409-436.

[33]　FLETCHER R, REEVES C M. Function minimization by conjugate gradients[J]. The Computer Journal, 1964, 7(2): 149-154.

[34]　Polak E, Ribière G. Note sur la convergence de méthodes de directions conjuguées[J]. Revue Française d'Informatique et de Recherche Opérationnelle, 1969, 3(1): 35-43.

[35]　DAI Y H, YUAN Y. A nonlinear conjugate gradient method with a strong global convergence property[J]. SIAM Journal on Optimization, 1999, 10(1): 177-182.

[36]　GILL P E, MURRAY W. Newton-type methods for unconstrained and linearly constrained optimization[J]. Mathematical Programming, 1974, 7(1): 311-350.

[37]　BYRD R H, NOCEDAL J, SCHNABEL R B. Representations of quasi-Newton matrices and their use in limited memory methods[J]. Mathematical Programming, 1994, 63(1/3): 129-156.

[38]　BERTSEKAS D P. Constrained optimization and Lagrange multiplier methods[M]. Boston: Academic Press, 1982.

[39]　ROCKAFELLAR R T. Augmented Lagrangians and applications of the proximal point algorithm in convex programming[J]. Mathematics of Operations Research, 1976, 1(2): 97-116.

[40]　ROCKAFELLAR R T. Monotone operators and the proximal point algorithm[J]. SIAM Journal on Control and Optimization, 1976, 14(5): 877-898.

[41]　UGRAY Z, LASDON L, PLUMMER J, et al. Scatter search and local NLP solvers: A multistart framework for global optimization[J]. INFORMS Journal on Computing, 2007, 19(3): 328-340.

[42]　GLOVER F. Heuristics for integer programming using surrogate constraints[J]. Decision Sciences, 1977, 8(1): 156-166.

[43]　LAGUNA M, MARTÍ R. Scatter search: Methodology and implementations in C[M]. Boston: Kluwer Academic Publishers, 2002.

[44]　CONN A R, SCHEINBERG K, VICENTE L N. Introduction to derivative-free optimization[M]. Philadelphia: SIAM, 2009.

[45]　DAVIS C. Theory of positive linear dependence[J]. American Journal of Mathematics, 1954, 76(4): 733-746.

[46]　REGIS R G. On the properties of positive spanning sets and positive bases[J]. Optimization and Engineering, 2016, 17(1): 229-262.

[47]　KOLDA T G, LEWIS R M, TORCZON V. Optimization by direct search: New perspectives on

some classical and modern methods[J]. SIAM Review, 2003, 45(3): 385-482.

[48] 刘群锋. 最优化问题的几种网格型算法 [D]. 长沙: 湖南大学, 2011.

[49] COOPE I D, PRICE C J. Frame-based methods for unconstrained optimization[J]. Journal of Optimization Theory and Applications, 2000, 107(2): 261-274.

[50] PRICE C J, COOPE I D. Frames and grids in unconstrained and linearly constrained optimization: A nonsmooth approach[J]. SIAM Journal on Optimization, 2003, 14(2): 415-438.

[51] DAVIDON W C. Variable metric method for minimization[J]. SIAM Journal on Optimization, 1991, 1(1): 1-17.

[52] ROSENBROCK H H. An automatic method for finding the greatest or least value of a function[J]. The Computer Journal, 1960, 3(3): 175-184.

[53] HOOKE R, JEEVES T A. Direct search solution of numerical and statistical problems[J]. Journal of the ACM, 1961, 8(2): 212-229.

[54] TORCZON V. On the convergence of the multidirectional search algorithm[J]. SIAM Journal on Optimization, 1991, 1(1): 123-145.

[55] TORCZON V. On the convergence of pattern search algorithms[J]. SIAM Journal on Optimization, 1997, 7(1): 1-25.

[56] AUDET C. Convergence results for pattern search algorithms are tight[J]. Optimization and Engineering, 2004, 5(2): 101-122.

[57] LEWIS R M, TORCZON V. Pattern search algorithms for bound constrained minimization[J]. SIAM Journal on Optimization, 1999, 9(4): 1082-1099.

[58] LEWIS R M, TORCZON V. Pattern search methods for linearly constrained minimization[J]. SIAM Journal on Optimization, 2000, 10(4): 917-941.

[59] AUDET C, DENNIS J E. Analysis of generalized pattern searches[J]. SIAM Journal on Optimization, 2003, 13(3): 889-903.

[60] COOPE I D, PRICE C J. On the convergence of grid-based methods for unconstrained optimization[J]. SIAM Journal on Optimization, 2001, 11(4): 859-869.

[61] COOPE I D, PRICE C J. Positive bases in numerical optimization[J]. Computational Optimization and Applications, 2002, 21(2): 169-176.

[62] AUDET C, DENNIS J E, VICENTE L N. Using simplex gradients of nonsmooth functions in direct search methods[J]. IMA Journal of Numerical Analysis, 2008, 28(4): 770-784.

[63] COOPE I D, PRICE C J. A direct search frame-based conjugate gradients method[J]. Journal of Computational Mathematics, 2004, 22: 489-500.

[64] CUSTÓDIO A L, VICENTE L N. Using sampling and simplex derivatives in pattern search methods[J]. SIAM Journal on Optimization, 2007, 18: 537-555.

[65] CUSTÓDIO A L, DENNIS J E, VICENTE L N. Using simplex gradients of nonsmooth functions in direct search methods[J]. IMA Journal of Numerical Analysis, 2008, 28(4): 770-784.

[66] CUSTÓDIO A L, ROCHA H, VICENTE L N. Incorporating minimum frobenius norm models in direct search[J]. Computational Optimization and Applications, 2010, 46: 265-278.

[67] Appspack: Asynchronous pattern search (Version 5.0.1)[CP/OL]. (2007-02)[2024-06-20]. https://software.sandia.gov/appspack/.

[68] NELDER J A, MEAD R. A simplex method for function minimization[J]. The Computer Journal, 1965, 7(4): 308-313.

[69] LAGARIAS J C, REEDS J A, WRIGHT M H, et al. Convergence properties of the Nelder-Mead simplex method in low dimensions[J]. SIAM Journal on Optimization, 1998, 9(1): 112-147.

[70] MCKINNON K I M. Convergence of the Nelder-Mead simplex method to a nonstationary

point[J]. SIAM Journal on Optimization, 1998, 9(1): 148-158.

[71] TSENG P. Fortified-descent simplicial search method: A general approach[J]. SIAM Journal on Optimization, 1999, 10(2): 269-288.

[72] KELLEY C T. Iterative methods for optimization[M]. Philadelphia: SIAM, 1999.

[73] 李庆扬, 王能超, 易大义. 数值分析 [M]. 4 版. 北京: 清华大学出版社, 2001.

[74] AUDET C, BÉCHARD V, LE DIGABEL S. Nonsmooth optimization through mesh adaptive direct search and variable neighborhood search[J]. Journal of Global Optimization, 2008, 41(2): 299-318.

[75] VAZ A I F, VICENTE L N. A particle swarm pattern search method for bound constrained global optimization[J]. Journal of Global Optimization, 2007, 39(2): 197-219.

[76] VAZ A I F, VICENTE L N. PSwarm: A hybrid solver for linearly constrained global derivative-free optimization[J]. Optimization Methods & Software, 2009, 24(4-5): 669-685.

[77] LIU Q F, ZENG J P, YANG G. MRDIRECT: A multilevel robust DIRECT algorithm for global optimization problems[J]. Journal of Global Optimization, 2015, 62(2): 205-227.

[78] JONES D R, MARTINS J R R A. The DIRECT algorithm: 25 years later[J]. Journal of Global Optimization, 2021, 79(3): 521-566.

[79] HUYER W, NEUMAIER A. Global optimization by multilevel coordinate search[J]. Journal of Global Optimization, 1999, 14(4): 331-355.

[80] GUTMANN H M. A radial basis function method for global optimization[J]. Journal of Global Optimization, 2001, 19(3): 201-227.

[81] REGIS R G, SHOEMAKER C A. Constrained global optimization of expensive black box functions using radial basis functions[J]. Journal of Global Optimization, 2005, 31(1): 153-171.

[82] LI X, HUA S, LIU Q F, et al. A partition-based convergence framework for population-based optimization algorithms[J]. Information Sciences, 2023, 627: 169-188.

[83] GABLONSKY J M. Modifications of the DIRECT algorithm[D]. Raleigh: North Carolina State University, 2001.

[84] HOLMSTRÖM K. The TOMLAB optimization environment in MATLAB[J]. Advanced Modeling and Optimization, 1999, 1(1): 47-69.

[85] BÜORKMAN M, HOLMSTRÖM K. Global optimization using the DIRECT algorithm in MATLAB[J]. Advanced Modeling and Optimization, 1999, 1(1): 17-37.

[86] GABLONSKY J M, KELLEY C T. A locally-biased form of the DIRECT algorithm[J]. Journal of Global Optimization, 2001, 21(1): 27-37.

[87] FINKEL D E. Global optimization with the DIRECT algorithm[D]. Raleigh: North Carolina State University, 2005.

[88] FINKEL D E, KELLEY C T. Additive scaling and the DIRECT algorithm[J]. Journal of Global Optimization, 2006, 36(4): 597-608.

[89] LIU Q F. Linear scaling and the DIRECT algorithm[J]. Journal of Global Optimization, 2013, 56(3): 1233-1245.

[90] LIU Q F, ZENG J P. Global optimization by multilevel partition[J]. Journal of Global Optimization, 2015, 61(1): 47-69.

[91] YAN Y, ZHOU Q, CHENG S, et al. Bilevel-search particle swarm optimization for computationally expensive optimization problems[J]. IEEE Transactions on Evolutionary Computation, 2023, 27(4): 14357-14374.

[92] XU J C. An introduction to multilevel methods[M]. Oxford: Oxford University Press, 1997.

[93] BRIGGS W L, HENSON V E, MCCORMICK S. A multigrid tutorial[M]. 2nd ed. Philadelphia:

SIAM, 2000.

[94]    STUBEN K. A review of algebraic multigrid[J]. Journal of Computational and Applied Mathematics, 2001, 128(1-2): 281-309.

[95]    LIU Q F, YANG G, ZHANG Z Z, et al. Improving the convergence rate of the DIRECT global optimization algorithm[J]. Journal of Global Optimization, 2017, 67(4): 851-872.

[96]    LIU Q F, CHENG W Y. A modified DIRECT algorithm with bilevel partition[J]. Journal of Global Optimization, 2014, 60(3): 483-499.

[97]    SØRENSEN K, GLOVER F. Metaheuristics[M]//Encyclopedia of Operations Research and Management Science. Boston: Springer, 2013: 960-970.

[98]    SØRENSEN K, SEVAUX M, GLOVER F. A history of metaheuristics[M]. Cham: Springer, 2017.

[99]    KIRKPATRICK S, GELATT C D, VECCHI M P. Optimization by simulated annealing[J]. Science, 1983, 220(4598): 671-680.

[100]   GLOVER F. Tabu search—Part I[J]. ORSA Journal on Computing, 1989, 1(3): 190-206.

[101]   GLOVER F. Tabu search—Part II[J]. ORSA Journal on Computing, 1990, 2(1): 4-32.

[102]   FEO T A, RESENDE M G C. A probabilistic heuristic for a computationally difficult set covering problem[J]. Operations Research Letters, 1989, 8(2): 67-71.

[103]   FEO T A, RESENDE M G C. Greedy randomized adaptive search procedures[J]. Journal of Global Optimization, 1995, 6(2): 109-133.

[104]   MARTIN O, LOURENÇO H R, STÜTZLE T. Iterated local search: Framework and applications[M]//Handbook of Metaheuristics. Boston: Springer, 2010: 363-397.

[105]   MLADENOVIĆ N, HANSEN P. Variable neighborhood search[J]. Computers & Operations Research, 1997, 24(11): 1097-1100.

[106]   DELAHAYE D, CHAIMATANAN S, MONGEAU M. Simulated annealing: From basics to applications[M]//Handbook of Metaheuristics. Cham: Springer, 2019: 1-35.

[107]   INGBER L. Adaptive simulated annealing (ASA): Lessons learned[J]. arXiv preprint cs/0001018, 1995.

[108]   GLOVER F. Future paths for integer programming and links to artificial intelligence[J]. Computers & Operations Research, 1986, 13(5): 533-549.

[109]   BURKE E K, KENDALL G. Search methodologies: Introductory tutorials in optimization and decision support techniques[M]. 2nd ed. New York: Springer, 2014.

[110]   GLOVER F, LAGUNA M. Tabu search[M]. Boston, MA: Springer US, 1998: 2093-2229.

[111]   HANAFI S. On the convergence of tabu search[J]. Journal of Heuristics, 2000, 7: 47-58.

[112]   GLOVER F. Tabu search: A tutorial[J]. Interfaces, 1990, 20(4): 74-94.

[113]   HOLLAND J H. Adaptation in natural and artificial systems[M]. 2nd ed. Cambridge: MIT Press, 1992.

[114]   GOLDBERG D E. Genetic algorithms in search, optimization, and machine learning[M]. Boston: Addison-Wesley, 1989.

[115]   KOZA J R. Genetic programming: On the programming of computers by means of natural selection[M]. Cambridge: MIT Press, 1992.

[116]   VOSE M D. The simple genetic algorithm: Foundations and theory[M]. Cambridge: MIT Press, 1999.

[117]   REEVES C R, ROWE J E. Genetic algorithms: Principles and perspectives[M]. Boston: Kluwer Academic Publishers, 2003.

[118]   何书元. 随机过程 [M]. 北京: 北京大学出版社, 2008.

[119]   NIX A, VOSE M D. Modeling genetic algorithms with Markov chains[J]. Annals of Mathematics

and Artificial Intelligence, 1992, 5(1): 79-88.

[120] Koza J R. Human-competitive results produced by genetic programming[J]. Genetic Programming and Evolvable Machines, 2010, 11(3): 251-284.

[121] STORN R, PRICE K V. Differential evolution: A simple and efficient adaptive scheme for global optimization over continuous spaces[J]. Journal of Global Optimization, 1997, 11(4): 341-359.

[122] QIN A K, SUGANTHAN P N. Self-adaptive differential evolution algorithm for numerical optimization[C]//2005 IEEE Congress on Evolutionary Computation. Edinburgh: IEEE, 2005: 1785-1791.

[123] ZHANG J, SANDERSON A C. JADE: Adaptive differential evolution with optional external archive[J]. IEEE Transactions on Evolutionary Computation, 2009, 13(5): 945-958.

[124] TANABE R, FUKUNAGA A. Evaluating the performance of SHADE on CEC 2013 benchmark problems[C]//2013 IEEE Congress on Evolutionary Computation. Cancun: IEEE, 2013: 1952-1959.

[125] MOLINA D, LA TORRE A, HERRERA F. SHADE with iterative local search for large-scale global optimization[C]//2018 IEEE Congress on Evolutionary Computation. Rio de Janeiro: IEEE, 2018: 1-8.

[126] BILAL, PANT M, ZAHEER H, et al. Differential evolution: A review of more than two decades of research[J]. Engineering Applications of Artificial Intelligence, 2020, 90: 103479.

[127] AHMAD M F, ISA N A M, LIM W H, et al. Differential evolution: A recent review based on state-of-the-art works[J]. Alexandria Engineering Journal, 2022, 61(5): 3831-3872.

[128] RUDOLPH G. Convergence of evolutionary algorithms in general search spaces[C]//1996 IEEE International Conference on Evolutionary Computation. Nagoya: IEEE, 1996: 50-54.

[129] HU Z, XIONG S, SU Q, et al. Finite Markov chain analysis of classical differential evolution algorithm[J]. Journal of Computational and Applied Mathematics, 2014, 268: 121-134.

[130] OPARA K R, ARABAS J. Differential evolution: A survey of theoretical analyses[J]. Swarm and Evolutionary Computation, 2019, 44: 546-558.

[131] JABLONKA E, LAMB M J. Evolution in four dimensions: Genetic, epigenetic, behavioral, and symbolic variation in the history of life[M]. Revised ed. Cambridge: MIT Press, 2014.

[132] MOSCATO P. Stagnation analysis in particle swarm optimization or what happens when nothing happens[R]. Pasadena: California Institute of Technology, 1989.

[133] ONG Y S, LIM M H, CHEN X. Memetic computation—Past, present & future[J]. IEEE Computational Intelligence Magazine, 2010, 5(2): 24-31.

[134] GUPTA A, ONG Y S, FENG L. Multifactorial evolution: Toward evolutionary multitasking[J]. IEEE Transactions on Evolutionary Computation, 2016, 20(3): 343-357.

[135] REYNOLDS R G. An introduction to cultural algorithms[C]//Proceedings of the Third Annual Conference on Evolutionary Programming. Singapore: World Scientific, 1994: 131-139.

[136] REYNOLDS R G. Cultural algorithms: Theory and applications[M]//New Ideas in Optimization. London: McGraw-Hill, 1999: 367-378.

[137] WANG C, CHEN C, LUN Z, et al. A general framework for intelligent optimization algorithms based on multilevel evolutions[C]//Proceedings of International Conference on Swarm Intelligence. Chiang Mai: Springer, 2022: 23-35.

[138] EBERHART R C, KENNEDY J. A new optimizer using particle swarm theory[C]//Proceedings of the Sixth International Symposium on Micro Machine and Human Science. Nagoya: IEEE, 1995: 39-43.

[139] TAN Y, ZHU Y. Fireworks algorithm for optimization[C]//International Conference on Swarm

Intelligence. Beijing: Springer, 2010: 355-364.

[140] DUAN H, QIAO P. Pigeon-inspired optimization: A new swarm intelligence optimizer for air robot path planning[J]. International Journal of Intelligent Computing and Cybernetics, 2014, 7(1): 24-37.

[141] CLERC M. Standard particle swarm optimization: From 2006 to 2011[EB/OL]. (2011)[2024-06-20]. http://clerc.maurice.free.fr/pso/.

[142] SHI Y H, EBERHART R C. A modified particle swarm optimizer[C]//1998 IEEE International Conference on Evolutionary Computation. Anchorage: IEEE, 1998: 69-73.

[143] POLI R, BROOMHEAD D. Exact analysis of the sampling distribution for the canonical particle swarm optimiser and its convergence during stagnation[C]//Proceedings of the 9th Annual Conference on Genetic and Evolutionary Computation. London: ACM, 2007: 134-141.

[144] LIU Q F. Order-2 stability analysis of particle swarm optimization[J]. Evolutionary Computation, 2015, 23(2): 187-216.

[145] BONYADI M R, MICHALEWICZ Z. Stability analysis of the particle swarm optimization without stagnation assumption[J]. IEEE Transactions on Evolutionary Computation, 2016, 20(5): 814-819.

[146] CLERC M, KENNEDY J. The particle swarm-explosion, stability, and convergence in a multidimensional complex space[J]. IEEE Transactions on Evolutionary Computation, 2002, 6(1): 58-73.

[147] KENNEDY J, MENDES R. Population structure and particle swarm performance[C]//Proceedings of the 2002 Congress on Evolutionary Computation. CEC'02. Piscataway: IEEE, 2002: 1671-1676.

[148] KENNEDY J. Bare bones particle swarms[C]//Proceedings of the 2003 IEEE Swarm Intelligence Symposium. SIS'03. Piscataway: IEEE, 2003: 80-87.

[149] HEDAR A. Hedar test set[EB/OL]. [2024-06-20]. http://www-optima.amp.i.kyoto-u.ac.jp/member/student/hedar/Hedar_files/TestGO.htm.

[150] KENNEDY J, EBERHART R C. A discrete binary version of the particle swarm algorithm[C]//1997 IEEE International Conference on Systems, Man, and Cybernetics. Piscataway: IEEE, 1997: 4104-4108.

[151] ZHAN Z H, ZHANG J, LI Y, et al. Adaptive particle swarm optimization[J]. IEEE Transactions on Systems, Man, and Cybernetics, Part B: Cybernetics, 2009, 39(6): 1362-1381.

[152] POLI R, KENNEDY J, BLACKWELL T. Particle swarm optimization: an overview[J]. Swarm Intelligence, 2007, 1(1): 33-57.

[153] KENNEDY J. Small worlds and meta-minds: effects of neighborhood topology on particle swarm performance[C]//Proceedings of the 1999 Congress on Evolutionary Computation. CEC99. Piscataway: IEEE, 1999: 1931-1938.

[154] MENDES R. Population topologies and their influence in particle swarm performance[D]. Braga: Universidade do Minho, 2004.

[155] LIU Q F, WEI W H, YUAN Z, et al. Topology selection for particle swarm optimization[J]. Information Sciences, 2016, 363: 154-173.

[156] CHEN W K. Graph theory and its engineering applications[M]. Singapore: World Scientific, 1997.

[157] OZCAN E, MOHAN C K. Analysis of a simple particle swarm optimization system[C]//Intelligent Engineering Systems Through Artificial Neural Networks. New York: ASME Press, 1998, 8: 253-258.

[158] OZCAN E, MOHAN C. Particle swarm optimization: surfing the waves[C]//Proceedings of the 1999 Congress on Evolutionary Computation. Piscataway: IEEE, 1999, 3: 1939-1944.

[159] VAN DEN BERGH F. An analysis of particle swarm optimizers[D]. Pretoria: University of Pretoria, 2002.

[160] BLACKWELL T M. Particle swarms diversity I: Analysis[C]//Proceedings of the Bird of a Feather Workshops, GECCO 2003. New York: ACM, 2003: 103-107.

[161] BLACKWELL T M. Particle swarms and population diversity II: Experiments[C]//Proceedings of the Bird of a Feather Workshops, GECCO 2003. New York: 2003: 108-112.

[162] BLACKWELL T M. Particle swarms and population diversity[J]. Soft Computing, 2005, 9(11): 793-802.

[163] CAMPANA E F, FASANO G, PINTO A. Dynamic system analysis and initial particles position in particle swarm optimization[J]. Swarm Intelligence, 2006, 1(1): 41-56.

[164] CAMPANA E F, FASANO G, PERI D, et al. Particle swarm optimization: Efficient globally convergent modifications[C]//Proceedings of the III European Conference on Computational Mechanics. Lisbon: Springer, 2006: 5-8.

[165] CLERC M. Stagnation analysis in particle swarm optimization or what happens when nothing happens[R]. Colchester: University of Essex, 2006.

[166] POLI R. On the moments of the sampling distribution of particle swarm optimizers[C]// Proceedings of the 9th Annual Conference Companion on Genetic and Evolutionary Computation. New York: ACM, 2007: 2907-2914.

[167] CLEGHORN C W, ENGELBRECHT A P. Particle swarm stability: a theoretical extension using the non-stagnate distribution assumption[J]. Swarm Intelligence, 2018, 12(1): 1-22.

[168] EVERS G I. An automatic regrouping mechanism to deal with stagnation in particle swarm optimization[M]. Edinburg: University of Texas-Pan American, 2009.

[169] DORIGO M. Optimization, learning and natural algorithms[D]. Milan: Politecnico di Milano, 1992.

[170] DORIGO M, MANIEZZO V, COLOMNI A. Ant system: optimization by a colony of cooperating agents[J]. IEEE Transactions on Systems, Man, and Cybernetics, Part B: Cybernetics, 1996, 26(1): 29-41.

[171] GAMBARDELLA L M, DORIGO M. Solving symmetric and asymmetric TSPs by ant colonies[C]//Proceedings of the IEEE Conference on Evolutionary Computation. Piscataway: IEEE, 1996: 622-627.

[172] STÜTZLE T, HOOS H H. MAX-MIN ant system[J]. Future Generation Computer Systems, 2000, 16(8): 889-914.

[173] LIN S. Computer solutions for the traveling salesman problem[J]. Bell System Technical Journal, 1965, 44(10): 2245-2269.

[174] STÜLE T, DORIGO M. A short convergence proof for a class of ACO algorithms[J]. IEEE Transactions on Evolutionary Computation, 2002, 6(4): 358-365.

[175] GUTJAHR W J. A graph-based ant system and its convergence[J]. Future Generation Computer Systems, 2000, 16(8): 873-888.

[176] DORIGO M, STÜTZLE T. Ant colony optimization[M]. Cambridge: MIT Press, 2004.

[177] 黄翰, 郝志峰, 吴春国, 等. 蚁群算法的收敛速度分析[J]. 计算机学报, 2007, 30(8): 1344-1353.

[178] ZLOCHIN M, BIRATTARI M, MEULEAU N, et al. Model-based search for combinatorial optimization: A critical survey[J]. Annals of Operations Research, 2004, 131(1): 373-395.

[179] DORIGO M, BLUM C. Ant colony optimization theory: A survey[J]. Theoretical Computer

Science, 2005, 344(2-3): 243-278.

[180] YANG X S. Firefly algorithm, stochastic test functions and design optimisation[J]. International Journal of Bio-Inspired Computation, 2010, 2(2): 78-84.

[181] FISTER I Jr, PERC M, KAMAL S M, et al. A review of chaos-based firefly algorithms: perspectives and research challenges[J]. Applied Mathematics and Computation, 2015, 252: 155-165.

[182] 李士勇, 李研, 林永茂. 智能优化算法与涌现计算 [M]. 北京: 清华大学出版社, 2019.

[183] 谭营. 烟花算法引论 [M]. 北京: 科学出版社, 2015.

[184] SHI Y. An optimization algorithm based on brainstorming process[J]. International Journal of Swarm Intelligence Research, 2011, 2(2): 35-62.

[185] SHI Y. Brain storm optimization algorithm in objective space[C]//IEEE Congress on Evolutionary Computation. Piscataway: IEEE, 2015: 1227-1234.

[186] DUAN H, QIU H. Advancements in pigeon-inspired optimization and its variants[J]. Science China Information Sciences, 2019, 62(7): 070201.

[187] CHENG S, LEI X, LU H, et al. Generalized pigeon-inspired optimization algorithms[J]. Science China Information Sciences, 2019, 62(7): 070203.

[188] LI H, DUAN H. Bloch quantum-behaved pigeon-inspired optimization for continuous optimization problems[C]//Proceedings of the 6th IEEE Chinese Guidance, Navigation and Control Conference. Piscataway: IEEE, 2014: 2634-2638.

[189] 段海滨, 霍梦真. 鸽群优化 [M]. 北京: 科学出版社, 2023.

[190] POLI R. Mean and variance of the sampling distribution of particle swarm optimizers during stagnation[J]. IEEE Transactions on Evolutionary Computation, 2009, 13(4): 712-721.

[191] DONG W Y, ZHANG R R. Order-3 stability analysis of particle swarm optimization[J]. Information Sciences, 2019, 503: 508-520.

[192] EIBEN A E, RUDOLPH G. Theory of evolutionary algorithms: a bird's eye view[J]. Theoretical Computer Science, 1999, 229(1-2): 3-9.

[193] 西蒙 D. 进化优化算法: 基于仿生和种群的计算机智能方法 [M]. 陈曦, 译. 北京: 清华大学出版社, 2018.

[194] EIBEN A E, AARTS E H L, VAN HEE K M. Global convergence of genetic algorithms: a markov chain analysis[C]//Parallel Problem Solving from Nature. Berlin: Springer, 1991: 4-12.

[195] RUDOLPH G. Finite markov chain results in evolutionary computation: a tour d'horizon[J]. Fundamentaae, 1998, 35(1-4): 67-89.

[196] LIU B, WANG L, LIU Y, et al. A unified framework for population-based metaheuristics[J]. Annals of Operations Research, 2011, 186(1): 231-262.

[197] SOLIS F J, WETS R J B. Minimization by random search techniques[J]. Mathematics of Operations Research, 1981, 6(1): 19-30.

[198] CHOI K P, KAM E H H, TONG X T, et al. Appropriate noise addition to metaheuristic algorithms can enhance their performance[J]. Scientific Reports, 2023, 13:5291.

[199] SENNING J R. Computing and estimating the rate of convergence[R]. Wenham: Gordon College, 2007.

[200] 喻寿益, 邝溯琼. 保留精英遗传算法收敛性和收敛速度的鞅 [J]. 控制理论与应用, 2010, 27(7): 843-848.

[201] 王凌. 智能优化算法及其应用 [M]. 北京: 清华大学出版社, 2001.

[202] DING L, KANG L. Convergence rates for a class of evolutionary algorithms with elitist strategy[J]. Acta Mathematica Scientia, 2001, 21(4): 531-540.

[203] DOERR B, HANSEN N, IGEL C, et al. Theory of Evolutionary Algorithms[D]. Dagstuhl:

Schloss Dagstuhl-Leibniz-Zentrum fuer Informatik, 1998.

[204] BRATLEY P, BRASSARD G. 算法基础 [M]. 徐锋, 邱仲潘, 柯渝, 译. 北京: 清华大学出版社, 2005.

[205] HALIM A H, ISMAIL I, DAS S. Performance assessment of the metaheuristic optimization algorithms: an exhaustive review[J]. Artificial Intelligence Review, 2021, 54(3): 2323-2409.

[206] DOLAN E D, MORÉ J J. Benchmarking optimization software with performance profiles[J]. Mathematical Programming, 2002, 91(2): 201-213.

[207] MORÉ J J, WILD S M. Benchmarking derivative-free optimization algorithms[J]. SIAM Journal on Optimization, 2009, 20(1): 172-191.

[208] LIU Q F, CHEN W N, DENG J D, et al. Benchmarking stochastic algorithms for global optimization problems by visualizing confidence intervals[J]. IEEE Transactions on Cybernetics, 2017, 47(10): 2924-2937.

[209] 严圆, 刘群锋. 基于优化算法竞赛场景的改进 data profile 技术 [J]. 东莞理工学院学报, 2021, 28(1): 31-37.

[210] PRICE C J, COOPE I D, BYATT D. A convergent variant of the nelder mead algorithm[J]. Journal of Optimization Theory and Applications, 2002, 113(1): 5-19.

[211] WOLPERT D H, MACREADY W G. No free lunch theorems for optimization[J]. IEEE Transactions on Evolutionary Computation, 1997, 1(1): 67-82.

[212] IGEL C, TOUSSAINT M. A no-free-lunch theorem for non-uniform distributions of target functions[J]. Journal of Mathematical Modelling and Algorithms, 2004, 3(4): 313-322.

[213] AUGER A, TEYTAUD O. Continuous lunches are free![C]//Proceedings of the 9th Annual Conference on Genetic and Evolutionary Computation. New York: ACM, 2007: 916-922.

[214] AUGER A, TEYTAUD O. Continuous lunches are free plus the design of optimal optimization algorithms[J]. Algorithmica, 2010, 57(1): 121-146.

[215] ROWE J E, VOSE M D, WRIGHT A H. Reinterpreting no free lunch[J]. Evolutionary Computation, 2009, 17(1): 117-129.

[216] VOSE M D. Continuous lunches are not free[J]. Mathematics, 2015, 28(2): 223-240.

[217] JOYCE T, HERRMANN J M. A Review of No Free Lunch Theorems, and Their Implications for Metaheuristic Optimisation[M]. Cham: Springer, 2018: 27-51.

[218] ADAM S M, ALEXANDROPOULOS S A N, PARDALOS P M,et al. No free lunch theorem: a review[C]//Approximation and optimization[M]. Berlin: Springer, 2019.

[219] DUÉÑEZ-GUZMÁN E A, VOSE M D. No free lunch and benchmarks[J]. Evolutionary Computation, 2013, 21(2): 293-312.

[220] SCHUMACHER C, VOSE M D,ITLEY L D. The no free lunch and problem description length[C]//Proceedings of the Genetic and Evolutionary Computation Conference. San Francisco: Morgan Kaufmann, 2001: 565-570.

[221] IGEL C, TOUSSAINT M. On classes of functions for which no free lunch results hold[J]. Information Processing Letters, 2003, 86(6): 317-321.

[222] ENGLISH T M. On the structure of sequential search: Beyond"no free lunch"[C]//Evolutionary Computation in Combinatorial Optimization. Berlin: Springer, 2004: 1-19.

[223] SEVORC U, EFTIMOV T, KOROŠEC P. CEC real-parameter optimization competitions: Progress from 2013 to 2018[C]//IEEE Congress on Evolutionary Computation. Piscataway: IEEE, 2019: 3126-3133.

[224] SEVORC U, EFTIMOV T, KOROŠEC P. GECCO black-box optimization competitions: Progress from 2009 to 2018[C]//Proceedings of the Genetic and Evolutionary Computation

Conference. New York: ACM, 2019: 275-276.

[225]  YANG Q, CHEN W N, GU T, et al. Segment-based predominant learning swarm optimizer for large-scale optimization[J]. IEEE Transactions on Cybernetics, 2017, 47(9): 2896-2910.

[226]  ZHAN Z H, ZHANG J, LI Y, et al. Orthogonal learning particle swarm optimization[J]. IEEE Transactions on Evolutionary Computation, 2011, 15(6): 832-847.

[227]  LIU Q, GEHRLEIN W V, WANG L, et al. Paradoxes in numerical comparison of optimization algorithms[J]. IEEE Transactions on Evolutionary Computation, 2020, 24(4): 777-791.

[228]  AWAD N H, ALI M Z, LIANG J J, et al. Problem definitions and evaluation criteria for the CEC 2017 special session and competition on single objective bound constrained real-parameter numerical optimization[R]. Singapore: Nanyang Technological University, 2016.

[229]  HANSEN N, AUGER A, ROS R, et al. Comparing results of 31 algorithms from the black-box optimization benchmarking bbob-2009[C]//Proceedings of the 12th Annual Conference Companion on Genetic and Evolutionary Computation. New York: ACM, 2010: 1689-1696.

[230]  MERSMANN O, PREUSS M, TRAUTMANN H, et al. Analyzing the bbob results by means of benchmarking concepts[J]. Evolutionary Computation, 2015, 23(1): 161-185.

[231]  GAVIANO M, KVASOV D E, LERA D, et al. Algorithm 829: Software for generation of classes of test functions with known local and global minima for global optimization[J]. ACM Transactions on Mathematical Software, 2003, 29(4): 460-480.

[232]  LIANG J J, QU B Y, SUGANTHAN P N, et al. Problem definitions and evaluation criteria for the CEC 2013 special session and competition on real-parameter optimization[R]. Singapore: Nanyang Technological University, 2013.

[233]  HANSEN N, FINCK S, ROS R, et al. Real-parameter black-box optimization benchmarking 2010: noiseless functions definitions[R]. Paris: INRIA, 2014.

[234]  HANSEN N, FINCK S, ROS R, et al. Real-parameter black-box optimization benchmarking 2010: noisy functions definitions[R]. Paris: INRIA, 2014.

[235]  OSABA E, VILLAR-RODRIGUEZ E, DEL SER J, et al. A tutorial on the design, experimentation and application of metaheuristic algorithms to real-world optimization problems[J]. Swarm and Evolutionary Computation, 2021, 64: 100888.

[236]  YAN Y, LIU Q, LI Y. Paradox-free analysis for comparing the performance of optimization algorithms[J]. IEEE Transactions on Evolutionary Computation, 2023, 27(5): 1275-1287.

[237]  CHEN C, LIU Q, LI Y. On the representativeness metric of benchmark problems for numerical optimization[J]. Swarm and Evolutionary Computation, 2024, 91: 101716.

[238]  SUGANTHAN P N, HANSEN N, LIANG J J, et al. Problem definitions and evaluation criteria for the CEC 2005 special session on real-parameter optimization[J]. Natural Computing, 2005, 4(3): 341-357.

[239]  LIANG J J, QU B Y, SUGANTHAN P N, et al. Problem definitions and evaluation criteria for the CEC 2014 special session and competition on single objective real-parameter numerical optimization[R]. Zhengzhou: Zhengzhou University, 2013.

[240]  LIANG J J, QU B Y, SUGANTHAN P N, et al. Problem definitions and evaluation criteria for the CEC 2015 competition on learning-based real-parameter single objective optimization[R]. Zhengzhou: Zhengzhou University, 2014.

[241]  CHEN Q, LIU B, ZHANG Q, et al. Problem definitions and evaluation criteria for CEC 2015 special session on bound constrained single-objective computationally expensive numerical optimization[R]. Zhengzhou: Zhengzhou University, 2014.

[242]  WU G, MALLIPEDDI R, SUGANTHAN P N. Problem definitions and evaluation criteria for

the CEC 2017 competition on constrained real-parameter optimization[R]. Singapore: Nanyang Technological University, 2017.

[243] PRICE K V, AWAD N H, ALI M Z, et al. The 100-digit challenge: Problem definitions and evaluation criteria for the 100-digit challenge special session and competition on single objective numerical optimization[R]. Singapore: Nanyang Technological University, 2018.

[244] JAMIL M, YANG X S. A literature survey of benchmark functions for global optimisation problems[J]. International Journal of Mathematical Modelling and Numerical Optimisation, 2013, 4(2): 150-194.

[245] MOLGA M, SMUTNICKI C. Test functions for optimization needs[J]. Test functions for optimization needs, 2005, 101: 48.

[246] ALI M M, KHOMPATRAPORN C, ZABINSKY Z B. A numerical evaluation of several stochastic algorithms on selected continuous global optimization test problems[J]. Journal of Global Optimization, 2005, 31(4): 635-672.

[247] MISHRA S K. Performance of repulsive particle swarm method in global optimization of some important test functions: A fortran program[R]. Shillong: North-Eastern Hill University, 2006.

[248] MISHRA S K. Performance of differential evolution and particle swarm methods on some relatively harder multi-modal benchmark functions[R]. Shillong: North-Eastern Hill University, 2006.

[249] RAHNAMAYAN S, TIZHOOSH H R, SALAMA M M A. A novel population initialization method for accelerating evolutionary algorithms[J]. Computers & Mathematics with Applications, 2007, 53(10): 1605-1614.

[250] LAGUNA M, MARTI R. Experimental testing of advanced scatter search designs for global optimization of multimodal functions[J]. Journal of Global Optimization, 2005, 33(2): 235-255.

[251] SURJANOVIC S, BINGHAM D. Virtual library of simulation experiments: Test functions and datasets[EB/OL]. [2024-06-20]. http://www.sfu.ca/ ssurjano.

[252] 路辉, 周容容, 石津华, 等. 智能优化技术-适应度地形理论及组合优化问题的应用[M]. 北京: 机械工业出版社, 2021.

[253] WILCOXON F. Individual comparison by ranking methods[J]. Biometrics Bulletin, 1945, 1(6): 80-83.

[254] JOHNSON D H. The insignificance of statistical significance testing[J]. Journal of Wildlife Management, 1999, 63(3): 763-772.

[255] NICKERSON R S. Null hypothesis significance test: a review of an old and continuing controversy[J]. Psychological Methods, 2000, 5(2): 241-301.

[256] ARMSTRONG J S. Significance tests harm progress in forecasting[J]. International Journal of Forecasting, 2007, 23(2): 321-327.

[257] SERGEYEV Y D, KVASOV D E, MUKHAMETZHANOV M S. Operational zones for comparing metaheuristic and deterministic one-dimensional global optimization algorithms[J]. Mathematics and Computers in Simulation, 2017, 141: 96-109.

[258] HARE W, SAGASTIZÁBAL C. Benchmark of some nonsmooth optimization solvers for computing nonconvex proximal points[J]. Pacific Journal on Optimization, 2006, 3(3): 545-573.

[259] SERGEYEV Y D, KVASOV D E, MUKHAMETZHANOV M S. On the efficiency of nature-inspired metaheuristics in expensive global optimization with limited budget[J]. Scientific Reports, 2018, 8(1): 1-9.

[260] GONG Y J, LI J J, ZHOU Y, et al. Genetic learning particle swarm optimization[J]. IEEE Transactions on Cybernetics, 2015, 46(10): 2277-2290.

[261] QIN Q, CHENG S, ZHANG Q, et al. Particle swarm optimization with interswarm interactive learning strategy[J]. IEEE Transactions on Cybernetics, 2015, 46(10): 2238-2251.

[262] LI X, YAO X. Cooperatively coevolving particle swarms for large scale optimization[J]. IEEE Transactions on Evolutionary Computation, 2012, 16(2): 210-224.

[263] YANG M, OMIDVAR M N, LI C, et al. Efficient resource allocation in cooperative co-evolution for large-scale global optimization[J]. IEEE Transactions on Cybernetics, 2017, 47(2): 493-505.

[264] OMIDVAR M N, YANG M, MEI Y, et al. DG2: A faster and more accurate differential grouping for large-scale black-box optimization[J]. IEEE Transactions on Evolutionary Computation, 2017, 21(6): 929-942.

[265] HANSEN N, AUGER A, BROCKHOFF D, et al. COCO: performance assessment[R]. 2016. arXiv:1605.03560.

[266] DOERR C, WANG H, YE F, et al. IOHprofiler: A benchmarking and profiling tool for iterative optimization heuristics[R]. 2018. arXiv:1810.05281.

[267] Black box optimization competition (bbcomp)[EB/OL]. [2024-06-20]. http://bbcomp.ini.rub. de/.

[268] GEHRLEIN W V. Condorcet's paradox[M]. Berlin: Springer, 2006.

[269] 严圆. 基于深度搜索的进化算法设计与评价 [D]. 东莞: 东莞理工学院, 2022.

[270] LIU Q, CHEN W, CAO Y, et al. Two possible paradoxes in numerical comparisons of optimization algorithms[C]//International Conference on Intelligent Computing. Cham: Springer, 2018: 681-692.

[271] STENSHOLT E. Circle pictograms for vote vectors[J]. SIAM Review, 1996, 38(1): 96-119.

[272] GEHRLEIN W V. Condorcet efficiency of constant scoring rules for large electorates[J]. Economics Letters, 1985, 19(1): 13-15.

[273] ARROW K J. Social choice and individual values[M]. 2nd ed. New Haven: Yale University Press, 1963.

[274] BRAMS S J, FISHBURN P C. Approval voting[M]. New York: Springer-Verlag, 2007.

[275] GEHRLEIN W V, LEPELLEY D. The condorcet efficiency of approval voting and the probability of electing the condorcet loser[J]. Journal of Mathematical Economics, 1998, 29(3): 271-283.

[276] METROPOLIS N, ROSENBLUTH A W, ROSENBLUTH M N, et al. Equation of state calculations by fast computing machines[J]. The Journal of Chemical Physics, 1953, 21(6): 1087-1092.

[277] LIU Q, JING Y, YAN Y, et al. Mean-based bourda count method for paradox-free comparisons of optimization algorithms[J]. Information Sciences, 2024, 660: 120120.

[278] 刘群锋. 假设检验中的三个问题及其思考 [J]. 大学数学, 2008, 24(5): 190-193.

[279] EMERSON P. The original Borda count and partial voting[J]. Social Choice and Welfare, 2013, 40(2): 353-358.

[280] BLACK D. On the rationale of group decision-making[J]. Journal of Political Economy, 1948, 56(1): 23-34.

[281] KEMENY J G. Mathematics without numbers[J]. Daedalus, 1959, 88(4): 577-591.

[282] YOUNG H P, LEVENGLICK A. A consistent extension of Condorcet's election principle[J]. SIAM Journal on Applied Mathematics, 1978, 35(2): 285-300.

[283] TIDEMAN T N. Independence of clones as a criterion for voting rules[J]. Social Choice and Welfare, 1987, 4(3): 185-206.

[284] LAGARIAS J C, REEDS J A, WRIGHT M H, et al. Convergence properties of the nelder-mead simplex method in low dimensions[J]. SIAM Journal on Optimization, 1998, 9(1): 112-147.

[285] MEZURA-MONTES E, COELLO COELLO C A. Constraint-handling in nature-inspired numerical optimization: Past, present and future[J]. Swarm and Evolutionary Computation,

2011, 1(3): 173-194.

[286] WANG Y, SHOEMAKER C A. A general stochastic algorithm framework for minimizing expensive black box objective functions based on surrogate models and sensitivity analysis[EB/OL]. (2014-10-23)[2024-20]. https://arxiv.org/pdf/1410.6271.

[287] DEB K. Multi-objective optimization using evolutionary algorithms[M]. Chichester: John Wiley & Sons, 2001.

[288] HIGHAM N J. Optimization by direct search in matrix computations[J]. SIAM Journal on Matrix Analysis and Applications, 1993, 14(2): 317-333.

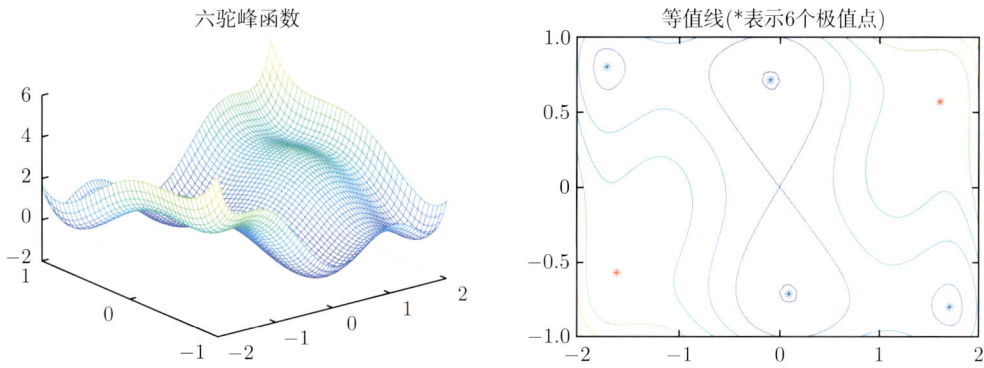

**图 3.1** 六驼峰函数的图像及其等值线, 以及 **6** 个极值点的位置 (用 * 号表示)

注意, 为了凸显函数在原点附近的复杂图形, 变量取值范围小于可行域

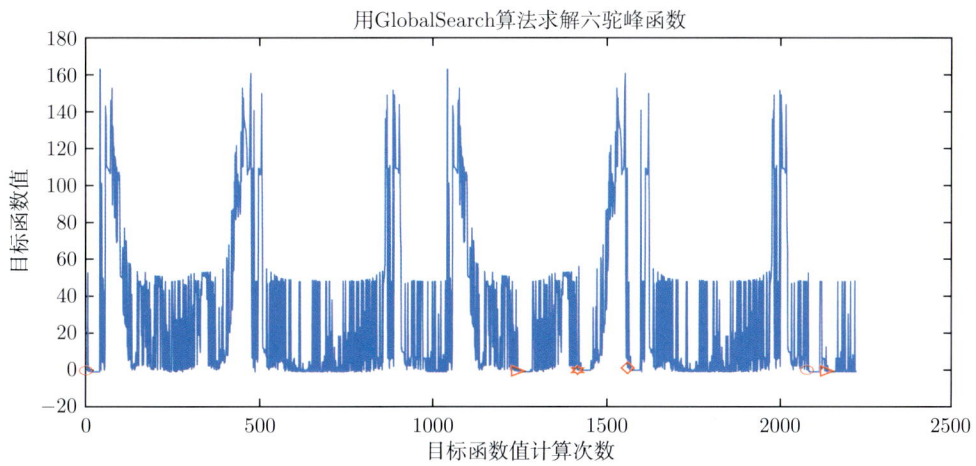

**图 3.6** **GlobalSearch** 算法求解六驼峰函数时, 目标函数值的变化历史, 以及 **6** 次局部搜索的初始位置 (空心的 **6** 个散点)

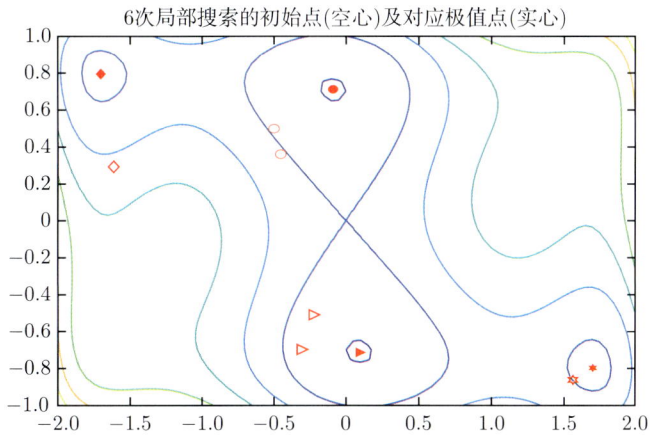

**图 3.7** **GlobalSearch** 算法求解六驼峰函数时, **6** 次局部搜索的初始点及其找到的对应极值点 (初始点空心, 极值点同样图形但实心)

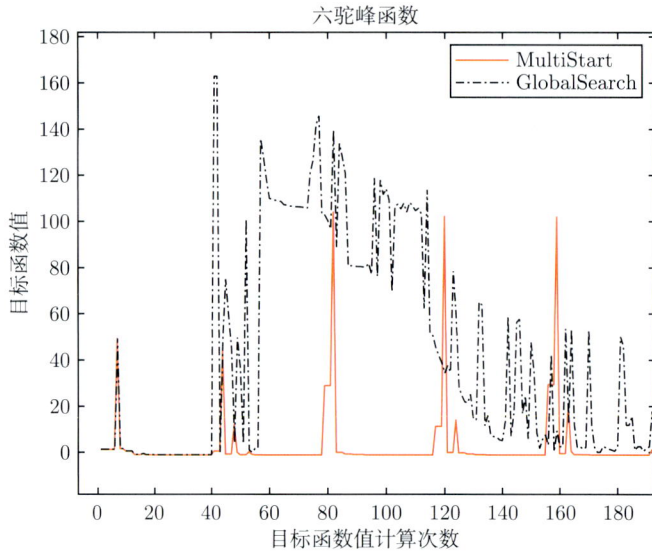

图 3.8　GlobalSearch 算法和 MultiStart 算法分别求解六驼峰函数时, 目标函数值变化历史的对比

注意到低成本时, 两条曲线完全重合

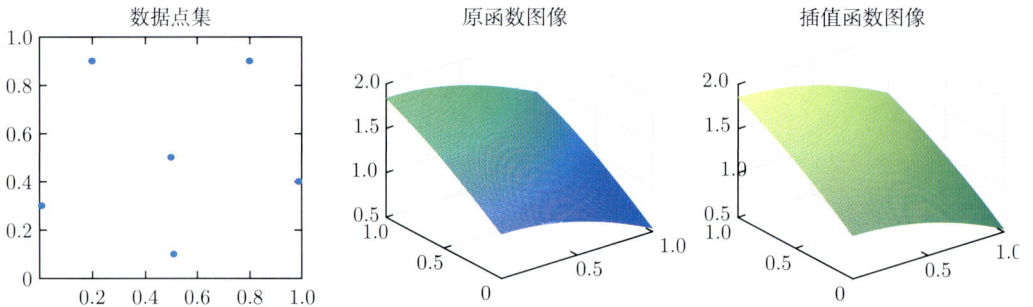

图 4.6　$\Lambda = 1.0081$ 的数据点集得到的插值效果图

原函数为 $\cos(x_1) + \sin(x_2)$, 而插值函数为

$$0.9860 - 0.0116x_1 + 1.1033x_2 - 0.4392x_1^2 - 0.2363x_2^2 - 0.0239x_1x_2$$

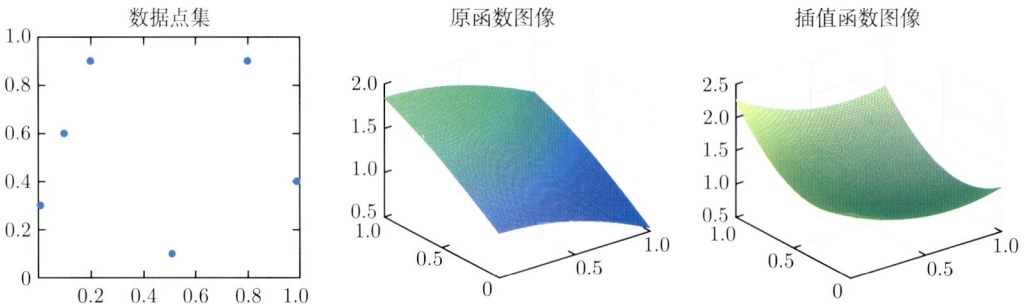

图 4.7　$\Lambda = 2.0892$ 的数据点集得到的插值效果图

原函数为 $\cos(x_1) + \sin(x_2)$, 插值多项式为

$$1.4806 - 1.2843x_1 - 1.1548x_2 + 0.9687x_1^2 + 1.9402x_2^2 - 0.1741x_1x_2$$

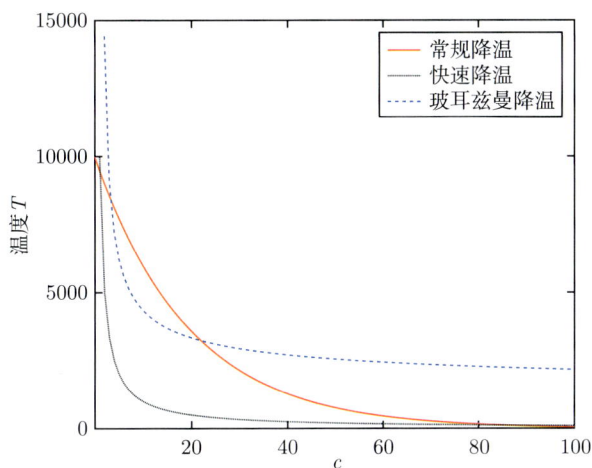

图 5.1 模拟退火算法的三种降温方式 ($T_0 = 10000$)

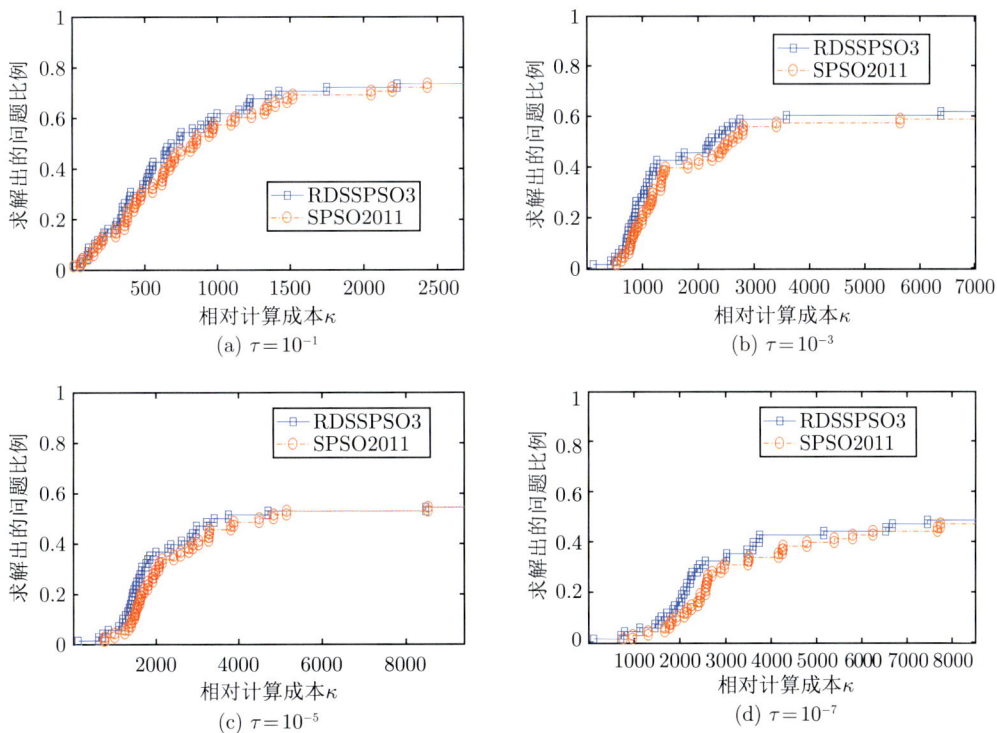

(a) $\tau = 10^{-1}$

(b) $\tau = 10^{-3}$

(c) $\tau = 10^{-5}$

(d) $\tau = 10^{-7}$

图 7.4 三水平 PSO 算法对 SPSO2011 的改进

图 7.10　烟花层次燃放示意图 (1 号烟花先燃放, 2 号烟花后燃放)

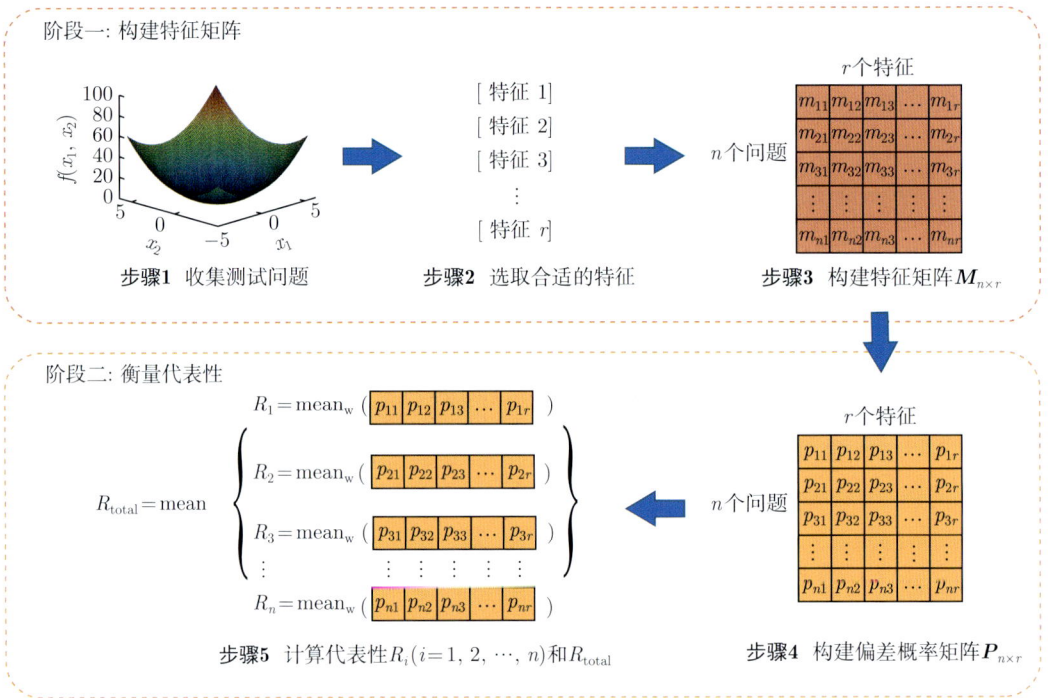

图 9.6　III 型代表性问题的计算流程图

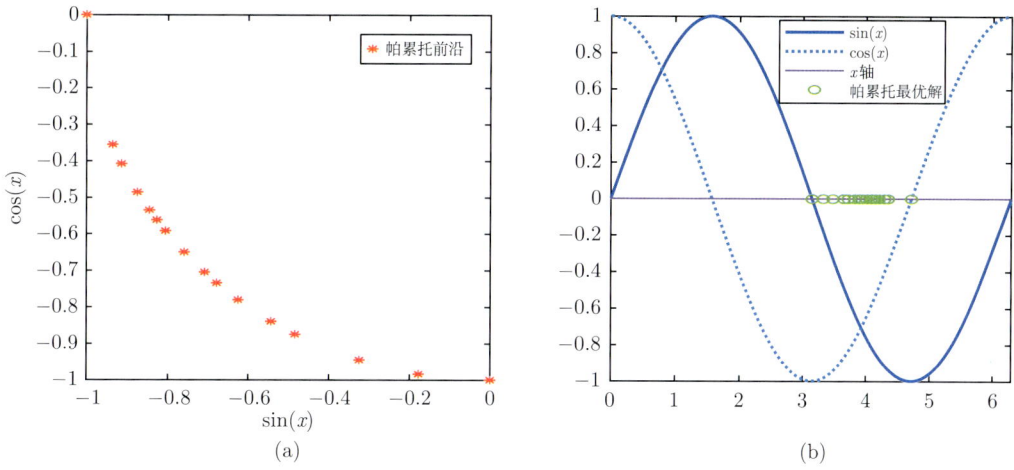

图 12.2 $[0, 2\pi]$ 范围内使得正弦函数和余弦函数同时最小的帕累托最优解

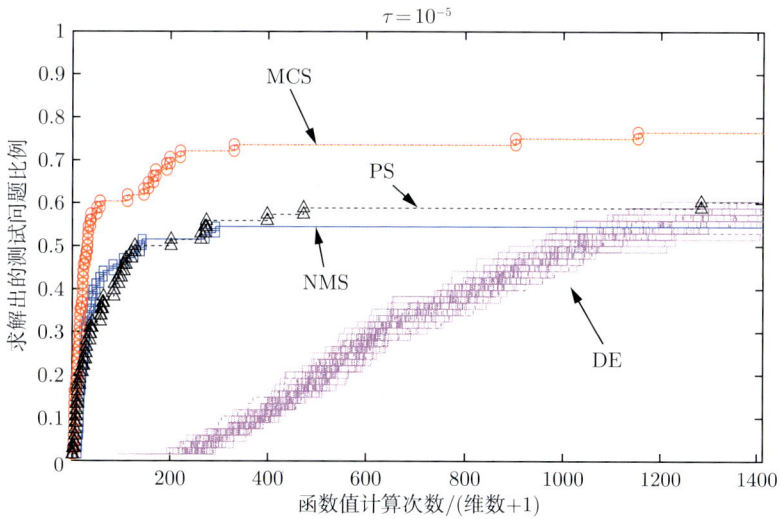

图 12.4 根据 data profile 分析技术, 四个算法在 Hedar 测试集上的性能曲线图
粉色曲线对应 DE 的 50 轮独立测试